Handbuch des
Eisenbahnmaschinenwesens.

Unter Mitwirkung von

Julius Alexander, Kgl. Eisenbahnbauinspektor, Vorstand der Werkstätteninspektion, Stendal; **G. Bode,** Kgl. Eisenbahnbauinspektor, Vorstand der Werkstätteninspektion 4, Berlin; **V. G. Bosshardt,** Inspektor der k. k. Österreichischen Staatsbahnen, Wien; **J. Brotan,** Inspektor und Werkstättenvorstand der k. k. Österreichischen Staatsbahnen, Gmünd; **O. Busse,** Direktor der Maschinenabteilung in der Generaldirektion der Kgl. Dänischen Staatsbahnen, Kopenhagen; **Emil Cimonetti,** k. k. Baurat im k. k. Eisenbahnministerium, Wien; **Georg Dinglinger,** Kgl. Eisenbahnbauinspektor a. D., Berlin; **Emil Fränkel,** Kgl. Regierungs- und Baurat, Dezernent im Kgl. Eisenbahnzentralamt, Berlin; **Robert Garbe,** Kgl. Preuß. Geh. Baurat, Mitglied des Kgl. Eisenbahnzentralamtes, Berlin; **Roman Freiherr von Gostkowski,** Professor an der k. k. Techn. Hochschule, Lemberg; **C. Guillery,** Kgl. Baurat, München; **Gustav Hammer,** Regierungsbaumeister im Kgl. Eisenbahnzentralamt, Berlin; **Friedrich Ibbach,** dipl. Ingenieur, Eisenbahnassessor der Kgl. Bayerischen Staatseisenbahnen, München; **J. Jahn,** Professor an der Kgl. Techn. Hochschule, Danzig; **Paul Janzon,** Oberingenieur der Berliner Werkzeugmaschinenfabrik A.-G. vormals L. Sentker, Berlin; **Hermann von Littrow,** Oberinspektor der k. k. Österreichischen Staatsbahnen, Triest; **E. Metzeltin,** Kgl. Regierungsbaumeister a. D., Hannover; Dr.-Jng. **M. Oder,** Professor an der Kgl. Techn. Hochschule, Danzig; **Richard Petersen,** Oberingenieur der Continentalen Gesellschaft für elektrische Unternehmungen, Berlin; **Adolf Prasch,** k. k. Regierungsrat, Wien; **M. Richter,** Oberingenieur, Hannover; **Joh. Rihosek,** k. k. Baurat im k. k. Eisenbahnministerium, Wien; **Heinrich Ruthemeyer,** Regierungsbaumeister im Kgl. Eisenbahnzentralamt, Berlin; **Dr. R. Sanzin,** Privatdozent, Ingenieur der k. k. priv. Südbahn-Gesellschaft, Wien; **F. X. Saurau,** k. k. Baurat im k. k. Eisenbahnministerium, Wien; **Chr. Ph. Schäfer,** Geh. Baurat der Kgl. Eisenbahndirektion, Hannover; **W. Stahl,** Oberbaurat der Großherzogl. Badischen Staatsbahnen, Karlsruhe; **Ernst Weddigen,** Kgl. Eisenbahnbauinspektor, Vorstand der Werkstätteninspektion, Breslau; **J. Wittenberg,** Oberinspektor der k. k. priv. Südbahn-Gesellschaft, Budapest; **E. C. Zehme,** Privatdozent an der Kgl. Techn. Hochschule, Berlin,

herausgegeben von

Ludwig Ritter von Stockert,
Professor an der k. k. Technischen Hochschule in Wien.

III. Band

Werkstätten.

Springer-Verlag Berlin Heidelberg GmbH
1908.

Werkstätten.

Unter Mitwirkung von

G. Bode, Kgl. Eisenbahnbauinspektor, Vorstand der Werkstätteninspektion 4, Berlin; **J. Brotan,** Inspektor und Werkstättenvorstand der k. k. Österreichischen Staatsbahnen, Gmünd; **O. Busse,** Direktor der Maschinenabteilung in der Generaldirektion der Kgl. dänischen Staatsbahnen, Kopenhagen; **Emil Fränkel,** Kgl. Regierungs- und Baurat, Dezernent im Kgl. Eisenbahnzentralamt, Berlin; **C. Guillery,** Kgl. Baurat, München; **Paul Janzon,** Oberingenieur der Berliner Werkzeugmaschinenfabrik A.-G. vormals L. Sentker, Berlin; **M. Richter,** Oberingenieur, Hannover; **Heinrich Ruthemeyer,** Regierungsbaumeister im Kgl. Eisenbahnzentralamt, Berlin,

herausgegeben von

Ludwig Ritter von Stockert,

Professor an der k. k. Technischen Hochschule in Wien.

Mit 471 Textabbildungen und 6 lithographierten Tafeln.

Springer-Verlag Berlin Heidelberg GmbH
1908.

Additional material to this book can be downloaded from http://extras.springer.com.

ISBN 978-3-662-31756-3   ISBN 978-3-662-32582-7 (eBook)
DOI 10.1007/978-3-662-32582-7

Inhaltsverzeichnis.

Seite

Werkstättenanlagen.

Von

E. Fränkel,

Regierungs- und Baurat, Mitglied des Eisenbahnzentralamts, Berlin.

Die Eisenbahnwerkstätten entsprechen als industrielle Anlagen am meisten den Maschinenfabriken, haben jedoch in ihrer gleichzeitigen Eigenschaft als Teile von Verkehrsanstalten die Aufgabe, sich den wechselnden Verkehrsansprüchen rasch anzupassen und dabei die zu werbenden Anlagen gehörige Wirtschaftlichkeit zu berücksichtigen; auch nach Richtung der Arbeiterfürsorge haben sie große Aufgaben zu erfüllen, und — weil der Betriebssicherheit des Fahrparks dienend — müssen sie als Musteranstalten von erheblicher Bedeutung gelten. Aus diesen Grundbedingungen heraus ergibt sich für eine geplante oder vorhandene Anlage die Gestaltung des Ganzen und der Einzelheiten.

Eine Werkstätte wird an einem lebhaften Bahnknotenpunkt oder an einem größeren Endbahnhof anzulegen sein, wo die Zugbildung und starker Güterverkehr einen natürlichen Zufluß von wiederherzustellenden Lokomotiven und Wagen schaffen, und wo beim gleichzeitigen Vorhandensein von maschinellen Anlagen reichlich und möglichst gleichmäßige Arbeit gewährleistet wird. Eine Stadt oder deren unmittelbare Nähe wird als Sitz der Werkstätte zu wählen sein, um den nötigen Handwerkerstamm zu liefern und die Arbeiter der umliegenden Ortschaften heranziehen zu können. In den größeren Städten ist das Angebot von Arbeitskräften größer und besser, weil Arbeitsgelegenheit auch den Frauen sich bietet, deren wirtschaftlicher Miterwerb, der heutigen gesteigerten Lebenshaltung entsprechend, nicht gern entbehrt wird.

Von der Größe des Ortes und des Verkehrs hängt teilweise die Größe der anzulegenden Werkstätte ab; gilt es im allgemeinen als zweckmäßig, an verschiedenen Knotenpunkten Werkstätten von etwa 500 bis 600 Arbeitern anzulegen, bis zu welcher Größe sie in technischer, wirtschaftlicher und Verwaltungshinsicht noch von einem Vorstand zu übersehen und zu leiten sind, so werden doch Riesenwerkstätten bis 2000 Arbeiter in Hauptstädten, in Berg- und Hüttenbezirken, sowie in industriell entwickelten Gegenden nicht zu vermeiden sein, trotzdem ihnen mancherlei Übelstände anhaften. Als solche sind vor allem die großen Beförderungswege der zu bearbeitenden Einzelteile anzusehen; sie arbeiten verhältnismäßig nicht so rasch und unter schwierigeren Bedingungen als die mittleren, vollkommen ausgerüsteten Werkstätten, die auch in sozialpolitischer Hinsicht weniger bedenklich sind. Die Teilung der Verwaltungsarbeit unter verschiedene Vorstände hat erfahrungsgemäß wegen persönlicher Gegensätze ebenso oft zu Unzuträglichkeiten geführt wie die einheitliche Oberleitung mit nachgeordneten Abteilungsvorständen. Die Gesamtübersicht ist eine schwierige, und die Betriebsführung läßt sich weniger leicht den rasch wachsenden Anforderungen anpassen wie in den kleineren Werkstätten; insbesondere gilt dies bei verschiedenem Beschäftigungsgrade in den einzelnen Abteilungen, wenn z. B. bei starkem Reparaturstande an Personenwagen zum Ferien- oder Festverkehr Arbeiter aus der Güterwagen- oder Lokomotivabteilung herangezogen werden sollen. Diese gegenseitige Unterstützung, auch bei größeren außergewöhnlichen Arbeiten, veranlaßt häufig in den großen Werkstätten mit geteilter Leitung Schwierigkeiten. Nicht außer acht zu lassen ist ferner die erheblich leichtere Beschaffung des Lokomotivpersonals und dessen umfassendere Vorbildung bei allgemeinen Werkstätten, da die reinen Wagenwerkstätten oft Mangel an Handwerkern haben, denen die Aussicht auf den Fahrdienst erschwert ist. Im Vorteil sind die großen Werkstätten durch Ausrüstung mit solchen Sondereinrichtungen (Gießerei, Schmiedepressen, Weichenbau, Schraubenanfertigung usw.), welche in kleinen Anlagen ungenügend ausgenutzt werden. Bei einer größeren Bahnverwaltung mit mehreren Werkstätten wird die Zuteilung der Sondereinrichtungen an einzelne Werkstätten, je nach Eignung derselben, diesen Übelstand beseitigen. Hierbei muß vorausgesetzt werden, daß derartige Einrichtungen nicht den Bezug aller Einzelteile (Achsbüchsen, Beschlagteile, Schrauben usw.) von Privatfabriken aufheben sollen, was oft unwirtschaftlich wäre, sondern daß nur gewisse abweichende, oder in kleineren Mengen rasch erforderliche Teile — unter zweckmäßiger Verwendung von Altmaterial — hergestellt werden können; oft lassen sich hierdurch beim Versagen der Privatindustrie in Zeiten hochgehenden Geschäftsganges Verlegenheiten vermeiden. Der unter ähnlichen Gesichtspunkten auszuführende Neubau von Wagen, der bei Arbeitsmangel empfindliche Verlegenheiten ausgleichen kann, verdient in mäßigen Grenzen mehr als bisher aufgenommen zu werden, wie das englische und amerikanische Beispiel beweisen. Der steigende Verkehr bedingt zwar nicht eine gleichmäßige Steigerung der Werkstattleistungen, weil Bauart und Material der Fahrzeuge besser werden, immerhin wird eine geforderte, verstärkte Leistung sich unschwer bei den gesamten kleinen Haupt- und Betriebswerkstätten durch Ausbau und Ausstattung erzielen lassen, während die großen, von Straßen und Bahnlinien eingeengten Anlagen in diesem Falle hohe Grunderwerbskosten bedingen. Aus diesem Grunde wird es hier auch schwieriger, möglichst allen Arbeitern durch gesunde Wohnung mit etwas Garten und Gemüseland die dauernde Verbindung mit der erfrischenden Natur zu erhalten und so einen kräftigen, arbeitsfreudigen und seßhaften Arbeiterstamm zu schaffen; dies ist für den Betrieb von mindestens gleicher Bedeutung, wie gute technische Anlagen. In dem Gegensatze des bekannten Ausspruchs des französischen Oberingenieurs der Brücken und Straßen, daß wir den Arbeitern mehr als den Lohn schulden — gegenüber der amerikanischen Auffassung eigener Fürsorge — ist es zweifellos rein sittliche Pflicht, wie zumeist bei uns geübt, dem nach heimatlichen Verhältnissen vielleicht weniger selbständigen Arbeiter Lebensbedingungen zu schaffen, die ihm ein zufriedenes Dasein gewähren.

Daß im übrigen auch eine Wohnung für den Vorstand der Werkstätte, wenngleich nicht in unmittelbarer Nähe, und solche für einige Betriebsbeamte nie fehlen dürfen, ergibt sich aus der Notwendigkeit steten Eingriffs in die Betriebsvorgänge und der Überwachung des Betriebes von selbst.

Als zweckmäßiges Mittel zur Heranbildung eines ausreichenden und guten Nachwuchses an Beamten und Arbeitern haben sich die Lehrlingswerkstätten erwiesen, die in einfachster Form und mit einfachen Hilfsmitteln den Werkstätten angegliedert werden und unter der unmittelbaren Aufsicht eines Lehrmeisters stehen. Zumeist werden Kinder von Beamten und Arbeitern, oder deren Waisen aufgenommen, und so ist ein weiteres Bindeglied zwischen der Verwaltung und den Angehörigen der Werkstätte geschaffen.

1. Anlage der Werkstätten.

Die hohen Gewichte der Eisenbahnfahrzeuge lassen den wirtschaftlichen Grundsatz möglichst kleiner Beförderungswege der zu bearbeitenden Einzelteile besonders angezeigt erscheinen, allerdings mit der Maßgabe, daß wegen der an sich vorhandenen Schienenwege für die Betriebsmittel und wegen der leicht erhältlichen Hilfsgleise normaler und schmaler Spur es auf die Länge der Wege weniger ankommt, als auf eine natürliche Aufeinanderfolge der an den Teilen zu verrichtenden Arbeiten, und daß die schwereren Stücke mittels Hebevorrichtungen rasch auf- und abgeladen, sowie auf Spurwagen leicht zu- und von der betr. Arbeitsstelle gebracht werden können; unter diesen Voraussetzungen werden die Beförderungskosten und der Zeitaufwand einem Mindestbetrage entsprechen.

Die Arbeiten an den Einzelteilen sind zumeist in der Schmiede und Dreherei auszuführen, weshalb diese gewöhnlich im Schwerpunkte des gesamten Betriebes liegen, also bei vereinigten Werkstätten zwischen Lokomotiv- und Wagenabteilung, bei getrennten Werkstätten dicht an oder inmitten der Haupthalle für den Zusammenbau.

Die Mannigfaltigkeit der zu verrichtenden Arbeiten mit sich kreuzenden Wegen läßt eine bestimmte Bauart nicht als die beste erscheinen, vielmehr stehen den Vorteilen der einen auch Nachteile entgegen, z. B. in bezug auf gegenseitige Lage, Gliederung der einzelnen Gebäude, Lage der Gleise, Schiebebühnen usw. Aus den anzuführenden Beispielen werden die Verhältnisse am besten hervorgehen, es sei nur hervorgehoben, daß neuerdings eine möglichst geringe Gliederung angestrebt wird, alle Arbeiten also möglichst in einem großen, zusammenhängenden und einheitlichen Raume, ohne einspringende Ecken und Winkel ausgeführt werden.

Das bisher allgemein übliche Umsetzen der Lokomotiven nach den Ständen mittels Schiebebühnen erhält jetzt durch die kräftigen und raschlaufenden Krane einen starken Mitbewerb, sei es, daß diese quer zu den Lokomotiven laufen, sei es in deren Längsrichtung, was neuerdings empfohlen wird (Altoona, Epernay, Tempelhof).

Der Fortfall der störenden Schiebebühne ist gerechtfertigt und als entschiedener Fortschritt zu bezeichnen, weil der Kran deren Aufgaben erfüllen kann, wenn er hoch genug liegt, um die Maschinen übereinander hinwegzufahren. Diese in Amerika besonders gebräuchliche Anordnung ist in bezug auf Gedrängtheit und Ausnutzung des Raumes das Voll-

kommenste, da für Zufuhr zu den Lokomotivständen ein besonderer Flächenraum nicht erforderlich ist, und die vorgenommenen Achsen direkt zur
Dreherei befördert werden. Da aber die Gleise den längsten Lokomotiven
entsprechend angelegt sein müssen, so ist die Raumausnutzung der Stände
nicht so gut, wie bei den auf zwei parallelen Gleisen hintereinander, entsprechend ihrer Länge aufzustellenden Lokomotiven, zwischen denen ein
Hilfsgleis für die Zufuhr liegt und über welche der Laufkran streicht.
Dieser bedarf hier eines geringen Hubes, nur zum Hochnehmen der Lokomotiven und kann auch in zwei leichte, selbständig laufende Teile aufgelöst werden, die bauliche Anlage wird also billiger. Die Übersicht bei
dieser Anordnung über die beiden Lokomotivreihen und die Gleislängen-
ausnutzung sind gute. Die verschiedenartigen Längen der Lokomotive
sind wegen der Verbreitung der Tenderlokomotiven ($^5/_5$-Heißdampf!) im
steten Wachsen begriffen, so daß die kürzeren Lokomotiven eine gewisse
Raumverschwendung bedingen; aber selbst wenn der freibleibende Raum
zur Lagerung und Bearbeitung von Teilen (in Amerika Führerhäuser, ebenso
in Werkstätte Opladen) benutzt wird, so ist doch der Längsbau bei starker

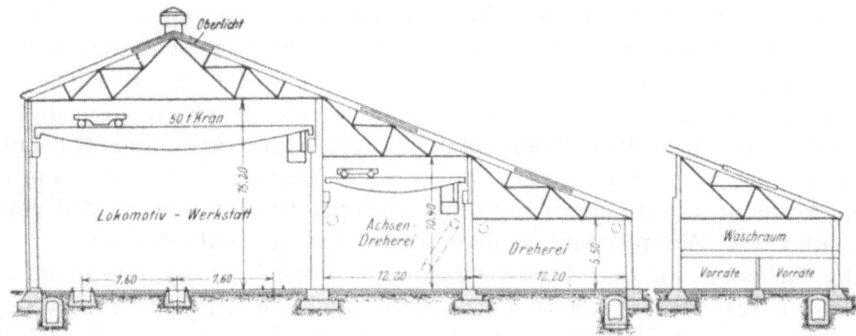

Abb. 1. Lokomotiv-Werkstätte mit Längsgleisen.

Inanspruchnahme besser geeignet, durch möglichst dichte Aufstellung der
Lokomotiven eine größere Zahl derselben aufzunehmen, als die andere
Bauart. Ein amerikanisches Beispiel, das eine sehr einheitliche Dachaus-
bildung zeigt, ist in Abb. 1 gegeben.

Das Mittelgleis kann bei der dreigleisigen Bauart — im Gegensatz
zur Bühnenfläche — Teile, ja ganze Lokomotiven vorübergehend zu kleineren Arbeiten aufnehmen. Die wiederholten Hinweise auf Beispiele mit
größerem Flächenraum für einen Stand beweisen nur, daß sodann ein
größerer Raum für die Nebenarbeiten und Lagerung der Einzelteile um
die Lokomotiven herum vorgesehen ist. Der zur Beförderung der Lokomotiven in der Längsachse erforderliche tote Raum ist jedenfalls geringer,
als die quer zur Achse nötige Fläche; andererseits ist die Gesamtlänge
der Halle alter Anordnung kürzer, als bei dem Längsbau, wo aber die
verkehrstörende Bühnengrube entfällt. Die Entwicklung des Zufuhr-
gleises erfordert hier aber mehr Raum, als mit Schiebebühne.

Es wird also im gegebenen Falle von der Lage des Bauplatzes, der
Ab- und Zufuhr und der mehr oder minder gleichmäßigen Inanspruchnahme der Werkstätte abhängen, welcher Anordnung der Vorzug zu geben
ist. Jedenfalls scheint die alleinige Herrschaft der Schiebebühne endgültig

abgetan. Beim Eingang der Lokomotivwerkstätte ist zweckmäßig ein größerer Raum vorzusehen, der die Ausrüstungsgegenstände, Winden, Werkzeuge usw. aufnimmt, in dem sie auch wiederhergestellt und der zur Probefahrt gestellten Lokomotive mitgegeben werden.

Das Hochnehmen der Lokomotiven erfolgt in den neueren Werkstätten ausschließlich mittels Laufkran, so daß die der Arbeit hinderlichen Windeböcke entfallen.[1]) In den älteren Werkstätten, welche die Anlage eines schweren Laufkrans nicht zulassen, sind die Windeböcke vorherrschend, sie werden durch Sondermotor (Abb. 2 u. 87) oder nach dem Vorschlage von Cordes[2]) vom Schiebebühnenmotor elektrisch angetrieben. Um die Lokomotiven während der Arbeitsdauer nicht auf den Böcken zu belassen, werden sie zweckmäßig auf zwei niedrige, vom Verfasser entworfene Spurwagen (Abb. 3) gesetzt, die, aus kräftigem Walzeisen zusammengebaut, auf zwei Achsen ruhen. Zum Hochnehmen ist zweckmäßig ein Stand in der Mitte der Arbeitshalle zu wählen, der mit der Dreherei in bequemer Verbindung steht, so daß die Achsen direkt dorthin gerollt und zum Einbauen auf denselben Stand gebracht werden können. Da die Lokomotiven elektrisch auf die Bühne und zurückgezogen werden (mittels Seil und fester Rolle, auch beim Regeln der Steuerung), so ist keine Verlängerung der Wege vorliegend, hingegen werden die Lokomotiven leicht zugänglich, die Rahmen sind kürzer unterstützt, als von den Querträgern, und die Stände bleiben sauber, weil das Abbauen auf dem Hochnehmestand erfolgt; endlich sind die Beschaffungs- und Unterhaltungskosten der Wagen geringer als die der Windeböcke.

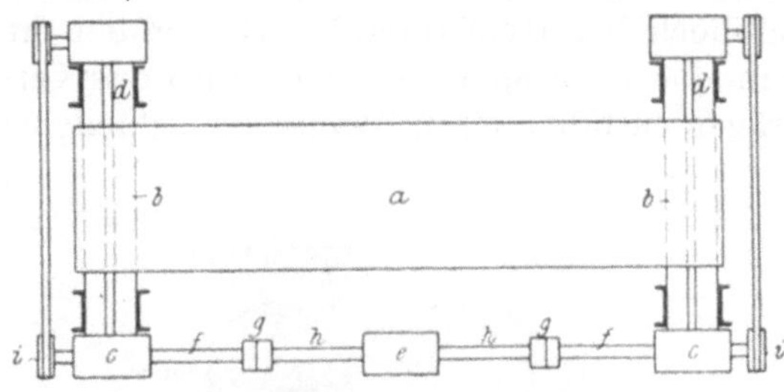

Abb. 2. Schema zum Hochnehmen der Lokomotiven mit Sondermotor.

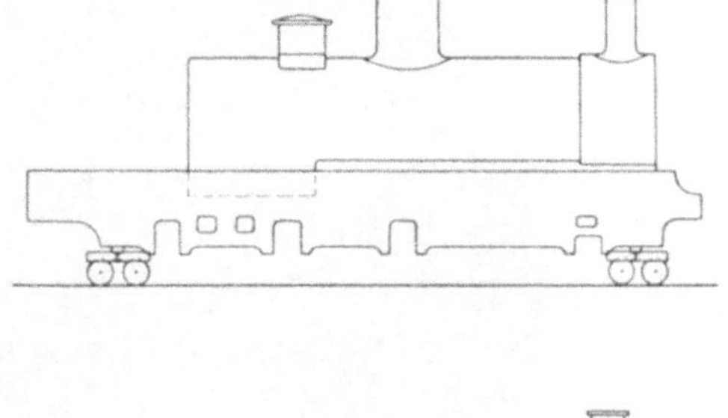

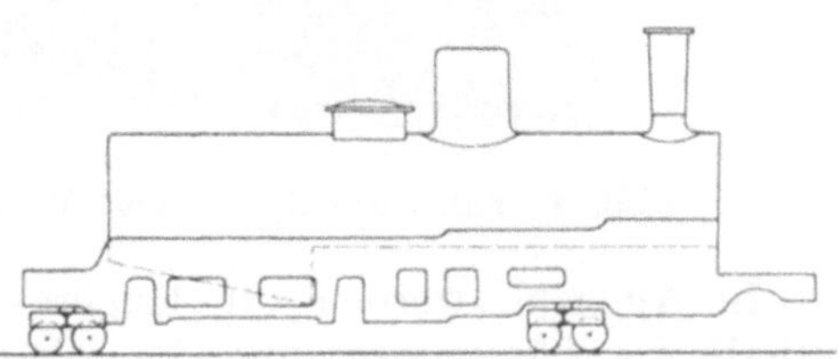

Abb. 3. Spurwagen zum Aufbocken der Lokomotiven.

In den Wagenwerkstätten ist die Schiebebühne noch immer vorherrschend und zweckmäßig, weil die von ihr bedienten Gleisabschnitte durch die Wagen verschiedener Länge gut ausgenutzt werden. Das Hochnehmen erfolgt zumeist mit den üblichen Windeböcken, bei leichten

---

[1]) Ganz falsch ist das noch wiederholt beobachtete Hochnehmen mit Laufkran und Absetzen auf Windeböcke!

[2]) vgl. Organ Fortschr. des Eisenbahnwesens 1901, S. 158.

Güterwagen durch Wagenwinden und nachherige Unterstützung mittels
Holzböcken. Schwere vierachsige Personenwagen werden mit den Kuttruff-
schen Windeböcken[1]), die keines Querträgers bedürfen, elektrisch gehoben.
Bei großer Längenentwicklung der Reparaturgleise werden zweckmäßig
ein oder mehrere Gleise von einem Portalkran bestrichen, welcher insbesondere die schweren Plattform- und Drehgestellwagen hochnimmt (auch
halbhoch bei Heißläufern). Es werden hierdurch nicht nur eine Anzahl
Windeböcke gespart, sondern auch das Verschieben dieser und der schweren
Träger entfällt, wenn Wagen verschiedener Länge behandelt werden.

Abb. 4. Fahrbares Spill. Ver. Maschinenfabrik Augsburg-Nürnberg.

In Amerika werden oft längere Wagenzüge gleichzeitig untersucht,
weshalb die Längsanordnung der Werkstattanlagen häufig zu finden ist,
selten mit gedeckten Räumen; die nicht rechtzeitig fertig gestellten Wagen
müssen sodann ausgesetzt werden; zumeist endigen diese Anlagen stumpf,
in wenigen Fällen sind auf beiden Anlagen Gleisverbindungen. Die Wagen
werden wegen ihres geringen Gewichtes nur selten mit motorischem Antrieb hochgenommen; aus diesem Grunde und weil die festländischen
Werkstätten zumeist keine große Längenentwicklung haben, findet man
hier noch keine Laufkrane, wie bei Lokomotivwerkstätten. Bei einer
amerikanischen Anlage zweigen von einer Weichenstraße Gleise unter 30^0
in Längen für je acht Wagen ab, in Abständen von etwa 6 bis 7 m.
Dies ermöglicht eine gute Übersicht bei zweckmäßiger Wagenverteilung
und Verschiebung.

---

[1]) vgl. Organ Fortschr. des Eisenbahnwesens 1903, S. 26 und Abb. 85.

An geeigneten Stellen sind Schmiedefeuer, Bohrmaschinen und Anschlüsse für Preßlufthämmer zum Nieten vorgesehen, ebenso kleine Vorratsräume. Schmalspurgleise zwischen den Arbeitsgleisen erscheinen entbehrlich, wenn die Achsen unter den hochgenommenen Wagen auf die Schiebebühne gerollt und mit einem besonders niedrigen Plattformwagen die Achsbüchsen und sonstige Einzelteile zu und von den einzelnen Werkstattabteilungen verbracht und unter den Wagen verteilt werden.

Die Verschiebearbeit auf dem Wagenhofe richtet sich nach der Anlage; ist eine große Breitenentwicklung vorhanden, so werden Schiebebühnen mit Seilzug, die etwa 80 bis 100 m voneinander entfernt und durch Weichen mit den Zufuhrgleisen verbunden sind, den gesamten Verschiebedienst verrichten können. Bei sehr erheblicher Längenentwicklung der

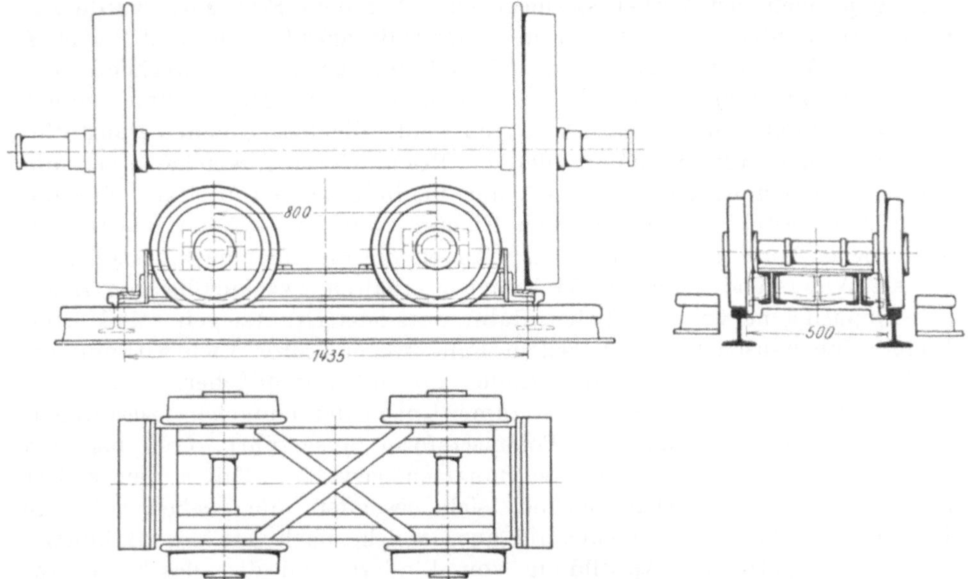

Abb. 5. Achsenbeförderungswagen (Achskarren).

Aufstellungsgleise sind Pferde, elektrische oder feuerlose Lokomotiven, auch Seilwinden (Haspel, Gangspill, vgl. Abb. 4) zweckmäßig; immerhin sind die langgestreckten Werkstätten wegen der langen Wege schwieriger zu bedienen, als diejenigen mit großen Breitenabmessungen. Letztere zu vergrößern wird sich bei zu verstärkender Leistung der Anlage mehr empfehlen als Verlängerung der Aufstellungsgleise.

Zur Beförderung der Einzelteile und Materialien wird ein Netz von Schmalspurgleisen erforderlich, das ganz und gar von der Betriebsführung und der Örtlichkeit abhängig ist; zu beachten ist, daß auch der Achsenbeförderungswagen die gleiche Spur erhält (vgl. Abb. 5). Innerhalb der Werkstätten sind Hängebahnen mit Motorlaufkatze jetzt vielfach im Gebrauche, um schwere Gegenstände rasch durch die Werkstatt befördern zu können, da es mit dem Schmalspurwagen oft schwer hält, die besetzten Gleise zu überschreiten. An Stelle der beweglichen, oft ausbesserungsbedürftigen kleinen Drehscheiben werden zweckmäßig feste eiserne Wendeplatten benutzt, auf denen das Drehen der kleinen Wagen kaum schwerer erfolgt als auf den durch Schmutz oft ungängigen Scheiben. Für Wagen-

werkstätten ist ein recht niedriger Plattformwagen normaler Spur empfehlenswert, der unterhalb der hochgenommenen Wagen durchfährt und
Achsbüchsen und sonstige Einzelteile aufnimmt und absetzt, was mit der
leichten Zufuhr der Achsen, die sog. Schnellrevision der in großer Länge
hintereinander aufgestellten Wagen ermöglicht.

2. Bauart der Werkstätten.

Die rasche Entwicklung des Verkehrs und der Betriebsmittel nach
dem Bau der ersten Bahnen bedingte rasch aufzuführende Gebäude in
Holz und Fachwerk mit leichtem Dach, besonders in England; derartige
Bauten waren zwar nach wenigen Jahren siebartig durchlöchert und ließen
dem Wind und Regen freien Eingang, ermöglichten aber leicht Veränderungen je nach den Verkehrsansprüchen. Auf dem Festlande wurde zumeist der Steinbau gepflegt, der in seiner Haltbarkeit noch jetzt Beispiele
der ersten Werkstätten aufweist, während die übrigen, entsprechend dem
Wachstum an Größe und Zahl der Fahrzeuge, umgebaut und verlegt
werden mußten. Stein und Eisen sind heute die herrschenden Baustoffe,
sei es in massiven Wänden oder in Eisenfachwerk, welches auch die
Vorteile raschen Aufbaues und leichter Veränderlichkeit besitzt. Nur die
Dachfläche besteht zumeist aus dem leichten, warmen, billigen, aber feuergefährlichen Holz, an welchem bei Bränden die Flammen entlangstreichen,
bis sie Widerstand[1]) finden. Holzdächer erhalten zweckmäßig von innen
eine Doppelfläche von Gipsdielen, Rabitzputz oder Drahtziegeln mit Mörtel.
Weißer Innenanstrich ist in jedem Falle wegen guter Lichtwirkung erforderlich. Bei neueren Bauten finden sich oft Betondächer.

Die Dachbinder wurden bisher zumeist nach der einfachen, zusammengesetzten, oder abgeänderten Polonceauform ausgeführt, erst bei den
neueren Anlagen werden andere Bauarten gewählt. Unter den später
aufzuführenden Beispielen zeichnet sich besonders die soeben eröffnete
Lokomotivwerkstätte Schneidemühl aus, welche nach Art der Bahnhofs-
hallen eine getrennte Ausbildung von Bindern und den das Dach tragenden Säulen aufweist; diese Gelenkbogen ruhen auf beweglichen Gelenk-
stützen. Um die Säulen herum und auf demselben Fundamente bauen
sich die Stützen für die Laufbahn der Krane auf, so daß überall zentrische
Belastung vorhanden ist. Diese Ausführung macht einen gewaltigen und
sachgemäßen Eindruck (Abb. 30 u. 31).

In ganz anderer Weise ist das Dach in der neuen Wagenwerkstätte
Delitzsch gelöst; indem ein Satteldach die ganze Gebäudebreite beherrscht,
in Stampfbeton mit mittlerem Oberlicht ausgeführt, werden die über
zwei Gleise reichenden Binder aufgelöst in Träger, die den Pfetten
fast gleich sind. Es ergibt sich somit eine einfache Bauart von großer
Übersichtlichkeit und Leichtigkeit, die auch bezüglich der Haltbarkeit,
Isolierung und Billigkeit nichts zu wünschen übrig läßt. Bedenklich ist nur
die große Wegelänge des abzuleitenden Niederschlagwassers, dagegen vorteilhaft die Beleuchtung, wegen der Lage der Binder innerhalb der Dachfläche.

---

[1]) Ein solcher muß künstlich geschaffen werden, wenn die eisernen Binder nicht
bis an die Dachschalung reichen. — Die übliche Anordnung gewährt der Flamme freien
Durchgang über den Binder hinaus. In diesem Falle ist durch Anbringung von Schutz-
blechen in Entfernung einiger Binder nachträglich ein Widerstand gegen Ausdehnung
eines Feuers zu schaffen.

Die großen Hallen erfordern stets Oberlicht, das zweckmäßig unterhalb der Dachbinderauflage über die ganze Länge der Gebäude geht und einen Teil der Wand bildet, oder das als Laterne das ganze Dach bis zu den Endfeldern beherrscht. Drehbare Fenster, welche durch eine durchgehende Welle aus Rohren mittels Drahtseilzug bewegt werden, sorgen für Licht und Luft. Kostspielig und wenig luft-, aber oft regendurchlässig sind die in die Dachfläche eingelassenen Fenster aus Drahtglas; sie bieten ebensowenig die Möglichkeit eines Schutzes gegen die überaus lästigen Sonnenstrahlen, wie der zwischen den beiden Bauarten liegende besondere Glasaufbau, der etwas steiler als die Neigung des Daches sich über diesem erhebt; auch hier ist schweres Drahtglas erforderlich, im Gegensatze zum einfachen Glase der lotrechten Fenster in Wand und Laterne. Recht gleichmäßig verteiltes Licht und Schutz vor den Sonnenstrahlen bei ebenfalls leichter und wenig kostspieliger Bauart gibt das nach Norden zeigende Säge- (Shed-)Dach (Werkstätten Epernay, Karlsruhe, Osnabrück), wenngleich die Binder bei großen Spannweiten schwieriger durchzubilden sind als beim Satteldach mit großer Bauhöhe. Schutz vor den Sonnenstrahlen bei gleichmäßigem Licht gewährt auch mäßig blaues Oberlicht, das aber in Fenstern ebenso wie die jetzt häufig verwendeten Glasbausteine viel Licht absorbiert.

Die Fußböden zeigen häufig die Anwendung von Holz, sei es in Gestalt von Klotzpflaster auf Betonunterlage mit Asphalt vergossen (Deutschland), sei es in mehreren sich kreuzenden Lagen von schweren Bohlen und Dielen (Hartholz, Ahorn), die zugleich als Fundamente der Werkzeugmaschinen dienen (Amerika); vgl. Abb. 36 bis 38 (Werkstätte Pittsburg). Hygienisch und zugleich billiger, sowie leichter sauber zu halten als die vorbeschriebenen Fußböden ist reiner Beton mit abgeplätteter Zementdecke, der sich bei nur einiger Vorsicht selbst in der Schmiede bewährt. Die Standplätze der Handwerker erhalten dabei zweckmäßig Holzdielung. Auch bei älteren Anlagen mit doppelgeschossigen Drehereien lassen sich ausgelaufene Dielen gut einebnen durch Aufbringen einer möglichst dünnen zusammenhängenden Schüttung von Eisendrehspänen mit Aufguß einer 25 mm starken Betonschicht (Kies und Schlacke) und Zementdeckung. Eine nachherige Rißbildung ist unschädlich und kann, wie der Fußboden überhaupt, leicht ausgebessert werden; derselbe hat die obigen guten Eigenschaften und ist völlig feuersicher. Auch die Gleise der Wagenwerkstätten können vollständig in Beton — ohne Schwellen — hergestellt werden, indem zwei Grundmauern aus magerem Beton, an den Stößen etwas besser, die Schienen direkt, mit eingestampften Befestigunghaken, aufnehmen, wie es bei Arbeits- und Löschgrubengleisen stets der Fall ist.

Wenn von der Bauart der Eisenbahnwerkstätten gesagt ist, daß sie die allgemeinen Erfahrungen und Regeln anderer industriellen Anlagen[1]) zu berücksichtigen haben, so ist dies um so mehr bei den Nebenanlagen der Fall: Dreherei, Schmiede, Gelbgießerei, Kupferschmiede, Holzbearbeitung (Trockenanlage), Modelltischlerei, Sattlerei, Lackier- und Räderwerkstatt,

---

[1]) Vgl.: 1. Neuere Eisenbahn-Werkstätten vom Kgl. Geh. Oberbaurat Müller, Verkehrstechn.-Woche 1907, Heft 50 u. f.; 2. Anlage von Fabriken, Teubners Handbücher (Präs. v. d. Borght. Reg.-Rat Stegemann, Prof. Schumacher). Diese beiden Werke bringen eine große Anzahl allgemeiner und besonderer Einzelheiten, die wegen Raummangels hier nicht behandelt werden können.

sowie Magazin. Die betreffenden Beispiele werden ohne weiteres verständlich sein.

Bezüglich der Dreherei ist zu bemerken, daß sie früher doppelgeschossig, jetzt nur zu ebener Erde angelegt werden. Die oft unmittelbar durch Riemen angetriebenen Hauptwellen liegen im ersten Falle in derselben Ebene mit den Vorgelegen an der Decke, im letzten Falle lotrecht über diesen, an den die Säulen verbindenden eisernen Gitterträgern. Der Antrieb erfolgt hier gewöhnlich elektrisch in Gruppen. In den mehrgeschossigen Drehereien bietet die Anbringung von kleinen Trägern für die Laufkatzen zum Aufbringen der Achsen keine Schwierigkeit, in den

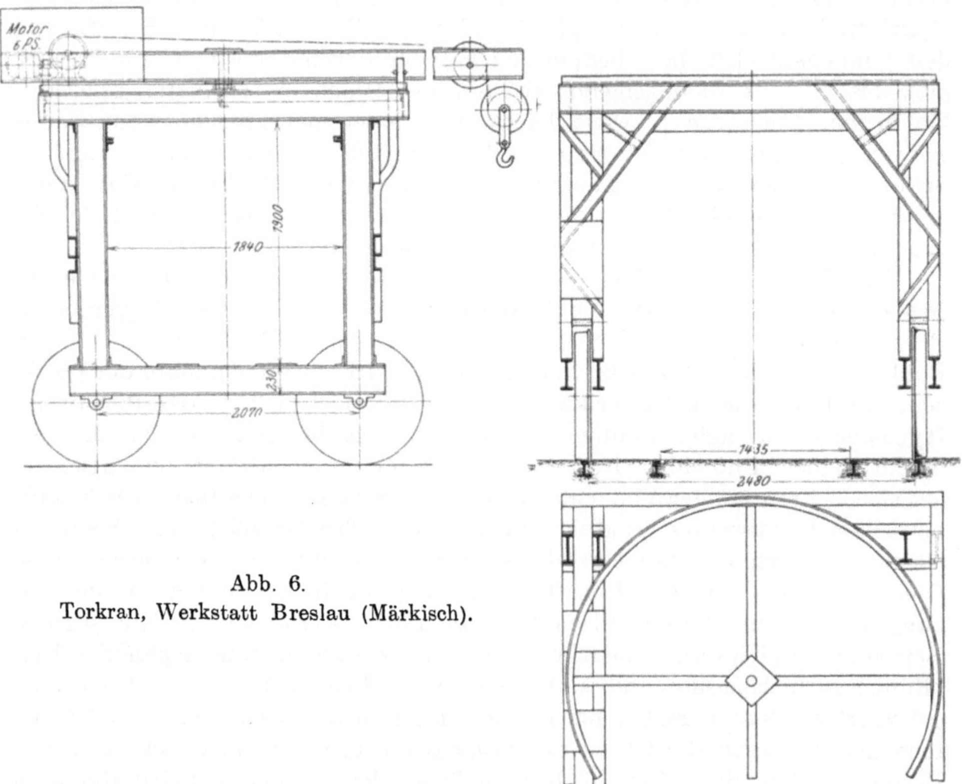

Abb. 6.
Torkran, Werkstatt Breslau (Märkisch).

ebenerdigen neueren Anlagen müssen fahrbare Laufkrane, oder solche nach Ramsbottonscher Bauart (einschienig), oder Torkrane (vgl. Abb. 6) zur Anwendung kommen. Stets müssen die Aufzugsvorrichtungen elektrisch oder mit Luftdruck betrieben werden, weil die große Hubhöhe infolge der Ausrüstung der Radsatzdrehbänke mit vier Supporten dies erfordert.

In den neueren Werkstätten werden besondere Drehereigebäude nicht mehr angelegt, sondern die Werkzeugmaschinen werden inmitten der Lokomotiv- oder Wagenhallen, oder an den Umfassungswänden aufgestellt, was den elektrischen Antrieb erleichtert. Die Beförderungswege sind dann sehr kurze, die Gebäudeanordnung recht einheitlich.

Die Schmiede muß nicht nur zur Wiederherstellung der erforderlichen Menge kleiner, oder auch sperriger Stücke dienen, sondern auch zur Neuanfertigung größerer Mengen von Gesenkstücken, Beschlagteilen usw. eingerichtet sein. Es ist also genügend Spielraum zwischen den einzelnen Feuern nötig und deren freie Zugänglichkeit von allen Seiten; außer den Wandfeuern werden aber zweckmäßig vierfache Mittelfeuer anzulegen sein, die häufig zentrale Rauchabführung durch gemauerte Schornsteine haben. Schweißöfen sollten grundsätzlich in allen Werkstätten vorhanden sein, um größere Schmiedestücke aus Altmaterial herstellen zu können, bzw. auch Rundeisen für Bolzen auf einer leichten Walzenstraße. Die Abgase der Öfen werden zur Dampferzeugung ausgenutzt, so daß der Betrieb wirtschaftlich ist. Zur Vermeidung von Rauch und Hitze werden die Rauchfänge (Kappen) der Schmiedefeuer recht umfangreich hergestellt, am besten in Beton aus Schamottekleinschlag und Schlacke mit Drahteinlage, im ganzen etwa 5 cm stark. Das Betonzylinder- (Tonnen-) Gewölbe stützt sich auf einen Winkeleisenring, der entweder durch Zugstangen an der Wand aufgehängt ist, oder sich bei Mittelfeuern auf die Füße des Schmiedefeuers stützt. Werden diese Kappen mit Blechtafeln möglichst zugesetzt und außerdem in die Kamine ein kleines Wind- (Sause-)Rohr gelegt, welches beim Aufschütten (Abbrennen) der Kohlen geöffnet wird, so ergibt dies die beste Vermeidung des Qualms und eine klare, helle Schmiede. Um auch im Sommer eine gute Lufterneuerung zu haben, wird ein elektrisch betriebener Ventilator an geeigneter Stelle anzubringen sein, oder mehrere von den Dampfhämmern gespeiste Abdampfstrahlgebläse (Körting).

Das Dach der Schmiede ist auch mit Laterne und drehbaren Fenstern zu versehen und hell zu streichen. Stets ist größte Helligkeit, auch bei künstlicher Beleuchtung, anzustreben, da die Ansicht, die Schmiede müsse halbhell sein, wegen der Betriebsgefahr und für schwierige Gesenkarbeiten nicht haltbar ist.

Der Fußboden kann ebenfalls betoniert sein, etwas Vorsicht wegen dessen Beschädigung durch Abwerfen der Teile muß eingeschärft werden.

Die Federschmieden mit Glühofen und Schmiedefeuer sind oft in besonderen Bauten, oft auch in der Hammerschmiede untergebracht, von deren Bauart Abweichungen kaum erforderlich erscheinen.

Die Abkochanstalt zum Reinigen der Einzelteile liegt entweder im Freien, nur mit Schutzdecke versehen, oder besser in geschlossenen, gut heizbaren Räumen, weil sonst im Winter der Dampf die Gegenstände unsichtbar macht. Krane oder Laufkatze mit Flaschenzug sind stets erforderlich. Fahrbare Abkochbehälter nach Bauart Gronewaldt, (vgl. Abb. 7) für ganze Drehgestelle sind empfehlenswert; erwünscht ist eine Einrichtung für Dampfanschluß an Lokomotiven. Das Abbrennen geschieht zweckmäßig auf einem betonierten Platz, über den eine Pyramide aus Wagenträgern mit Blechbekleidung aufgebaut ist; die unteren Bleche können zum Ein- und Ausbringen der Gegenstände abnehmbar sein. Das Abbrennen auf freiem Platze ist langwieriger und wirkt durch Qualm belästigend. Zum Abbrennen von Rohren werden häufig Gasdüsen angewendet.

In bezug auf die Magazine mag bemerkt werden, daß die für viele Handwerke zu haltenden Materialien überaus reichhaltig sind und die verschiedenartigsten Bedingungen für deren Aufbewahrung erheischen, vom schweren Eisen, das zweckmäßig in überdachten Verschlägen liegt, bis zu den leichten Webwaren, Beschlagteilen, Glas, Gummi, Leder und Metallgegenständen, die in besonders verschlossenen Räumen lagern sollen. Die leichten

Teile sind oft in fahrbaren Behältern, die von Frauen bedient werden,
untergebracht. Mehrere Geschosse sind stets erforderlich (Aufzug); im Keller
sind die feuergefährlichen Stoffe (Öl, Lacke usw.) den ortspolizeilichen Vorschriften entsprechend aufzubewahren. Handmagazine für kleinere Entnah-
men können zweckmäßig unterhalb der hoch angelegten Werkmeisterbureaus
angebracht werden. Holztrockenschuppen oder freie Holzlager sind in möglichst großen Entfernungen von den anderen Gebäuden anzulegen, ebenso
die etwaigen Trockenanstalten, über deren Wert die Ansichten geteilt sind.
Während in einigen Werkstätten das sehr billig arbeitende Verfahren von
Frèret in Anwendung ist (etwa 5 tägiges Räuchern mittels schwelender, harten
Späne, Organ 1888), wenden einige das auch für harte Hölzer brauch-

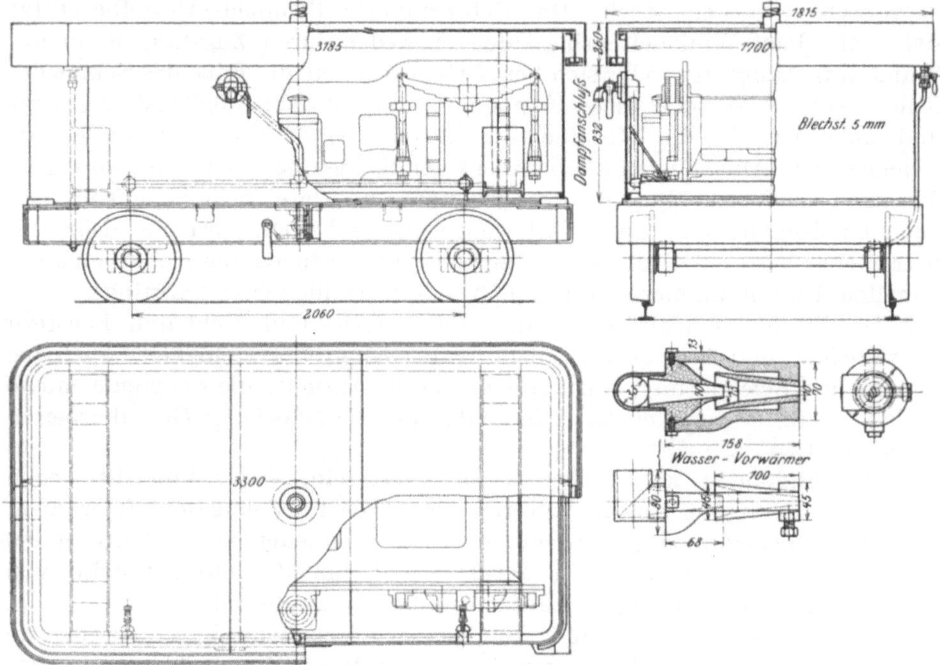

Abb. 7. Fahrbarer Abkochbehälter (Gronewaldt).

bare Verfahren des Dämpfens mit nachfolgender Trocknung durch heißen
Wind an (Sturtevant, Körting), und wieder andere messen der künstlichen
Trocknung überhaupt keinen Wert bei, weil die Kosten der Umstapelung
und Trocknung den Nutzen der geringeren Lagerzeit zum Teil aufheben.
Da endlich die Hölzer nur zu bestimmten Zeiten käuflich und lieferbar
sind, nicht dem Gebrauche entsprechend, so wird es in jedem Falle Sache
der Rechnung sein, die Kosten des Trocknens gegen die Ersparnisse an
Lagerraum und Verzinsung genau abzuwägen. Nicht richtig ist die viel-
verbreitete, durch Versuche der Reichsversuchsanstalt widerlegte Ansicht,
daß die Beschaffenheit des Holzes leide; bei richtigem Betriebe nimmt
die Zähigkeit des nach Frèret getrockneten Holzes sogar etwas zu. Die
mechanische Holzbearbeitung ist von den anderen Abteilungen feuersicher, nicht aber notwendigerweise räumlich zu trennen. Soweit der
Antrieb der einzelnen sehr rasch laufenden Maschinen nicht direkt elek-

trisch erfolgt, ist die Wellenleitung in besonderem begehbaren Keller oder Kanal zu lagern und mit elektrischer Späneabsaugung zu versehen.

Die Gelbgießerei kann zweckmäßig innerhalb einer der großen Werkstatthallen oder der Schmiede liegen, jedoch durch Wände getrennt; ein besonderer Bau ist wegen der hierdurch bedingten längeren Wege und schwierigeren Übersicht nicht empfehlenswert. Wenn angängig, ist es für die Herstellung von Flußeisen oder Stahlguß erwünscht, einen Heißwindofen (Lindemann) aufzustellen, in welchem Stahl- oder Eisenschrott wirtschaftlich zum Gießen von Beschlagteilen umgeschmolzen werden kann; hierfür genügt der Wind der Schmiedefeuer.

Für beide Einrichtungen sind die nötigen Drehkrane oder Laufkatzen vorzusehen, wie es für beide Arten der mit Unterwind betriebenen Öfen zweckmäßig ist, zur Verbesserung des Wirkungsgrades der Feuerungsanlage Vorwärmöfen oder Schmelzöfen für Weißmetall dahinter zu schalten.

Für gute Lüftung ist auch hier in der bereits beschriebenen Weise zu sorgen, gleicherweise in der möglichst benachbarten Kupferschmiede, die mit Gas- und Windleitungen zum Löten gut auszustatten ist.

Die Lackierwerkstatt ist tunlichst in einem Einbau oder einheitlichen Anbau hell und luftig unterzubringen, gegen Kälte und Schwitzwasser vom Oberlicht durch doppelte Verschalung und Verglasung zu schützen und mit genügender Anzahl von Heizkörpern auszustatten; letzteres gilt auch für die Tapezierwerkstatt und Sattlerei, die im übrigen in Zwischenstockwerken untergebracht werden mögen. Eine Firnisküche ist nur für größere Werkstätten — in feuersicherer Entfernung von anderen Werkstätten — anzulegen.

Die Weichen- und Streckenwerkstatt ist im allgemeinen mit geräumigen Hallen, mit Laufkran und Längsgleis anzulegen. Besondere Einrichtungen neben der guten Ausrüstung mit Sondermaschinen (Hobel-, Fräs-, Bohr-, Richt- und Nietmaschinen) sind kaum erforderlich. Hier kommt es vor allem auf den leichten und raschen Transport auch einzelner, schwerer Stücke an; zu diesem Zwecke dienen auf Ständern liegende Laufrollen, die in etwa halber Schienenlänge von einander entfernt stehen und eine rasche Zufuhr der einzelnen Schienen und Zungen von und zu den verschiedenen Maschinen ermöglichen. Die Walzen mit ihrer Lagerung sind im Ständer auch in lotrechter Achse drehbar, so daß die Schienen, im Schwerpunkt unterstützt, nach allen Richtungen befördert werden können.

Zentesimalwagen sind möglichst im Ausgangsgleis der Wagenwerkstatt — und ohne Unterbrechung des Gleises — einzulegen; auch in der Nähe des Magazins oder der Altmaterialbansen ist eine Gleiswage vorzusehen. Zum Wiegen der Achsbelastung der Lokomotiven dienen die bekannten Vorrichtungen von Ehrhardt, oder die eichfähigen Wagen von Schenck, Spieß, Zeidler und Dopp, die ein gleichzeitiges Abheben der Räder und Einstellen der Wägevorrichtungen gestatten (vgl. Abb. 76 bis 79).

Die Heizung der Werkstätten geschieht in der für industrielle Anlagen üblichen Weise, jedoch bei den zumeist fehlenden Kondensationsdampfmaschinen mittels Abdampf, entweder direkt oder mit durch diesen erwärmten Luftstrom (Gebläse). Wenn auch der Abdampf der Hämmer zur Verwendung kommt und Einrichtungen getroffen werden, die nach Bedarf schon vor Beginn der Arbeitszeit gedrosselten Frischdampf in die Leitung geben, so ist dies die billigste Heizung, die allen Anforderungen genügt. Reicht der Abdampf nicht aus, so empfiehlt es sich, diesen nebst Niederschlagwasser in den Abgasen der Glühöfen zu regenerieren und zu überhitzen, was bei dem geringen Wärmegrade und der niedrigen Spannung des Dampfes leicht ausführbar ist. Der Abdampf macht weite Rohre erforderlich, die teilweise zugleich als Heizkörper dienen und zweckmäßig über dem Fußboden oder den Werkbänken liegen, nicht aber in Kanälen. Diese verzehren einen großen Teil der Wärme und sind überdies Lager für Schmutz und Ungeziefer, daher vom hygienischen Standpunkte zu verwerfen. Bei Frischdampfheizung sind Rippenheizkörper vorzusehen oder solche aus Siederohren, die in gußeiserne Platten eingewalzt sind. Durch Verschlußplatten wird die Zufuhr des Dampfes und Ableitung des Niederschlagwassers herbeigeführt. Die Heizung muß zur Herstellung einer Temperatur von 10 bis 12° C in den verschiedenen Abteilungen genügen (Lackierwerkstatt 15° und darüber).

Die jetzt häufig angewendete Frischdampfheizung bietet den Vorteil der Rückgewinnung des reinen Niederschlagwassers zur Kesselspeisung. Statt der üblichen Druckminderventile können auch Handdrosselventile verwendet werden. Die Reinigung der hierbei verwendeten Rippenheizkörper oder Radiatoren ist allerdings schwieriger als die der glatten Rohre bei Abdampfheizung.

Während der Heizperiode genügt das Aufsteigen der erwärmten Luft durch die Dachaufsätze (Laternen) vollständig zur Lüftung der Räume; eine solche muß aber im Sommer künstlich durch Gebläse geschaffen werden; kann die geförderte Luft mittels Wasser gekühlt werden, so trägt dies zum Wohlbefinden und zur Leistungsfähigkeit der Arbeiter erheblich bei. Fehlt die mechanische Lüftung, so ist geeignete Dachausbildung (Laternen, Luken) nötig, und alle Fenster sind möglichst in Kopfhöhe mit Klappen zu versehen, oder mindestens einzelne Scheiben zum Öffnen einzurichten.

Die Wasserleitung ist in üblicher Weise auszustatten, möglichst als Ringleitung mit absperrbaren Teilstrecken, Entnahmestutzen sind reichlich vorzusehen, besonders solche für Feuerlöschzwecke, die mit dem örtlichen Feuerwehrgewinde zu versehen sind.

Die Entwässerung der Gebäude geschieht zweckmäßig durch gemauerte, befahrbare Kanäle, die gleichzeitig Rohrleitungen für Preßluft, Wind, Dampf usw. aufnehmen.

Die Beleuchtung erfolgte bis vor wenigen Jahren ausschließlich durch Gas, welches zumeist in eigner Anlage erzeugt wurde, jetzt hat dies nur noch Innen- insbesondere Einzelbeleuchtung zu versehen, fast ausschließlich in Form von Auerlicht. Gegen Beschädigung ist dieses möglichst hoch anzubringen, und so genügt etwa für drei Schraubstöcke eine Flamme mit dahinter liegender parabolisch gekrümmter, dachförmig abgedeckter weißer Blende; auch für mehrere kleine Werkzeugmaschinen genügt eine solche Flamme mit oberer Blende, für größeren Umfang Doppelflamme. Das elektrische Licht hat die allgemeine und die Außenbeleuchtung fast ganz erobert; hier und in hohen luftigen Räumen wird die gelbliche, noch nicht geruchlose Flammenbogenlampe mehr und mehr eingeführt, welche etwa die Hälfte des Stromes der gewöhnlichen weißen Bogenlampe erfordert, rund 6 Amp. für 1200 Hefner-Kerzen. Bei geschickter Verteilung läßt sich ein großer Teil der Einzelbeleuchtung für Schraubstöcke, Werkzeugmaschinen und Arbeitsplätze durch Bogenlampen

bewirken, besonders wenn die oft fälschlich und überflüssigerweise über
der Schiebebühnengrube und über Mittelgängen angebrachten Lampen
nach den Arbeitsplätzen zu gerückt werden, wobei jene noch genügend
Licht erhalten; es sind dann nur noch Steckdosen in reichlicher Zahl anzubringen, so daß bei genauen Arbeiten Glühlampen für Werkbank oder
Arbeitsplatz eingeschaltet werden können.

3. Größenverhältnisse.

Die Größenverhältnisse der Werkstätten und der einzelnen Abteilungen
sind teilweise abhängig von der Anzahl und Größe der Betriebsmittel,
zum Teil aber von der Arbeitsweise; so werden in Amerika und jetzt auch
hier möglichst alle Teile, selbst Führerhäuser, neben die Lokomotiven gelagert, um den Transport nach außen zu sparen, was große Räume erfordert.

Sehr gute Übersichten und Zahlen sind in den „Eisenbahn-Werkstätten"
der „Eisenbahntechnik der Gegenwart" von Troske aus statistischen
Angaben streng hergeleitet; die Endergebnisse mögen hier kurz zusammengestellt werden. Bei Lokomotiven schwankt der Ausbesserungsstand zwischen (10) 12 bis 18 $^0/_0$ und es entfallen 7 bis 13 Werkstättenarbeiter auf eine Lokomotive; die höhere Zahl ist anzustreben, da sie
beschleunigte Arbeitsausführung ermöglicht und den wirtschaftlich ungünstigen hohen Reparaturstand herabzieht.

Die entsprechenden Zahlen für Personen- und Postwagen sind bei 8
bis 10 $^0/_0$ Ausbesserungsstand 2 bis 4, Gepäck- und Güterwagen (rund
3 $^0/_0$ Ausbesserung) 0·7 bis 1·5, Drehgestelluxuswagen erfordern 5 bis
5·5 Arbeiter für einen Wagen. Die höheren Zahlen bedeuten intensiveren
Arbeitsgang, für den die Arbeitsmaschinen, wie auch Einteilung und
Methoden vorgesehen und zugeschnitten sein müssen. Die höheren Aus-
besserungsverhältnisse tragen der Vermehrung der Fahrzeuge, rund 6 bzw.
3 $^0/_0$ für Lokomotiven oder Wagen Rechnung.

Der Abstand der Lokomotivstände voneinander betrage etwa 6 bis
7 m, um Putztische und Einzelteile zwischen ihnen unterbringen zu können,
für Wagen 5 bis 6 m. Die zwischen Wand und Fahrzeugen stehenden
Schraubstöcke erfordern rund 4 m an Raum. Die Werkstatt ist je nach
Lage der Laufkrane, die sich nach der Arbeitsmethode richten, 8 bis 9 m
hoch zu halten, bei Fortfall der Bühne etwa 12 m, um die Lokomotiven
übereinander fahren zu können. Von den längsten zu unterhaltenden
Lokomotiven hängt die Länge der Querstände ab, mit angemessenem
Zuschlage für aufzustellende Drehgestellachsen bzw. für das Regeln der
Steuerung, 15 bis 18 m sind neuere Maße, für die Bühne sind 12 m, für
die Laufkrane 14 bis 15 m Spannweite zu wählen.[1])

Wagen werden selten mehr als 5 kurze oder 2 lange hintereinander
gestellt, je nach dem Arbeitsgange. Drehgestellwagen sind zweckmäßig ohne
Berührung der viel Raum beanspruchenden Schiebebühne von einer Weichenstraße aus zur Wiederherstellung auf die Stände zu bringen; die Unter-
suchungswagen mit Drehgestell kommen über die — möglichst unversenkte
— Schiebebühne und werden an bestimmten Stellen durch versenkte Wasser-
druckhebevorrichtungen oder elektrisch betriebene Windeböcke zum Aus-

---

[1]) Bemerkenswert ist die Beech Grove Werkst. (vgl. S. 39) wegen der 2 Gleise über-
spannenden Binder, was ein Hilfsgleis für die Achsen zwischen den kürzer zu haltenden
Arbeitsgleisen ermöglicht.

wechseln der Drehgestelle hoch genommen (Werkstätte Potsdam, Wasser-druckhebevorrichtung).

Die Tender erfordern etwa dieselben Einrichtungen wie die schweren eisernen Güterwagen, sie können zum Teil im Freien untergebracht werden, da sie geringerer Ausbesserungsdauer als die zugehörigen Loko-motiven bedürfen. Für beide sind Stände mit zu entwässernden Arbeits-gruben von 0·7 bis 0·8 m Tiefe vorzusehen, ebenso für einen Teil der Personenwagen. Ein Stand ist zum Probieren der Heizung und der Bremsen mit den nötigen Leitungen auszurüsten, wie auch für die Loko-motiven ein Anbrennstand vorzusehen ist, der die üblichen Einrichtungen der Betriebsschuppen aufweist (vgl. Abb. 16).

In der Schmiede ist ein Feuer auf etwa 30 Werkstättenarbeiter zu rechnen, mit 40 bis 50 qm Platzbedarf, abgesehen von einigen Sonder-feuern in entfernt liegenden Wagenabteilungen, Werkzeugschmiede und beweglichen Feldschmieden, sowie den Federglühöfen mit benachbarter Federprüfvorrichtung. Soweit Raum vorhanden, liegen die Feuer an den Wänden als Doppelfeuer und einige vierfache Feuer im Mittelgange. Die Mitte selbst bleibt zweckmäßig für Hämmer und Pressen frei, was die Übersichtlichkeit und Zugänglichkeit von allen Seiten erhöht. Die Schweiß- und Glühöfen liegen an der Wand, möglichst gegenüber dem schwersten Hammer oder der Presse. Presse und Glühöfen müssen durch einen Träger mit Laufkatze oder mittels Drehkran mit Laufkatze verbunden sein.

Die Kesselschmiede ist ihrer Größe nach abhängig von den in den einzelnen Werkstätten des Bezirks vorhandenen Einrichtungen für kleinere Kesselausbesserungen, z. B. Rohrwände, Flicken, Kesselschüsse usw. Es werden also etwa 3 bis 4 v. H. der zugewiesenen Lokomotiven zur Aufnahme vorzusehen sein, gleichgültig, ob die Kessel auf Wagen nach festen Ständen gebracht (Schiebebühne) oder mittels Laufkran verfahren und auf Böcke gesetzt werden.

Wenn für die Dreherei als Faustregel der $1\,^1/_2$ fache Raum der Schmiede oder 3 bzw. 25 qm für einen Wagen- oder Lokomotivstand an-genommen wird, so bleiben doch die geforderten Leistungen der Einzel-maschinen genau festzusetzen, um hieraus die Größe der mechanischen Werkstatt zu berechnen, auf der in erster Linie die Leistungs- und Vergrößerungsfähigkeit der gesamten Werkstätte beruhen. Wie später an einem Beispiel gezeigt werden soll, waren nach dieser Richtung die alten Werkstätten in der Lage, durch Einführung moderner Maschinen, von Schnelldrehstahl, Einbau rasch laufender Motoren, Wellenleitungen, Gebläse usw. die ihnen gezogenen baulichen Grenzen umgehen zu können. Sind also bei einer Neuanlage die hohen Leistungen der maschinellen Anlage berücksichtigt, dann wird für deren fernere Leistungserhöhung genügend Platz vorzusehen sein. Selbstverständlich ist bei Vergrößerung der bau-lichen und Gleisanlagen für einen entsprechenden Platz zur gleichzeitigen Vergrößerung von Dreherei und Schmiede Sorge zu tragen.

Die Gelbgießerei erfordert für einen Ofen 60 bis 75 qm an Platz, davon für die Trocknerei 6 bis 12 qm; die größeren Zahlen dürften schon der etwaigen Vergrößerung genügen.

Die Größen der Holzlagerplätze sind je nach Vorhandensein einer Trockenanstalt auf $^1/_2$ Jahr, bzw. $1\,^1/_2$ oder $2\,^1/_2$ Jahre für weiche oder harte (Laub-)Hölzer zu bemessen.

Bei Anlage einer künstlichen Trocknung ist noch zu berücksichtigen, ob der forstmännische Einschlag und der kaufmännische Vertrieb der Hölzer die kurze Lagerzeit voll ausnutzen lassen. Ist die Größe der Lagerplätze ungenügend, so bietet sich ein Mittel, indem über den Lagerbansen für Eisenschrott Stützen aus Schienen oder Trägern auf gemauerte Pfeiler von 2 m Höhe gelegt werden; auf diesen Rost läßt sich das Holz noch bequem stapeln. Wenn möglich, ist jedoch ausreichend freier Raum zu beschaffen, der bis zur etwaigen späteren Verwendung gärtnerisch anzulegen ist.

Unter Bezugnahme auf die obigen Größenwerte und die von Troske („Die Eisenbahn-Werkstätten", S. 755 bis 766) gegebenen ausführlichen Zusammenstellungen[1]) mag bemerkt werden, daß diese sowie die in den „Technischen Vereinbarungen" empfohlenen Größenverhältnisse nach dem augenblicklichen Stande der Technik reichlich bemessen sind; dies kommt aber den erhöhten Verkehrsansprüchen zugute, ebenso wie die verbesserte Bauart und das Material der Betriebsmittel eine Entlastung der Werkstätten bewirkt. Wie ebenfalls oben angedeutet, ist die dauernde Verbesserung der Werkzeugmaschinen und der einzelnen Arbeitsverfahren, sowie die steigende Verwendung von Schnelldrehstahl zu besonders erhöhter Leistung geeignet, ohne erhebliche bauliche Veränderung der Werkstätten.

Eine Ausnahme hiervon bietet die Anzahl der bedeckten Stände für Güterwagen, deren Untersuchung, ja Ausbesserung noch in starkem Maße im Freien erfolgt. Wenngleich dies auch in manchen Werkstätten Frankreichs und Amerikas ohne Schaden bis zum völligen Fehlen an bedeckten Ständen getrieben wird, so ist das deutsche Klima hierzu jedenfalls ungeeignet, und die Leistung im Freien wird in der kalten und Regenzeit stark herabgesetzt, ebenfalls auch bei großer Hitze. Selbst die früher beliebten „offenen Wagenhallen" für Schnellreparatur sind zu verwerfen, weil wegen der fehlenden Wände die Zugluft die Arbeiter mehr belästigt als im Freien, und weil diese Hallen deshalb den Übergang zu geschlossenen Werkstätten bilden, ohne die Fehler ihrer vorläufigen Bauart später abstreifen zu können. Der durchschnittliche Bestand an Güterwagen sollte also — bis auf leichte Tagesreparaturen — in geschlossenen Räumen untergebracht und die im Freien befindlichen Gleise und Stände nur für diese Tagesreparaturen und, den Schwankungen des Verkehrs entsprechend, mit auszubessernden Wagen besetzt werden.

Bei der großen Bedeutung, welche die Anpassung der Werkstättenleistung an den vergrößerten Verkehr hat, dürften einige Angaben gerechtfertigt sein, die aus dem Betriebe einer dem Verfasser seinerzeit unterstellten Werkstätte herrühren. Den erhöhten Anforderungen standen zunächst, wie üblich, die ungenügenden Leistungen von Schmiede und Dreherei entgegen (vgl. Werkstätte Breslau (Märkisch), Abb. 8 bis 10); der Umbau eines vorhandenen Federglühofens in einen vereinigten Schweiß- und Glühofen entlastete die Schmiedefeuer von der Gesenkarbeit, so daß diese Maßnahme und die Erhöhung des Winddrucks die Schmiede leistungsfähiger machte. Für die Gesenkarbeiten selbst wurde eine hydraulische Presse aufgestellt, die auch zum Strecken starker Stücke gute Dienste leistet.

---

[1]) vgl. auch Rother, Allg. Bauzeitg. 1906, Heft 3, S. 62 bis 68 (Über Bau und Einrichtung von Eisenbahnwerkstätten).

Von dem Akkumulator wurde ein Rohr nach einer lotrecht stehenden Wasserdruckstauchpresse für Siederohre (Haas) abgezweigt, die sehr rasch arbeitet und leistungsfähig ist; auch das Probieren der Rohre erfolgt von dem gemeinschaftlichen Wasserdrucksammler mittels Reduzierventil. Die Fortschritte des Stahlformgusses ermöglichten eine weitere Entlastung der Schmiede von den in größeren Mengen gebrauchten Beschlagteilen, die in arbeitschwachen Zeiten in der Werkstätte hergestellt werden können.

Ganz besondere Anforderungen wurden an die Achsendreherei gestellt, die dadurch gefördert wurde, daß sämtliche vorhandenen Bänke mit Schnelldrehstahl und weiteren zwei Supporten an der freien Seite ausgerüstet wurden, auf denen die beiden Laufkegel (1 : 20 und 1 : 10) gleichzeitig gedreht werden. Die stark ausgenutzten Bänke erhielten behufs ruhigeren Laufs Wechsel der Umdrehungsrichtung und leisteten sodann täglich statt $2^1/_2$ Achsen $3^1/_2$ bis 4. Das sehr erwünschte Abdrehen jeder Untersuchungsachse konnte also durchgeführt, Achsbestand und Achsgleise auf ein Mindestmaß herabgesetzt werden, da stets nach Bedarf gedreht wird; es ist dies der wirtschaftlich günstigste Betrieb. Zum Aufbringen der Achsen wurde der oben skizzierte Torkran (vgl. Abb. 6) mit elektrischem Betriebe angelegt, der beide Seiten der Dreherei bedient und über die auf dem Gleise stehenden Achsen hinwegrollen kann. Auch die Leitspindelbänke wurden durch Schnelldrehstahl zu erhöhter Leistung gebracht.

Die alsbald versagenden Kessel und Dampfmaschinen mußten durch leistungsfähigere ersetzt, bzw. zum Betriebe der Hämmer und als Reserve stillgelegt werden, während die Wellenleitung, auf höhere Umdrehungszahl gebracht, die ihr zugemutete Mehrleistung erbringen mußte. Wegen der gleichzeitigen Einführung von Schnelldrehstahl wurde die Auswechselung von nur wenigen Riemscheiben erforderlich. Die vorläufigen Maßnahmen konnten immerhin mit rascherem Erfolge eingeführt werden als der gleichzeitig notwendige Ersatz wirtschaftlich ungenügender, an sich brauchbarer Werkzeugmaschinen, die naturgemäß in stürmische Entwicklung für den Schnellbetrieb eintraten.

Die Leistung der Lokomotivreparatur wurde durch elektrisches Hochnehmen der Maschine auf einem angebauten, mit der Dreherei in Verbindung gesetztem Stande erhöht; die auf besondere Wagen (vgl. Abb. 3) gesetzten Lokomotiven wurden auf der elektrisch betriebenen Schiebebühne zum Arbeitsstande verfahren und später zurück zum Anbringen der Achsen und Stangen, wodurch die Stände rasch frei wurden.

Auf dem Wagenhofe wurde Schnellrevision mit Hilfswagen ohne Hilfsgleis eingeführt, die unterhalb der etwa 15 bis 20 in einer Länge hochgenommenen Wagen die Achsbüchsen und sonstigen Einzelteile zu- und abführten. Ebenso wurden die Achsen über die Schiebebühne zur Dreherei gerollt.

4. Kraftbetrieb.

Die Dampfmaschine beherrscht fast unumschränkt die Antriebe der Eisenbahnwerkstätten, da sie von außerordentlicher Einfachheit und Zuverlässigkeit, selbst bei hoher Anstrengung, ist und das Triebmittel — zumeist Heißdampf — zu verschiedenen Verrichtungen herangezogen werden kann, z. B. für Dampfhämmer, Heizung, Abkocherei. Der neuerdings durchgeführte

Versuch mit Generatorgasmaschinen ist zwar wegen der niedrigen Einheitskosten des Brennmaterials (Koks) für die Pferdekraft bemerkenswert, jedoch wegen der für die genannten Nebenverrichtungen erforderlichen Dampfanlage (auch zum Betriebe des Generators selbst) sind die Anlagekosten — also auch Verzinsung und Tilgung — sowie die gesamten Betriebskosten höher als die der Dampfanlage; zweckmäßig ist die Einrichtung der im Bau begriffenen Werkstätte Delitzsch (Halle), welche das Kraftgas aus Braunkohlen-Briketts des dortigen Bezirks herstellt und die Heizung mittels Luft versieht, die durch Verbrennung des Gases unter Heizbatterien erwärmt und einfach aus den Zuführungsrohren in die zu heizenden Räume strömt.

Bei diesen mit Kraftgas betriebenen Werkstätten ist die Frage der Schmiedehämmer stets eine schwierige; bei Betrieb der Hämmer mit Luft statt Dampf (Werkstatte Opladen) ist der Wirkungsgrad dieser und der elektrisch betriebenen Preßluftanlage ein sehr geringer, der Gesamtkraftbedarf daher ein sehr viel höherer als bei den Dampfanlagen; da Dampfkessel für Generator, Abkocherei und Heizung vorhanden, würden sie auch den Betrieb der Hämmer übernehmen können. Günstig ist die Verwendung von Rauchkammerlösche zur Speisung der Generatoren (Ponart, Schneidemühl); indessen tut auch hier der fehlende Dampf dem Nutzen Abbruch, wenngleich die elektrisch betriebenen Sauglufthämmer (Schneidemühl) einen etwas günstigeren Wirkungsgrad haben. Hier würden die bisher in Deutschland nicht eingeführten, nach Art der Hämmer gebauten Wasserdruckschnellpressen (England und in neuerer Zeit auch Borsig in Tegel) vielleicht gute Dienste tun; Wasserdruckschmiedepressen mit Dampf- oder Gewichtsantrieb für Gesenkarbeiten sind vielfach in Gebrauch (Oppum, Guben, Tempelhof, Breslau O/S. und Märk. usw.). Die Sammleranlage kann, wie oben angedeutet, zu verschiedenen Nebenarbeiten wirtschaftlich Verwendung finden, insbesondere zu Nietmaschinen, Stauchpressen für Siederohre, Federprobierapparat, Richt-, Durchstoß- und Rohrbiegemaschinen.

Die Werkstätte Delitzsch hat außer den rasch arbeitenden Wasserhämmern einen Sauglufthammer, sowie eine Schmiedepresse mit Gewichtsammler; zum Befestigen der Sprengringe wird kein Hammer, sondern eine Einwalzvorrichtung verwendet.

Es wird also in jedem Falle Sache der Rechnung sein, entsprechend den örtlichen Brennstoffverhältnissen[1]) die Kraftanlage zu wählen; diese selbst soll möglichst nahe der mechanischen Werkstatt liegen, auch im Falle elektrischer Kraftübertragung, da sodann die Kosten für Dynamo und Leitung, sowie der Kraftverlust infolge Spannungsabfall eine Mindestgröße aufweisen.

Wenn tunlich, ist die Hauptwellenleitung der Dreherei direkt von der Dampfmaschine aus anzutreiben; direkt mit dieser gekuppelt oder mit besonderem Treibriemen wird die Dynamo betrieben, welche die elektrische Energie an Gruppen abgibt, oder an Einzelantriebe entfernt liegender bzw. von der Wellenleitung schwer erreichbarer Werkzeugmaschinen, Schiebebühnen, Krane usw. (Z. B. Breslau (Märkisch) Abb. 8 bis 10.) Nach Anlage-

---

[1]) Es darf hierbei nicht vergessen werden, daß es mit Hilfe der Kettenroste usw. gelingt, auch die aus der Holzbearbeitung gewonnenen Späne mit Vorteil unter den Dampfkesseln zu verbrennen; die Späne werden durch einen Luftstrom in Rohren bis zum Kessel gesaugt. (Werkstätte Breslau O/S, Gleiwitz usw.)

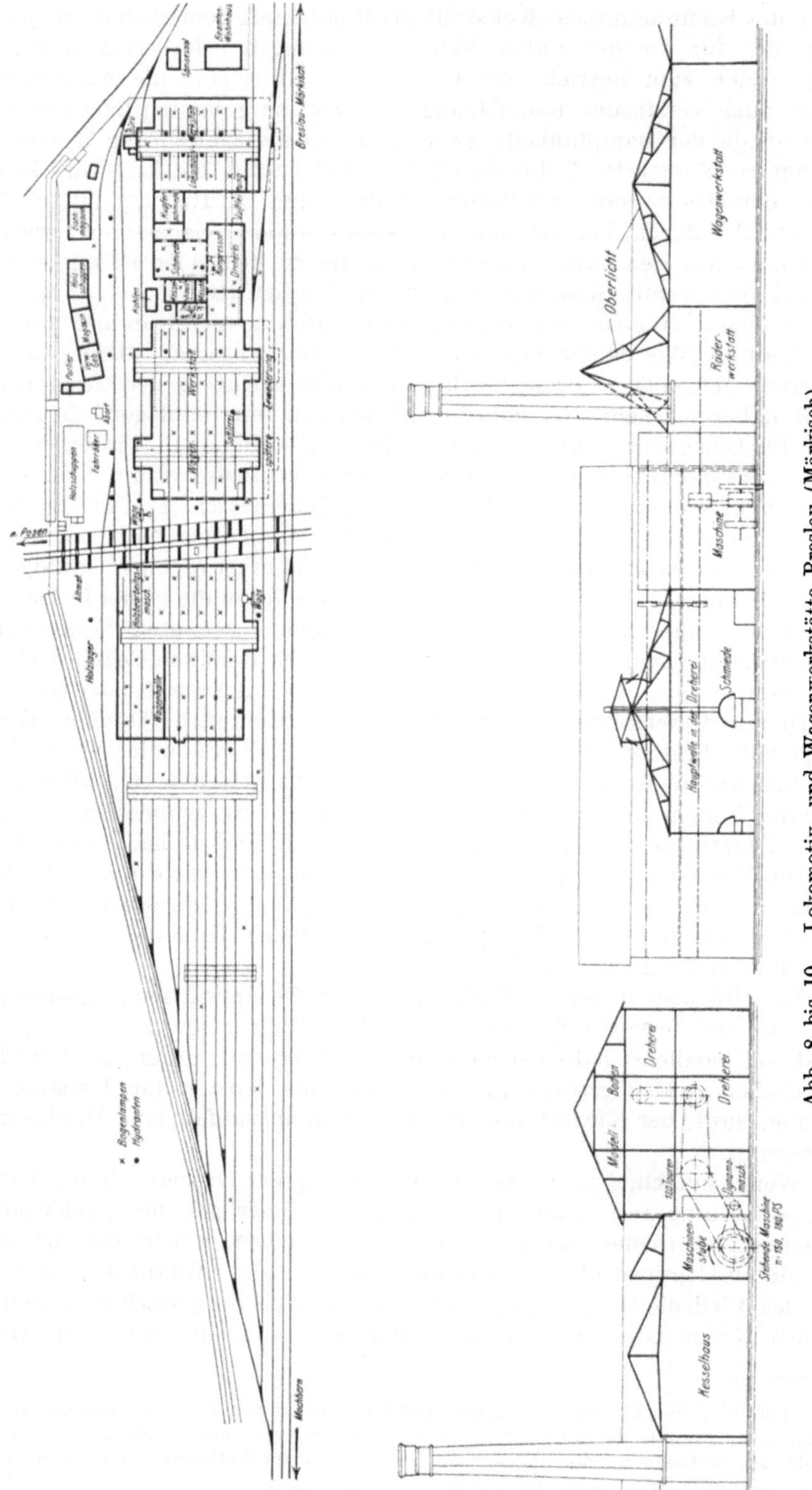

Abb. 8 bis 10. Lokomotiv- und Wagenwerkstätte Breslau (Märkisch).

und Betriebskosten (Wirkungsgrad) ist dieser Antrieb der günstigste. Wenn aber örtliche Verhältnisse es bedingen, so wird von dieser Betriebsart abzuweichen, die Zentrale gesondert anzulegen und ausschließlich elektrischer Gruppen- und Einzelantrieb zulässig sein. Die bisher vielfach angewendete Netzspannung von 110 Volt ist wegen Verringerung der Leitungsquerschnitte usw. zweckmäßig mittels zweier Dynamos auf 220 Volt zu bringen, weil hierbei die Lampen für die 110 und 220 Volt anwendbar sind und die veränderlich zu haltende Spannung Elektromotoren von veränderlicher Umdrehungszahl verwendbar macht. Die meisten städtischen Netze halten ebenfalls 220 Volt Spannung, so daß hierin eine gute Aushilfe enthalten ist. In größeren Mengen oder den gesamten Kraftbedarf von einer Ortszentrale zu beziehen (vgl. Beispiel Dortmund)[1], wird im allgemeinen zu teuer, ist aber auch bei niedrigem Strompreise nur bedingt zu empfehlen, weil hier nach vorstehendem doch Dampf erzeugt werden muß und es überdies häufig zweckmäßig und gebräuchlich ist, von der Werkstatt aus den benachbarten Bahnhof mitzubeleuchten.[2] In diesem Falle sind die Anlagekosten wegen der gemeinsamen Sach- und Zeitausnutzung von Kesseln, Dampfmaschinen, Dynamos und Gebäuden gering, also auch die Generalkosten, der Strom daher billig. Außer für die genannten Hauptantriebe ist ein ausgedehntes Leitungsnetz für bewegliche Werkzeugmaschinen und Apparate nötig; insbesondere breiten sich jetzt die elektrischen Bohrmaschinen stark aus, welche nach Art der Preßluftbohrer in feste Bohrwinkel eingespannt werden; sie dienen auch zum Gewindeschneiden für Stehbolzen und müssen daher mit Rückwärtsgang ausgestattet sein. Bei Nichtgebrauch sind diese Apparate an geeigneten Plätzen der Lokomotivhalle fest anzubringen, um sie für kleinere Arbeiten verwenden zu können.

Eine fernere Kraftleitung ist für Preßluftwerkzeuge, insbesondere Börtel-, Stemm- und Klopfhämmer vorzusehen, da hierfür zuverlässige elektrische Apparate noch nicht vorhanden sind; Versuche sind allerdings auf der Werft in Triest gemacht worden. Die Luftpresser sollen stets den Enddruck (6 bis 8 at) in Verbundwirkung mit Zwischenkühlung erreichen; bei erheblicher Größe werden sie gewöhnlich von einer besonderen Dampfmaschine oder durch einen Elektromotor angetrieben.

5. Neuere Anlagen von Hauptwerkstätten.

a) Lokomotivwerkstätte Epernay (französ. Ostbahn).[3] (Abb. 11 bis 14.)

Die alte Werkstatt war mit Querständen und Bühne ausgestattet und wurde auf 40 Stände für 200 Lokomotiven vergrößert. Der Neubau er-

---

[1] Die elektrischen Kraft- und Lichtanlagen der neuen Lokomotivwerkstätte auf dem Bahnhof Dortmund - Rangierbahnhof. Organ Fortschr. des Eisenbahnwesens 1907, Heft 1, Abb. 1 bis 4, Tafel 3 und Abb. 1 bis 3, Tafel 4.

[2] Die Musteranlage in Saarbrücken betreibt mittels Dampfturbinen und direkt gekuppelten Hoch- und Niederdruck-Dynamos die beiden benachbarten und die entfernt liegende Werkstätte Burbach, beleuchtet diese und eine Reihe von Bahnhöfen, liefert den Dampf für die Hämmer der Werkstätten und arbeitet sehr wirtschaftlich. Die Kessel werden durch mechanische Feuerung und Förderung der Kohlen von Schüttwagen aus betrieben.

[3] Organ Fortschr. des Eisenbahnwesens 1903, S. 256ff. (Tafel 35 und 36).

hielt zwei Hallen von 165·5 m Länge, 37 m Breite mit je drei Längsgleisen,
sämtlich mit Arbeitsgruben (1·2 × 0·75 m) versehen; jede Halle bestreichen
zwei Laufkrane zu 30 t, die einzeln oder zusammen ganze Lokomotiven
elektrisch heben. Die Seitengleise werden mit Lokomotiven besetzt, die Mit-

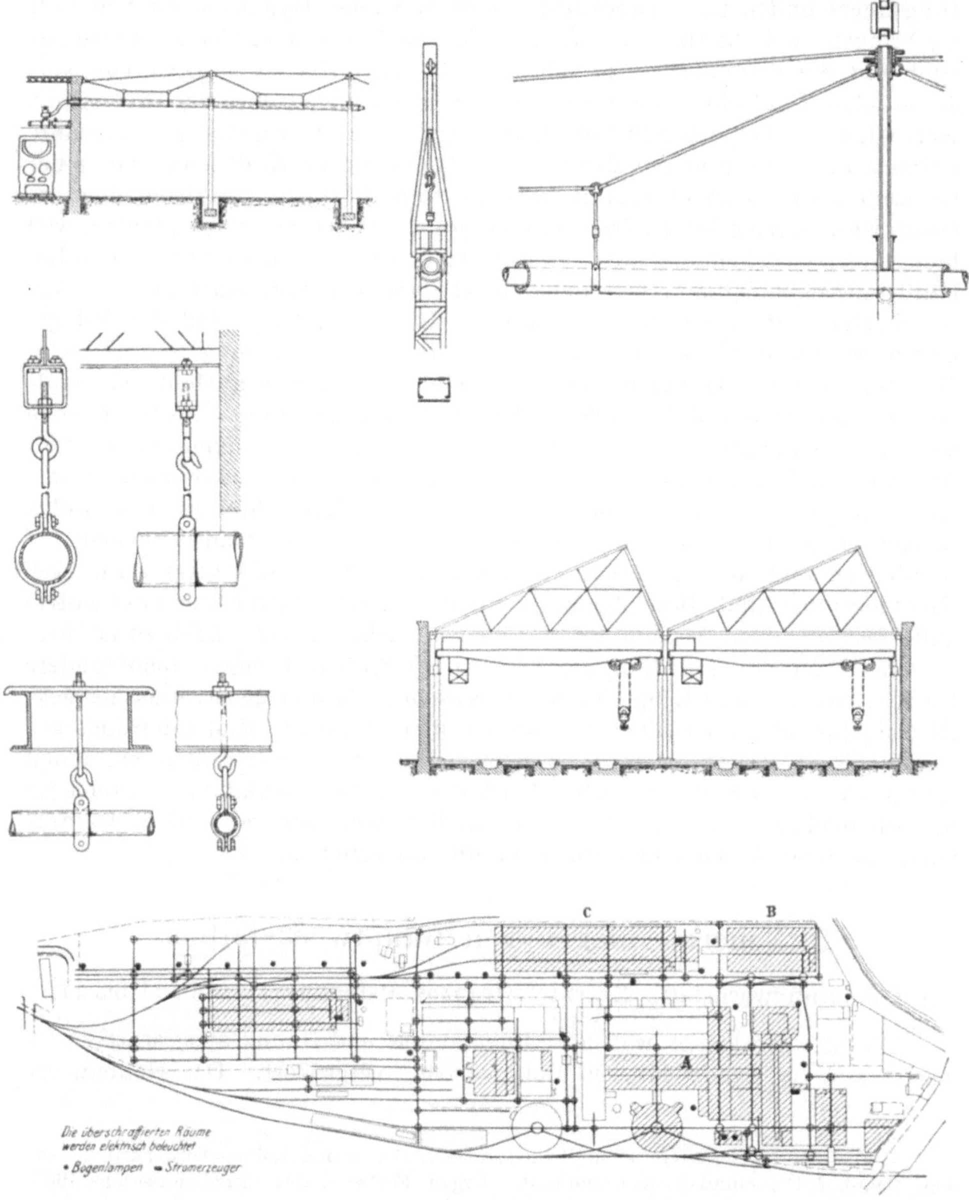

Abb. 11 bis 14. Lokomotivwerkstätte Epernay.

telgleise nur ausnahmsweise zu kleinen Ausbesserungen herangezogen,
in der Weise, daß die Zuführung der Maschinen mit elektrischem Haspel
erfolgt. Das Sägedach der Hallen zeigt nach Norden; zwei Nebenräume
der Halle dienen für Maschinen und Kessel, die zum Teil mit Kudliczrost

zum Verfeuern der Lokomotivlösche versehen sind. Die 250-pferdige Dampfmaschine dient zum Betriebe der in der Halle meist im Einzelbetrieb laufenden Bohrmaschinen (fest und beweglich), des Luftpressers (50 PS, 7 cbm minutlich, 8 at Riementrieb) und der vier Laufkrane (Drahtseilübertragung, die, billiger als die elektrische, sich in manchen Werkstätten bewährt).

Ferner wurden die Gebläse fahrbarer Schmiedefeuer (elektrisch mittels Steckdosenanschluß), Schleif- und sonstige Werkzeugmaschinen von derselben Kraftquelle betrieben, nicht aber die eigentliche Dreherei, dagegen auch die elektrische Beleuchtung der anderen Gebäude und des Betriebsbahnhofs. (Abb. 6 und 7 auf Tafel 35 im Organ Fortschr. des Eisenbahnwesens geben die Anschlüsse.) Das Niederschlagwasser der Heizung wird zur Speisung der Kessel mittels Kolbenpumpen benutzt, während das von den mit Niederschlagung arbeitenden Dampfmaschinen gewonnene Wasser von 30° C die Behälter des Werkstättenbahnhofs versorgt, um diese vor Einfrieren zu schützen. Auf die Ausführung der Dampfleitung und Heizung ist großer Wert gelegt, die Aufhängung geschieht nach Abb. 11 bis 13. Die Leitungen sind durch vier Lagen geteerter Pappe und darüber einige Lagen Binsengeflecht gegen Abkühlung geschützt, oder durch dreimaligen Anstrich von Leinöl mit Graphit, darüber eine 3 cm starke Schicht feuerfester Erde, Sand und Ziegenhaare mit Wasser; auch die ältere Art mit Strohseilen und Lehm ist dort noch im Gebrauche. Nähere Angaben über Betriebsführung waren nicht erhältlich. (Vgl. auch Revue générale des chemins de fer 1903.)

b) Lokomotiv- und Wagenwerkstätten Collinwood (Lake Shore and Michigan Südbahn, Amerika).[1] (Tafel I, II und Abb. 15.)

Diese Werkstätten dienen der Wiederherstellung der Betriebsmittel, der Neuanfertigung der hierzu erforderlichen Teile und einiger Post- und Gepäckwagen in den drei betriebsschwachen Monaten; in den neun übrigen Monaten sollen 500 bis 550 Personenwagen sowie jährlich 350 bis 450 Lokomotiven ausgebessert werden.

Das Kraftwerk liegt im Mittelpunkte der Anlage (Taf. II, Abb. 1 bis 3). Die formgebenden Werkstätten (Abb. 15), Gelbgießerei, Bolzenwerkstatt, Haupt- und Federschmiede liegen in einem gemeinsamen Bau, östlich davon verschiedene Lagerplätze und Achsgleise, westlich davon Lokomotiv- und Tenderwerkstatt zusammen mit Kesselschmiede und Lokomotivdreherei.

Der südliche Teil wird von der Wagenwerkstatt eingenommen, Holzbearbeitung, Lager und Trocknerei liegen am östlichen Ende; Güterwagenausbesserung mit Stellmacherei und die Personenwagenwerkstatt liegen nach Westen zu, zwischen diesen zwei versenkte elektrische Schiebebühnen von 22·86 m Länge. Das Verwaltungsgebäude enthält außer der technischen und kaufmännischen Einrichtung eine chemische Prüfungsanstalt. Die Reinigung der Abwässer der Gesamtanlage erfolgt nach dem biologischen Verfahren.

[1] Am. Engineer. und Railroad Journal 1902 u. 1903; Organ Fortschr. des Eisenbahnwesens 1905, 5. Heft, S. 132, Tafel 34, Abb. 1, Tafel 35, Abb. 1 bis 5, Tafel 36, Abb. 1 und 2.

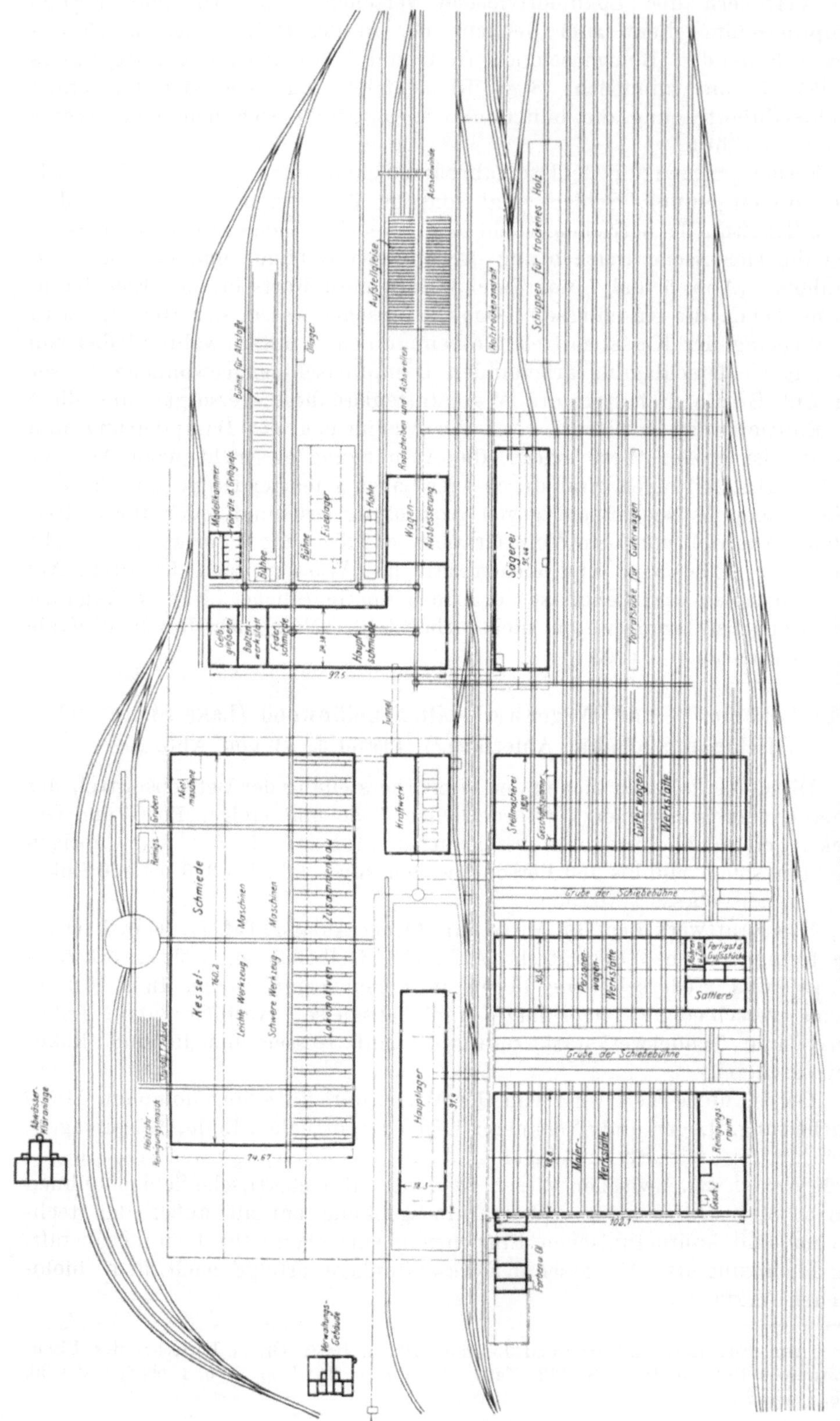

Abb. 15. Lokomotiv- und Wagenwerkstätte Collinwood.

Die Kraftanlage zeichnet sich durch eine besonders umfangreiche Kesselanlage mit selbsttätiger Beschickung aus, sechs Kessel zu 560 qm Heizfläche, deren je zwei einen gemeinsamen eisernen Schornstein von 1525 mm Durchmesser bei 45·7 m Höhe haben. Aus dem Schüttrumpfe unter dem Zufuhrgleis werden die Kohlen auf Gleisen den Kohlenbrechern zugeführt, von hier auf das Becherwerk in den Vorratsraum, aus dem sie in die Rohre der Feuerungstrichter gelangen; auch die Asche wird mechanisch entfernt. Kohlenbrecher und Förderbahn haben 20 pferdigen elektrischen Antrieb, Becherkette 7·5 PS. Ein Kessel besitzt festen Rost(!) zur Verbrennung der durch Absaugen zugeführten Späne der Holzbearbeitungswerkstatt. Der Abdampf wird zur Heizung verwendet, das Niederschlagwasser nach Abscheidung des Öls zur Kesselspeisung zurückgeführt.

Zwei Dampfdynamos von 650 PS und 150 PS sind vorhanden, außerdem ein Dampf-Luftpresser von 42 cbm stündlicher Leistung. Das elektrische Zweileitungsnetz von 240 Volt Spannung dient den Hauptantrieben; für die verschiedenen Einzelantriebe ist ein Vierleiternetz vorhanden, welches sechs verschiedene Spannungen und Umlaufzahlen — statt der Reglerwiderstände — gestattet. Die vom Kraftwerk nach den Werkstätten führenden Leitungen und Rohre sind in gemeinsamen, begehbaren Betonkanälen verlegt.

Die Seitenwände der Lokomotivhalle sind aus Eisenfachwerk errichtet mit besonders großen Fensterflächen und oberem Seitenlicht in den Zwischenwänden. Eiserne Kastensäulen, die Dachbinder und Kranbahn tragen, sind mit Beton verfüllt, die beiden Seitenhallen haben Pappdach, die Mittelhalle Glas(!). Der Fußboden ist in doppelter Dielung auf Holzschwellen in Kies verlegt über einer Stein- und Asphaltschicht gegen Bodenfeuchtigkeit.

Die große Gleisentfernung von 6·7 m gestattet neben den Werkbänken die Unterbringung der Einzelteile auf Gestellen — selbst der Führerhäuser. Zwei Laufkrane von 10 und 100 t sind vorhanden, so daß ganze Lokomotiven versetzt werden können. Der Kran der Dreherei bestreicht die in diese hineinreichenden Gleise der Lokomotiven, damit sie die Achsbeförderung zu und von den Bänken übernehmen. Antrieb der Krane für Heben 0·05 m sekundlich unter Last und Längsgang 45 PS, Katzenbewegung 10 PS mit 0·38 m sekundlich. Die Hubhöhe von 10·7 m genügt für das Überheben der Lokomotiven übereinander; der kleine Kran arbeitet noch rascher. Anheizen der Lokomotiven erfolgt auf den Arbeitsgleisen durch Verbindung des Schornsteins mit einer Saugleitung mittels Zwischenrohrs.

Die zu raschem Arbeitsgange sehr gut und umfangreich ausgebildete Dreherei nimmt die schweren Lokomotiven an einem durchlaufenden Gleise, dicht an den Arbeitsgleisen auf, die ebenfalls von einem 75 t Kran überspannt werden, während leichtere Krane einzelne Gruppen kleinerer Werkzeugmaschinen bedienen. Für deren Antrieb ist elektrischer Gruppen- und Einzeltrieb vorhanden. Die Beleuchtung geschieht durch Bogen- und Glühlampen, welch letztere häufig an die Kraftleitung der einzeln betriebenen Werkzeugmaschinen angeschaltet sind. Fahrbare Maschinen und Bohrapparate erhalten die Kraftzuführung durch Kabel von Steckdosen aus. Die Aborte befinden sich zur Vermeidung langer Wege und Erkältungen innerhalb der Gebäude unter den Kleiderablagen.

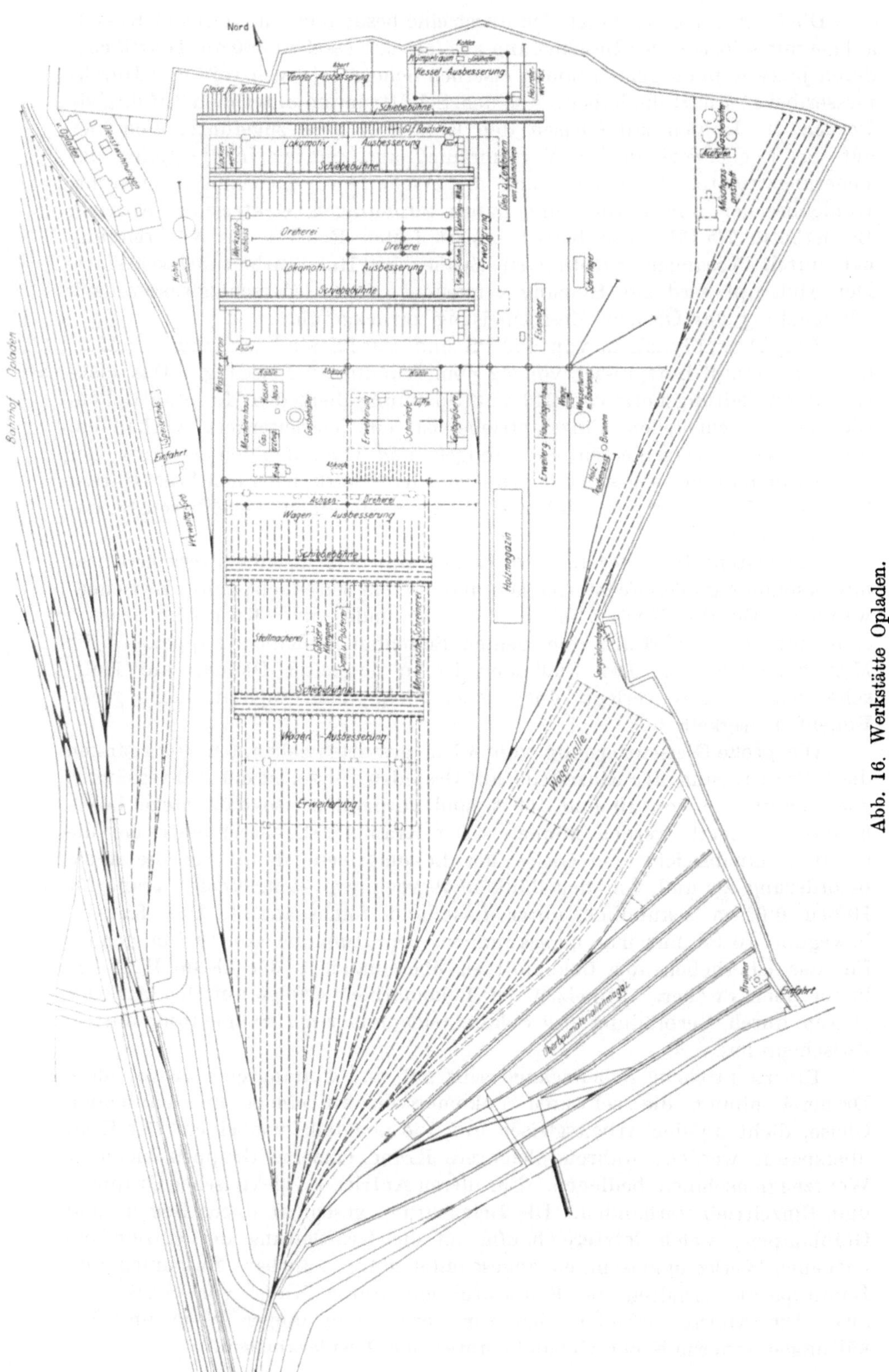

Abb. 16. Werkstätte Opladen.

c) Werkstätte Opladen (Tafel III, IV, V, VI und Abb. 16 u. 17)

Diese Werkstätte sollte bezüglich der Größe die Grenze des Zweckmäßigen erreichen mit 96 Lokomotiven, entsprechend $17^0/_0$ Ausbesserungsstand von etwa 570 Lokomotiven, ferner 800 Personen- und Gepäckwagen und gegen 1000 Güterwagen. Ausführliche Angaben bringt das Organ Fortschr. des Eisenbahnwesens 1904, Heft 11 und 12 und die Tafeln 70 bis 75 (Abb. 1 bis 4), die auszugweise nachfolgend wiedergegeben sind. Schmiede (Tafel VI, Abb. 1 bis 3) ist gegenüber anderen Anlagen klein, aber

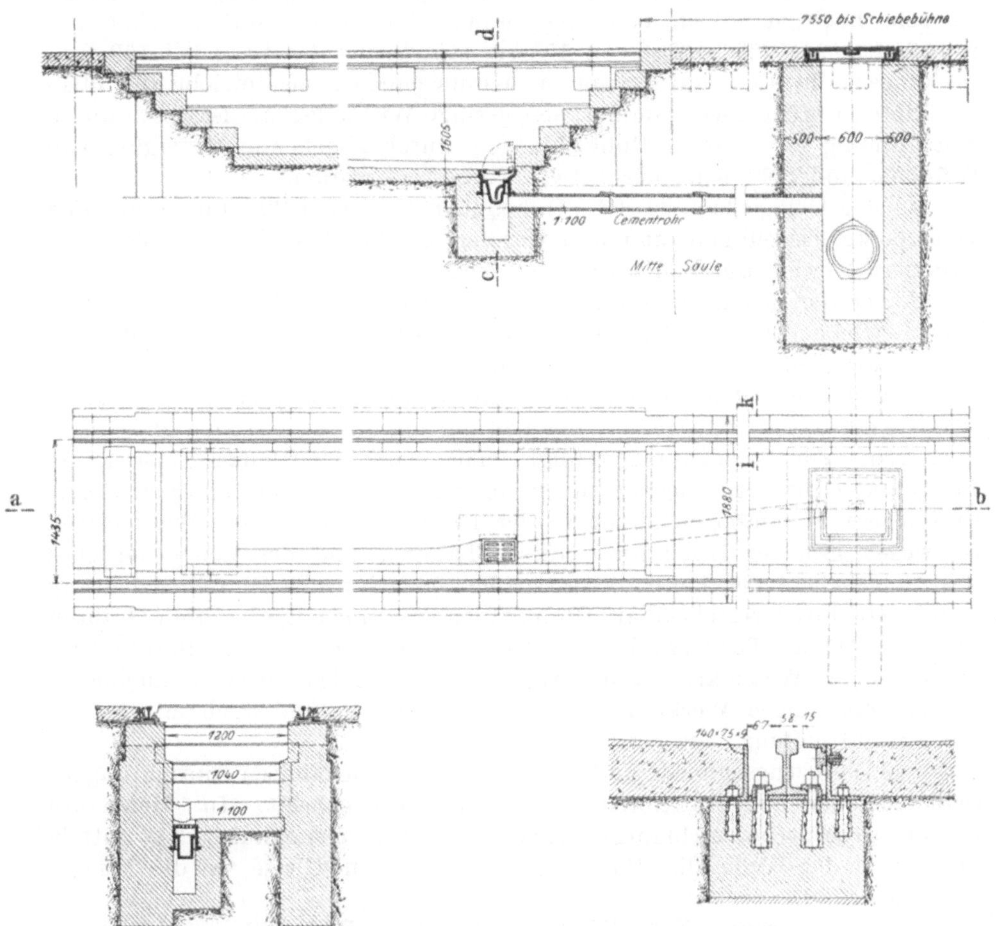

Abb. 17. Arbeitsgruben und Entwässerung (zu Abb. 16).

bei vollkommener Ausstattung ausreichend bemessen, sie ist dreischiffig, und die Tragsäulen dienen zugleich dem Aufbau der Schornsteine. Der Fußboden besteht aus Lehmschlag mit Eisendrehspänen und Teerüberzug. Das Lagerhaus ist in Eisenbeton ausgeführt. Die Dreherei wurde abweichend von dem Gebrauche angelegt, sie liegt in ganzer Länge zwischen den beiden Lokomotivhallen (Tafel III), was die Wege auf ein Mindestmaß beschränkt. Der Laufkran zum Hochnehmen der Lokomotiven hat am Untergurt jedes der beiden Kranträger von 25 t eine Laufkatze von 1·5 t Tragkraft für leichte Gegenstände. Zwischen den Hallen sind Trennungswände aus Eisenglasbauart errichtet, so daß die, übrigens auch dem Wagenbau dienende Dreherei vor Staub möglichst geschützt ist.

Als Fußboden dient in den meisten Räumen Beton mit starker Zementdecke und an den Arbeitständen Buchenbohlen. Aborte sind innerhalb der Hallen angelegt. Die Kesselschmiede (Tafel V) ist mit Wassergasfeuern, Nietanlage für Preßluft und mit vielen im Einzelantrieb laufenden Hilfsmaschinen versehen. (Schwingende Bohrmaschinen, Fräsen, Blechkantenhobelmaschinen, Durchstoß usw.) An Kranen sind 2 zu 20 t und einer im Kümpelraum zu 2 t vorhanden. Die Leistung des 440-pferdigen Gasmotors ist sehr hoch, da allein eine 100-pferdige Luftpumpe mit gleicher Bereitschaftpumpe (Tafel VI) von 15 cbm stündlicher Leistung bei 150 Umdrehungen die Luft auf 7 at preßt, hauptsächlich zum Betriebe der oben erwähnten Luftschmiedehämmer; der geringe Wirkungsgrad ist jetzt durch Vorwärmung der Luft in Rohrschlangen durch abgehende Feuergase von Glühöfen und Schmiedefeuern etwas verbessert worden.

In der Gelbgießerei (Tafel VI) befinden sich zwei Piat-Baumann-Öfen von 200 kg Tiegelinhalt und drei Gasöfen für Weißmetall. Die Trockenkammern werden durch die Abgase geheizt.

Außer der Generatorgasanlage besteht noch eine solche für Wassergas zum Betriebe der Radreifen- und Werkzeugfeuer, der Federglühöfen, Einsatz-, Härte- und Lötöfen. Licht- und Kraftstrom werden in unterirdisch verlegten Kabeln den Verbrauchsstellen besonders zugeführt; die Querschnitte der Leiter sind für $^2/_3$ der Leitung der angeschlossenen Maschinen bemessen. Die Beleuchtung erfolgt außen von 12 m hohen Masten, die 14 Ampere-Lampen tragen, innen brennen 10 Ampere-Lampen, bzw. schwächere Flammbogenlampen in der Dreherei. (In vielen Werkstätten ist wegen größerer Leuchtkraft dieser Lampen und des üblen Geruches das Umgekehrte der Fall.) Zweckmäßig erscheint die Einzelbeleuchtung (Dreherei) durch verschiebbare Glühlampen, die auf angespannten Drähten hängen. In der Tenderwerkstatt (Tafel IV) dienen zwei Laufkrane zum Abheben der Wasserkasten, das Hochnehmen erfolgt durch Windeböcke. Sie ist mit einigen Werkzeugmaschinen ausgerüstet und auch mit Anlage zur Preßluftnietung versehen.

Die Werkzeugschmiede und -ausgabe hat die bekannten Einrichtungen. Schmiedefeuer und Muffelofen werden mit Gas geheizt. Im Heizhause ist die Doppsche eichfähige Wägevorrichtung eingebaut, die mittels durchlaufender Welle die Räder gleichzeitig vom Gleise in die Wiegestellung bringt.

Wasserversorgung (Tafel VI, Abb. 4 bis 6) mit Badeanstalt und sonstige Wohlfahrtseinrichtungen, insbesondere Arbeiterwohnungen, sind reichlich vorhanden.

d) Wagenwerkstätte Gleiwitz (Preuß. Staatsbahnen). (Abb. 18, 19.)

Die Aufnahmefähigkeit beträgt 1000 Stück Wagen, von denen 500 Stück in Gebäuden und 60 Stück unter offenen Hallen repariert werden können. Von den Reparaturständen entfallen 67 Stände auf Personenwagen, 433 auf Gepäck- und Güterwagen, und 60 Stände sind für den Anstrich und die Lackierung in Benutzung.

Diese Werkstätte beschäftigt, wenn voll besetzt, 1800 Mann, und es gehen dann im Durchschnitt täglich 6—7 Personen- und Gepäckwagen,

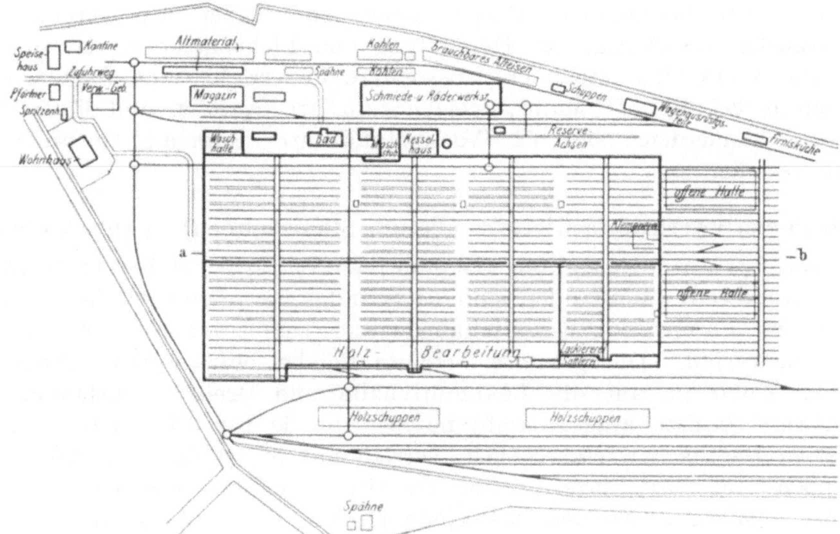

Abb. 18. Wagenwerkstätte Gleiwitz.

sowie 155 Stück Güterwagen aus Reparatur. Außerdem werden noch die mechanischen Anlagen auf dem der Werkstätte zugewiesenen Dienstkreis, sowie die elektrischen Leitungen und Anlagen der beiden Bahnhöfe in Gleiwitz unterhalten. Die Wagenhalle besitzt eine bebaute Fläche von 54 782 qm und die offenen Hallen überdecken 3984 qm Arbeitstände.

Für sonstige Werkstattzwecke, Schmieden, Kessel- und Maschinenhaus, Akkumulatorenraum, Kaltsäge, Abkocherei und Firnisküche sind noch 4129 qm bebaute Fläche vorhanden.

Abb. 19. Schnitt durch die Ausbesserungshallen (Wagenwerkstätte Gleiwitz).

Für Verwaltungsgebäude, Magazin und Lagerschuppen sind 6119 qm bebaute Fläche und für Wohlfahrtszwecke, Badeanstalt, Waschhalle, Seltersbereitung, Speisesaal und Wohngebäude für die Vorstände sind rund 1500 qm bebaut; außerdem sind 132 fiskalische Wohngebäude für Unterbeamte und Arbeiter vorhanden.

Es sind 8 Wasserrohrkessel mit 1450 qm Heizfläche vorhanden, von 10 at Spannung, mit selbstätigen Rosten versehen. Die mit Dynamo direkt gekuppelten Dampfmaschinen leisten etwa 1000 PS, bzw. 3100 Amp. von 220 Volt. Hiervon werden etwa $^2/_5$ für Werkstatt- und Bahnhofbeleuchtung, der Rest zum Antrieb der Werkzeugmaschinen (der ältere Teil im Einzelantrieb), der Schiebebühnen, Krane, Ventilatoren und Luftpumpen verbraucht.

In der Schmiede sind 7 Dampfhämmer vorhanden, von denen 3 Stück 750 kg Fallgewicht, 3 Stück 500 kg Fallgewicht und 1 Stück 75 kg Fallgewicht besitzen. Die Heizung der Werks1 räume geschieht teils durch Abdampf von den Dampfmaschinen, teils durch druckverminderten Kesseldampf. An besonderen Einrichtungen sind außer der vorerwähnten Firnisküche eine Anlage zur Herstellung von Lichtpatronen vorhanden.

Die Werkstätte stellt eine besondere Feuerwehr, aus Beamten und Arbeitern gebildet, 56 Mann, welche fahrbare Spritzen und Extinkteure besitzt. Außerdem sind 72 Wasserstandrohre über die Gebäude und Höfe verteilt.

e) Lokomotivwerkstätte Gleiwitz (Preuß. Staatsbahnen). (Abb. 20 bis 29.)

Die Zahl der zugeteilten Lokomotiven beträgt 350 bei 44 täglichem Reparaturstand. Vorhanden sind 54 Stände, von denen 36 für Lokomotiven, die übrigen für Kesselschmiede und Tenderwerkstatt in Anspruch genommen sind. Die gesamte bebaute Fläche beträgt rund 15 800 qm, wovon 10 600 qm auf die Lokomotivhalle und Dreherei entfallen. Das Kraftwerk besitzt zwei Dampfdynamos von je 140 KW, deren eine zumeist in Bereitschaft steht. Der Antrieb mit 39 Motoren ist größtenteils Gruppen-, teilweise Einzelantrieb. Die Hilfsmaschinen, wie Schiebebühnen, Krane, Aufzüge, Kondenswasserpumpen und Kohlenförderanlage haben

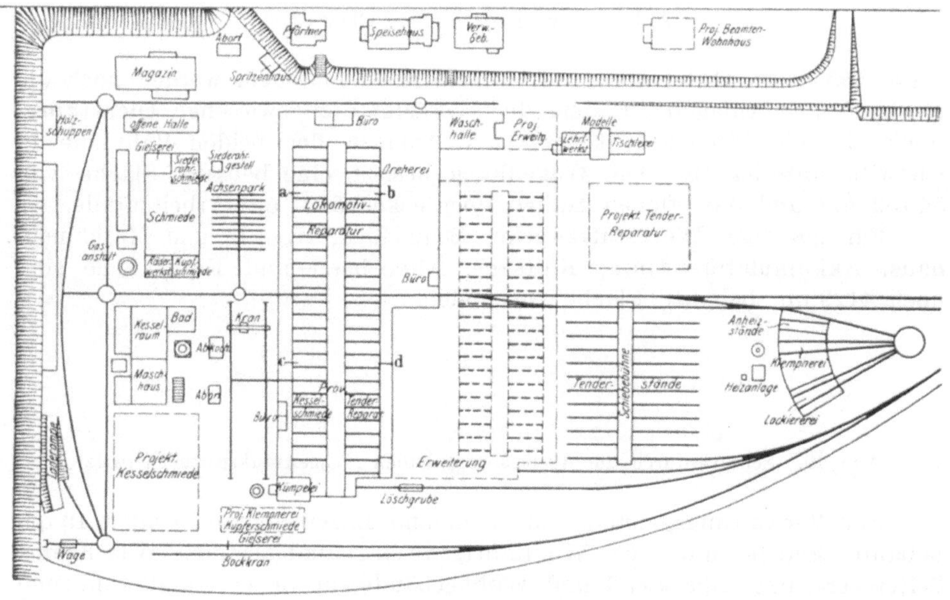

Abb. 20. Lokomotivwerkstätte Gleiwitz.

ebenfalls elektrischen Antrieb. Die Beleuchtung erfolgt mittels 72 Bogen-, 540 Glüh- und 120 Nernstlampen. Die rund 600 Arbeitskräfte sind in Sonderkolonnen untergebracht für Zusammenbau, Stangen, Gewerk, Kolben, Schieber, Armatur, Rohre, Rauchkammer und Aschkasten, sowie für kleinere Kesselarbeiten auf den Ausbesserungsgleisen. Dementsprechend ist der Gang der Arbeiten; von der durch Spill auf den Hof gebrachten Lokomotive werden mittels eines elektrischen Laufkrans Führerhaus, Wasserkasten usw. heruntergehoben und nach den Lagerplätzen, vor der Lokomotivhalle, gefahren, gleichzeitig erfolgt die Abnahme der Aschkasten. Hierauf wird die Lokomotive auf dieselbe Weise auf ihren Stand zurückgebracht, elektrisch gehoben und nach Herausnahme der Achsen auf Schraubenstützen gelagert. Ein Fristenbuch legt nach Aufnahme der Arbeiten deren Fertigstellung fest, die auf den nach den Einzelabteilungen beförderten Teilen besonders vermerkt wird. Der Tag der wirklichen Fertigstellung der auf die Drehgestelle gelegten Einzelteile wird von der Arbeitskolonne überwacht.

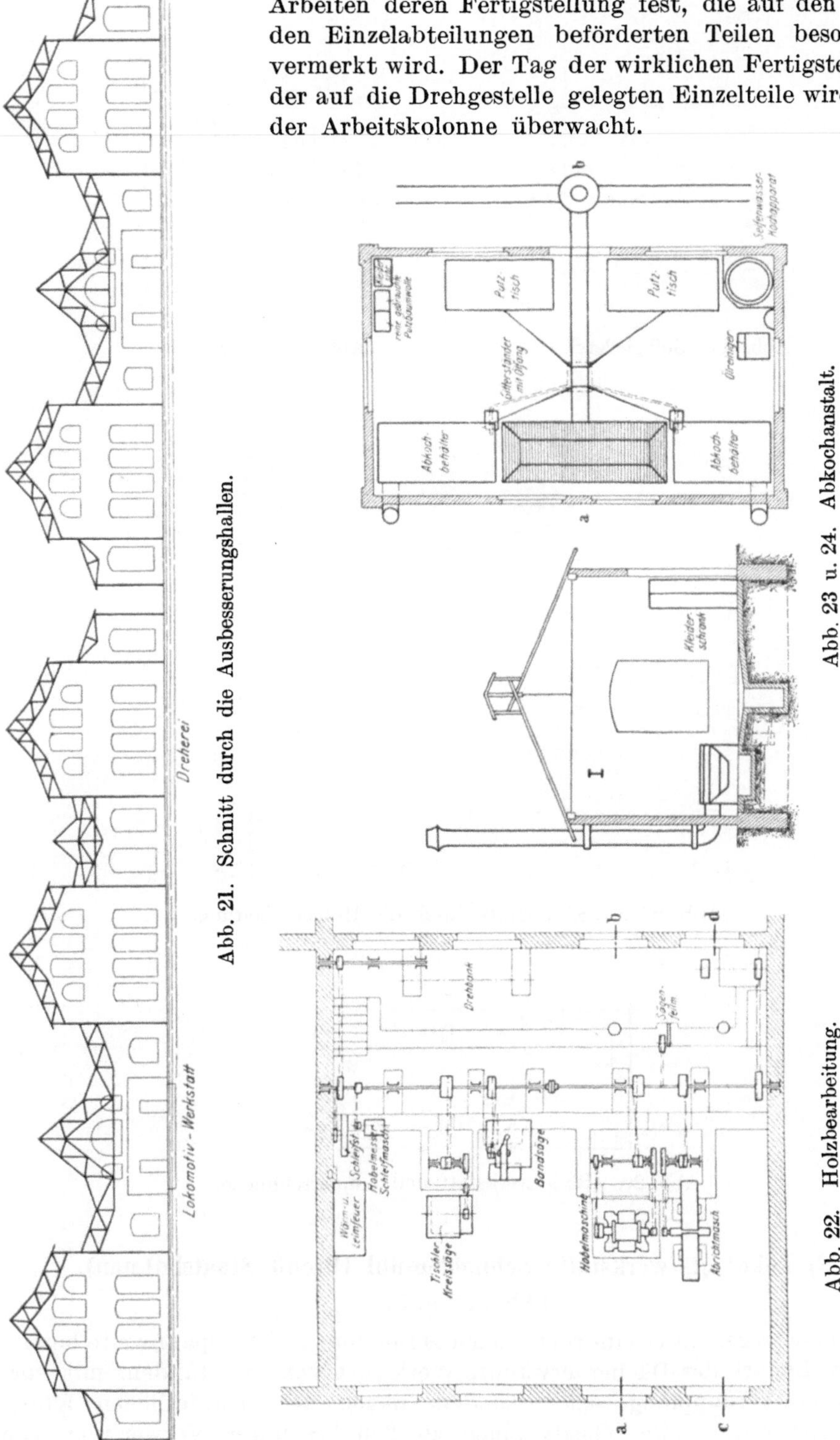

Abb. 21. Schnitt durch die Ausbesserungshallen.

Abb. 23 u. 24. Abkochanstalt.

Abb. 22. Holzbearbeitung.

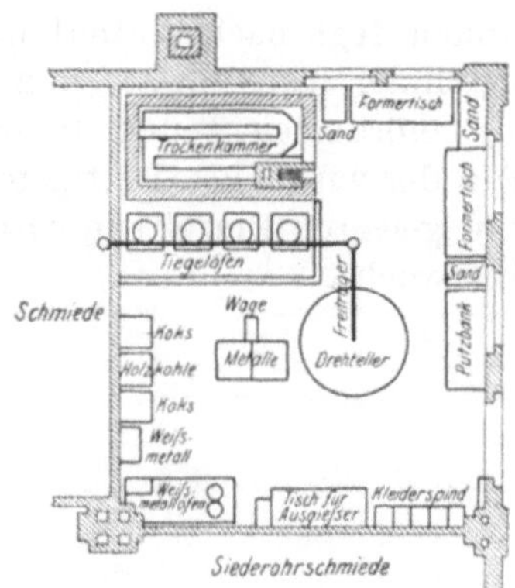

Abb. 25. Gelbgießerei.

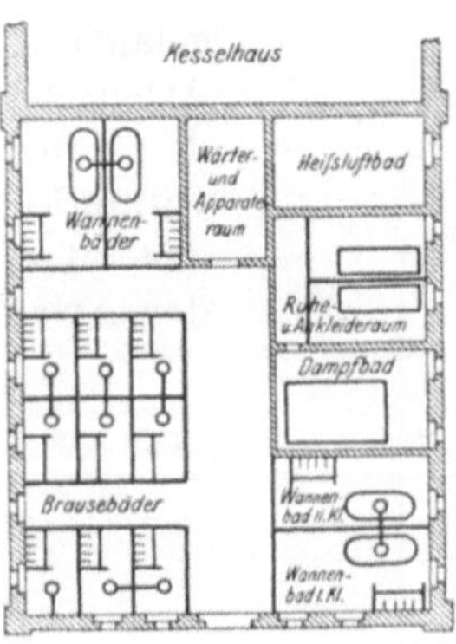

Abb. 26. Badeanstalt.

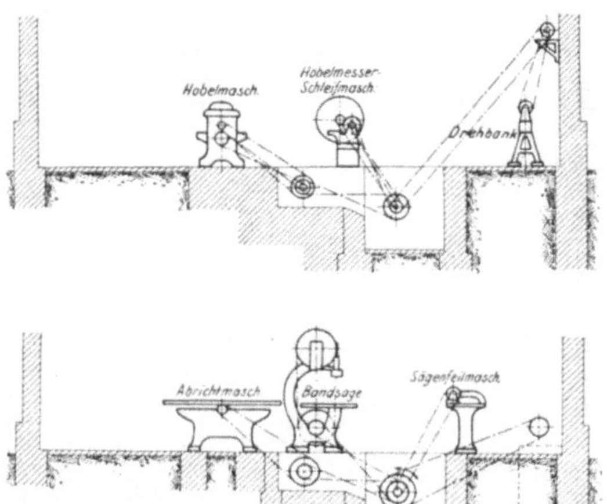

Abb. 27 u. 28. Schnitt durch die Holzbearbeitung.

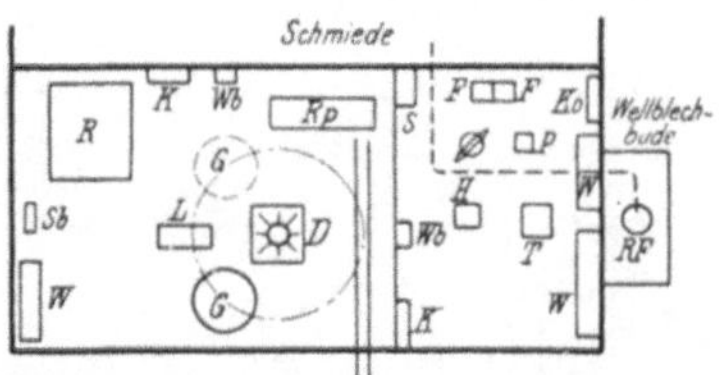

Abb. 29. Räderwerkstatt und Kupferschmiede.

f) Lokomotivwerkstätte Schneidemühl (Preuß. Staatsbahnen).
(Abb. 30 u. 31.)

Diese wegen ihrer eindrucksvollen Halle von 20·8 m Spannweite bereits bei der Bauart der Dächer erwähnte Werkstatt von 50 Ständen, mit vorgesehener Verdopplung, ist besonders wegen der erforderlichen Krafterzeugung durch zwei Gasdynamos zu 250 PS unter Verwertung von Lokomotivlösche erwähnenswert. Der hierfür vorgesehene Generator bedarf als Reserve eines Koksgenerators für ebenfalls 500 PS. Die beiden Laufkrane von 60 t bestreichen die beiden Ausbesserungshallen und haben je zwei Laufkatzen von 35 t mit elektrischem Antriebe von 220 Volt Spannung. Die Dreherei steht in unmittelbarer, einheitlicher Verbindung mit der Halle, auf deren Außenmauer ein Winkelbrückenkran zum Abheben und Verfahren der Führerhäuser und größeren Einzelteile die gesamte Länge der Halle bestreicht. Diese Einrichtung erscheint sehr zweckmäßig, da Kosten und Raumbedarf gering sind und eine gute Nutzbarmachung vorhanden ist.

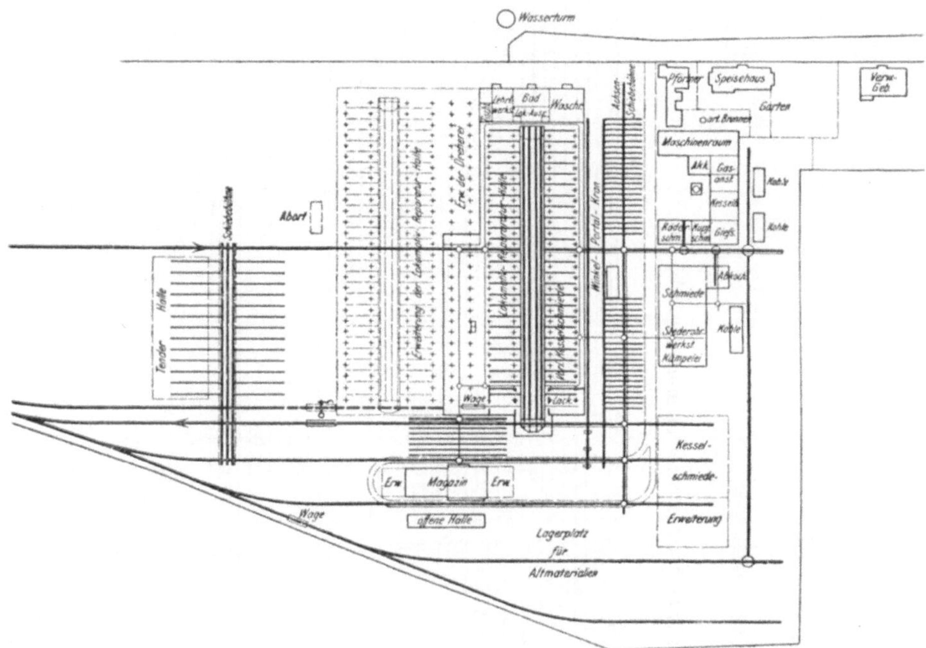

Abb. 30. Lokomotivwerkstätte Schneidemühl.

g) Werkstätten der Louisville und Nashville-Bahn (Amerika).[1]
(Abb. 32 bis 34.)

Diese außerordentlich leistungsfähigen Werkstätten sind für 450 Lokomotiven jährlich nebst einigen Neubauten, ebensoviel Personenwagen und 30 000 Güterwagen bei 4000 Neubauten eingerichtet, wobei die Erweiterung um $\frac{1}{3}$ vorgesehen ist.

Die gesamten Anlagen sind um eine Schiebebühne von 22·9 m Länge herum gruppiert, die 5·1 m sekundliche Geschwindigkeit besitzt. Quer zu dieser Bühne läuft gleich rasch ein Laufkran von 12·25 m Spannweite, der eine Weglänge von 305 m bestreicht. Er bedient hierbei die Lagerhöfe und die nördlich von diesen gelegenen Metallwerkstätten, Gießerei usw., die sämtlich mit rasch laufenden Kranen ausgerüstet sind. Der Arbeitsgang ist entsprechend der Lage der genannten Werkstätten ein derartiger, daß die Arbeitsstücke der Reihe nach die einzelnen Abteilungen durchlaufen. Die Eisengießerei hat zwei Kupolöfen von 40 t

---

[1] Engineer v. 22. September 1905, S. 285; Organ Fortschr. des Eisenbahnwesens 1906, S. 180, Abb. 4 bis 6, Tafel 34.

Leistung. In der Schmiede werden außer den üblichen Stücken ganze Drehgestelle, sowie Bolzen und Muttern hergestellt. Die Lokomotivhalle von 40 Ständen nimmt außerdem die Kesselschmiede und eine Anzahl Werkzeugmaschinen auf; sie ist mit zwei Laufkranen von 100 t und 10 t ausgerüstet.

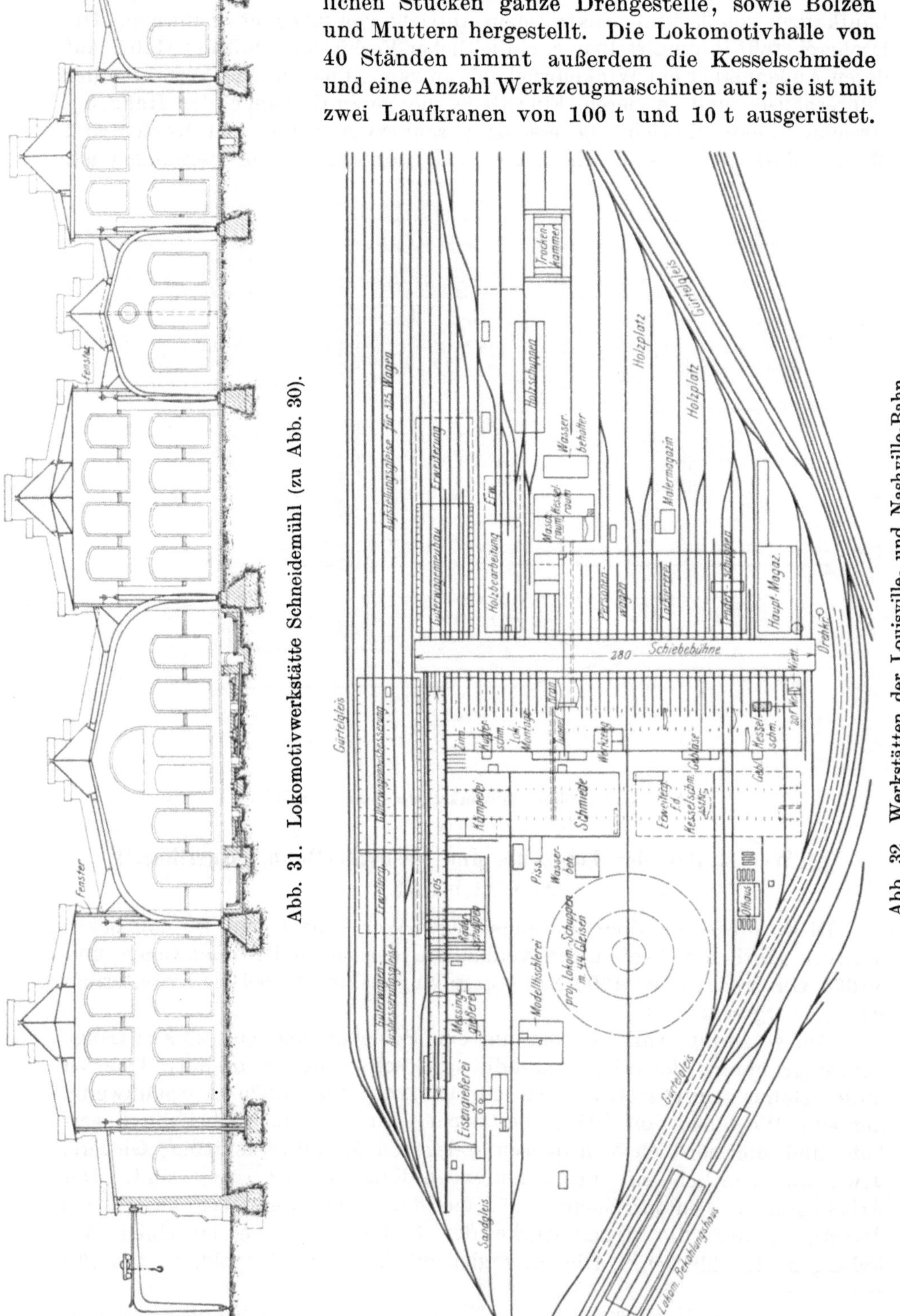

Abb. 31. Lokomotivwerkstätte Schneidemühl (zu Abb. 30).

Abb. 32. Werkstätten der Louisville- und Nashville-Bahn.

Im oberen Stockwerke der Holzbearbeitung liegt die Tischlerei; ein drittes Stockwerk dient den Arbeitern als Aufenthaltsraum.

Ein Gürtelgleis für die Beförderung der Materialien umzieht die ganze Werkstätte.

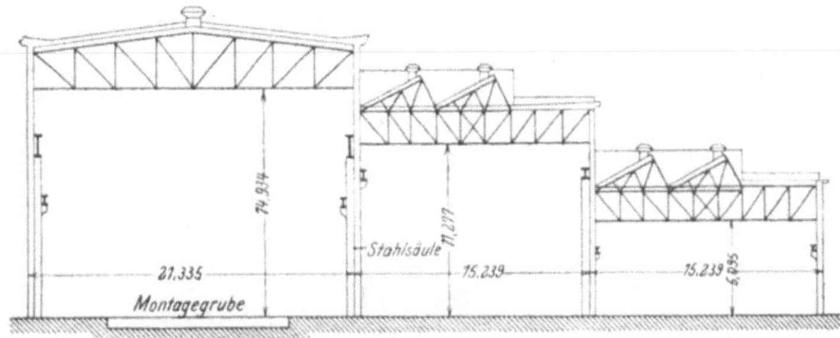

Abb. 33. Querschnitt der Lokomotiv-Ausbesserung.

Die motorische Einrichtung ist neuzeitlich, die Kessel haben Kettenroste, die Dynamos sind direkt mit den Dampfmaschinen gekuppelt. Jede Werkstattabteilung hat ihre eigenen Ankleide-, Waschräume und Aborte.

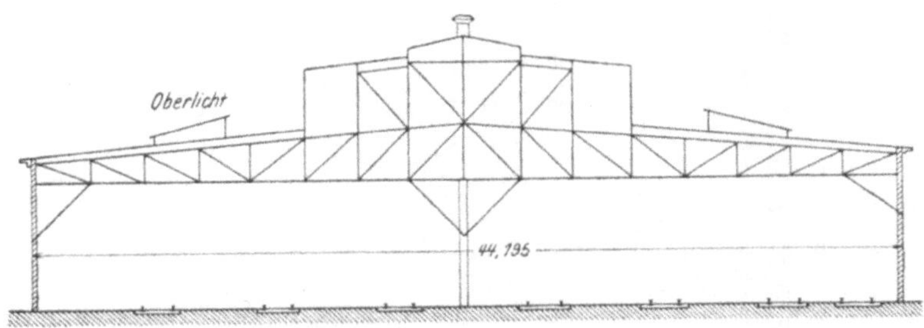

Abb. 34. Querschnitt der Güterwagen-Ausbesserung.

h) Lokomotivwerkstätte Pittsburg (Lake Erie-Bahn, Amerika). (Abb. 35 bis 39.)

Diese in der Zeitschr. d. Ver. deutsch. Ing. 1906, S. 1621, beschriebene Werkstätte mit Querständen, die bei 23 m Länge nur etwa zur Hälfte von je einer Lokomotive besetzt ist, ist besonders beachtenswert durchgebildet. Der Laufkran von 120 t bestreicht diese Stände, die zur andern Hälfte für Arbeitsplätze und Werkzeugmaschinen (seitlich) vorgesehen sind. Unterhalb des wegen des Überhebens der Lokomotiven recht hoch liegenden Kranes läuft ein kleinerer Kran mit entsprechend größerer Geschwindigkeit. Sehr sorgfältig ist der Fußboden aus sich kreuzenden Planken und Dielen hergestellt, die mit Sand- und Asphaltzwischenlage auf 100 mm starker Betonschicht liegen. Fast alle Werkzeugmaschinen können hierauf ohne besonderes Fundament stehen, da dieses bis 18 kg/qcm Flächendruck aufnehmen kann. Die Gleise liegen auf dicht gelagerten Schwellen und diese ebenfalls auf einer Betonschicht. Bei dieser Bauart des Fußbodens lassen sich Kanäle für Leistungen aller Art leicht aussparen und herstellen. Im übrigen ist die Anordnung und demgemäß die allgemeine Betriebsweise den bereits beschriebenen amerikanischen Werkstätten mit Quergleisen entsprechend.

3*

Abb. 35.

Abb. 36.

Abb. 37.

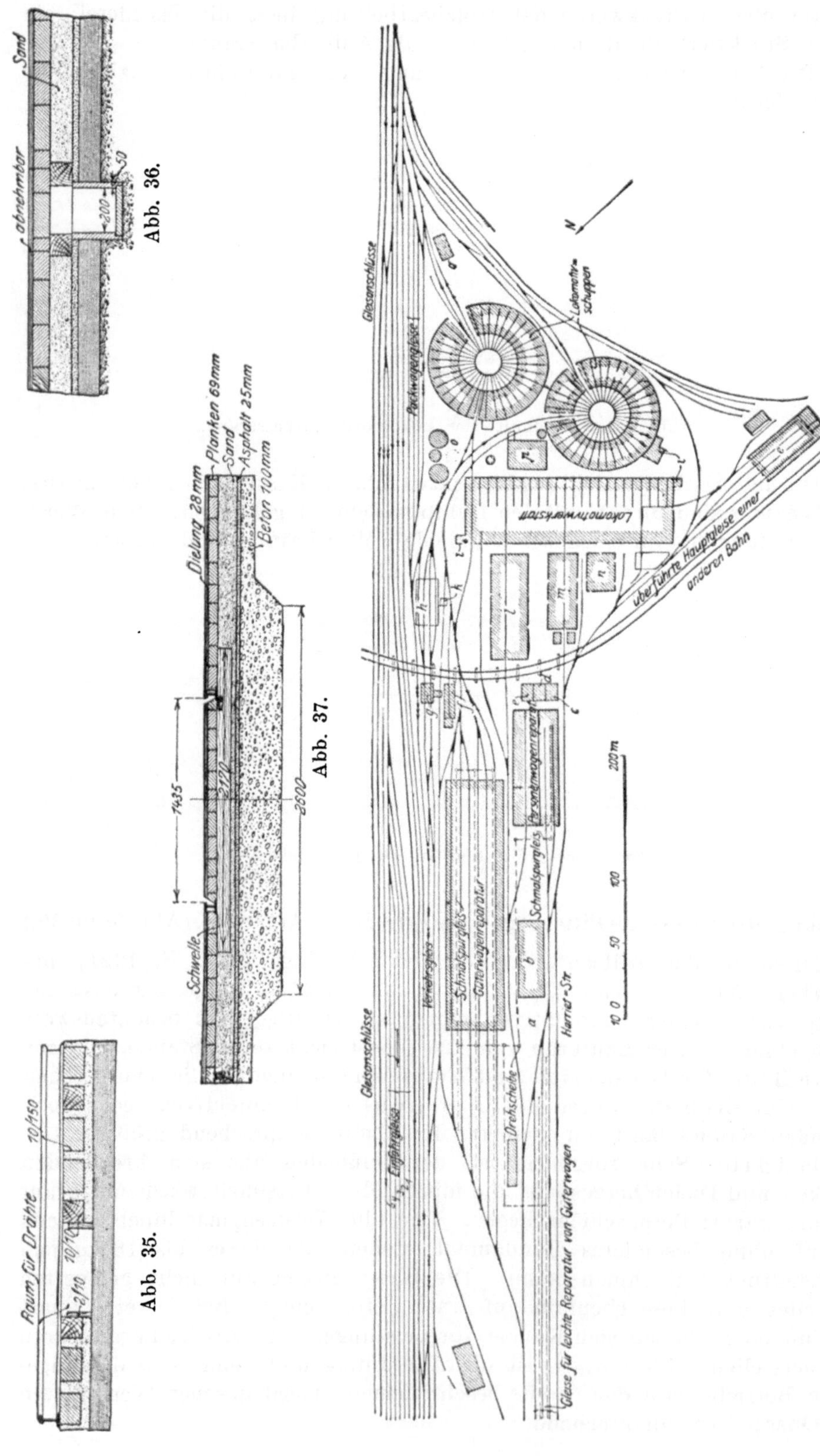

Abb. 38. Lokomotivwerkstätte Pittsburg.

i) Hauptwerkstätte Istvántelek (Ungar. Staatseisenbahnen).

(Abb. 40.)

Die im Jahre 1905 in Betrieb gesetzte Werkstätte liegt an dem Vereinigungspunkte Istvántelek von Budapest-Neupest- und Rákospalota. Die Anlage ist 37·8 ha groß und hat folgende Hauptgebäude: Wagenmontierung, Dreherei, Schmiede und Lokomotiv-Montierung.

Die Wagenwerkstatt hat eine bebaute Fläche von 24 800 qm, die größte Länge des Gebäudes beträgt 200 m, die Breite 128 m; hier sind untergebracht die Holzbearbeitung, die Tischler, Lackierer, Tapezierer, Sattler und Wagenspängler nebst entsprechenden Verwaltungsräumen. In dem übrigen Teile des Gebäudes wird die Wiederherstellung der Personen- und teilweise der Lastwagen ausgeführt. Der grössere Teil der Lastwagen wird auf den im Freien befindlichen Gleisen behandelt.

Die Lokomotivmontierung umfaßt eine bebaute Fläche von 20 100 qm, die Breite beträgt 138 m, die Länge 142 m.

Außer den Reparaturgleisen für Lokomotiven und Tender sind in diesem Gebäude

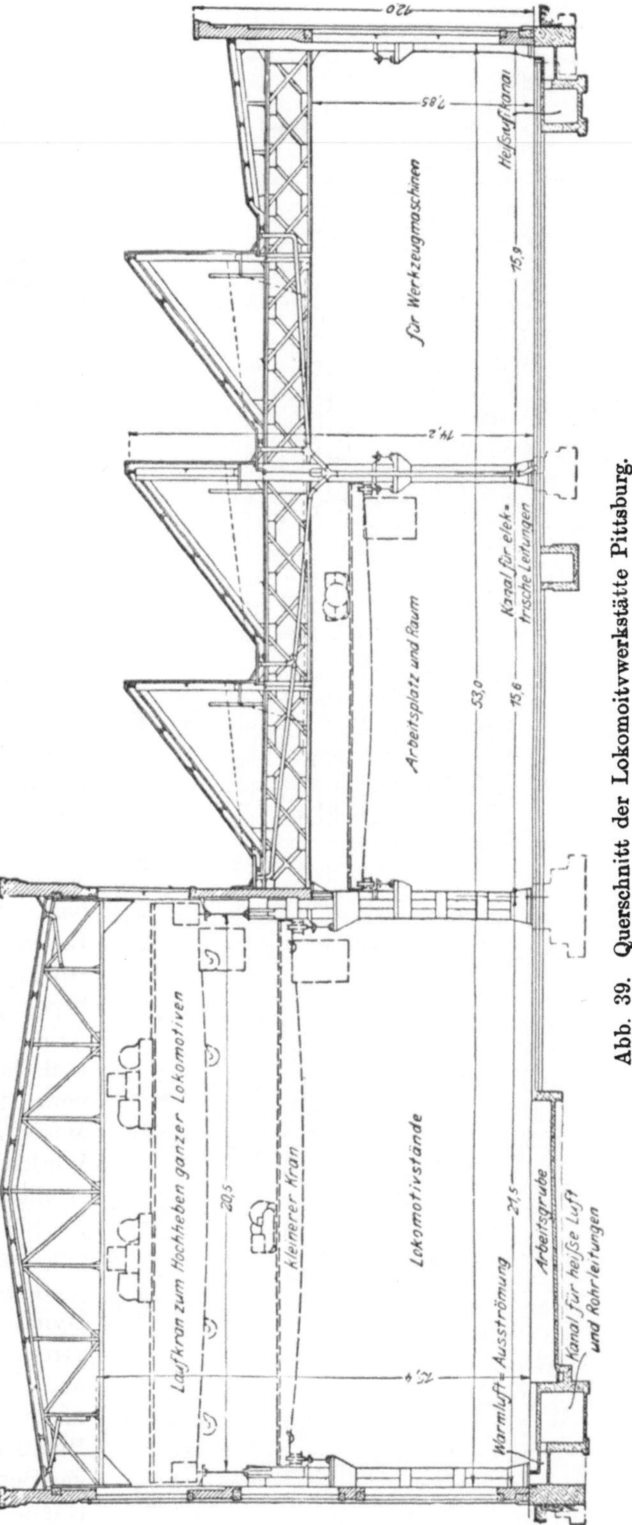

Abb. 39. Querschnitt der Lokomotivwerkstätte Pittsburg.

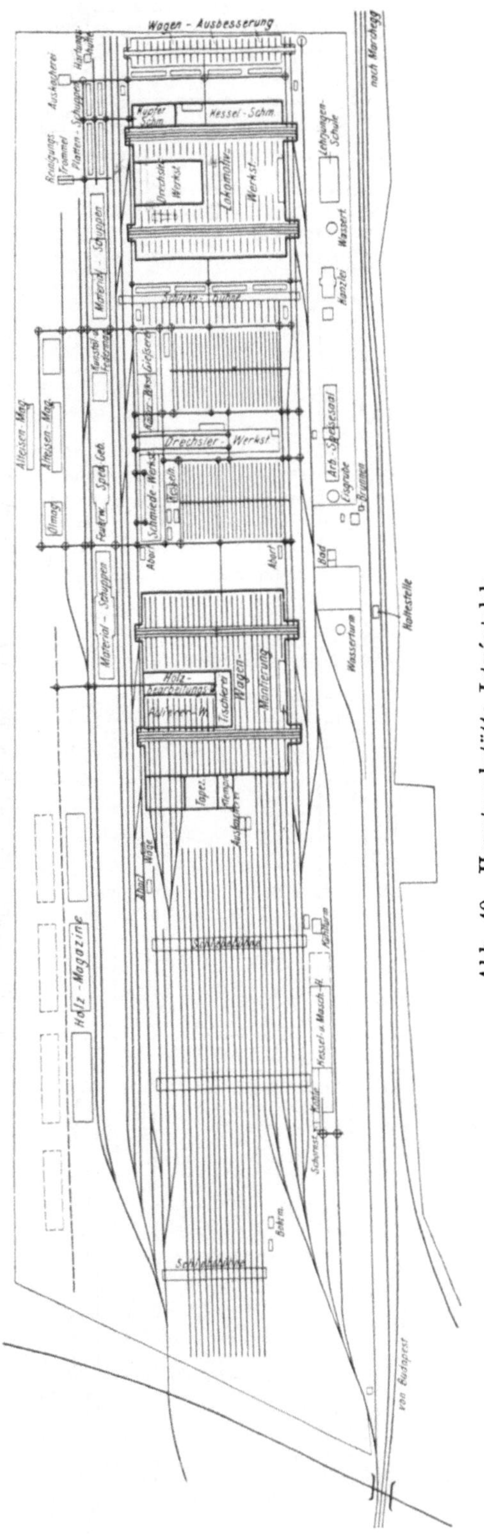

Abb. 40. Hauptwerkstätte Istvántelek.

untergebracht: die Sonderdreherei zur Bearbeitung der Lokomotivbestandteile, ferner die Kupferschmiede und Kesselschmiede mit den nötigen Räumen für die Aufsichtsbeamten.

Die Dreherei und Schmiede hat eine bebaute Fläche von 6000 qm. In der Dreherei sind die zur Instandhaltung der Räderpaare und zur Bearbeitung der Wagenteile nötigen Werkzeugmaschinen untergebracht.

In der Schmiede sind sowohl Schmiedefeuer als auch mit Gasheizung eingerichtete Feuerstellen und die Dampfhämmer in verschiedenen Grössen vorhanden. Hier befinden sich Räder-, Federnschmiede und Gelbgiesserei.

Für die Reparatur der Tender dient ein eigenes Gebäude von 3800 qm, ebenso für die Lehrlingswerkstatt mit Schule, sowie für die in der Werkstätte verwendeten Materialien und Betriebsmittelbestandteile. Die Werkstätten-Leitung ist in einem einstöckigen Gebäude untergebracht, in dessen Nähe der Arbeiterspeisesaal von 1100 qm und das Wohnhaus des Pförtners steht. Das Kessel- und Maschinenhaus ist von den Werkstattgebäuden entfernt erbaut. Acht Dampfkessel von je 250 qm Heizfläche liefern den Dampf für zwei je 1000-pferdige Dampfmaschinen mit Dynamos. Der hier erzeugte Strom ist als Betriebskraft und zur Beleuchtung und auch zur Abgabe für andere Bedürfnisse der Eisenbahn vorgesehen. Die Anlage besitzt eigene Wasserleitung, Brunnen, Wasserturm und entsprechende

Kanalisation. Über die Leistung der gesamten Anlage geben nachstehende Angaben Aufschluß:

1. Bedeckte Lokomotivstände in der Lokomotivmontierung . 82
2. „ Tenderstände „ „ „ . 82
3. „ Wagenstände „ „ Wagenmontierung . . . 218
4. „ „ „ „ Lackierwerkstatt . . . 30
5. Wagenstände im Freien 800
6. „ „ „ für die laufende Reparatur . . . 80
7. Achsenstände 1800

8. Länge der Gleise im Freien . . . . 27·2 km
9. „ „ „ „ gedeckten Raum . . . . 4·7 „
10. Schiebebühnengleise . . . . 1·4 „
11. Achsengleise . . . . 3·2 „

Gleise zusammen 36·5 km

12. Anzahl der Weichen . . . . 59 Gruppen
13. „ „ Drehscheiben . . . . 60 Stück
14. Schiebebühnen im gedeckten Raume . . . . . . 5 „
15. „ „ Freien . . . . 4 „
16. Putzkanäle (Gruben) im gedeckten Raume . . . 115 „
17. Brückenwagen im Freien . . . . 4 „
18. Gesamte bebaute Fläche . . . . 70 000 qm
19. Gesamtfläche der Werkstätte . . . . 378 000 qm
20. Anzahl der einstellbaren Arbeiter . . . . 1500.

Die festgesetzten Baukosten der Hauptwerkstätte waren:

   I. Erwerbung der Grundfläche . . . . 1 008 000 K
  II. Unterbau . . . . 392 860 „
 III. Oberbau . . . . 736 878 „
 IV. Gebäude . . . . 4 127 448 „
  V. Gebäudeausrüstung . . . . 40 000 „
 VI. Maschinelle Einrichtung . . . . 2 000 000 „
VII. Baupläne, Bauleitung, Unvorhergesehenes . . . . . 268 814 „
VIII. Beitrag zum Zentralelektrizitätswerk, bzw. selbsständigen Elektrizitätswerke: d. i. die Einrichtung des
     Kessel- und Maschinenhauses . . . . 952 000 „

Hauptsumme 9 526 000 K

Amerikanische Werkstätten neuester Bauart finden sich in Railr. Gaz. 1907, Nr. 22, S. 655 (The Beech Grove Shops of the Cleveland, Cincinnati, Chicago and St. Louis Railway). Die Lokomotivwerkstatt ist zunächst für Unterhaltung von 1000 Stück fertiggestellt. Die vorzügliche Gesamtanordnung gruppiert die Anlagen um einen Hofkran von 10 t; bemerkenswert ist auch die gediegene Einzelausführung in Eisen und Beton mit reichlichem Licht. Querstände ohne Schiebebühne mit Kran von 120 t! Moderne Einrichtungen. — Railr. Gaz. Nr. 23 vom 6. Dez. 1907 bringt die Werkstätten in Readville (Mass.) mit Längsanordnung, die Vorratsgruben für Einzelteile zwischen den Längsgleisen aufweist (gute Raumausnutzung). Die monatliche Leistung der Werkstätte beträgt 45 Lokomotiven.

6. Maschinelle Hilfseinrichtungen.

a) Schiebebühnen, Drehscheiben, Krane, Hebewerke usw.

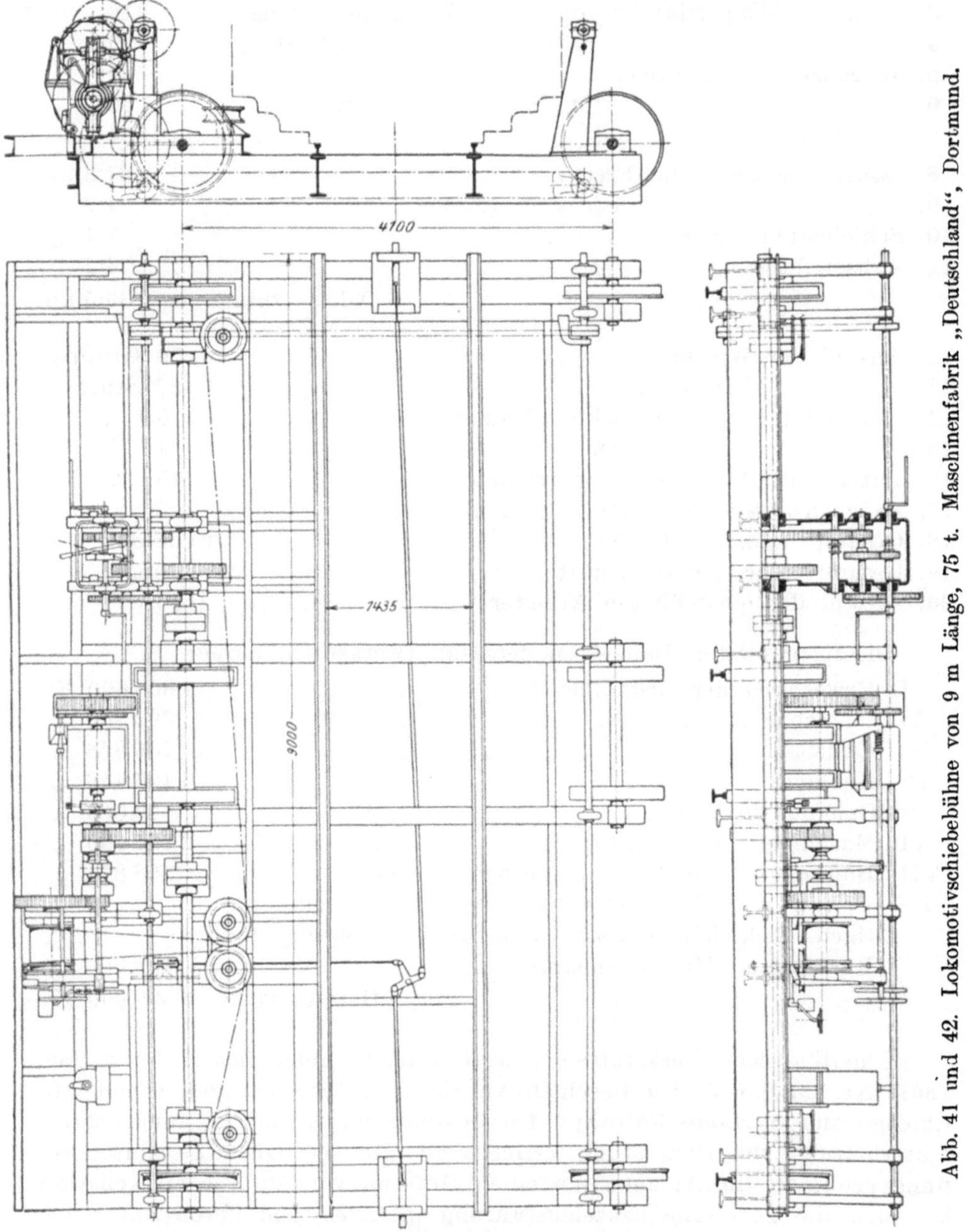

Abb. 41 und 42. Lokomotivschiebebühne von 9 m Länge, 75 t. Maschinenfabrik „Deutschland", Dortmund.

Die sehr wichtige Ausrüstung der Werkstätten mit Schiebebühnen, Drehscheiben, Kranen, Wagen und Hebevorrichtungen aller Art hat eine große Industrie für diese Apparate entstehen lassen. Beispiele hierfür können

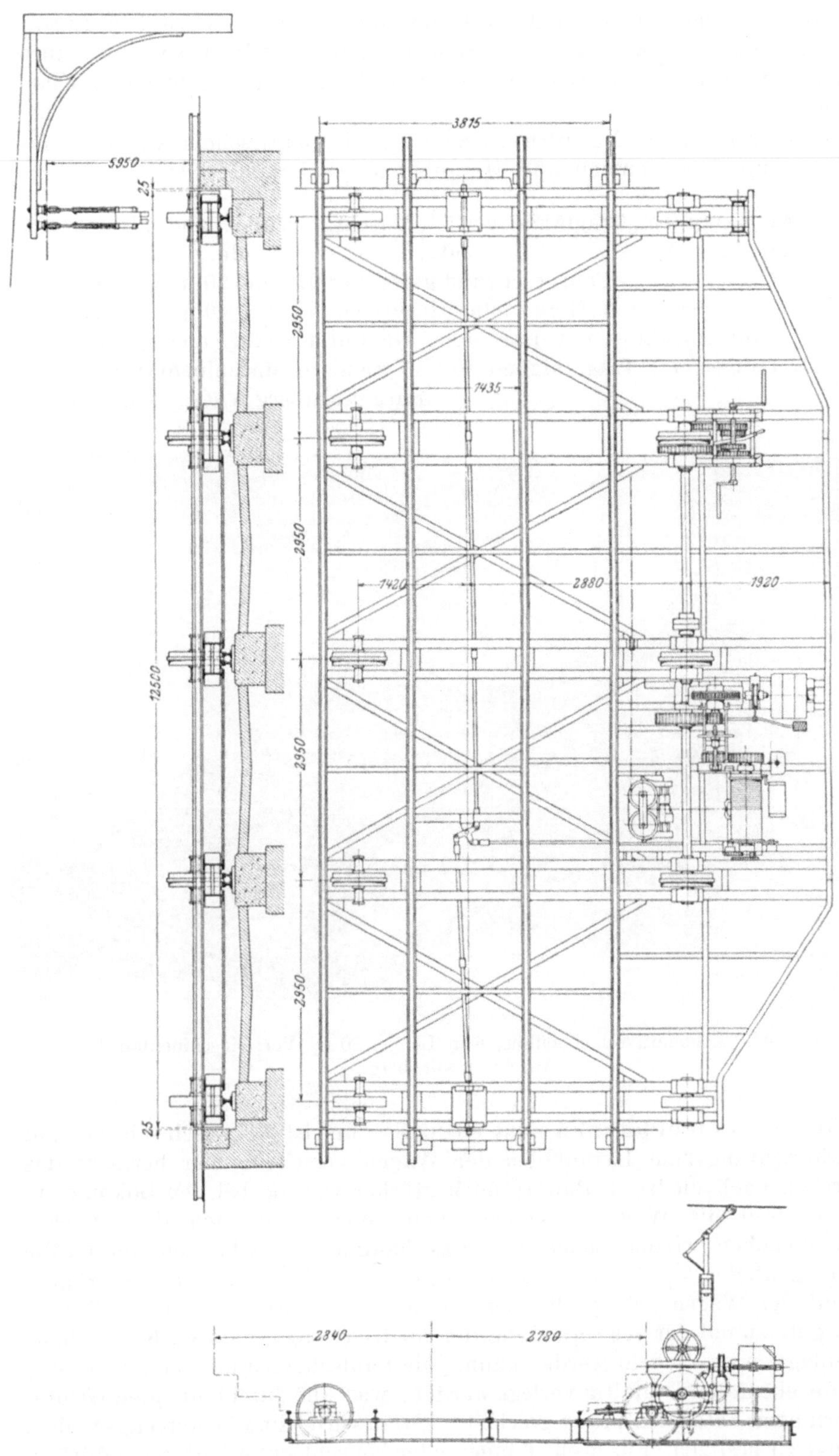

Abb. 43. Lokomotivschiebebühne von 9 m Länge, 50 t. Maschinenfabrik „Deutschland", Dortmund.

hier nur in einer kleineren Anzahl mit ihren charakteristischen Eigenschaften vorgeführt werden. Die Beschreibung derselben soll nur kurz sein, da die beigefügten Zeichnungen und Abbildungen genügende Klarheit geben.

Lokomotivschiebebühnen, zumeist mit elektrischem Antrieb, Einrichtung zum Hochnehmen und Heranholen der Lokomotiven.

Abb. 41/42. Länge 9 m, Tragfähigkeit 75 t, Maschf. „Deutschland", Dortmund
„ 43. „ 9 „ „ 50 t, do.
Fahrgeschwindigkeit der Bühne 20 m i. d. M.,
des Seils zum Heranholen der Lokomotiven 40 m i. d. M.,
für Bockkran mit Last 40 t, Gesamtlast 80 t, niedrige Bauart.
„ 44. Länge 8 m, Tragfähigkeit 80 t, Vereinigte Maschinenfabrik Augsburg-Nürnberg A.-G., Nürnberg.

Abb. 44. Lokomotivschiebebühne, 8 m Länge, 80 t. Ver. Maschinenfabrik
Augsburg-Nürnberg.

Wagenschiebebühnen sind ebenfalls zumeist elektrisch fahrbar und mit Einrichtung zum Heranholen der Wagen versehen; hier herrscht das Bestreben nach niedriger Bauart noch stärker vor als bei den Lokomotivbühnen, weil die Wagen möglichst von einer Seite nach der anderen durchgeschoben werden sollen und das häufige Überschreiten der Grube mit Wagenteilen ermüdend und gefährlich ist. Bei dem geringen Eigengewicht der Wagen gelingt die Lösung halb oder ganz versenkter Bauart recht gut, zumal der schwere Gang der niedrigen Räder durch Kugel- bzw. Rollenlager wettgemacht werden kann. Die Laufschienen müssen aus diesem Grunde ebenfalls sorgfältig verlegt werden, was auf durchlaufenden Grundmauern oder Betonstampfung geschieht. Steinwürfel sind kostspieliger, ohne Vorzüge zu besitzen. Für große Längen oder bei schlechter Unterlage dürften

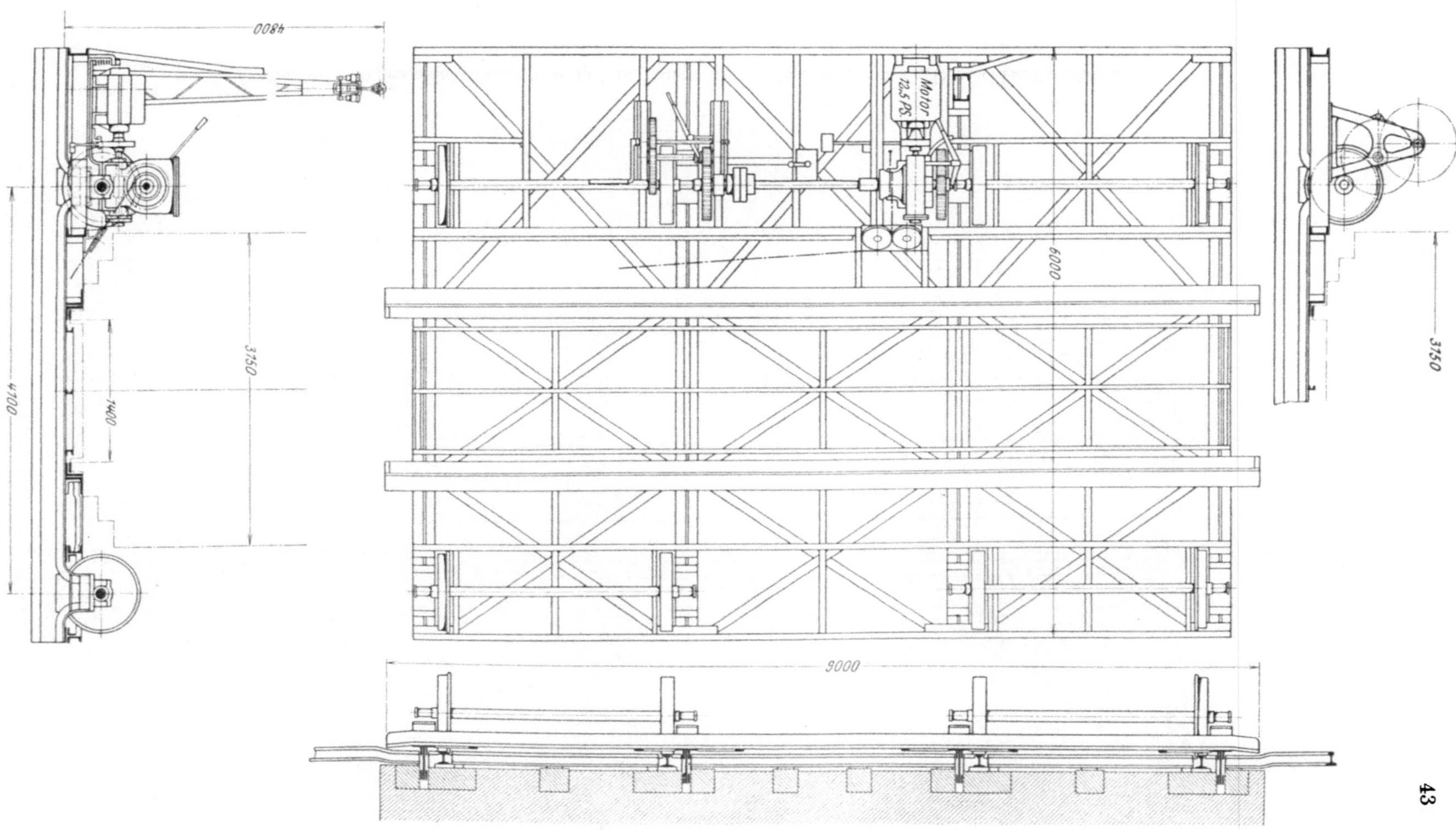

Abb. 45. Wagenschiebebühne von 9 m Länge 30 t. Maschinenfabrik „Deutschland", Dortmund.

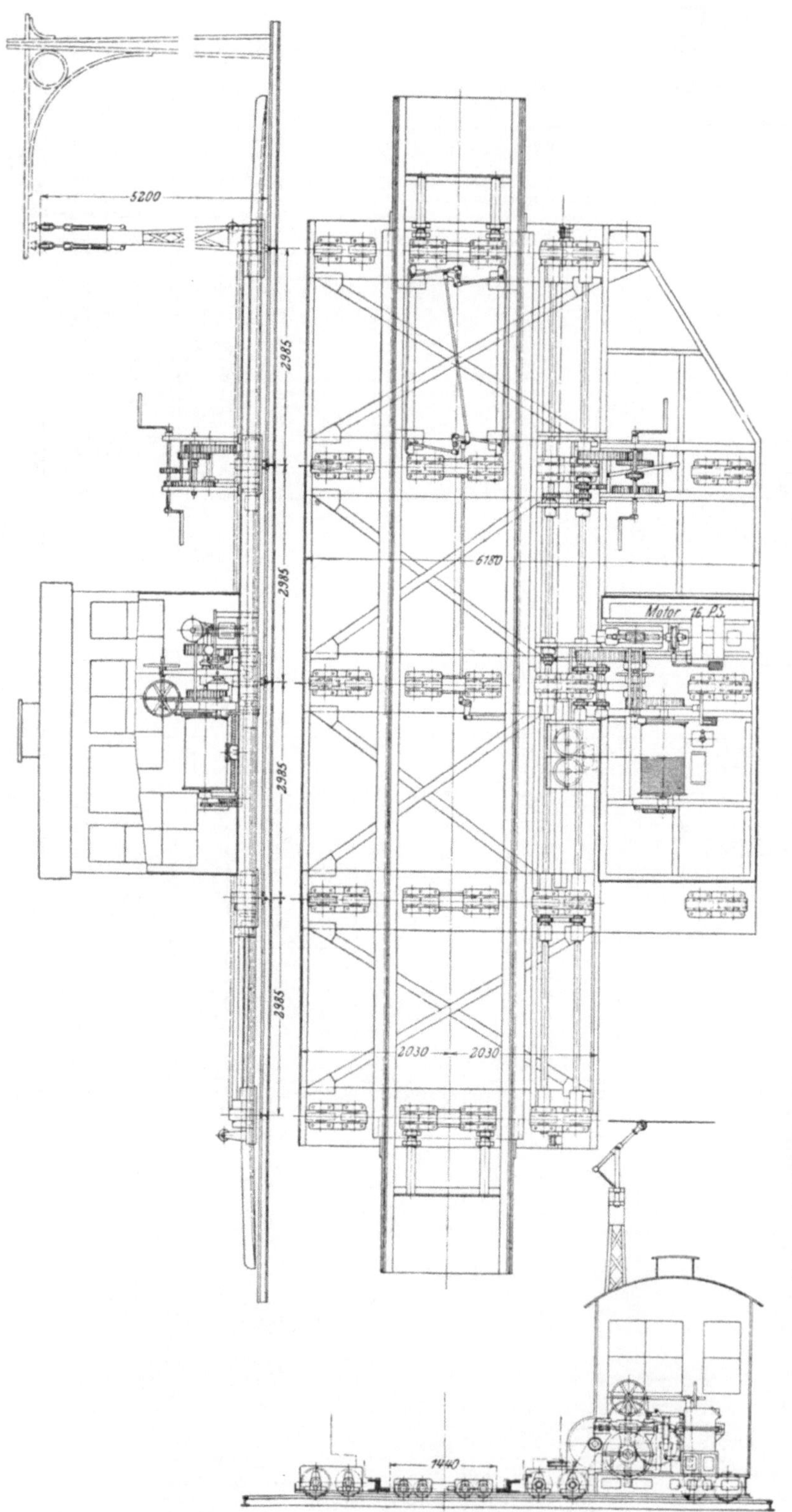

Abb. 46. Wagenschiebebühne von 12·5 m Länge, 28 t. Maschinenfabrik „Deutschland", Dortmund.

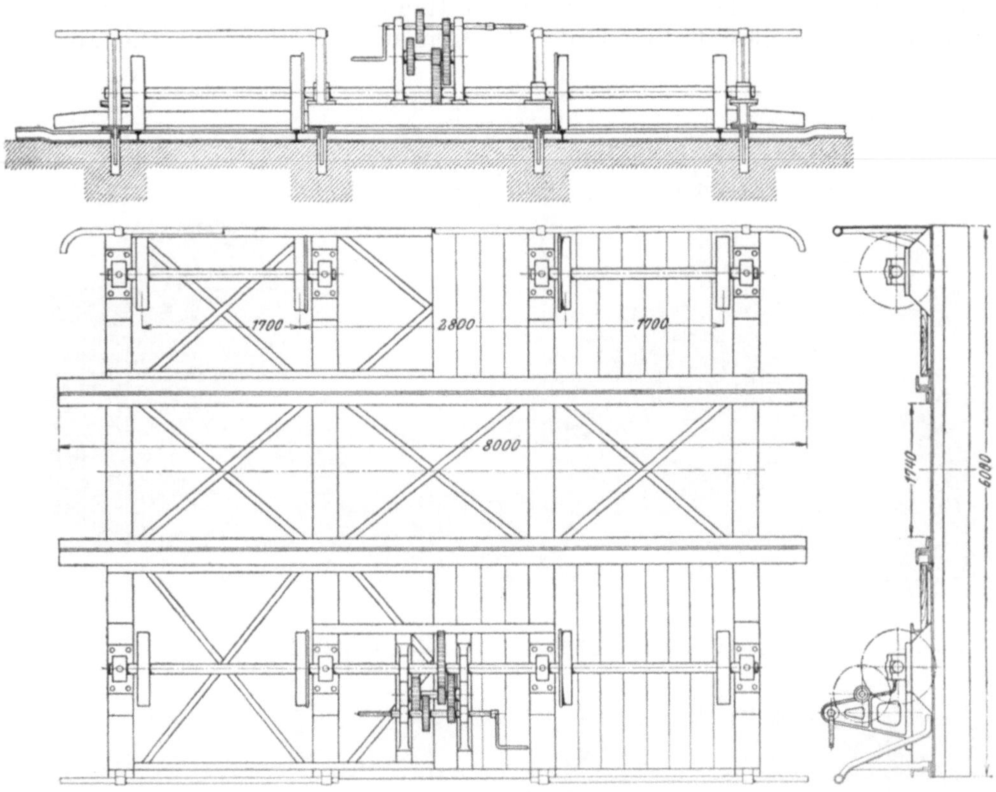

Abb. 47. Wagenschiebebühne von 8 m Länge, 20 t. Maschinenfabrik „Deutschland", Dortmund.

Abb. 48. Wagenschiebebühne von 10 m Länge, 20 t. Ver. Maschinenfabrik Augsburg-Nürnberg.

die Schenckschen gelenkigen Bauarten der Haupt- und Querträger in Frage
kommen. Für gute Entwässerung der Gruben ist zu sorgen. Die ganz

Abb. 49. Unversenkte Wagenschiebebühne. Ver. Maschinenfabrik Augsburg-Nürnberg.

Abb. 50. Unversenkte Wagenschiebebühne. Ver. Maschinenfabrik Augsburg-Nürnberg.

unversenkten Bühnen müssen einen federnden Auflauf haben, dessen Höhe
durch Schienenkröpfung unterhalb des Auflaufs erheblich vermindert werden kann (Wagenschiebebühnen).

Abb. 51. Unversenkte Wagenschiebebühne. Ver. Maschinenfabrik Augsburg-Nürnberg.

Abb. 52. Unversenkte Wagenschiebebühne. Ver. Maschinenfabrik Augsburg-Nürnberg.

Abb. 53. Wagenschiebebühne, 8 m, 20 t. Zobel, Neubert & Co., Schmalkalden.

<table>
<tr><td>Abb. 45.</td><td>Wagenschiebebühne, Länge 9 m, Tragfähigkeit 30 t, halbversenkt, Spill</td><td rowspan="3">Maschinen-
fabrik
„Deutsch-
land“ in
Dortmund</td></tr>
<tr><td>„ 46.</td><td>Wagenschiebebühne, Länge 12·5 m, Tragfähigkeit 28 t
Fahrgeschwindigkeit der Bühne   20 m i. d. M.
des Seils zum Heranholen der Wagen 40 „ i. d. M.</td></tr>
<tr><td>„ 47.</td><td>Wagenschiebebühne, Länge 8 m, Tragfähigkeit 20 t, halbversenkt, Handbetrieb</td></tr>
<tr><td>„ 48.</td><td>Wagenschiebebühne, Länge 10 m, Tragfähig-
keit 20 t,</td><td rowspan="2">VereinigteMaschinen-
fabrik
Augsburg-Nürnberg
A.-G. Nürnberg</td></tr>
<tr><td>Abb.
49—52.</td><td>Verschiedene unversenkte elektrische Schiebe-
bühnen, von denen zwei kurze ungekuppelt
für lange Wagen zusammen laufen</td></tr>
</table>

Abb. 53. Wagenschiebebühne, Länge 8 m, Tragfähigkeit 20 t, Zobel, Neubert
u. Co., Schmalkalden

<table>
<tr><td>„ 54 bis 57.</td><td>Unversenkte Wagen-
schiebebühne, Länge 20 m,
Tragfähigkeit 20 t</td><td>elektrischer Antrieb mit Spill (vgl.
Beschreibung) Eisenbahnwerk-
stätte Oberhausen.</td></tr>
</table>

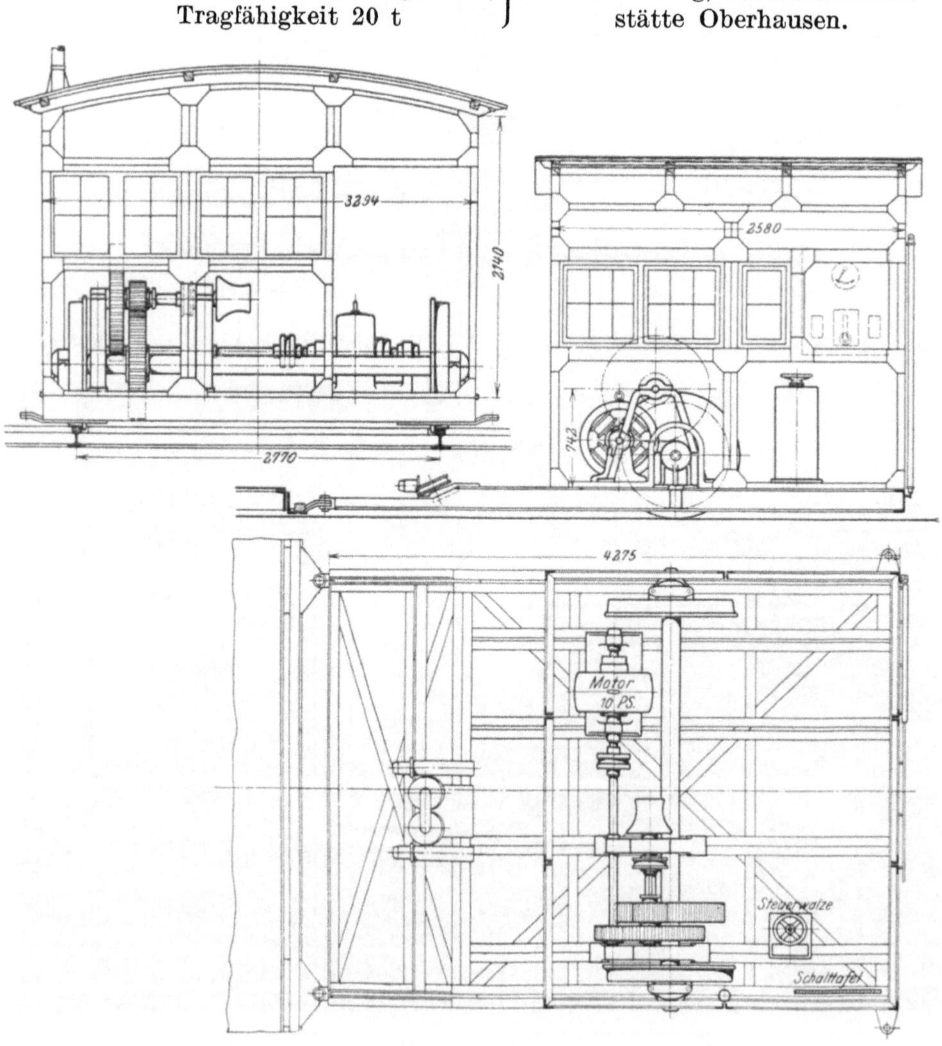

Abb. 54. (Einzelheiten zu Abb. 55.) Unversenkte Schiebebühne, 20 m.

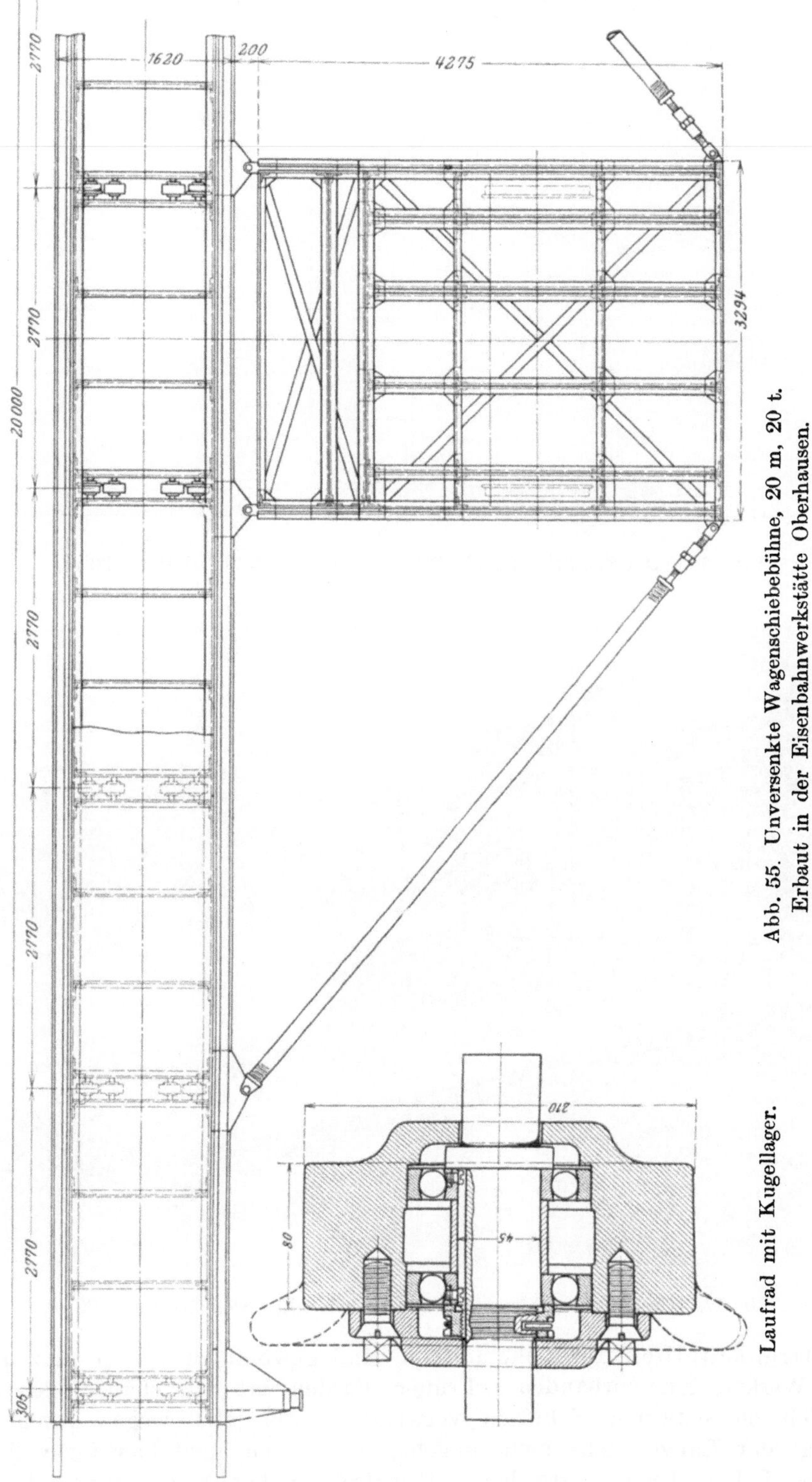

Abb. 55. Unversenkte Wagenschiebebühne, 20 m, 20 t.
Erbaut in der Eisenbahnwerkstätte Oberhausen.

Laufrad mit Kugellager.

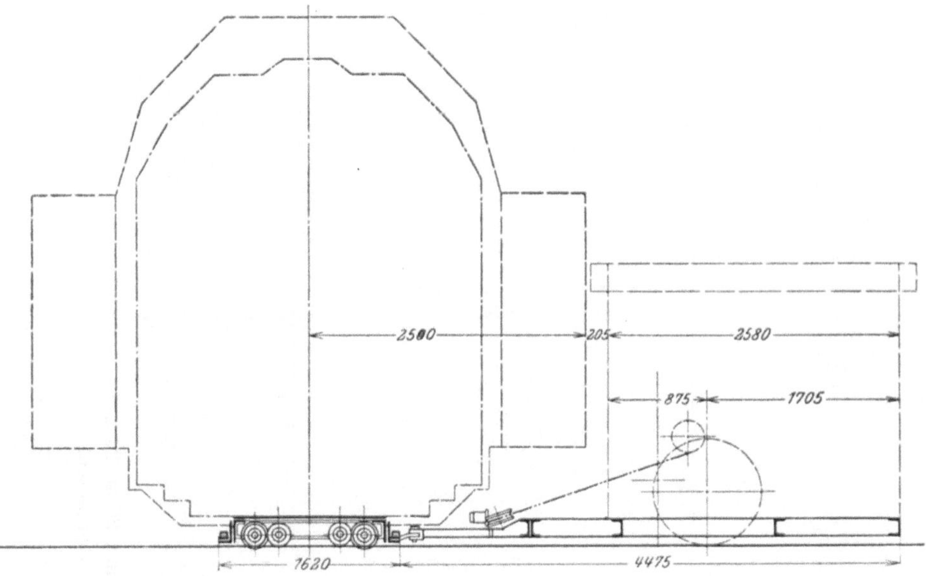

Abb. 56. (Querschnitt zu Abb. 55) Unversenkte Schiebebühne, 20 m.

Abb. 57. (Gesamtansicht zu Abb. 55) Unversenkte Schiebebühne, 20 m.

Drehscheiben für Lokomotiven sind gewöhnlich nur je einzeln in den Werkstätten vorhanden. Früher wurden oft ausgebaute, für den Betrieb zu schwache Scheiben verwendet, was jetzt wegen deren ungenügender Länge nicht mehr angeht; sie müssen auch hier für voll belastete Lokomotiven ausreichen. Hilfsdrehscheiben für Wagen, Achsen usw. sind ebenfalls vorzusehen.

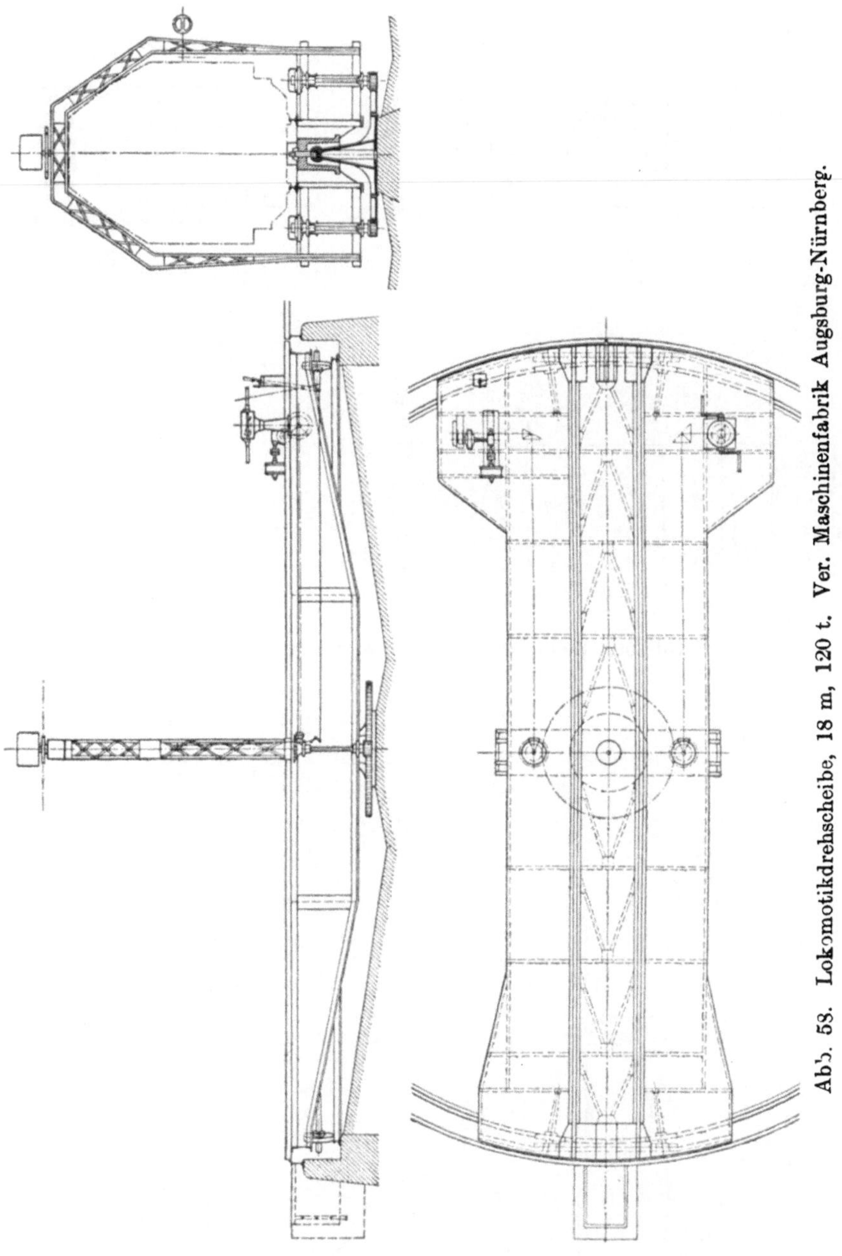

Abb. 58. Lokomotikdrehscheibe, 18 m, 120 t. Ver. Maschinenfabrik Augsburg-Nürnberg.

Abb. 58. Lokomotivdrehscheibe von 18 m Durch- \
       messer, 120 t \
„   59. Schleppwagen hierzu mit elektrischem Antrieb \
                                        } Vereinigte Maschinenfabrik Augsburg-Nürnberg

„   60. Achsendrehscheibe von 2·20 m, 1·2 t \
„   61. Drehscheibe von 5·61 m Durchmessser, 30 t, für \
       kleine Lokomotiven und Wagen \
                                        } Maschinenfabrik „Deutschland" Dortmund

„   62. Lokomotivdrehscheibe von 16·076 m Durchm., \
       120 t \
„   63. Elektrischer Antrieb hierzu \
                                        } desgl.

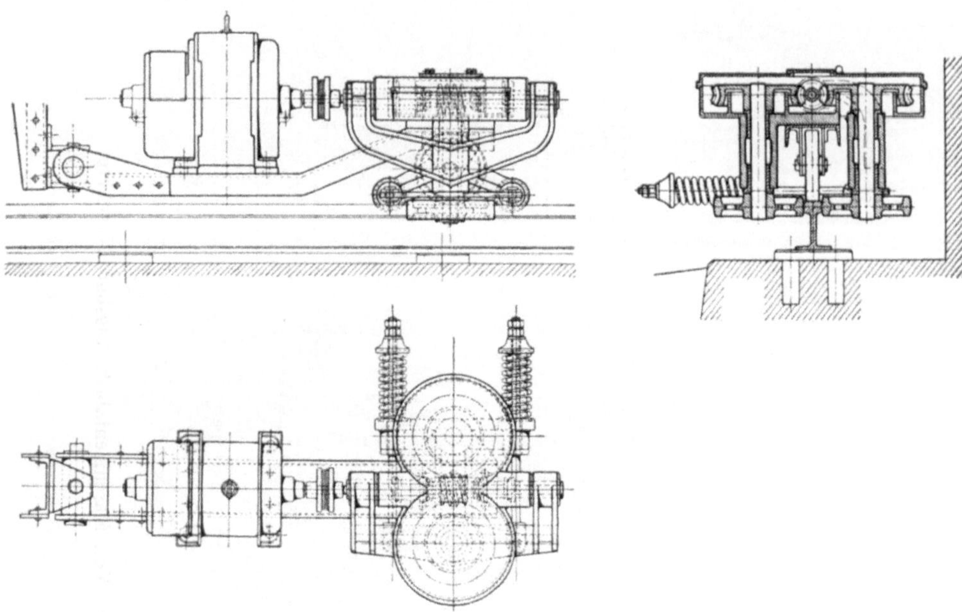

Abb. 59. Elektrischer Schleppwagen (zu Abb. 58).

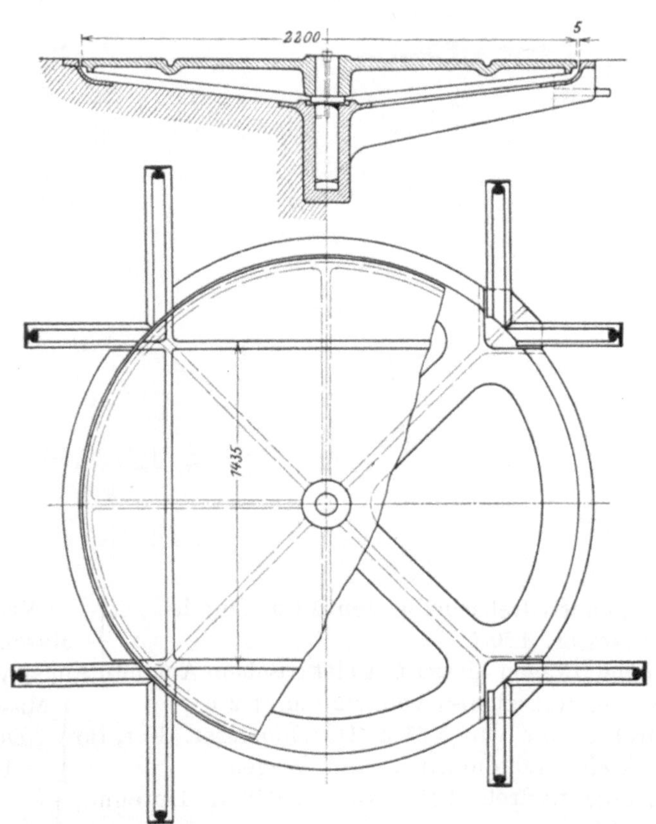

Abb. 60. Achsendrehscheibe, 2·2 m, 1·2 t. Maschinenfabrik „Deutschland", Dortmund.

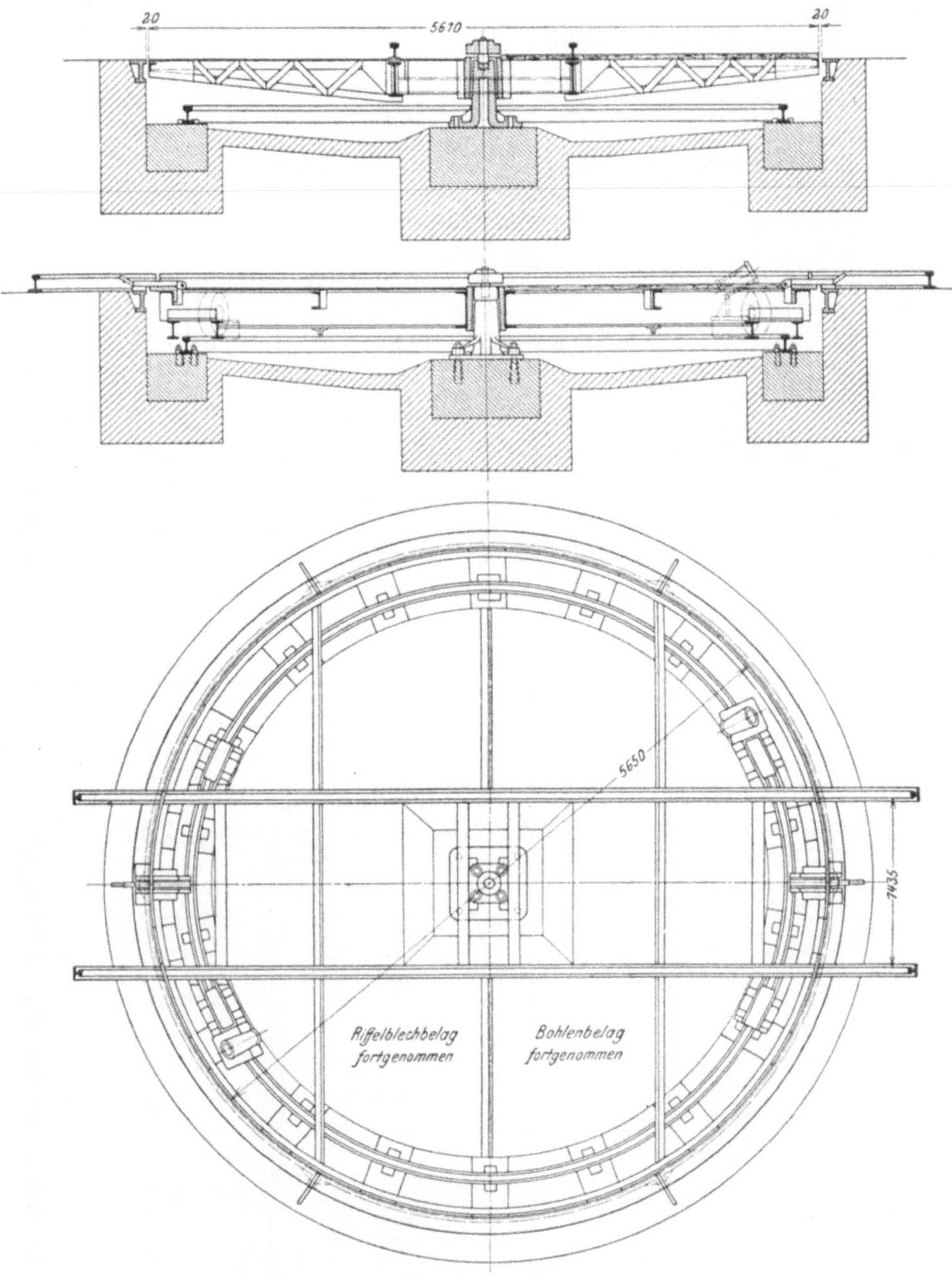

Abb. 61. Drehscheibe, 5·61 m, 30 t, für kleine Lokomotiven und Wagen.
Maschinenfabrik „Deutschland", Dortmund.

Laufkrane erlangen stets größere Wichtigkeit wegen des oben angedeuteten zweckmäßigen Strebens, die störenden Schiebebühnen für Lokomotiven ganz fortfallen zu lassen und dadurch die Wege für die Arbeiter
und Arbeitsstücke zu verkürzen. Dieser Bedeutung entsprechend soll die
Beschreibung eines solchen Laufkrans angefügt werden, um die wesentlichen Punkte der Bauart hervorzuheben. Auch hier kommt es wegen
des leichten Ganges auf gute Verlegung der Fahrbahn an. In Amerika

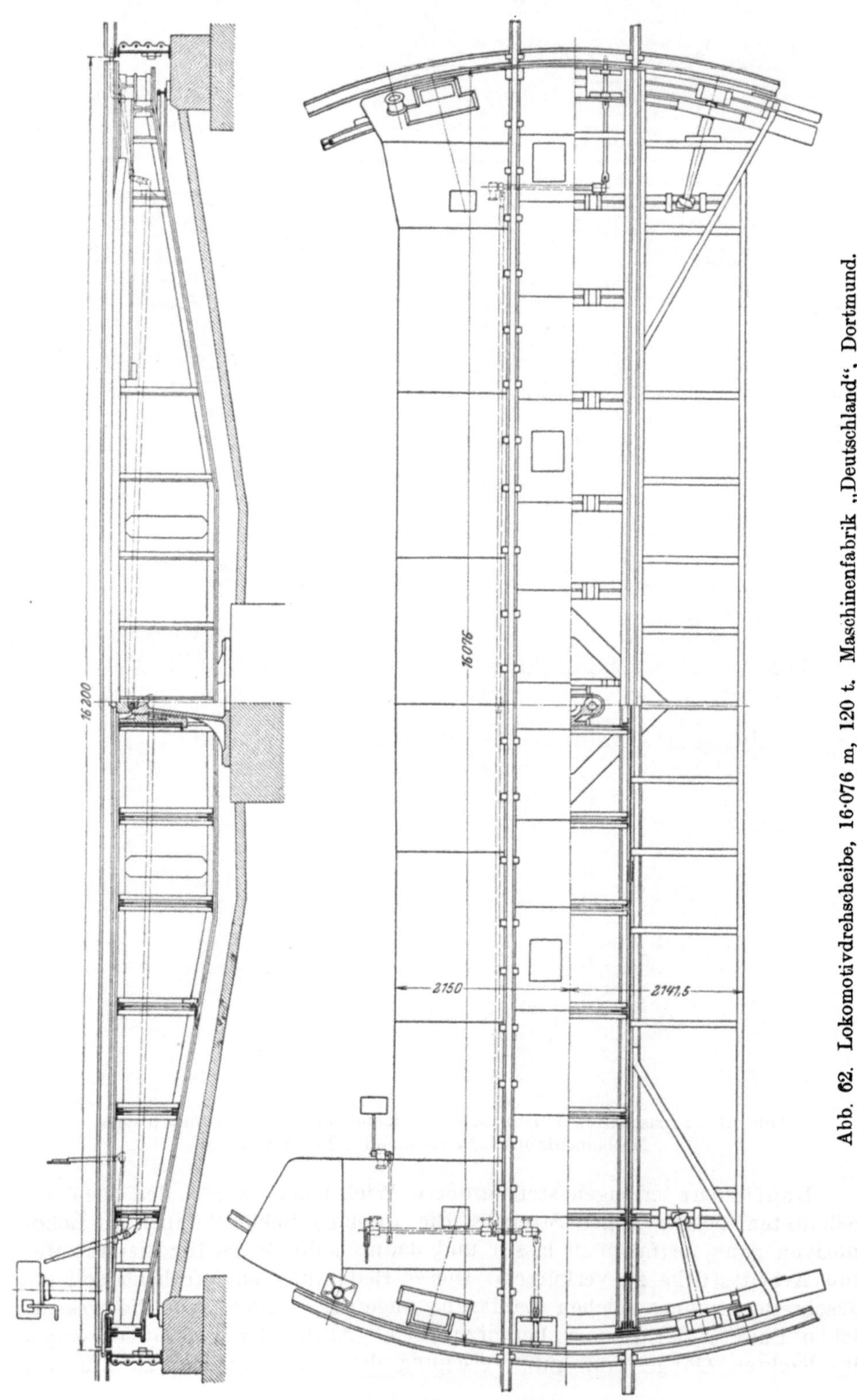

Abb. 62. Lokomotivdrehscheibe, 16·076 m, 120 t. Maschinenfabrik „Deutschland", Dortmund.

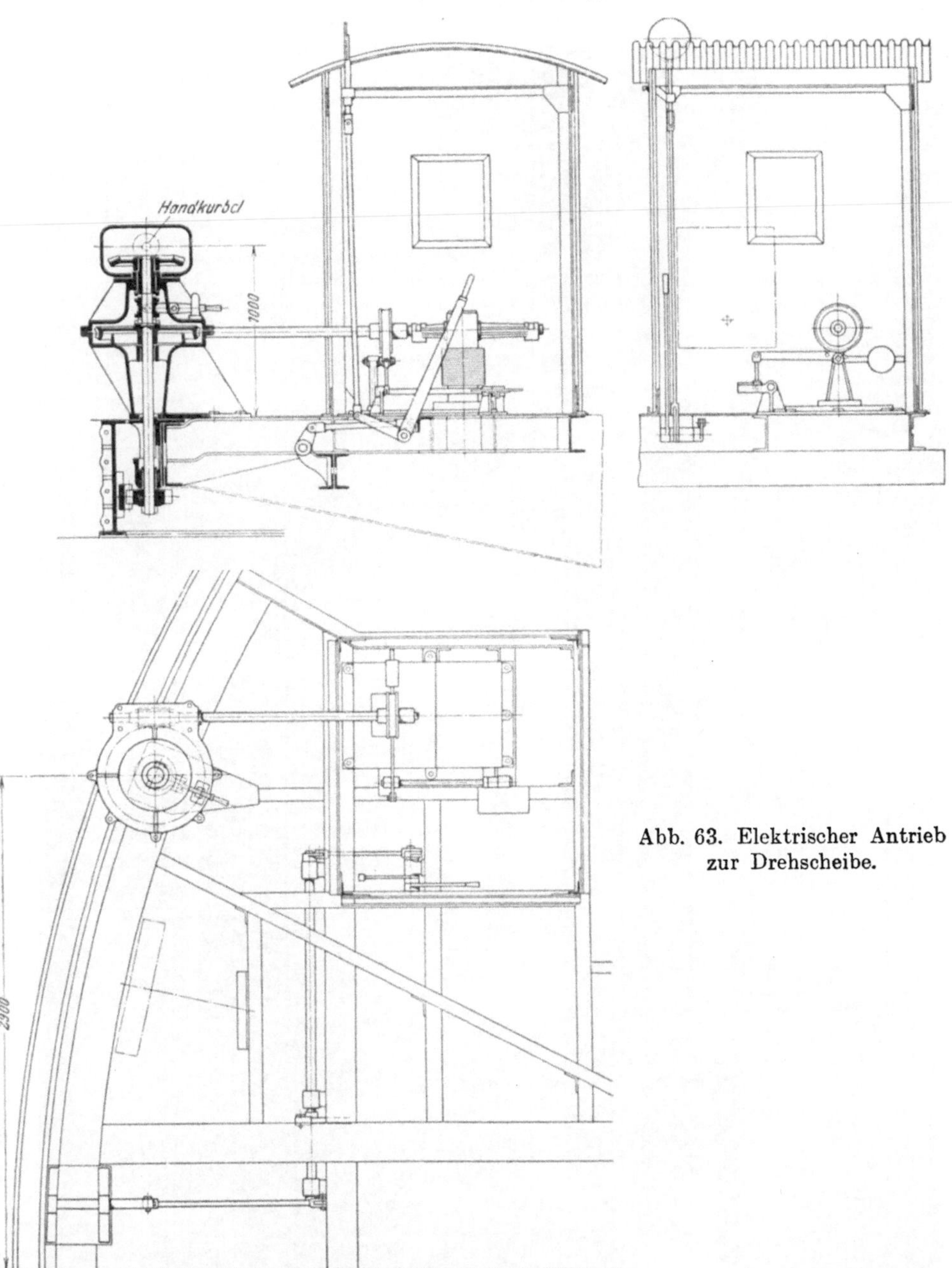

Abb. 63. Elektrischer Antrieb zur Drehscheibe.

soll in einzelnen Fällen der Laufkran in zwei selbständige Krane aufgelöst sein, die nach Bedarf gekuppelt werden und daher Fahrbahn und Säulen gleichmäßiger bzw. weniger belasten. Vor- und Nachteile liegen auf der Hand.

Abb. 64. Laufkran zum Hochnehmen von Lokomotiven, 35 t } Zobel,
,, 65. Laufkran zum Hochnehmen von Lokomotiven, 35 t } Neubert & Co.,
,, 66.   ,,   für Lok.-Zusammenbau, 14 m Sp., 1·5 t } Schmalkalden.
,, 67. Laufkran zum Hochnehmen von Loko- } Ver. Maschinenfabrik
      motiven, 60 t   } Augsburg-Nürnberg.
,, 80-84. Laufkran zum Hochnehmen von Lokomotiven, 60 t } Carl Flohr, Berlin.

Abb. 64. Laufkran für Lokomotivwerkstätten, 35 t. Zobel, Neubert & Co., Schmalkalden

Abb. 65. Laufkran für Lokomotivwerkstätten, 35 t. Zobel, Neubert & Co, Schmalkalden.

Abb. 66. Laufkran für Lokomotivwerkstätten, 14 m, 1·5 t.
Zobel, Neubert & Co., Schmalkalden.

Abb. 6. Torkran für Achsendreherei, 4 t, Hauptwerkstätte Breslau M.
   (Beschreibung unter „Dreherei“).
 ,, 68 bis 70. Bockkran für Lokomotiven, 15 m }Ver. Maschinenfabrik
   Spannweite, 50 t   } Augsburg-Nürnberg
 ,, 71. Fahrbarer Drehkran, 4·5 m Ausladung, 3 t, Zobel, Neubert & Co.
 ,, 72. Bewegliche Lok.-Windeböcke, 4×16 t mit Lauf- } v. Busse,
   kranantrieb   }Kopenhagen
 ,, 85. Lokomotivhebewerk (System Kuttruff) } Carl Schenck,
 ,, 86. Windebock hierfür zu 15 t (System Kuttruff)} Darmstadt
 ,,87. Fahrbarer Elektromotor zum Hoch- } Elektr. Fabrik vorm.
   nehmen der Lokomotiven   }Schorch A.-G., Rheydt

Abb. 67. Laufkran für Lokomotivwerkstätten, 60 t. Maschfbrk. Augsburg-Nürnberg.

Abb. 68. Laufkatze zu Abb. 69.

Abb. 88, 89. Hebewerk f. vierachs. Wagen mit versenkt. Windeböcken⎤ Carl
  „   90.   „   „   „   „   halb versenkte Anordnung⎟Schenck,
  „   91.   „   „   „   „   festes Gerüst und Lauf- ⎟ Darm-
                                         katze (System Busse)   ⎦ stadt

Abb. 92 bis 94. Wasserdruckachsensenke mit Lageplan } C. Schenck,
(Beschreibung) } Darmstadt
„ 73. Wasserdruckachsensenke, 4 t } Maschinenfabrik
„74,75. Elektrische Achsensenke mit Grubenanlage, } „Deutschland"
5 bis 6 t } Dortmund

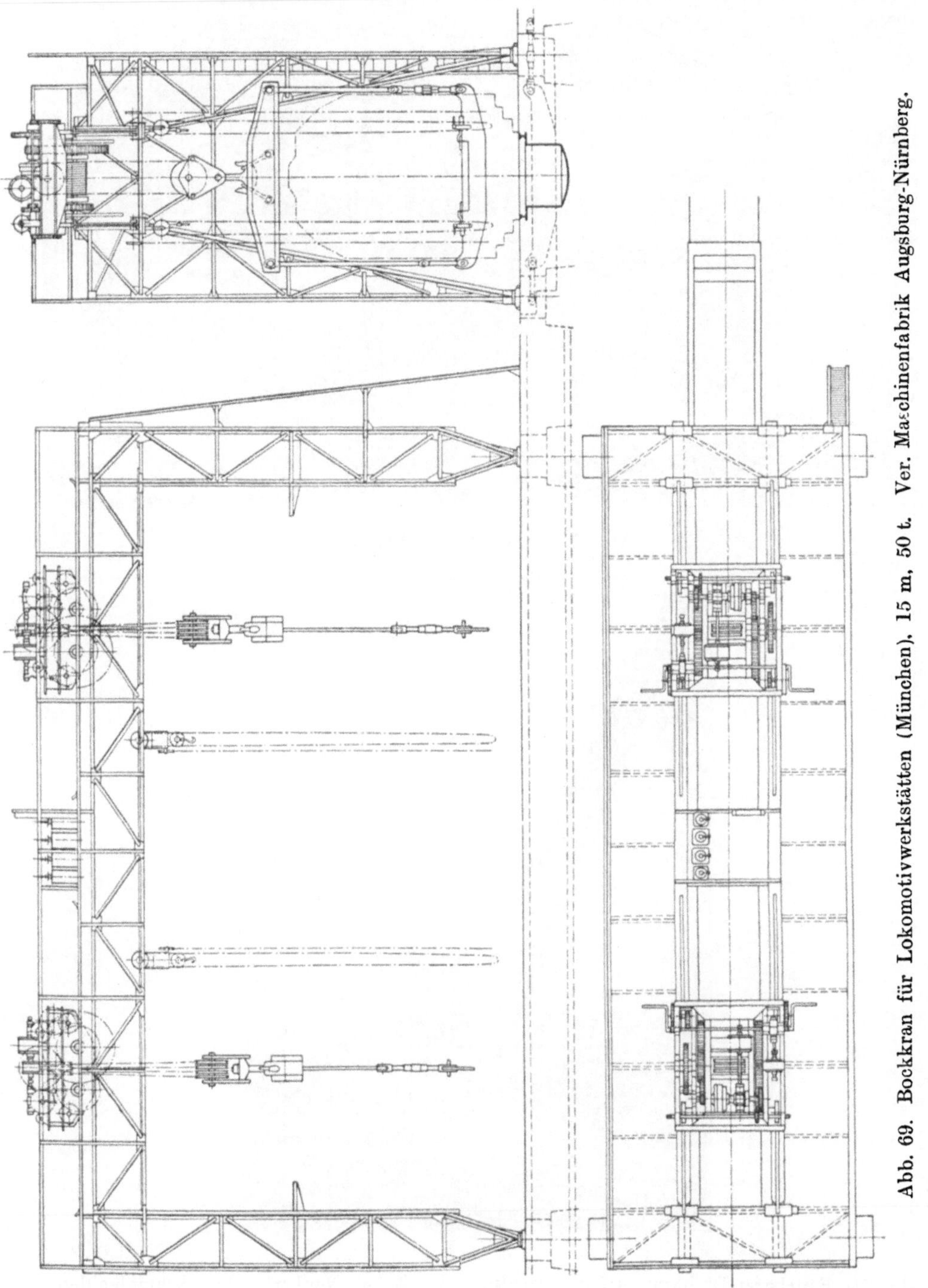

Abb. 69. Bockkran für Lokomotivwerkstätten (München). 15 m, 50 t. Ver. Maschinenfabrik Augsburg-Nürnberg.

Abb. 70. Ansicht zu Abb. 69.

Abb. 71. Fahrbarer Drehkran, 4·7 m Ausladung, 3 t. Zobel, Neubert & Co., Schmalkalden.

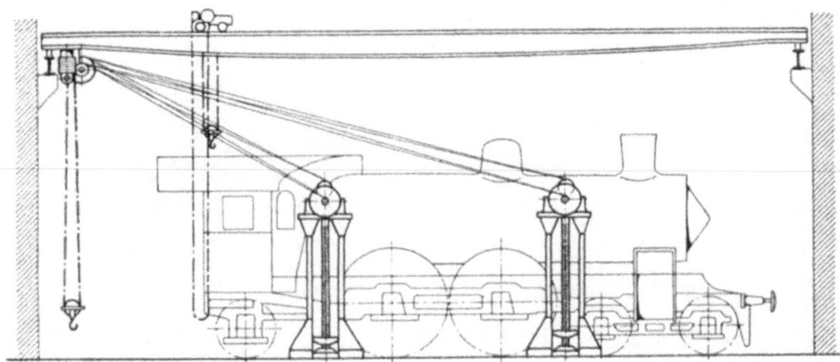

Abb. 72. Bewegliche Lokomotivwindeböcke mit Laufkranantrieb. v. Busse, Kopenhagen.

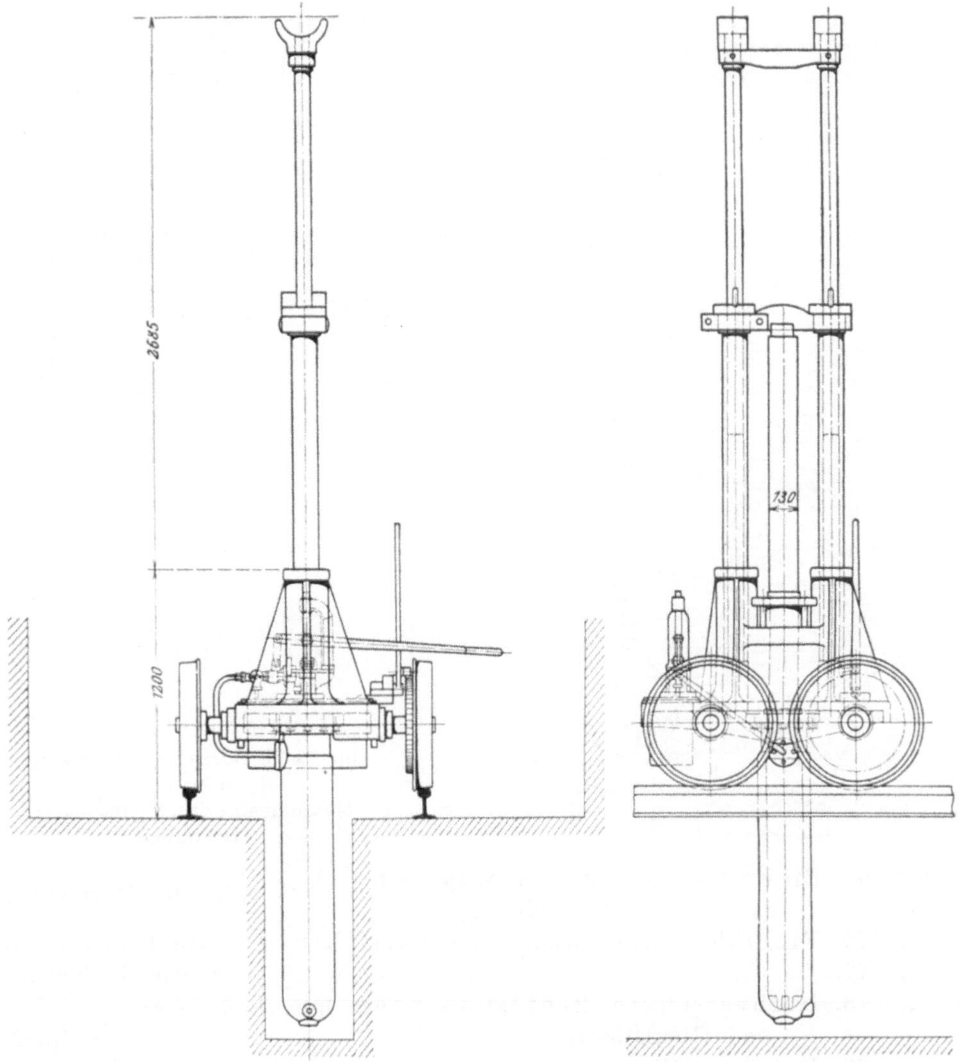

Abb. 73. Wasserdruckachsensenke, 4 t. Maschinenfabrik „Deutschland", Dortmund.

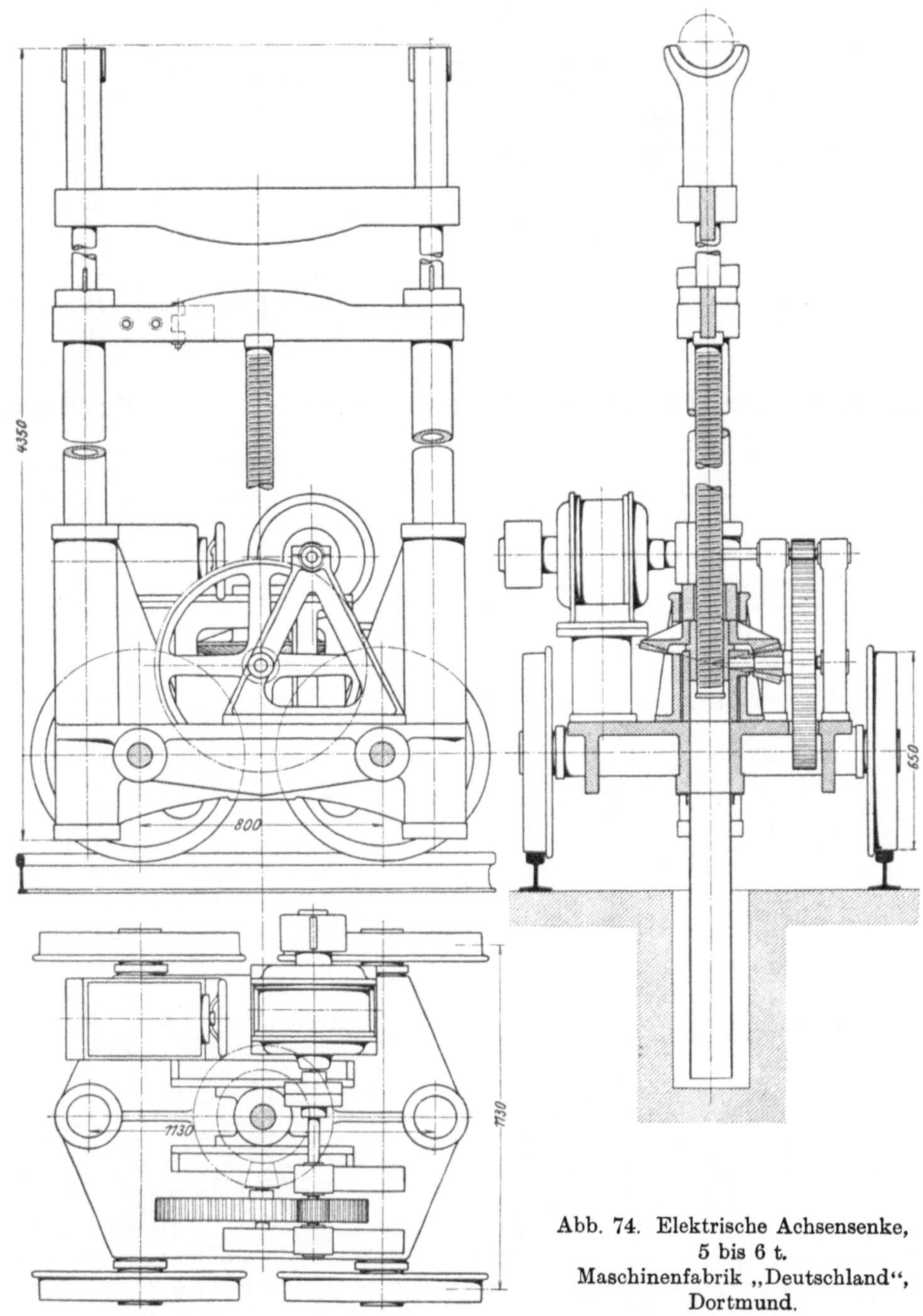

Abb. 74. Elektrische Achsensenke,
5 bis 6 t.
Maschinenfabrik „Deutschland“,
Dortmund.

Abb. 95. Eichfähige Lokomotivwägevor-
       richtung (Beschreibung) } C. Schenck, Darmstadt
„ 76. Eichfähige Lokomotivwägevorrichtung Gebr. Dopp, Berlin
„ 77.   „   „   A. Spieß, Siegen
„ 78. Halbversenkte Zentesimalwage mit Lademesser
       und Überladekran   A. Spieß,
„ 79. Fahrbare Wägevorrichtung z. Auswuchten vierachs. Siegen.
       Wagen

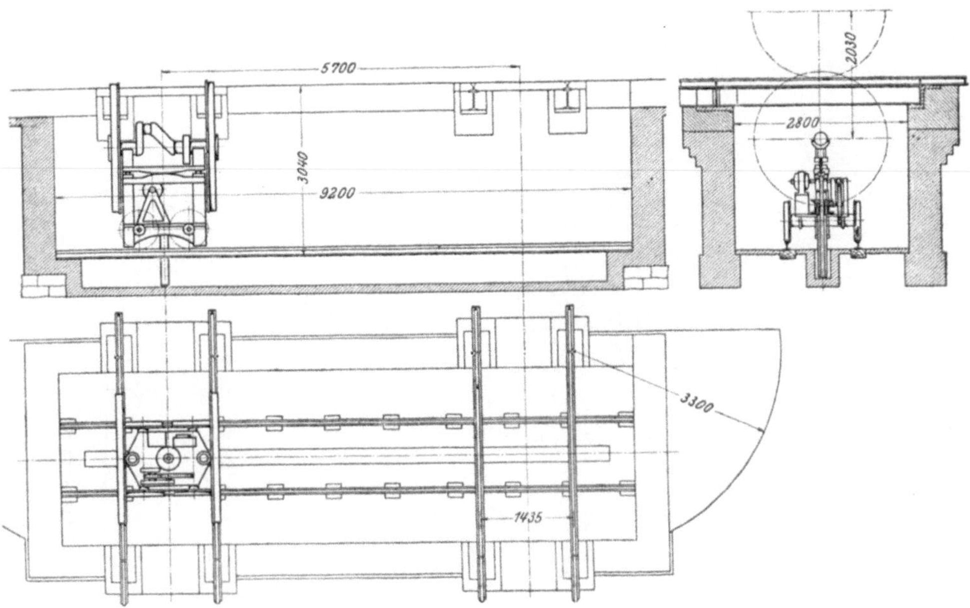

Abb. 75. Grubenanlage zur Achsensenke Abb. 74.

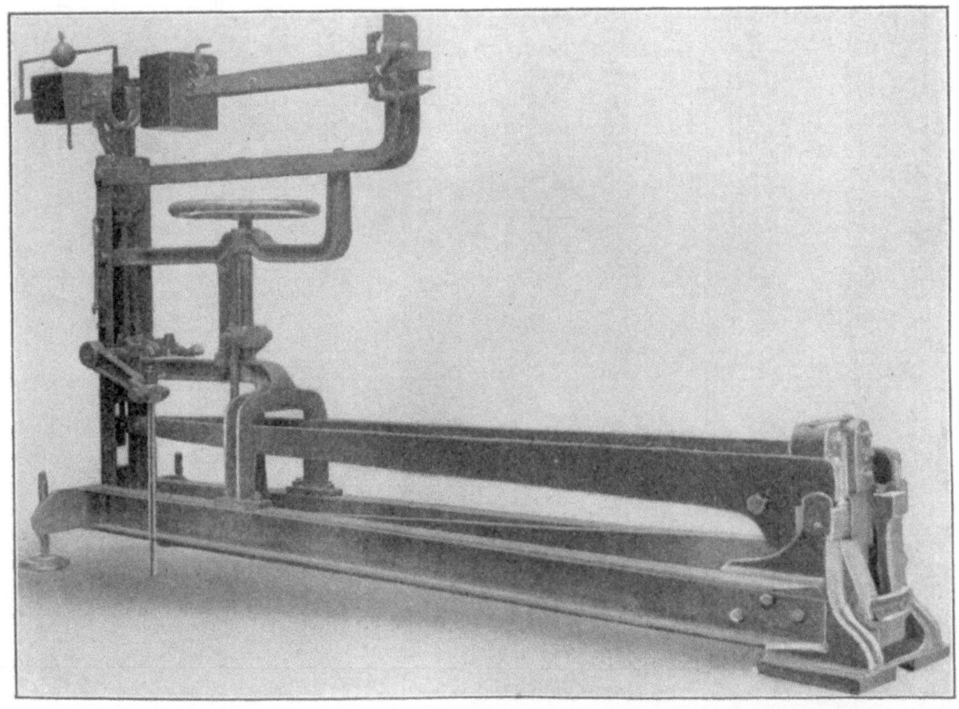

Abb. 76. Eichfähige Lokomotivwägevorrichtung. Gebr. Dopp, Berlin.

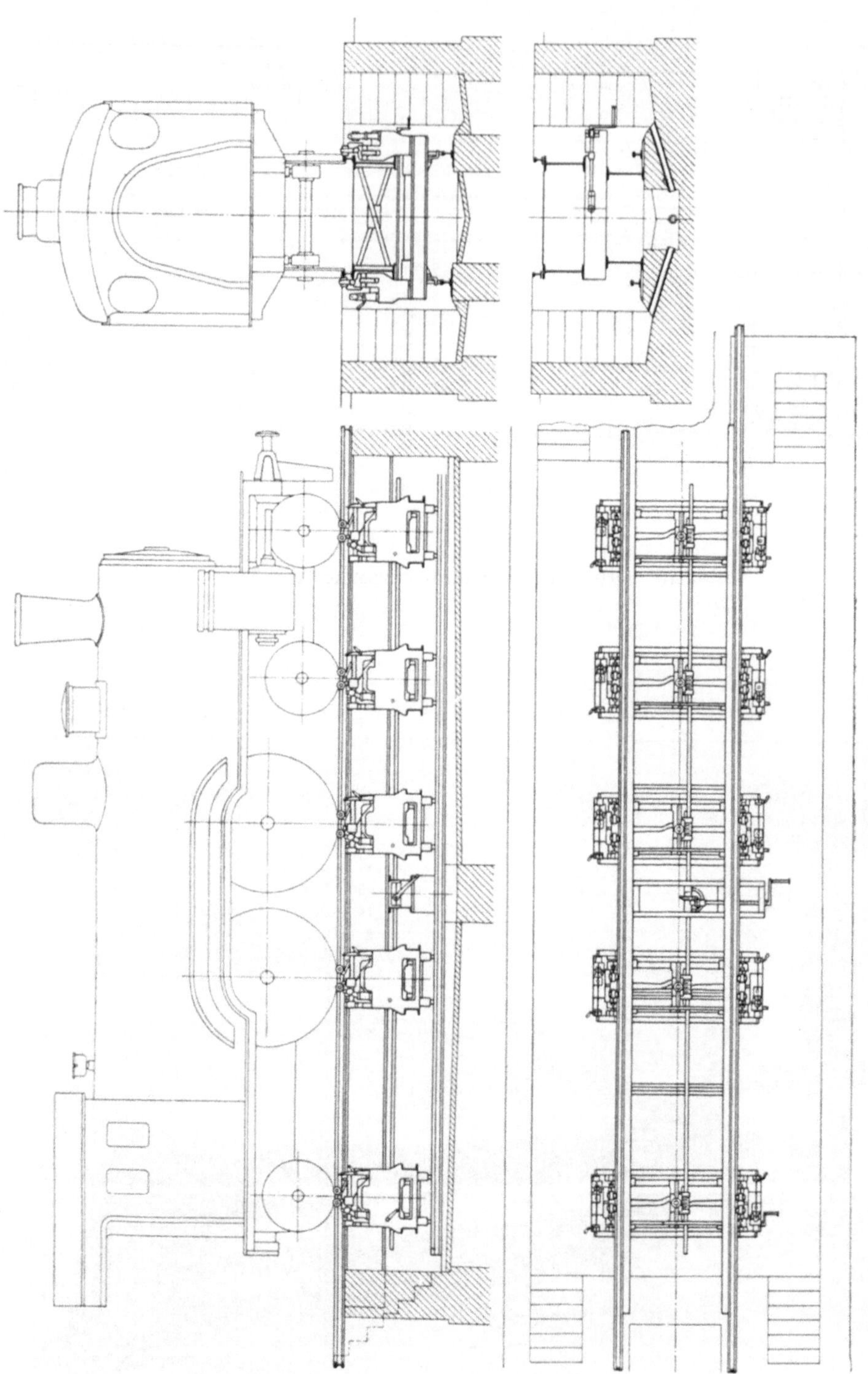

Abb. 77. Eichfähige Lokomotivwägevorrichtung. A. Spieß, Siegen.

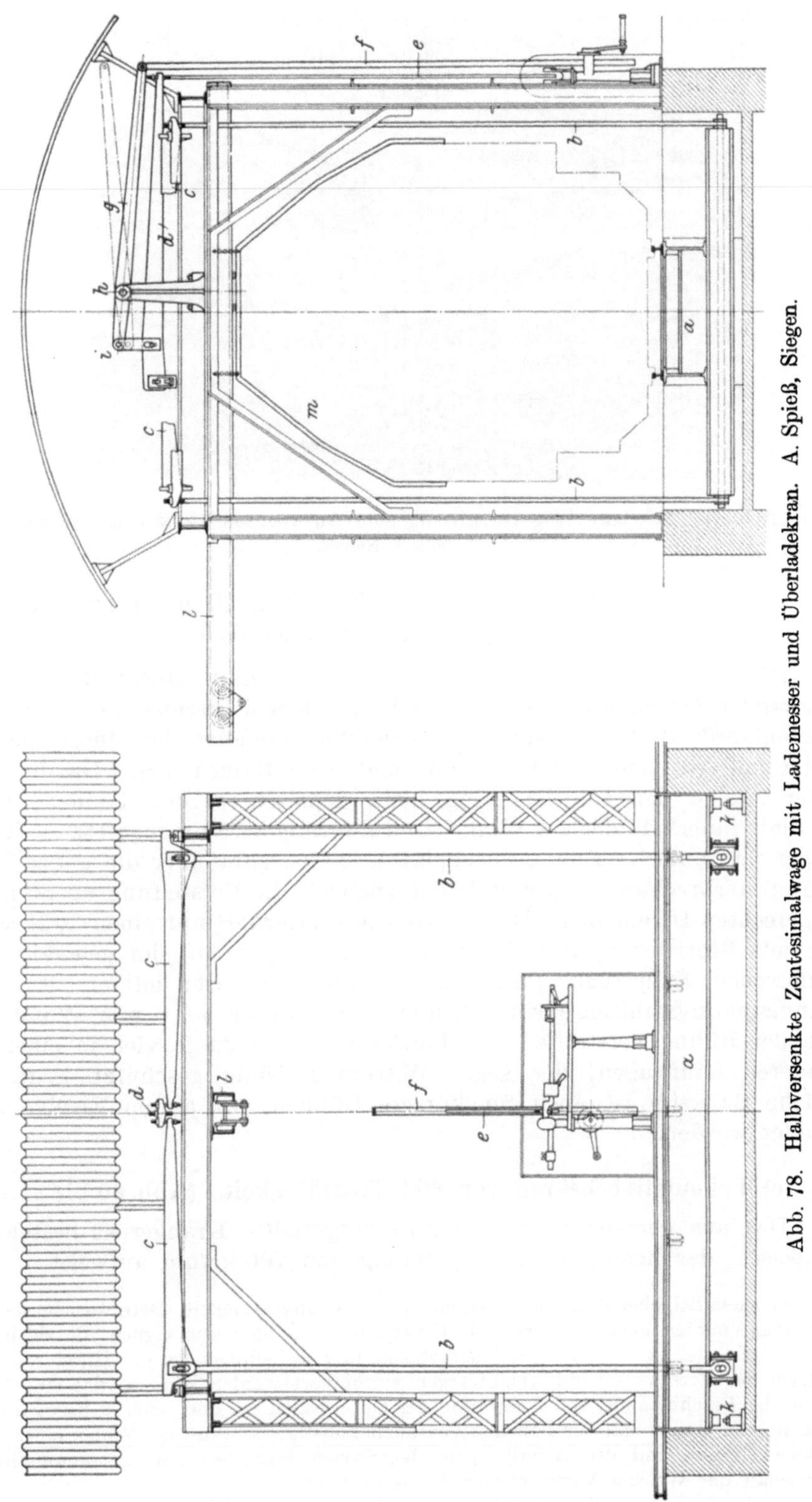

Abb. 78. Halbversenkte Zentesimalwage mit Lademesser und Überladekran. A. Spieß, Siegen.

Abb. 79. Fahrbare Wägevorrichtung zum Auswuchten vierachsiger Wagen.
A. Spieß, Siegen.

b) Unversenkte Wagenschiebebühne von 20 m Länge und 20 t Tragfähigkeit. (Abb. 54 bis 57.)

Diese nach den Angaben des Regierungs- und Baurat B o y für die Werkstätte Oberhausen gebaute und mit Kugellagerung der Deutschen Waffenfabrik Berlin versehene Schiebebühne zeichnet sich durch ihre einfache und gedrungene, daher leichte und feste Bauart aus. Da die Laufräder infolge der Kugellagerung klein gehalten werden können, finden sie Platz innerhalb der aus Winkeleisen Z-förmig zusammengesetzten Hauptträger und unterhalb der Abdeckplatte. Diese geht über die ganze Bühne ohne Unterbrechung fort und bildet zugleich die Versteifung an Stelle der wagerechten Diagonalen. Der leichte Gang erfordert nur einen 10 N-Motor, der mit Einrichtung zum Heranholen der Wagen auf der gelenkig angeschlossenen Führerhaus-Plattform untergebracht ist; letztere ist durch Mannesmann-Stahlrohre von 125 mm Durchmesser bei 6 mm Wandstärke mit der Bühne verstrebt. Die Laufräder sitzen zu je vier in einem besonderen Laufwagen, der gegen Witterung völlig geschützt liegt. Die gleiche Bauart[1]) ist auch für kürzere Bühnen mit gutem Erfolge angewendet worden.

c) Lokomotivhebekran von 60 t Tragfähigkeit. (Abb. 80 bis 84.)

Das aus genieteten Blechträgern hergestellte Krangerüst besteht aus Flußeisen, das höchstens eine Spannung von 700 kg/qm aufweist.

---

[1]) Diese Schiebebühne würde wegen ihrer Leistungsfähigkeit, Betriebssicherheit und sonstigen Vorzüge auch im Verschiebedienst auf Bahnhöfen sich eignen, da sie bis drei Güterwagen gleichzeitig durch Seil heranholen und aufnehmen kann. Hierdurch würde vielfach das Verschieben auf Ablaufbergen vermindert werden können, das eine Hauptquelle der Beschädigung und Zerstörung der Güterwagen ist und auch in bezug auf Ausnutzung von Raum und der Lokomotiven nicht günstig ist. Nur das Fehlen einer zweckmäßigen Bühne und des zuverlässigen elektrischen Betriebes hat die unumschränkte Herrschaft des Weichen-Verschiebeverfahrens gezeitigt.

Auch für Lokomotivwerkstätten erscheint das beschriebene Schiebebühnensystem geeignet, da der Fortfall der Bühnengrube sehr erwünscht ist.

Die Hauptträger des Kranes sind durch eine kastenförmige Galerie gegen
seitliche Schwankungen gesichert. Die als Laufschienen dienenden Flacheisen
sind auf den Hauptträgern mittels versenkter Kopfschrauben befestigt.

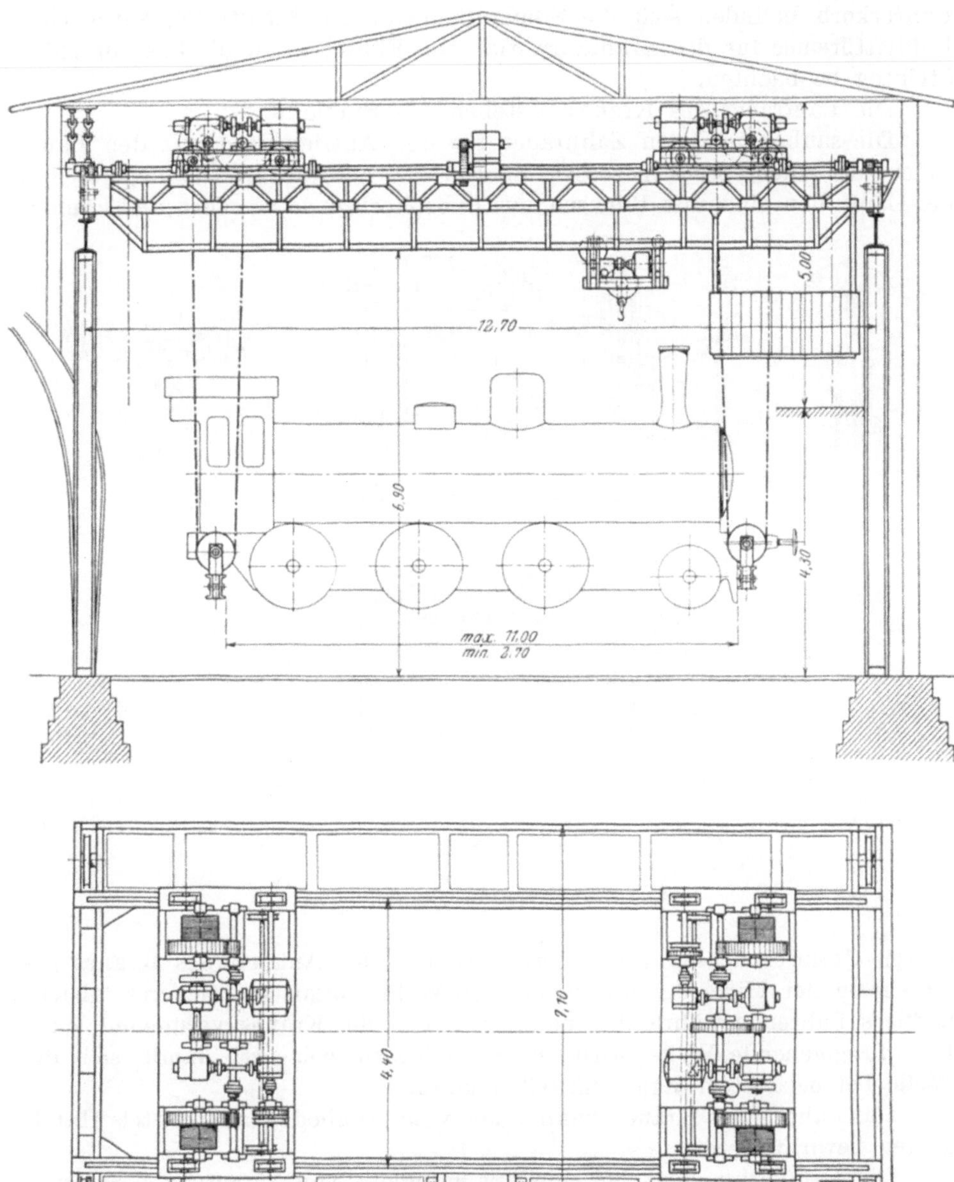

Abb. 80. Lokomotivkran von 60 t. Carl Flohr, Berlin. (Werkstätte Schneidemühl.)

Mit den Hauptträgern ist die als Gitterträger ausgeführte Laufbühne
durch Winkeleisen verbunden. Die Laufbühne ist mit gelochtem Blech
abgedeckt; um von der einen Seite des Kranes auf die andere gelangen

zu können, ist auf der einen Kranseite ein Verbindungssteg angeordnet, der wie die Laufbühnen mit Schutzgeländer versehen ist.

Der Führerkorb ist seitlich am Kran angehängt. Die seitliche Umwährung desselben, sowie der Fußboden sind aus Holz hergestellt. Im Führerkorb befinden sich die Steuerapparate, die Schalttafel, sowie eine Fußtrittbremse für das Kranfahrwerk. Der Führer kann die Last in jeder Stellung beobachten.

Die Laufräder des Kranes bestehen aus Stahlguß.

Die sauber gefrästen Zahnräder für den Antrieb sind mit den Laufrollen aus einem Stück gegossen, ebenso mit der Welle. Die Lagerstellen der Laufrollen sind mit Büchsen aus Phosphorbronze versehen und können

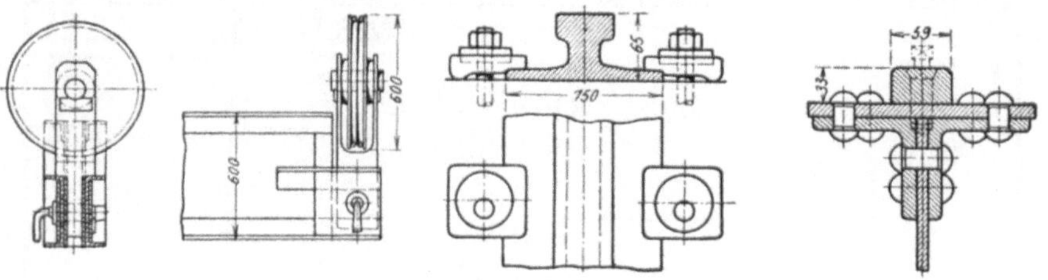

Abb. 81. Einzelheiten zu Abb. 80.

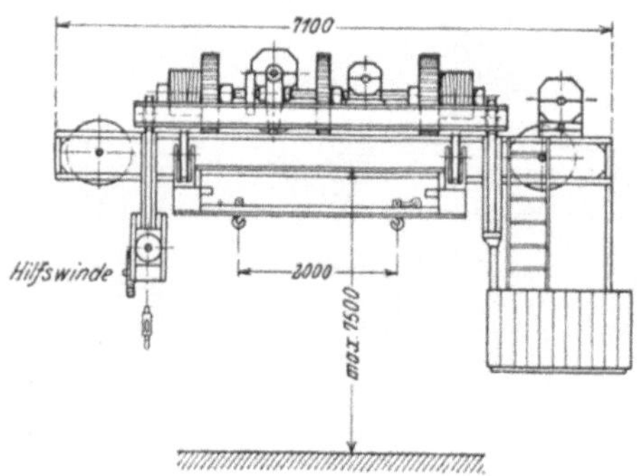

Abb. 82. Querschnitt zu Abb. 80.

mittels Staufferbüchsen geschmiert werden. Der Antrieb des Kranes geschieht in der Mitte der durchgehenden Welle, damit ein sicheres, gleichmäßiges Fahren gewährleistet und ein Ecken des Kranes vermieden wird. Die durchgehende Welle wird in Sellerslagern gelagert, damit sich die Welle bei belastetem Kran einstellen kann.

Das Fahren des Kranes kann auch vom Fußboden aus mittels Handketten bewirkt werden.

Die Laufkatzen sind für eine Tragfähigkeit von 35 000 kg berechnet.

Der Rahmen der Laufkatze ist aus Schmiedeeisen hergestellt. An den Stellen, wo Maschinenteile aufgeschraubt werden, sind Flacheisen aufgenietet, welche nach dem Aufnieten gehobelt werden, um ein genaues Ausrichten der Lager zu ermöglichen. Als Tragorgan ist Tiegelgußstahldrahtseil vorgesehen. Die Laufkatzen sind so gebaut, daß die Lastseile nur nach einer Richtung über die Trommeln und Seilrollen gebogen werden, wodurch eine bedeutend längere Lebensdauer der Seile erzielt ist und Umleitrollen vermieden werden.

Die federnd aufgehängten Traversen sind genietete Blechträger von etwa 600 mm Höhe. Um an Hubhöhe zu gewinnen, sind die Träger an den Enden zur teilweisen Aufnahme des abnehmbaren Rollengehänges ausgespart, was mittels leicht herausnehmbarer Bolzen erzielt wird, die durch Flacheisen gesichert sind. (Abb. 81.)

Mit den Laufkatzen können folgende Endstellungen der Traversen erzielt werden:

1. größtes Maß zwischen den Traversen = 11000 mm,
2. kleinstes „   „   „   „   = 2700 mm.

Das Hubwerk der Laufkatzen wird durch einen Motor von 22·4 PS Leistung angetrieben, direkt mit einem vollkommen gekapselten und in Öl laufenden Schneckengetriebe gekuppelt. Die Schnecke ist zweigängig und besitzt einen hohen Wirkungsgrad, da der Enddruck durch ein Kugellager aufgenommen wird. Die Schnecke besteht aus Tiegelgußstahl, der Kranz des Schneckenrades aus zäher Phosphorbronze.

Abb. 83. Laufkatze zu Abb. 80.

Außerdem ist eine Backenbremse mit magnetischer Lüftung vorhanden. Der Bremsmagnet wirkt auf ein Kniehebelsystem, welches sich durch Schrauben genau einstellen läßt, so daß an den Bremsbacken schon eine Lüftung von $^1/_4$ mm genügt, damit sich die Bremsscheibe frei drehen kann.

Zur Erreichung des nötigen Übersetzungsverhältnisses sind noch zwei Rädervorgelege vorhanden.

Die Triebe für das Trommelvorgelege sind mit der Welle aus einem Stück geschmiedet.

Die Trommeln sind aus Grauguß mit sauber auf der Drehbank geschnittenem Rechts- und Linksgewinde versehen. Es wird hierdurch erzielt, daß ein Wandern der Last beim Heben vermieden wird; das Heben geht also genau senkrecht von statten. Für die Hubbewegung ist nach oben ein Endausschalter vorgesehen. Das Hubwerk kann auch von Hand betätigt werden mittels zweier Handkettenräder, die vom Fußboden aus bedient werden.

Das Fahrwerk der Laufkatzen wird durch einen Hauptstrommotor von 4·5 PS Leistung und ein Vorgelege entsprechend angetrieben.

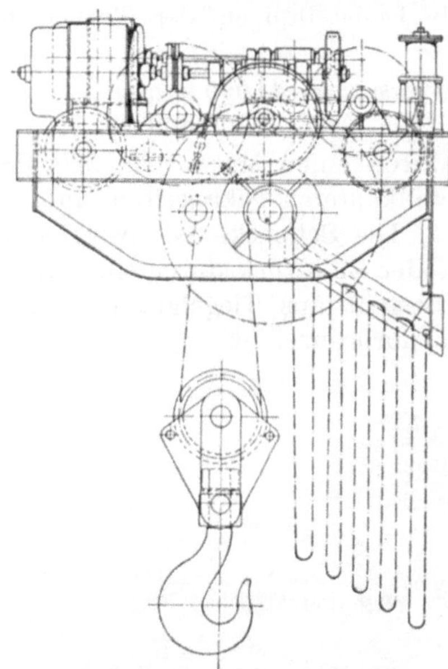

Abb. 84. Hilfswinde (zu Abb. 80).

Der Antrieb der Katzenfahrbewegung kann vom Fußboden aus durch eine umschaltbare Klauenkuppelung von Hand erfolgen.

Zum Schutze der Laufkatzen gegen Zusammenfahren sind Prellklötze aus Holz vorgesehen; in gleicher Weise sind die Laufkatzen in den Endlagen durch Anschläge begrenzt.

Die Laufschienen sind breitfüßig, niedrig und mittels Klemmplatten mit exzentrischer Stellvorrichtung festgeklemmt. Durch die Exzenterklemmplatten kann die Laufschiene genau gerade verlegt und die Spannweite eingestellt werden. (Abb. 81.)

Die Hilfswinde läuft am Untergurt des einen Hauptträgers. Die Hubbewegung geschieht elektrisch, während die Katzenfahrbewegung vom Führerkorb aus von Hand erfolgt.

Als Tragorgan ist eine kalibrierte Kette vorgesehen, welche auf eine Kettennuß aufläuft.

d) Torkran für Achsendreherei. (Abb. 6.)

Stehen die Bänke zu beiden Seiten des Achsgleises, so ist die Anwendung eines Torkrans zu empfehlen, besonders wenn der Platz beengt ist und einzelne Achsen aus dem Gleise zur Bearbeitung herausgenommen werden müssen.

Bei den üblichen Hebevorrichtungen von Hand oder durch Preßluft kann dies nur durch Verschieben der Achsen unter der hochgenommenen Achse erfolgen. Die Bauart des Krans geht aus der Zeichnung hervor.

Das mit dem drehbaren Ausleger verbundene Rollenschneckengetriebe mit Elektromotor hat eine sehr große Übersetzung und dient zugleich als Gegengewicht. Die hohen (Wagen-)Räder lassen das Verschieben des Kranes so leicht erfolgen, daß von der ursprünglich beabsichtigten elektrischen Fortbewegung des Kranes Abstand genommen wurde. Der Anschluß des Hubmotors an die elektrische Leitung erfolgt mittels Steckkontakt. Dem Ramsbottomkran gegenüber hat der Torkran außer einigen baulichen Vorteilen noch den, daß er beide Seiten bedient.

e) Hebewerk für Lokomotiven (System Kuttruff). (Abb. 85 und 86.)

Das Hebewerk besteht aus vier Windeböcken nach dem System Kuttruff-Karlsruhe. Die Böcke bestehen aus einem Profileisengestell, welches in einem unteren Spurlager mit Stahlspurpfanne und einem oberen Halslager ausgerüstet ist, das die Hubspindel aufnimmt. Auf der Spindel bewegt sich eine Mutter aus Phosphorbronze, die zu beiden Seiten durch Führungsbacken an der Drehung verhindert wird. Auf der in Schmiedeeisen gefaßten Mutter ist ein dreieckig geformter Tragschuh aus zwei starken Blechen in Zapfen gelagert. Der Schuh stützt sich auf der inneren und äußeren Seite mittels Laufrollen an das Gestell. Der ausladende Teil des Schuhes ist mit einem gleichfalls in Zapfen gelagerten Tragbalken ausgerüstet, welcher direkt unter die zu hebende Lokomotive geschoben wird.

Der Antrieb der Hebeböcke wird durch ein auf dem unteren Teil der Spindel gelagertes Schneckenrad bewirkt. Es besteht aus Phosphorbronze und erhält aus dem Vollen geschnittene Zähne, während die zugehörige Schnecke aus Stahl hergestellt und zwangläufig geschnitten wird. Schnecke und Schneckenrad laufen zusammen in einem Gußgehäuse im Ölbade mit Kugellagern.

Für Handantrieb wird die Schneckenwelle durch Gelenkkettenübertragung mittels Handkurbel in Bewegung gesetzt. Um ein gleichmäßiges

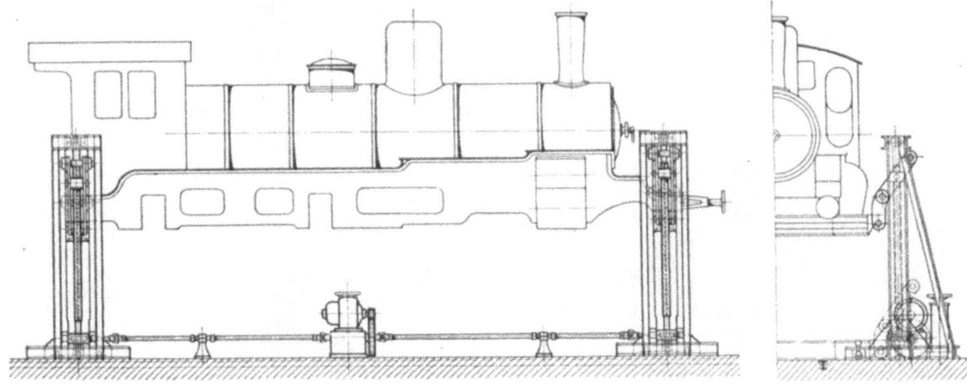

Abb. 85. Lokomotivhebewerk, nach Kuttruff.

Anheben in diesem Falle zu erzielen, wird ein Bock mit einer Signalglocke ausgerüstet, welche bei jeder Kurbelumdrehung einmal angeschlagen wird.

Zum leichten Befördern der Böcke sind diese mit Laufrollen ausgestattet, welche auf Federn gelagert, die leeren Böcke vom Boden abheben.

Um die Böcke elektrisch anzutreiben, werden zweckmäßig zwei getrennte Motoren verwendet, welche je zwei Böcke durch eine gemeinschaftliche Welle betätigen. Die Verbindung der Schneckenwellen geschieht durch Gelenkkupplungen und eine Teleskopwelle. Der Antrieb in der Mitte erfolgt durch ein Stirnradvorgelege und zwei weitere Gelenkkupplungen der Welle.

Der Motor mit dem Antriebsvorgelege und der zugehörigen Lagerung wird auf einem gemeinsamen Gußrahmen montiert, welcher gleichfalls mit exzentrisch gelagerten Wellen fahrbar gemacht werden kann. Die Unterstützung der Welle in der Mitte geschieht durch offene Lager mit Rotgußschalen. Es hat diese Anordnung durch zwei getrennte Antriebe den Vorteil, daß keine Verbindung unter den Lokomotiven hindurch über das Gleis hinweggeführt werden muß und sämtliche Teile nach einem anderen Standorte leicht zu befördern sind. Infolge der Verbindung der Gelenkkupplungen der Teleskopwellen ist das zeitraubende Ausrichten der Hebevorrichtung überflüssig.

Die beiden Motoren erhalten Hauptstromwickelung und sind für Kranbetrieb geeignet. Die Steuerung geschieht durch einen gemeinsamen Umkehranlasser. Beide Motoren erhalten gleichen Strom und gleiche Umdrehungszahlen. Der mit dem Widerstand zusammengebaute Anlasser

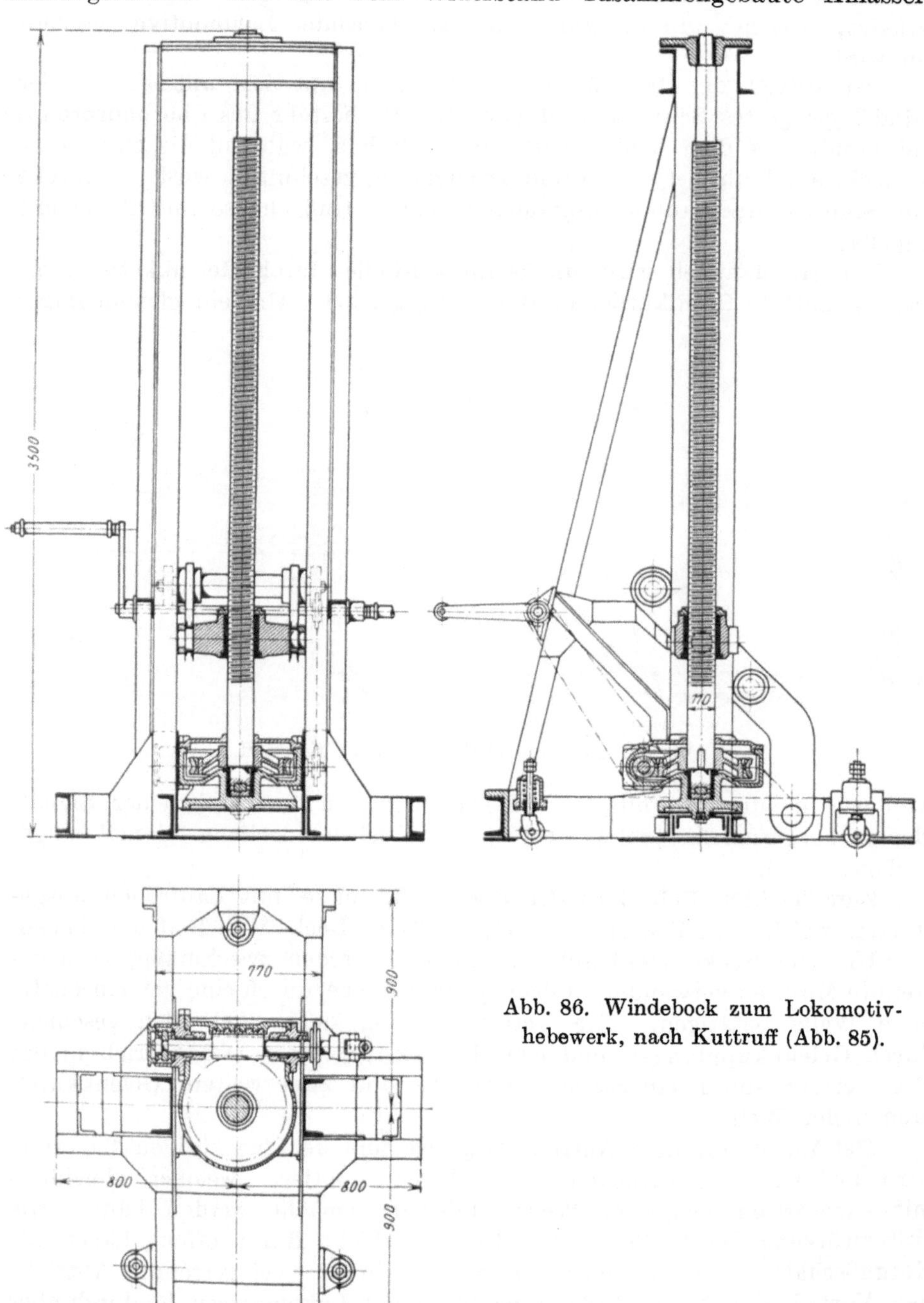

Abb. 86. Windebock zum Lokomotivhebewerk, nach Kuttruff (Abb. 85).

kann an beliebiger Stelle aufgestellt werden, und die Verbindung zwischen Anlasser und Motor wird durch zwei biegsame stahlbandarmierte Kabel bewirkt. Der Antrieb dieser und anderer Windeböcke geschieht oft durch die auch zu anderen Zwecken verwendbaren, fahrbaren Motoren, die nach einer Ausführung der Elektrotechnischen Fabrik (vorm. Schorch) in Rheydt nebenstehend abgebildet sind.

Abb. 87. Fahrbarer Elektromotor. Elektrotechn. Fabrik (vorm. Schorch) Rheydt.

f) Hebewerke für Wagen mit elektrischem Antrieb. (Abb. 88 bis 91.)

Die Hebewerke dienen zum Abheben der Oberkasten mehrachsiger Personenwagen und sind derartig eingerichtet, daß D-Zug-, Schlaf-, Post-, Gepäck- und auch die schmaleren Abteilwagen gehoben werden können, wobei ein Abbauen der Trittbretter und der unter dem Wagenkasten liegenden Teile nicht erforderlich ist und ferner der Oberkasten an seinen natürlichen Unterstützungsstellen beim Heben angegriffen wird, so daß ein Verschieben des Wagenkastens in sich ausgeschlossen ist. Keinerlei Teile versperren die Zugänglichkeit zu dem gehobenen Wagen, und außerdem kann bei Nichtgebrauch das ganze Hebewerk unter Schienenoberkante versenkt werden (Abb. 88, 89). Falls jedoch auf geringe Fundamenttiefe Wert gelegt wird, kann die halbversenkte Anordnung gewählt werden (Abb. 90).

Zum Aufnehmen der Wagenkasten dienen vier Tragarme, welche sowohl in der Richtung quer zum Gleis, als auch in der Längsrichtung verschoben werden können, wodurch den verschiedenen Bauarten der Wagen Rechnung getragen wird. Für die Hubbewegung dienen vier Stahlspindeln, die durch einen gemeinsamen Motor in Bewegung gesetzt werden.

Dieser wird in der Mitte des Hebewerkes aufgestellt und treibt mittels eines Schneckengetriebes eine durchgehende Welle an, von der aus durch Kegelradvorgelege die Muttern der vier Spindeln gedreht werden. Das Schneckengetriebe ist in einem geschlossenen Gußkasten eingebaut, welcher

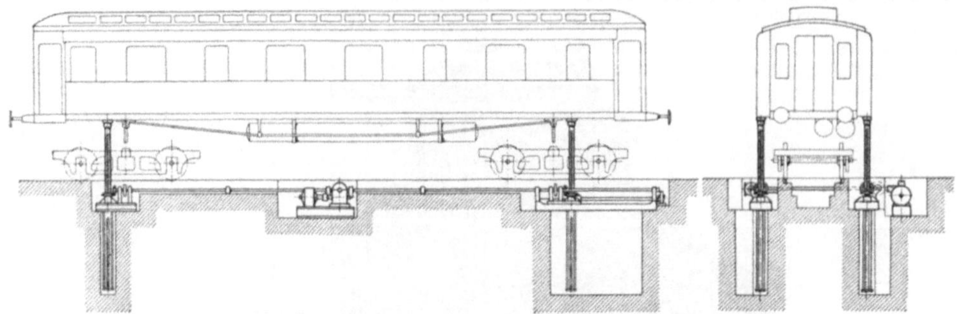

Abb. 88. Wagenhebewerk, versenkt (Schenck).

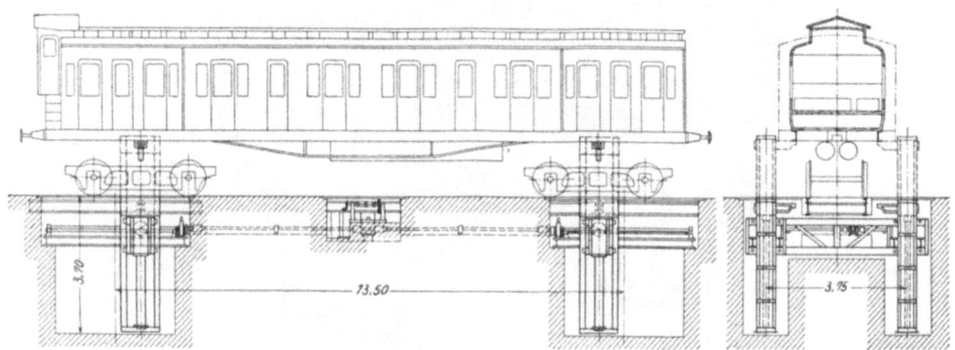

Abb. 89. Wagenhebewerk, versenkt (Schenck).

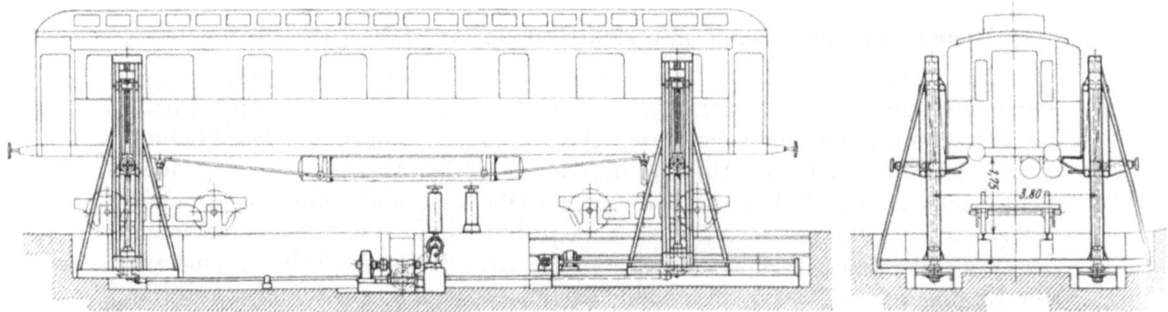

Abb. 90. Wagenhebewerk, halbversenkt (Schenck).

mit Öl gefüllt wird, und erhält eine zwangläufig geschnittene Stahlschnecke und ein gefrästes Schneckenrad mit Kranz aus Phorsphorbronze. Zur Aufnahme des axialen Druckes der Schnecke dient ein einstellbares Kugellager und zur Verbindung der Schnecken- und Motorwelle eine elastische Kupplung. Die durchgehende Antriebswelle wird durch Gelenkkupplungen unterbrochen, um ein Klemmen in den Lagern zu vermeiden und einen leichten Gang zu erzielen. Zur Erreichung eines guten Wirkungsgrades werden die Hubspindeln mit steilgängigem Trapezgewinde ausgerüstet. Die Muttern der Hubspindeln bestehen aus Phosphorbronze und werden je in die Nabe eines Kegelrades eingelassen; dieses stützt sich auf ein gehärtetes und geschliffenes Stahlkugellager. Der Einbau des Lagers und des zugehörigen Vorgeleges erfolgt bei jeder Spindel in einem schweren Gußkasten. Je zwei dieser Gußkasten werden durch einen Fachwerkträger miteinander verbunden.

Um die Längsverschiebung der Winden zu ermöglichen, können die Träger auf einem oder an beiden Enden des Hebewerkes auf einen Schlitten gesetzt werden. Zur Unterstützung der Querträger sind mit gehobelten Flacheisenschienen ausgerüstete Längsträger vorgesehen, die mit dem Mauerwerk verankert werden. Für die Querverschiebung der Tragarme werden diese nicht direkt auf die Hubspindeln aufgesetzt, sondern in eine auf den Spindeln ruhende Haube eingebaut. Die Tragarme selbst bestehen aus Stahlformguß und sind mit einer Zahnstange ausgerüstet, in welche ein durch ein Handrad zu bedienender Trieb eingreift, mittels dessen die Verschiebung ausgeführt wird. Die Form der Konsolen ist eine derartige, daß sie zwischen den Trittbrettern der Wagen hindurchgeschoben werden können, ohne mit den Federkasten und sonstigen Teilen des betreffenden Wagens in Berührung zu kommen.

Um eine exzentrische Belastung der Spindeln zu verhindern, werden die Hauben mittels eines Schmiedestückes pendelnd auf die Spindeln aufgesetzt und durch vier Paar an den Querträgern gelagerte Leitrollen geführt. Die Horizontalkräfte werden auf diese Weise durch die Leitrollen aufgenommen. Die Traghauben bestehen aus zwei parallel angeordneten Blechträgern, die oben und unten mittels kräftiger Querverbindungen gegeneinander versteift werden. Zum Antrieb der Längsverschiebung der beiden Querträger dienen Schraubenspindeln, welche entweder von Hand mittels eines von oben aufzusetzenden Steckschlüssels in Bewegung gesetzt werden können, oder durch einen Elektromotor mittels Vorgelegewellen und Kegelradgetrieben. Der Antrieb der Vorgelegewelle geschieht durch ein Schneckengetriebe der gleichen Konstruktion wie das für das Heben.

Motor und Schneckengetriebe können in der Mitte, und zwar auf dem Fundament, oder in dem verschiebbaren Querträger eingebaut sein.

Zum Ein- und Ausschalten der Elektromotoren dienen Wendeanlasser (Kontroller), ähnlich, wie sie im Straßenbahnbetriebe verwendet werden. Diese Anlasser gestatten ein ganz allmähliches Ein- und Ausschalten, sowie eine weitgehende Geschwindigkeitsreglung. Die Anlasser werden gleichfalls im Boden versenkt aufgestellt und durch einen Steckschlüssel von oben her bedient. Um ein Zuhoch- oder Zutieffahren der Spindeln zu verhüten, wird gleichzeitig mit dem Antrieb eine sogenannte Wandermutter in Bewegung gesetzt, die mit dem Hubkontroller in Verbindung steht. Beim Erreichen der höchsten oder tiefsten Stellung wird durch diese Vorrichtung der Anlasserhebel selbsttätig in seine Nullage zurückgebracht und es ist dann nur ein Einschalten des Stromes in der entgegengesetzten Richtung möglich.

In der Nähe des Hubwerkes wird ein Schaltbrett mit Hauptschalter, Strommesser, Sicherungen und Leitungen angeordnet.

Das Hebewerk für Wagen (System Busse, Abb. 91) besteht aus einem feststehenden Bockkran und einem auf einem Eisengerüst fahrenden Laufkran. — Der Hubmechanismus des letzteren und der vollständig symmetrisch dazu ausgebildete Hubmechanismus des Bockkrans wird durch je einen Elektromotor angetrieben. Beide Motoren werden durch einen gemeinsamen Steuerapparat angelassen, so daß die Bewegungen beider Hubwinden gleichmäßig erfolgen. Die Hauptträger des Laufkrans stützen sich auf vier Paar Laufrollen, deren Laufbahnen auf je zwei parallel zueinander liegenden Längsträgern ruhen.

Die Hubwinden des fahrbaren und des feststehenden Bockkrans werden ganz gleich ausgebildet, und zwar erhalten die Winden je zwei Stahlkettennüsse, durch welche Gallsche Gelenkketten angetrieben werden. In diesen hängt in je zwei losen Rollen eine aus kräftigem Profileisen bestehende Traverse, in welche die eigentlichen Tragbügel zum Anhängen der Wagen eingehängt werden. Um verschiedenen Breiten der Wagen Rechnung zu tragen, sind die Aufhängebolzen in Schlitzen gelagert, so daß eine Verschiebbarkeit in der Breitenrichtung möglich ist.

Die Stahlkettennüsse werden durch je zwei Stirnradvorgelege und ein gemeinsames Schneckenvorgelege angetrieben. Eine auf der Schneckenwelle angeordnete, selbsttätig wirkende Drucklagerbremse hält beim Ausschalten oder zufälligen Versagen des Stromes die Last in allen Stellungen sicher in der Schwebe. Der Elektromotor wird durch eine elastische Kupplung mit dem Schneckenvorgelege verbunden.

Während das ganze Windwerk des feststehenden Krans auf die Unterzüge direkt montiert wird und diese an den Gerüststreben angeschlossen sind, werden bei dem Laufkran die betreffenden Unterzüge auf zwei Wagen aufgelegt. Der Antrieb dieser Wagen geschieht durch Stirnradvorgelege, welche auf den Laufachsen angeordnet werden. Zum Antrieb dienen Haspelräder, die mittels Haspelketten vom Werkstattflur aus angetrieben werden.

Der zum Steuern der Motoren dienende Anlasser gestattet eine weitgehende Regelung und ein stoßfreies Anhalten. Beim Erreichen der höchsten

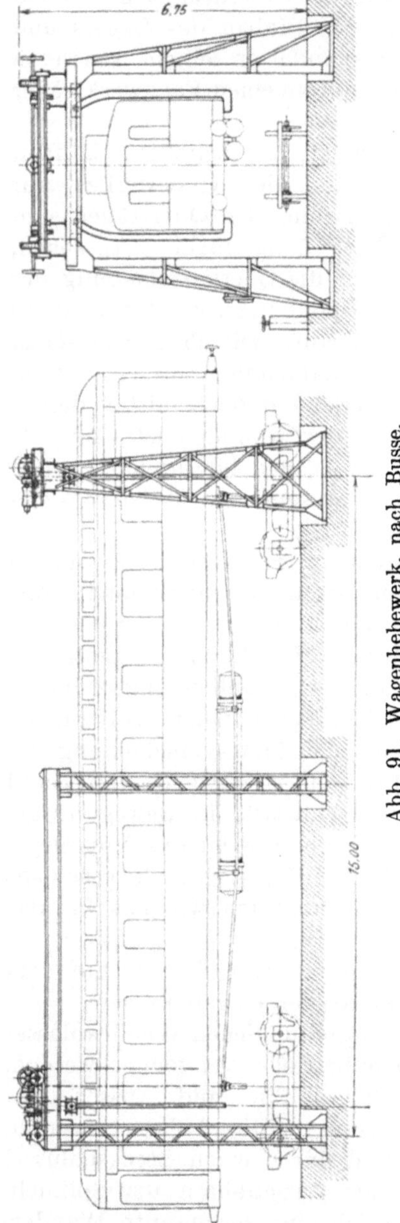

Abb. 91. Wagenhebewerk, nach Busse.

und tiefsten Hubstellungen wird durch Endausschalter, welche in den Stromkreis eingebaut und durch die sich auf- und abwärts bewegenden Hubtraversen bedient werden, der Strom selbsttätig ausgeschaltet, und es ist dann nur möglich, mit dem Anlaßapparat die entgegengesetzte Motorrichtung einzuschalten.

g) Wasserdruckachsensenke. (Abb. 92 bis 94.)

Die Achsversenkwinde erhält einen Wagen aus Profileisen und Blechen, die sich auf zwei mit abgedrehten Laufrollen ausgestattete Laufachsen stützen. In der Mitte des Wagens, welcher gleichzeitig als Behälter für die Flüssigkeit ausgebildet ist, wird ein gußeiserner Preßzylinder eingehängt;

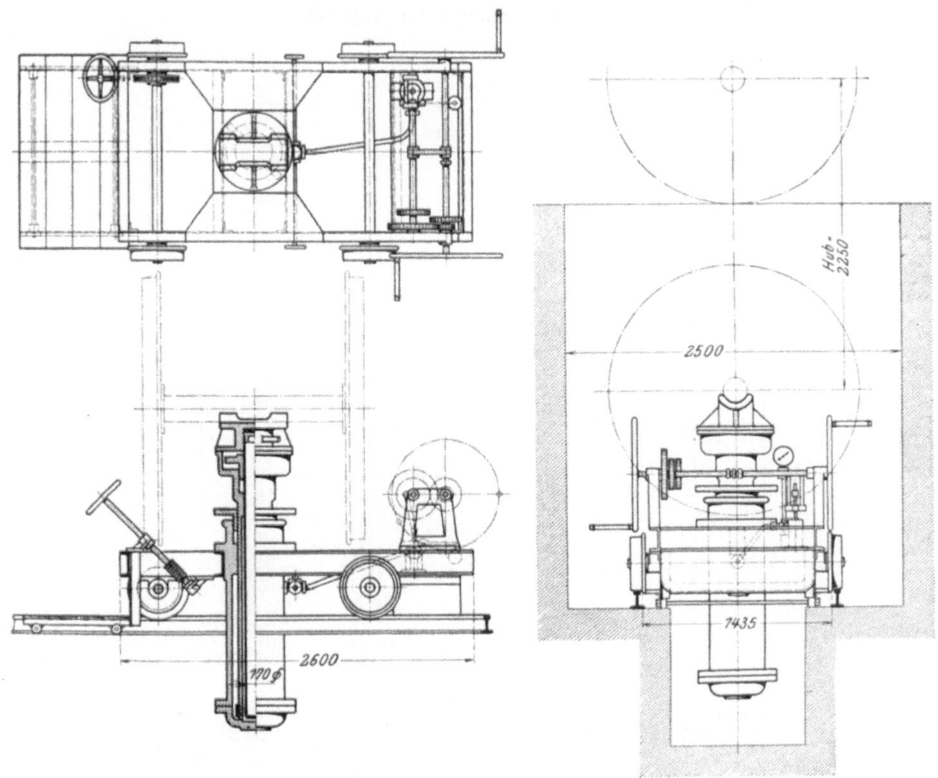

Abb. 92. Wasserdruckachsensenke (Schenck).

in diesem Zylinder bewegt sich ein gedrehter, polierter Tauchkolben, der aus einem inneren, aus Schmiedeeisen hergestellten Teil besteht und aus einem äußeren, gußeisernen, welche sich teleskopartig ineinander schieben, um eine möglichst geringe Tiefe der Grube zu erhalten. Der innere Tauchkolben und der äußere bewegen sich in Stopfbüchsen mit getalgter Baumwollpackung. Auf dem Kopfe des Kolbens ist eine drehbar angeordnete Tragschale für die Achsen angebracht. Zur Erzeugung des Wasserdruckes dient eine Preßpumpe, die mit Hilfe einer Kurbelwelle in Bewegung gesetzt wird. Um den leeren Kolben schnell heben zu können, besitzt die Pumpe einen großen und einen kleinen Kolben, und außerdem ein Vor-

gelege mit großer und kleiner Übersetzung, um verschiedene Geschwindigkeiten erzielen zu können. Von der Pumpe aus geht eine Druckleitung

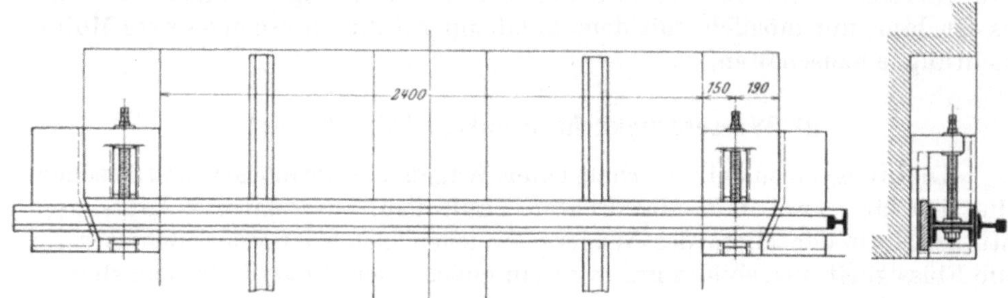

Abb. 93. Einzelheiten zu Abb. 92.

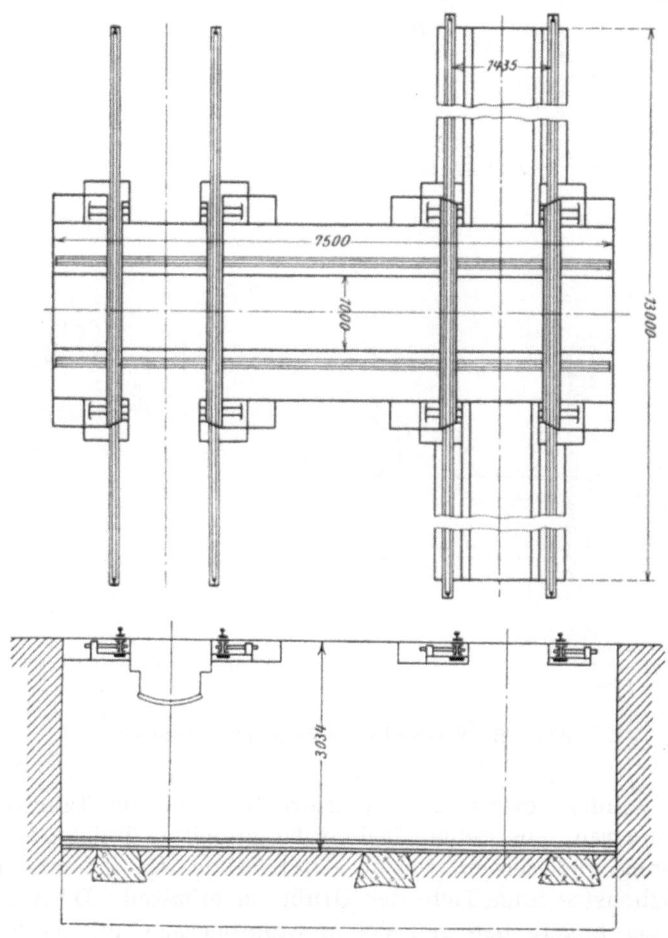

Abb. 94. Einzelheiten zu Abb. 92.

mit Dreiwegbahn nach dem Zylinder. Das durch den heruntergehenden
Kolben zurückgetriebene Wasser läuft in den Vorratsbehälter zurück. In
die Leitung ist ein Manometer und ein Sicherheitsventil eingeschaltet.

Hinter der Winde befindet sich eine kleine mit Holz abgedeckte Platt-
form, welche die Vertiefung, in der sich der Zylinder bewegt, überbrückt,
um ein bequemes Bedienen des Handrades zum Fahrantrieb zu ermöglichen.

Die Arbeitsweise ist aus der Zeichnung ebenfalls ersichtlich. Unter
zwei Gleisen wird eine Grube angeordnet, in der die Winde verfahren
werden kann. An der Stelle, wo die Grube unter dem Gleis hindurchgeht,
wird die Schiene durch einen Träger unterstützt. Letzterer ist an beiden
Enden auf Schlitten gelagert und kann samt Schiene mittels einer Schraubenspindel verschoben werden, so daß sich die Achse ohne weiteres senken läßt.

Die Achsensenken werden vielfach in Betriebswerkstätten (Heizhäusern)
angelegt, um einzelne Achsen, besonders heißgelaufene, rasch herausnehmen
und wieder unterbringen zu können. Immerhin erfordert die Anlage einen
umständlichen, kostspieligen Bau und ebensolche Bedienung. Wenn Laufkrane oder Windeböcke vorhanden sind, so wird es der rasch arbeitende
elektrische Antrieb derselben in Hauptwerkstätten ermöglichen, von Achssenken Abstand zu nehmen oder die genannten Einrichtungen zu beschaffen.

h) Lokomotivwägevorrichtung (System Schenck). (Abb. 95.)

Die Vorrichtung ist aus einzelnen fahrbaren Wagen zusammengesetzt,
also eine Wage ohne Gleisunterbrechung. Die Lokomotive fährt auf den
Wiegekanal, in dem so viele Wagen auf schmalen, tiefliegenden Gleisen

Abb. 95. Lokomotivwägevorrichtung (Schenck).

verschiebbar aufgestellt sind, als die Lokomotive Räder hat. Nachdem
die Wagen unter den Rädermitten verteilt sind, werden auf den Wagebrücken angebrachte Keilbackenschraubstöcke an den Spurkränzen zum
Anliegen gebracht. Durch Windwerke, die an Wellen gekuppelt und, je
nach dem Radstand der Lokomotive, an den Wellen verschiebbar sind,
werden sämtliche Wagebrücken in etwa $1^1/_2$ Minuten gleichzeitig und um
gleiche Höhen angehoben und in Wiegestellung gebracht. Jedes Rad wird
nur um etwa 3 mm über die Schiene gehoben; sodann werden die einzelnen
Laufgewichtsbalken durch Verschieben des Laufgewichts zum Einspielen
gebracht, worauf der so ermittelte Raddruck abgelesen werden kann. Außer
von Hand kann das Anheben auch mittels Elektromotor binnen wenigen
Sekunden bewirkt werden. Eine weitere Verbesserung besteht noch darin,
daß die glatten Keilbacken an den Spurkränzen durch Rollenkeilbacken
ersetzt werden können, die gestatten, daß die Räder der Lokomotive

gedreht werden, während sich alle Wagen in Wägestellung befinden.
Während also die Lokomotive angehoben ist und alle Wagen einspielen,
verstellt man die Räder und mit ihnen die veränderlichen Massen (Kreuzköpfe, Kolben, Pleuelstangen usw.), sodaß der wechselnde Druck auf die
Schienen festgestellt werden kann.

Die Wagen sind in starker, gedrängter Bauart für eine Belastung bis
neun Tonnen für jede Wage hergestellt.

7. Betriebswerkstätten.

Die Eigenart des Eisenbahnbetriebes, die Fahrzeuge bei jeder Witterung scharfen Anstrengungen auszusetzen, und der Einfluß des Staubes
lassen häufig kleine Schäden auftreten, die möglichst bald beseitigt werden
müssen.   Hierzu eignen sich vor allem die End- und Kreuzungspunkte

Abb. 96.   Elektrisches Schmiedefeuergebläse.   Elektrotechn. Fabrik Rheydt.

der Bahnen, wo stets Lokomotivschuppen (Heizhäuser) vorhanden sind.
Hier waren früher bei größeren Verwaltungen häufig Nebenwerkstätten mit
einer Anzahl Handwerker und den nötigen Werkzeugmaschinen vorhanden,
die aber gewöhnlich nur unwirtschaftlich anzutreiben und auszunutzen
waren, im Gegensatz zu den vollkommener ausgerüsteten Hauptwerkstätten.
Daher ist der starke Rückgang in der Verwendung solcher Hilfswerkstätten
erklärlich.   Die immerhin schwierigere Zugänglichkeit der großen Werkstätten
durch die Fahrzeuge und die starke Verkehrsentwicklung sowie der
stärkere Bedarf an Betriebsmitteln lassen jetzt wieder das Bedürfnis
nach unmittelbarer Ausbesserung leichter Schäden mehr hervortreten, und
neuere Ausführungen von Betriebswerkstätten konnten entstehen, die
durch die Entwicklung der Elektrotechnik begünstigt bzw. ermöglicht
sind.   Denn nur beim Vorhandensein bahneigner oder örtlicher elektrischer
Energie lassen sich diejenigen erforderlichen Maschinen und Feuer betreiben,
die bisher nur den größeren Werkstätten zukamen; im Einzelfalle wird
bei vorhandener leistungsfähiger Wasserstation ein Peltonrad den Antrieb
leichter Werkzeugmaschinen übernehmen können.

In Amerika ist das Prinzip der Betriebswerkstätten wohl am weitesten durchgeführt, jedes Heizhaus ist mit den Ausbesserungseinrichtungen für Lokomotiven versehen; in Deutschland werden wegen des raschen Wagenumlaufs jetzt auch Aufstellungsgleise für Wagen vorgesehen, im übrigen die Einrichtungen einfach gehalten. Für Lokomotiven werden der Ausbesserung gewöhnlich ein bis zwei Stände des Schuppens vorbehalten, die mit Achsensenke oder Windböcken versehen sind; in einem Ausbau wird je ein Raum für Schlosser, Schmiede, Holzarbeiter, Materialien und Waschvorrichtungen vorgesehen. Die Wagengleise sind durch Weichen oder Drehscheiben zugänglich; neuerdings werden in unmittelbarer Nähe der Ablaufgleise auf Verschubbahnhöfen kleine Arbeitsschuppen für dort entstandene Schäden vorgesehen.

Der Antrieb der oft aus den Hauptwerkstätten entnommenen Maschinen geschieht meist durch elektrischen Gruppenantrieb; die nicht selten allein arbeitenden Schmiedefeuergebläse werden zweckmäßig im Einzelantrieb mit den Motoren direkt gekuppelt. Für diese beiden Arten geben die nebenstehenden Abbildungen der Elektrotechnischen Fabrik (vorm. Schorch) in Rheydt häufig angewendete Beispiele.

Abb. 97. Elektromotor mit Vorgelege vereinigt. Elektrotechn. Fabrik Rheydt.

An Werkzeugmaschinen sind erforderlich eine Achsenzentrierbank, möglichst als Achsen- und Schenkeldrehbank verwendbar, ein oder mehrere Leitspindeldrehbänke, Bohr- und Shapingmaschinen, sowie einige kleinere Hilfsmaschinen, je nach Größe der Anlage.

Ein größeres Beispiel der Great Westernbahn, London (Paddington) in Old Oak Common bringt das Zentralbl. der Bauverwaltung (Frahm) 1907, S. 297. Die an anderer Stelle des „Handbuchs" gebrachte Abbildung[1] ergibt alles Wissenswerte, es mag nur bemerkt werden, daß der Antrieb der Werkzeugmaschinen usw. aus der benachbarten elektrischen Zentrale erfolgt. Die Schiebebühne, welche die zwölf Reparaturgleise mit Gruben zu-

---

[1] S. Abb. 118 und 119 auf S. 221 und 222 in Band II, Saurau, Heizhausanlagen.

gänglich macht, kann Lokomotive und Tender aufnehmen, ist daher 15·8 m lang und lagert auf sieben Schienen; sie ist für eine Tragfähigkeit von 81·3 t bemessen.

Diese Anlage ist die größte derartige in England, sie hat etwa 154 Lokomotiven laufend zu unterhalten.

Betriebswerkstätte Treuchtlingen der Kgl. Bayer. Staatsbahnen.
(Abb. 98 u. 99.)

Das Mauerwerk des Werkstättengebäudes besteht aus Backstein in Zement-Kalkmörtel. Fenster, Tore und Böden sind den im Heizhause ausgeführten gleich.[1])

Die Heizung erfolgt durch Abdampf oder Kesseldampf von $1—1^1/_2$ Atmosphären.

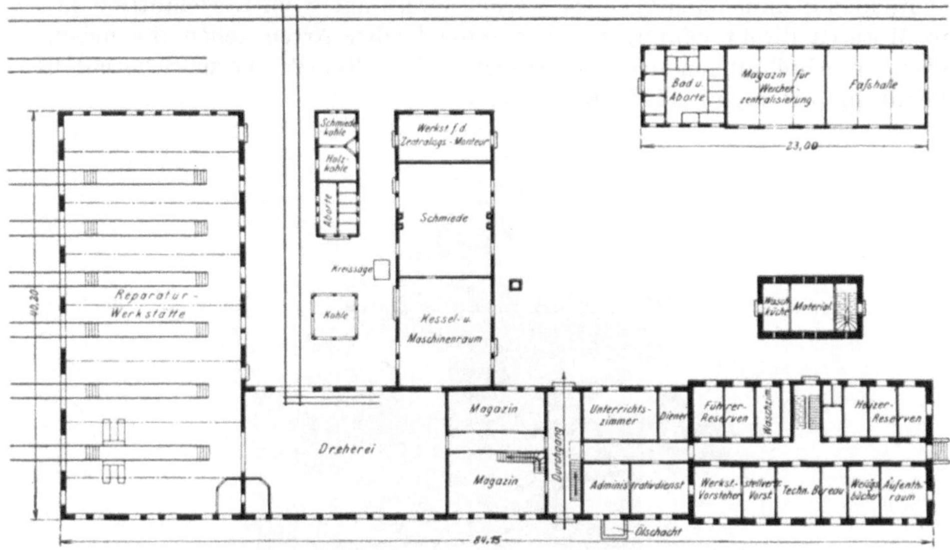

Abb. 98. Betriebswerkstätte Treuchtlingen.

Die an der Decke geführten Dampfverteilungsleitungen geben den Dampf an die hinter den Werkbänken und bei den Toren angeordneten Rippenheizkörper und Rohrspiralen ab, die genügen, um im Winter in der Montierungshalle eine Temperatur von 12°, in der Dreherei von 15° Celsius und im Arbeiterabort eine solche von 5° Celsius zu halten.

a) Montierung.

Der Dachstuhl der Montierungshalle hat eiserne Dachbinder und Pfetten, hölzerne Sparrenlage mit äußerer Holzschalung und Dachpappenunterlage mit Falzziegeldeckung.

Die innere Verschalung besteht aus 5 cm starken Korkplatten mit Gipsverputz zur besseren Wärmehaltung.

Über den beiden Lokomotivständen läuft ein Kran von 2000 kg Tragkraft zum Transport schwerer Maschinenteile. Einer der beiden Stände ist gleichzeitig zum Hochnehmen der Lokomotiven eingerichtet.

---

[1]) Vgl. S. 218 in Band II, Saurau, Heizhausanlagen.

In der Montierung befinden sich zwei Trinkwasserstellen mit Ausgüssen und Reihenwaschtische mit 5 Becken.

Die Halle kann im Bedarfsfalle verlängert werden.

b) Die Dreherei hat eiserne Säulen und Unterzüge, darüber eine starke Balkenlage mit einem Dachstuhl in Holzkonstruktion. Der obere Raum dient zur Aufnahme von Material und insbesondere Werkholzvorräten.

Der Betonfußboden ist hier 22 cm stark und unterhalb der Drehbänke auf 25 cm verstärkt.

Die zur Aufnahme der Wellenlager und Vorgelege verstärkte Balkenlage ist unten mit Holzverschalung und 3 mm starker Verkleidung aus Zementasbestplatten, oben mit 4 cm starken Weichholzdielen mit Hartholzfedern verkleidet. Durch diese Anordnung ist das Anbringen von Vorgelegen erleichtert.

In der Dreherei befinden sich je eine Lokomotiv- und Wagenräderdrehbank mit Gleiseverbindung von außen für den Zu- und Abtransport der Achsen, ferner je 1 Hobel-, Bohr- und Shapingmaschine, 3 kleinere Drehbänke, sowie diverse Werkbänke.

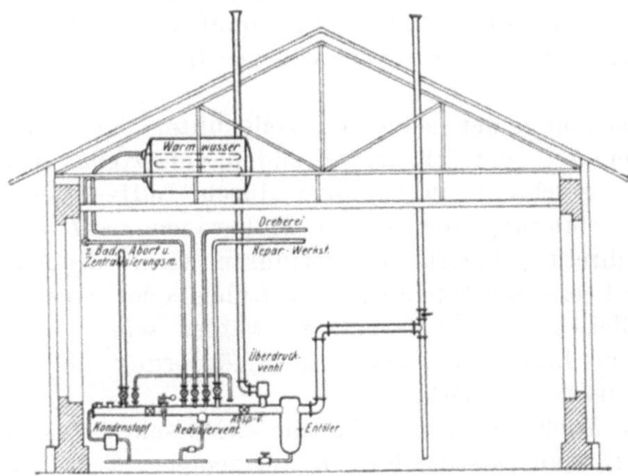

Abb. 99. Dampf- und Wasserverteilung für die Heizung.

In die Dreherei sind ein hölzerner Vorarbeiterraum und ein Reihenwaschtisch mit 5 Becken eingebaut.

c) Die Schmiede hat 5 Schmiedefeuer an gemauerten Kaminen, einen Reihenwaschtisch und Fußboden aus Lettenschlag.

d) Die Bansen für direkten Einwurf der Schmiedekohle vom Zufuhrgleise sind mit dem Arbeiterabort in demselben Gebäude untergebracht.

Die Aborte haben glasierte Wandverkleidung hinter den Sitzen, automatische Spülung und Doppelsyphons zur Entleerung je einer Gruppe, außerdem Waschgelegenheit.

e) Im Kessel- und Maschinenraum sind eine 12-pferdige Dampfmaschine und 2 stehende Kessel ohne Ummauerung mit je 20 qm Heizfläche, ein Dampfverteiler für die Heizung und ein kleiner Warmwasserkessel zur Bereitung von warmem Wasser an Sonn- und Feiertagen bei Stillstand der Werkstätte vorhanden (Abb. 99).

Der Werkstättenflügel, welcher den Kessel- und Maschinenraum, die Schmiede und die Werkstätte für den Blockschlosser enthält, besitzt einen feuersicheren eisernen Dachstuhl, Dachreiter mit beweglichen Jalousien und Falzziegeleindeckung mit Zementasbestplatten unter der Decke, behufs besserer Wärmehaltung im Winter.

8. Werkstätten für elektrische Bahnen.

Die bisherige Ausdehnung des elektrischen Betriebes auf die Eisenbahnen hat sich zumeist auf solche für Personenbeförderung beschränkt, und es ist ohne eine durchgreifende Änderung im Stande der Technik, insbesondere in der Erzeugung elektrischer Energie nicht zu erwarten, daß erhebliche Fortschritte in der Elektrisierung der Bahnen erzielt werden.

Die Verwaltungen der Dampfbahnen, welche auch elektrische Betriebe haben, lassen die Fahrzeuge im allgemeinen in den gewöhnlichen Werkstätten wieder herstellen, ohne daß für die Wagen Sondereinrichtungen zu treffen sind, anders jedoch bei den Lokomotiven. Hier müssen der schwere Umformer und der Heizkessel gewöhnlich vom Dache aus herausgehoben werden, worauf durch Windeböcke das Hochnehmen der Lokomotive erfolgt.

Das Herausnehmen der schweren Teile unter dem Rahmen und das Unterbringen der stets vorrätig zu haltenden Ersatzteile, insbesondere der Elektromotoren, geschieht zweckmäßig durch Luft- oder Wasserdruckhebezeuge in Verbindung mit einem Hilfswagen, auf dem die Triebmaschine usw. direkt gelagert und verfahren wird. Je nach Bauart der Lokomotive wird ein schmalspuriges Hilfsgleis oder eine Unterbrechung des normalen Gleises mit Hilfsbrücke zu wählen sein.

Die üblichen Laufkrane sind zur Beförderung der Einzelteile der Triebmaschinen usw. erforderlich.

Besondere Einrichtungen sind für die elektrischen Ausrüstungen nötig, wie solche für Blankenese-Ohlsdorf in ausgiebiger Weise zur Anwendung gelangten, insbesondere Einrichtungen· zum Herausnehmen der schweren Anker, Maschinen zum Drehen und Abziehen der Kollektoren; das Aufpressen derselben geschieht am besten hydraulisch. Wickelböcke und Ankerbindmaschinen vervollständigen den mechanischen Teil, während außerdem Meßeinrichtungen des Prüffeldes die in den elektrischen Fabriken üblichen sind. Wie hier muß auch in den Werkstätten eine sorgfältige Trocknung der isolierten und lackierten Spulen durch besonders gebaute Öfen erfolgen, aus denen die Luft zunächst ausgesaugt wird, um das Eindringen des Lacks in die Zwischenräume der Spulen besser zu gewährleisten.

Die hohe Beanspruchung der Bahnmotoren nicht nur nach Leistung, sondern durch Stöße, Staub und Witterungseinflüsse machen diese Sorgfalt erforderlich.

In der Elektrotechnischen Zeitschrift, Zeitschrift des Vereins Deutscher Ingenieure und Street Railway Journal sind Einzelheiten und kleinere Gesamtanlagen wiederholt beschrieben.

9. Wohlfahrtseinrichtungen.

Bereits in der Einleitung wurde die Wichtigkeit der Arbeiterfürsorge
für die allgemeine Anlage der Werkstätten betont. Nicht minder wichtig
ist die dauernde Fürsorge im Betriebe derselben für die täglichen Bedürfnisse der Arbeiter. Der früher allenthalben eingerichtete Speisesaal zum
Wärmen und Einnehmen der Mittagsmahlzeit hat seit Einführung des
Fahrrads an manchen Orten die Abmessungen zugunsten des Fahrrad-
stalles teilen müssen, da die Mahlzeiten möglichst in der Familie eingenommen werden. Während der Arbeitzeit muß vor allem für gutes
Trinkwasser mit bequemen Zapfstellen gesorgt werden. Da es sich aber
nicht nur um Löschung des Durstes handelt, sondern auch um stärkende
Erfrischung nach einer gewissen Arbeitzeit, so muß die Bereitung und
Verteilung von Kaffee, Milch, Selter (Sodawasser), einfachem untergärigem
Bier und Kaffeeaufguß gegen geringes Entgelt vorgesehen werden, wenn
nicht die bequemste, oft beliebte Erfrischung der Schnaps eine körper-
lich und moralisch minderwertige Arbeiterschaft erziehen soll. Wenig
empfehlenswert ist auch die Darbietung der nur geschmackreizenden Limo-
naden. Trunksucht darf unter keinen Umständen geduldet werden. Nur
das Übersehen der durch tiefliegende Gründe hervorgebrachten Bedürfnisse veranlaßt derartige schlechte Gewohnheiten. Aber auch über den
Arbeitsplatz hinaus kann für das körperliche und geistige Wohl der Arbeiter
gesorgt werden durch gemeinsamen Bezug der am Orte schwer erhältlichen oder zu kostspieligen Nahrungsmittel, wie Seefische, Kartoffeln,
Dörrgemüse, Obst, Kohlen usw. Diese Maßnahmen sind zweckmäßig nur
allgemein von der Verwaltung anzuregen, im einzelnen aber von einem
Arbeiterausschuß zu beraten und auszuführen. Die etwaigen Überschüsse
sind ebenfalls dem Allgemeinwohl dienstbar zu machen, sei es zur Unterstützung für Witwen und Waisen früherer Werkstattangehöriger oder Arbeiter
in besonderer Notlage. Büchereien und Unterhaltungsabende kommen dem
geistigen Wohle der Arbeiter und ihrer Familie zugute, und auch direkt
wissenschaftliche Fortbildung entspricht dem Bildungsdrange Vieler. Ist
die gesamte Versorgung der Arbeiter eine gute, so werden sie auch nüch-
tern und verhältnismäßig zufrieden sein.

An sonstigen Einrichtungen innerhalb der Werkstatt sind Kleiderablagen und Wascheinrichtungen erforderlich, die zuweilen in einem gemeinsamen Raume untergebracht sind, oft auch in den einzelnen Abteilungen,
den Räumen oder Wandflächen sich anpassend. Die jedem Arbeiter gesondert zu überweisenden Kleiderschränke müssen wegen der Lüftung
durchbrochene Türen (Latten) und einen gleichartigen Fußboden haben,
durch den Schmutz hindurchfallen und unten beseitigt. werden kann. Ein
oberes Fach für Hut und kleine Gegenstände sollte nicht fehlen.

Auch die Wascheinrichtungen müssen das gesonderte Waschen jedes
Arbeiters mit reinem Wasser ermöglichen, was mit Einzelbecken wegen des
erforderlichen großen — schlecht ausgenutzten — Platzes nicht immer
durchführbar ist. Beim Vorhandensein gemeinsamer Becken läßt sich die
Trennung durch eine über diesem angebrachte offene Rinne mit Zungen
oder mittels gelochter Rohre erzielen, aus denen die einzelnen Strahlen
beim Waschen gesondert aufgefangen werden. Ist großer Platzmangel vor-

handen, so werden die Becken an den Wänden durch Gegengewicht hochgeklappt und erst beim Waschen in die freien Gänge heruntergezogen (Werkst. Leinhausen), ebenso das Zuflußrohr oder die Wasserrinne.

Eine Badeanstalt mit Wannen- und Brausebädern soll kostenlos den Arbeitern die Reinigung nach schmutzigen Arbeiten und die Erfrischung nach Bedarf ermöglichen. Aborte sind in genügender Anzahl und so auszuführen, daß deren Reinhaltung erzwungen wird, was durch schräge Anordnung der aus Gußeisen oder Steingut herzustellenden Trichter zu erreichen ist. Zumeist wird jetzt das Abortgebäude in unmittelbare Verbindung mit den Werkstätten gesetzt.

Die Unterhaltung der Eisenbahnbetriebsmittel.

Von

O. Busse,

Direktor der Maschinenabteilung in der Generaldirektion
der kgl. Dänischen Staatsbahnen, Kopenhagen.

1. Einleitung.

Die Unterhaltung der Fahrbetriebsmittel ist sowohl für die Sicherheit als für die Ökonomie des Eisenbahnbetriebes von allergrößter Bedeutung und verschlingt ganz beträchtliche Teile der Gesamteinnahmen, es ist deshalb von größter Bedeutung, daß diesem Zweige des Betriebes andauernd große Aufmerksamkeit zugewendet wird.

Die Betriebsmittel, insbesondere die Lokomotiven, arbeiten aber auch unter sehr harten Bedingungen. Man denke sich eine 1000-pferdige Dampfmaschine, die samt ihrem Kessel nicht auf guten festen Steinfundamenten aufruht, sondern mit einer Geschwindigkeit von 100 km/St über zwei schwache Eisenträger dahinrollt, welche höchstens 45 kg für das Meter wiegen. Und diese liegen gewöhnlich wieder nur auf verhältnismäßig schwachen Holzschwellen, nur mit wenigen Nägeln an diese befestigt. Dabei fliegt bei trockenem Wetter der Staub in dicken Wolken herum und füllt die arbeitenden Teile mit Sand und Steinchen, oder es spritzt bei nassem Wetter ein Brei von Wasser und Sand in die Maschinenteile hinein, als wäre es Schleifgut, mit dem man das Eisen möglichst schnell vernichten wollte. Daß unter solchen Umständen nicht alles Öl verdrängt wird und nicht alle Teile heißlaufen, möchte der Unkundige als ein Wunder betrachten. Dabei muß die Lokomotive, im Verhältnis zu ihrem Gewicht und verglichen mit einer gewöhnlichen Dampfmaschine, eine ganz erstaunliche Leistung abgeben.

Zur Erleichterung in der Unterhaltung muß aber schon bei der Konstruktion und dem Bau der Betriebsmittel Rücksicht genommen werden. Manche Herren können einer neuen Lokomotive nicht froh werden, wenn sie nicht drei oder vier neue Patente daran haben oder neue und originelle Konstruktionen. Sie meinen, das müsse so sein, um zu zeigen, daß man dem Fortschritt folgt und daß die Lokomotiven deshalb auch nicht mehr kosten. Wenn das auch nur beschränkt bezüglich der Anschaffung richtig ist, so kosten solche Sachen oft recht viel in der Unterhaltung, und mit dem Glauben an die sogenannte Kohlenersparnis, welche ja stets dabei sein muß, unterläuft mancher Irrtum. Man denke bloß, daß eine Lokomotive nur für 4000 bis 6000 M. Kohle im Jahr verbraucht. Zieht man nun davon den Wert für die Anheizkohle ab, an der doch nicht zu sparen ist, so macht eine erhoffte Kohlenersparnis von $10\,^0/_0$ erst 300 bis 500 M. aus — eine solche Summe ist aber in der Werkstätte bald verbraucht. Die Lokomotivkonstrukteure mögen doch beherzigen, was der Begründer der rationellen Lokomotivkonstruktion, der deutsche Techniker Beyer, Gründer und Besitzer der weltbekannten Firma Beyer & Peacock in Manchester, schon in den sechziger Jahren gesprächsweise aussprach: „I have prayed to God that he may spare me to simplify the locomotiveengine."

Nach dieser Einleitung möchte ich hervorheben, daß in den nachfolgenden Ausführungen nur die Arbeitsvorgänge besprochen werden sollen, welche sich bei der Bahn entwickelt haben, deren Maschinenwesen ich nun seit mehr als 25 Jahren leite, umgeben von tüchtigen und pflichtbewußten Beamten, welche bei der Entwicklung des Maschinenwesens dieser Bahn, sowie bei diesem Werke mich kräftig unterstützt haben, wofür ich ihnen hier öffentlich meinen Dank aussprechen möchte. Eine allgemeine Darstellung würde kein übersichtliches Bild geben.

Die kgl. dänischen Staatsbahnen haben derzeit 520 Lokomotiven, etwa 1300 Personen- und Postwagen und 8000 Güterwagen nebst 30 Dampfschiffen und Fähren, welche zu unterhalten sind.

Es werden jetzt jährlich rund 20 000 000 Lokomotivkilometer geleistet und durchschnittlich 170 Tonnen Bruttolast per Lokomotivkilometer befördert, das gibt mit Rangier- und Bereitschaftsdienst eine Leistung von etwa 28 000 000 Brutto-Lokomotivkilometern.

Die auf das Lokomotivkilometer bezogenen Betriebsausgaben verteilen sich etwa so:

für allgemeine Verwaltungs- und Rechnungswesen	4 Pf. per Lokom./km	
„ Pensionen, Verbesserungen und Allgemeines .	16 „ „ „	
„ die Verkehrsabteilung	55 „ „ „	
„ „ Bauverwaltung	30 „ „ „	
„ „ Maschinenabteilung, und zwar einzeln für Kohlen	17 Pf.	
„ Betrieb der Schiffe	11 „	
„ Unterhaltung der Lokomotiven einschließlich der Werkstättenausgaben .	8 „	
„ Unterhaltung der Wagen	11 „	
„ alle andere Ausgaben der Maschinenverwaltung	20 „	
also zusammen	67 Pf.	

$$\frac{67\ \text{„ „ „}}{\text{mithin Betriebsausgaben im ganzen: }172\ \text{Pf. per Lokom./km}}$$

Diese Zahlen sind nur als ganz beiläufige zu betrachten.

2. Die Unterhaltung der Betriebsmittel im allgemeinen.

Die Eisenbahnbetriebsmittel haben naturgemäß ihren größten Gebrauchswert und ihre idealste Form in dem Augenblick, da ihre Fabrikation gerade beendet ist. Während des Gebrauches bringt jedes zurückgelegte Kilometer eine Veränderung in Form, Maß und Zustand hervor und nach einer gewissen Gebrauchsdauer und zurückgelegten Weglänge erfordert die Rücksicht auf Sicherheit, Gebrauchsfähigkeit und Ökonomie eine Ausbesserung, eine Wiederherstellung des ursprünglichen Zustandes.

Um die entstehenden Gebrauchsmängel und Abnützungsfehler bei Zeiten aufzudecken, müssen die Betriebsmittel einer fortwährenden Aufsicht unterstellt sein. Diese wird von den Betriebsinspektionen überwacht und obliegt hinsichtlich der Lokomotiven den Heizhausvorständen und Lokomotivführrern, hinsichtlich der Wagen den Wagenmeistern und Wagenwärtern. Auch hier gilt das Sprichwort: „Vorbeugen ist besser als Heilen", d. h. die Fehler so früh als möglich entdecken und ausbessern, ehe sie größeren Umfang annehmen, ist wirtschaftlich und die Pflicht aller Beamten, die in dieser Beziehung verantwortlich sind.

Außer der Beobachtung vor, während und nach jeder Fahrt mit der Lokomotive hat sich ein System von periodisch wiederkehrenden Untersuchungen herausgebildet. Bei den dänischen Staatsbahnen ist beispielsweise angeordnet für den ersten Auswaschtag in jedem Monat:

1. Die Luftsauger und Ventile der Vakuumbremse werden untersucht.

2. Rollringe und Kugelventile der Rohrleitungen werden untersucht.

Am ersten Auswaschtag in den geraden Monaten:

1. Der Raum zwischen Feuerkasten und Feuerbüchse wird mit Gas oder elektrischem Licht untersucht und vom Kesselstein gereinigt.

2. Die Schmelzpfropfen werden ausgeschraubt und vom Kesselstein befreit.

3. Die Speiseköpfe werden geöffnet, Ventile nachgeschliffen und die Öffnung zum Kessel ausgestoßen.

4. Wasserstand und Probierhähne werden gereinigt und nachgeschliffen.

5. Die Tenderbehälter werden ausgewaschen.

Am ersten Auswaschtag in den ungeraden Monaten:

1. Die Schmierpolster in allen Achskisten werden nachgesehen und gereinigt oder erneuert.

2. Die Abdampf- und Blasrohre werden untersucht und die angesammelten Krusten ausgebrannt.

3. Kolben und Schieber werden nachgesehen.

4. Winden, Werkzeuge und Geräte werden nachgezählt und geölt, usw.

Über diese Untersuchungen haben die Heizhausvorstände Eintragungen zu machen. Auf diese Arbeiten, welche unter den Fahrdienst gehören, soll nicht näher eingegangen werden.

Die Ausbesserungen, welche eine direkte Folge dieser Überwachungen sind, genügen jedoch nicht auf die Dauer, und es treten nach längerem Gebrauch Abnutzungen und Fehler auf, welche die Betriebswerkstätten und Wagenwärter mit ihren Hilfsmitteln nicht mehr bewältigen können, die Betriebsmittel müssen dann einer Hauptwerkstätte übergeben werden, und zwar:

1. Wenn die Radreifenabnutzung bei Lokomotiven 9 mm und bei Wagen 5 mm beträgt.

2. Nach größeren Beschädigungen, Entgleisungen, Zusammenstößen, Heißlaufen u. dgl.

3. Wenn sonstige Mängel gefunden werden, welche mit den vorhandenen Hilfsmitteln nicht beseitigt werden können.

Ferner ist vorgeschrieben, daß bei Lokomotiven drei Jahre, nachdem die letzte Kesselprobe vorgenommen wurde, alle Teile der Lokomotive und des Tenders einer gründlichen Untersuchung und der Kessel einer Druckprobe unterworfen werden. Spätestens acht Jahre, nachdem eine Lokomotive in Betrieb genommen wurde, soll der Kessel einer inneren Untersuchung unterworfen werden, wobei die Siederohre zu entfernen sind. Eine solche Untersuchung ist später in jedem sechsten Jahre zu wiederholen.

a) Laufdauer der Lokomotiven.

Wie viel Kilometer eine Lokomotive von einer Ausbesserung zur anderen laufen kann, hängt von vielen Umständen ab, aber es muß die Aufgabe einer ökonomischen Maschinenverwaltung sein, diese Zahl so groß wie möglich zu machen.[1]

Die erste Bedingung für eine lange Laufdauer ist eine gute Konstruktion der Lokomotive, ferner ein guter Ausgleich der schwingenden Massen. Am vorteilhaftesten sind, wie an der bezogenen Stelle nachgewiesen, Innenzylinder, richtig gewählter Radstand, beziehentlich gelenkige Achsen oder Drehgestell, gutes Radreifenmaterial, in welcher Beziehung die teuren Tiegelstahlradreifen für alle Achsen die weitaus billigste Unterhaltung gewähren, guter Schluß der Achskisten und Achslager in den Achsgabeln, sowie um die Achsen, dann sehr weiches oder gut gereinigtes Speisewasser, schwefelarme Kohlen, gute Schmiermittel und endlich eine in jeder Beziehung gute Wartung und Unterhaltung der Lokomotive.

Neben diesen die Lokomotive selbst betreffenden Eigenschaften muß der Oberbau genügend stark und gut unterhalten sein, um störende Bewegungen der Fahrzeuge möglichst einzuschränken, auch soll die Beschotterung möglichst staubfrei sein.

Unter mittleren Verhältnissen läuft eine Güterzuglokomotive 20000 bis 30000 km bis zu leichter Ausbesserung (Räderabdrehen), eine gewöhnliche Personenzuglokomotive 40000 bis 70000 km und genau konstruierte Vierzylinderlokomotiven etwa 100000 km. Tenderlokomotiven, welche abwechselnd mit dem Schornstein vorn und hinten fahren, laufen bis 120000 km, Verschublokomotiven machen etwa 80000 Stunden Dienst, bis ein Räderabdrehen notwendig wird. Bis zur großen Ausbesserung und inneren Untersuchung des Kessels kann für die angeführten Lokomotiven die zwei- bis dreifache Leistung angenommen werden.

b) Laufdauer der Wagen.

Personenwagen und andere schnellfahrende Wagen werden einer gründlichen Untersuchung und dem Hochheben von den Achsen unterworfen, nachdem sie 30000 km zurückgelegt haben, oder wenn zwei Jahre nach der letzten Untersuchung verlaufen sind.

Güterwagen unterliegen derselben Behandlung alle drei Jahre.

Über die Behandlung der Schiffe und Fähren soll hier nicht gesprochen werden, weil diese Betriebsmittel bei Eisenbahnen doch die Ausnahme bilden. Elektrische und Gasbeleuchtungsanlagen, Pumpen, Wasserbehälter

---

[1] Siehe darüber Organ Fortschr. des Eisenbahnwesens 1904, S. 80.

und Krane, Wasserreiniger, Hebezeuge, Drehscheiben, und was sonst die anderen Einrichtungen noch sind, welche bei einer Eisenbahn im Gebrauch sind, sollen ebenfalls hier bloß genannt werden, weil ihre Unterhaltung und Ausbesserung in den Werkstätten ganz unter den allgemeinen Maschinenbau gehören und zu vielseitig sind, um im Rahmen dieser Arbeit behandelt werden zu können.

3. Die Organisation des Werkstättenbetriebes.

Bei sehr großen Anlagen kommt es vor, daß die Lokomotivwerkstätten ganz unabhängig von den Wagenwerkstätten angelegt sind, man findet sogar auch diese wieder in Personenwagen- und Güterwagenwerkstätten räumlich geteilt; bei kleinen und mittleren Anlagen vereinigt man jedoch alle drei Arten an einem Ort, um die Oberaufsicht, das Rechnungswesen und die Materialbeschaffung und -Lagerung gemeinschaftlich zu gestalten; auch können zur Verminderung der Kosten die Schmiede und Dreherei von den Lokomotiv- und Wagenwerkstätten gemeinschaftlich benutzt werden.

Die Ausbesserungswerkstätten zerfallen wiederum in folgende Unterabteilungen, welche entweder in getrennten Gebäuden oder doch getrennt in einzelnen größeren Gebäuden angeordnet sind.

Diese sind:

> Lokomotivmontierung,
> Kesselschmiede,
> Feuerschmiede,
> Kupferschmiede,
> Dreherei und allgemeine Schlosserei,
> Metallgießerei,
> Wagenmontierung,
> Holzbearbeitungswerkstätte,
> Modelltischlerei,
> Maler- und Lackiererwerkstätte,
> Sattlerei,
> Elektrische Werkstätte.

Die ganze Anlage wird von einem Werkstättenvorstand geleitet, welcher von Ingenieuren, Zeichnern, Rechnungsführern und Werkmeistern unterstützt ist. Im Durchschnitt wird auf 50 Arbeiter ein Werkmeister erforderlich sein. Diese Werkmeister (einer oder mehrere in jeder Spezialwerkstätte), sind die unmittelbaren Leiter und Vorgesetzten der darin beschäftigten Handwerker und Handarbeiter. Die Werkmeister haben die Stücklohn mit den Arbeitern festzustellen. Es ist dieses eine Arbeit, welche in jedem Falle sehr viel Einsicht, Erfahrung und Übung erfordert, wenn auch in der Literatur verschiedene Werke hierüber bestehen, welche wertvolle Hilfe dabei leisten können. Die Streitfragen bei der Stücklohnaufstellung unterliegen der Entscheidung des Werkstättenvorstehers.

4. Größe und Einrichtung der Hauptwerkstätten.

Diese Angelegenheit ist eigentlich in einem anderen Abschnitte dieses Werkes[1]) behandelt, es soll daher hier nur kurz angeführt werden, daß

---

[1]) vgl. Bd. III, Fränkel, Werkstättenanlagen.

auf der ins Auge gefaßten Bahn zwei Hauptwerkstätten mit je 700 bis 800 Arbeitern und eine Nebenwerkstätte mit etwa 100 Arbeitern bestehen.

Da die Arbeiten in den Eisenbahnwerkstätten sich immer wiederholen, so eignen sie sich im hohen Grade zur Verdingung in Stücklohn. In den oben erwähnten Werkstätten der dänischen Staatsbahnen werden mehr als $90\,^0/_0$ aller Löhne durch dieses Verfahren verdient, welches die Schnelligkeit der Arbeit sehr fördert, die Ausnutzung der Werkstättenanlage erhöht und die allgemeinen Unkosten verbilligt, dabei aber auch die Aufsicht erleichtert und den Arbeitern Gerechtigkeit und ein freieres Verfügen über ihre Zeit und Kraft sichert, welches mehr Befriedigung und Zufriedenheit hervorbringt als das Zeitlohnsystem.

Um den schnellen Gang der Arbeiten durch die Werkstätten zu kontrollieren und die Werkmeister anzuspornen, dient eine Statistik über die Dauer jeder Ausbesserung und über die Höhe der ausgezahlten Arbeitslöhne, bezogen auf Lokomotive und Arbeitstag. Hierin liegt ein Maß dafür, wie viele Hände an der Ausbesserung eines Stückes im Durchschnitt angewendet worden sind. Eine kleine Ausbesserung einer Lokomotive beansprucht 4 bis 10 Arbeitstage, eine große Ausbesserung 20 bis 50 Arbeitstage, meist natürlich dann, wenn außer den gewöhnlichen Arbeiten noch Feuerbüchserneuerungen und ähnliche große Ausbesserungen hinzukommen. Die ausgezahlten Arbeitslöhne bewegen sich zwischen 30 und 45 M. für einen Arbeitstag, sowohl bei großen als bei kleinen Ausbesserungen. Die Summe der Kosten für die angewandten Materialien beträgt durchschnittlich ebensoviel wie die gezahlten Löhne.

Die Überweisung der Arbeit an die einzelnen Arbeitspartien kann sehr verschieden gestaltet sein. Als Beispiel dafür soll die Einteilung in einer bestimmten Werkstätte der dänischen Staatsbahnen angeführt werden, zu welcher 220 Lokomotiven, 900 Personen-, Post- und Gepäckwagen und 1500 Güterwagen gehören, und woselbst im Jahre 1906 ausgeführt wurden:

<pre>
  85 große Ausbesserungen an Lokomotiven und Tendern,
  90 kleine   „   „   „   „   „   ,
  60 „Null“   „   „   „   „   „   , ferner
1930 große Wagenausbesserungen
</pre>

und ein großer Teil von laufenden Ausbesserungen an Lokomotiven, Wagen und mechanischen Einrichtungen der Bahn.

Hierzu waren erforderlich in der Lokomotivreparaturwerkstätte: 90 Handwerker und 34 Handarbeiter, darunter 4 Monteure, welche von je 6 bis 8 Mann unterstützt werden für die oben beschriebenen allgemeinen Arbeiten und ferner eine Anzahl Partien für die besonderen Arbeiten, wie:

<pre>
Schieber und Schieberkasten . . . . 3 Mann
Steuerungen 2   „
Kolben, Kreuzköpfe und Geradführung 4   „
Einsetzen der Lager in die Achsbüchsen 1   „
    „   „   „   „   „ Pleuel- und Kuppelstangen . 3   „
    „   „ Achsbüchsen in die Achsgabeln 3   „
Aufschaben der Lager 3   „
    „   „ Pleuel- und Kuppelstangen 3   „
</pre>

Ausbesserung der Hähne, Ventile, Injektoren und Luftsauger 8 Mann
,,   ,, Sicherheitsventile . . . . 1 ,,
,,   ,, Regler . . . . 1 ,,
,,   ,, Zylinderöler . . . . 1 ,,
,,   ,, Vakuumzylinder und Leitungen . . . . 1 ,,
,,   ,, Stehbolzen und Reinigungsluken . . . . 5 ,,
,,   ,, Siederohre und Rohrbüchsen . . . . . 6 ,,
,,   ,, Aschenkasten und Roste . . . . 4 ,,
,,   ,, Rauchkammer und Funkenfänger . . . 4 ,,
,,   ,, Ausrüstungsteile . . . . 1 ,,

Für die Tenderausbesserung genügt 1 Monteur mit 6 Mann, während gewisse Teile von obengenannten Partien mit bearbeitet werden.

Die Handarbeiter, denen hauptsächlich der Transport der Teile nach den anderen Werkstätten, sowie die Reinigung und das Putzen der Maschinenteile zufällt, sind auch in Partien eingeteilt, welche zum Teil den Monteuren unterstehen.

In der Kesselschmiede sind etwa 30 Handwerker und 8 Handarbeiter beschäftigt. Für die allgemeinen Arbeiten in der Kesselschmiede 4 Monteure mit je 3 bis 4 Arbeitern, für Blechkümpeln und -biegen 4 Mann, Ausbesserungen und Zerlegen von alten Feuerbüchsen 3 Mann, Rohrreinigung 2 Mann, Fräsen, Löten und Probieren von Siederohren 4 Mann usw.

In der Dreherei teilt sich die Arbeit ganz natürlich nach Art der Werkzeugmaschinen, indem der Arbeiter bei derselben Maschine beschäftigt bleiben muß; dabei sind noch eine Anzahl von Handwerkern mit Herstellung von Reserveteilen für die Lagervorräte, andere mit Anfertigung von Werkzeugen für alle Werkstätten, andere wieder mit der Ausbesserung von Pumpen, Wasserkranen, Drehscheiben, Brücken- und Dezimalwagen und anderen Teilen beschäftigt, die unter den allgemeinen Maschinenbau gehören und deshalb hier gar nicht beschrieben sind. Im ganzen sind in dieser Werkstätte etwa 70 Handwerker und 35 Handarbeiter beschäftigt.

In der Feuerschmiede arbeiten 34 Mann an 15 Essen, deren Arbeit sich auch spezialisiert.

In der Kupferschmiede beschäftigt man 7 Mann und in der Metallgießerei 4 bis 5 Mann.

Die Ausbesserungsarbeiten selbst sollen nun in zwei Hauptgruppen, nämlich Ausbesserung der Lokomotiven und Tender und Ausbesserung der Wagen näher beschrieben werden.

5. Ausbesserung der Lokomotiven und Tender in den Hauptwerkstätten.

Nach Art und Umfang der Ausbesserung teilt man, unter Berücksichtigung der Zusammenstellung im vorhergehenden Abschnitt, diese in drei Gattungen ein, welche in den allermeisten Fällen von dem Unrundwerden — den Schlaglöchern — der Triebräder abhängen.

a) „Große Ausbesserungen", etwa alle drei Jahre zu den Zeitpunkten, wo der Zustand der Triebräder oder anderer Teile ein Hochheben oder doch sonst größeres Auseinandernehmen der Maschinenteile erfordert, und bei welchen alle Teile untersucht und nachgearbeitet werden.

b) „Kleine Ausbesserungen", welche meist nur durch Unrundwerden der Triebräder erforderlich werden, während die sonstigen Teile der Lokomotive noch eine längere Laufdauer erlauben. Bei dieser Gattung von Ausbesserung werden bloß die notwendigsten Reparaturen vorgenommen und nur insoweit und so viel, daß die Lokomotive mit großer Sicherheit noch bis zum nächsten Abdrehen der Triebräder Dienst tun kann.

c) „Nullausbesserungen", welche erforderlich werden bei Bruch oder Beschädigung gewisser Teile, die nicht ohne Hilfe der Hauptwerkstätten ausgeführt werden können, und welche an Lokomotiven vorkommen, die sich sonst noch in gutem Unterhaltungszustande befinden.

Die Art und Gattung der Ausbesserung ist zwar durch diese Regeln gegeben, es zeigt sich jedoch öfters bei näherer Untersuchung der Lokomotive in der Werkstätte, daß eine gründlichere Reparatur, d. h. höhere Gattung der Ausbesserungsart, vorteilhafter ist, in einem solchen Fall hat dann der Werkstättenvorsteher zu entscheiden.

Wenn eine Lokomotive von der Betriebsinspektion zur Hauptwerkstätte gesandt wird, so folgt ihr ein „Ausbesserungsvorschlag" nach nachstehendem Muster A. Dieser Vorschlag ist von dem Führer auszu-

Die dänischen Staatsbahnen.   Muster A.
  Die Maschinenabteilung.

Ausbesserungsvorschlag

für

Lokomotive und Tender Nr. ....

Von dem Maschineninspektor im ....ten Kreis.

Angaben von dem Lokomotivführer Nr. ....

a) Lokomotive.

Speiseventile sind nachzudrehen. Schieberspiegel abzurichten.
Vakuumejektor zu revidieren usw.

....

b) Tender.

Hähne sind nachzuschleifen usw.

....

....

....

.... den .... 190......

Bemerkungen des Maschineninspektors:

Die Lokomotive hat haupstsächlich verkehrt auf den Strecken.

....

....

zugestellt der Hauptwerkstätte in .... den .... 190.....

Die Lokomotive hat seit ihrer letzten Reparatur zurückgelegt .... Kilometer,

....

Maschineninspektor.

füllen, welcher die Lokomotive bedient hat, und soll eine möglichst eingehende Angabe der Mängel enthalten, namentlich solcher, die schwer zu finden sind, wenn die Lokomotive ohne Dampf ist. Dieser Ausbesserungsvorschlag wird vom Heizhausleiter und Maschineninspektor nachgesehen und vervollständigt, ist aber nicht bindend für die Werkstättenleitung.

a) Beschreibung einer „Großen Ausbesserung".

Zerlegen, Reinigen, Hochnehmen, Nachmessen von Rädern und Achsschenkeln, Übergabe der Teile an die Dreherei und andere Werkstättenabteilungen.

Wenn die Lokomotive zur Werkstätte kommt, so wird erst der Tender abgekuppelt und der Tenderwerkstätte übergeben. Alle Teile, welche einer

Die dänischen Staatsbahnen.

Die Maschinenabteilung.

Muster B.

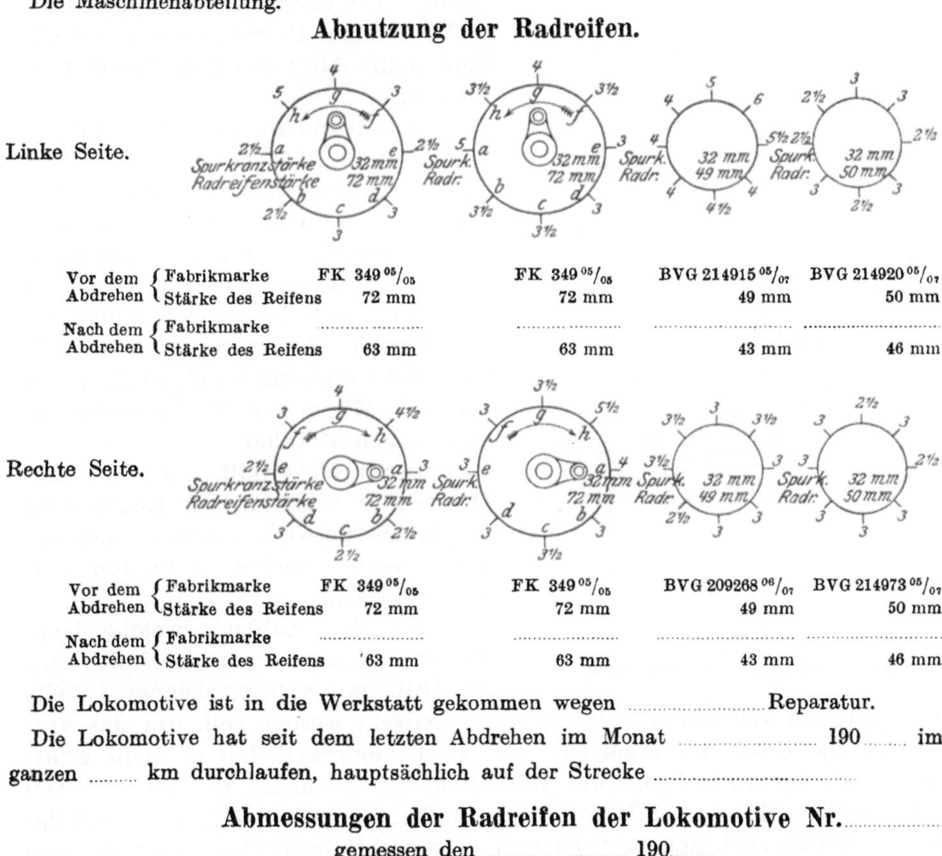

Abnutzung der Radreifen.

Linke Seite.

	Vor dem Abdrehen			
Fabrikmarke	FK 349 $^{05}/_{05}$	FK 349 $^{05}/_{05}$	BVG 214915 $^{05}/_{07}$	BVG 214920 $^{05}/_{07}$
Stärke des Reifens	72 mm	72 mm	49 mm	50 mm
Nach dem Abdrehen Fabrikmarke	....	....	....	....
Stärke des Reifens	63 mm	63 mm	43 mm	46 mm

Rechte Seite.

	Vor dem Abdrehen			
Fabrikmarke	FK 349 $^{05}/_{05}$	FK 349 $^{05}/_{05}$	BVG 209268 $^{06}/_{07}$	BVG 214973 $^{05}/_{07}$
Stärke des Reifens	72 mm	72 mm	49 mm	50 mm
Nach dem Abdrehen Fabrikmarke	....	....	....	....
Stärke des Reifens	´63 mm	63 mm	43 mm	46 mm

Die Lokomotive ist in die Werkstatt gekommen wegen .... Reparatur.

Die Lokomotive hat seit dem letzten Abdrehen im Monat .... 190 ...... im ganzen .... km durchlaufen, hauptsächlich auf der Strecke ....

Abmessungen der Radreifen der Lokomotive Nr. ....

gemessen den .... 190 ......

Unterschrift ....

Abnutzung unterworfen sind, werden entfernt, die kleinen Teile werden durch Kochen in Sodalauge gereinigt, die größeren durch Abkratzen und Putzen mit Petroleum. Die Lokomotive wird mit Kran oder Hebeböcken hochgenommen, die Räder werden entfernt und, wenn erforderlich, wird auch der Kessel aus dem Rahmen gehoben. Der Rahmen wird gereinigt, und es wird mit einem Hammer untersucht, ob alle Nieten und Schrauben

daran fest sind. Jeder Teil wird von dem Vorarbeiter und den Partie-
führern untersucht, und der Werkmeister entscheidet über die Art der
Ausbesserungsarbeit. In zweifelhaften Fällen werden die höheren Werk-
stättenbeamten zur Entscheidung zugezogen. Die Entscheidungen werden
notiert, und auf Grund dieser Niederschriften wird bestimmt, zu welchem
Zeitpunkt die verschiedenen Teile von den Sonderwerkstätten (Dreherei usw.)
und von den Einzelpartien fertiggestellt sein müssen. Auszüge hiervon
werden den Werkmeistern der Sonderwerkstätten übergeben. Räder,
Achsen und Kurbelzapfen werden mit der Lupe untersucht, um Anbrüche
zu entdecken, Radreifen und Kurbelzapfen werden durch Abklopfen auf
Festsitzen geprüft.

α) **Abnutzung der Radreifen.**

Die Abnutzung der Radreifen an der Lauffläche und am Spurkranz wird mit einem Meßwerkzeug (Abb. 1) gemessen und in einem Formular (Muster B) eingetragen, wo die Zahlen die Abnutzung in Millimetern
angeben.

Diese Messungen und Eintragungen dienen dazu, um die Güte des Materials der Radreifen zu prüfen, indem man Aufschreibungen vornimmt, woraus zu berechnen ist, wie viele Kilometer der betreffende Radreifen bis
zu jedem Abdrehen durchlaufen hat, wie viel die Abnutzung in Millimeter
für 1000 Kilometer Lauf beträgt, und wie viele Kilometer der Radreifen im
ganzen geleistet hat.

Hierdurch erhält man ein umfangreiches Material zur Beurteilung
des Höchstpreises, welchen man für den Ankauf solcher Radreifen auf-
wenden kann.

Aus den Zahlen, welche beim Messen gefunden worden sind, wird
mit Hilfe von nebenstehender Tabelle

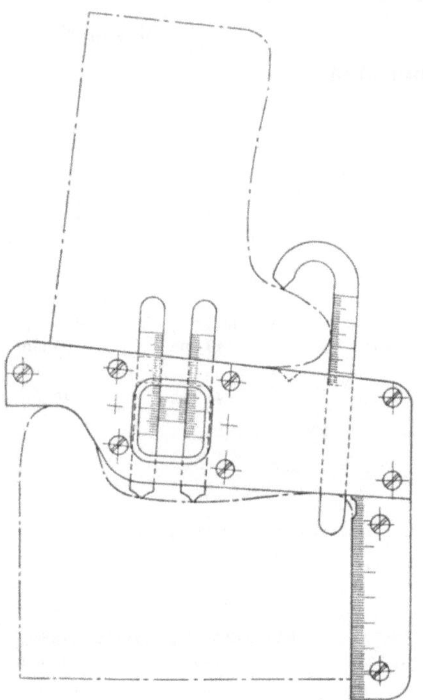

Abb. 1. Radreifen-Meßwerkzeug.

bestimmt, wie viel von den Radreifen abgedreht werden soll, um das vorgeschriebene Profil zu erhalten. (Es wird bemerkt, daß es nicht erforderlich ist, das volle Profil des Radreifens am Flansche zu erzielen, weil
dadurch mehr Material entfernt werden müßte, als notwendig ist.) Wenn dabei die Reifen nach dem Abdrehen die vorgeschriebene kleinste Stärke von
25 bis 35 mm nicht behalten können, müssen sie durch neue ersetzt werden.

Über die Abhängigkeit der Kosten, welche die Ausbesserungen der
Lokomotiven verursachen, von der Laufdauer der Radreifen, findet man eine
Abhandlung des Verfassers im „Organ" 1905, Seite 154 u. f. Es geht daraus
hervor, daß von zwei Gattungen von Schnellzuglokomotiven von sonst ganz
gleichen Abmessungen unter gleichen Betriebsverhältnissen, diejenige, welche
außenliegende Zylinder hatte, 46700 km bis zum ersten Radabdrehen
lief, und eine Radreifenabnutzung von 1 mm auf 9000 km hatte, während

die entsprechende Lokomotive mit Innenzylindern 90075 km lief und
17000 km Leistung auf 1 mm Radreifenabnutzung auswies. Die größte
Abnutzung der Radreifen, bis sie nachgedreht werden mußten, betrug
5·3 mm, und es wurden 7 mm heruntergedreht, um neue Laufflächen zu
bekommen. Unter diesen Verhältnissen kann ein Satz Triebradreifen acht-
mal abgedreht werden und wird bei Außenzylindern im ganzen 374000 km,
bei Innenzylindern 720000 km leisten können.

Es ist dort auch nachgewiesen, daß sich die Ausbesserungskosten einer
Lokomotive etwa so verteilen, daß 45 $^0/_0$ für den Kessel, 45 $^0/_0$ für die
übrigen Lokomotivteile und 10 $^0/_0$ für den Tender aufgewendet werden müssen.

Bedenkt man nun, daß der Zeitpunkt für eine Ausbesserung der Lokomotive hauptsächlich von dem Zustande der Triebräder bestimmt wird,
und daß die Ausbesserungsarbeiten, wenigstens abgesehen von den Kesselreparaturen, gewöhnlich ganz gleich sind, ob die Lokomotive 46700 km

Tiefe der Abnutzung	Stärke der Flansche								
	23	24	25	26	27	28	29	30	31
1	9	8	7	6	5	4	3	2	1
2	10	9	8	7	6	5	4	3	2
3	11	10	9	8	7	6	5	4	3
4	12	11	10	9	8	7	6	5	4
5	13	12	11	10	9	8	7	6	5
6	14	13	12	11	10	9	8	7	6
7	15	14	13	12	11	10	9	8	7
8	16	15	14	13	12	11	10	9	8
9	17	16	15	14	13	12	11	10	9
10	18	17	16	15	14	13	12	11	10

oder 90075 km geleistet hat, so sieht man, welche außerordentlich wichtige Rolle für die Ökonomie des Eisenbahnlokomotivbetriebes es spielt,
wenn von einer Lokomotive zwischen zwei Ausbesserungen eine möglichst
große Kilometerleistung erzielt wird. Als Mittel für diesen Zweck sind
zu empfehlen gut konstruierte Lokomotiven, dichtschließende Achskasten
und Lager (worüber an anderer Stelle berichtet wird), und Radreifen von
möglichst gutem Material, in welcher Beziehung der Preis für dieselben,
sozusagen, gar keine Rolle spielt im Verhältnis zu dem dadurch erzielten
Nutzen.

β) **Ausbessern von Rädern, Achsen und Kurbelzapfen.**

Unrunde, exzentrische oder geriefte Achsschenkel müssen nachgedreht
werden; wenn sie dabei unter die vorgeschriebenen kleinsten Durchmesser
kommen würden, oder wenn sie Anbrüche zeigen, müssen die Achsen
ersetzt werden.

Anbruch an Radnaben und Speichen kann auch Ersatz erforderlich
machen.

Kurbeln und Kurbelzapfen können aus den gleichen Ursachen ein Nachdrehen oder, wenn sie gehärtet sind, Nachschleifen erfordern. Sie werden zu diesem Zweck mit der Wasserpresse aus dem Rad gedrückt und nach der Bearbeitung wieder eingedrückt. Auch für diese Teile gibt es Mindestmaße, welche einen Ersatz fordern.

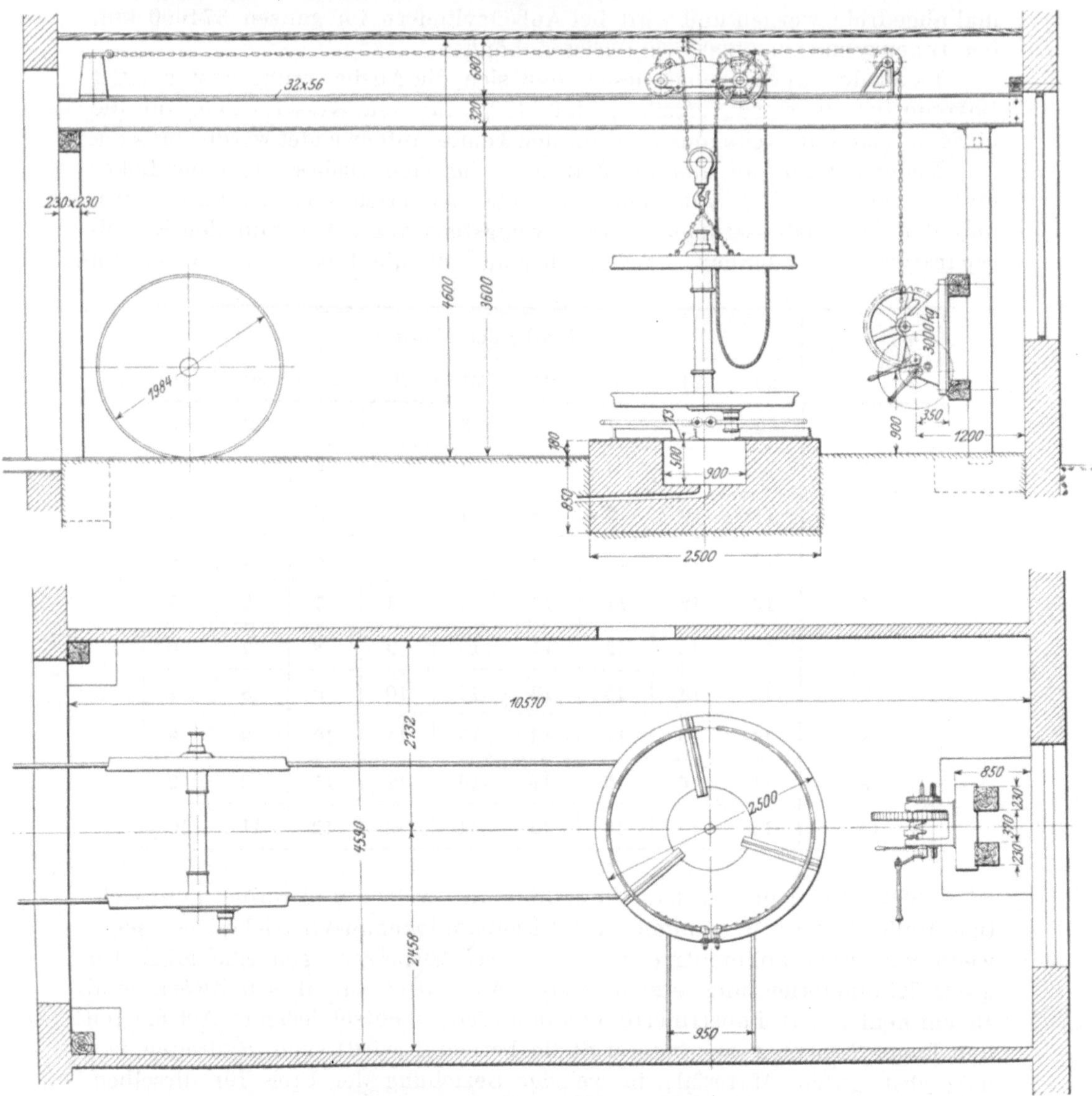

Abb. 2 und 3. Radreifenfeuer mit Kran.

Nach der Untersuchung werden die Radsätze der Räderdreherei übergeben. Ausgenutzte Radreifen werden mit dem Meißel eingekerbt und abgesprengt, neue Radreifen werden dafür aufgeschrumpft. Bei Bestimmung des Schrumpfmaßes, welches 1 bis 1·5 pro mille beträgt, muß auf die Steifigkeit des Radsternes Rücksicht genommen werden. Das Anwärmen der Radreifen geschieht mit einer Mischung von Leuchtgas und Gebläseluft in einem Feuer, welches in Abb. 2 bis 5 dargestellt ist. Ein Kran dient zum Heben der Radsätze über das Radreifenfeuer.

Um einen im Betrieb etwa gebrochenen Reifen gegen Abspringen vom Radsterne wenigstens vorläufig zu sichern, benutzt man hierorts die konischen Radbolzen (Abb. 6), manche Eisenbahnen benutzen vorzugsweise die Sprengringbefestigung (Abb. 6a).

Neue Achsen werden am Radsitz etwa 0·2 mm dicker gedreht, als das Nabenloch ist, und mit einem Konus von 1 auf 200 versehen; ein Druck von 500 kg für jedes Millimeter der Achsenstärke genügt dann, um die Radsterne auf der Achse zu befestigen. Dieselbe Regel gilt für Kurbelzapfen.

An neuen Radsternen, oder wenn die Kurbelzapfenlöcher ungenau sind, was gar nicht selten der Fall ist, weil die „Quartering machine" der Hüttenwerke trotz aller Kostspieligkeit nicht genau arbeitet, benutzt man den Bohrapparat

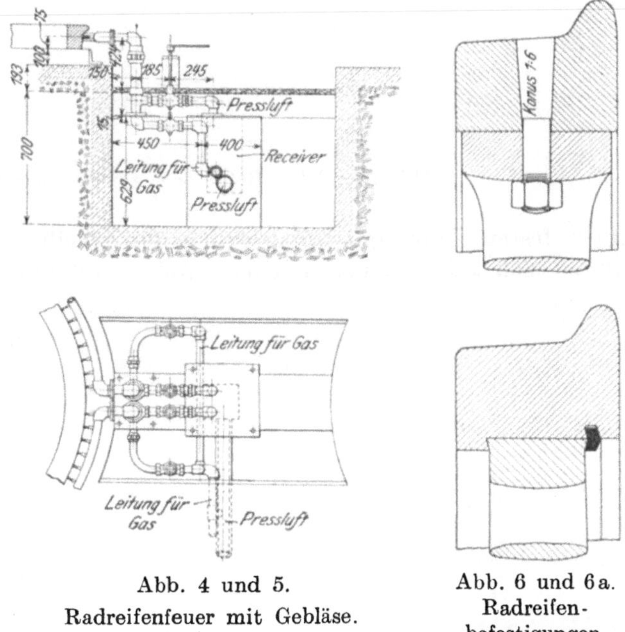

Abb. 4 und 5.
Radreifenfeuer mit Gebläse.

Abb. 6 und 6a.
Radreifen-
befestigungen.

(Abb. 7 und 7a). Dieser besteht aus zwei gleichgeformten Brillen „1", welche durch gleichzeitiges Ausbohren ganz genau hergestellt werden können,

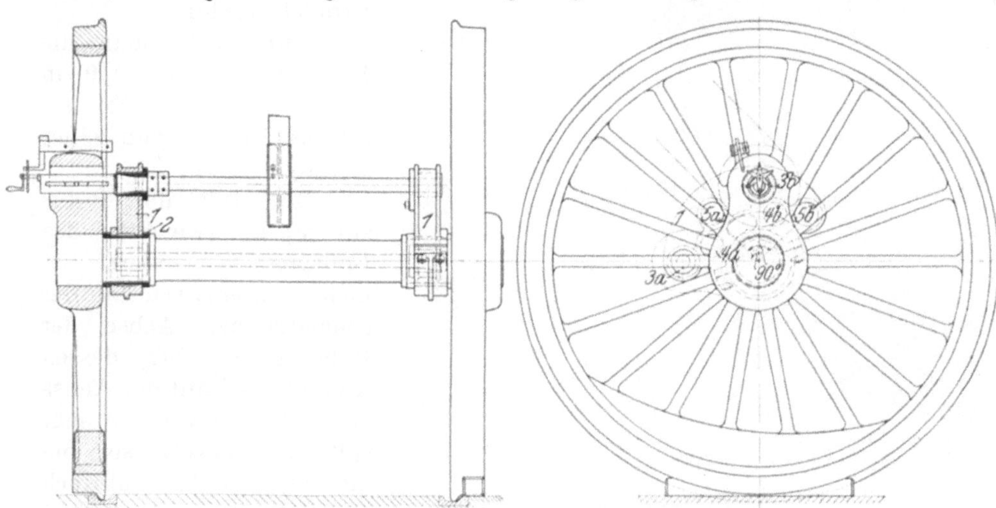

Abb. 7 und 7a.　Bohrapparat für Kurbelzapfenlöcher.

in diesen sind Hilfslager „2" eingelegt, welche genau zum Achsschenkeldurchmesser passen; die Brillen werden auf den Achsschenkel gespannt, nachdem der Radsatz erst mittels der Wasserwage genau wagerecht auf

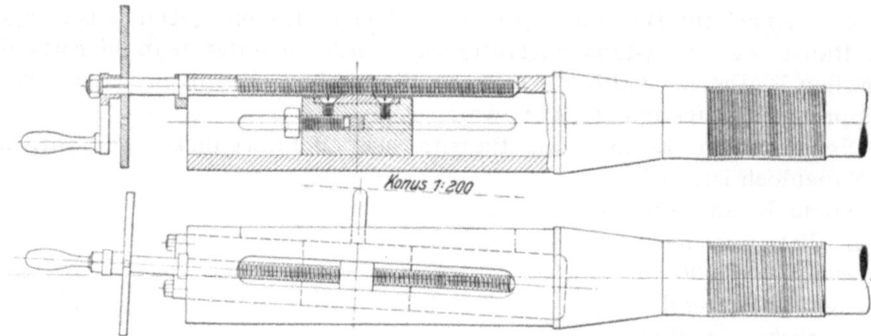

Abb. 8 und 9.   Bohrstange für Kurbelzapfenlöcher.

einer festen Unterlage unbeweglich festgekeilt ist. In den Brillen befinden sich die genauen Löcher „3 a“ „4 a“ und „5 a“, welche verschiedenen Kurbellängen ent-
sprechen und genau recht-
winklig zu den Löchern
„3 b“, „4 b“ und „5 b“
stehen. Man steckt nun
Stangen in die Löcher,
legt die Wasserwage auf
jene und reguliert so lange
an den Brillen, bis die
Wasserwage auf der Achse
sowohl, als auf den Stangen
genau einspielt, wodurch
man sich sichert, daß die
Löcher mit der Achse genau
parallel werden.

Nun steckt man die
Bohrstange (Abb. 8 u. 9) in
ein Loch und treibt sie
mittels Riemen von einer
Kraftquelle an.

Der Teil der Bohr-
stange, auf welchem das
Bohrmesser wandert, ist
nicht konzentrisch mit der
geometrischen Achse der
Bohrstange, aber dessen
Achse bildet mit der Achse
der Bohrstange einen sehr
spitzen Winkel, so be-
messen, daß das Bohrloch
einen Konus von 1 auf
200 erhält.

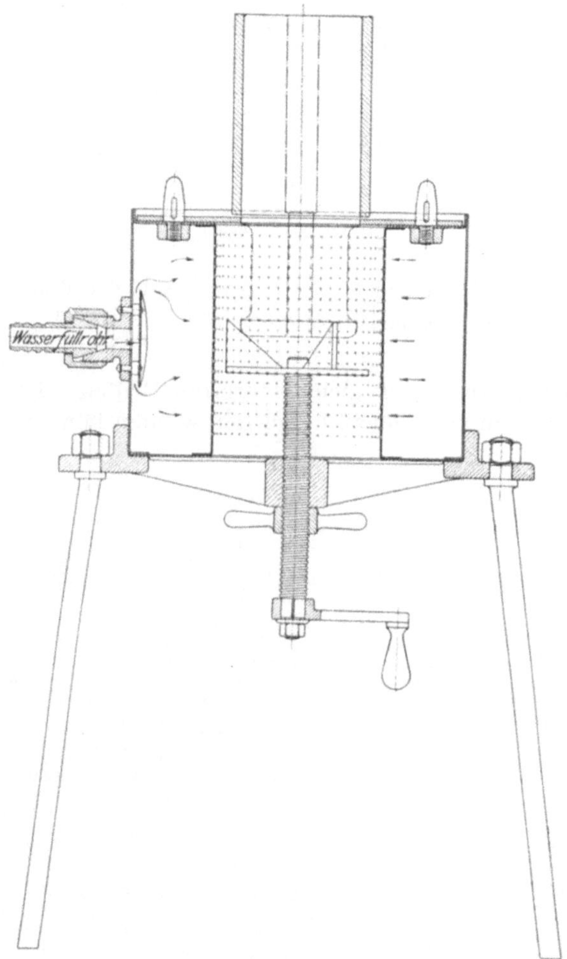

Abb. 10.   Kühlkasten für Kurbelzapfen.

Wenn ein Loch fertig
ist, wird die Bohrstange gewendet und in das zweite Loch gesteckt,
welches in derselben Weise ausgebohrt wird. Neue Kurbeln und Zapfen,

welche gehärtet (zementiert) werden sollen, werden vorher auf den Laufstellen 0·2 mm über fertiges Maß gedreht, an den Nabenstellen 1 mm
darüber; vor dem Härten werden sie in ihrer ganzen Länge durchgebohrt,
um die beim Härten auftretenden inneren Spannungen auszugleichen. Das
Loch ist beim Härten mit Ton ausgefüllt.

Wenn der Zapfen aus dem Zementierkasten kommt, hat er meist
nicht die gehörige Wärme zum Härten, er wird deshalb etwa 10 Minuten
lang in einem Ofen auf die richtige Temperatur gebracht. und dann in
dem in Abb. 10 dargestellten Kühlkasten mit Wasser abgeschreckt.

Der Kühlkasten ist so eingerichtet, daß das Kühlwasser nicht an die
Nabensitze gelangen kann, weil diese nicht hart werden dürfen, da sie
noch nachzudrehen sind, die Laufstellen werden
nachgeschliffen.

γ) Achskisten (Achslager).

Die Achskisten haben Schuhe aus 8 bis 10 mm
starker Lagerbronze, welche mit Kupfernieten befestigt sind. Diese Schuhe werden bei jeder „großen
Ausbesserung" erneuert; sie werden auf Fräsmaschinen fertig bearbeitet. Die Lagerschalen aus
Lagerbronze sind in die Achskisten einzutreiben
und müssen sehr gut anliegen, damit sie sich
nicht losklopfen. Sie bestehen aus einer mit Blei

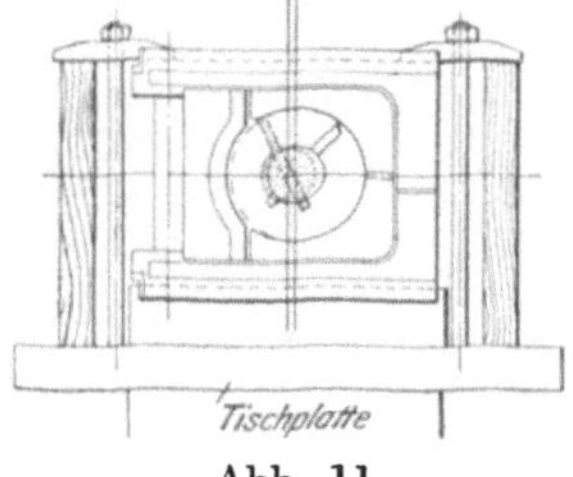

Abb. 11.
Ausbohren der Lager.

versetzten Bronze[1] (ohne Weißmetalleinguß), welche als vorteilhaft
erkannt ist. Weißmetalleinguß wird nur als ein Notbehelf betrachtet,
wenn nicht genügend Zeit vorhanden ist, um die Lager zu erneuern.
Lager, welche einmal heiß gelaufen sind, werden selten
wieder gut laufen, weil bei der Erhitzung die Legierung
sich geändert hat, namentlich wird dabei das Blei aus-
geseigert, ohne welches die Bronze ein schlechtes Lager-
metall bildet.

Die Achskisten und Lager müssen immer ganz genau
symmetrisch um die Längs- und Querachsen hergestellt
werden, die Abnutzungen an den Achsgabeln sollen
durch Verstärken der Sohlen ausgeglichen werden.

Die Lager können mehrere Hauptausbesserungen über-
dauern, es wird bloß die Höhlung für die Achse jedesmal etwas höher hinauf gelegt.

Das Ausbohren geschieht auf einer Horizontalbohr-
maschine, die Achskiste wird mit ihrer Schleifsohle auf
einen Parallelklotz gelegt und festgespannt. Die Lager

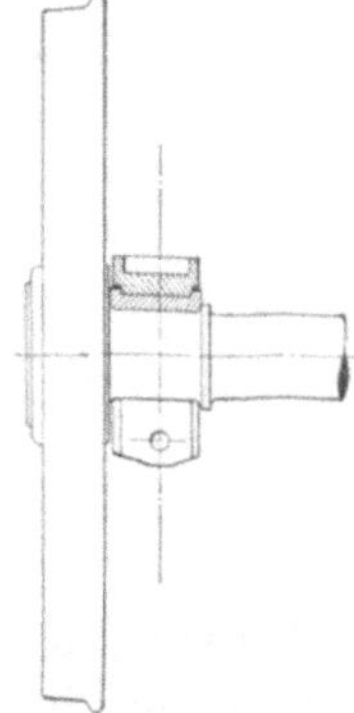

Abb. 12.
Aufschaben der
Lager.

dürfen erfahrungsgemäß nur etwa 120⁰ vom Achsschenkel umschließen;
um diesen Freigang zu erzeugen, verschiebt man das Lager etwas nach
oben und unten, nachdem die eigentliche Laufhöhlung gebohrt ist (Abb. 11).
Die zweiteiligen Lager werden während des Ausbohrens mit Zinn zusammengelötet, indem man dabei jedoch noch ein 3 mm starkes Blech in
die Fuge einlegt, welche später das Nachstellen ermöglichen soll. Wo dieses
Blech gelegen hat, wird später ein Filzblättchen eingelegt.[2] Nach dem

---

[1] Siehe Tabelle über Legierungen, Seite 134.
[2] Über zweiteilige Lager siehe ferner Organ Fortschr. des Eisenbahnwesens 1899.
S. 9 und 1904, S. 80.

Ausbohren muß jedes Lager, wie es in der Achskiste sitzt, mittels Schaben auf seinen Schenkel aufgepaßt werden (Abb. 12). In den Rundungen muß etwas mehr abgenommen werden, so daß das Lager auf dem Schenkel 0·5 bis 1·0 mm Längsbewegung gestattet; dies ist notwendig, weil das Lager beim Fahren durch Druck und Umdrehungen der Achse, auch oft infolge von Leitwärme vom Kessel her sich ausdehnt und ohne Freigang klemmen würde, was zum Heißlaufen führt. Das Längsspiel wird gemessen, indem man einen Körnerpunkt auf die Achse merkt, und mit einem spitzen Zirkel von diesem Punkt aus kurze Kreisbogen auf die Achskiste aufreißt, während das Lager nach rechts und links geschoben wird, das Maß zwischen den Rissen muß dann zwischen 0·5 und 1·0 mm liegen. Wenn die Lager aufgeschabt sind, werden sie vom Werkmeister nachgemessen

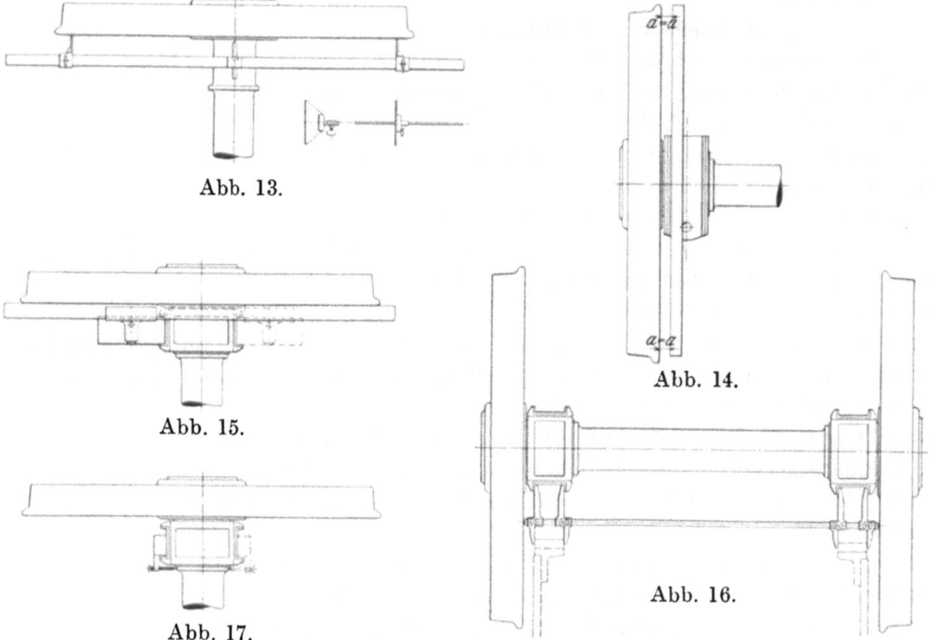

Abmessen der Lagerachskisten.

und zwar auf folgende Art: mit dem Meßwerkzeug (Abb. 13) wird die Brusthöhe der Radnabe gemessen, diese Höhe muß an beiden Rädern gleich hoch sein, sonst sind sie nachzudrehen (wenn man nicht, wie dies in Amerika üblich ist, ganze Bronzescheiben auf dieselben aufstiften will).

Es wird nun, wie in Abb. 14 dargestellt, nachgemessen, ob die Achskiste parallel mit der Radebene steht, wenn nicht, muß nachgeschabt werden. Mit dem Werkzeug (Abb. 15) wird dann nachgemessen, ob die Schleifschuhe rechtwinklig zur Radebene liegen, und ob sie beide den gleichen Abstand davon haben. Darauf wird mit dem Werkzeug (Abb. 16) gemessen, ob die Achskisten das rechte Maß für den Abstand zwischen den Achsgabel-Schleifbacken haben, indem die eine Seite des Werkzeuges zu diesem, die andere zu jenem paßt. Beim Messen müssen beide Achskisten zur gleichen Seite der Achse geschoben werden, um das Längsspiel richtig zu verteilen. Zur Sicherheit wird diese Abmessung noch einmal vorgenommen, nachdem die Achskisten nach der anderen Seite geschoben sind. Als letzte Kontrolle wird das Meßwerkzeug (Abb. 17) benutzt, es wird gegen die Schleifschuhe der Achskiste gelegt, und die Stellschraube so eingestellt, daß sie die Nabenbrust berührt; diese Brüste müssen an allen gekuppelten Achsen genau den gleichen Abstand voneinander haben.

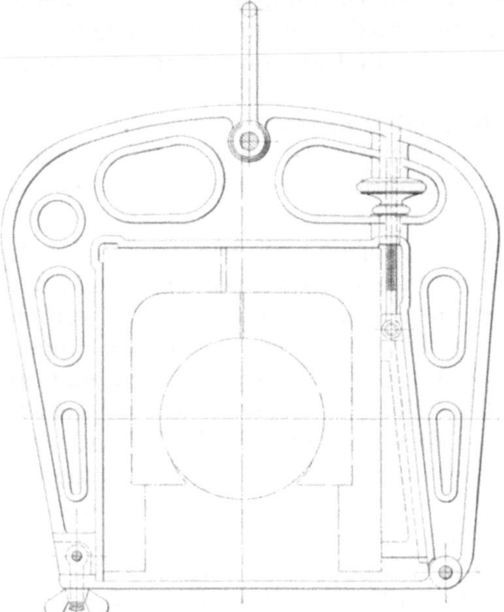

Mit diesem Werkzeuge müssen alle Achskisten bei derselben Einstellung geprüft werden, und alle dasselbe Maß ausweisen, nur dann bekommen alle Räder genau die richtige Stellung im Rahmen und die Lokomotive einen geometrisch richtigen Lauf.

Beim Aufschaben der zweiteiligen Achskisten benützt man eine Schraubenzwinge (Abb. 18). Das scharnierförmige Querstück wird geschlossen und die Keilschraube angezogen. Aufschaben und Nachmessen geschieht im übrigen, wie oben beschrieben.

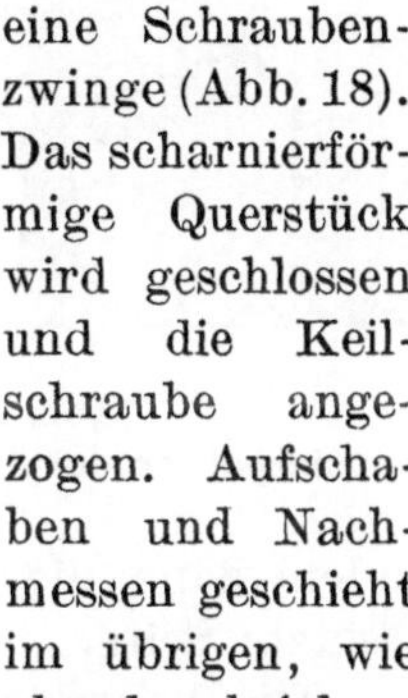

Abb. 18 und 18a.	Schraubenzwinge für zweiteilige Achskisten.

Die Schmierdeckel werden mit Leder belegt, welches mit Kupfernieten befestigt wird, die Kanten werden etwas abwärts gebogen, um Regenwasser abzuleiten.

Bei den zweiteiligen Lagern ist es von Bedeutung, guten Schluß des Lagers sowohl in der horizontalen als der vertikalen Ebene zu erreichen um die großen Kolbenkräfte aufzunehmen; die Lager werden deshalb so aufgeschabt, daß sie bei a und c — Abb. 18a — aufliegen, bei b dagegen etwa 0,5 mm von dem Schenkel abstehen.

Zum Abdichten der Unterkasten gegen Staub und Spritzwasser ist eine Rille (Abb. 19) eingedreht, und in dieser werden dünne Filzblättchen von passender Form eingedrückt, die mit einer Blechkante versteift sind. Diese werden als **U**-förmige Ringe hergestellt, aus denen man passende Stücke herausschneidet und auf die Filzblättchen zieht und dort festklopft. Die Schmier-

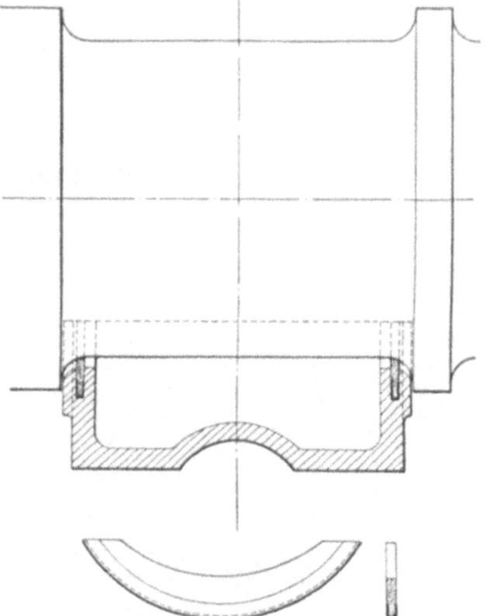

Abb. 19.
Abdichten der Lagerunterkasten.

polster in den Unterkasten sind aus Baumwolle und werden mit dünnem Kupferdraht auf die Polsterträger befestigt, diese sind aus 1·0 mm Blech hergestellt; in die Polster werden noch dünne Holzkeilchen eingelegt und mit Kupferdraht festgebunden, sie schleifen auf dem Achsschenkel und verhindern die Abnutzung der Polster (Abb. 20).

Bevor die Achskisten zum letzten Mal auf die Schenkel gebracht werden, putzt man diese gut, erst mit feinem Schmirgelleinen und zuletzt mit Graphit und Öl ab. Schmierkissen, Filzblättchen und Saugdochte werden mit Öl getränkt und endlich ist der Radsatz fertig, um die Lokomotive zu tragen.

δ) Trieb- und Kuppelstangen.

Nachdem die Lager, Keile und Schmierventile abgenommen sind, werden die Stangen genau besichtigt, um Anbrüche zu entdecken. Stangen

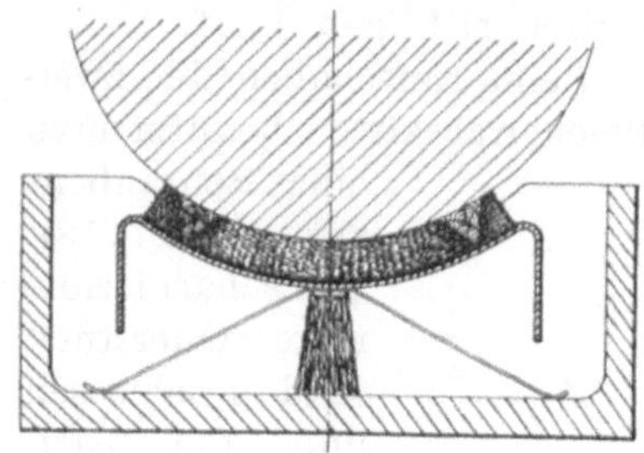

von mehr als 2000 mm Länge werden paarweise geprüft und, wie Abb. 21 zeigt, zusammengespannt wobei ihnen etwa 15 mm Durchbiegung gegeben wird. Sie werden dann mit Öl bestrichen, welches nach einigen Minuten wieder abgewischt wird, darauf werden die Spannbolzen wieder gelöst. Sind Anbrüche vorhanden, so wird das Öl, welches wegen der Haarwirkung in diese eingedrungen ist, herausgequetscht und zeigt dadurch die Anbrüche an. Zu genauer Besichtigung braucht man eine Lupe.

Abb. 20.
Schmierpolster der Lagerunterkasten.

Indem dann die Stangen umgewechselt werden, prüft man die entgegengesetzte Seite.

Die Lagerstellen, welche nur ausgeschlagen sind, müssen nachgefeilt werden, mitunter werden seitlich dünne Bleche eingelassen, festgestiftet in eingefräste Rillen (1, 2 und 3 Abb. 22).

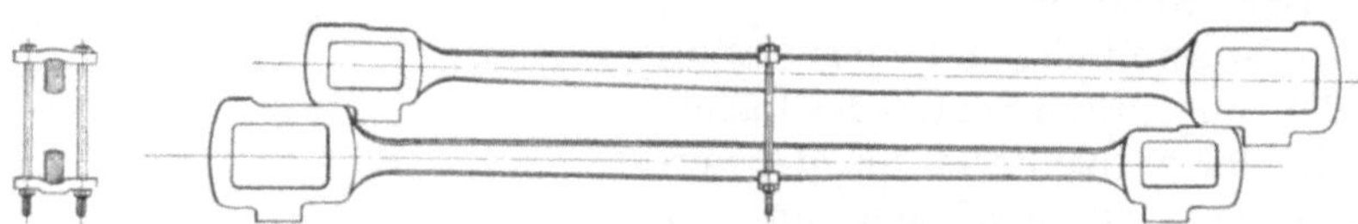

Abb. 21. Untersuchung der Kuppelstangen.

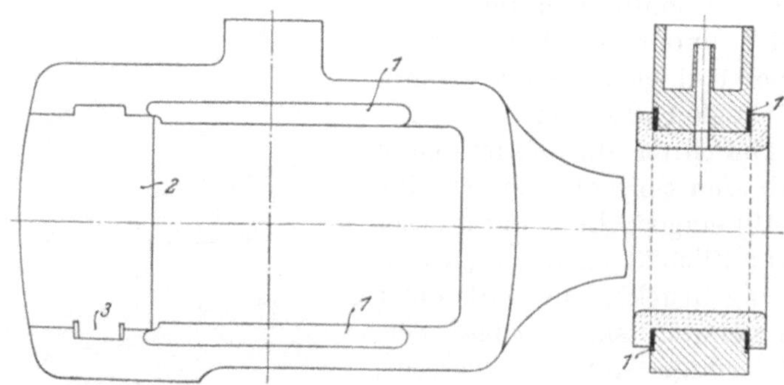

Abb. 22. Ausbesserung der Stangen und Stangenköpfe.

Neue Lager werden zu erstan den Trennungsflächen „1" (siehe Abb. 23) bearbeitet, dann zusammengespannt und auf den Flächen „2" gehobelt, dann werden die Flächen „3" angerissen und bearbeitet und durch Feilen und Schaben fest eingespannt. Wenn beide Teile derart an Ort und Stelle sind, werden sie mit der zugehörigen Stange zur Hobelmaschine gebracht, wo die Seiten „2" nachgehobelt werden, so daß die Breite des Lagers 0·5 mm kleiner ist als die Schenkellänge, und daß beide Kragen gleich dick sind. Hierauf können die Zapfenlöcher vorgemerkt werden.

Bei den Pleuelstangen geschieht dies folgendermaßen: die Kolben werden in die Zylinder gebracht, die Zylinderdeckel aufgeschraubt und die Kreuzköpfe auf die Kolbenstangen gekeilt, wonach die Mitte des Kreuzkopfbolzens auf einem eingetriebenen Holzspänchen abgesetzt wird. Der Kolben wird bis an den Zylinderboden rückwärts geschoben und die Triebkurbel in den hinteren Totpunkt gestellt. Die Pleuelstangenlänge — nach der Zeichnung — wird in den Stangenzirkel genommen, die eine Spitze wird in die Mitte des Kurbelzapfens gestellt und mit der anderen Spitze reißt man eine Marke auf das Holzspänchen im Kreuzkopfbolzenloch. Darnach wird der Kolben ganz nach vorne geschoben, die Kurbel in den vorderen toten Punkt gebracht und mit dem Stangenzirkel nochmals wie vorher angerissen. Der Abstand zwischen den beiden Anrissen am Holzspänchen ist die Größe des gesamten Spieles im Zylinder. Wenn die Halbierung dieses Maßes nicht genau in die Kreuzkopfbolzenmitte fällt, so muß die Stangenlänge dementsprechend geändert werden. Das so berichtigte Längenmaß der Pleuelstange wird zum Anzeichnen der Lagerbohrungen in dieser gebraucht, man reißt nun mit dem Handzirkel einen Kreis von der Größe des Kurbelloches oder des Kreuzkopflagerloches an und bohrt nach dieser Anzeichnung. Zur selben

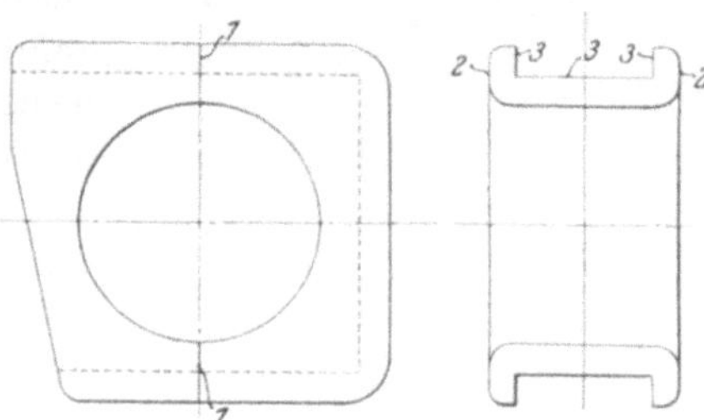

Abb. 23.   Hobeln der Lagerschalen.

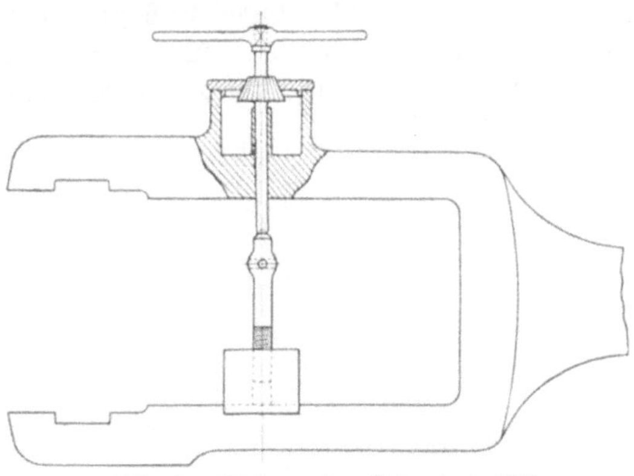

Abb. 24. Fräsen der Schmiergefäße.

Zeit, da man die Kolben nach hinten und vorne schob, setzt man auf der Kreuzkopfführung sog. Bodenmarken ab und von diesen aus rückwärts den beabsichtigten, in der früher beschriebenen Weise gefundenen Freigang, und hat somit die Hubmarken für jeden Kreuzkopf gefunden, bis zu welchen der Kreuzkopf wandern muß, wenn die Pleuelstange richtig eingebaut ist.

Nach dem Ausbohren der Pleuelstangen werden die Schmiergefäße und Ventile repariert, wozu der Fräser Abb. 24 dient, die Lager werden aufgeschabt und müssen etwa 0·5 mm Seitenspiel haben.

Die Lagerfugen müssen dicht aneinanderliegen, und die Lager, welche zur Probe mit der Schraubzwinge (Abb. 25) zusammengespannt werden, müssen dann auf den Zapfen leicht zu bewegen sein.

Die Kuppelstangenlager werden auf dieselbe Art bearbeitet. Das Ausmessen ihrer Länge geschieht auf folgende Weise: In den Lagern setzt man die Mitten ab, in die Trieb- und Kuppelachsen, welche die großen Körnerlöcher für die Drehbankspitzen beim Bandagenabdrehen haben, setzt man Kupferschräubchen (Abb. 26), und auf diese werden die Achsmitten darnach aufgerissen, von dem durch die Nabe tretenden Achsenende aus markiert und fein eingekörnt. Die Länge der Kuppelstangen muß dann gleich sein dem Abstand der Achsmitten.

Hierbei ist jedoch zu berücksichtigen, daß bei manchen Lokomotiven die Rahmen vom Kessel stark erwärmt werden und sich demzufolge strecken, wenn die Maschine in Dienst kommt, deshalb muß die Kuppelstange in der Werkstätte, wo die Rahmen ja kalt

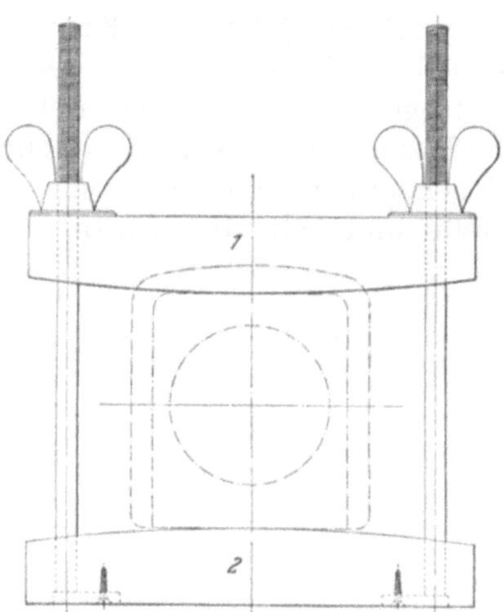

Abb. 25. Zusammenspannen der Lager.

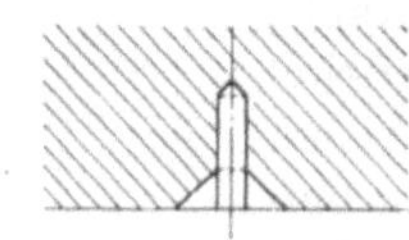

Abb. 26.
Verschrauben der Achskörnerlöcher.

sind, etwas länger als obiges Maß gemacht werden. Die erforderliche Verlängerung muß vorher ein für allemal an einer Lokomotive im kalten und im warmen Zustand ausgemessen sein. Oft sind die Lager noch ganz

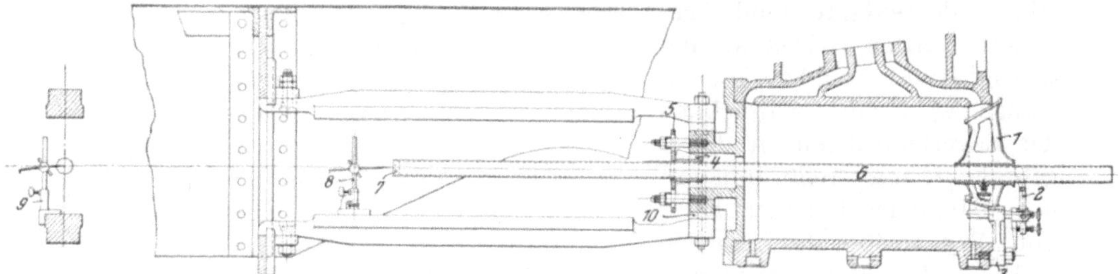

Abb. 27 a, b u. c. Meßwerkzeug zum Anbringen der Lineale.

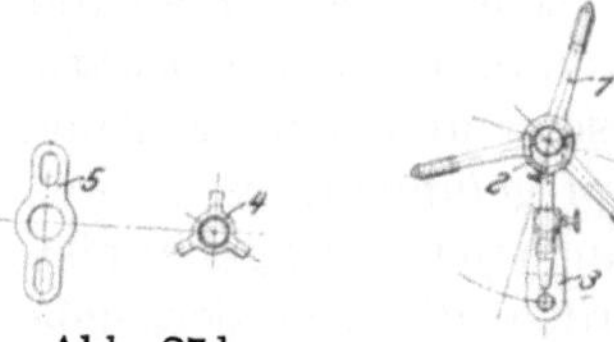

Abb. 27 b.   Abb. 27 c.

gut an den Laufstellen, liegen aber in der Kuppelstange lose, solche Lager müssen mit aufgestifteten Messingblättchen wieder verdickt und nochmals fest in die Stangenköpfe eingepaßt werden.

ε) **Lineale und Kreuzköpfe.**

Wenn die Lineale von der Lokomotive entfernt sind, untersucht man zuerst die Tiefe der Härteschicht mit einer Feile, ist sie zu dünn, dann müssen sie aufs neue zementiert werden. Dabei werden sie aber meistens krumm und müssen dann unter einer Presse wieder gerichtet und darauf mittels einer besonderen Schleifmaschine abgerichtet werden.

Beim Anbringen der Lineale benutzt man das Meßwerkzeug, das in Abb. 27 dargestellt ist. Dasselbe wird am vorderen Zylinderende, vorläufig lose, angebracht, worauf im Stopfbüchsenloch der Konus „4" mit dem Spannstück „5", auch vorläufig lose, eingesteckt wird. Durch die Löcher wird nun ein genau gedrehtes und geschliffenes Stahlrohr gesteckt, an dessen einem Ende sich ein Pfropfen mit feinem Mittelloch befindet. Ist dieses Rohr eingebracht, dann werden die zwei Führungsstücke „1" und „4" endgültig an der Stange festgemacht, jedoch ohne Zwang. Mit Hilfe eines Reißklotzes und eines Lineales mit einem Stellfinger reißt man dann die richtige Lage der Lineale aus und reguliert dieselbe durch Einschiebblättchen aus Messingblech, die schließlich gut festgeschraubt werden.

Die Kreuzköpfe (Abb. 28) erhalten neue Bronzeschuhe, welche mit konischen Metallbolzen befestigt werden und genau symmetrisch und rechtwinklig vorgezeichnet und darnach gefräst oder gehobelt werden, so daß sie zu der Linealbreite passen. Ihre Höhe kann

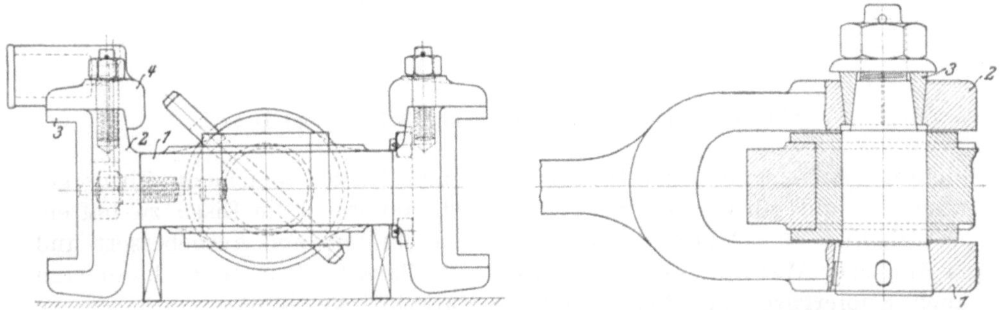

Abb. 28. Anreißen des Kreuzkopfs.   Abb. 29. Kreuzkopfbolzen.

erst bestimmt werden, wenn die Lineale gelegt sind. Neue Kreuzkopfbolzen (Abb. 29) müssen sauber eingeschliffen werden. Beim Zusammensetzen mit der Pleuelstange wird der Bolzen an einem Gabelzweige „1" mit einer flachen Scheibe festgeschraubt oder eingetrieben, bevor der aufgeschnittene Ring „3" am Gabelzweige „2" eingebracht wird, welcher nunmehr festgeschraubt werden kann.

ζ) Dampfzylinder.

Sind Verkleidung, Deckel, Kolben und Schieber abgenommen, dann werden die Zylinderbefestigungsbolzen durch Klopfen untersucht und die Muttern nachgezogen. Lose Bolzen werden durch neue ersetzt, deren Schaft einen Konus von 1 auf 80 hat, sie werden in die aufgeriebenen Löcher mit zehn bis zwölf kräftigen Schlägen von einem 4 kg-Hammer eingetrieben. Dichtungsflächen und Kanäle werden reingeschabt und ausgespült. Zylinder, in deren Wandungen Rillen entstanden sind, müssen ausgebohrt werden, wenn sie im übrigen spiegelglatt sind, nicht; man wird beim Messen oft beobachten können, daß ein Zylinder weder genau rund, noch genau zylindrisch ist, obwohl der Kolben absolut dampfdicht gehalten hat; dadurch darf man sich nicht beirren lassen, im dampfwarmen Zustand hat der Zylinder ganz andere Form, es sind die Flanschen und Rippen, die ihn unrund machen und aus der geraden Linie ziehen, wenn er kalt ist, im warmen Zustand bearbeiten ihn die Kolben wie auf einer Ziehbank. Nachbohren geschieht mit der bekannten Bohrmaschine, welche auf| die Flanschen' geschraubt wird. Die Dichtungsflächen werden geschabt unter Benutzung von Richtplatten (Abb. 30), für die Deckel benutzt man die Richtplatte Abb. 31.

Nach dem Schaben werden die Dichtungsflächen noch leicht zusammengeschliffen und ohne Anwendung von anderen Dichtungsmitteln als höchstens etwas Öl und Graphit verbunden.

Wenn die Schieberdeckel nicht ebenso behandelt werden können,

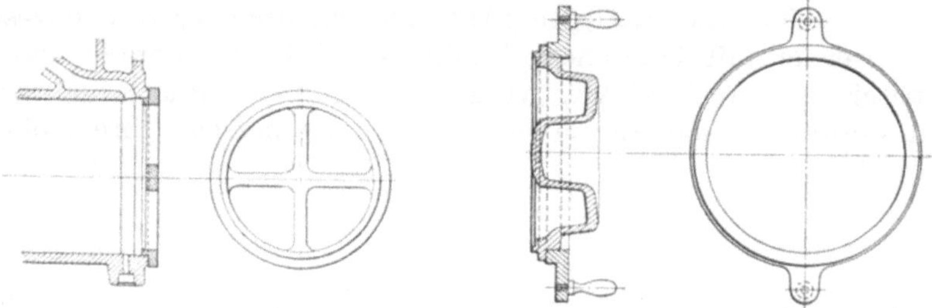

Abb. 30. und 31.   Richtplatten für Zylinder und Deckel.

dichtet man sie mit Asbestpappe von 1 mm Dicke, welche in Firnis getaucht ist und mit Graphit bestrichen wird, um nicht am Eisen zu haften.

Hähne und Ventile werden nachgeschliffen und ausgebessert und in ähnlicher Weise aufgedichtet. Sind die Flanschen zu dünn, kann man auch Kupfergaze und Mennige oder Schwarzkitt verwenden.

Die Hahnzüge erhalten neue Bolzen, oder die Gabelenden müssen zusammengedrückt oder neu angeschweißt werden. Die Ablaufrohre, welche oft mit harten Krusten vom Öl gefüllt sind, müssen ausgeglüht werden.

Die Schieberspiegel werden nachgemessen, bei gut wirkender Schieberentlastung können sie oft ohne Nacharbeit eine große Ausbesserung überschlagen, sonst werden sie nachgefeilt und geschabt. Wenn schlimme Anfressungen darin sind, muß man sie erst nachhobeln oder fräsen.

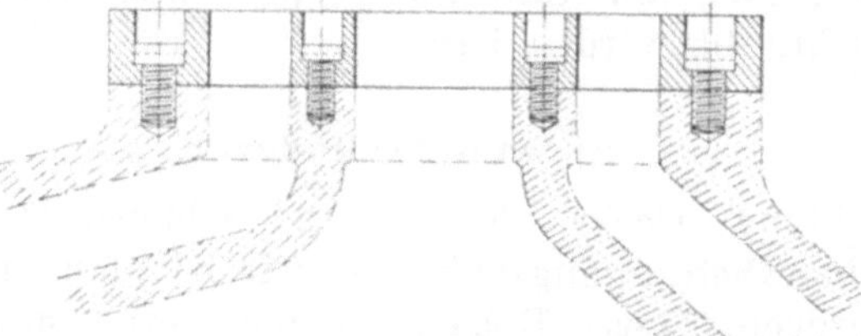

Abb. 32.   Erneuerung des Schieberspiegels.

Bei entlasteten Schiebern müssen die Spiegel sehr genau parallel mit der Schieberstange und mit der Entlastungsplatte liegen. Tief abgenutzte Schieberspiegel werden mit neuen Spiegeln belegt, diese dürfen nicht unter 30 mm dick sein, sollen aus hartem Gußeisen angefertigt und sauber ausgeschabt sein. Sie werden mit Schrauben befestigt, (Abb. 32.) nachdem man etwas Bleiweißfarbe auf die Dichtungsfläche geschmiert hat.

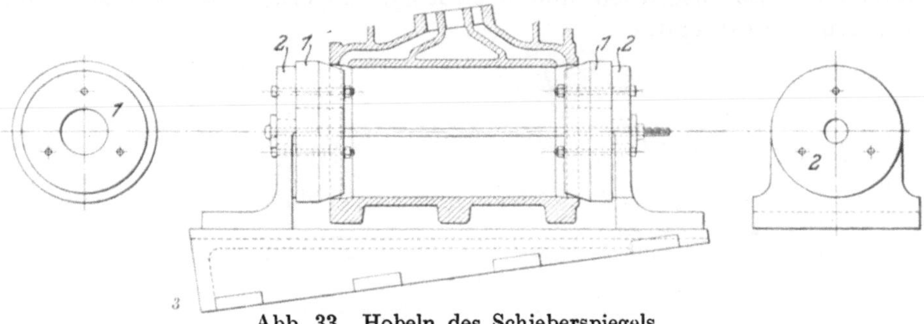

Abb. 33. Hobeln des Schieberspiegels.

Die Schrauben müssen sehr gut in den Gewinden passen und fest eingeschraubt werden, und die Köpfe müssen tiefer liegen als der Spiegel.

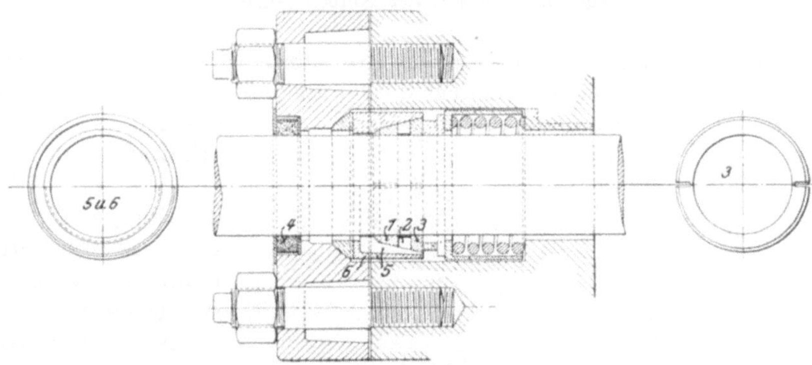

Abb. 34. Stopfbüchsenpackung.

Neue Zylinder werden auf Bohr- und Hobelmaschine hergestellt, wobei man das Werkzeug (Abb. 33) gebraucht, um alle Flächen und Löcher genau parallel mit der Zylinderachse herzustellen.

Sind die Schieberspiegel nicht parallel mit der Zylinderachse, so braucht man die Keilplatte „3", welche auf der Tischplatte der Hobelmaschine festgespannt wird.

Als Stopfbüchsenpackung wird die „United States Metallic packing" nach Abb. 34 benutzt. Es sind gewisse Größen davon mit Durchmesser von 60 bis 120 mm und 10 mm Sprung gebräuchlich. Die Ringe „1", „2" und „3" springen mit 2 mm Durchmesser und sind in allen Größen in Vorrat, weil sie beinahe bei jeder großen Ausbesserung ersetzt werden müssen. Die Stangen müssen durch Nachschleifen immer auf Millimetermaß — mit 0·2 mm Sprung — bearbeitet werden. Der Filzring „4" und der Fangring „5" und „6" müssen auch stets erneuert werden. Die anderen Teile müssen meist auf Dichte nachgeschabt werden.

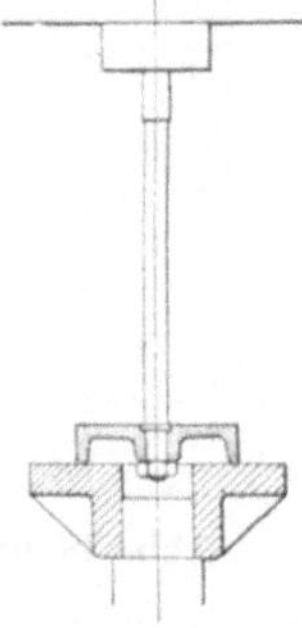

Abb. 35.
Prüfung des
Kolbens.

Die Kolben werden durch Abklopfen geprüft und durch hydraulischen Druck von 40 kg/qcm der Kolbenfläche auf ihre Widerstandsfähigkeit untersucht (Abb. 35).

Die Kolbenringe dürfen nicht mehr als 0·5 mm Spiel haben und müssen genügend Federkraft besitzen, sonst werden die Rillen auf ganze Millimeter genau ausgedreht und neue Ringe eingelegt, die man mit 1 mm Sprung in Vorrat hält.

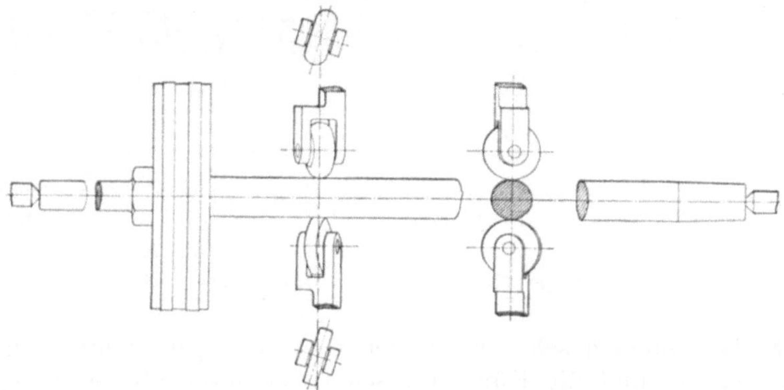

Abb. 36. Glätten der Kolbenstange.

Kolbenstangen werden vorzugsweise durch Schleifen mit Korundrädern egalisiert, nach dem Schleifen werden sie mit zwei schräggestellten Stahlwalzen im Support der Schleifmaschine (Abb. 36) glatt gemacht und erhalten eine harte Oberfläche. Würde die Stange unter das gegebene Mindestmaß kommen, dann wird sie erneuert.

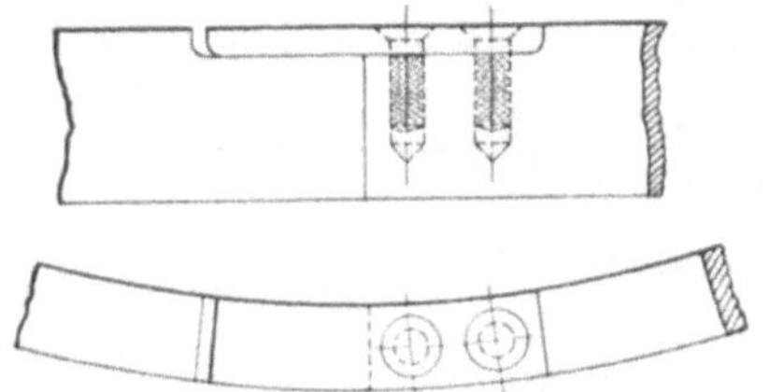

Abb. 37. Schloß für Kolbenringe.

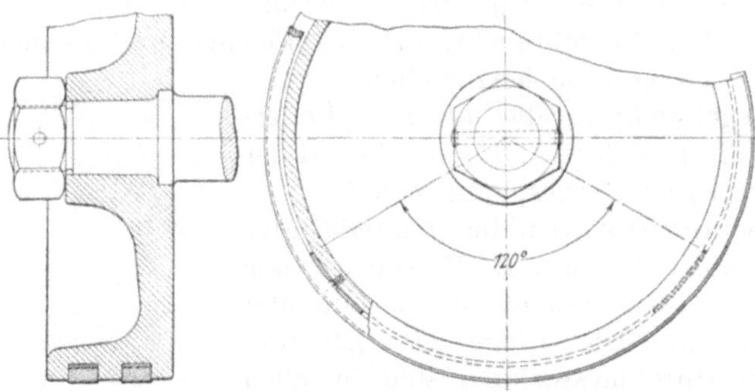

Abb. 38 und 39. Unterstützung der Kolbenringe.

Neue Kolbenringe werden aus weichem Gußeisen aus etwa 400 mm hohen Ringstücken ausgearbeitet, sie werden zuerst 17 mm größer als das Fertigmaß sein soll, abgedreht. Hierauf wird aus dem Ring ein Stück von 34 mm Länge ausgesägt, dieses wird mit einem Spannring zusammengedrückt und mit Zinn gelötet, sodann auf einem Holzdorn aufgetrieben und auf das richtige Zylindermaß abgedreht, darauf wird für die Lippe eingefräst und das Schloß darin angebracht (Abb. 37), endlich die Lötung wieder gelöst. Die Ringe werden auf Vorrat gehalten in Breiten von 20 bis 24 mm mit 1 mm Sprung, die Dicke ist stets die halbe Breite.

Bei Kolben ohne durchgehende Kolbenstange müssen die Ringe die Kolben tragen und führen, zu welchem Zweck zwei Blechstreifen unter

120° in die Rillen eingelegt und genietet werden (Abb. 38 und 39), deren Dicke so bemessen wird, daß der Kolben genau konzentrisch läuft.   Bei **Kolben mit durchgehender Stange** braucht man diese Bleche nicht, weil dort die vorderen Stopfbüchsen und die Lineale die Kolben führen sollen.

Zum Aufbringen der Kolbenringe dient das Werkzeug, das in Abb. 40 dargestellt ist.

Bevor die Kolben endgültig eingebracht werden, reibt man den Zylinder mit Graphit und Öl ein.

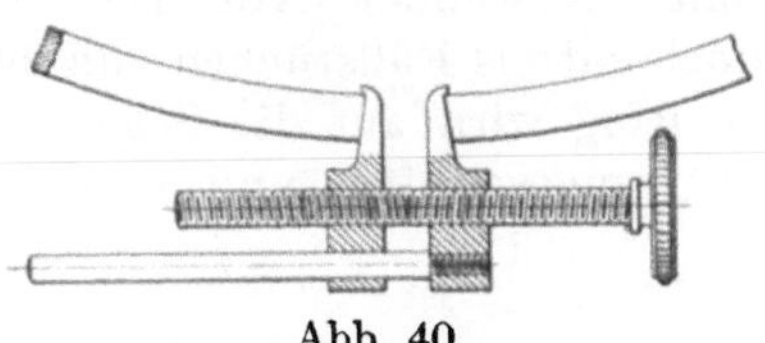

Abb. 40.
Aufbringen der Kolbenringe.

Die **Schieberkreuze** und **Schieber** werden nachgearbeitet, indem man, wenn nötig, die Mittelstücke staucht, um sehr geringes Spiel zwischen

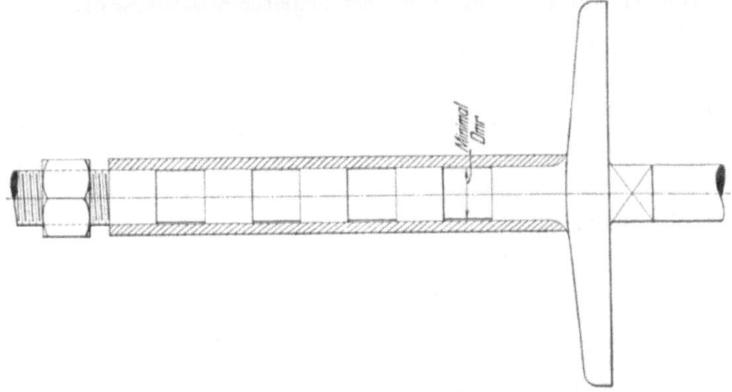

Abb. 41.   Ausbesserung der Schieberstange.

Schieber und Kreuz zu haben.   Wenn die Stangen abgenutzt sind, werden Rohrstücke aus Flußeisen darauf geschrumpft (Abb. 41) und abgedreht und abgeschliffen wie die dies für Kolbenstangen erläutert wurde.

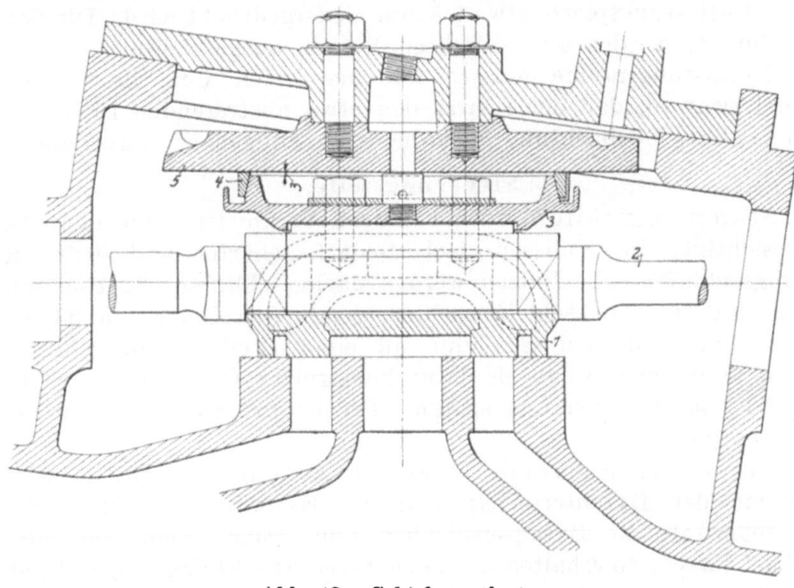

Abb. 42.   Schieberentlastung.

Die Entlastungsringe müssen immer höher werden, nachdem die Schieberspiegel und Entlastungsplatten nachgearbeitet werden, die abgenommenen Ringe werden auf Vorrat genommen und mit höheren Unterschalen verwendet (Abb. 42). Die Ringe werden wie Kolbenringe gedreht, jedoch mittels Füllstücken von 20 mm Länge auseinander gespannt (Abb. 43). Der Ring wird auf die Schale unter Benutzung des Werkzeuges (Abb. 44) dicht aufgeschliffen und muß in fertigem Zustand so viel höher sein, daß

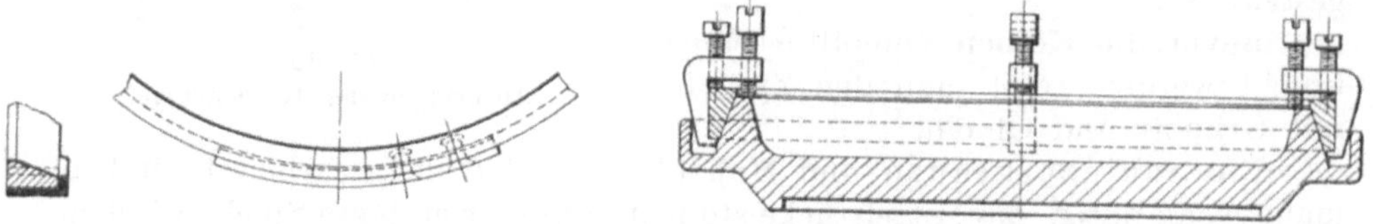

Abb. 43 und 44.   Ausbessern der Schieberentlastungsringe.

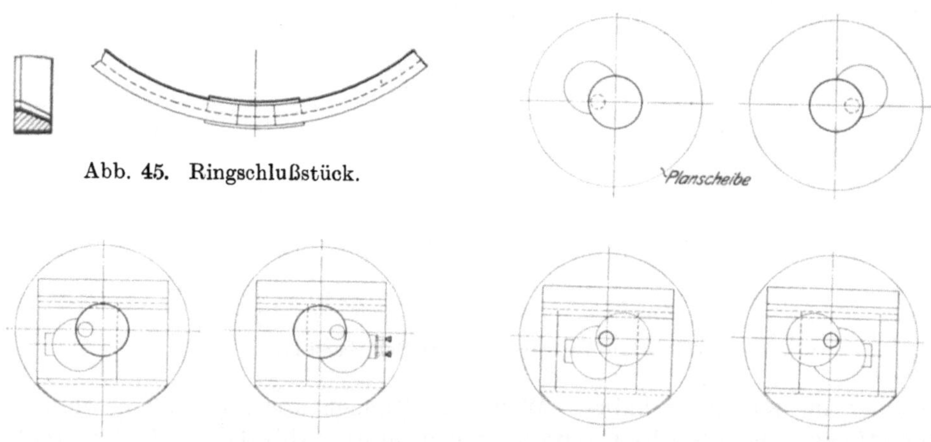

Abb. 45.   Ringschlußstück.

Abb. 46 bis 48.   Aufspannen der Exzenterscheiben.

er von der Entlastungsplatte etwa 0·5 mm niedergedrückt wird. Die Schlußstücke (Abb. 45) werden aus gedrehten Ringen ausgearbeitet.

Die Entlastungsräume müssen mit der freien Luft in Verbindung stehen und zwar so, daß der Führer den etwa austretenden Dampf sehen kann; ohne diese Beobachtung sind die Entlastungen oft unverläßlich.

η) Steuerungsteile.

Alle Steuerungsteile werden von dem Werkmeister und dem Partieführer besichtigt, die Kulissen nach Bedarf gehärtet und deren Reibflächen abgeschliffen, alle Bolzen werden nachgeschliffen, die Büchsen erneuert und mit der Lochschleifmaschine, genau den Bolzen entsprechend, geschliffen. Sind die Kulissen nur an einer Stelle (Fahrstellung) abgenutzt, so kann man, wenn sie dafür konstruiert sind, oben nach unten wenden und eine Ausbesserung sparen. Die Bronzeschuhe werden hinterlegt oder erneuert.

Die Lager der Steuerwelle werden zusammengefeilt, ebenso die Einlagebleche der Exzenterbügel; sind die Exzenterbügel um mehr als 1·5 mm größer als die Exzenterscheiben oder auch, wenn sie seitwärts zu viel Spiel haben, so erhalten sie neue gußeiserne Einlageringe. Sind die Exzenterscheiben mehr als 1·5 mm unrund, dann werden sie nachgedreht.

Zum Nachdrehen der Exzenterscheiben benutzt man das Aufspannwerkzeug, dessen Anordnung aus den Abb. 46 bis 48 ersichtlich ist. Bei Verwendung dieses Werkzeugs werden die Exzenter in Hub und Winkel in einem Aufspannen ohne Vorrissen ganz genau hergestellt.

Um neue Exzenterscheiben auf den Kurbeln zu befestigen, benutzt man das Werkzeug (Abb. 49). Die Bolzenlöcher sind noch nicht gebohrt, man steckt die Exzenter auf den Zapfen „1", welcher genau konzentrisch mit der Triebachse sein muß. Das Werkzeug „2", welches so ausgebohrt ist, daß es genau über die fertigen Exzenterscheiben paßt, wird über diese geschoben und sie werden dann so eingestellt, daß der abgerichtete Zeiger „3" durch den Kurbelmittelpunkt geht, darauf werden die Bolzenlöcher vorgemerkt und gebohrt.

Steuerschrauben (Abb. 50) müssen nachgedreht und mit neuen Muttern versehen werden, wenn eine Nachstellung nicht genügt, die Scheibe „6" wird oft erneuert, ebenso Büchse „3". Der Steuerhebel muß meist mit einem neuen Zahn versehen werden, und im Steuerbogen müssen mitunter die Zahnlücken auf genaues Maß nachgeschliffen werden.

Wenn die Steuerung

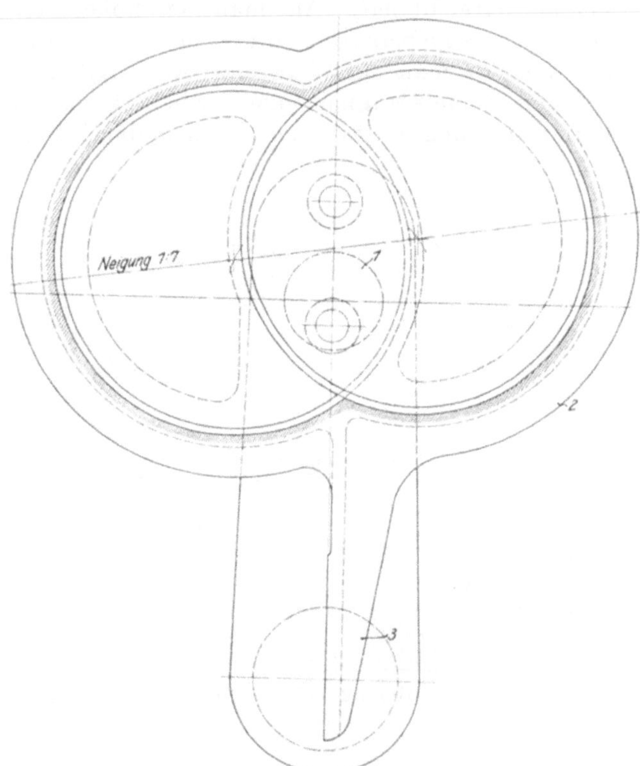

Abb. 49. Einrichten der Exzenterscheiben.

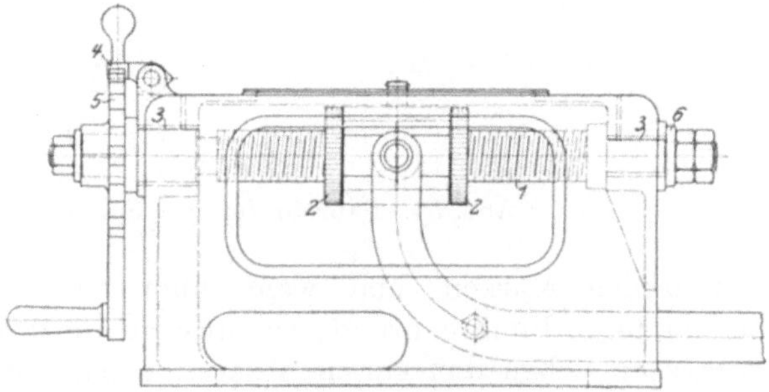

Abb. 50. Steuerschraube.

fertig und angebracht ist, wird sie reguliert, wobei man zum Drehen der Triebachse das Werkzeug (Abb. 51) benutzt.

Vorher muß man sich jedoch überzeugt haben, daß die Exzenterstangen ganz genau gleich lang sind und die Exzenter oder Steuerkurbeln genau richtig sitzen. Man legt dann erst den Steuerhebel so weit nach vorne, wie es einer Füllung von $30\,^0/_0$ entspricht, stellt die Kurbel erst auf den vorderen, dann auf den hinteren toten Punkt und mißt mit

schlanken Keilen, welche zwischen die Schieberkante und die Kanalkante
eingeschoben werden, ob der Schieber gleich viel in beiden Stellungen
öffnet (ob der Schieber gleiches Voreilen gibt). Ist das nicht der Fall,
so stellt man mittels der auf der Schieberstange befindlichen Schrauben-
oder Keilstellung so lange, bis man für beide Einstellungen genau gleiches
Voreilen erreicht hat. An manchen Lokomotiven kann man wegen der
Form der Schieberkasten diese Messung schwer vornehmen. In diesem
Fall benutzt man das Werkzeug (Abb. 52) und reißt damit die Stellungen
auf dem Schieberrahmen oder Schieberkreuz an, welche dem Beginn der
Voreinströmung entsprechen. Man halbiert dann die Strecke a—b zwischen

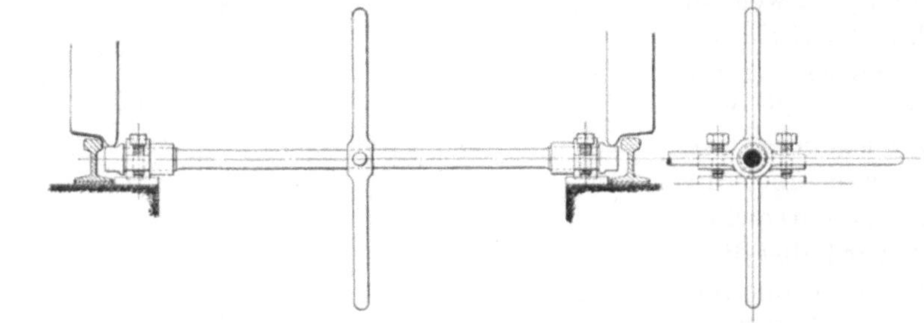

Abb. 51. Vorrichtung zum Drehen der Triebachse beim Schieberstellen.

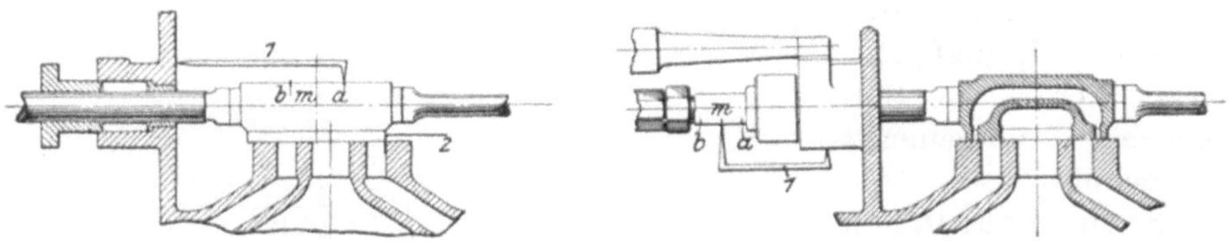

Abb. 52 und 53. Meßwerkzeug beim Schieberstellen.

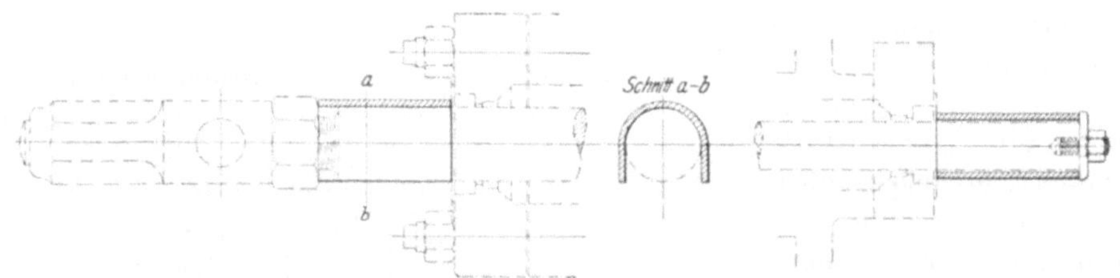

Abb. 54. Paßrohr für das Feststellen der Schieber.

den beiden Marken, und wenn man nun wiederum die Kurbel in die
beiden toten Punkte bringt, so müssen die Marken, welche man mit dem
Werkzeug neben den ersten absetzt, genau gleich weit von dieser Halbie-
rungsmarke liegen, ist das nicht der Fall, dann muß man so lange am
Schieber hin- und her stellen, bis dies zutrifft. Dieselben Messungen
können auch außerhalb des Schieberkastens an dem Stück der Schieberstange, welches außerhalb der Stopfbüchsen liegt, vorgenommen werden
(Abb. 53).

Eine Marke und Meßwerkzeug dazu sollte sich an allen Lokomotiven
befinden, damit der Führer bei Bruch von Steuerungsteilen oder Zylinder-
deckeln den Schieber auf die Mitte stellen, den Dampf von dem beschädigten Zylinder absperren und mit dem anderen Zylinder allein die

Fahrt fortsetzen kann. Zu diesem Zweck hat jede Lokomotive ein Paßrohr nach Abb. 54, mit welchem man den Schieber in seiner Mittelstellung
befestigen kann.

Die Stellung für Beginn der Voreinströmung findet man am leichtesten
mit einem dünnen Blechstreifen „2“ (Abb. 52), den man in die Kanal-
öffnung hält und den Schieber so viel bewegt, daß der Blechstreifen festgeklemmt wird. Die Totpunktstellungen findet man in folgender Weise:
Man stellt die Kurbel, deren toten Punkt man finden will, unter einem
beliebigen Winkel gegen die Zylinderachse, setzt mit dem Stichmaß „1“
(Abb. 55) in eine Körnermarke „2“ am Fußblech ein, zeichnet mit dem
anderen Ende eine Marke „b“ an der Stirnfläche des Radreifens und bezeichnet gleichzeitig mit einer Reißnadel die Stellung „d“ des Kreuzkopfes
an dessen Führungslineal. Darauf dreht man die Kurbel über den toten
Punkt so lange, bis der Kreuzkopf wieder an die Marke „d“ gelangt ist.
In dieser neuen Stellung macht man nochmals ein Zeichen „a“ auf dem

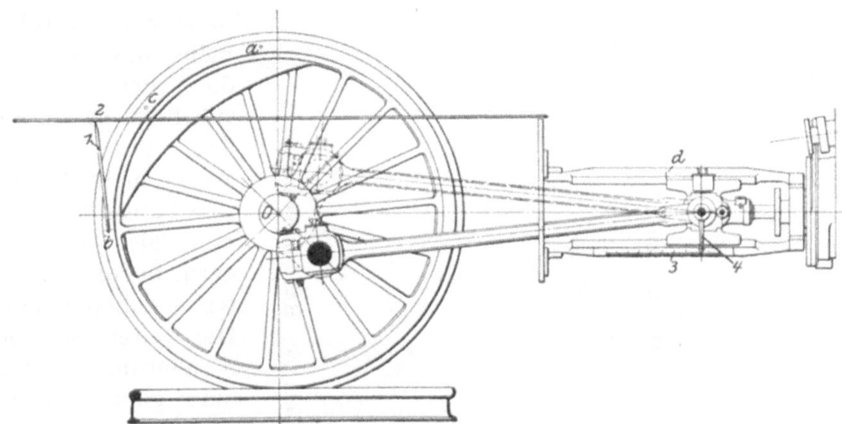

Abb. 55. Markieren der Totpunktstellungen.

Radreifen und zwei Körnermarken „a“ und „b“ gleich weit vom Rande
des Reifens. Halbiert man dann den Bogen, so ist der Punkt „c“ der
Ort, an den das Stichmaß „1“ reicht, wenn die Kurbel genau im toten
Punkte steht. Die Art der Bestimmung des toten Punktes ist sehr genau,
was von großem Wert ist, da in der Nähe desselben die Bewegungen
ziemlich schleichend sind und deshalb in den Bestimmungen leicht Fehler
eintreten, wenn andere Methoden gebraucht werden.

Während der Regulierung wird die Kolbenwanderung an einem Maßstab „3“ mittels des Zeigers „4“ abgelesen. Wenn die Regulierung so
für den Vorwärtsgang und $30^0/_0$ Dampffüllung gemacht ist, prüft man sie
für den Rückwärtsgang — meist bei ganz ausgelegter Steuerung — in der
gleichen Weise.

Bei Lokomotiven, welche vorwiegend in einer Richtung fahren,
legt man weniger Wert auf die Dampfverteilung beim Rückwärtsgang,
anders bei Tenderlokomotiven, welche in beiden Richtungen gleich gut
arbeiten sollen. Hier reguliert man auch, wie beschrieben, auf $30^0/_0$
Rückwärtsgang, und wenn sich keine befriedigende Voreilung in beiden
Fahrrichtungen herausbringen läßt, so rührt das von Fehlern in den Ab-

8*

messungen der Steuerungsteile her, immer vorausgesetzt, daß diese richtig konstruiert waren. Die Abmessungen der theoretischen Längen und Lagen müssen dann mit der Konstruktionszeichnung verglichen und berichtigt werden, worauf die Regulierung für beide Fahrrichtungen wiederholt wird.

Bei der Heusinger-Steuerung stelle man zuerst die Lokomotive auf den toten Punkt und bewege den Steuerhebel mehreremal von vorn bis rückwärts — es darf sich dabei die Schieberstange durchaus nicht bewegen. Ist dies der Fall, so rührt es davon her, daß die Exzenterstange nicht die richtige Länge hat, man muß also diese ändern, bevor man weiter regulieren kann. Die weitere Schieberregulierung erfolgt dann ganz, wie oben beschrieben.

Die Regulierung soll unter Aufsicht eines Werkmeisters gemacht und soll der Schieberkasten gleich darauf verschlossen werden, damit keine fremden Teile hinein geraten können.

Die Resultate der Regulierung werden in einem Formular, wie es das nebenstehende Muster C darstellt, eingetragen.

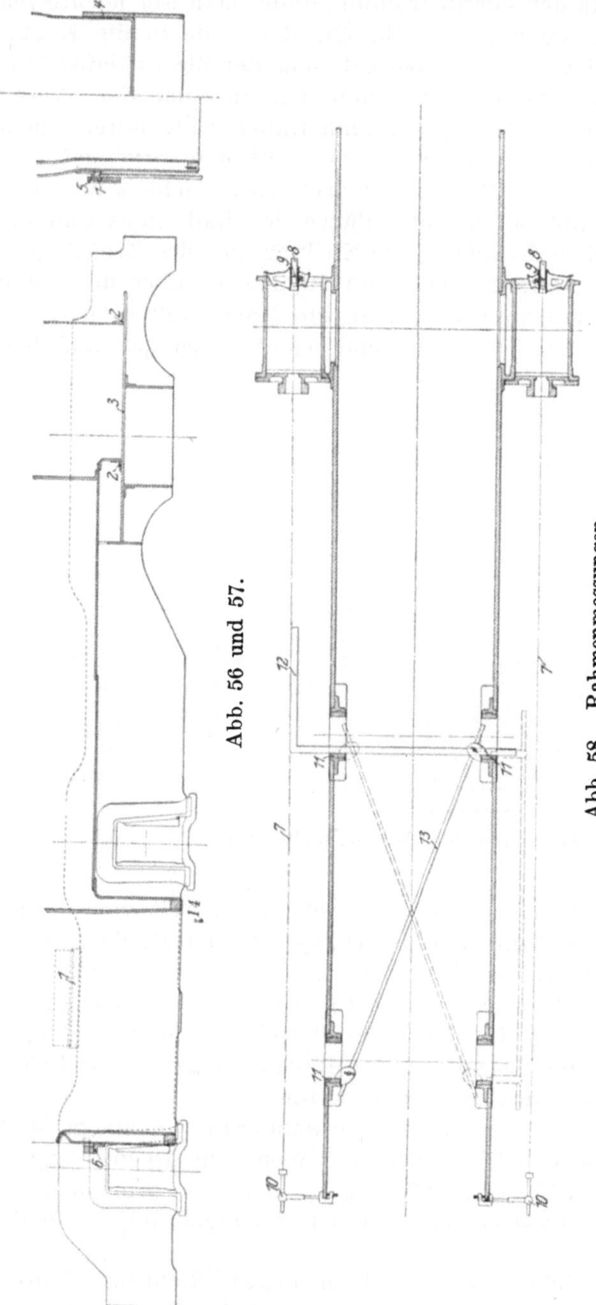

Abb. 56 und 57.

Abb. 58. Rahmenmessungen.

ϑ) Rahmen und Achsgabeln.

Wenn der Kessel aus dem Rahmen entfernt ist, werden folgende Vorarbeiten vorgenommen (siehe Abb. 56 bis 58).

Der Rahmen wird in die Wage gestellt und alle Querverbindungen eingebaut, die Kesselträger „1“ werden abgerichtet und der Rauchkammerwinkel „2“ wird mit Asbestpappe gegen den Boden „3“ verpackt. Wenn der Kessel an seinen Platz gebracht ist, werden neue Zwischenplatten „4“ sorgfältig eingepaßt, so daß sie keinen Zwang im Rahmen hervorbringen, die Rauchkammer wird festgespannt, die Teile „5“ und „6“ werden angeschraubt.

Dann stellt man zwei Winden unter den Bodenring „14“ und hebt den Kessel etwas an, um zu beobachten, ob der Rahmen nicht vom Kessel verdrückt wird, wenn alles gut ist, senkt man den Kessel so, daß er nur eben auf den Winden ruht. Man zieht darauf zwei Meßdrähte „7“

Die dänischen Staatsbahnen.

Die Maschinenabteilung.   Muster C.

Schieberaufnahmen.

bei der Lokomotive Nr. ⋯⋯

Der Steuerhebel im ⋯⋯ten Zahn von der Mitte.

Vorwärts.				Rückwärts.	
Linker Zylinder.	**Rechter Zylinder.**		**Linker Zylinder.**	**Rechter Zylinder.**	
Vorderer Dampfkanal $3^1/_4$	$3^1/_4$ Vorderer Dampfkanal	Voreilen	Vorderer Dampfkanal 3	4 Vorderer Dampfkanal	
Hinterer Dampfkanal 3	$3^1/_4$ Hinterer Dampfkanal		Hinterer Dampfkanal $1^3/_4$	$2^1/_2$ Hinterer Dampfkanal	
Vorderer Dampfkanal $6^3/_4$	8 Vorderer Dampfkanal	Größte Öffnung	Vorderer Dampfkanal $4^3/_4$	$4^3/_4$ Vorderer Dampfkanal	
Hinterer Dampfkanal $6^1/_2$	$7^3/_4$ Hinterer Dampfkanal		Hinterer Dampfkanal $7^3/_4$	$6^1/_4$ Hinterer Dampfkanal	
Vor dem Kolben 29	32 Vor dem Kolben	Füllung in %/₀ des Kolbenhubes	Vor dem Kolben 24	24 Vor dem Kolben	
Hinter dem Kolben 28	30 Hinter dem Kolben		Hinter dem Kolben 38	34 Hinter dem Kolben	

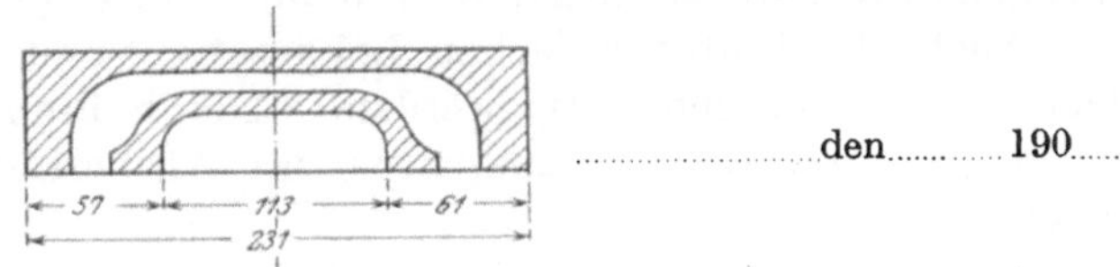

⋯⋯⋯ den ⋯⋯ 190 ⋯⋯

(von etwa 0·4 mm Stärke) durch die Mitte der Zylinder am ganzen Rahmen entlang. Hierzu gebraucht man das unter Abb. 27 beschriebene Werkzeug, in welchem jedoch ein kurzes Rohr „8“ mit einem feinen Loch „9“ für den Meßdraht eingesetzt ist. Das andere Ende der Meßdrähte wird an Haltern „10“ festgemacht, die am Rahmen provisorisch befestigt sind. Die Drähte werden dann ganz genau parallel und in gleichem Abstand von dem Rahmen eingestellt. Von diesen Drähten aus werden nun der Rahmen und die Achsgabeln „11“ nach allen Richtungen ausgemessen. Ferner benutzt man auch den Winkel „12“ und muß alle Teile so nacharbeiten, daß ein regelrechter Rahmenbau, genaue Zylinderlage und richtige Achsgabelstellungen herauskommen. Um diese und damit die Parallelität der Achsen zu sichern, wird eine Kreuzmessung mit dem Werkzeug „13“ vorgenommen, welches aus der Abb. 58 genügend verständlich sein wird.

ι) **Tragwerk.**

Die Ausgleichhebel, Federstützen und Federschrauben werden mit neuen Bronzebüchsen versehen, die Bolzen nachgedreht, die einseitig belasteten Bolzen werden um 180^0 gedreht und sind zu diesem Zweck zwei Nuten für die Bolzennasen angeordnet, die Federwiegebleche werden erneuert oder nachgefräst. Vor dem Zusammenbau werden alle Bolzen und Löcher mit Graphitschmiere bestrichen.

Nach dem Reinigen werden die Federn abgeklopft, um zu untersuchen, ob die Federbunde noch fest sitzen und die Blätter gut aufliegen. Wenn nötig, werden neue Federblätter eingezogen, Graphitschmierung zwischen die Lagen gestrichen, die Federringe gestaucht und neu aufgeschrumpft, und nachher die Tragfähigkeit und Durchbiegung der Feder auf der Federprobiermaschine geprüft.

Die Federblätter werden im Härteofen gewärmt und in Wasser von 28^0 C abgekühlt, dem man $0.4\,^0/_0$ Salz und $0.4\,^0/_0$ kalzinierte Soda zusetzt.

ϰ) **Bremsgestänge.**

Die Bremszylinder werden geöffnet und behandelt, wie dies im Abschnitt „Wagen" beschrieben wird, die Lager der Bremswellen erhalten neue Büchsen und die Bolzen, Gabeln und Bolzenlöcher werden nachgedreht und erneuert.

λ) **Puffer, Zughaken und Kuppelungen.**

Sind die Pufferstangen abgenutzt, so werden sie nachgedreht und die Löcher im Puffergehäuse ausgebüchst, wenn das Spiel mehr als 2 mm beträgt. Sind die runden Pufferscheiben abgeflacht, so werden sie unter dem Dampfhammer in einem Gesenk geschlagen, damit sie neue Wölbung bekommen. Die Zughaken werden nachgefeilt, wenn nötig, am Vierkant nachgehobelt oder erneuert, ebenso die Führungsbüchsen.

Auch die Puffer zwischen Lokomotive und Tender müssen in ähnlicher Weise ausgebessert werden. Die Schraubenkuppelungen werden durch neue ersetzt und die alten zur Ausbesserung der Schmiede übergeben.

μ) **Kessel.**

Die Ausbesserung des Kessels wird, so weit als möglich, abhängig gemacht von der Art der Ausbesserung, welche die ganze Lokomotive erhalten soll, um die beiden Ausbesserungsarten in demselben Zeitraum ausführen zu können, dann aber auch mit Rücksicht auf den Umstand, ob der Kessel einer inneren Revision oder bloß einer Kesseldruckprobe zuzuführen ist.

Bei der inneren Revision sind alle Siederohre zu entfernen. Da hierorts Brandringe nicht benutzt werden, sind die Rohre in der Feuerkiste leicht durch einige Hiebe mit einem Kreuzmeißel zu lösen, während man sie in der Rauchkammer mit einem Meißel etwas einfaltet und dann mittels eines Brustdornes von der Feuerkiste aus heraustreiben kann. Wenn die Rohre entfernt sind, wird der Kessel ausgeklopft und gereinigt und dann von befugten Beamten besichtigt. Ist die Feuerkiste schadhaft, so wird sie nach Abbohren aller Stehbolzen und Nieten entfernt. Auch können Rohrwände ausgewechselt werden; bei manchen Gattungen, ohne die ganze Büchse zu entfernen. Man vermeidet möglichst Flicken an den

Kupferbüchsen, weil sich diese bei der großen Hitze schlecht halten und die Arbeit gewöhnlich nicht lohnen.

Wenn die Rohrlöcher durch öfteres Aufreiben und Rohrwalzen zu groß geworden sind, etwa bis 1 mm kleiner als der Rohrdurchmesser, oder wenn sich bedeutende Anbrüche in den Stegen zwischen den Rohrlöchern zeigen, so büchst man die Löcher aus. Diese Büchsen werden aus Kupfer mit Zusatz von 0·5 bis 1 % Phosphorkupfer gegossen, das Rohrloch wird 10 mm kleiner als der Rohrdurchmesser gemacht, der äußere Durchmesser nach Bedarf, das Rohrloch in der Feuerkistenwand wird mit Gewinden (12 auf 1 Zoll englisch) versehen. Mit einer Reibahle und unter Anwendung von Bleiweiß werden die Büchsen eingeschraubt und dann auf den Rohrkonus 1 auf 40 ausgerieben. Sodann walzt man sie mit der Rohrwalze fest, steckt einen Dorn ins Rohrloch und stemmt die vorstehenden Kanten über, wenn möglich auch auf der Wasserseite, was aber nicht notwendig ist. Man kann ohne Gefahr beliebig viele Büchsen nebeneinander anbringen.

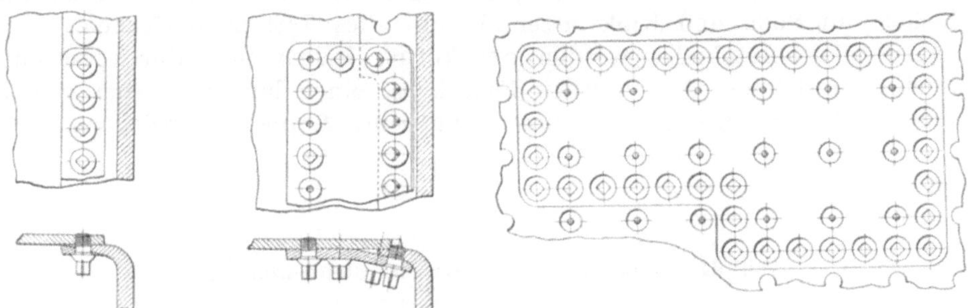

Abb. 59 bis 63.   Flicklappen in der Feuerkiste.

Für die Ausbesserung der Feuerkisten bestehen folgende Vorschriften:

Flicklappen an den kupfernen Feuerkistenblechen sollen nur unter Anwendung der allergrößten Vorsicht angewendet werden, zumal das Kupferblech in der Wärme bedeutend an Festigkeit verliert.

Wenn die Umbördelungen der Wände bis zu den Nietköpfen angefressen sind, können Lappen nach Abb. 59 und 60 angewandt werden, jedoch dürfen sie keinenfalls mehr als acht Nieten umspannen. Sollten diese Flecke nicht den Zweck erfüllen können, so werden — jedoch bloß ausnahmsweise — Schrauben nach Abb. 61 und 62 verwendet.

An den flachen Wänden können Lappen nach Abb. 63 gebraucht werden, sie dürfen aber keinenfalls über mehr als

16 Stehbolzen bei 8 kg Druck
12   „   „ 10 „   „
8   „   „ 12 „   „
und 4   „   „ 16 „   „ reichen.

Rohrbüchsen können in einer beliebigen Anzahl von Rohrlöchern angebracht werden, welche zu groß geworden sind, wenn nicht Risse oder Anbrüche oder auch bloß kleinere, beginnende Anbrüche bemerkbar sind.

Finden sich Anbrüche in der Rohrwand, so soll versucht werden, diese mit Rohrbüchsen zu dichten, doch dürfen in diesem Fall nicht mehr als sechs Rohrbüchsen nebeneinander in einer senkrechten Reihe angebracht werden. Kann auf diese Art eine Dichtung nicht erreicht werden, so muß die Rohrwand ausgewechselt werden. Dies hat selbstverständlich auch dann stattzufinden, wenn die Anbrüche solchen Umfang haben, daß man befürchten muß, daß das zwischen den Rohrlöchern liegende Stück den Dampfdruck nicht mehr tragen kann.

Die Rohrlöcher in der Feuerbüchse können nachgerieben werden, so lange, bis deren Durchmesser dem des Rohres entspricht; das Rohrloch in der Rauchkammerrohrwand muß stets 3 bis 5 mm größer sein, als der Rohrdurchmesser. Haben die Rohrlöcher den Durchmesser des Rohres auf 1 mm erreicht, dann soll man in der Regel Rohrbüchsen einsetzen.

Die eiserne Feuerkiste ist meist in den Ecken angefressen, wenn diese Beschädigungen nicht zu großen Umfang haben, werden sie ausgemeißelt und Lappen angenietet.

Wenn die neue Feuerkiste angefertigt und in den Kessel hineingebracht ist, und wenn die Lappen aufgenietet sind, wäscht man alle Flächen mit Soda und Kalkwasser ab, um alles Fett zu entfernen.

Die Stehbolzenlöcher werden angekörnt, indem man durch die entsprechenden Löcher der eisernen Feuerkiste einen langen Körner steckt. Auch im Rundkessel kann es notwendig sein, Lappen aufzulegen, doch

Abb. 64. Werkzeug zum Messen der Stehbolzenlänge.

wird erst das beschädigte Blech entfernt und sind die Lappen immer innerhalb mäßiger Abmessungen zu halten.

Die Vorkörnungen für die Stehbolzenlöcher werden hiernach berichtigt und die Feuerkiste zum Bohren unter die Radialbohrmaschine gebracht, die Bohrlöcher werden nach Zeichnung oder Schablone angezeichnet und mit dem Hohlbohrer gebohrt, um nicht so viel Kupfer zu Spänen zu machen, wie sie ein gewöhnlicher Bohrer gibt. Die Bohrlöcher werden darauf noch mit Konus 1 auf 40 aufgerieben, worauf die Feuerkiste wieder in den Kessel gebracht wird. Wenn der Bodenring eingezogen ist, hämmert man das Kupfer gut zum Schluß, reinigt nochmals alle Fugen und kann zum Nieten schreiten; man fängt mit einigen Nieten an den Ecken an, nimmt darauf einige in der Mitte, dann wieder zwischen diesen und den Ecken vor und verteilt so hin und her, um die von dem Nieten herrührende unvermeidliche Streckung so viel als möglich auszugleichen.[1]) Nach dem Nieten wird gestemmt, dann kann man mit dem Schneiden der Gewinde für die Stehbolzen beginnen. Um die Schneidespäne leichter zu entfernen, legt man den Kessel mit der Rostöffnung nach oben; zum Ölen der Schneidezapfen gebraucht man Firnis. Die Schneidezapfen für die Deckenstehbolzen sind zugespitzt mit Konus 1 auf 240; die Stehbolzen werden mit dem gleichen Konus geschnitten, ihre Länge wird mit dem Werkzeug Abb. 64 ausgemessen, mit dem Werkzeug wird zugleich für die beiden Nietköpfe zugegeben, 10 mm in der Feuerkiste, 6 mm außen. Die Stehbolzen

---

[1]) Über das Nieten der Bodenringe siehe Organ Fortschr. des Eisenbahnwesens 1906, S. 147.

werden nun mit einem Kapselmutterschlüssel eingeschraubt (siehe Abb. 65). Darauf werden sie in den Löchern mit einem Dornkonus 1 auf 5 aufgedornt, um im Gewinde fest zu schließen, dann übergenietet und nochmals aufgedornt.

Neue Stehbolzen (Abb. 66 bis 68) werden stets um 1 bis 2 mm dicker genommen als die herausgenommenen, um in den Löchern reines Gewinde zu bekommen. Wo der Rahmen die Stehbolzenlöcher verdeckt, kann man Stehbolzen von innen einsetzen, diese werden mit Konus 1 auf 120 sehr fest eingeschraubt und im übrigen wie gewöhnlich behandelt.

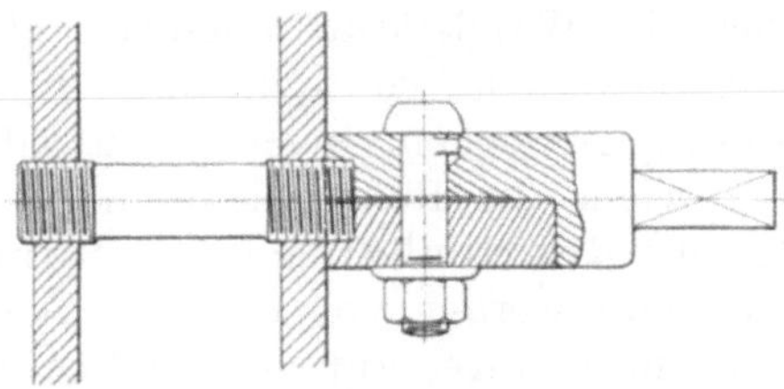

Abb. 65.
Einschrauben der Stehbolzen.

In den Abb. 66 bis 68 sind die Abmessungen der hierorts üblichen Seiten- und Deckenstehbolzen ersichtlich. Sie erhalten beiderseits über die Wandstärke reichende Durchbohrungen, um das Auffinden von Brüchen zu erleichtern.

Oft sind die Rohrwände stark ausgebaucht, was von der durch wiederholtes Rohrwalzen entstandenen Spannung herrührt; solche Ausbauchungen drückt man mit einer Schraubenwinde zurück.

Wo viel Kesselstein vorkommt, beulen sich die Wände zwischen den Stehbolzen kissenartig aus, weil die Platte nicht genügend gekühlt worden ist. Um den Stein zu lösen, gibt man einige kräftige Schläge mit dem Vorhammer auf die Beulen, wodurch der Kesselstein abspringt und die Beule etwas eingetrieben wird.

Nun werden die Siederöhren eingebracht. Häufig kann man alte Siederohre wieder gebrauchen, welche entweder aus anderen

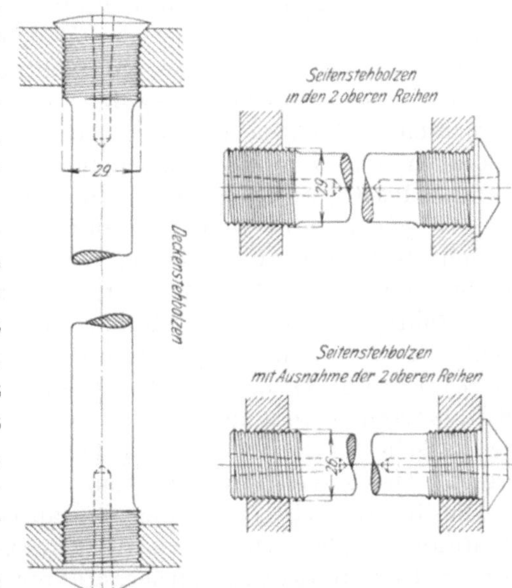

Abb. 66 bis 68.
Deckenstehbolzen und Seitenstehbolzen.

Lokomotivgattungen mit langen Rohren herausgezogen sind, dann werden sie bloß gekürzt, oder sie sind zu kurz, dann werden sie verlängert.

Manche Bahnen benutzen Kupferstutzen und Brandringe, diese werden aber hierorts nicht benutzt.

Nach dem Herausnehmen werden die Siederohre gerichtet, vom Kesselstein befreit und gewogen. Rohre, welche mehr als 30 % an Gewicht verloren haben, werden nicht wieder gebraucht, ebensowenig wie Rohre, welche örtliche Anfressungen zeigen.

An den brauchbaren Rohren werden die Enden rein abgeschnitten und jedes Rohr auf eine bestimmte Länge gekürzt. Das Ende, das in die Feuerkiste kommt, wird eingezogen und mit Konus 1 auf 8 zugeschärft, das Rauchkammerende erweitert mit Konus 1 auf 40. Die Enden, welche in die Rohrwände kommen, werden mit Schmirgelrädern außen und innen von allem Zunder und Rissen befreit, und zwar so, daß auch die Wandstärke möglichst gleichmäßig ist. Sollen die Rohre verlängert werden, so kann das durch Anschweißen oder Anlöten von Stutzen geschehen, welche man jedoch nicht über 300 mm lang macht.

Wenn die Rohre eingebracht werden, so ist besonders zu beachten, daß die Rohrlöcher und die Rohrwalzen genau gleichen Konus haben. Die Rohre werden von der Rauchkammer eingebracht und so angetrieben, daß die Schulter gut an der Feuerkistenwand anliegt. Wenn alle Rohre an Ort sind, beginnt das Einwalzen. Dieses darf nicht so geschehen, daß man in einer Ecke anfängt und dann der Reihe nach walzt, dadurch würden schädliche Spannungen in der Rohrwand entstehen und die Löcher oval gedrückt werden. Man verteilt vielmehr das Aufwalzen so viel als möglich, nimmt z. B. bloß jedes fünfte Rohr von links oben bis rechts unten vor, fängt darauf mit dem dritten Rohr links oben an und walzt wiederum jedes fünfte usw., bis alle Rohre gewalzt sind, darauf gibt man nochmals jedem Rohr — und wiederum verteilt — ein Nachwalzen.

Bördeln oder Nachstemmen sind hier nicht angewendet, weil das zwecklose Arbeit ist und bloß die Dichtung losschlägt.

Wenn alle Rohre fest gewalzt sind, zieht man die Muttern an den senkrechten Stehbolzen an, um die Stehbolzen zum Tragen des Dampfdruckes auf den Platten fähig zu machen.[1]

Das Rauchkammerende der Rohre wird hier genau so behandelt wie das Feuerkistenende.

Soll der Kessel bloß der kalten Druckprobe unterzogen werden, so braucht man nicht die Siederohre zu entfernen, sondern erneuert bloß solche Rohre, welche dünn gebrannt sind oder welche geleckt haben. Zu beachten ist dabei, daß man niemals Rohre nachwalzen soll, welche geleckt haben, es hat sich bei solchen stets Kesselstein zwischen Rohr und Rohrwand angesammelt, und dieser verhindert eine dauerhafte Dichtung zwischen beiden, rein metallische Oberfläche ist eine Bedingung für gutes Dichthalten.

Die im Betrieb am häufigsten auftretenden Kesselschäden sind auf gebrochene oder undichte Stehbolzen und verbrannte Nieten- oder Stehbolzenköpfe zurückzuführen. Diese rühren gewöhnlich von Undichtigkeiten her, welche nicht sichtbar sind. Das unter hohem Druck austretende heiße Wasser wird nämlich bei der starken Hitze des Feuers chemisch gespalten, und der freigewordene Sauerstoff verbindet sich mit dem Eisen oder Kupfer und verändert es zu pulverförmigen Eisen- oder Kupferoxyden, so daß nicht allein die Köpfe weggefressen werden, sondern oft auch die Blechkanten, wie Ringe um die Nietköpfe herum.

Abgebrannte Nietköpfe müssen durch Schrauben ersetzt werden, welche eine konische Brust unter dem Kopf haben und mit Anwendung von etwas Bleiweiß sehr fest eingeschraubt werden. Ist die Überlappung auch abgebrannt, so schärft man die Kante ab und legt einen Streifen an (siehe Abb. 61 und 62).

----

[1] Siehe hierüber Organ Fortschr. des Eisenbahnwesens 1903, S. 116.

Die Dauer der Lokomotivkessel, Feuerkiste, Stehbolzen und Rohre ist abhängig von der guten Konstruktion und dem Material, aus welchem die Teile hergestellt sind, aber auch von der mehr oder weniger sachgemäßen Wartung und Ausbesserung während des Betriebes, zunächst von dem Grad der Anstrengung des Kessels und der Beschaffenheit des Speisewassers, sowie der Betriebskohle. Nach Aufschreibungen bei den dänischen Staatsbahnen werden die Kessel im Durchschnitt erneuert, nachdem sie 600 000 bis 900 000 km geleistet haben, sie erhalten während dieser Zeit zwei bis drei Feuerkisten, deren Dauer 250 000 bis 450 000 km, im Durchschnitt 350 000 km beträgt. Siederohre werden sowohl während des Betriebes als auch bei den Ausbesserungen in den Werkstätten erneuert, im Durchschnitt leisten sie bei Schnellzuglokomotiven etwa 70 000 km und bei Güterzuglokomotiven etwa 90 000 km. Von der Gesamtzahl der ausgewechselten Rohre werden etwa 20 $^0/_0$ während des Betriebes erneuert. Hierbei sind neue und schon gebrauchte Rohre zusammengeschlagen. Ein Rohr kann zwei- bis dreimal gebraucht werden.

v) **Rauchkammer.**

Zunächst werden Türbalken, Funkenfänger, Schornstein und Dampfrohre abgeschraubt und gereinigt. Sind die Rauchkammerseiten oder der Boden stark abgezehrt, so müssen sie erneuert werden, dünne Stellen an

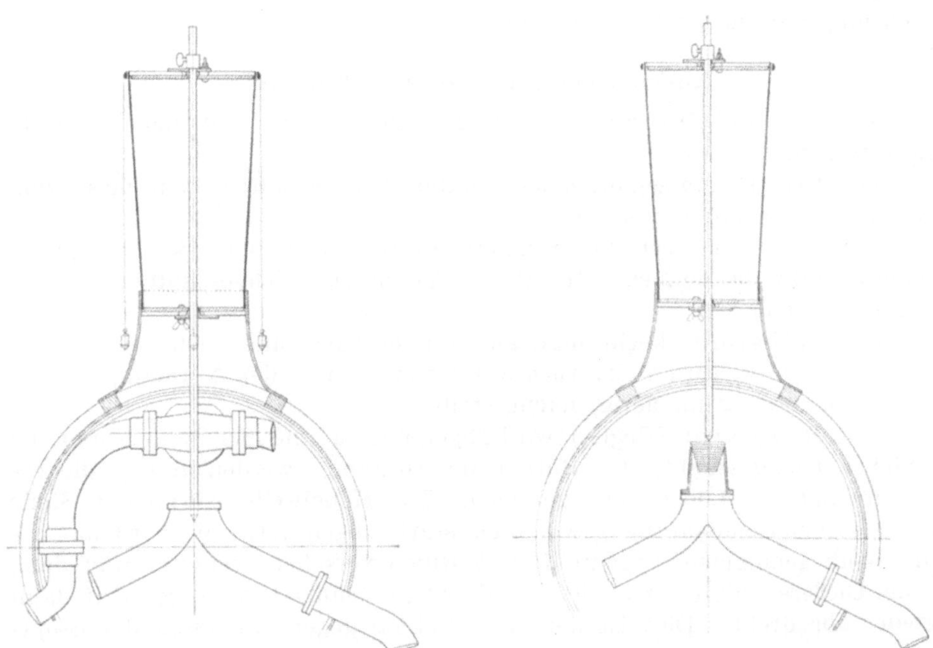

Abb. 69 und 70.   Aufstellen der Schornsteine.

den Dampfrohren werden mit hart angelöteten Kupferlappen ausgebessert. Neue Flanschen werden mit einem groben Span ausgebohrt und auf die Rohre gesteckt; die beim Ausbohren entstandenen Riefen drücken sich dann beim Walzen in die Rohre, wodurch genügende Festigkeit und Dichte erzielt wird. Die Rauchkammer wird auf Dichte geprüft, indem man Wasser hineinläßt. Die gefundenen Undichtigkeiten werden mit eingetriebenem Kupferblech beseitigt oder durch Eisenlappen, welche mit Asbestpappe dicht aufgeschraubt werden.

Wenn die Dampfrohre wieder eingebaut werden, muß untersucht werden, ob die Achse des Blasrohres genau mit der Schornsteinachse zusammenfällt, was mit einem besonderen Meßwerkzeug (Abb. 69 und 70) geschieht. Erst untersucht man mit dem Zirkel, ob der Schornstein oben und unten kreisrund ist und richtet ihn, wenn nötig, ein. Der Kessel wird dann genau in die Wage gelegt, der Schornstein aufgesetzt und mit vier Lotschnüren gemessen, ob er senkrecht steht. Nun wird das Meßwerkzeug eingebracht, dessen Anwendung aus der Abbildung zu ersehen ist. Die Flansche, auf welcher das Blasrohrmundstück sitzt, muß genau in der Wage sein, um den Dampfstrahl genau zentrisch zu führen. Um dies zu prüfen, wird noch der Treppendorn gebraucht, welcher verschiedenen Blasrohrdurchmessern entspricht. Die aus den Siederohren tretenden Verbrennungsgase enthalten eine große Menge von Asche, welche durch ihre große Geschwindigkeit wie ein Sandstrahlgebläse auf die etwa vortretenden Dampfrohre wirkt und diese schnell dünnschleift, man beschützt dieselben deshalb mit Schirmen aus Eisenblech.

Auch die Rauchkammertür muß meist nachgearbeitet werden, sie hat sich oft geworfen und muß gut zugerichtet werden, um möglichst dicht zu halten. Man prüft dies, indem man einen dünnen Blechstreifen in die Dichtungsfuge zu stecken versucht.

ξ) **Ausbesserung kleiner Maschinenteile.**

Ventile und Hähne sind nachzuschleifen oder mit neuen Kegeln zu versehen.

Injektoren müssen oft neue Trichterstücke erhalten, weil diese vom Wasser ausgeschliffen werden.

Ejektoren müssen am Schmetterlingsschieber neue Schieberspiegel aufgeschraubt bekommen und überall gereinigt, nachgeschliffen und gedichtet werden.

Die Selbstöler kocht man aus und erneuert alle Dichtungen.

Die Druck- und Vakuummesser werden mit den Normalapparaten verglichen und, wenn nötig, nachgestellt.

Der Regulator (Regler) wird abgenommen und der Spiegel und die Schieber nachgeschabt, die Bolzen im Gestänge werden durch dickere ersetzt und die Löcher nachgerieben. Die Hebelwelle ist an der Stelle der Stopfbüchsendichtung gewöhnlich stark abgenutzt. Sie wird auf die Drehbank genommen, abgedreht, mit Rillen versehen, verzinnt und dann in der Gießerei mit einer Hülle von Messingguß umgeben, diese wird dann wieder abgedreht. Dies ist der beste Schutz gegen Anfressen der Stopfbüchsenpackung.

Auswaschluken werden mit neuen, genau schließenden Klappen versehen, die Dichtungsflächen werden nachgearbeitet.

Rost und Aschenkasten. Die Roststäbe werden gerichtet oder durch neue ersetzt, der Aschenkasten wird mit Lappen oder neuen Blechen ausgebessert, das Gestänge wird nachgearbeitet und mit neuen Bolzen versehen.

Wasserdruckprobe. Wenn alle Teile wieder angebracht sind, kann die Wasserdruckprobe vorgenommen werden, welche unter Beisein eines höheren Beamten erfolgen soll. Während der hohe Druck im Kessel herrscht, werden alle Nietungen und Dichtungen nachgesehen. Hierauf wird nachgestemmt, — aber nicht, so lange noch hoher Druck vorhanden ist. Man gebe sich nicht dem Glauben hin, daß kleinere Undichtheiten beim Dampfdruck von selbst dicht werden — weshalb sollten sie auch? — nein, man sieht zwar nicht die Undichtheiten so leicht, wenn zu Dampf gewordenes heißes Wasser austritt, als den kalten Wasserstrahl, aber Austritt findet doch statt, und dieser Austritt von Dampf oder Wasser ist die Ursache der Anfressungen, welche oben mehrfach besprochen wurden.

Nach der Druckprobe wird der Kessel mit Wasser unter Zusatz von 30 kg Soda ausgekocht, um alles Öl und Fett zu entfernen. Während des Auskochens steigert man den Druck auf 6 kg/qcm und bestreicht den Kessel außen mit Teer zum Rostschutz. Am anderen Tage, wenn der Kessel kalt geworden ist, entleert man das Wasser durch die Auswaschluken, während man mit Bürsten und Kratzern die herabgefallenen Rost- und Kesselsteinschalen entfernt. Darauf spritzt man Kalkmilch durch die Luken auf den Bodenring und die innenliegenden Teile der Feuerbüchse und auf den Boden des Rundkessels, um Rostbildungen vorzubeugen.

o) **Kesselverkleidung.**

Die Kesselverkleidung wird nur bei äußerer Besichtigung des Kessels, oder wenn etwas am Kessel auszubessern ist, entfernt, an ihr selbst ist selten etwas auszubessern. Unter der Verschalung ist ein Isolationsmittel, am besten Matratzen aus Blauasbest, angebracht, dieselben können bei vorsichtiger Behandlung viele Male gebraucht werden.

Während alle die beschriebenen Arbeiten am Kessel vorgenommen wurden, sind die zum Rahmen gehörigen Teile ausgebessert und wieder angebracht worden, schließlich wird der Kessel wieder in den Rahmen gelegt und befestigt, das Triebwerk aufgestellt und die Lokomotive der Lackiererwerkstätte übergeben.

π) **Lackierung.**

Die Lokomotiven und Tender werden jedesmal neu angestrichen, wenn die Verkleidung abgenommen ist oder sonst der Anstrich ziemlich schlecht geworden ist, also alle 3 bis 6 Jahre. Das Führerhaus und der Tender, sowie alle Räder werden ganz wie Personenwagen mit Spatel und Lack behandelt, und diese Arbeit muß, um Zeit zu sparen, vorgenommen werden, während die Lokomotive noch in der Montierwerkstätte steht. An den Kessel- und Zylinderverkleidungen hält sich die Spatelung wegen der ausstrahlenden Wärme nicht und die Behandlung, wie man sie dem Führerhaus gibt, würde auch zu lange Zeit in Anspruch nehmen. Man streicht deshalb diese Teile mit magerer Firnisfarbe und einmal mit Ölfarbe, welcher Terpentin zugesetzt ist, um sie matt zu machen, weil dies gut zu dem blanken Führerhaus steht und man bei der matten Farbe die Unebenheiten im Blech nicht bemerkt, welche die Spatelung sonst verdeckt. Die Verkleidungsbänder werden jedoch staffiert und mit Lokomotivlack gestrichen. Für die Schornsteine und die nicht verkleidete Rauchkammer benutzt man schwarzen Asphaltlack, weil die mit Firnis angeriebene Farbe die große Wärme an diesen Teilen nicht vertragen würde.

Nun endlich ist die Lokomotive zur Probefahrt bereit.

ϱ) Die Probefahrt.

Nachdem die Lokomotive mit dem Tender verbunden ist, wird sie angeheizt, man prüft dann zuerst die Leistung des Injektors, indem man ihn aus einem Faß saugen läßt, welches etwa 1·5 m unter dem Injektor steht und Wasser von 30º C Wärme enthält. Saugt der Injektor gut an, so mißt man die geförderte Wassermenge — sie muß mindestens 50 mal so viel Liter in der Stunde betragen, als die in Quadratmetern ausgedrückte Heizfläche des Kessels beträgt.

Wird das nicht erreicht, so müssen die Injektoren nachgearbeitet werden.

Darauf wird der Vakuumsauger und die Bremsleitung geprüft. Es muß hierbei ein Gefäß, das 800 l Luft faßt, momentan ausgesaugt werden können und die Verdünnung muß durch 10 Minuten unverändert zu erhalten sein. Darauf wird die Probe mit dem kleinen Sauger vorgenommen, welcher die Verdünnung in 0·5 bis 1·5 Minuten herstellen soll und endlich werden beide Proben bei einem Dampfdruck wiederholt, welcher 2 kg/qcm unter dem Höchstdruck ist. Ferner wird eine Festbremsprobe unternommen, wobei die Verdünnung in der Oberkammer in 10 Minuten nicht um 0·1 kg sinken darf, und endlich wird das Bienenkorbventil auf 0·65 kg Verdünnung eingestellt.

Man prüft nun, ob die Achsen und Achskisten das richtige Spiel in den Achsgabeln haben. Zu enge Einstellung verursacht Heißlaufen, zu großes Spiel dagegen Schlaglöcher (flache Stellen) an den Radreifen, wodurch die Lokomotiven wieder bald in die Werkstätte kommen müssen, weshalb dieser Punkt von allergrößter Bedeutung und die Probe jeden zweiten Monat zu wiederholen ist. Man stellt zuerst die linke Kurbel in den toten Punkt und keilt das Rad gegen die Schienen ab, begibt sich dann auf die rechte Seite der Lokomotive mit einem Stangenzirkel, dessen eine Spitze am Rahmen irgendwo eingesetzt ist, und reißt ungefähr in der Achsmitte auf dem Achsende eine Marke ein. Man legt dann den Steuerhebel ganz vorn und läßt Dampf geben, dann wird die Achse nach vorn gedrückt und in dieser Stellung macht man einen neuen Riß mit dem Stangenzirkel. Darauf legt man den Steuerhebel ganz rückwärts und gibt wieder Dampf, worauf die Achse nach rückwärts gedrückt wird, und zeichnet wieder einen Riß an. Der Abstand zwischen den beiden äußersten Rissen ist das Gesamtspiel der Achse, dies soll nicht unter 0·5 mm sein, aber auch nicht über 1·0 mm, ist mehr oder weniger vorhanden, muß der Achsgabelkeil nachgestellt werden. Nach dieser Probe wird die rechte Kurbel auf den toten Punkt gestellt und die Probe mit der linken Seite in der gleichen Weise durchgeführt. Die Kuppelradteile prüft man, indem man den Keil mit der Schraube ganz nach oben drückt und dann eine Marke einreißt; da der Keil eine Steigung von 1 auf 10 hat, braucht man ihn nur 5 mm zurückzuziehen, um 0·5 mm Spiel zu bekommen, das genügt. Ferner hat man zu prüfen, ob der Kessel sich ganz frei und ohne Widerstand gegen Nietköpfe, Bolzen oder feste Teile, auch solche, die sich während des Betriebes hinter den Trag- und Steuerwinkeln des Kessels ansammeln können, bewegen kann, ein Klemmen hierbei ist oftmals die Ursache von Rahmenbrüchen.[1]) Nun werden in

---

[1]) Näheres darüber Organ Fortschr. des Eisenbahnwesens 1905, Seite 77.

alle Ölgefäße neue Dochte eingesetzt und alles aufgeölt, Kohlen und Wasser gefaßt und die Probefahrt kann beginnen. Mit derselben, welche 10 bis 20 km weit gemacht wird, nimmt man gewöhnlich einige in der Wagenwerkstätte fertiggestellte Personenwagen mit und fährt anfangs langsam — unter genauer Beobachtung aller Teile. Nach etwa 2 km Fahrt hält man an, um nachzusehen, ob alles kalt läuft, und steigert dann allmählich die Geschwindigkeit, zieht wohl auch die Bremse an und läßt die Maschine mit voller Kraft arbeiten, wobei man die Feueranfachung beobachtet. Der die Lokomotive begleitende Monteur und Werkführer notieren alle etwa vorgefundenen Mängel, welche nach der Rückkehr in die Werkstätte behoben werden.

Nach der Probefahrt wird die Federbelastung auf der Lokomotivwage reguliert, die Sicherheitsventile werden nochmals mit dem Kontrollmanometer geprüft, das Werkzeug nachgezählt und der Ausbesserungsbericht angefertigt, von dem ein Exemplar bei der Werkstätte verbleibt, während ein anderes dem Führer übergeben wird, welcher die Lokomotive übernimmt.

b) „Kleine Ausbesserung“ der Lokomotive.

Bei kleiner Ausbesserung der Lokomotiven werden die Radreifen nachgemessen und überdreht, die Lager nachgeschabt, Kurbeln und Achsen mit der Lupe untersucht, um Anbrüche zu entdecken, die Pleuel- und Kuppelstangenlager werden auch nachgeschabt, die Kolben und Ringe untersucht und erneuert, die Speiseköpfe werden gereinigt und nachgeschliffen und die Wasserstandshähne vom Kesselstein befreit, sonst aber werden bloß solche Mängel behoben, welche aufgefallen sind oder vom Führer nachgewiesen wurden.

Falls die Lager zu kurz geworden oder sehr ausgelaufen sind, kann man sie auf einige Zeit durch Ausgießen mit Weißmetall wieder lauffähig machen, man betrachtet diese Arbeit aber stets als einen Notbehelf. Das Weißmetall, namentlich in dünnen Schichten, verträgt keine Stöße und blättert leicht ab, wodurch Warmlaufen verursacht wird. Es schmilzt dabei leicht weg und verschlimmert das Übel, wodurch Anlaß zu Betriebsstörungen gegeben ist.

Nach der Ausbesserung in der Werkstätte wird die Lokomotive der Probefahrt unterzogen und die Federbelastung mit der Lokomotivwage nachgeprüft.

c) Große und kleine Ausbesserungen der Tender.

Bei Ausbesserungen der Tender werden folgende Arbeiten vorgenommen: Die Radreifen werden überdreht, Achskastenlager, Achsgabeln, Federhängewerk und Bremsgestänge, sowie Bremszylinder werden ausgebessert, genau wie dies bezüglich der Lokomotive beschrieben wurde, Stoß- und Zugvorrichtungen werden in der gleichen Weise gerichtet, alle Behälterbleche werden ausgekratzt und gewaschen und darauf mit Teerfarbe oder einem andern Rostschutz im Kohlenraum gestrichen, im Wasserraum dagegen nicht.

Wenn die Radreifen einseitig scharf gelaufen sind, ist es wahrscheinlich, daß die Achsen nicht mehr parallel laufen und man muß dann eine Nachmessung und das Nacharbeiten der Achsgabeln vornehmen, wie dies für die Lokomotive beschrieben wurde.

Der Schwimmer des Wasserkastens wird auf Dichte geprüft und muß oft erneuert werden. Die Schwimmerstange ist meist abgezehrt und muß auch manchmal ersetzt werden, ebenso die Schwimmerachse.

Alle Wasserhähne werden nachgeschliffen.

Die Fußtritte müssen mit neuen Trittbrettern oder Blechen versehen werden.

Die Verbindungsrohre mit der Lokomotive werden ausgebessert.

Im Zugeisen müssen die Löcher gestaucht und neu aufgerieben und das Stück auf richtige Länge gebracht werden, um die nötige Federspannung zwischen Lokomotive und Tender zu erhalten.

Im übrigen wird das zur Lokomotive gehörige Werkzeug ausgebessert und alles in demselben Verhältnis untersucht und gerichtet wie bei der Lokomotive.

Bei kleiner Ausbesserung der Lokomotive werden meist nur die Radreifen nachgedreht und das allernotwendigste am Tender selbst wiederhergestellt.

6. Ausbesserung der Wagen.

Die Wagen werden im allgemeinen unter drei verschiedenen Bedingungen den Hauptwerkstätten zugesandt:

a) Wegen der vorgeschriebenen periodischen Untersuchungen, bei Personenwagen nach höchstens 30 000 km Laufleistung, bei Güterwagen nach dreijährigem Betrieb.

Die periodischen Untersuchungen umfassen den ganzen Wagen. Zur Ausbesserung kommen hauptsächlich die Räder und Achsbüchsen, dann auch die bewegten und starken Abnutzungen ausgesetzten Teile des Untergestelles und des Wagenkastens, darunter auch Ausbesserung der inneren Ausstattung bezüglich der Tischler-, Sattler- und Malerarbeit.

b) Bei Notwendigkeit einer großen Ausbesserung, welche nach mehr als Jahresfrist vorgenommen wird und neben einer gründlichen Reinigung des Wagens auch eine Erneuerung und Ausbesserung aller Teile, sowohl der beweglichen als auch der festen, innen wie außen, umfaßt.

c) Nach gewaltsamen Beschädigungen, welche vorkommen können, ohne daß einer der angeführten zwei Fälle eingetreten wäre.

Wie bei den Lokomotivausbesserungen wird auch die Reparatur der Wagen in mehreren Spezialwerkstätten, als Wagenmontierung, Holzbearbeitung, Dreherei, Schmiede, Maler- und Sattlerwerkstätte vorgenommen. In diesen Werkstätten gibt es Partieführer, welche die allgemeinen Arbeiten am Wagen ausführen, und Partien für spezielle Zwecke, ferner an den Werkzeugmaschinen und Schmiedeessen natürlich besondere Arbeiter.

Im nachfolgenden werden vornehmlich die Personenwagen besprochen, für Post-, Gepäck- und Güterwagen gilt all dasselbe, soweit es überhaupt auf diese Wagen Anwendung finden kann.

Zuerst wird jeder Wagen von den Rädern gehoben und auf Böcke gestellt; während dann Achsbüchsen, Bremsgestänge, Zug- und Stoßvorrichtungen in Sodalauge von Fett und Schmutz befreit, nachgesehen und ausgebessert werden, gehen die Radsätze in die Räderdreherei, und andere fertige Räderpaare werden beigestellt, um unter den Wagen gebracht zu werden.

Haben die Radreifen sich einseitig abgenutzt, so muß man die Achsgabeln längs- und über Kreuz messen um die Parallelität derselben zu prüfen. Die neuen Räder werden nachgemessen, um die Arbeit der Dreherei auf Genauigkeit zu kontrollieren.

Die Achsbüchsen werden untersucht und, wenn die Lager zu kurz geworden sind, werden neue eingegossen aus Weichmetall (P-Metall). Neue Lager werden von geübten Leuten eingegossen und aufgeschabt, sodaß sie höchstens 1 mm Längsspiel haben.

Das Eingießen der Lager wird mit einem Werkzeug vorgenommen, welches die Achskiste in richtiger Stellung über einem Kern, welcher den Achsschenkel ersetzt, erhält. (Abb. 71 bis 73.)

Das Einschmelzen der Legierung geschieht in einem Gasofen, aus dem man mittels Eisenkellen das Metall schöpft. Nach der Fertigstellung erhalten die Achskisten neue Schmierkissen, wie dies bezüglich der Lokomotiven beschrieben wurde.

Die Achsgabeln sind oft stark abgenutzt, besonders bei Drehgestellwagen, und müssen dann mit neuen Schleifbacken aus Bronze versehen werden, bei zweiachsigen Wagen benutzt man jedoch Profileisen hierzu.

Die Tragfedern und das Federgehänge werden untersucht und mit neuen Bolzen versehen. Wenn die Federlagen stark gerostet sind, zieht man die Federbunde ab, reinigt die Lagen und wendet Graphitschmierung an, um die Reibung zu vermindern und das Rosten zu hindern. Die Federn werden auch wohl aufgerichtet und neu gehärtet. Sie müssen in diesem Falle unter

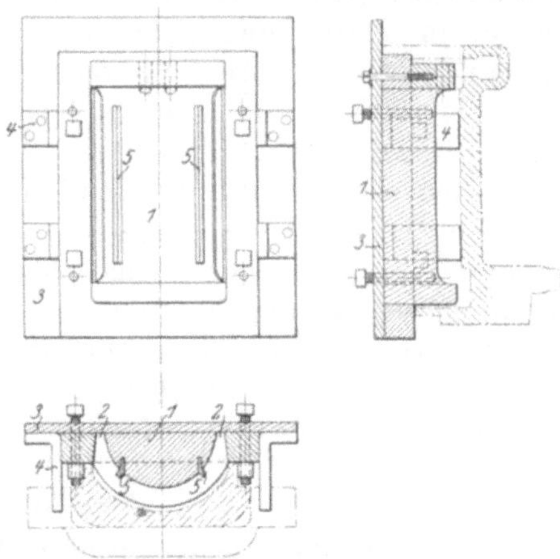

Abb. 71 bis 73.
Form für das Eingießen der Wagenlager.

die Probiermaschine gebracht werden, um ihre Tragfähigkeit und Pfeilhöhe zu berichtigen. Die Pfeilhöhe beeinflußt die Pufferhöhe und man hat bei Wagen selten die Mittel zum Nachschrauben wie bei Lokomotiven, man muß deshalb entweder die Pfeilhöhe neu richten oder die Federn umtauschen. Bei kleinen Mängeln kann durch Unterlegen von Eisenklötzen unter die Federbunde nachgeholfen werden.

Zug- und Stoßapparate werden oft mit neuen Kuppelhülsen oder Keilen versehen, die Pufferstangen dürfen nur wenig Spiel in den Pufferhülsen haben und werden deshalb nachgedreht oder neu angeschweißt, bzw. die Pufferhülsen werden mit Ringen ausgefüttert, zu welchem Zweck sie auf die Drehbank kommen müssen. Die Schraubenkuppelungen werden, wenn sie abgenutzt sind, durch ausgebesserte vom Lager ersetzt.

Das Bremsgestänge wird mit neuen Büchsen und Bolzen versehen, neue Enden werden angeschweißt, die Bremsschrauben werden erneuert und erhalten erforderlichenfalls neue Muttern.

Die Scharniere und Schlösser der Wagentüren werden nachgearbeitet, neue Dornen eingezogen, Zungen und Fallen erneuert und gut geölt.

Die Zylinder der Vakuumbremse werden geöffnet und gereinigt, ebenso die Kugelventile, die Kolbenstangen erhalten neue Stopfbüchsenringe und der Rollring wird genau untersucht. Ist er verdreht, so wird ein neuer angebracht und der alte einstweilen aufgehängt, im Laufe einiger Wochen hat er sich dann gerichtet und kann wieder verwendet werden. Hat er Fehler, so wird er weggeworfen. Die Tragzapfen des Zylinders werden gereinigt und die Staubabdichtung nachgearbeitet, es wird dann sehr genau untersucht, ob keinerlei Zwang von der Kolbenstange aus auf den Zylinder ausgeübt werden kann, weil dies die Ursache des Verdrehens und Festklemmens der Rollringe ist. Wenn alle Teile am Zylinder nachgesehen sind, wird ein Vakuummesser mit der Oberkammer durch ein besonderes Loch an derselben in Verbindung gesetzt und die Luft ausgesaugt, worauf man prüft, ob die Oberkammer vollkommen dicht ist. Später wird der Vakuummesser entfernt, das Prüfungsloch mit einem Schraubenstöpsel geschlossen, sodann die ganze Bremsleitung mit einem Sauger in Verbindung gebracht und nochmals auf Dichtigkeit geprüft. Hierauf werden mehrere Bremsungen vorgenommen und es wird dabei beobachtet, ob sich die Bremse auch leicht löst. Die Kugelventile müssen die Luftleere zehn Minuten lang unverändert erhalten können. Auch die Notbremsvorrichtungen werden hierbei geprüft.

Die Dampfheizung wird mit Dampf geprüft, zuerst müssen jedoch die Abstellschieber nachgearbeitet werden und neue Asbesteinlagen und Stopfbüchsenpackungen erhalten und die Wasserauslasser gereinigt werden.

Wo Heizkessel vorhanden sind, werden alle Hähne und Ventile des Kessels ausgebessert, die Kessel einer kalten Druckprobe unterworfen und nachher zur Prüfung angefeuert.

Der Wagenkasten.

Während die obengenannten Arbeiten hauptsächlich den Schlossern zufielen, gehören die folgenden Arbeiten meistens der Holzbearbeitungswerkstätte an.

Erst werden alle Fenster mit Feder und Führungsleisten entfernt und so nachgearbeitet, daß sie weder undicht sind, noch klappern und auch nicht zu schwer gehen. Andere Holzteile, als Luftschieber, Toilettenausstattungen usw. werden nachpoliert oder mit Lack behandelt, und Sattler und Maler nehmen ihre Sachen in Arbeit.

Bei Güterwagen müssen Seitenbretter und Bodenplanken oft erneuert werden und bei Personenwagen die äußere Blechverkleidung. Um den Rost nicht zu stark angreifen zu lassen, löse man die Bleche halbwegs ab, schabe sie auf der inneren Seite rein und bestreiche sie mit Rostschutz. Da das Kastengestell aus Eichenholz ist, greift die Gerbesäure des Holzes die Bleche stark an, weshalb man auch Ruberoidpappe zum Schutz zwischen Holz und Blechplatten legt, ein Mittel, das nebenbei den Lärm dämpft und gegen Abkühlung isoliert.

In langen Zwischenräumen hebt man auch den Wagenkasten ab, um Teile im Untergestell zu erneuern. Man legt dann neuen Filz zwischen dieses und den Wagenkasten. Auch das Kastengestell erfordert mitunter Ausbesserung einzelner Holzteile, welche angefault sein können.

Die Wagendächer sind meist mit Segeltuch belegt, welches in eine dicke Farbenmischung von

50 Teilen Schlemmkreide,
  5   „   Waterproof-Firnis und
35   „   Firnis, sowie
10   „   Bleiweiß

eingedrückt wird. Die Dächer halten zwar sehr viele Jahre, müssen aber doch auch erneuert werden, wenn die alte Leinwand Brüche bekommen hat und wegen Durchlässigkeit entfernt werden muß. Wenn die Farbe in gehöriger Lage aufgebracht ist, weicht man die neue Leinwand in Wasser auf und spannt sie so fest als möglich über die Dachfläche, und nagelt sie am Rande fest. Nach einigen Tagen streicht man die Decke noch zweimal mit derselben Farbe.

Die Abteiltüren behandelt man im ganzen genau wie den Wagenkasten. Bezüglich der Spatelung und Malung sei beachtet, daß man auch die Türseiten und die Rahmen so einpassen muß, daß für Spatel und Farbe auch Platz bleibt, es gibt dies ein gutes Aussehen, aber Spatel und Farbe beschützen das Holz gegen Feuchtigkeit, und die Türen quellen dann im Herbst und Winter nicht auf.

Die Sitze werden der Sattlerei übergeben, um ausgebessert zu werden, während Tischler und Maler den übrigen Wagen bearbeiten.

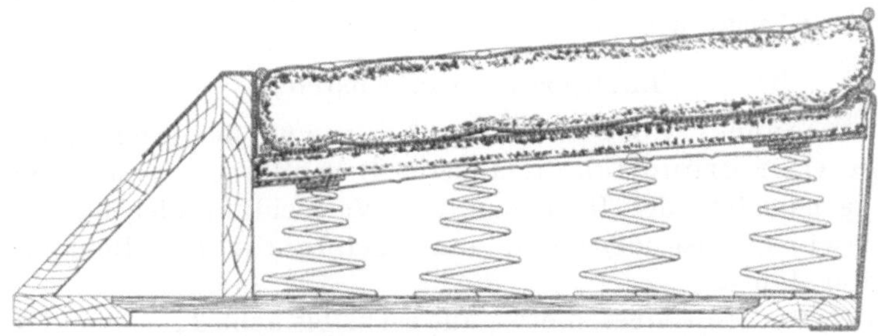

Abb. 74. Sitze für Wagen I. und II. Klasse.

Die Holzausstattung der Abteile wird gereinigt und poliert. In Abteilen I. und II. Klasse und an den Stellen der Fenster, wo die Teile sich reiben, benutzt man besser aufgestrichenen Kopallack, die Abteile II. Klasse werden oft bloß lackiert, die Abteile III. Klasse ganz gemalt, geschliffen und lackiert.

Die Sattlerarbeiten der Eisenbahnwagen sind in weit höherem Grade der Abnutzung ausgesetzt, als Polstermöbel es anderswo sind, nicht allein durch die starke Benutzung, sondern auch durch die rücksichtslose Behandlung seitens der Reisenden. Sie müssen deshalb auch in einer dauerhafteren Weise ausgeführt werden, als es sonst Handwerkers Gebrauch und Gewohnheit ist. Schon aus diesem Grund, aber auch deshalb, weil die Heizung unter den Sitzen liegt und die warme Luft in den sonst offenen hohlen Raum, wo die Sitzfedern stehen, hinaufsteigen und den Reisenden Unannehmlichkeiten verursachen würde, bildet man die Sitze mit festem Holzboden aus. Auf diese werden die Sitzfedern mit Krampen befestigt, sie haben nicht die Stundenglasform, sondern sind kegelförmig; über jede Reihe Federn wird ein 100 mm breites, dünnes Stahlband gelegt und festgenietet, welches wegen größerer Biegsamkeit eingewellt ist (siehe Abb. 74). Über dieses Stahlband legt man wieder schmale Stahl-

9*

bänder und Holzleisten, und hierüber wird dann Leinwand und Hede gelegt und vernäht, um dem Sitz Form zu geben. Darüber kommt dann
eine Lage Roßhaar und der Plüschüberzug, oder es werden lose Kissen
aus Roßhaar aufgelegt, die auf einer Seite mit Plüsch, auf der anderen
mit Büffelleder bezogen sind. Man vermeide die Anwendung von Abheftungen und Knöpfen, weil diese viel Staub ansammeln, wovon im
Eisenbahnwagen immer reichlich vorhanden ist. Aus diesem Grund stelle
man in den Werkstätten auch Staubsaugeanlagen auf, welche die beste
Reinigungsart für gepolsterte Sachen und Teppiche abgeben. In beschmutzten Abteilen kann man die Plüschbezüge reinigen, indem man die
Flecke mit Benzin und anderen Fleckmitteln tränkt, bevor der Staubsauger darübergeht, auch wäscht man die ganzen Flächen mit warmem
Wasser und weißer Seife mit einer Bürste, indem man jedoch mit dem
Wasser sparsam ist, um nicht die Stopfmaterialien zu naß zu machen.

Die Wandtapeten, meist Lederimitationen, werden mit Kleister auf
Leinwand geklebt, welche vorher auf die Holzflächen straff aufgenagelt
ist. Netze und Vorhänge werden wie gewöhnlich gewaschen, Lederteile
mit Sauerkleesalz.

Wo lederne Faltenbälge angewandt werden, behandle man sie mit
Dégras, um sie geschmeidig zu halten, sonst fertigt man sie wohl auch
aus tanniertem Segeltuch an.

Lackierung und Anstrich.

Die Personen-, Post- und Gepäckwagen bedürfen alle fünf bis
sechs Jahre einer gründlichen, äußeren Behandlung die sich verschieden
gestaltet, je nachdem der Rost von den Verkleidungsblechen durch den
Anstrich geschlagen ist oder nicht, und einer leichteren Behandlung alle
zwei bis drei Jahre.

Die Güterwagen müssen etwa alle sechs bis acht Jahre von Grund aus
angestrichen werden, erhalten aber keine zwischenliegende Behandlung.

A. Die Lackierung der Personenwagen, wenn der Rost durchgebrochen ist, beginnt man mit einer vollständigen Abätzung der alten
Farbe. Hierzu braucht man eine Paste, welche aus 6 Teilen Soda, 6 Teilen
Pottasche, 6 Teilen Schmierseife und 15 Teilen ungelöschtem Kalk besteht
und mit einem großen Pinsel aufgetragen wird. Man läßt den Wagen mit
dieser Paste eine Nacht über stehen, während welcher Zeit die ganze Farbe
von den Blechen heruntergerutscht ist. Wenn der Wagen trockengewaschen
ist, grundiert man mit Ölfarbe, aus Bleiweiß mit Leinöl angerieben,
darauf kittet man alle Unebenheiten mit Lackkitt aus, welcher aus Bleiweiß, Kreide und Schleiflack besteht, dann folgt

der erste Anstrich mit Bleiweißfarbe, welche mit Terpentin verdünnt
  ist, darauf wird

fünfmal gespatelt und geschliffen mit einer Paste aus geschlemmtem
  Schiefer, Firnis, Lack und Terpentin; beim letzten Spateln setzt
  man etwas Eisenmennig zu, um das Schleifen zu erleichtern, nun
  wird

geschliffen mit Bimsstein und Wasser, darauf

angestrichen, mit Bleiweißfarbe und Terpentin verdünnt, darauf

nachgeschliffen mit Bimsstein und Wasser, dann

angestrichen mit der eigentlichen Farbe, welche mit Terpentin verdünnt
ist, darauf folgen

zwei Anstriche mit der eigentlichen Farbe, welche diesmal mit Terpentin
und Schleiflack gemischt ist; nach jedem Anstrich wird

geschliffen mit Filz, Bimssteinpulver und Wasser, und hiernach wird
der Wagen

staffiert und mit Aufschriften versehen, letztere sind meist Abziehbilder,
worauf

der Anstrich mit Fertiglack (body-varnish) folgt, und hiermit ist der
Kasten fertig.

Die Fensterrahmen sind vorher in der Lackiererei mit Kopallack gestrichen und mit Sandpapier abgerieben worden.

Das Untergestell wird zweimal mit schwarzer Farbe, welcher etwas
Lack zugesetzt wird, gestrichen.

Das Wagendach wird einmal mit 2 Teile Kreide und 1 Teil Bleiweiß in
Leinöl gerieben und, mit Waterproof-Firnis versetzt, gestrichen.

B. Wenn der Rost nicht durchgeschlagen und der Anstrich noch
gut ist, dann wird zuerst

der alte Lack mit Bimsstein und Wasser abgeschliffen, darauf

ein Anstrich von Bleiweißfarbe mit Terpentin gegeben, dann

die Spatelfarbe ausgebessert und

geschliffen mit Bimsstein und Wasser, dann

angestrichen mit Bleiweißfarbe und Terpentin. Der Rest der Behandlung wird durchgeführt, wie oben beschrieben.

C. Die oben angedeutete leichte Behandlung der Personenwagen besteht darin, daß man den Wagenkasten mit Bimsstein und Filz
schleift und die beschädigten Stellen mit Fertigfarbe ausbessert und dann
einmal mit Lackfarbe anstreicht, welche leicht geschliffen wird, und dann
Staffierung und Schrift anbringt, worauf alles mit Fertiglack überzogen
wird.

Die innere Behandlung der Personen-, Post- und Gepäckwagen
ist in der I. Klasse vom Tischler zu besorgen, in der II. Klasse und
in Post- und Gepäckwagen werden die Holzteile abgezogen, geschliffen
und mit Kopallack behandelt, in der III. Klasse werden sie entweder
bloß mit Kopallack behandelt, wie oben angedeutet, oder mit Ölfarbe
und wie Eichenholz geadert und lackiert, während die Decken in-
wendig abgebrannt werden und dann mehreremal mit weißer Bleiweißfarbe und klarem Lack oder weißem Kopallack gestrichen werden.

Dem Anstreichen der Güterwagen geht ein Abbrennen der alten Farbe
mittels eines Bunsengasbrenners voraus und ein Überschleifen mit
Sandpapier. Darauf wird der Wagenkasten ein- bis zweimal mit Ölfarbe und ein- bis zweimal mit Japanlack überzogen, auf diese werden
die Aufschriften mit Tafretten aufgesetzt (Abziehbilder sind wegen
der unebenen Oberfläche nicht zu verwenden) und mit dem Pinsel
nachgezogen, worauf noch einmal Lack gegeben wird.

Die Untergestelle und Wagendächer erhalten dieselbe Behandlung wie
die Personenwagen. Das Innere der Güterwagen wird meist zweimal mit
gewöhnlicher Ölfarbe angestrichen.

Probefahrt mit Personenwagen.

Wenn die Personenwagen die Werkstätte verlassen, nimmt man eine Probefahrt auf einer Strecke von 20 bis 30 km mit ihnen vor, welche meist in Verbindung mit der Probefahrt von fertiggestellten Lokomotiven erfolgt. Dabei müssen einige Schlosser und Tischler mitfolgen und teils außen, teils innen von Abteil zu Abteil beobachten, ob die Lager kalt gehen, ob der Wagen ruhig läuft, ob nichts klappert, ob Türen und Fenster gut gehen und schließen, ob Bremsen, Heizung, Notbremse und Toiletten in Ordnung sind, kurz, ob die Wagen in jeder Beziehung sachgemäß behandelt sind und das reisende Publikum befriedigen können.

Über die der Wagenwerkstätte gewöhnlich zugewiesene Anzahl von Wagen ist bereits oben gesprochen. Zur Bewältigung der Arbeit sind folgende Arbeitergruppen in den betreffenden Spezialwerkstätten beschäftigt:

In der Wagenschlosserei 45 Handwerker und 32 Handarbeiter. Für die allgemeinen Arbeiten an Personenwagen 4 Particführer mit je 2 Handwerkern und 4 Handarbeitern. Für die Güterwagen 1 Partieführer mit 3 Handarbeitern. Für laufende, kleine Ausbesserungen 2 Handwerker und 9 Handarbeiter. Eingießen von Weichmetall in die Lagerschalen 3 Mann, Richten von Verkleidungsblechen 1 Mann, Ausbesserung von Türschlössern und Anschlagleisten 5 Mann, Ausbesserung von Bremszylindern, Kugel- und Schaffnerventilen, sowie Notbremsen 4 Mann, Heizkessel 3 Mann, Heizungen mit Leitungen 8 Mann usw.

In der Holzbearbeitungswerkstätte sind 76 Handwerker und 9 Handarbeiter beschäftigt; mit größeren Ausbesserungen von Personenwagen haben 22 Handwerker, von Güterwagen 20 Mann zu tun. Kleinere Ausbesserungen von Personenwagen 8 Mann, von Güterwagen 3 Mann. Polieren und Montieren von Abteilausstattungen 9 Mann. Die übrigen Leute sind hauptsächlich an den Werkzeugmaschinen und mit besonderen Arbeiten beschäftigt.

In der Malerei und Lackiererei sind 32 Maler, 2 Glaser und 9 Handarbeiter beschäftigt. An den Lokomotiven arbeiten 6 Mann, an Personenwagen 13 Mann, an Güterwagen 3 Mann, mit Ausbesserung des inneren Anstriches von Personen- und Postwagen 3 Mann, mit Lackieren von Fensterrahmen und inneren Abteilausstattung 2 Mann, am Lackierofen 2 Mann. Die Handarbeiter in dieser Werkstätte besorgen u. a. auch das Schleifen und die Reinigung der Wagen.

In der Sattlerei beschäftigt man 18 Handwerker und 8 Handarbeiter, hiervon mit Polsterung 8 Mann, Fensterbänder 1 Mann, Tapetenaufkleben 1 Mann, Faltenbälge 1 Mann, für Wagendächer 1 Mann, für Wagendecken 4 Mann usw.

7. Metallegierungen. Vorschriften für Eisen und Stahl.

Bei den Ausbesserungsarbeiten werden folgende Metallegierungen und Metalle angewandt:

1. Bronze „LB" für alle Lager und arbeitenden Teile besteht aus:

      78 Teilen Kupfer

      10   „   Blei

      10   „   Bancazinn

und 2   „   Phosphorkupfer von $5\,^0/_0$ Phosphorgehalt.

2. Bronze „HB" für Hähne und Ventile besteht aus:

88 Teilen Kupfer

10 „ Bancazinn

und 2 „ 5 % Phosphorkupfer.

3. Bronze „KB" für Glocken besteht aus:

78 Teilen Kupfer

20 „ Bancazinn

und 2 „ 5 % Phosphorkupfer.

4. Messing „MS" besteht aus:

60 Teilen Kupfer

und 40 „ Zink.

5. Weißmetall „HM" zum Flicken besteht aus:

10 Teilen Kupfer

10 „ Antimon

und 80 „ Bancazinn.

6. Weiches Metall „BM" für Stopfbüchsen besteht aus:

8 Teilen Antimon

84 „ Blei

und 8 „ Bancazinn.

7. P-Metall für Tender- und Wagenlager besteht aus:

84 Teilen Blei

und 16 „ Antimon.

8. Kesselbleche und Stabeisen entsprechen den Bedingungen und Vorschriften des Vereins deutscher Eisenhüttenleute.

9. Achsenstahl (für Achsen, Kolbenstangen, Trieb- und Kuppelstangen).

Als Achsenstahl bezeichnet man einen Siemens-Martin-Flußstahl mit einer Zerreißfestigkeit von 54 bis 60 kg/qmm und mindestens 20 % Dehnung.

Für Radreifenmaterial hat man folgende Anforderungen aufgestellt:

10. Harter Stahl für Trieb- und Kuppelräder soll durch das Tiegelverfahren mit einer Zerreißfestigkeit von 70 bis 76 kg/qmm und mindestens 16 % Dehnung hergestellt sein.

11. Weicher Stahl für Lauf-, Tender- und Wagenräder soll durch das Siemens-Martin-Verfahren mit einer Zerreißfestigkeit von 60 bis 66 kg/qmm und mindestens 16 % Dehnung hergestellt sein.

12. Gußeisen.

a) Für Zylindereisen (für Dampfzylinder und Kolben) gebraucht man einen Guß, der aus 50 % Frodair, 25 % Staffordshire coldblast C. B. Crown Nr. 5 von T. B. Kittel in London nebst 25 % Bruch von gutem Zylindereisen hergestellt ist.

Die Bruchstärke soll gemessen werden an Stangen mit einem Querschnitt von 30 × 30 mm. Diese Stangen müssen, wenn sie auf Unterstützungen mit einem Abstand von 1000 mm gelegt werden, eine Belastung von wenigstens 520 kg tragen bei einer Durchbiegung von mindestens 17 mm, bevor der Bruch eintritt.

b) Weiches Gußeisen (für Kolbenringe und Flachschieber) wird hergestellt aus 30 % Coltness Nr. 1, 35 % Airesome Nr. 3 und 35 % gutem Maschinenbrucheisen. Dieses Eisen wird geprüft, wie unter a) angegeben, und muß unter den gleichen Verhältnissen eine Belastung von mindestens 460 kg bei einer Durchbiegung von mindestens 19 mm tragen.

c) Hammerbarer Eisenguß muß sich in kaltem Zustande hämmern, strecken und richten lassen, ohne zu brechen, muß dicht und von glatter Oberfläche sein.

Die Einsatzmasse besteht aus:

85 Teilen Mais, wie Kaffee gebrannt und wie große Grütze gemahlen,
 5   „   gepulverte Steinkohle, und
10   „   Pottasche.

8. Schlußbemerkungen.

Hiermit wäre meine Arbeit zu Ende. Eine vollkommen erschöpfende Darstellung des ganzen Arbeitsvorganges in einer Hauptwerkstätte zu geben, ist nicht möglich gewesen, das würde den Rahmen dieser Arbeit weit übersteigen und kaum mehr Nutzen bringen, als das Gegebene, denn nach einem Buch kann doch Niemand ein tüchtiger Werkstättenleiter werden, und das Handwerksmäßige läßt sich auch aus Büchern nicht erlernen. Außerdem dürften die Arbeitsmethoden und die Arbeitseinteilung überall verschieden sein, teils durch örtliche, teils durch persönliche Verhältnisse bedingt, teils auch durch die verschiedenen Konstruktionen der Betriebsmittel bei den verschiedenen Bahnverwaltungen. Hätte der Verfasser auch wirklich die Verhältnisse in vielen anderen Werkstätten genau genug gekannt, so hätte, seines Erachtens, eine allgemeine Darstellung, abgesehen von dem Umfang der Arbeit, kaum mehr Nutzen bringen können, als er von dem Gegebenen erhofft. Nur so war es möglich, ein abgerundetes Ganze und bestimmte Verhältniszahlen zu geben, die zum Vergleich mit den andern Werkstätten dienen und nützlich sein können.

Neuere Werkstätteneinrichtungen.

Von
Paul Janzon,
Oberingenieur der Berliner Werkzeugmaschinenfabrik A.-G. vorm. Sentker, Berlin.

Je nach dem Zweck und der Größe der Werkstätten wechselt die Art und die Reichhaltigkeit der Werkstätteneinrichtungen. Während in Deutschland und Österreich selbst die größten Eisenbahnwerkstätten hauptsächlich nur zur Reparatur und Instandhaltung der Betriebsmittel dienen, sind im Auslande öfters Anlagen zu finden, die sich mit dem Bau der Lokomotiven, Tender, Wagen usw. selbst befassen und dementsprechend auch umfassendere Maschinen und Werkzeuge nötig haben. Sämtliche Werkstätten jedoch, ob groß oder klein, ob für Neubau oder nur für Reparatur bestimmt, stehen unter dem Einfluß des Fortschritts in der modernen Industrie, und es sollen in folgendem häuptsächlich neuere Arbeitsmethoden und Maschinen, soweit sie das Eisenbahnwesen betreffen, beschrieben werden.

1. Schnellwerkzeugstahl.

Eine der wichtigsten Neuerungen auf dem Gebiete der Metallbearbeitung ist die Benutzung des Schnellstahles in den Werkstätten. Der moderne Schnellstahl ist ein verbesserter naturharter Stahl, wie er vor 40 Jahren von dem Engländer Mushet erfunden und wegen seiner Dauerhaftigkeit beim Drehen, Hobeln usw. auch auf dem Kontinent vielfach im Gebrauch war. Im Jahre 1900 wurde auf der Pariser Weltausstellung von der Bethlehem Steel Co. ein nach dem Taylor-White-Verfahren hergestellter Drehstahl mit bis dahin unbekannt großen Leistungen — der erste Schnellstahl — in Tätigkeit vorgeführt. Diese Vorführung gab den Anlaß dazu, daß sich alsbald noch andere Stahlwerke[1] mit der Fabrikation von Schnellstahl befaßten und im scharfen Wettbewerb miteinander Produkte von immer größerer Leistungsfähigkeit herzustellen suchten und noch suchen.

Während der altbekannte naturharte Stahl eine außerordentliche Härte aufweist, die größer ist als bei gewöhnlichem Werkzeugstahl, braucht der Schnellstahl für seine großen Schnittleistungen im allgemeinen eine verhältnismäßig geringe Härte. Diese geringe, zum Spanabheben eben hinreichende Härte verliert der Schnellstahl jedoch erst bei etwa 600° C und

---

[1] Von solchen Stahlwerken sind zu nennen: Bergische Stahlindustrie, G. m. b. H., Remscheid; Gebr. Böhler & Co. A.-G., Berlin-Wien; Poldihütte, Tiegelgußstahlfabrik, Berlin-Wien; Friedr. Krupp, A.-G. Essen; Bismarckhütte, Ober-Schlesien; Johannes Bleckmann, Mürzzuschlag: Ternitzer Stahl- und Eisenwerke von Schöller & Co. u. a.

noch höheren Temperaturen. Hierauf beruht hauptsächlich seine für die wirtschaftliche Ausnutzung wichtigste Eigenschaft, hohe Schnittgeschwindigkeiten bei starkem Spanquerschnitt trotz der hierbei bekanntlich stattfindenden hohen Wärmeentwicklung auszuhalten.

Der eigentliche Vorgang beim Arbeiten mit Schnelldrehstahl ist indessen noch nicht ganz aufgeklärt. Man nimmt an, daß beim Spanabheben weniger ein Schneiden als ein Spalten des Materials stattfindet.[1] Die Spitze des Spaltes eilt der Werkzeugschneide immer etwas voraus, so daß zwischen letzterer und dem erhitzten Material noch immer eine Luftschicht bleibt. — Die große Weichheit der ersten Schnellstahlsorten machten dieselben natürlich für die Bearbeitung härterer Materialien unbrauchbar; es gelang indessen bald, auch Sorten von beträchtlicher Härte herzustellen.

Das früher geheim gehaltene Härteverfahren des Schnellstahles besteht im großen und ganzen darin, daß man ihn bis zur Weißglut erhitzt und ihn dann an der Luft oder im Windstrome, seltener im Solbade oder in Talg (Böhler) abkühlt. Je höher die Temperatur beim Erhitzen war und je rascher die Abkühlung erfolgt, desto größer ist die Härte, desto größer aber auch die Gefahr, daß der Stahl durch feine Risse oder durch Sprödigkeit unbrauchbar wird. Ein Anlassen des gehärteten Werkzeuges, wie bei gewöhnlichem Stahl, wird bei Schnellstahl nicht vorgenommen.

In der chemischen Zusammensetzung sind die vielen jetzt im Handel vorkommenden Schnellstahlsorten sehr verschieden, jedoch sind die wirksamen Bestandteile meist immer dieselben Elemente[2], nämlich Kohlenstoff, Mangan, Silizium, Chrom, Wolfram und Vanadium[3], seltener Molybdän. Die stark wolframhaltigen Stähle brauchen, um hart zu werden, keine so hohen Temperaturen, wie die wolframärmeren. Sie eignen sich daher zur Herstellung von Fräsern und ähnlichen Werkzeugen, welche schwer gleichmäßig auf die höchsten Temperaturen erhitzt werden können, ferner zu Dreh- oder Hobelstählen, die zur Verarbeitung harter Materialien bestimmt sind und daher neben entsprechender Härte noch eine gewisse Zähigkeit besitzen müssen.

Der Zweck und die Behandlungsweise jeder Stahlsorte werden von den produzierenden Werken wohl möglichst genau angegeben, jedoch erfordert die Behandlung des Schnellstahles immerhin eine gewisse Geschicklichkeit, ohne welche die Herstellung eines guten, hinsichtlich seiner Wirtschaftlichkeit befriedigenden Werkzeuges oft in Frage gestellt ist. Überdies hat man auch mit einigen Prozent Ausschuß beim Rohstahl zu rechnen. In der Hauptsache sind schroffe Temperaturunterschiede und Schmieden bei zu niederer Temperatur zu vermeiden, da hierdurch Risse und Sprödigkeit entstehen. Das Abhauen und Ausschmieden von Drehstählen und ähnlichen erfolgt, ohne das Material dabei zu stauchen, bei Rotglut. Zum Härten werden die Stähle vorgewärmt und dann möglichst rasch und nur kurz an der Schneide auf Weißglut gebracht, worauf man sie an der Luft, bzw. in schwächerem oder stärkerem Windstrome oder in Talg usw. abkühlt. Oft ist es auch nützlich, die Schneide

---

[1]) Zeitschr. Ver. deutsch. Ing. 1901, S. 462 und 1907, S. 1072.

[2]) Näheres über die Zusammensetzung des Schnellstahles sowie über den Einfluß der einzelnen Bestandteile auf seine Eigenschaften: O. Thallner, Zeitschr. Ver. deutsch. Ing. 1906, S. 1690, ferner American Machinist, 7. Jan. 1905.

[3]) Zeitschr. Ver. deutsch. Ing. 1907, S. 1070.

in noch rotwarmem Zustande gleich nach dem Schmieden an einer groben Schmirgelscheibe um einige Millimeter abzuschleifen, weil der Stahl durch das öftere Erwärmen an der Oberfläche sich verändert. Da auch der beste Schnellstahl nur eine geringe Zähigkeit besitzt, so sind Drehstähle möglichst kurz einzuspannen und gut zu unterlegen, um ein Abbrechen bei stoßweiser Beanspruchung zu verhindern. Ebenso ist beim Ansetzen des Stahles vorsichtig zu verfahren und erst allmählich die gewünschte Spanstärke einzustellen. Überhaupt ist es eine bezeichnende Eigenschaft des Schnellstahles, daß er sich mehr für ununterbrochenes Bearbeiten homogener Materialien, z. B. zum Drehen glatter Wellen aus Siemens-Martinstahl, eignet als für absetzende Arbeitsmethoden, z. B. Hobeln oder Stoßen. Außer der bei jedesmaligem Eintritt des Hobelstahles in das Arbeitsstück stattfindenden Stoßwirkung soll auch der Temperaturunterschied beim Arbeitsgang und beim Leerlauf die geringere Leistungsfähigkeit des Schnellstahles beim Hobeln oder Stoßen herbeiführen.[1] In ähnlicher Weise schädlich wirken Gußkrusten oder harte Stellen; hierbei muß die Schnittgeschwindigkeit ebenfalls sehr herabgemindert werden.

Fräser und ähnliche Werkzeuge werden zum Zwecke der Härtung in einen Tiegel getan, mit feinem Holzkohlenpulver fest eingestampft und dann in einem Härteofen bis zur Weißglut erhitzt.[2] Der Fräser wird dann herausgenommen, mittels einer Vorrichtung in rasche Umdrehung gebracht und dann bis zum Erkalten dem Windstrom ausgesetzt. Um den Fräser in rasche Umdrehung zu bringen, genügt es oft schon, ihn auf einen leicht drehbaren, eventuell auf Kugeln gelagerten Dorn zu stecken und den Luftstrom tangential gegen die Zähne des Fräsers wirken zu lassen.

Das Ausglühen des Schnellstahles zum Zwecke seiner Bearbeitung mittels Schneidewerkzeugen erfolgt am besten, indem man ihn, von Holzkohlenpulver umgeben, in luftdicht verschlossenen Blechkästen stundenlang der hellen Rotglut aussetzt.

Über die mit Schnellstahl zu erreichenden Schnitt- und Vorschubgeschwindigkeiten werden von verschiedenen Seiten stark von einander abweichende Angaben gemacht. Nach einer Umfrage in größeren Betrieben ist der gegenwärtige Stand der Ausnutzbarkeit von Schnellstahl etwa folgender:

Der Schnellstahl dient hauptsächlich zum Ausschruppen auf der Drehbank bezw. zum Ausbohren von Arbeitsstücken aus homogenen Stahl und Schmiedeeisen. Hierbei lassen sich andauernd große Schnittgeschwindigkeiten und Spanstärken erreichen. Die Schnittgeschwindigkeit ist geringer beim Ausschruppen von Stahlguß und Gußeisen, selbst wenn eine Gußkruste nicht vorhanden, bei harten Gußkrusten ist die Leistung im voraus nicht angebbar. Ein sehr häufiges Ausbrechen der spröden Schnellstahlschneiden verursachen die Gußkrusten bezw. die eingeschmolzenen Formsandkörner beim Bearbeiten von Phosphorbronze, Rotguß oder Messing. Im übrigen tritt bei diesen Materialien der Vorteil des Schnellstahles weniger hervor, da dieselben auch mit gewöhnlichem Werkzeugstahl unter Anwendung von ansehnlichen Schnittgeschwindigkeiten bearbeitet werden können.

---

[1] Mitteilung des Amer. Mach. Zeitschr. Ver. deutsch. Ing. 1904, S. 104.
[2] Über Gas- und elektrische Härtevorrichtungen s. Abschn. 3, Werkzeugmacherei.

Zum Schlichten zeigt sich Schnellstahl weniger geeignet, wenigstens erreicht man mit gewöhnlichem Stahl dieselben oder gar bessere Resultate. Mit einzelnen Schnellstahlsorten kann man überhaupt nicht schlichten.

Gute Spiralbohrer und Fräser lassen sich aus Schnellstahl ohne weiteres herstellen, jedoch sind solche Werkzeuge noch zu hoch im Preis, um ein Risiko gegen Bruch durch Anwendung der von den Produzenten als höchst zulässig angegebenen Schnitt- und Vorschubgeschwindigkeiten eingehen zu können. Man begnügt sich hier wohl mit mittleren, immerhin aber beträchtlichen Geschwindigkeiten.

Die geringsten Schnittgeschwindigkeiten werden angewandt bei Hobel- und Stoßmaschinen. Ein Grund hierfür ist bereits oben angegeben worden, ein weiterer Grund ist der, daß diese Maschinen selten für schnelleren Gang eingerichtet sind. Im übrigen kann auch hier ebenso wie beim Drehen nur durch Anwendung bestimmter sehr harter Schnellstahlsorten eine gewisse Leistung erzielt werden, wenn es sich darum handelt, Materialien mit harten Stellen, wie sie bei Stahlguß und Gußeisen z. B. häufig vorkommen, zu bearbeiten.

Unter der Voraussetzung, 'daß erstens die betreffenden Werkzeugmaschinen kräftig genug sind und einen ruhigen exakten Gang haben, zweitens die Stahlsorte richtig gewählt, fehlerfrei und, was sehr wichtig, auch richtig behandelt ist, mögen für Schnellstahl die nachstehend aufgeführten, in gut eingerichteten Werkstätten gegenwärtig gebräuchlichen Schnitt- und Vorschubgeschwindigkeiten als Anhalt dienen:

a) Schnittgeschwindigkeiten beim Fortschruppen auf der Drehbank der für die Bearbeitung üblichen Materialzugabe von 3 bis 5 mm für Stahl und 5 bis 10 mm für Guß, sowie bei etwa 1,5 mm Vorschub pro 1 Umdrehung des Arbeitsstückes:

bei homogenem Schmiedeeisen oder Stahl von etwa 40 kg Festigkeit
   500 bis 900 mm pro Sek.,
bei Stahl von 50 bis 70 kg Festigkeit 400 bis 250 mm pro Sek.,
bei Stahlguß mit Gußkruste oder harten Stellen 100 bis 200 mm pro Sek.,
„ „ ohne „ „ „ „ 300 bis 400 mm pro Sek.,
bei Gußeisen je nach Härte 500 bis 100 mm pro Sek.

Bei stärkeren Spänen, als oben angegeben, verringert sich die Schnittgeschwindigkeit entsprechend. Spanquerschnitte von 30 bis 50 qmm sind nicht selten. Man ist beim Drehen — ausreichend kräftige Maschinen vorausgesetzt — um so mehr in der Lage, mit Spanquerschnitt bzw. Schnittgeschwindigkeit hoch zu gehen, als der Drehstahl ein verhältnismäßig billiges Werkzeug ist und der Schaden bei Bruch daher nicht so sehr ins Gewicht fällt. Überdies werden Schnellstahlabfälle von manchen produzierenden Werken wieder zurückgekauft. Begnügt man sich mit etwas geringeren Schnittgeschwindigkeiten, so kann man auch Drehstähle mit aufgelöteten Schnellstahlschneiden verwenden. Schnellstahl läßt sich nämlich auf anderen Stahl oder selbst auf Eisen mit Kupfer sehr gut anlöten. Man erwärmt die zu verbindenden gut aneinander gepaßten Teile unter Zugabe von Kupfer und Borax bis zur Weißglut und härtet dann die Schneiden gleich im Windstrom. In neuester Zeit wird nach dem Verfahren von Franz Brandstätter in Mähr.-Trübau (Österreich) Schnellstahl auf Eisen auch geschweißt, wobei man das Anpassen der Schweißflächen spart und auch die Härtung besser vornehmen kann als bei gelöteten Stählen.

b) Umfangsgeschwindigkeit beim Bohren mit Spiralbohrern aus Schnellstahl in Material ohne harte Stellen bzw. Gußkrusten:

bei Schmiedeeisen oder Stahl von etwa 40 kg Festigkeit etwa 450 mm per Sek.,

bei härterem Stahl bis 70 kg Festigkeit entsprechend geringer bis etwa 200 mm per Sek.,

bei Stahlguß 300 bis 400 mm per Sek.,

bei Gußeisen 300 bis 400 mm per Sek.

Vorschübe dabei per 1 Umdrehung des Bohrers, wachsend mit dem Durchmesser desselben, von 0·1 bis 0·3 mm für Bohrer von etwa 10 bis 50 mm Durchmesser.

c) Bei Fräsern liegen zu wenig Beobachtungen vor, um nähere Angaben machen zu können. Ein Fall ist wegen der andauernd erzielten Leistungen bemerkenswert: Massiver Walzenfräser aus Schnellstahl mit hinterdrehten, nach Schraubenlinien angeordneten Zähnen, benutzt zum Ausschruppen von Pleuelstangen

Durchmesser des Fräsers . . . . 165 mm
Länge   ,,   ,, ... 380 ,,
Schnittbreite im Maxim. . . . . 325 ,,
Schnittiefe   . . . . 6 bis 8 ,,

Material der Pleuelstangen: Stahl von 50 bis 58 kg Festigkeit.

Umdrehungen des Fräsers per Minute 22 entsprechend einer Umfangsgeschwindigkeit von 190 mm per Sek.,

Vorschub des Fräsers in der Minute 108 mm, Kraftbedarf dabei etwa 20 PS.

Mit einem ebensolchen Fräser aus gewöhnlichem Stahl war es nicht möglich, diese Leistung zu erzielen.

d) Schnittgeschwindigkeiten beim Hobeln oder Stoßen von Schmiedeeisen, weichem Stahl, Stahlguß und Gußeisen bei mittlerer Spanstärke 150 bis 250 mm per Sek., in einzelnen Fällen bis 300 mm. Stahlguß mit harter Kruste ließ sich mit beträchtlicher Spanstärke mit sehr harten Stählen bei 100 mm Schnittgeschwindigkeit bearbeiten, die Stähle mußten jedoch öfters nachgeschliffen werden.

Für überschlägige Rechnungen mögen noch bezüglich des Kraftbedarfs bei der Verwendung von Schnellstahl die folgenden Angaben gelten: Nach angestellten Versuchen[1] ist der Meißeldruck bei Schnellstahl derselbe wie bei gewöhnlichem Stahl, also von der Schnittgeschwindigkeit unabhängig. Annähernd ist der Meißeldruck dem Spanquerschnitt proportional, und man hat für 1 qmm Querschnitt zu rechnen:[2]

für Schmiedeeisen . . . . 110 bis 170 kg
,, Stahl . . . . 160 ,, 240 ,,
,, Gußeisen . . . . 70 ,, 120 ,,

Taylor[3] macht den Meißeldruck bei Gußeisen noch von der Größe des Vorschubes abhängig und gibt an für:

---

[1] Versuche des Berliner Bezirksvereins deutsch. Ing. Zeitschr. Ver. deutsch. Ing. 1901, S. 1377.

[2] Die Werkzeugmaschinen von Prof. Hermann Fischer, Berlin 1900. Verlag von Julius Springer.

[3] Zeitschr. Ver. deutsch. Ing. 1907, S. 1073.

weiches Gußeisen mit und ohne Kruste

bei großem Vorschub . . . . 50 kg per qmm

  „ kleinem   „   . . . . 75 „ „   „

hartes Gußeisen bei großem Vorschub . . . . 115 kg

        „ kleinem   „   . . . . 140 „

Außerdem für Stahlguß mit 0·82 $^0/_0$ Kohlenstoffgehalt, 68 kg

  Zugfestigkeit und 3 $^0/_0$ Dehnung . . . . 130 „

2. Das Schleifen.

Das für die Werkstätten hauptsächlich in Betracht kommende Schleif-werkzeug ist die rotierende, aus Sandstein, Schmirgel oder ähnlichen Stoffen hergestellte Schleifscheibe. Daneben existieren Schleifscheiben aus Holz, Leder oder weichem Metall mit aufgetragenem bzw. aufgeklebtem Schmirgel, ferner Abziehsteine für die Schneiden der Werkzeuge u. dgl.

Die aus natürlichem Sandstein gehauenen und abgedrehten Schleif-steine sind nicht mehr so allgemein im Gebrauch wie früher. Man findet sie jedoch selbst in modern eingerichteten Werkstätten immer noch auf-gestellt, weil sie billig sind und ihre Anwendung nicht die Erfahrung und Vorsicht erfordert, die bei den Schmirgelscheiben erforderlich ist.

Weitaus am verbreitetsten sind heute die aus pulverförmigem Naxos-schmirgel, amerikanischem Korund, Karborundum (Siliziumkarbid), Dia-mantin und ähnlichen Stoffen[1]) unter Anwendung verschiedener Binde-mittel gepreßten oder in Weißglut gebrannten Scheiben.

Die wichtigsten Bindemittel sind: Paragummi — vegetabilische Bin-dung, Magnesiazement — mineralische Bindung, ein aus Leder erzeugter Stoff (bei den Tannitscheiben) — animalische Bindung, Ton oder porzellan-artige Stoffe — keramische Bindung.

Die obenerwähnten pulverförmigen Schleifmittel kommen in ungefähr zwanzig Körnungen in den Handel und je nach der Größe des angewandten Kornes unterscheidet man feine und grobe Schleifscheiben.

Nach der Mohsschen Härteskala hat Korund die Härte 9 und Karbo-rundum die Härte 9·5. Unabhängig von dieser natürlichen Härte der Grundstoffe sagt man: eine Scheibe ist um so weicher, je geringeren Widerstand das Bindemittel dem Herausdrücken oder -stoßen der Körner bietet, und um so härter, je fester die Körner sitzen.

Der Vorgang beim Schleifen ist der, daß die mit großer Geschwin-digkeit rotierende Schleifscheibe mittels der scharfen Kanten ihrer Körner von dem Arbeitsstück ähnlich wie Drehstähle mikroskopische Späne ab-hebt. Durch die große Anzahl der in Tätigkeit tretenden Kanten sum-mieren sich diese Einzelvorgänge zu einer unter Umständen recht be-trächtlichen Gesamtleistung. Sind die Kanten eines Kornes stumpf ge-worden, so wächst der Widerstand bei der Spanabnahme; das Korn erfährt einen stärkeren Druck, zerbröckelt oder wird schließlich ganz herausgedrückt, so daß fortwährend neue Schneiden entstehen. Dieser ordnungsmäßige Vorgang, bei welchem die größte Schleifleistung erreicht wird, spielt sich jedoch nur dann ab, wenn für das zu bearbeitende Material die geeignete Schleifscheibe gewählt wird, die Scheibe mit der richtigen Ge-

---

[1]) Eine Zusammenstellung und Beschreibung neuerer Schleifmittel s. Zeitschr. Ver. deutsch. Ing. 1907, S. 830.

schwindigkeit rotiert, der Anpressungsdruck gegen das Arbeitsstück sowie der seitliche Vorschub nicht zu stark sind und nötigenfalls für eine ausgiebige Wasserkühlung gesorgt wird. Ist eine dieser Bedingungen nicht erfüllt, so kommt es leicht vor, daß sich das abgeschliffene Material auf der Schleifscheibe festsetzt oder das Bindemittel sich verändert, so daß die Scheibe auf der Oberfläche sich verschmiert oder glasig wird und dann den Griff verliert. Im allgemeinen nimmt man harte Scheiben zum Bearbeiten weicherer Materialien und weiche Scheiben, die leichter durch Abbröckeln der stumpfen Körner scharf bleiben, für harte Stoffe. Die Geschwindigkeit der Schleifscheibe an der Stelle, wo sie angreift, soll 20 bis 30 m in der Sekunde, in manchen Eällen noch mehr, bis 40 m in der Sekunde, betragen. Der Anwendung so hoher Geschwindigkeiten ist indessen in Deutschland durch die Polizeivorschriften eine Grenze gesteckt, welche mit Rücksicht auf die Gefahr beim Zerspringen der Schmirgelscheiben für letztere, wenn sie mineralische Bindung haben, 15 m/sec. und für solche mit vegetabilischer Bindung 25 m/sec. als höchste zulässige Umfangsgeschwindigkeit vorschreiben. Nach den Versuchen von Professor M. Grübler[1]) in Dresden zersprangen durch die reine Einwirkung der Zentrifugalkraft Schmirgelscheiben

mit vegetabilischer Bindung im Mittel bei etwa 96 m/sec.,
„ mineralischer „ „ „ „ „ 84 m/sec.,
„ keramischer „ „ „ „ „ 75 m/sec.

Umfangsgeschwindigkeit.

In der Praxis stellt sich nun die Sache insofern ungünstiger, als das Zerspringen der Scheiben durch fehlerhafte Herstellung an sich oder durch entstandene Risse, sowie bei ungeschickter Behandlung von seiten des Arbeiters bedeutend früher eintreten kann. Eine sehr häufige Ursache von Unglücksfällen ist die, daß das Arbeitsstück nicht festgehalten werden kann, zwischen Schmirgelscheibe und Vorlage gerät und dadurch ein Zertrümmern der ersteren verursacht. Günstiger stellen sich in dieser Beziehung diejenigen Schleifmaschinen, bei welchen das Arbeitsstück in einem Support fest eingespannt und durch die Supportbewegung an der Schleifscheibe vorbeigeführt wird. Den Unfällen durch Zerspringen der Scheiben sucht man durch Anbringen von elastischen schmiedeeisernen Schutzhauben entgegenzutreten. Im übrigen sind gegenwärtig Verhandlungen im Gange, um die Umänderung der erwähnten Polizeivorschriften herbeizuführen, dahingehend, daß letztere den Fortschritten in der Schmirgelscheibenfabrikation Rechnung tragen und wenigstens für Supportmaschinen größere Umfangsgeschwindigkeiten zulassen sollen.

Wie sich aus den bekannten Funkengarben erkennen läßt, findet beim Schleifen eine recht erhebliche Wärmeentwicklung statt. Diese Wärme ist nun weder für die Schmirgelscheibe, noch für das Arbeitsstück von Nutzen. Die Schmirgelscheibe wird durch die Wärme glasig oder bekommt Risse, das Arbeitsstück verzieht sich oder verliert, was für Werkzeuge sehr in Betracht kommt, seine Härte. Aus diesen Gründen geht man in neuerer Zeit immer mehr dazu über, wenn irgend angängig, nur noch naß zu schleifen. Als Kühlflüssigkeit wird meist reines Wasser benutzt, dem man etwas Soda zusetzen kann, wenn ein Rosten des Arbeitsstückes verhindert werden soll.

---

[1]) Zeitschr. Ver. deutsch. Ing. 1903, S. 195.

Die Auswahl der richtigen Schmirgelscheibe ist Sache der Erfahrung und es lassen sich bei der großen Menge von verschiedenen Fabrikaten allgemein gültige Regeln für die Wahl nicht aufstellen. Man muß daher bei Bestellung einer Schmirgelscheibe dem Fabrikanten den Zweck derselben angeben; denn nur der Fabrikant kennt einigermaßen genau die Eigenschaften seiner Scheiben. Professor Schlesinger[1]) kommt aus einer Reihe von Versuchen, welche von ihm auf einer schweren Nortonschleifmaschine mit passend ausgewählten Scheiben von 500 mm Durchmesser und 50 mm Breite ausgeführt wurden, zu folgenden Ergebnissen: Die größte spezifische Leistung, das ist die durch 1 kg Schmirgelverlust der Scheibe erzeugte Spanmenge in Kilogramm, wurde erzielt beim Schleifen von Siemens-Martinstahl (von 50 bis 55 kg Festigkeit) bei höchster Geschwindigkeit der Scheibe, bei feinem Vorschub und kleiner Spantiefe, dagegen beim Schleifen von Gußeisen bei höchster Scheibengeschwindigkeit, feinem Vorschub und großer Spantiefe. Bei diesen Versuchen betrug die Umfangsgeschwindigkeit des Werkstückes stets etwa 0·5 m/sec., die der Scheibe 25, 30 und 35 m/sec. Die Vorschübe waren 12, 18 und 24 mm für eine Umdrehung des Werkstückes und die Spantiefe 0·01 bis 0·16 mm. Als mittlere Spanleistung ergab sich für Stahl 20 kg pro Stunde und für Gußeisen 45 kg pro Stunde. Mit derselben Schleifscheibe konnte ein und dasselbe Arbeitsstück entweder geschruppt oder durch Erhöhung der Schleifgeschwindigkeit und Verminderung des Vorschubes und der Spantiefe geschlichtet werden. Die Versuchsscheiben hatten vegetabilische oder keramische Bindung. Professor Schlesinger empfiehlt 25 m/sec Schleifgeschwindigkeit für Schrupparbeiten und höhere Geschwindigkeiten, so hoch als irgendwie angängig, zum Schlichten. Für normale Werkstattverhältnisse rechnet er auf 1 kg Schmirgel 20 bis 25 kg Eisenspäne.

Zur Erzielung eines guten Schleifresultats ist es natürlich auch erforderlich, daß die Schleifmaschine selbst richtig gebaut und in gutem Zustande ist. Hauptsächlich ist für eine gute Lagerung der Spindel, auf welcher die Schleifscheibe sitzt, Sorge zu tragen. Die neueren Schleifmaschinen haben Feineinstellungen des Supports um wenige Tausendstel Millimeter, und es ist leicht verständlich, daß eine solche Feineinstellung zwecklos ist, wenn die Schleifspindel toten Gang hat oder die Maschine, bzw. das Arbeitsstück, vibriert. Man baut daher heute die Schleifmaschinen, und namentlich solche für Präzisionsarbeit, so kräftig wie möglich und sorgt für eine gute Unterstützung des Arbeitsstückes. Da sich schließlich bei der außerordentlichen Kleinheit der abgehobenen Späne das geringste Unrundlaufen der Schleifscheibe als schädlich für die zu erzielende Schleifwirkung erweisen muß, so sind die Scheiben öfters nachzudrehen. Letzteres erfolgt am besten mittels eines in einem Halter befestigten Diamanten oder durch gehärtete, mit zickzackförmigem Rand versehene Stahlrädchen.

Fragt man sich nun, was alles in den Werkstätten geschliffen wird, so kann man zunächst feststellen, daß im modernen Maschinenbau viel mehr Arbeit auf Schleifmaschinen fertiggestellt wird als früher. Anderseits gibt es ziemlich scharfe Grenzen dafür, was geschliffen werden soll und was vorteilhafter anderen Bearbeitungsmethoden unterliegt. Von vornherein ist klar, daß beim Bearbeiten von gehärtetem Stahl, mag derselbe

---

[1]) Mitt. über Forschungsarbeiten. Ver. deutsch. Ing., Heft 43, Berlin 1907.

nun ein Werkzeug oder einen Maschinenteil darstellen, nur das Schleifen in Betracht kommt. Dasselbe gilt von Eisenteilen, die im Einsatz gehärtet sind oder vereinzelt harte Stellen aufweisen, von Hartgußstücken u. dgl., mit einem Wort, von allen Gegenständen, bei deren Bearbeitung das Stahlwerkzeug versagt. In all diesen Fällen dient die Schleifscheibe, je nach Bedarf, sowohl zur eigentlichen Formgebung, wie ein Schruppwerkzeug, als auch zur Herstellung einer sauberen und genauen Oberfläche, wie ein Schlichtwerkzeug. Die neueren Schleifmaschinen für Dreh-, Hobel- und Stoßstähle sind so eingerichtet, daß die Winkel an den Schneiden der Werkzeuge gemessen und nach erprobten Tabellen unabhängig von der Willkür des Arbeiters genau hergestellt werden können. Für Fräser, Messerköpfe, Sägeblätter, Holzhobelmesser, Spiralbohrer u. dgl. gibt es automatische Schleifmaschinen. Die Schmirgelscheibe behält nun ihre Bedeutung als Schlichtwerkzeug allein aber auch da, wo es sich um die Bearbeitung von weicheren Materialien, z. B. von weichem Stahl oder Schmiedeeisen, von Gußeisen, Messing oder Rotguß handelt, und bildet somit eine wertvolle Ergänzung zum Schnellstahl, der sich zum Schlichten nicht sehr eignet. Als besonders vorteilhaft hat es sich herausgestellt, Arbeitsstücken, die auf der Drehbank hergestellt werden, mit der Schmirgelscheibe den letzten Schliff zu geben, vorausgesetzt natürlich, daß die geometrische Form des Arbeitsstückes die Anwendung der Schmirgelscheibe ohne Schwierigkeiten zuläßt. Das Schleifen ist hierbei unter Umständen ganz erheblich wirtschaftlicher als das sonst übliche Verfahren, mit der Feile die Drehriefen fortzuschaffen, bzw. die Flächen möglichst genau herzustellen, weil die Schmirgelscheibe nicht nur quantitativ, sondern, weil maschinell geführt, auch qualitativ bedeutend mehr leistet, als die Feile. Zum Schleifen auf der Drehbank kann man sich einer einfachen Vorrichtung bedienen, die im wesentlichen aus einem Stahlgußhalter, gutgelagerter Welle mit Schleifrad und Riemscheibe besteht. Diese Vorrichtung wird anstatt des Drehstahles in dem Support der Drehbank eingespannt und von einem Trommeldeckenvorgelege oder, bei langen Stücken, durch einen am Support selbst angeordneten Elektromotor angetrieben. Da indessen eine Drehbank, wenn nicht von vornherein auch zum Schleifen eingerichtet, schlecht gegen den Schmirgelstaub bzw. -schlamm zu schützen ist, so nimmt man zweckmäßig das Schleifen von Drehkörpern auf eigens dazu gebauten Maschinen, auf sog. Rundschleifmaschinen, vor. Auf diesen Rundschleifmaschinen, welche in neuerer Zeit die weitgehendste Vervollkommnung erfahren haben, können außerdem durch besondere Einrichtungen die Arbeitsstücke leicht mit einer außerordentlichen Genauigkeit fertiggestellt werden, wie sie wohl auf Drehbänken kaum oder nur mit großen Schwierigkeiten zu erreichen ist. Die Verbesserungen bei den neueren Rundschleifmaschinen beziehen sich hauptsächlich auf Vermeiden der Vibrationen durch hinreichende Stabilität der Maschine selbst und durch gute, leicht einstellbare Unterstützungen langer Arbeitsstücke, ferner auf Feineinstellung der Supports und leichten Geschwindigkeitswechsel des Arbeitsstückes sowohl, wie des seitlichen Vorschubes der Schleifscheibe zur Erzielung des besten Schleifeffektes. Die Arbeitsstücke werden bis auf etwa 1·5 mm Genauigkeit im Durchmesser vorgeschruppt und kommen dann, ohne daß noch ein Schlichtspan genommen wird, gleich auf die Schleifbank.

Man hat Rundschleifmaschinen, bei welchen die Schleifscheibe fest-
steht (Norton Grinding Co.) und das Arbeitsstück in Richtung seiner
Drehachse an der Scheibe vorbeigeführt wird, und solche, bei denen das
Umgekehrte der Fall ist (Landis Tool Co.). Die ersten Maschinen haben
den Vorteil, daß der Arbeiter ebenso wie die Schleifscheibe festen Platz
haben, und daß der Antrieb der letzteren sich einfacher bewerkstelligen
läßt. Auch wird diesen Maschinen eine größere Stabilität des Schleifsupports
nachgerühmt.[1]) Die andere Bauart ist bei sehr langen Arbeitsstücken wohl
die einzig zweckmäßige. Ein Unterschied zwischen beiden Maschinen hinsichtlich der Genauigkeit ist nicht bekannt. Zu den Rundschleifmaschinen
ebenfalls zu rechnen sind die sehr vorteilhaften und vielfach verbreiteten
Maschinen zum Innenschleifen von Büchsen aller Art, ferner die neuerdings immer mehr in Aufnahme kommenden Maschinen zum Ausschleifen
von Dampf- und Pumpenzylindern. Während man bei der Rundschleiferei
jederzeit in der Lage ist, die eben geschliffene Stelle mit dem Taster bzw.
Lehre nachzumessen und nötigenfalls nochmals der Einwirkung der Schleifscheibe zu unterziehen, bis das gewünschte Kaliber genau erreicht ist,
macht das Kontrollieren einer ebenen Fläche auf ihre Genauigkeit größere
Schwierigkeit, und zwar wird die Schwierigkeit um so größer, je aus-
gedehnter die Flächen sind. Man hat daher nach Art der Hobelmaschinen
gebaute Planschleifmaschinen für größere Flächen bis jetzt nur da im
Gebrauch, wo es nicht auf allzu große Präzision ankommt. Für Kreuz-
kopfführungen und andere Teile mit kleineren Flächen sind Planschleifmaschinen sehr zweckmäßig. Schließlich seien noch die durch biegsame
Welle oder gelenkigen Riemenarm angetriebenen tragbaren Handschleif-
apparate erwähnt, welche zum Gußputzen, Bearbeiten von Blechkanten
u. dgl. vielfach im Gebrauch sind.

Es würde zu weit führen, diesen allgemeinen Ausführungen über das
Schleifen genauere Beschreibung der vielgestalteten Schleifmaschinen selbst
hinzufügen, und es möge daher nur noch die nachstehende Zusammenstellung von Veröffentlichungen neuerer Konstruktionen in der Literatur
Platz finden.

a) Einfachere Schleifmaschinen ohne Supportführung.

1. Doppelte Handschleifmaschine mit nachstellbarer Schutzvorrichtung
   der Naxos Union, Frankfurt a. M. Zeitschr. Ver. deutsch. Ing. 1907,
   S. 172.
2. Handschleifmaschine zum Gußputzen usw. mit Staubabsaugung von
   Fr. Schmaltz, Offenbach a. M. Zeitschr. 1901, S. 546.
3. Doppelte Handschleifmaschine mit Staubabsaugung von Mayer &
   Schmidt, Offenbach a. M. Zeitschr. 1903, S. 673.

b) Werkzeugschleifmaschinen.

1. Für Dreh- und Hobelstähle der Gisholt Machine Co., Madison, Wis.
   Zeitschr. 1903, S. 1657.
2. Für Dreh- und Hobelstähle von William Sellers & Co., Philadelphia, Pa.
   Zeitschr. 1903, S. 1658.
3. Für Fräser, Reibahlen und Spiralbohrer von J. E. Reinecker, Chemnitz.
   Zeitschr. 1901, S. 546.

---

[1]) Zeitschr. Ver. deutsch. Ing. 1906, S. 369.

4. Selbsttätige Fräserschleifmaschine von Fr. Schmaltz, Offenbach a. M.
   Zeitschr. 1901, S. 626.
   Selbsttätige Fräserschleifmaschine für große Fräser von Fr. Schmaltz,
   Offenbach a. M. Zeitschr. 1903, S. 677.
5. Selbsttätige Spiralbohrerschleifmaschine von Mayer & Schmidt.
   Zeitschr. 1906, S. 1022.
6. Selbsttätige Schleifmaschine für Metall- oder Holzkreis- und Band-
   sägen von Fontaine & Co., Bockenheim. Zeitschr. 1906, S. 1024.
7. Diverse Werkzeugschleifmaschinen. Zeitschr. 1906, S. 416.

c) Rundschleifmaschinen.

1. Einfache und doppelte Rundschleifmaschine von J. E. Reinecker,
   Chemnitz. Zeitschr. 1901, S. 484.
2. Rundschleifmaschine der Landis Tool Co., Waynesboro, Pa. Zeitschr.
   1901, S. 543.
3. Walzenschleifmaschine von Mayer & Schmidt und der Naxos-Union,
   neuere Rundschleifmaschinen von Brown & Sharpe, der Norton
   Grinding Co. und der Landis Tool Co. Zeitschr. 1906, S. 369.
4. Büchsenausschleifmaschine mit vertikaler Spindel von Fr. Schmaltz,
   Offenbach a. M. Zeitschr. 1901, S. 545.
   do. doppelte. Zeitschr. 1903, S. 676.
5. Hohlschleifmaschine mit horizontaler Spindel von Mayer & Schmidt,
   Zeitschr. 1903, S. 675.
6. Zylinderschleifmaschine mit horizontaler Spindel von Mayer & Schmidt,
   für Automobilzylinder von Brown und Sharpe, mit vertikaler Spindel
   von Fr. Schmaltz. Zeitschr. 1906, S. 374.

d) Spezialschleifmaschinen.

1. Kolbenringplanschleifmaschine der Naxos-Union mit elektromag-
   netischem Spannfutter. Zeitschr. 1907, S. 171.
2. Kulissenschleifmaschinen, auch zum Büchsenschleifen eingerichtet,
   mit horizontaler Spindel von Mayer & Schmidt und der Naxos-Union,
   mit vertikaler Spindel von Fr. Schmaltz. Zeitschr. 1906, S. 411.
3. Nachdreh- und Schleifmaschine für Achsschenkel und Kurbelzapfen
   an Radsätzen von der Berliner Werkzeugmasch.-Fabr. A.-G. vorm.
   L. Sentker (siehe Abschnitt 5, Abb. 26, S. 176).
4. Selbsttätige Kopierschleifmaschine (für Nocken) von Mayer & Schmidt.
   Zeitschr. 1906, S. 414.
5. Radbandagenschleifmaschine von Gowan & Daniell, aus den Werkstätten der Semmeringbahn, von Barclay, Springfield Emery Wheel
   Manufacturing Co. (gebaut auch von der Naxos-Union) und von der
   Ensign-Manufacturing Co. (Huntington). — Gustave Richard, Traité
   des Machines-outils, Paris 1896, Bd. 2, S. 252.
6. Planschleifmaschine für Lokomotivbestandteile, nach Hobelmaschinenart, mit vertikaler Spindel, von Fétu-Defizes. — Th. Pregél, Fräse-
   und Schleifmaschinen, Stuttgart 1892.

3. Werkzeugmacherei.

In allen größeren Eisenbahnwerkstätten soll für die Herstellung und
Instandhaltung von Werkzeugen eine besondere Abteilung vorgesehen
werden. Eine gut eingerichtete Werkzeugmacherei kann sehr viel dazu

beitragen, daß die eigentliche Werkstattarbeit in jeder Hinsicht wirtschaftlich und ohne zu stocken weitergeht, denn die vorteilhafte Ausnutzung
jeder Werkzeugmaschine, das Einhalten der Lieferzeiten hängt zum größten
Teil von der Güte und Bereitschaft des bei der betreffenden Maschine
gebrauchten Werkzeuges ab. Zur Herstellung eines guten Werkzeuges sind
aber besondere Einrichtungen sowie tüchtige, geschulte Arbeiter erforderlich, und die Bereitschaft, bzw. die schnelle Beschaffung eines Werkzeuges
erfordert, daß man sich einigermaßen unabhängig von den Spezialfirmen
macht, von denen man sonst gewisse Werkzeuge besser fertig bezieht.
Unrationell wäre es, normale Kaliberlehren, Reibahlen, Gewindebohrer,
Zahnradfräser, Spannfutter, Parallelschraubstöcke und dergleichen Werkzeuge, welche man jederzeit käuflich erhalten kann, in der eigenen Werkzeugmacherei herstellen zu wollen.

Eine moderne Werkzeugmacherei hat am besten ihre eigene Schmiede,
bestehend aus der nötigen Anzahl von Schmiedefeuern, Ambossen, einem
oder mehreren leichten Maschinenhämmern und einigen Schleifmaschinen
mit groben Schmirgelscheiben zum Abschruppen von Schnellstahlwerkzeugen
in warmem Zustande. Zweckmäßig sind von der Schmiede räumlich getrennt die Ausglüh-, Härte- und Anlaßvorrichtungen unterzubringen. Ein
dritter Raum dient zur Aufnahme der Feilbänke und Werkzeugmaschinen.

Bekanntlich erfolgt das Härten des Werkzeugstahles dadurch, daß
man ihn, je nach der Sorte, in rot- bis weißwarmem Zustande in Wasser,
Talg, Öl, Windstrom u. dgl. abkühlt. Das Anwärmen von Meißeln, Dreh-
und Hobelstählen zum Zweck der Härtung wird gewöhnlich im offenen
Feuer vorgenommen, obwohl es besser ist, selbst bei diesen einfacheren
Werkzeugen — namentlich, wenn sie aus Schnellstahl hergestellt sind —,
zum Anwärmen geeignete Glüh- oder Härteöfen zu benutzen. Durch un-
richtige Hitzegrade beim Härten wird der wirtschaftliche Erfolg bei Schnell-
drehstählen sehr in Frage gestellt.

Kaum zu umgehen ist die Anwendung von Härteöfen bei Fräsern,
Reibahlen, Gewindebohrern und ähnlichen Werkzeugen, deren Brauchbarkeit in hohem Grade von ihrer vollständigen und gleichmäßigen Erwärmung
auf eine bestimmte Temperatur beim Härten abhängt. Werden diese
Werkzeuge ungleichmäßig erwärmt, so verziehen sie sich bis zur Unbrauch-
barkeit oder bekommen Risse beim Abschrecken.

Die Bauart und der Betrieb der Härteöfen ist nun sehr verschieden.
In seiner primitivsten Form besteht ein solcher Ofen aus einem rechteckigen, aus feuerfesten Schamottesteinen gemauerten, teilweise oder ganz
mit Schmiedeeisen umkleideten Kasten. In der einen Seitenwand ist eine
innen ebenfalls mit Schamotte bekleidete Tür angebracht. Im Deckel befindet sich ein Anschlußstutzen für das Abzugsrohr der verbrannten Gase,
im Boden ein Rost und, falls kein genügend hoher Schornstein vorhanden,
ein Gebläseanschluß. Zur Erzielung höherer Temperaturen ist ein Gebläse
wohl immer erforderlich. Durch Klappen vor dem Rost und im Abzugsrohr wird die Luftzufuhr geregelt.

Geheizt werden diese Öfen gewöhnlich mit Holzkohle oder Koks, oder
mit einem Gemisch aus beiden, und die zu härtenden Teile werden entweder direkt in die Glut hineingelegt oder besser, um sie gegen Oxydation
zu schützen, erst nach Verpackung in einen mit Holzkohlenpulver gefüllten eisernen Kasten.

Bei diesen einfachen Öfen ist es immer noch schwierig, eine überall gleichmäßige Hitze zu erreichen, da namentlich beim Aufschütten von neuem Brennmaterial eine teilweise Abkühlung erfolgen muß. Man hat daher Öfen gebaut, bei denen die Feuerung und die zu härtenden Teile in besonderen Räumen untergebracht sind. Die gewöhnliche Anordnung ist die, daß ein mit feuerfestem Material ausgekleideter Raum durch eine horizontale Schamotteplatte in zwei Kammern zerlegt wird, von denen die untere als Feuerraum, die obere als Glühraum dient. Die Feuergase dringen durch Zwischenräume, die zwischen den Rändern der Platte und den Ofenwänden gelassen sind, in die obere Kammer und umspülen die auf der Platte liegenden Teile. Durch Stellklappen wird die Luftzufuhr so geregelt, daß in dem Glühraum freier Sauerstoff möglichst nicht mehr vorhanden ist. Die Tür zum Aufschütten des Brennmaterials wird zweckmäßig weit vorgebaut, damit die beim Öffnen hineinströmende frische Luft erst auf einem Umwege, also erwärmt und teilweise verbraucht, die Schamotteplatte trifft. Noch weiter geht man bei anderen Öfen, bei welchen als Glühraum eine vollständig geschlossene Muffel aus Schamottemasse angewandt wird. Die Muffel ist vorn mit einer direkt nach außen gehenden Tür versehen und wird im übrigen vollständig von den Feuergasen umspült. Natürlich erfordern diese Muffelöfen bedeutend mehr Brennmaterial als die vorhin beschriebenen; sie lassen sich jedoch schlecht umgehen, wenn durch die chemische Zusammensetzung der Feuergase, Schwefelgehalt u. dgl. eine schädliche Einwirkung auf das Härtestück zu erwarten ist. Die Muffeln sind namentlich am Boden stark der Abnutzung unterworfen; man fertigt sie daher bei größeren Dimensionen nicht aus einem Stück, sondern aus mehreren auswechselbaren Teilen an.

Außer einer größeren Gleichmäßigkeit in der Durchwärmung besteht der Vorteil der Härteöfen nun auch darin, daß man die Regelung der je nach der Stahlsorte verschieden hohen Temperatur durch Betätigung der obenerwähnten Stellklappen einigermaßen in der Hand hat. Der gewöhnliche Werkzeugstahl braucht zum Härten etwa 700 bis 850° C, Schnellstahl aber bis 1300°. War die Temperatur zu niedrig, so bleibt der Stahl beim Abschrecken zu weich, ist sie zu hoch, so verbrennt der Stahl. Es bedeutet daher eine wesentliche Erleichterung für die Härterei, wenn man die für eine bestimmte Stahlsorte einmal als richtig erprobte Temperatur immer wieder genau herstellen kann. Hierzu gehört aber vor allen Dingen ein Mittel, die Temperatur messen zu können. Die Firma Siemens & Halske, Aktiengesellschaft, Berlin, baut thermoelektrische Pyrometer, bestehend aus einem Thermoelement und einem Zeigergalvanometer, an welchem man Temperaturen von etwa 300 bis 1600° C direkt ablesen kann. Das Thermoelement setzt sich zusammen aus einem reinen Platindraht von etwa 1·5 m Länge und 0·6 mm Dicke und aus einem ebensolchen mit 10% Rhodiumgehalt. Beide Drähte sind an einem Ende zusammengelötet. Die Lötstelle wird der zu messenden Temperatur ausgesetzt, die freien Drahtenden verbindet man mit dem Galvanometer.

Die Vorteile einer richtigen und überall gleichmäßigen Temperatur zum Härten sind derartig, daß man in neuerer Zeit trotz der erheblich größeren Betriebskosten die Härteöfen durch Gas oder auch durch Elektrizität heizt. Die höheren Betriebskosten werden bei diesem Verfahren reichlich aufgewogen durch den rascheren Verlauf und den besseren

Erfolg der Härtung, sowie auch insbesondere dadurch, daß eine Zerstörung der oft kostspieligen Werkzeuge durch Härterisse, Verbrennen u. dgl. fast nie vorkommt. Auch ist man bei den mit Gas oder Elektrizität geheizten Öfen weniger auf die Geschicklichkeit des Arbeiters angewiesen.

Die Gasöfen sind meist, ähnlich wie die oben beschriebenen Koksöfen, mit Schamotteplatte oder Muffel gebaut, nur daß statt Koks bzw. Holzkohle ein knallgasartiges Gemisch aus gewöhnlichem Leuchtgas und Preßluft in einer entsprechenden Anzahl von Stichflammen verbrannt wird. Die Herstellung der Preßluft erfolgt durch ein kleines Gebläse, die Temperaturregelung leichter und weit genauer, wie bei Koksöfen, durch einfache Betätigung der Luft- und Gaszuführungshähne. Bei richtiger Ein-

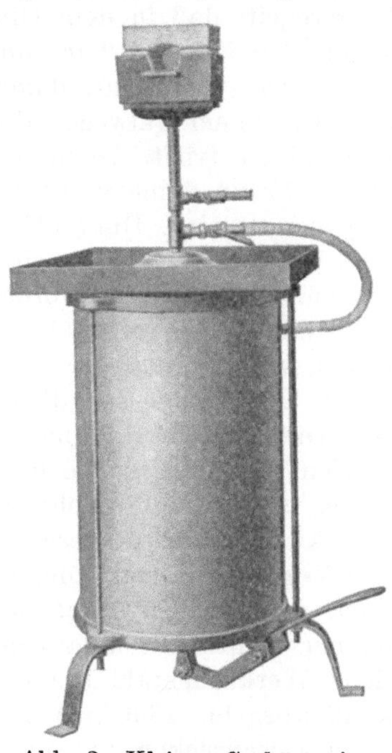

Abb. 1. Gashärteofen mit Schamotteplatte.

Abb. 2. Kleiner Gashärteofen mit Gebläse für Schnelldreh- und Hobelstähle.

stellung dieser Hähne füllt sich der Glühraum nur mit neutralen Verbrennungsgasen an, die Oxydationswirkungen auf die zu härtenden Teile nicht mehr ausüben können. Abb. 1 zeigt einen Gashärteofen mit Schamotteplatte, wie er von der Firma Schuchardt & Schütte, Berlin, in verschiedenen Größen vertrieben wird. Zum Härten von Werkzeugen aus Schnellstahl dient derselbe Ofen, nur mit stärkerer Schamotteauskleidung und mit größeren Brennern. Speziell für Schnelldreh- und -hobelstähle führt die Firma zwei Öfen nach Abb. 2 und 3. In dem kleineren Ofen, der ohne Gebläse 55 M. kostet, kann Stahl von $1'' \times {}^1/_2''$ in 3 Minuten, und in dem größeren Stahl von $1{}^1/_2''$ im Quadrat in 20 Minuten auf Weißglut gebracht werden.

Längere Gewindebohrer, Reibahlen u. dgl. verziehen sich auch im Härteofen, wenn sie auf die Schamotteplatte gelegt werden. Man hängt sie daher senkrecht in den Glühraum hinein. Da nun aber, der Brennmaterialersparnis wegen, die Härteöfen so klein als möglich ausgeführt werden, so ist es zweckmäßig, für derartige lange Werkzeuge einen besonderen Ofen mit entsprechend hohem, sonst aber nicht ausgedehntem Glühraum zu beschaffen. Sehr gut eignet sich auch für den genannten Zweck ein Bleibad. In einem schmiedeeisernen Gefäß von entsprechender Tiefe wird geschmolzenes Blei, und zwar am besten auch durch ein Gasgebläse, nötigenfalls bis zur Weißglut erhitzt und die Werkzeuge senkrecht in das Blei hineingehängt. Wie man durch das Pyrometer feststellen kann, sinkt hierbei die Temperatur des Bades. Nachdem der ursprüngliche Hitzegrad wieder erreicht ist, zieht man die Werkzeuge senkrecht heraus und taucht sie ebenso in die Härteflüssigkeit. Im Bleibade, das sich auch zum Anwärmen von Fräsern. u. dgl. vorzüglich eignet, wird nicht nur eine sehr gleichmäßige Erwärmung erreicht, sondern auch ein Oxydieren der feinen Werkzeugschneiden sicher verhütet. Da das Blei in der Weißglut verdunstet und die Bleidämpfe sehr giftig sind, so ist für guten Abzug derselben Sorge zu tragen.

Die Firma C. Churchill & Co., London E. C., baut einen Härteofen[1]), in welchem statt des Bleibades ein Salzbad zur Anwendung kommt. Das Salz besteht aus einer Mischung von Chlorkalium und Chlornatrium, die bei 700° C flüssig wird.

Von den elektrisch geheizten Härteöfen kommen hauptsächlich zwei Typen in Betracht. W. C. Heraeus, Hanau a. M., baut Öfen für Schnellstähle von 30 und 50 mm lichter Weite der Muffel, welche mittels eines Platinwiderstandes in etwa 30 Minuten bis auf 1250° erwärmt wird. Stromverbrauch 800 bis 1200 Watt.

Der patentierte Härteofen der Allgemeinen Elektrizitätsgesellschaft, Berlin, besteht im wesentlichen aus einem mit feuerbeständigem Material ausgekleideten Kasten, in welchem eine Salzmischung mittels

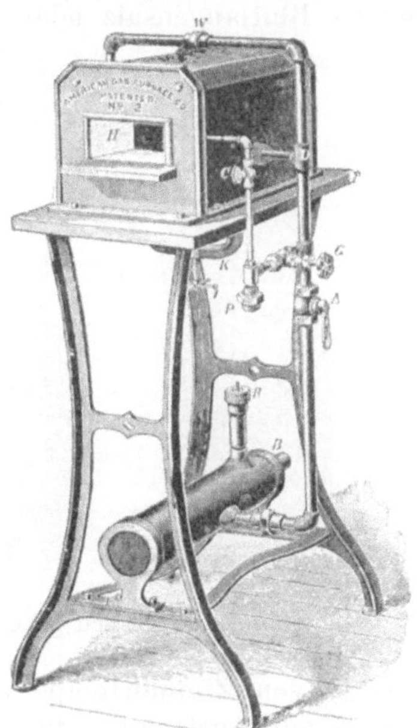

Abb. 3. Gashärteofen für stärkere Schnellstähle

schmiedeeiserner Elektroden in den feurig flüssigen Zustand gebracht wird. Durch Regulierung der Stromstärke kann man jede beliebige Temperatur zwischen 750 und 1325° erreichen. Dieser Härteofen, der auch in großen Dimensionen hergestellt werden kann, hat die Vorteile des Bleibadofens, ohne die lästige Eigenschaft des letzteren zu besitzen, giftige Dämpfe zu entwickeln. Die Haltbarkeit des feuerbeständigen Kastens ist von großer Dauer, da die Erwärmung nicht, wie bei den Muffeln der Gasöfen, von außen durch die Wände hindurch erfolgt. Der Energieverbrauch für einen Ofen von 200 mm im Quadrat und 270 mm Tiefe beträgt bei Temperaturen von 850, 1150 und 1300°, bzw. 8·5, 16 und 22 Kilowatt. Das Anwärmen des Ofens auf die Glühtemperatur dauert etwa 30 Minuten, und die Arbeitsstücke sollen in etwa dem fünften Teil der bei Gasöfen

---

[1]) Zeitschr. Ver. deutsch. Ing. 1905, S. 66.

erforderlichen Zeit auf die Härtetemperatur gebracht werden können. Abb. 4 zeigt den A. E. G.-Ofen mit Reguliertransformator, Spannungsmessern und Pyrometer.

Dem kohlenstoffarmen Stahl und Schmiedeeisen kann man durch die sog. Einsatzhärtung eine mehr oder weniger tiefe harte Schicht an der Oberfläche verleihen. Die Einsatzhärtung geschieht am besten durch stundenlanges Glühen der betreffenden Teile in einem Härteofen, nachdem sie in einem schmiedeeisernen Kasten[1] mit einer Mischung von gepulverter Holz- und Lederkohle (zu gleichen Teilen) umstampft worden sind. Der Kasten wird mit Lehm luftdicht verstrichen. Sobald man annehmen kann, daß die harte Schicht die gewünschte Stärke hat, werden die Teile aus dem Kasten herausgenommen und in Wasser abgeschreckt. Ähnliche Härtewirkungen erzielt man durch Bestreuen der rotwarm gemachten Teile mit gelbem Blutlaugensalz oder blausaurem Kali und Eintauchen in Wasser.

Abb. 4. Elektrisch geheizter Härteofen.

Die Einsatzhärtung kommt für Werkzeuge weniger in Betracht; bei Muttern, Bolzenköpfen, Zapfen, Kugellagern und anderen Gegenständen, deren Oberfläche man gegen zu rasche Abnutzung schützen will, ohne die Zähigkeit des Kernes zu beeinträchtigen, wird sie vielfach angewandt.

Dicht neben dem Härteofen sind die Behälter für die Härteflüssigkeit (meist reines Wasser von Zimmertemperatur) oder bei Schnellstahl die Kühlvorrichtungen mit Luftstrom usw. aufzustellen.

Die aus gewöhnlichem Gußstahl angefertigten Werkzeuge müssen nach dem Härten bekanntlich noch angelassen werden. Bei Dreh- und Hobelstählen taucht man zum Härten nur wenig mehr als die Schneide in das Wasser, zieht den übrigen noch glühenden Stahl dann heraus und wartet, bis sich an der blank gescheuerten Schneide die gewünschte Anlaßfarbe zeigt, worauf man durch nochmaliges Eintauchen in Wasser die der Anlaßfarbe entsprechende Härte fixiert. Andere Werkzeuge werden auf einer glühenden Eisenplatte oder besser in einem Sandbade angewärmt. Bei dem kombinierten Härteverfahren werden die Gegenstände rotglühend für einen kurzen Moment zuerst in Wasser getaucht und dann im Ölbade vollends abgekühlt, worauf sie zum Gebrauch fertig sind.

Es liegt auf der Hand, daß bei den eben beschriebenen Anlaßverfahren das Gefühl und die Geschicklichkeit des Arbeiters eine große Rolle spielen, und man hat deshalb auch zum Anlassen besondere Öfen konstruiert. Bei diesen Öfen benutzt man die Eigenschaft gewisser Öle

---

[1] Kasten für diesen Zweck liefert A. Baumann, Aue im Erzgebirge.

(Zylinderöle), erst bei einer Temperatur von über 300° ins Sieden zu
geraten. Da nun zum Anlassen nur eine Hitze von 200 bis 300° erforderlich ist, so genügt es, die anzulassenden Gegenstände in ein Ölbad von
einer der erforderlichen Anlaßfarbe entsprechenden Temperatur zu bringen,
welche durch ein Thermometer genau gemessen werden kann. Abb. 5
zeigt einen Ölanlaßofen von Schuchardt & Schütte, Berlin, welcher mit
Gas geheizt wird. Mittels eines aus Drahtgeflecht hergestellten Kastens
können gleich mehrere Teile zugleich in das Ölbad getaucht bzw. herausgehoben werden.

Es erübrigt nun noch, die
Arbeitsmaschinen aufzuführen,
welche für die Werkzeugmacherei
erforderlich sind. Außer den bei
der Werkzeugschmiede erwähnten
kommen etwa folgende Schleifmaschinen in Betracht: Einfache
Handschleifmaschinen mit Sand-
stein- oder Schmirgelrad, Support-
schleifmaschinen für Dreh- und
Hobelstähle, Universalwerkzeug-
schleifmaschinen oder getrennte
Spezialschleifmaschinen für Fräser,
Messerköpfe, Gewindebohrer, Reibahlen, Spiralbohrer u. dgl., selbsttätige Schleifmaschinen für Holz-
oder Metall-, Kreis- und Bandsäge-
blätter, sowie solche für die Hobel-
messer der Holzabrichtmaschinen,
Rundschleifmaschinen usw.

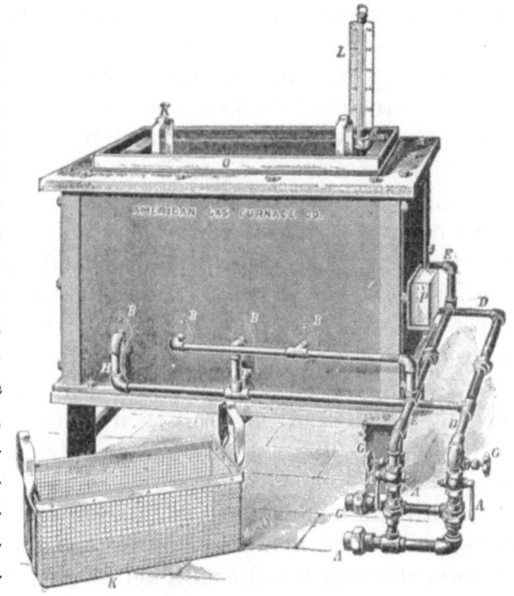

Abb. 5. Ölanlaßofen.

Ferner sind aufzustellen: Abstechbänke oder Kaltsägen zum Zerteilen
des Rohmaterials, eine Zentriermaschine, gewöhnliche Drehbänke, sowie
solche zur Herstellung von hinterdrehten Fräsern[1]), Gewindebohrern u. dgl.,
Universalfräsmaschinen für Fräsarbeiten aller Art, insbesondere zum Ein-
fräsen der Nuten in Fräsern, Reibahlen, Gewindebohrern, Spiralbohrern
u. dgl., leichte Bohr-, Hobel-, Shaping- und Stoßmaschinen zur Herstellung
von Spezialwerkzeugen, Aufspannvorrichtungen, Bohrlehren usw.

Die Aufbewahrung, Ausgabe und Zurücknahme der Werkzeuge erfolgt
der Kontrolle wegen in einer von der Werkzeugmacherei getrennten und
unter besonderer Verwaltung stehenden Abteilung.

4. Der Antrieb der Arbeitsmaschinen.

Die einer Werkstättenanlage zur Verfügung stehende Kraft kann auf
verschiedene Weise zu den einzelnen Arbeitsmaschinen hingeleitet werden.
Als wichtigste Kraftübertragungsmittel, die auch oft kombiniert anzuwenden
sind, kommen in Betracht: Transmissionswellen, elektrische, Dampf-, Preß-
wasser- und Druckluftleitungen.

Von einer Transmission erfolgt der Antrieb meist durch Riemen
auf eine Fest- und Losscheibe an der Maschine, und zwar entweder direkt

---

[1]) Reineckers Hinterdrehbank, Zeitschr.Ver. deutsch. Ing. 1900, S. 1165.

oder durch Vermittlung eines oder mehrerer Deckenvorgelege. Ist ein
Geschwindigkeitswechsel erforderlich, so erzielt man denselben durch Stufenscheiben oder durch ausrückbare Rädervorgelege oder durch beides zusammen. Sehr zweckmäßig ist oft auch ein Doppelantrieb des Deckenvorgeleges. Man kann viele ältere Werkzeugmaschinen, die für Anwendung
von Schnellstahl unbrauchbar sind, hierzu geeignet machen, wenn dem
Deckenvorgelege durch Aufsetzen eines zweiten Paares Fest- und Losscheiben ein schnellerer Lauf gegeben wird. Hierdurch ist es möglich, die
für Schnellstahl erforderliche größere Geschwindigkeit bei eingerücktem
Rädervorgelege, also bei stärkerer Übersetzung, zu erreichen, so daß die
Maschine trotz der größeren Leistung durchzieht. Dieses Verfahren
ist in manchen Werkstätten mit Erfolg ausgeführt worden. Neuerdings sind Einrichtungen im Gebrauch, durch welche die Geschwindigkeit nicht stufenweise, sondern kontinuierlich geregelt wird. Da dieses
nur mit Hilfe von Friktionsgetrieben möglich ist, so sind solche Einrichtungen für große Kraftübertragungen kaum anwendbar. Am besten
hat sich noch von diesen Geschwindigkeitsreglern das Reevesgetriebe
bewährt, welches sowohl am Deckenvorgelege[1]), als auch an der Maschine[2])
selbst angeordnet werden kann. Bei elektrischem Einzelantrieb kommen
für den Geschwindigkeitswechsel außer den erwähnten Einrichtungen noch
Motoren mit veränderlicher Umdrehungszahl in Betracht. Man baut Motoren, bei denen die größte Geschwindigkeit das zwölffache der niedrigsten
beträgt, ohne daß Leistung und Nutzeffekt sich erheblich ändern. Leider
ist der allgemeinen Anwendung solcher Motoren ihr hoher Preis und oft
auch ihre unbequeme Größe hinderlich, welche beide zu der betreffenden
Arbeitsmaschine meist in keinem Verhältnis stehen. Preis und Größe eines
Motors, der mit Geschwindigkeitsstufen von 1:2, 1:4, 1:6 usw. im Maximum ausgerüstet ist, betragen nämlich annähernd ebensoviel wie bei einem
einfachen Motor von der doppelten, vierfachen bzw. sechsfachen Leistung.
Dieser Umstand fällt um so mehr ins Gewicht, als man heute durch die
Einführung des Schnellstahles gezwungen ist, bedeutend stärkere Motoren
anzuwenden als früher. Im übrigen ist für viele Maschinen, z. B. für große
Drehbänke, selbst eine Geschwindigkeitsänderung von 1:12 im Maximum
noch nicht ausreichend, so daß trotz des Stufenmotors außerdem noch
auf Stufenscheiben oder veränderliche Radübersetzung zurückgegriffen
werden muß.

Die für Transmissionsantrieb eingerichteten Werkzeugmaschinen sind
selten ohne weiteres für elektrischen Einzelantrieb zu gebrauchen.
Selbst wenn man das Deckenvorgelege beibehält, wird der meist große
Unterschied in der Umdrehungszahl des Motors und des Vorgeleges eine
Räderübersetzung erforderlich machen. In vielen Fällen bringt man statt
des Deckenvorgeleges ein Riemenvorgelege an der Maschine selbst an.
Werden dabei die Riemen zu kurz, so hilft man sich durch Spannrollen
oder durch Anwendung von nachgiebigen Wippen oder Pendelvorgelegen.
In neuerer Zeit sucht man auch bei schweren Maschinen die Stufen-
scheiben ganz auszuschalten und statt derselben eine einfache Antriebs-

---

[1]) Deckenvorgelege von Reeves, Zeitschr. Ver. deutsch. Ing. 1904, S. 1383.
[2]) Reevesantrieb am Spindelkasten einer Drehbank von Lang & Sons in Johnstone.
Zeitschr. Ver. deutsch. Ing. 1905, S. 1773.

scheibe in Verbindung mit einem Stufenrädergetriebe[1]) anzuordnen. Durch diese sog. Antriebsräderkasten erreicht man es ebenso wie durch die vorhin erwähnten Reevesgetriebe, daß die Maschinen meist ohne weitere Um-änderung sowohl für elektrischen Einzelantrieb, als auch für Transmissions-antrieb geeignet sind. Ein zweiter Vorteil ist der, daß der Geschwindig-keitswechsel durch einfaches Umlegen von Handhebeln bewirkt werden kann, und daß die für den Arbeiter gefährliche und umständliche Ver-legung des Riemens auf eine andere Stufe entfällt.

Das Einschalten eines Riemens zwischen Motor und Vorgelege ist sehr zu empfehlen, da hierdurch schädliche Rückwirkungen auf ersteren, bzw. Stöße beim Anlassen usw. vermieden werden; sonst kuppelt man aber auch den Motor direkt mit der Antriebswelle oder treibt direkt auf die-selbe durch Zahnräder und schaltet nötigenfalls eine elastische Kuppe-lung ein.

Die Maschinenfabrik Oerlikon in Zürich baut Drehbänke, bei denen der Anker des Stufenmotors auf der Spindelstockspindel selbst sitzt.[2]) Durch diese Anordnung, welche auch hinsichtlich des guten mechanischen Wirkungsgrades durch ihr Minimum an Triebwerksteilen bemerkenswert sein dürfte, erhält die Bank eine sehr elegante und einfache Form. Ab-gesehen davon, daß es oft schwer ist, größere für Schnellstahlanwendung genügende Stufenmotoren auf diese Weise mit der Maschine zu vereinigen, sind im allgemeinen normale Motoren, für welche Ersatzteile leicht zu haben sind, auch schon des billigeren Preises wegen zum Antrieb der Arbeitsmaschinen vorzuziehen.

Besondere Schwierigkeiten bereitet der elektrische Antrieb bei Hobel-maschinen und ähnlichen, wenn das bekannte Riemenwendegetriebe ver-mieden werden soll. In diesem Falle ist die Antriebswelle für die Tisch-bewegung bei jedem Hubwechsel momentan mit einem rechts bzw. links umlaufenden Rade zu kuppeln. Wegen der hohen Umdrehungszahl dieser Räder sind Klauenkuppelungen nicht anwendbar, und man findet als Er-satz manchmal recht komplizierte und daher sicher oftmals reparatur-bedürftige Einrichtungen mit Reibungskuppelungen.[3]) Bemerkenswert ist die Anwendung von Kuppelungen mit spiralförmiger Reibungsfeder[4]) der Firma Louis Schwarz & Co. in Dortmund, sowie von elektromagnetischen Kuppelungen.[5]) Ob aber auch diese Einrichtungen die Dauerhaftigkeit eines gut gebauten Riemenwendegetriebes an sich haben, muß die Er-fahrung lehren, jedenfalls sind sie erheblich teurer als letzteres.

Kommt es nicht so sehr auf momentanes Wechseln von Vor- und Rücklauf an, so steuert man in vielen Fällen auch den Motor um. Bei Laufkranen sind oft drei umsteuerbare Motoren angeordnet, von denen einer das Heben und Senken der Last, der zweite das Verschieben der

---

[1]) Eine Zusammenstellung solcher Stufenrädergetriebe siehe in der Abhandlung von Ruppert, Zeitschr. Ver. deutsch. Ing. 1904, S. 418 u. f.; vgl. auch Zeitschr. Ver. deutsch. Ing. 1905, S. 2027.

[2]) Zeitschr. Ver. deutsch. Ing. 1905, S. 1024.

[3]) Hobelmaschinen von Lewis, gebaut von Sellers & Co. — G. Richard, Traité des Machines-outiles, Paris 1895.

[4]) Transportable Feilmaschine der Maschinenfabrik Oerlikon. Zeitschr. Ver. deutsch. Ing. 1905, S. 1021.

[5]) Hobelmaschinen mit elektromagnetischer Steuerung. Zeitschr. Ver. deutsch. Ing. 1901, S. 1114.

Laufkatze auf dem Kran und der dritte die Bewegung des ganzen Kranes bewirkt.

Dampfleitungen sind erforderlich für Dampfhämmer, dampfhydraulische Pressen oder Pumpen, schwere Walzwerke u. dgl. Die Dampfhämmer ersetzt man in neuerer Zeit mehr und mehr durch die stoßfrei wirkenden Schmiedepressen. Auch sonst herrscht jetzt unverkennbar das Bestreben, die Dampfleitung nach Möglichkeit auszuschalten. Der früher vielfach übliche Antrieb einzelner großer Maschinen oder einzelner Transmissionsstränge durch eine eigene Dampfmaschine wird jetzt meistens durch Anwendung von Elektromotoren vermieden. Dampfmaschinen mit eigenem Dampferzeuger werden dagegen noch vielfach angeordnet bei fahrbaren Kranen.

Der hydraulische Betrieb wird vorzugsweise bei Arbeitsmaschinen angewandt, die auf geradlinigem Wege einen mehr oder weniger starken Druck ausüben sollen, also bei Pressen aller Art, bei Scheren, Stanzen, Nietmaschinen u. dgl., ferner bei Aufzügen, Kranen und anderen Hebevorrichtungen. Seltener wird durch Preßwasser eine Rotationsbewegung[1]) hervorgerufen.

Gewöhnlich wird die geradlinige Bewegung eines Preßkolbens direkt als Arbeitsbewegung benutzt; bei Kranen schaltet man zur Vergrößerung des Hubes oft einen Flaschenzug ein. Die Hydraulik bietet wie kein anderes Mittel eine Möglichkeit, die größten in der Technik vorkommenden Drücke auf einem verhältnismäßig großen Wege bei sehr hohem mechanischen Wirkungsgrade auszuüben, weshalb bei schwersten Schmiedepressen, Kümpelpressen, Ziehpressen, Räderpressen u. dgl. nur der Preßwasserbetrieb in Frage kommt. Man kann zwar das Wasser im Preßzylinder auch durch Dampf oder Druckluft ersetzen, jedoch erhalten dann wegen der notwendigerweise geringeren Spannung Zylinder und Kolben zu unförmliche Dimensionen. Andererseits würde auch bei elastischen Druckmitteln der Kolben, sobald der Widerstand nachläßt, mit großer Gewalt vorgeschnellt werden, weshalb sich ihre Anwendung in vielen Fällen, z. B. für das Abziehen der Räder von ihren Achsen, von selbst verbietet.

Für Räderpressen ist der hydraulische Betrieb auch deshalb sehr geeignet, weil man in der einfachsten Weise durch Anbringen eines Manometers die Größe des angewandten Druckes beim Aufziehen der Räder mit ziemlicher Genauigkeit messen kann. Dieselbe Meßmethode ist auch bei vielen hydraulischen Materialprüfungsmaschinen im Gebrauch.

Der unter Wasserdruck stehende Kolben eignet sich ferner ganz ausgezeichnet zum Festhalten von Arbeitsstücken, welches Prinzip z. B. bei Ziehpressen, Nietmaschinen und Blechkantenhobelmaschinen zum Festhalten der Bleche ausgenutzt wird. Schließlich sei noch erwähnt, daß man durch Anwendung von Sicherheitsventilen dafür sorgen kann, daß die Größe des Druckes eine zulässige Grenze nicht überschreitet. Der Preßwasserbetrieb bietet daher auch eine Sicherheit gegen Bruch der Maschinengestelle oder gegen zu große nicht beabsichtigte Deformation der Arbeitsstücke.

Die Erzeugung des Preßwassers erfolgt nun entweder bei jeder Maschine durch eine eigene Pumpe, oder aber für mehrere Maschinen zugleich in

---

[1]) Ein Beispiel siehe Zeitschr. Ver. deutsch. Ing. 1900, S. 1801.

einer Druckwasserzentrale, bestehend aus Pumpe und Akkumulator. Der Betrieb durch eigene, elektrisch oder von der Transmission angetriebene Pumpe hat den Vorteil, daß annähernd nur soviel Kraft verbraucht wird, als zum Pressen usw. erforderlich ist, und daß der Preßkolben ohne weitere Absperrung des Wassers beim Nachlassen des Widerstandes nur mit der alten Arbeitsgeschwindigkeit sich weiterbewegt. Bei Anwendung von Dampfpumpen, namentlich von solchen ohne Schwungrad, sind besondere Einrichtungen zu treffen, welche Stöße oder ein Durchgehen der Pumpe beim Nachlassen des Arbeitswiderstandes verhindern.

Die Kalker Werkzeugmaschinenfabrik L. W. Breuer, Schumacher & Co. baut zur Erzeugung des Preßwassers für jede Maschine sog. dampfhydraulische Treibapparate[1]), bestehend aus einem stehenden Dampfzylinder von großem Querschnitt mit darüber befindlichem hydraulischen Zylinder von einem der gewünschten Übersetzung entsprechenden kleineren Querschnitt. Die Kolben beider Zylinder sind miteinander gekuppelt, und es wird gewöhnlich durch einen Hub des Treibapparates auch ein Arbeitshub der von ihm angetriebenen Maschine bewirkt. Durch Drosselung des Dampfes kann der Druck reguliert werden. Bei Maschinen mit abnehmendem Arbeitswiderstand tritt durch Anwendung von Expansion eine Dampfersparnis ein. Die meist nur für große schnellarbeitende Maschinen benutzten Treibapparate haben den Vorteil, daß nicht das Preßwasser von meist mehreren Hundert Atmosphären Druck, sondern der verhältnismäßig niedrig gespannte Dampf gesteuert wird, die Umsteuerungsorgane also einem geringeren Verschleiß ausgesetzt sind.

In vielen Fällen, namentlich wenn mehrere Maschinen anzutreiben sind, wird das durch eine Pumpe erzeugte Preßwasser erst in einem Akkumulator aufgespeichert und von hier aus den Maschinen zugeführt. Der Akkumulator besteht im wesentlichen aus einem Zylinder und einem Kolben, der je nach der gebrauchten Atmosphärenanzahl mehr oder weniger belastet ist. Die Belastung erfolgt entweder durch ein Gewicht oder auch, um die lebendige Kraft der bewegten Teile wegen der sonst auftretenden heftigen Stöße zu verringern, nach den Patenten von Prött und Seelhoff[2]) durch Luftdruck.

Bei Akkumulatorbetrieb, der auch bei wechselndem Arbeitswiderstand mit konstanter Wasserspannung und daher oft unökonomisch arbeitet, braucht die Pumpe zur Erzeugung des Preßwassers nicht für die größte, sondern nur für die Durchschnittsleistung bemessen zu werden. Der Inhalt des Akkumulators muß dem Unterschied in der gebrauchten Maximalleistung und der Durchschnittsleistung entsprechen. Der gebräuchliche Preßwasserdruck beträgt bei Akkumulatoren zum Betriebe von Aufzügen u. dgl. etwa 50 at, selten 75[3]), und zum Betriebe von Werkzeugmaschinen gewöhnlich 100 at, ist in einzelnen Fällen jedoch beträchtlich höher. Wasserspannungen von mehreren tausend Atmosphären werden bei dem Huberpreßverfahren[4]) angewandt, welches indessen für Eisenbahnwerkstätten nicht in Betracht kommt. Endlich sei noch darauf hingewiesen,

---

[1]) Zeitschr. Ver. deutsch. Ing. 1902, S. 1389.
[2]) Stahl und Eisen 1891, Nr. 1, sowie Fischer, Die Werkzeugmaschinen, 1. Teil, S. 620.
[3]) Ernst, Hebezeuge, Band II, S. 499.
[4]) Zeitschr. Ver. deutsch. Ing. 1901, S. 584.

daß einige Arbeitsmaschinen, wie Hebeböcke, Dornpressen, Probierapparate usw. durch eine Handpumpe in Tätigkeit gesetzt werden und daß für manche Zwecke auch das städtische Leitungswasser mit 2 bis 3 at Spannung als Betriebskraft benutzt werden kann.

Der Nachteil des hydraulischen Betriebes besteht darin, daß bei den oft unvermeidlich hohen Preßwasserspannungen die Kolben ebenso wie die Druckleitungen schwer dicht zu halten und die Steuerungen häufigen Reparaturen unterworfen sind. Ferner muß das verbrauchte Kraftwasser gewöhnlich wieder nach der Pumpe zurückgeleitet und die ganze Anlage gegen die Wirkungen des Frostes gut geschützt werden.

Alle diese Nachteile fallen fort bei Druckluftbetrieb, der indessen nur in bestimmten Fällen den hydraulischen verdrängen kann. Die durch einen elektrisch, von der Transmission oder mittels Dampf angetriebenen Kompressor erzeugte Druckluft wird zum Ausgleich des unregelmäßigen Verbrauches zunächst in einem Windkessel aufgespeichert, dessen Inhalt mindestens das Doppelte der minutlichen Leistung des Kompressors betragen soll. Als Windkessel kann oft ein alter Dampfkessel oder sonstiger Behälter benutzt werden. Da der Betriebsdruck nur 5 bis 7 at beträgt, so genügen zur Fortleitung der Preßluft gewöhnliche Gasrohre bzw. meist mit Draht umsponnene Gummischläuche bei beweglichen Maschinen.

Die in einer Kraftzentrale erzeugte Preßluft wird nun auf mannigfache Art und Weise und zu den verschiedensten Zwecken benutzt. Ein Bild von der Vielseitigkeit ihrer Anwendung gibt die nachstehende Zusammenstellung:

a) Hervorbringen eines Druckes meist auf geradlinigem Wege entweder direkt durch einen im Preßluftzylinder sich bewegenden Kolben oder außerdem durch Vermittlung von geeigneten mechanischen Kraftübertragungsmitteln bei Hebezeugen, Nietmaschinen, Formmaschinen u. dgl.

b) Hervorbringen einer rotierenden Bewegung in Windturbinen, Kapsel- oder Zylindermotoren, namentlich zum Antrieb von transportablen Bohr- und Gewindeschneidemaschinen, Aufreibemaschinen für Löcher u. dgl. weniger gut zum Antrieb von Hebezeugen.

c) Hervorbringen einer Schlagwirkung durch geeignete Hämmer zum Verstemmen von Kesselnähten, Umbördeln von Siederohren, zum Behauen oder Durchkreuzen von Blechen, Abhauen oder Verstemmen von Stehbolzen, zum Schlagen von Nieten, zum Bemeißeln von Guß- und Schmiedestücken, Abklopfen von Siederohren, Einstampfen von Formsand und dergleichen mehr. Weniger eine Schlagwirkung als eine bloße Erschütterung bewirken die Lufthämmer bei Sandsiebmaschinen für die Gießerei sowie beim Ausheben von Gußformen.

d) Fortschleudern von Sand in Sandstrahlgebläse zum Gußputzen, zum Reinigen von Werkstättenmauern[1]), sowie zum Putzen von Eisenkonstruktionen, Blechen u. dgl. vor dem Anstrich.

e) Zerteilen von Flüssigkeiten, wie Farben in Anstreichapparaten, von Petroleum in Heizöfen u. dgl.

f) Als Gebläsewind für Gasöfen, zum Härten von Schnellstahl, zum

---

[1]) Fahrbare Sandstrahlgebläse für diesen Zweck liefert Alfred Gutmann, A.-G. für Maschinenbau, Ottensen bei Hamburg.

Kühlen von Bohrern[1]) oder Fräsern (z. B. beim Fräsen von Dynamoankern, welche wegen der Papierbekleidung der Bleche nicht mit Wasser gekühlt werden dürfen), zum Reinigen von Arbeitsstücken, Werkbänken u. dgl.

Nach diesem allgemeinen Überblick über die verschiedene Art und Weise, auf welche die Arbeitsmaschinen angetrieben werden, wäre noch die Frage zu beantworten, welche Antriebsart in jedem Falle am vorteilhaftesten anzuwenden ist. Bei der Beantwortung dieser Frage wird man von vornherein diejenigen Fälle ausscheiden können, für welche überhaupt nur eine Betriebsart in Betracht kommt. Wie bereits oben ausgeführt, ist z. B. bei schweren Schmiedepressen, Kümpelpressen, Räderpressen usw. kaum etwas anderes als der Preßwasserbetrieb anzuwenden. Desgleichen läßt sich die Druckluft in einigen der Fälle d bis f der Aufstellung schwerlich ersetzen.

Im Falle c, bei welchem es sich um das Hervorbringen einer Schlagwirkung handelt, tritt, soweit die Schlagwirkung an sich nicht vermieden werden kann, und wenn es sich um leichte transportable Hämmer handelt, nur die Handarbeit mit dem Preßluftbetrieb in Wettbewerb. Die Schlagwirkung kann z. B. nicht vermieden werden beim Verstemmen von Kesselnähten oder beim Nieten solcher Gegenstände, für die wegen ihrer Gestalt eine Drucknietmaschine mit dem notwendigerweise durch einen Bügel mit ihr verbundenen Gegenhalter nicht anwendbar ist. Bei derartigen Arbeiten ist es aber erwiesen, daß, wenn sie in ausreichender Menge vorliegen, der Preßluftbetrieb auch bei Berücksichtigung der Anlagen und Betriebskosten bedeutende Ersparnisse[2]) gegenüber der Handarbeit mit sich bringt. Man kann rechnen, daß je nach der Art der Arbeit unter sonst gleichen Umständen mit der Preßluftnietmaschine 30 bis 50 % mehr Nieten geschlagen werden können als von Hand; außerdem ist bei jeder Nietkolonne an Stelle der beiden Zuschläger und des Stellkopfsetzers nur ein Mann erforderlich. Das Schlagen eines Niets von 26 mm Durchmesser dauert etwa 6 Sekunden, mit Einstellen der Maschine usw. durchschnittlich etwa 30 Sekunden.

Die maschinelle Nietung wird nun hinsichtlich der Rentabilität der Handarbeit auch dann vorzuziehen sein, wenn sie mittels Bügelnietmaschine, also entweder durch Schlag- oder Druckwirkung erfolgen kann. In diesem Falle tritt aber der hydraulische und der elektrische Betrieb mit dem pneumatischen in Wettbewerb. Die durch Druck wirkenden Preßluftnietmaschinen müssen, wenn sie wirtschaftlich arbeiten sollen, mit Kniehebelübersetzung[3]) ausgerüstet sein und übertreffen dann sogar hinsichtlich des geringen Kraftverbrauchs die mit Akkumulator betriebenen hydraulischen Maschinen. Nach der Berechnung von Leiber[4]) kann mit 1 kg Dampf der Betriebsmaschine folgende Anzahl Nieten von 26 mm Durchmesser gepreßt werden:

<hr>

[1]) Möller, Die Verwendung der Druckluft in der Werkstatt. Zeitschr. Ver. deutsch. Ing. 1904, S. 185.

[2]) Vgl. A. Lang, Die wirtschaftliche Bedeutung der Preßluftwerkzeuge. Zeitschr. Ver. deutsch. Ing. 1907, S. 1148.

[3]) Wirkungsweise des Kniehebels an einer Nietmaschine. Zeitschr. Ver. deutsch. Ing. 1907, S. 570.

[4]) Zeitschr. Ver. deutsch. Ing. 1904, S. 1698.

1. unmittelbar wirkender Druckluftnieter . . . 3·9 Nieten,
2. Kniehebeldruckluftnieter verschiedener Firmen 9·4 bis 18·8 Nieten,
3. Druckwassernieter . . . . 7·7 Nieten.

Da ferner bei den Druckluftnietern die obenerwähnten Nachteile des hydraulischen Betriebes, wie das schwer andauernd zu erreichende Dichthalten der Leitungen und Manschetten, Gefahr gegen Einfrieren usw. fortfallen, transportable Maschinen durch die einfache und geschmeidigere Luftdruckleitung beweglicher sind, und die ganze Anlage billiger ist, so dürfte im allgemeinen der Preßluftbetrieb den Vorzug verdienen. Während Schlagnietmaschinen meist nur für Niete bis 30 mm Druchmesser angewendet werden, führt man durch Druck wirkende Preßluftnietmaschinen heute noch in den größten Dimensionen aus. Die Maschinenbau-A.-G. Pokorny & Wittekind, Frankfurt a. M., baut pneumatische Kniehebelmaschinen für Niete bis 40 mm Durchmesser und von 3500 mm Ausladung des Bügels.

Einen Nachteil haben die Kniehebelnietmaschinen, nämlich den, daß bei verschiedenen Nietlängen bzw. Blechstärken ein Auswechseln der Nietstempel erforderlich ist. Zwar wird dieser Nachteil durch die Konstruktion der Hanna Engineering Works[1]) in Chicago vermieden, jedoch nur mit Hilfe einer komplizierten Bauart und eines erhöhten Kraftbedarfs.

Die Firma Schnabl & Co. in Triest vertreibt elektrisch angetriebene Nietmaschinen, sowohl stationär als auch transportabel für Nieten bis 28 mm Durchmesser und mit 600 bis 750 mm Bügelausladung, nach System Kodolitsch.[2]) Diese sonst sehr brauchbaren Maschinen sind komplizierter im Bau und auch wohl nicht so leicht zu handhaben wie die pneumatischen. Überdies dürfte durch die Einschaltung einer Schraube in den Bewegungsmechanismus des Nietstempels der Kraftbedarf ein erheblicher sein.

Werden die pneumatischen Handhämmer zum Durchkreuzen oder Behauen von Blechen usw. benutzt, so steigert sich die Leistung gegenüber der reinen Handarbeit auf das drei- bis fünffache.

Aber auch die hohe Leistung des Preßlufthammers wird für derlei Arbeiten in den Schatten gestellt durch das neue Sauerstoffschneideverfahren, welches die größte Beachtung verdient und deshalb hier näher beschrieben werden soll. Dieses Verfahren, dessen zugehörige Patente von der chemischen Fabrik Griesheim-Elektron in Frankfurt a. M. angekauft worden sind, beruht auf der Eigenschaft des Eisens, im reinen Sauerstoff zu verbrennen und dabei eine beträchtliche Wärme zu entwickeln. Man erwärmt das durchzuschneidende Eisen an der betreffenden Stelle zunächst durch ein Knallgasgebläse auf Verbrennungstemperatur und läßt dann Sauerstoff in feinem Strahl unter hohem Druck auf diese Stelle strömen. Das Eisen fängt alsbald an, unter dem Sauerstoffstrahl zu verbrennen bzw. zu schmelzen, wobei verbrannte Eisenteile aus dem entstandenen Loche oder Schlitz durch den Luftstrom herausgeblasen werden. Der ganze in Abb. 6 dargestellte Schneideapparat besteht im wesentlichen aus zwei Stahlflaschen, von denen die eine mit komprimiertem Sauerstoff und die andere mit Wasserstoff gefüllt ist, verschiedenen Druckreduzierventilen und aus einem Brenner

---

[1]) Zeitschr. Ver. deutsch. Ing. 1907, S. 1121.
[2]) Zeitschr. Ver. deutsch. Ing. 1901, S. 631.

nebst den zugehörigen Gasleitungsschläuchen. Der Brenner (Abb. 7) ist am vorderen Ende zur leichteren Führung mit zwei Rollen versehen, zwischen welchen sich das Düsensystem, bestehend aus einer zentralen Düse für

Abb. 6. Apparat zum Durchschneiden von Eisen mittelst Sauerstoff.

den Sauerstoff und einer Ringdüse für das Heizgas befindet. Das Heizgas kann durch den Hahn 1 und der zentrale Sauerstoffstrahl durch das Ventil 2 abgesperrt werden.

Abb. 7. Brenner zum Sauerstoffschneideapparat.

Mit diesem Apparat können Mannlöcher, Stutzenlöcher in Kesseln, Öffnungen in Rahmenblechen usw. hergestellt, Nietköpfe, Angüsse u. dgl. abgeschnitten, Blechkanten abgefaßt, Schienen oder Träger zerschnitten, alte Kessel usw. demontiert werden u. dgl. mehr. Die größte Materialstärke, die der Apparat noch zerschneidet, beträgt etwa 150 mm. Zur

Erzielung eines sauberen Schnittes gibt man dem Brenner auch maschinelle Führung, jedoch sind selbst die freihändig erzeugten, in Abb. 8 wiedergegebenen Schnittflächen an 10 und 20 mm starken Blechen nicht unansehnlich. Die Breite der Schnittfuge beträgt je nach der Materialstärke 2 bis 4 mm. Über Schneidezeit, Gasverbrauch und Gaskosten für 1 m Schnittlänge gibt nachstehende Tabelle einigen Aufschluß.

Blechstärke	Schneidezeit	Gasverbrauch in Litern		Gaskosten in Pfennig bei einem Preise von 1 M. pro cbm. Wasserstoff u. 3,20 M. pro cbm. Sauerstoff		
mm	Minuten	Wasserst.	Sauerstoff	Wasserst.	Sauerstoff	in Summa Pfennig
2	5·5	36	40	3·6	12·8	16·4
6	6	90	108	9·0	34·5	43·5
10	6	100	130	10	41·6	51·6
20	6·5	110	266	11	85·1	96·1
30	6·5	110	432	11	138·2	149·2
40	6·75	110	550	11	176	187
75	8	210	1033	21	331	352
130	10	338	2475	33·8	792·0	825·8

Die Schneidezeit für 1 m Schnittlänge beträgt demnach für alle Materialstärken bis 40 mm nur etwa 6 Minuten und verringert sich bei maschineller Führung des Brenners sogar auf 4 bis 5 Minuten. Die Beschaffung des Sauerstoffapparates dürfte sich für manche Eisenbahnwerkstätten auch deshalb empfehlen, weil mit demselben bei Anwendung eines anderen Brenners auch das autogene Schweißverfahren der Chemischen Fabrik Griesheim - Elektron für Bleche bis 8 mm Stärke vorgenommen werden kann.

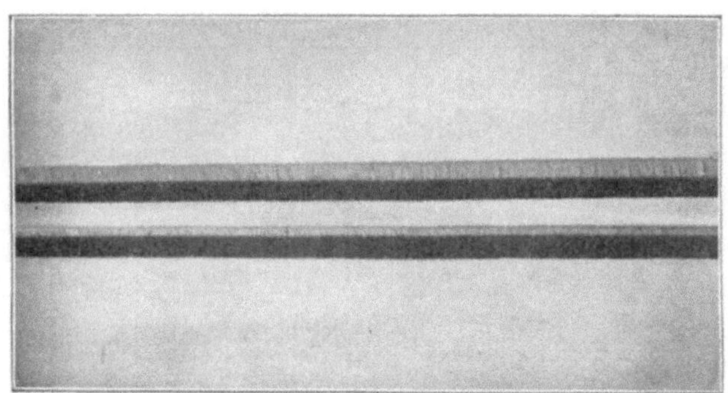

Abb. 8. Durch das Sauerstoffschneideverfahren erzeugte Schnittflächen von Eisenblechen.

Der früher bei Kranen, Aufzügen und anderen Hebezeugen sehr beliebte Antrieb von einer hydraulischen Zentrale aus wird wegen der wiederholt angeführten Mängel desselben in neuerer Zeit mehr und mehr durch den elektrischen Antrieb ersetzt.[1] Neben letzterem findet der pneumatische Betrieb eine vorteilhafte, jedoch beschränkte Anwendung bei Hebezeugen, welche zum Aufbringen von Arbeitsstücken auf die Werkzeugmaschinen benutzt werden. Diese im wesentlichen nur aus einem Zylinder, Kolben, Lasthaken, Steuerung und allenfalls aus einer Ölbremse bestehenden Hebezeuge (Abb. 9)[2] sind bequem zu steuern und besitzen eine große Hubgeschwindigkeit. Sie eignen sich für den erwähnten Zweck, weil sie

---

[1] Vgl. Ad. Ernst, Hebezeuge.
[2] Pneumatische Hebezeuge von G. A. Schütz, Wurzen.

hierbei nur ab und zu benutzt werden, und auf diese Weise die größere Hubgeschwindigkeit und die geringeren Anschaffungskosten den hohen Kraftverbrauch ausgleichen. Bei fortwährendem Betrieb und für größere Hubhöhen (über 1·2 m) sind elektrisch angetriebene Hebezeuge vorzuziehen, wie sie z. B. nach Abb. 10 von der Firma Piechatzeck, Berlin, in acht verschiedenen Größen für Lasten von 500 bis 5000 kg ausgeführt werden. Kraftbedarf 0·5 bis 4 PS bei etwa 2·25 m Lastgeschwindigkeit pro Minute.

Abb. 9. Pneumatisches Hebezeug.   Abb. 10. Elektrisch angetriebene Motorlaufkatze.

Ein Wettbewerb zwischen pneumatischem und elektrischem Betrieb findet ferner statt bei kleineren transportabeln Maschinen, die mit dem betreffenden Motor zusammengebaut im Kesselbau u. dgl. zum Bohren und Aufreiben von Löchern sowie zum Gewindeschneiden vielfach im Gebrauch sind (Abb. 11 bis 13).[1] Der einzige Nachteil einer pneumatisch angetriebenen Bohrmaschine ist ihr großer Kraftbedarf, welcher bei Maschinen mittlerer Größe 7 bis 8 PS beträgt, während bei elektrischem

---

[1] Intern. Preßluft- u. Elektrizitäts-Ges., Berlin (Abb. 11), Siemens-Schuckertwerke, Berlin (Abb. 12 u. 13).

11*

Betrieb kaum $^3/_4$ PS gebraucht werden. Dagegen ist die Druckluftbohrmaschine unempfindlicher gegen unachtsame Behandlung und gegen Überlastung. Tritt unerwartet ein größerer Widerstand auf, was bei der meist freihändigen Führung derartiger Maschinen kaum zu vermeiden ist, so bleibt die pneumatische Maschine einfach stehen, während bei der elektrischen die Sicherung durchbrennt und dadurch ein Zeitverlust entsteht. Die elektrische

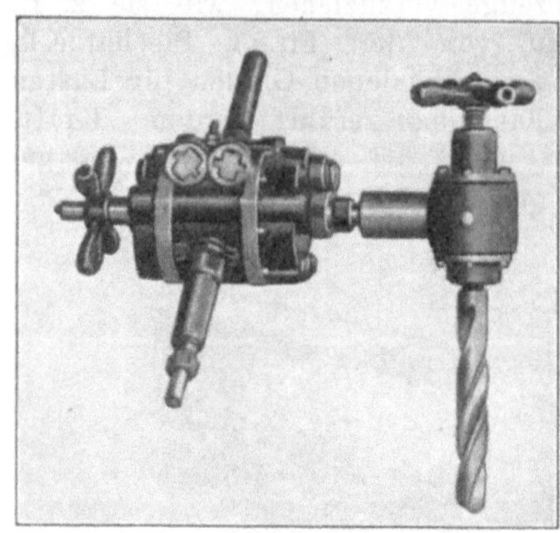

Abb. 11.
Pneumatische Eckenbohrmaschine.

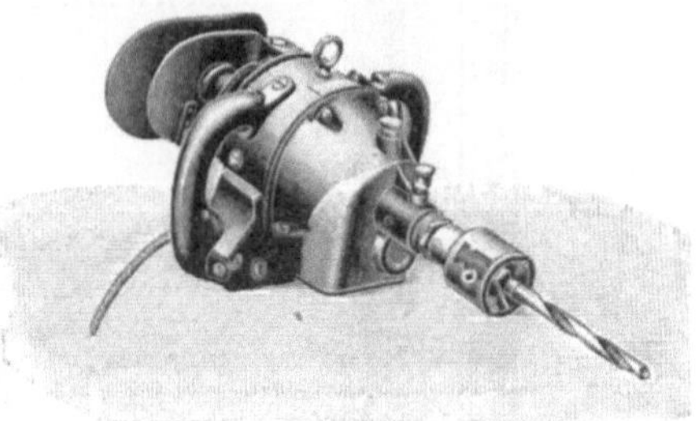

Abb. 12.
Elektrische Handbohrmaschine.

Bohrmaschine erfordert also geschicktere Arbeiter, und diesem Umstand hat es die Druckluftbohrmaschine hauptsächlich zu verdanken, daß sie trotz des großen Kraftverbrauches der anderen häufig vorgezogen wird. Nicht so beweglich, aber in vielen Fällen vorteilhaft anwendbar, sind solche Handbohrmaschinen, bzw. Aufreib- oder Gewindeschneidemaschinen, die

Abb. 13. Elektrische Gewindschneidemaschine.

mit dem Motor nicht zusammengebaut, sondern durch eine biegsame oder Gelenkwelle verbunden sind (Abb. 14).[1] Bei derartigen Anordnungen ist wohl stets ein Elektromotor, der alsdann genügend stark gewählt werden kann, für den Antrieb vorzuziehen.

Weitaus am häufigsten schließlich hat man sich wohl nur darüber zu entscheiden, ob Transmissions- oder elektrischer Antrieb für die Arbeitsmaschinen zu wählen ist. Eine moderne, mit reichlich bemessenen Ringschmierlagern und Riementrieben versehene Transmission bildet hinsichtlich kleinster Anschaffungs- und Unterhaltungskosten, sowie größter Lebensdauer ein meist unerreichtes Kraftübertragungsmittel. Dagegen wachsen

---

[1] Transportable Bohrvorrichtung von E. Capitaine & Co., Frankfurt a. M.

mit der Ausdehnung der Transmission die Wellendurchmesser, die Belastung ihrer Träger, der Wände, Säulen u. dgl., die Schwierigkeit der
genauen Verlegung, die Betriebskosten durch erhöhten Kraftbedarf bei
Stillstand einzelner Maschinen u. a. m. Diese Übelstände verringern sich
durch Zerlegung der Transmission in kurze, für je eine Gruppe von Maschinen bestimmte Stränge, von denen jeder durch einen Elektromotor
angetrieben wird. Zweckmäßig werden nur solche Maschinen zu einer Gruppe
zusammengestellt, die gewöhnlich gleichzeitig in Betrieb oder in Ruhe sein
können. Bei allgemein durchgeführtem elektrischen Einzelantrieb wird
gegenüber Transmissionsbetrieb meist nur dann eine Kraftersparnis[1]) erzielt,
wenn die eine oder die andere Maschine längere Arbeitspausen durchzu-
machen hat, während die anderen weiterlaufen. Die Anschaffungs- und
Unterhaltungskosten sind höher, doch können andererseits die mit Einzelantrieb versehenen Maschinen an beliebiger Stelle der Werkstatt aufgestellt
werden, unabhängig von allen örtlichen Verhältnissen, welche das An-

Abb. 14. Transportable Bohrvorrichtung.

bringen einer Transmission oder eines Deckenvorgeleges nicht gestatten.
Ganz besonders kommt dieser, auch für die gute Ausnutzung des Raumes
wichtige Vorteil zur Geltung, wenn es sich um ortsbewegliche Maschinen
überhaupt handelt; diese werden daher fast stets mit Einzelantrieb zu
versehen sein. In Abb. 15 ist z. B. eine fahrbare Querkreissäge von
C. L. P. Fleck Söhne, Reinickendorf-Berlin, dargestellt, welche durch
den Motorantrieb an beliebiger Stelle eines ausgedehnten Bretterlagers
benutzt werden kann. Auch bei denjenigen Maschinen, welche nur auf
einer bestimmten Bahn bewegt werden, wie z. B. Laufkrane, Schiebebühnen, auf gemeinschaftlichem Bett verschiebbare Kesselbohrmaschinen
u. dgl., ist wegen der einfachen Kraftzuführung der Einzelantrieb vorteilhaft.

Im allgemeinen wird man einzelne größere Maschinen, um die Transmission zu entlasten, durch eigenen Motor antreiben, desgleichen solche
Maschinen, die mitten im Kranfeld oder vereinzelt so weit abseits stehen,
daß sich das Verlegen einer Transmission bis zu ihnen nicht lohnt. Bei

---

[1]) Vgl. O. Lasche, Elektr. Einzelantrieb u. seine Wirtschaftlichkeit. Zeitschr. Ver.
deutsch. Ing. 1900, S. 1189.

mittleren und kleinen Maschinen, von denen mehrere zusammengestellt werden können, empfiehlt sich meist der Gruppenantrieb, weil bei ihnen die Arbeitsstücke ebenfalls leichter ausfallen und sie daher auch in einem

Abb. 15. Fahrbare Querkreissäge mit elektrischem Antrieb.

Raum ohne größeren Laufkran unterzubringen sind. Zum Transport der Arbeitsstücke dienen auf Schienen laufende Wagen, an I-Trägern fortbewegte Motorlaufkatzen oder auch sog. Velocipedkrane[1]), neben welchen die Anordnung von Deckenvorgelegen gewöhnlich ohne Schwierigkeiten ausführbar ist.

---

[1]) Ad. Ernst, Hebezeuge. Bd. I, S. 706.

Alle diese Ausführungen können natürlich nur als beiläufiger Anhalt dienen; oft wird die Frage über die vorteilhafteste Betriebsart mit Rücksicht auf schon vorhandene Anlagen, etwaige Erweiterungen oder Veränderungen der letzteren, auf die Geldmittel, welche zur Verfügung stehen, auf die Schnelligkeit der Beschaffung, die Menge der zu bewältigenden Arbeit u. dgl. anders entschieden werden.

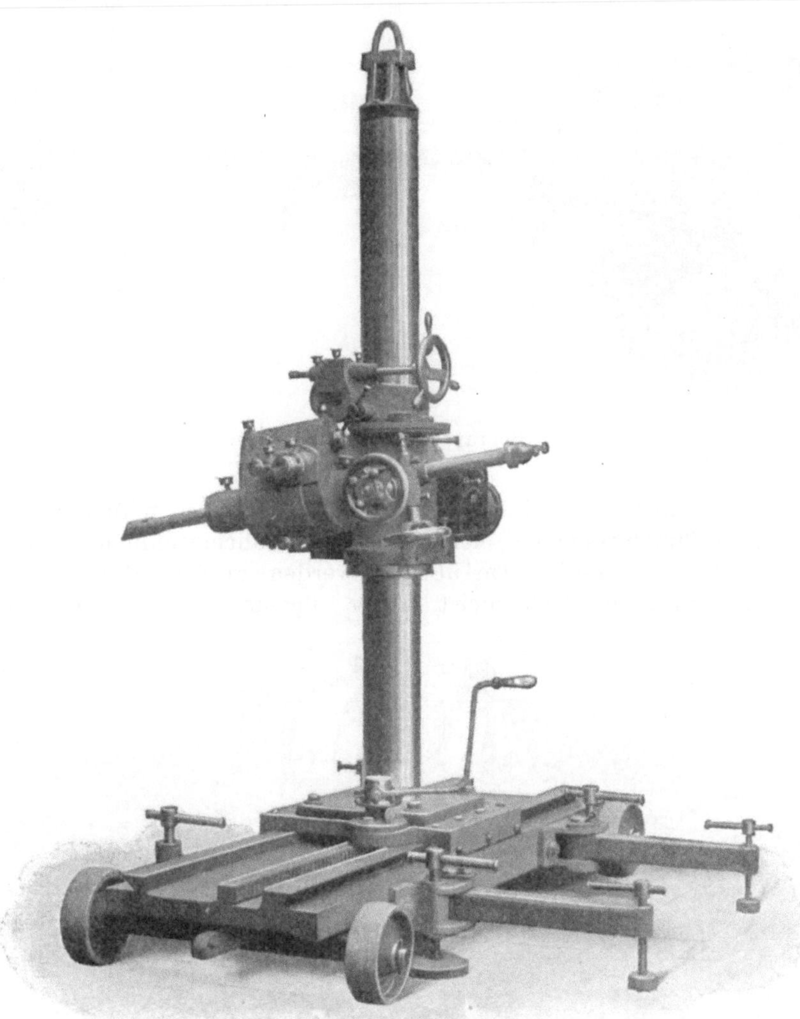

Abb. 16. Fahrbare Bohr- und Gewindeschneidemaschine.

5. Neuere Werkzeugmaschinen.

a) In den Lokomotiv- und Wagenhallen.

In den Lokomotiv- und Wagenhallen werden außer einigen gewöhnlichen Bohrmaschinen, kleineren Hobelmaschinen, Blechscheren, Holz- und Metallsägen, Schleifsteinen u. dgl. meist nur solche Werkzeugmaschinen gebraucht, welche von Stand zu Stand gebracht werden können, um dort für die Arbeiten an den Fahrzeugen Verwendung zu finden. Vielfach

anwendbar ist die in Abb. 16 dargestellte Bohr- und Gewindeschneidemaschine mit nach allen Richtungen drehbarer, durch Elektromotor an-
getriebener Bohrspindel von Collet & Engelhard in Offenbach a. Main.
Dieselbe Firma baut auch elektrisch angetriebene Bohrapparate (Abb. 17)
zum Ausbohren der Lokomotivzylinder, sowie Vorrichtungen zum Nach-

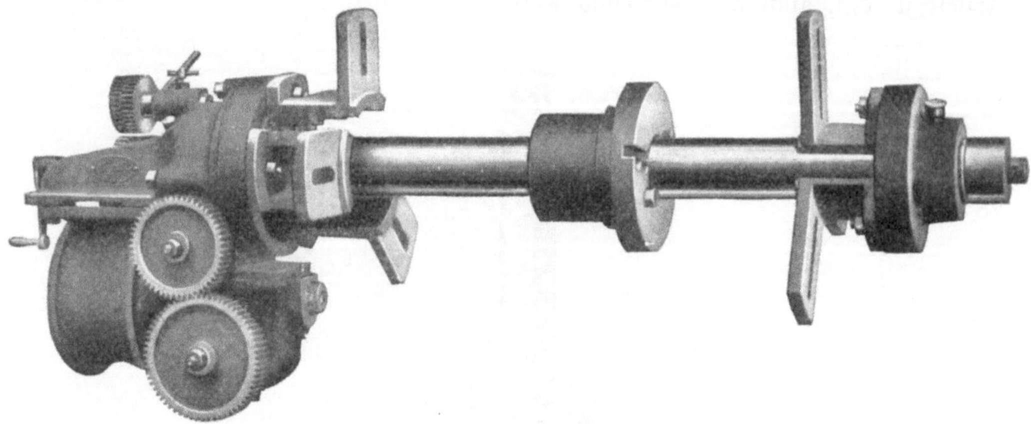

Abb. 17. Bohrapparat für Lokomotivzylinder.

fräsen der Schieberspiegel an Ort und Stelle. Bei manchen Arbeiten
kommen Preßluftwerkzeuge, elektrische Handbohrmaschinen u. dgl. (siehe
Abschnitt 4) in Betracht. Im übrigen werden größere Reparaturen oder
die Herstellung neuer Teile meist in der allgemeinen mechanischen Werk-

Abb. 18. Schnelldrehbank zum Ausschruppen von Achsschenkeln.

statt oder in den betreffenden Sonderwerkstätten vorgenommen, und die
Montierungshallen müssen daher mit den nötigen Einrichtungen zum
Transportieren und Auseinandernehmen der Lokomotiven und Wagen ausgestattet sein. Von solchen Einrichtungen sind zu erwähnen: Schiebebühnen, fahrbare Krane, einzelne von Hand oder gemeinsam durch Elek-

Abb. 19. Doppelte Achslagerfräsmaschine.

tromotor angetriebene Schraubenböcke[1]) zum Hochnehmen der ganzen Fahrzeuge oder auch Deckenlaufkrane für denselben Zweck, hydraulisch oder pneumatisch betriebene Achssenken[2]), Wagenwinden[3]) u. dgl.

---

[1]) Bemerkenswert ist der gleichzeitige Antrieb von vier Hebeböcken in der Hauptwerkstatt Grunewald mittels Gelenkwellen, die mit zwei in den Geländern der Schiebebühne untergebrachten und durch den Motor der letztern betriebenen Wellen gekuppelt werden. Vgl. auch Zeitschr. Ver. deutsch. Ing. 1900, S. 229.

[2]) Organ Fortschr. des Eisenbahnwesens 1895, S. 2.

[3]) Ad. Ernst, Hebezeuge, Bd. I, S. 945.

b) In der mechanischen Werkstatt.

In der mechanischen Werkstatt werden außer normalen Drehbänken, Bohr-, Hobel-, Stoß- und Fräsmaschinen auch mehr oder weniger spezialisierte Maschinen aufzustellen sein. Aus der großen Zahl solcher Sondermaschinen mögen die nachstehenden aufgeführt werden:

Abb. 18. Schnelldrehbank zum Ausschruppen von Achsen, gleichzeitig an beiden Schenkeln, von Wagner & Co., Dortmund. Die Maschine ist mit vier Supporten ausgerüstet, deren Schaltung durch einstellbare Anschläge selbsttätig unterbrochen wird. Je nach der Geschicklichkeit des Arbeiters können in 10 Stunden bis zu 20 Achsen ausgeschruppt und gerade gestochen werden. Die Fertigstellung der Achsen erfolgt auf einer andern Drehbank zwischen Spitzen oder auch auf einer Rundschleifmaschine (vgl. Abschnitt 2).

Abb. 19. Zweispindelige Vertikalfräsmaschine von Collet & Engelhard, Offenbach-Main, insbesondere geeignet zum Ausfräsen von Achslagern. Letztere werden zu mehreren hintereinander mittels Aufspannwinkel auf dem Tisch befestigt und durch die in der Abbildung ersichtlichen Walzen- und Fassonfräser innen bearbeitet. Leistungsfähigkeit etwa 20 Achslager in 45 Stunden. Zum Bearbeiten der Achslagerführungen von außen dienen gewöhnlich nach Hobelmaschinenart gebaute Fräsmaschinen mit horizontaler Spindel, neuerdings auch solche mit zwei vertikalen Spindeln am Querbalken, wobei beide Führungen eines Lagers gleichzeitig gefräst werden können.

Abb. 20. Doppelte Bohr- und Fräsmaschine für Pleuelstangen, Achslager, Exzenterringe und dergl.

Abb. 20. Zweispindelige Horizontal-Bohr- und -Fräsmaschine der Berliner Werkzeugmaschinenfabrik A.-G. vorm. L. Sentker, zum gleichzeitigen Ausbohren und Abfasen beider Lager an Lokomotivtrieb- und -kuppelstangen. Jeder Bohrkopf kann mit dem zugehörigen Tisch auch einzeln benutzt werden, und dient die Maschine dann auch vorteilhaft zum Ausdrehen der Achslagerschalen sowie von Exzenterringen u. dgl.

Abb. 21. Doppelte Ausbohrmaschine für Verbundlokomotivzylinder von Collet & Engelhard. Das Ausbohren des Zylinders und das Abdrehen der Flansche erfolgt gleichzeitig. Bemerkenswert ist die Quer- und Höheneinstellung der hinteren Bohrstange, wodurch das Ausrichten der Zylinder sehr erleichtert wird.

Zum Zerteilen des Rohmaterials verwendet man in vielen Fällen anstatt der Abstechbänke vorteilhaft die billigeren Kaltsägen. Gustav Wagner in Reutlingen baut solche Maschinen, deren Kreissägeblätter entweder ganz aus Schnellstahl sind oder eingesetzte Zähne aus Schnellstahl besitzen. Besondere Beachtung verdient die in Abb. 22 dargestellte, von genannter Firma ausgeführte Maschine, bei welcher man das Arbeitsstück in zwei von einer hohlen Spindel getragenen Spannfuttern

Abb. 21. Doppelte Ausbohrmaschine für Verbundlokomotivzylinder.

befestigt und während des Schnittes rotieren läßt. Hierdurch wird nicht nur
ein sehr sauberer, zur Drehachse rechtwinklicher Schnitt erzielt, sondern auch
die Benutzung eines Sägeblattes von weit kleinerem Durchmesser und geringerer Stärke ermöglicht wie bei Maschinen mit stillstehendem Arbeitsstück. Die Maschine durchschneidet Schnellstahl von 150 mm Durchmesser
mit nur 3 mm Schnittverlust in derselben Zeit wie eine Abstechbank.

Abb. 22. Kaltsäge mit rotierendem Arbeitsstück.

Abb. 23. Stoßmaschine mit freilaufendem Stahl beim Rücklauf,
von der Berliner Werkzeugmaschinenfabrik A.-G. vorm. L. Sentker, speziell
gebaut zum Ausstoßen der viereckigen bzw. länglichen Löcher an Feder-
bunden, Rauchkammertür- und Bremstraversen, von Gabelausschnitten,
Kurbelwellen u. dgl. Der Stahl wird in einem drehbaren Futter eingespannt, so daß man seine Schneide ohne Umspannen rasch nach verschiedenen Seiten hin richten kann. Beim Aufwärtsgang des Stößels
schaltet der Tisch selbsttätig etwas zurück, so daß die Schneide nach
Möglichkeit geschont wird. Dieses Freilaufen des Stahles findet bei jeder
Schaltrichtung statt, und nicht, wie bei der bisher bekannten selbsttätigen
Meißelabhebung, nur in der Längsrichtung.

Schleifmaschinen für Kulissen und Büchsen usw. sind bereits in
Abschnitt 2 aufgeführt; erwähnenswert sind noch die vollständig selbst-

tätig mittels spiralförmiger Schablone arbeitenden Drehbänke für Radreifenprofile, Pufferstangen und Achsen von John Holroyd & Co. Ltd., Milnrow bei Manchester.[1])

Abb. 23. Stoßmaschine mit freilaufendem Stahl beim Rücklauf.

c) In der Räderwerkstatt.

Das Bearbeiten der Radsterne und Radreifen erfolgt gewöhnlich auf einfachen, mit mehreren Supporten versehenen Plandrehbänken, von denen oft zwei zu einer Doppeldrehbank vereinigt werden, um die gleichzeitige Bedienung durch einen Arbeiter besser zu ermöglichen. Eine sehr bemerkenswerte Bank für Radreifen baut Wagner & Co. in Dortmund. Die in Abb. 24 dargestellte Maschine hat eine horizontale Planscheibe, wodurch das Ausrichten und Aufspannen sehr erleichtert wird, einen Support mit mehreren Stählen zum Ausdrehen der Radreifen und einen zweiten Support zum Einstechen der Sprengringnuten. Die Späne werden mit dem abfließenden Kühlwasser in einem Becken unter Planscheibe aufgefangen,

---

[1]) Am. Machinist 1905, Septemberheft.

so daß letztere für das Aufspannen eines neuen Reifens nicht erst besonders
gesäubert werden muß. Die Leistung der Maschine beträgt 15 bis 20 Radreifen in zehnstündiger Schicht.

Zum Außenabdrehen der aufgezogenen Radreifen am fertigen Radsatz dienen Räderdrehbänke, deren verschiedene Bauarten sich im wesentlichen nur durch die Anordung und Wirkungsweise der Supporte unterscheiden. Bei einigen Typen werden der Spurkranz und die Lauffläche
entweder durch mehrere selbsttätig nach einer Schablone[1] geführte Stähle
oder auch im ganzen durch ein Fassonmesser[2] abgedreht, während gleich-

Abb. 24. Spezialdrehbank zum Ausdrehen von Radreifen.

zeitig die geraden Seitenflächen durch besondere, auf der Rückseite der
Maschine angeordnete Supporte bearbeitet werden. Bei einer anderen Bauart[3] werden die kegelförmigen Laufflächen durch entsprechend schräg
gestellte Supporte und nur der Spurkranz durch Fassonmesser abgedreht.
Die Anwendung von Fassonmessern erfordert sehr kräftige Maschinen,
sowie ein Festhalten der Achsen in besonderen Lagern, anstatt nur in den
Körnerspitzen, und ist bei hartem Material oder bei gebremsten und dadurch hart gewordenen Laufflächen nicht durchführbar. In neuerer Zeit
haben die Schablonensupporte von Schuberth (D. R.-P. Nr. 145022) Beifall

---

[1] Zeitschr. Ver. deutsch. Ing. 1892, S. 1374.
[2] Organ Fortschr. des Eisenbahnwesens 1887, S. 101.
[3] Zeitschr. Ver. deutsch. Ing. 1904, S. 1125.

gefunden. Die selbsttätige Bewegung dieser Supporte wird durch ein Zahnrad bewirkt, welches in eine der Schablonenkurve entlang laufende Zahnstange eingreift. Abb. 25 zeigt eine mit solchen Schablonensupports ausgerüstete, von der Berliner Werkzeugmaschinenfabrik A.-G. vorm. L. Sentker, gebaute Räderdrehbank.

Ebenso wie die Radreifen sind auch die Achsschenkel und Kurbelzapfen der Radsätze einem starken Verschleiß unterworfen. Da man die Räder von den Achsen bzw. die Kurbeln aus den Rädern nur im äußersten Notfalle herauspressen wird, so sind für das Nachrichten der ausgelaufenen Achsen usw. besondere Maschinen erforderlich. Eine Universalnachrichte-Drehbank für alle vorkommenden Radsätze ist in Abb. 26 dargestellt. Auf derselben können an vollständigen Lokomotiv-, Tender- und Wagenradsätzen mit einfachen bzw. mit gekröpften Achsen folgende Arbeiten vorgenommen werden:

1. Abdrehen oder Schleifen der Achsschenkel,
2. Abdrehen der innenliegenden Kurbelzapfen der gekröpften Lokomotivachsen, sowie der außenliegenden Kurbel- und Gegenkurbelzapfen, auch Nachschleifen der Kurbelzapfen,
3. Nachbohren der Kurbelzapfenlöcher,
4. Auffrischen der Körner in den Achsen.

Abb. 25. Räderdrehbank mit Schubertschen Schablonensupporten.

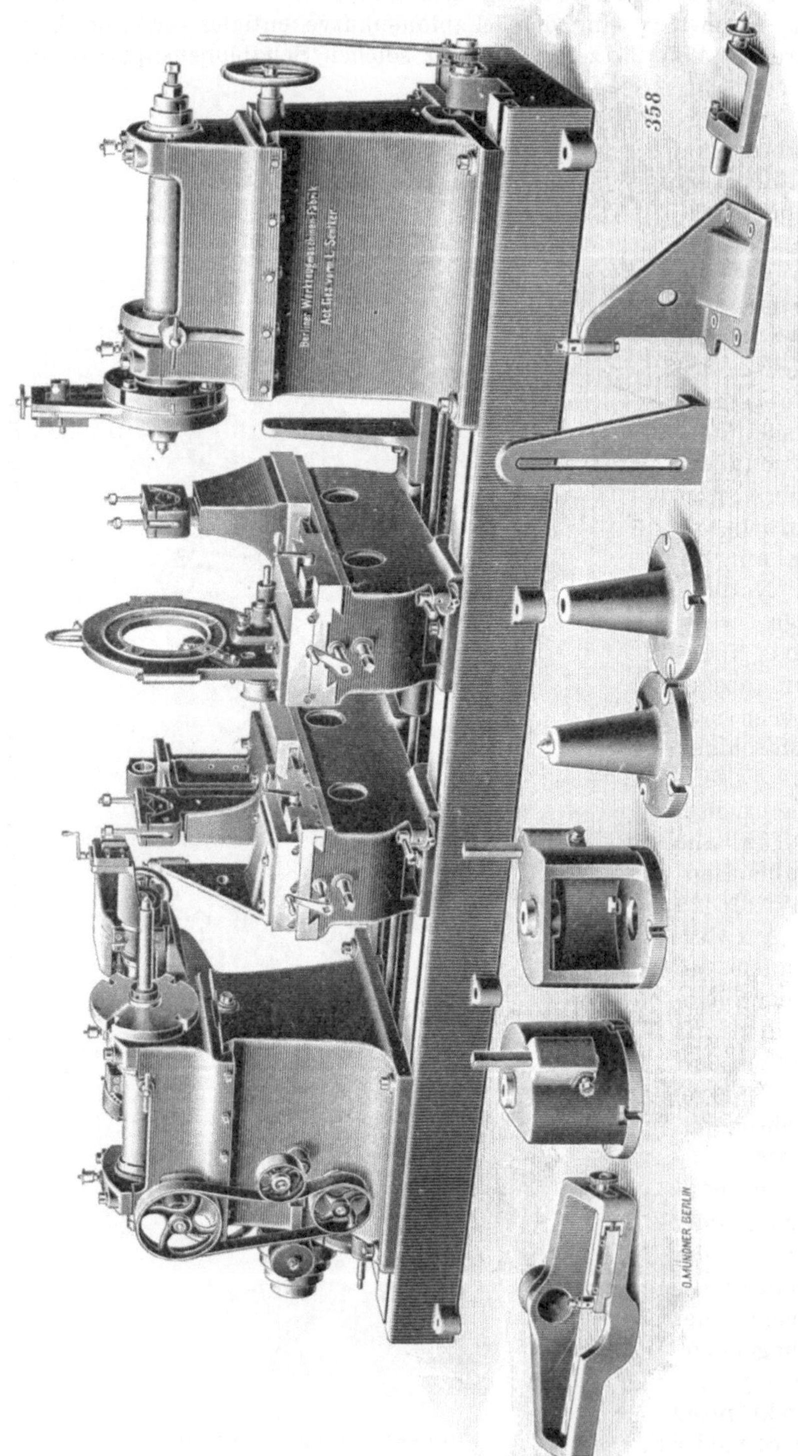

Abb. 26. Maschine zum Nachdrehen und Schleifen ausgelaufener Achsschenkel und Kurbelzapfen an Radsätzen aller Art.

Die richtigen Kurbellängen und Gegenkurbelwinkel werden nach Skalen an der Maschine genau eingestellt.

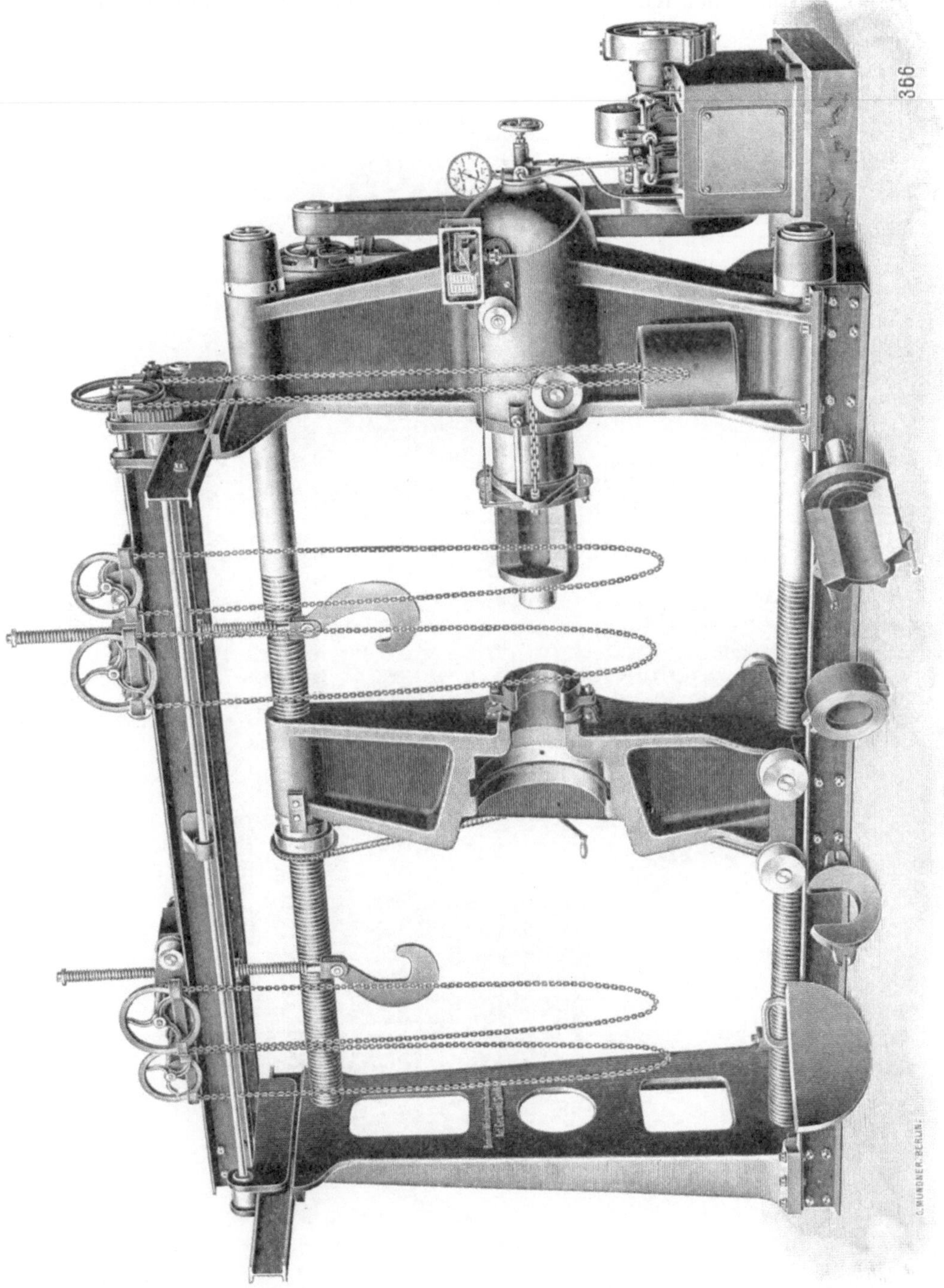

Abb. 27. Universal-Räderpresse.

Ebenfalls für Radsätze aller Art eingerichtet ist die hydraulische, zum Auf- und Abziehen der Räder geeignete Presse (Abb. 27) von etwa 450 000 kg Maximaldruck. Das Preßwasser wird durch eine elektrisch angetriebene Pumpe mit zwei Kolben erzeugt. Wie aus der Abbildung ersichtlich, ist der als Widerlager dienende, durch Drehen der Zugspindelmuttern mittels einer Kurbel bewegliche Stützbalken mit geeigneten Aus-

Abb. 28. Sprengringhammer.

sparungen versehen, um die gekröpften Achsen aufnehmen zu können. Der beim Aufziehen eines Rades von Anfang bis zu Ende angewandte Druck wird durch ein selbstregistrierendes Manometer schaubildlich aufgezeichnet. Ein etwa 800 mm seitlich zu bewegender Kran mit zwei Laufkatzen dient zum bequemen Aufbringen der Radsätze. Diese Presse ist, wie die beiden vorigen Maschinen, von der Berliner Werkzeugmaschinen-Fabrik A.-G. vormals L. Sentker ausgeführt.

Die eigentümliche Bauart der neuerdings sehr beliebt gewordenen Yeakley-Hämmer macht letztere besonders geeignet zum Zuhämmern der Sprengringe sowohl an Schmalspurradsätzen von nur 590 mm Entfernung zwischen den Rädern, als auch an den größten und schwersten Lokomotivradsätzen. Abb. 28 zeigt einen solchen mit selbsttätiger Drehvorrichtung für den Radsatz versehenen, von der Akt.-Ges. Billeter & Klunz, Aschersleben, gebauten Hammer.

Das Anwärmen der Radreifen zum Warmaufziehen derselben auf die Radsterne erfolgt gewöhnlich in ringförmigen durch Leuchtgas gespeisten Heizvorrichtungen. Die Firma J. Pintsch, Fürstenwalde, baut Radreifenfeuer[1]) mit Generatorgasheizung, wodurch eine erhebliche Ersparnis erzielt wird.

d) Für Siederohre und Stehbolzen.

Für die Siederohrwerkstatt ist etwa folgende Einrichtung erforderlich:

1. Eine kleine Drehbank mit selbstzentrierenden Einspannfuttern auf der hohlen Spindel, einem Abstechsupport und einem schrägstellbaren Kreuzsupport zum Zerschneiden der Rohre, Entfernen des Grates an den Rohrenden und auch zum Konischdrehen der letzteren; oder für denselben Zweck eine Kreissäge mit zwei, auf Nebenspindeln sitzenden kegelförmigen Außen- bzw. Innenfräsern.

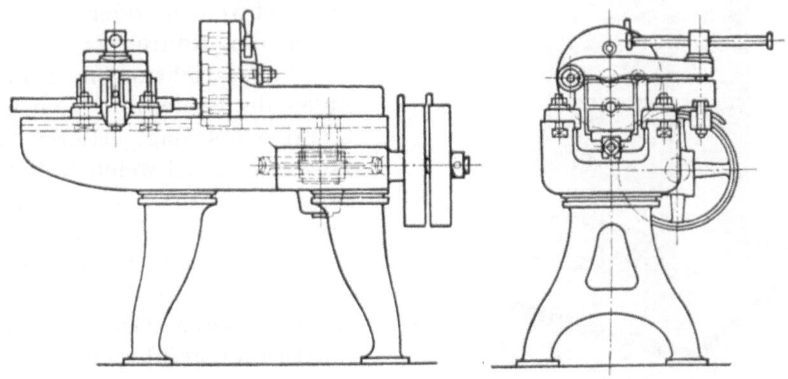

Abb. 29. Siederohreinstauchmaschine.

2. Eine Maschine zum Aufweiten des einen Rohrendes in warmem Zustande mittels zweier Walzen.

3. Eine Maschine zum Einstauchen des anderen Rohrendes im kalten Zustande durch Überstreifen von entsprechend geformten Stahlmatrizen. Sehr zweckmäßig ist die in Abb. 29 dargestellte, von der Berliner Werkzeugmaschinen-Fabrik A.-G. vorm. L. Sentker gebaute Maschine mit vier, in einem Revolverkopf angeordneten Matrizen, welche nacheinander in Tätigkeit treten.

4. Eine Schweißmaschine mit vier reversierbaren Walzen, zwischen

---

[1]) Zeitschr. Ver. deutsch. Ing. 1906, S. 1851.

welchen die zusammenzuschweißenden Rohre über einen Dorn hindurchgeschoben werden.

Die Internationale Preßluft- und Elektrizitätsgesellschaft, Berlin, bringt neuerdings zum Schweißen von Heizrohren einen pneumatischen Hammer (Abb. 30) auf den Markt. Dieser Hammer hat vor der anderen Maschine den Vorzug, daß anstatt der vier Walzen nur zwei einfache, leicht auswechselbare Matrizen in Anwendung kommen. Die Zeitdauer zum Zusammenschweißen zweier Rohrenden von etwa 50 mm Durchmesser beträgt bei diesem Hammer kaum 5 Sekunden.

5. Eine hydraulische Siederohrprüfungsmaschine, bestehend aus zwei auf einem Bett entsprechend den verschiedenen Längen verschiebbaren Einspann- und Abdichtungsvorrichtungen für die Rohrenden und aus einer Handpreßpumpe mit Manometer.

6. Mehrere Feuer zum Anwärmen bzw. Ausglühen der Rohrenden nach dem Aufweiten oder Einstauchen, zum Anwärmen für das Schweißen oder auch zum Löten der Rohre.

7. Vorrichtungen zum Reinigen der Siederohre vom Kesselsteinniederschlag. Hierzu dienen Maschinen, bei welchen das rotierende Rohr durch ein System von fräserartigen Walzen (Sondermann & Stier, Chemnitz) oder durch einen mit Kieselsteinen gefüllten Kasten (Gschwindt & Co., Karlsruhe) geführt wird.

Ferner sind große Scheuertrommeln, in welche die Rohre am besten mit einem Zusatz von Drehspänen gelegt werden, sowie pneumatische Abklopfapparate im

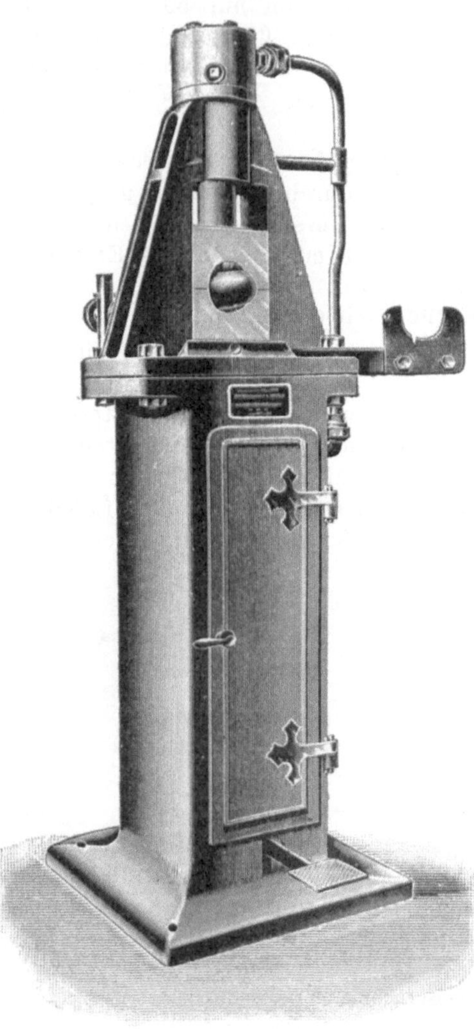

Abb. 30. Pneumat. Siederohr-Schweißhammer.

Gebrauch. Die Herstellung der Stehbolzen erfolgt gewöhnlich aus ganzen Stangen auf geeigneten Revolverdrehbänken, deren Werkzeuge hintereinander das Ankörnen, Abdrehen, Gewindeschneiden und Abstechen ausführen. Bei Herstellung der Bolzen in größeren Mengen empfiehlt es sich, die einzelnen Operationen auf getrennten Maschinen etwa wie folgt vorzunehmen:

Nachdem die Stangen mittels einer Kreissäge in passende Stücke zerschnitten sind, werden letztere der Länge nach durchbohrt. Hierzu bedient man sich am besten einer kleinen zweispindeligen, mit Zentrierfuttern versehenen Vertikalbohrmaschine mit Handvorschub, um durch das Gefühl die schwachen Bohrer gegen Überlastung und Bruch schützen zu können.

Für den Antrieb der mit etwa 1500 Umdrehungen in der Minute rotierenden Spindeln hat sich Zahnräderantrieb besser bewährt als ein solcher mit über Leitrollen laufenden Riemen. Zum Abdrehen von drei Bolzen gleichzeitig vertreibt Schuchardt & Schütte, Berlin, eine eigenartige Drehbank mit drei etagenförmig übereinander angeordneten Spindeln, nebst zugehörigen drei Reitstockspitzen und drei Stahlhaltern. Bei andern Drehbänken erfolgt das Überdrehen eines Bolzens gleichzeitig durch drei Stähle, von denen zwei die Enden und der dritte den schwächeren mittleren Teil bearbeitet. Zum Gewinde-

Abb. 31. Schmiedemaschine für Hebel, Bolzen usw.

schneiden dienen einfache Leitspindeldrehbänke mit Konuslineal am Support.

e) In der Haupt- und Kesselschmiede.

Von neueren Maschinen für die allgemeine oder Hauptschmiede hat sich namentlich der Yeakley-Luftdruckhammer durch seine einfache, dabei sehr gedrungene Bauart, sowie durch hohe Leistungsfähigkeit Eingang verschafft. Der direkt von der Transmission oder auch durch einen Elektromotor anzutreibende Hammer, dessen Manövrierfähigkeit der eines Dampfhammers fast gleichkommt, wird von Billeter & Klunz A.-G., Aschersleben, in verschiedenen Größen von etwa 25 bis 225 kg Bärgewicht hergestellt.

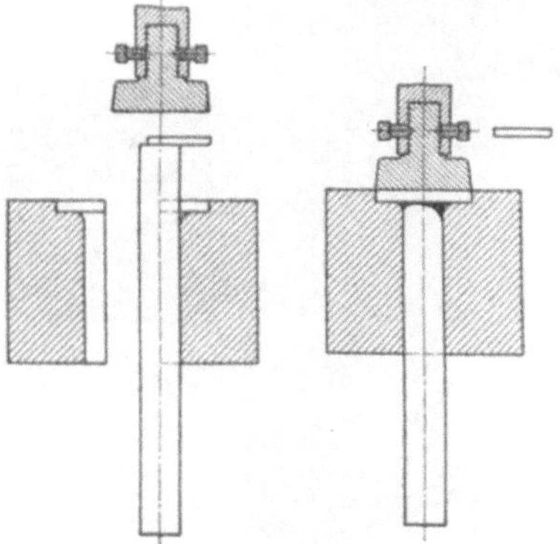

Abb. 32. Arbeitsweise der Schmiedemaschine bei Herstellung einer Pufferstange.

Abb. 31 zeigt eine horizontale Schmiedemaschine von De Fries & Cie A.-G., Düsseldorf, zur Massenherstellung ohne Materialverlust von Bolzen, Hebeln, Bremsgestängen, Pufferstangen, Beschlagteilen, Geländerstützen u. dgl., ferner zum Anstauchen von Flanschen oder Bunden an Rohren usw.

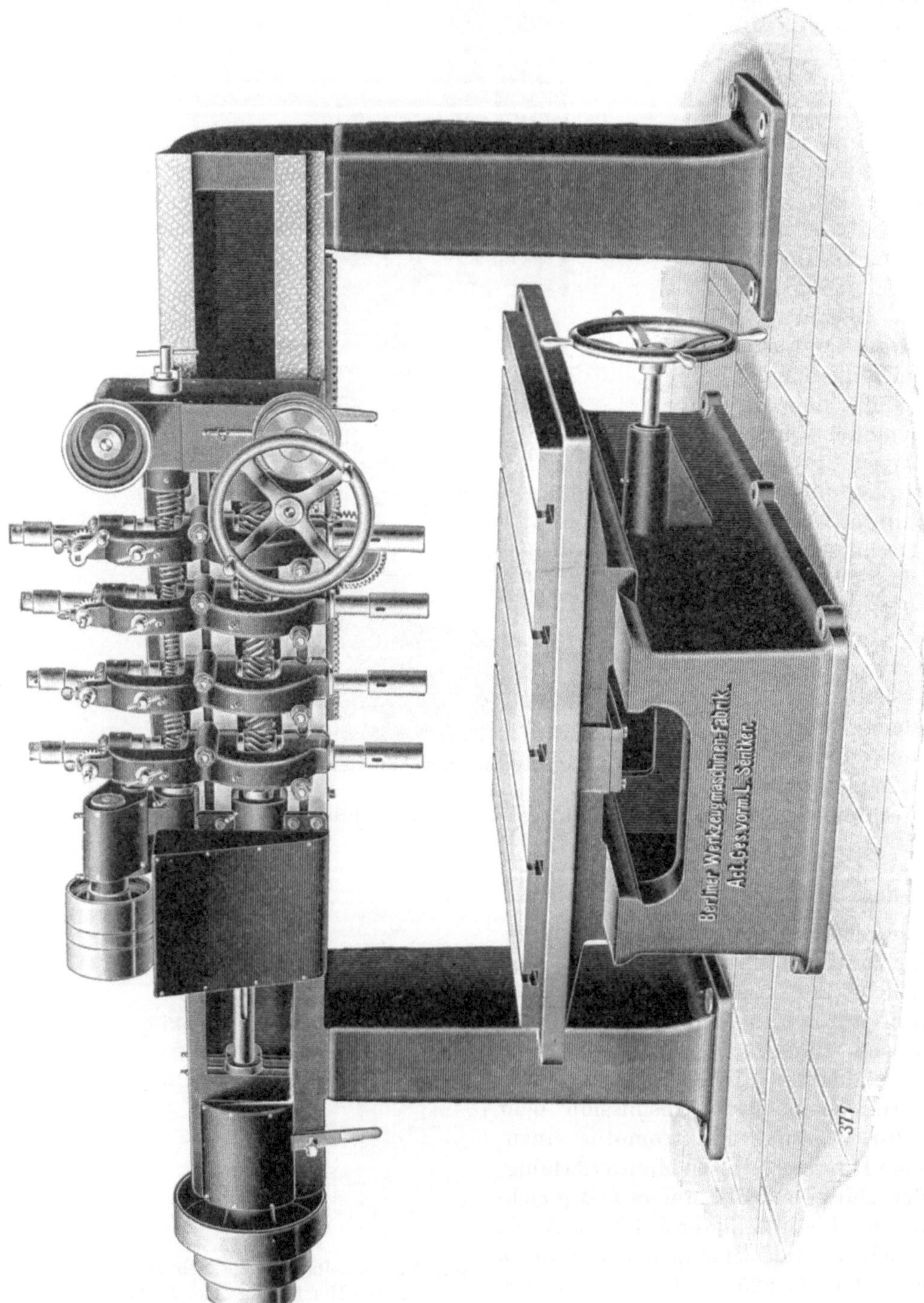

Abb. 33. Vierspindelige Rohrwandbohrmaschine.

oder für Biegearbeiten verschiedenster Art. In Abb. 32 ist die Wirkungsweise der Maschine bei Anfertigung einer Pufferstange dargestellt. Das
Material wird zwischen einer festen und einer beweglichen Backe festgehalten und der Flansch mit einem Druck durch den Stempel ange-
staucht. Ein Anschlag verhindert das zu weite Vorschieben des Materials.

In der Kesselschmiede sucht man durch Anwendung von Bohr-
maschinen mit mehreren Spindeln, welche gleichzeitig durch einen
Arbeiter bedient werden, größere Leistung und Lohnersparnis zu erzielen.
Dieses gelingt auch sehr gut beim Bohren von Lochreihen, z. B. in geraden
Rohrwänden oder bei den Längsnähten der Zylinderkessel.

Rohrwandbohrmaschine der Berliner Werkzeugmaschinen - Fabrik
A.-G. vorm. L. Sentker (Abb. 33). Die vier Bohrspindeln können nach Bedarf
sämtlich oder nur zum Teil maschinell rasch oder langsam von Hand auf- und

Abb. 34. Vierwalzige Blechbiegemaschine.

abwärts bewegt werden. Für Zylinderkessel erhält der den Bohrschlitten
tragende Balken Höhenverstellung und anstatt des Aufspanntisches werden
Rollenböcke angeordnet. Sehr vorteilhaft, allerdings auch etwas teuer,
ist eine Einrichtung bei der Maschine zum Verändern des Bohrspindel-
bestandes je nach der Nietteilung durch einfaches Drehen eines Handrades. Die Maschinen sind öfters schon mit 10 Spindeln ausgeführt worden.
Für die Rundnähte der Zylinderkessel sind des schwierigen Einstellens
wegen Mehrspindelbohrmaschinen weniger zweckmäßig und man begnügt
sich meist mit mehreren auf einem Bett angeordneten, einzeln zu bedienenden Ständerbohrmaschinen, deren horizontale Spindeln bei der
Vertikalverschiebung des Bohrschlittens durch geeignete Vorrichtungen
sich selbsttätig radial nach der Kesselmitte einstellen. Ebenso sind zum
Bohren der unregelmäßig gestalteten Feuerbüchsen Einzelbohrmaschinen,
etwa zu dreien um einen drehbaren Aufspanntisch angeordnet, im Gebrauch.

Anstatt der bekannten dreiwalzigen Blechbiegemaschinen bauen Fr. Mönkemöller & Co. in Bonn solche mit vier Walzen (Abb. 34). Hierdurch wird erreicht, daß auch ohne weiteres auf der Maschine die Blechenden mit der gewünschten Krümmung gebogen werden können.

Zum Bearbeiten von Stemmkanten usw. an mannigfach gestalteten Blechen findet die an einem gelenkigen Ausleger angeordnete Fräsmaschine, System Langbein[1]), immer noch vorteilhafte Anwendung. Als eine neuere, nur für Kesselböden bestimmte Stemmkantenfräsmaschine wäre die von Otto Froriep in Rheydt zu erwähnen, bei welcher das Arbeitsstück durch ein um dasselbe geschlungenes Drahtseil am Fräser vorbeibewegt wird. Auf die vielseitigen Anwendungsarten der Preßluftwerkzeuge in der Kesselschmiede ist bereits im Abschnitt 4 hingewiesen worden.

f) Verschiedenes.

Bemerkenswerte Sondereinrichtungen einer Federnwerkstatt der Pennsylvania-Eisenbahn zu Altoona sind in der Zeitschr. Ver. deutsch. Ing. 1901, S. 571 beschrieben.

In der Tischlerei ist eine wertvolle Neuerung zu verzeichnen durch Anordnung von Kugellagern an den Arbeitsspindeln, Antriebswellen und Losscheiben der Holzbearbeitungsmaschinen. Die Firma C. L. P. Fleck Söhne, Berlin-Reinickendorf, hat nach langjährigen Versuchen und Erfahrungen nunmehr die Kugellager bei fast sämtlichen von ihr gebauten Maschinen eingeführt und erreicht damit hauptsächlich folgende Vorteile:

1. Der Kraftverbrauch bei Maschinen mit Kugellagern ist erheblich geringer als bei solchen mit Ringschmierlagern. Nach Versuchen wurde bei Abrichthobelmaschinen von 600 mm Hobelbreite durch die Kugellager etwa 0·45 PS und bei großen vierseitigen Hobel- und Kehlmaschinen 3 bis 5 PS gespart.

2. Die Kugellager brauchen nur alle sechs Wochen geschmiert zu werden, und es beträgt der Ölverbrauch kaum einen Liter jährlich.

In der Lackiererei hat die Anwendung von Preßluft zum Auftragen der Farben sich bisher wenig Eingang verschaffen können, dagegen sind in modernen Gießereien pneumatische Siebmaschinen, Hämmer zum Gußputzen usw. häufiger zu finden.

---

[1]) Uhland, Der praktische Maschinenkonstrukteur 1898.

Werkstättenrechnungswesen.

Von

Heinrich Ruthemeyer,

Eisenbahnbauinspektor im Eisenbahnzentralamt, Berlin.

1. Allgemeines. Lohnsysteme.

Die Tätigkeit der Eisenbahnwerkstätten ist mit wenigen Ausnahmen auf die Unterhaltungsarbeiten an den Betriebsmitteln und an den maschinellen Anlagen sowie in einzelnen Fällen auf die Herstellung von Weichen und Kreuzungen beschränkt.

Die kleineren laufenden Unterhaltungsarbeiten werden in Betriebswerkstätten, die größeren Arbeiten in Haupt- oder Nebenwerkstätten ausgeführt. Die Hauptwerkstätten unterstehen einem oder mehreren Inspektionsvorständen, denen zur Vertretung und Unterstützung, sowie für bestimmte Arbeiten Regierungsbaumeister oder Betriebsingenieure zugeteilt sind. Die Aufsicht in den einzelnen Werkstattsabteilungen wird von einem Werkmeister ausgeübt. Jede Abteilung besteht aus mehreren Arbeitergruppen, von denen jede einem Werkführer oder Vorarbeiter unterstellt ist. Die Neben- und Betriebswerkstätten werden von den zuständigen Maschineninspektionen verwaltet und durch einen Betriebsingenieur, Werkstättenvorsteher oder Betriebswerkmeister unter Beihilfe von Werkmeistern und Werkführern geleitet. Die Beschäftigung der Arbeiter erfolgt entweder gegen Stunden- oder Tagelohn nach den von dem Inspektionsvorstande unter Berücksichtigung der allgemeinen Vorschriften festgesetzten Lohnsätzen oder in Stücklohn nach den in den Werkstätten zu führenden Stückpreisheften. Hierbei können auch mehrere Arbeiter (Rotte) gemeinschaftlich die Arbeit verrichten. In der neueren Zeit wird in England und Amerika schon in vielen Werken der Lohn nach Prämiensystemen berechnet. Hierbei wird für jedes Arbeitsstück die Arbeitszeit festgesetzt. Wird diese Arbeitszeit unterschritten, so wird bei einem System (Hasley) der dem Zeitgewinne entsprechende Lohn zwischen dem Arbeiter und dem Unternehmer nach einem bestimmten Prämienkoeffizienten geteilt.

Bei einem anderen Systeme (Rowan) wird um den gleichen Prozentsatz, um den die festgelegte Arbeitszeit unterschritten ist, der Stundenlohnsatz erhöht. Zum Beispiel wird ein Arbeitsstück, dessen Fertigstellung auf zehn Stunden veranschlagt ist, bei einer wirklichen Arbeitszeit von sechs Stunden und bei 0·50 M. Stundenlohn nach dem ersten System

$$6 \times 0{\cdot}50 + \frac{4 \times 0{\cdot}50}{2} = 4{\cdot}00 \text{ M.}$$ (einen Prämienkoeffizienten von $^1/_2$ voraus-

gesetzt) und nach dem zweiten System $6 \times 1{\cdot}4 \times 0{\cdot}50 = 4{\cdot}20$ M. Lohnkosten erfordern. Das letztere System ist bei einigen Abteilungen der Kaiserlichen Werften eingeführt und hat sich dort bewährt. Die Prämiensysteme vermeiden manche Härten und Unzuträglichkeiten des Stücklohnes und zeichnen sich vor dem Tagelohn dadurch aus, daß die Arbeiter von einer beschleunigten Fertigstellung der Arbeit Nutzen haben.

Zur Erzielung einer gleichmäßigen und angemessenen Beschäftigung sind jeder Haupt- und Nebenwerkstätte eine Anzahl von Betriebsmitteln und die mechanischen und maschinellen Anlagen eines Bezirkes zur Unterhaltung überwiesen. Außerdem werden noch Arbeiten für fremde Eisenbahnverwaltungen, für die Post, für Neubaufonds und für Privatpersonen im geringen Umfange ausgeführt.

Zur Ersparung umfangreicher Schreibarbeiten wird von der Feststellung der Generalkosten Abstand genommen. Bei Arbeiten für Dritte werden die Generalkosten in bestimmten Prozentsätzen von der Lohnsumme erhoben.

2. Bezeichnung der Arbeiten.

Die wichtigste Aufgabe des Werkstättenrechnungswesens ist die übersichtliche Nachweisung und Zusammenstellung der ausgezahlten Löhne und der verwendeten Materialen. Zu diesem Zwecke sind die sämtlichen Ausgaben an Löhnen und Materialien, nach einer Anzahl von Abschnitten, Buchungsnummern genannt, nachzuweisen.

Die Buchungsnummer kennzeichnet die Verwendungsart und bedeutet gleichzeitig die Verrechnungsstelle.

Bei den preußischen Staatseisenbahnen sind folgende Buchungsnummern in Gebrauch:

1. Unterhaltung und Ergänzung der Inventarien.
2. Unterhaltung, Erneuerung und Ergänzung der baulichen Anlagen.
3. Lokomotiven und Tender nebst Zubehör.
4. Personenwagen nebst Zubehör.
5. Gepäck-, Güter-, Arbeits- und Bahndienstwagen nebst Zubehör, mit Einschluß der Wagendecken.
6. Mechanische und maschinelle Anlagen und Einrichtungen.
7. Ausführungen für extraordinäre Baufonds, die Postverwaltung, fremde Eisenbahnen, Privatpersonen usw.
8. Insgemein (Löhne der Hilfsarbeiter sowie die Werte von Materialien, die in kleinen Mengen oder zu allgemeinen Zwecken Verwendung finden, wie Nägel, kleine Schrauben, Leim, Politur, Formsand usw.).
9. Anfertigung von Vorratsstücken.

Dieselben Buchungsnummern verwenden die sächsischen Staatseisenbahnen, nur die Ausgaben für extraordinäre Baufonds werden auf eine besondere Buchungsnummer verrechnet.

Die bayrische Staatseisenbahnverwaltung benutzt 13 Buchungsnummern, die in vier Gruppen zusammengefaßt sind.

Gruppe I. Arbeiten für den Werkstättenbetrieb.

1. Unterhaltung und Ergänzung der Ausstattungsgegenstände.
2. Unterhaltung und Ergänzung der mechanischen und maschinellen Anlagen und Einrichtungen.

3. Insgemein (Löhne der Arbeiter für Bewachen der Werkstätten, für Verladen und Abgabe der Materialien, die Zulage der Rottenführer, die Löhne und Materialkosten für Heizung, Beleuchtung und Reinigung der Werkstätten, für Feuerung der Kessel, für Schmieren und Reinigen der Transmissionen, Maschinen usw., und die Kosten der Materialien, die nicht auf eine bestimmte Arbeit verrechnet werden können).

Gruppe II. Arbeiten für Instandhaltung der Fahrzeuge und sonstigen Einrichtungen.

4. Lokomotiven und Tender nebst Zubehör.

5. Triebwagen nebst Zubehör.

6. Personenwagen nebst Zubehör.

7. Postwagen nebst Zubehör.

8. Gepäck-, Güter-, Arbeits- und sonstige Wagen nebst Zubehör, einschließlich der Wagendecken.

9. Unterhaltung und Ergänzung der Ausstattungsgegenstände (für den Stations-, Abfertigungs- und Streckendienst).

10. Unterhaltung und Ergänzung der mechanischen und maschinellen Anlagen und Einrichtungen,

(die nicht für den Werkstättenbetrieb erforderlichen Krane, Aufzüge, Drehscheiben, Schiebebühnen usw., die Gasanstalten, die Wasserstationen, elektrische Anlagen usw.).

11. Unterhaltung und Ergänzung der baulichen Anlagen, (Weichen und Kreuzungen, Stellwerke, Ladelehren, Brunnen usw.).

Gruppe III. Arbeiten, für die Ersatz geleistet wird.

12. Arbeiten für Neubauzwecke, für die übrigen Zweige der Verkehrsverwaltung (Dampfschiffahrt), für fremde Eisenbahnverwaltungen und für Privatpersonen.

Gruppe IV. Arbeiten für Vorratstücke.

13. Arbeiten für Vorratstücke.

Um die Arbeiten, für die Kostenersatz geleistet wird, oder die einer besonderen Aufschreibung bedürfen, kenntlich zu machen, sind neben den Buchungsnummern Bestell- oder Arbeitsnummern in Gebrauch. In Preußen und Sachsen sind gewisse feststehende Bestellnummern oder Generalarbeitsnummern in Verbindung mit einer Buchungsnummer für bestimmte Arbeiten vorgesehen. Im übrigen dienen die Bestellnummern zur Kennzeichnung der Arbeiten, die auf Grund von Bestellzetteln ausgeführt werden. Die sämtlichen bei einer Werkstätte eingehenden Bestellzettel werden in ein Bestellbuch eingetragen und mit der Bestellnummer sowie mit der zutreffenden Buchungsnummer versehen. Hierauf werden sie dem mit der Arbeitsausführung beauftragten Werkmeister oder Werkführer übergeben, der nach Vollendung der Arbeiten die Bestellzettel erledigt zurückreicht.

3. Aufschreibung und Nachweisung der Arbeitsleistungen.

Die Aufschreibung der Arbeitsleistungen ist bei den einzelnen Verwaltungen in verschiedener Weise geregelt. In Bayern werden Lohnbücher geführt, deren Kopf nachstehende Spalten aufweist:

Muster 1. Lohnbuch.

Kontrollmarke Nr.: ....   Name des Arbeiters....................

1.	2.	3.	4.												5.			6.	7.	8.		9.		10.	11.	12.
Laufende Nr.	Arbeits-gegen-stand Vortrag	Bestellung Nr.	Arbeitstage / Monat / Datum												Anzahl der			Lohnzuschläge %/f.1 St.	Vergütung Pf. für	Stück-lohn, Ab-schlags-zahlung undRest-betrag		Taglohn-verdienst		Buchungs-Nr.	Vormerkbuch-Nr.	Bemerkungen
			D.	F.	S.	S.	M.	D.	M.	D.	F.	S.	S.	M.	D.	M.	Tagschichten	Stunden	Stun-den außerordentl. Arbeits-leistung							
																				M.	Pf.	M.	Pf.			
	Möglichst kurze An-gaben des Arbeits-gegen-standes																									

In diese Bücher tragen die Werkführer die Arbeitsleistungen jedes einzelnen Arbeiters nach der Zeitfolge ein. Zur Unterscheidung werden die Arbeiten in Tagelohn mit schwarzer, die in Stücklohn mit farbiger Tinte eingetragen.

Nach Ablauf eines jeden Löhnungszeitraumes (zwei Wochen) sind die Lohnbücher von den Werkführern abzuschließen und dem Werkstätten-bureau zur Prüfung zu übergeben.

Für jede Gruppe werden zwei Lohnbücher geführt, von denen immer eins in der Werkstätte, das andere im Bureau sich befindet.

Neben dem Lohnbuche hat der Werkführer für die ihm unterstellte Arbeitergruppe noch ein Stücklohnbuch nach folgendem Vordruck zu führen.

Muster 2. Stücklohnbuch.

1.	2.	3.	4.	5.	6.	7.	8.	9.			10.	11.	12.
Nummer des Stückpreis-verzeich-nisses	Arbeits-vortrag	Menge der Stück-lohn-arbeiten	Stücklohn — Ein-heits-preis	Summe	Buchungs-Nr.	Vormerkbuch-Nr.	Löhnungs-zeitraum	Anzahl der — Tagschichten	Nachstunden	Stunden	Tage-lohnsatz	Stücklohn — Ab-schlags-zahlung	Rest-betrag
Kontroll-marke Nr.	Name des Arbeiters		M. | Pf.	M. | Pf.							M. | Pf.	M | Pf.	M. | Pf.

Stücklohnarbeiten des Rottenführers...........................   Kontrollmarke Nr............

Stücklohnarbeiten begonnen

Hierbei sind in Sp. 1 die Nummern des Stückpreisverzeichnisses anzu-führen und in Sp. 2 die Arbeiten kurz zu beschreiben. Nach der Angabe der einzelnen Stücklohnarbeiten des Rottenführers sind die Namen der zur Rotte gehörigen Arbeiter und die an diese und an den Rottenführer gezahlten Abschlagszahlungen sowie der für den einzelnen sich ergebende Restbetrag einzutragen.

Um die Löhne auf die einzelnen Buchungsnummern aufzuteilen, ist auf Grund der Lohnbücher für jeden Löhnungszeitraum ein Arbeits-ausweis nach Muster 4 aufzustellen.

In diesem Ausweise werden unter A die auf den Löhnungszeitraum entfallenden Tagelöhne und Abschlagszahlungen für Stücklohnarbeiten, unter B die in den gleichem Löhnungszeitraum fallenden Stücklohnabrechnungen nachgewiesen. Unter A sind auf die einzelnen Buchungsnummern nur die Beträge der Taglohnverdienste aufzuteilen, dagegen unter B die abgerechneten Stücklohnsummen mit ihrem ganzen Betrage.

Am Jahresschlusse sind die einzelnen Arbeitsausweise zusammenzustellen. Der Vordruck unterscheidet sich nur dadurch von dem für den Arbeitsausweis, daß in Spalte 2 statt der Namen die Löhnungszeiträume aufgeführt sind.

Gleichzeitig mit der Aufstellung der Arbeitsausweise sind aus den Lohn- und Stücklohnbüchern die Löhne für solche Arbeiten, die auf Grund von Bestellzetteln ausgeführt worden sind, in Vormerkbücher einzutragen. Diese Bücher geben in einer Spalte die Nummer der Bestellung, den Ersatzpflichtigen und den Arbeitsgegenstand an, weitere Spalten geben Aufschluß über etwa besonders eingekaufte Materialien und deren Preise und über die nach Einheits- oder vereinbarten Preisen ausgeführten Arbeiten, sowie über die sonstigen Arbeitslöhne.

In den preußischen Werkstätten hat jeder Werkführer für seine Arbeitergruppe ein Kontrollheft zu führen, in dem jeder Arbeiter ein besonderes Konto erhält. Die Kontrollhefte sind für jeden Löhnungszeitraum besonders anzulegen. Die erforderlichen Eintragungen, die täglich auf Grund der in Notizbüchern gesammelten Unterlagen zu bewirken sind, ergeben sich aus dem nachstehenden Muster 3.

Seite
Schlosser ...

Muster 3. Kontrollheft.

Kontrollnummer ...
Lohnsatz ... M. ...,

1.	2.	3.	4.	5.	6.	7.	8.	9.	10.	11.	12.	13.	14.	15.
	Arbeitsstunden im		Buchungs-	Bestell-	Bezeichnung				des Stückpreises im		Lohnbetrag		Übertragen in das Kontobuch	
Tag	Tage-Lohn	Stück-Lohn	Nummer	Nummer	der Lokomotiven oder Wagen nach Eigentumsmerkmal und Nummer	des Stückpreisheftes	der Arbeit	Stück	Einzelnen	Ganzen	Tagelohn	Stücklohn	Nummer / Seite	Bemerkungen
									M. | Pf.	M. | Pf.	M. | Pf.	M. | Pf.		

Wenn eine Rotte im gemeinschaftlichen Stücklohn arbeitet, so wird die ganze Arbeit bei dem Rottenführer eingetragen, und die Teilnehmer werden in der letzten Spalte mit ihrer Kontrollnummer bezeichnet. Bei den Teilnehmern wird auf das Konto des Rottenführers hingewiesen.

Für größere Stückarbeiten werden Stückverzeichnisse aufgestellt, in denen die Nummer des Stückpreisheftes, die erforderlichen Arbeiten, die Stückzahl, der Einheitspreis und der Gesamtbetrag angegeben sind.

Nach Ablauf eines jeden Löhnungszeitraumes wird auf der letzten Seite des Kontrollheftes eine Zusammenstellung der Lohnausgaben dieses Heftes nach Buchungs- und Bestellnummern getrennt angefertigt, sowie eine Wiederholung der Lohnausgaben ausgefüllt, in der für jede Buchungs- und Bestellnummer die Lohnbeträge in der ganzen Summe erscheinen. Hierbei

Muster 4.

1.	2.		3.	4.	5.	6.	7.	8.		9.	10.
					Abgerechnete Stücklohnarbeiten der in Spalte 2 unter Abschnitt B vorgetragenen Arbeiter und Rottenführer					Von	
										I. Arb. f. d. Werkbetrieb, Buchgs.-	
										1.	2.
Laufende Nummer	Kontrollmarke Nr.	Name	Abschlagszahlung auf Stücklohnarbeiten	Tagelohnverdienst	Stücklohnsumme	Summe der Abschlagszahlungen	Rest-Betrag	Besondere Zulage des Rottenführers		Instandhaltung u. Ergänzung der Ausstattungsgegenstände	mech. und masch. Anlagen
								%/0	Betrag		
	des Arbeiters		M. Pf.	M. Pf.	M. Pf.	M. Pf.	M. Pf.		M. Pf.	M. Pf.	M. Pf.
								A. Tagelöhne und Abschlags-			
								B. Abgerechnete			

Muster 5.

1.	2.	3.	4.	5.	6.	7.	8.
					Ausgaben des		
		Buchungsnummer	1.	2.	3.	4.	5.
			Titel 7. Position 1.	Titel 8.	Titel 9.		
					1.	2.	3.
					Gewöhnliche Unterhal-		
Laufende Nr.	Tag der Eintragung	Gegenstand	Unterhaltung und Ergänzung der Inventarien	Bauliche Anlagen	Lokomotiven und Tender nebst Zubehör	Personenwagen nebst Zubehör	Gepäck-, Güter-, Arbeits- und Bahndienstwagen nebst Zubehör
			M. Pf.	M. Pf.	M. Pf.	M. Pf.	M. Pf.
		Bewilligung Nachbewilligung					

sind die Ausgaben bei den Buchungsnummern 1, 2 und 6 (Inventarien, bauliche Anlagen und maschinelle Anlagen), die durch Arbeiten für den eigenen Werkstättenbereich entstanden sind, von den Ausgaben für andere Geschäftsbereiche getrennt nachzuweisen. Die Endsumme aller Kontrollhefte wird in das Wirtschaftsbuch übertragen, das in der durch Muster 5 veranschaulichten Weise angelegt ist.

Während in Bayern und Preußen die Eintragungen in die Lohnbücher und in die Kontrollhefte von den Werkführern bewirkt werden, ist bei der sächsischen Eisenbahnverwaltung jeder Arbeiter verpflichtet, über die von ihm ausgeführten Arbeiten einen Arbeitsnachweis von der in Muster 6 gegebenen Form zu führen:

Arbeitsausweis.

11.	12.	13.	14.	15.	16.	17.	18.	19.	20.	21.	22
den Arbeitslöhnen in den Spalten 4, 5 und 8 treffen auf											
stätten-nummer	II. Arbeiten für Instandhaltung der Fahrzeuge und sonstiger Einrichtungen. Buchungsnummer								III. Arbeit., für die Ersatz geleistet wird	IV. Arbeiten für Vorratsstücke	Bemerkungen
3	4.	5.	6.	7.	8.	9.	10.	11.			
Insgemein	Lokomotiven und Tender	Triebwagen	Personenwagen	Postwagen	Gepäck-, Güter- u. sonstige Wagen	Ausstattungsgegenstände	mech. u. maschin. Anlagen	bauliche Anlagen	Buchungsnummern		
	nebst Zubehör								12	13.	
M. Pf.	M. Pf.	M. Pf.	M. Pf.	M. Pf.	M. Pf.	M. Pf.	M. Pf.	M. Pf.	M. Pf.	M. Pf.	
zahlungen auf Stücklohnarbeiten											
Stücklohnarbeiten											

Wirtschaftsbuch.

9.	10.	11.	12.	13.	14.	15.	16.	17.	18.	19.
eigenen Geschäftsbereiches					Ausgaben auf Grund von Bestellungen für andere Geschäftsbereiche					
6.		7.	8.	9.						
Etatsanschlag					Titel 7. Position 1.	Titel 8.	Titel 9.			
4.	5.	6.	7.	8.						
tung — Mechanische und maschinelle Anlagen	Außergewöhnliche Unterhaltung und Ergänzung der Betriebsmittel usw.	Arbeitsausführungen für Neubauverwaltg, Postverwaltung, fremde Eisenbahnverwaltungen usw.	Insgemein Ausgaben der Werkstätte, die sich nicht auf eine bestimmte Arbeit verrechnen lassen	Selbstanfertigung von Vorratsstücken	Unterhaltung und Ergänzung der Inventarien	Bauliche Anlagen	Mechanische und maschinelle Anlagen			Im ganzen
M. Pf.	M. Pf.	M. Pf.	M. Pf.	M. Pf.	M. Pf.	M. Pf.	M. Pf.	M. Pf.	M. Pf.	M. Pf.

Die Eintragungen sind täglich vom Werkführer oder Werkmeister zu prüfen. Der Arbeitsnachweis ist in zwei Teilen anzulegen, die mit den vierwöchentlichen Löhnungszeiträumen wechseln. Am Jahresschluß sind die Arbeitsnachweise abzuschließen.

Sind mehrere Arbeiter an Stücklohnarbeiten gemeinsam beteiligt, so sind Stücklohnabrechnungen aufzustellen, die außer den Nummern des Stückpreisheftes, den Arbeitsausführungen, den Stückzahlen, den Einheitspreisen und den gesamten Geldbeträgen noch die für die Aufteilung der Endsumme nötigen Angaben enthalten. Die Eintragungen in diese Stücklohnabrechnungen werden von dem Rottenführer gemacht und von dem Werkführer geprüft.

Muster 6.

1.	2.	3.	4.	5.	6.
Tag	Stück-lohn-stunden	Zeit-lohn-stunden	Bezeichnung der ausgeführten Arbeiten oder der Stücklohnabrechnungs-Nr.	Buchungs-Nr.	Arbeits-Nr.

Auf Grund der Arbeitsnachweise und der Stücklohnabrechnungen werden für die einzelnen Handwerke getrennt Lohnlisten nach folgendem Muster 7 angefertigt.

Muster 7.

1.	2.	3.	4.	5.	6.	7.		8.
Ordngs.-Nr.	Marken-Nr.	Dienstbezeichnung und Name des Arbeiters	Laut Arbeitsnachweis geleistete Stück-lohn-	Zeit-lohn- Stunden	Lohnsatz für 10 Zeit-lohn-stunden	Betrag des Stück-	Zeit- Lohnes	
					Pf.	M.	Pf.	M.	Pf.

Zu jeder Lohnliste wird eine Lohnverteilung aufgestellt, deren erste Spalte die Markennummer des Arbeiters enthält und deren weitere Spalten die auf die einzelnen Buchungs- und Arbeitsnummern entfallenden Geldbeträge angeben. Am Schlusse jeder Lohnverteilung ist eine Wiederholung der auf die einzelnen Buchungs- und Arbeitsnummern entfallenden Beträge anzubringen.

Ferner sind Verdienstlisten zu führen, in denen für jeden Arbeiter eine senkrechte Spalte vorgesehen ist. Hierin wird für jeden Löhnungszeitraum die Zahl der Stunden und der Gesamtverdienst eingetragen.

Ähnlich wie in Sachsen sind auch in Bayern und Preußen Lohnlisten oder Lohnrechnungen aufzustellen. Die Löhnung erfolgt im allgemeinen mittels Büchsen. In jeder Büchse befindet sich außer dem Lohnbetrag ein Lohnabrechnungszettel, auf dem der Gesamtverdienst und die sämtlichen Abzüge für den Löhnungszeitraum vermerkt sind.

In Preußen und Sachsen wird wegen der Länge des Löhnungszeitraumes zwischendurch eine Abschlagszahlung geleistet. Gemäß den Bestimmungen der Reichsgewerbeordnung sind für minderjährige Arbeiter Lohnzahlungsbücher eingerichtet. Bei jeder Lohnzahlung wird der verdiente Lohnbetrag eingetragen und durch Namensgegenschrift des Werkmeisters bestätigt. Durch die Bücher soll der Vater oder der gesetzliche Vertreter des Minderjährigen über die Lohnbeträge Aufschluß erhalten.

4. Anforderung der Materialien.

Die Beschaffung der Materialien wird im allgemeinen nicht von den Werkstätteninspektionen bewirkt, nur die zu selten vorkommenden Arbeiten erforderlichen Materialien werden unmittelbar angekauft. In

Arbeitsnachweis.

7.	8.	9.	10.	11.	12.
	Stücklohnarbeit		Stück-	Zeit-	
Arbeitsgegenstand	Stück-zahl	Einheits-preis	Lohnbetrag		Anmerkungen über Mitarbeiter, Prüfungszeichen usw.
		Pf.	M. | Pf.	M. | Pf.	

jedem Magazin werden die im Laufe eines Jahres eingehenden Materialien in ein Eingangsbuch eingetragen. Der Ausgang der Materialien wird durch Ausgangsbücher überwacht, in denen jede Materialnummer

Lohnliste.

9.	10.	11.	12.	13.	14.	15.	16.
		Von dem Gesamtbetrage kommen in Abzug für					
Auslösungen	Gesamtbetrag	Betriebskranken- u. Arbeiterpensionskasse	Werkstättenarbeiterunterstützungskasse	Ersatz und sonstige Beträge	Abschlagszahlungen	im ganzen	Zahlungsbetrag
M. | Pf.	M. | Pf.	M. | Pf.	M. | Pf.	M. | Pf.	M. | Pf.	M. | Pf.	M. | Pf.

ein besonderes Konto hat. Die ausgegebenen Mengen werden für die Buchungsnummern eingetragen, für die sie angefordert sind. Die Anforderung der Materialien geschieht durch die Werkführer. Bei der bayerischen Eisenbahnverwaltung hat der Werkführer über die erforderlichen Materialien ein Verlangscheinheft zu führen. Auf den Verlangscheinen wird stets durch Buchungsnummern oder bei Arbeiten auf Grund von Bestellzetteln durch Buchungs- und Bestellnummern der Verwendungszweck gekennzeichnet. Handelt es sich um wertvolle Materialien, so werden auch die Gegenstände, für die die Materialien Verwendung finden sollen, angegeben. Geringwertige, alte Werkstattsmaterialien werden im allgemeinen ohne weiteres den vorhandenen Beständen entnommen, nur für Arbeiten, die auf Bestellzettel auszuführen sind, müssen die nötigen Mengen durch Verlangscheine angefordert werden. Die für Arbeiten auf Bestellung verbrauchten Materialien werden in ein Materialvormerkbuch eingetragen. Hierin werden auch die bei solchen Arbeiten gewonnenen wertvollen und geringwertigen Altmaterialien vermerkt. Über die sonst gewonnenen wertvollen Materialien führt der Werkführer ein Verzeichnis, in dem das Magazin den Empfang bestätigt.

In Preußen gehört zu jedem Arbeiterkontrollheft ein Verlangbuch, das vom Werkführer geführt wird und für jeden Löhnungsabschnitt neu anzulegen ist. Es hat die in dem folgenden Muster 8 gegebene Form, aus der die erforderlichen Eintragungen leicht erkennbar sind.

Bei wertvollen Materialien wird der Gegenstand, für den die Materialien verwendet werden, angegeben, und in der gleichen Reihe wird die Menge der zurückgewonnenen wertvollen Materialien ausgewiesen.

Nach Ablauf jedes Löhnungszeitraumes werden die Werte der Materialien, die zu Arbeiten für außergewöhnliche Baufonds, für dritte und für Gemeinschaftsverhältnisse verbraucht sind, nach den festgesetzten Selbst-

Muster 8.

1.	2.	3.		4.		5.	6.	7.	8.	9.
Lau-fende Num-mer	Tag	Die Materialien werden ver-langt für		Der Materialien						Übertra-gen in das Konto-buch (K) oder in das Hilfs-heft (H) oder in das Kon-trollbuch für Vor-rats-stücke(V)
		Bu-chungs- | Be-stell- Nummer		Num-mer	Bezeich-nung	Menge		Ein-heits-preis	Geld-betrag	
						Ein-heit	Emp-fangen und ver-wendet			
								M. |Pf.	M. |Pf.	Seite

(Vordere Seite)   Muster 9.

Stamm   Da.   Abschnitt ....   Da.

Materialzettel Nr. ....

Materialzettel Nr. ....

Buchungs-Nr. ....

Arbeits-Nr. ....   Arbeits-Nr. ....

Verwendungszweck (Nr. des Betriebs-mittels)

Verwendungszweck (Nr. des Betriebsmittels) ....

Name des entnehmenden oder zurückgebenden Arbeiters ....

Name des ent-nehmenden oder zurückgebenden Arbeiters

Mate-rial-Nr.	Verlangt:	Abgegebene	
		Einheit	Menge

kostenpreisen ermittelt und in die Kontobücher übertragen. Eine Berech-nung der Werte der außerdem verwendeten Materialien wird in den Werk-stätten nicht ausgeführt.

In Sachsen erfolgt die Materialentnahme und die Materialrückgabe mittels einzelner Materialzettel, für die das Muster 9 vorgesehen ist.

Der große lateinische Buchstabe kennzeichnet die Werkstättenabteilung, der kleine den ausstellenden Werkmeister oder Werkführer. Die Zettel sind mit fortlaufenden Nummern zu versehen, und zwar sowohl der Stamm als auch der Abschnitt. Zur Entnahme von Materialien, die zu Arbeiten für Vorratsstücke oder für eine Arbeitsnummer bestimmt sind, werden farbige Verlangzettel benutzt. Diese Zettel werden nach Arbeits-nummern oder Buchungskonten geordnet. Die Materialmengen werden in die Nachweisungen oder in die Kontobücher übertragen. Nach Fertig-stellung einer Arbeit wird die Gesamtmenge eines jeden Materials nach festgesetzten Einheitspreisen bewertet.

Verlangbuch.

10.	11.	12.	13.		14.		15.		16.		17.
Bezeichnung der zurückgelieferten wertvollen alten Materialien	Menge	Empfangsbescheinigung des Materialienverwalters. (Namensgegenschrift)	Übertragen in die Nachweisung über wertvolle alte Materialien		Bezeichnung der bei Arbeiten für extraordinäre Baufonds, für die Postverwaltung, für fremde Eisenbahnverwaltungen, Privatpersonen usw. gewonnenen sonstigen alten Materialien		Einheit	Menge	Geldbetrag		Vermerkt im Kontobuche
	kg		Spaltennummern	laufende Nummern					M.	Pf.	Nummer / Seite

Materialzettel. (Rückseite)

Material-Nr.	Zurückgeliefert:	Abgegebene	
		Einheit	Menge

Am .... 19......

Magazin ....

Kontobuch Seite ....   Werkführer

5. Aufzeichnung und Berechnung der Kosten der für Dritte ausgeführten Arbeiten.

Die Kosten der Arbeiten, für die Ersatz geleistet wird, werden in Kontobücher übertragen, für die in Bayern die in Muster 10 wiedergegebene Form in Gebrauch ist.

Bei dieser Verwaltung dienen als Unterlagen die Lohnvormerkbücher und die Materialvormerkbücher. Es werden drei Kontobücher geführt, eins für Neubauzwecke, eins für die übrigen Zweige der Verkehrsverwaltung und eins für fremde Eisenbahnverwaltungen, sowie für Privatpersonen. Bei Arbeiten für fremde Eisenbahnverwaltungen und für Privatpersonen werden die Kosten möglichst nach Einheitspreisen berechnet. Hierbei werden die Bestimmungen des Vereinswagenübereinkommens oder sonstige Vereinbarungen zugrunde gelegt.

Die in Preußen und Sachsen verwendeten Kontobücher weichen von dem vorher angegebenen nur unwesentlich ab. Bei diesen Verwaltungen

13*

Muster 10. Kontobuch.

1.	2.	3.	4.		5.		6.		7.		8.		9.		10.		11.		12.	
Konto-Nr.	Übertragen aus den Lohn- und Material-vormerk-büchern Ziff./Nr.	Bezeichnung der Leistungen	Kosten für auswärts gefertigte Arbeiten		Arbeiten nach Einheits- oder vereinbarten Preisen		Arbeitslöhne		Allgemeine Unkosten nach % der Löhne		Geldwert der verwendeten Materialien		Summe		Ab Wert der gewonnenen Materialien		Verbleibt zu ersetzender Betrag		Die Kostenberechnung wurde vorgelegt	
																			am	mit Nachweisung unter lfd. Nr.
			M.	Pf.	M.	Pf.	M.	Pf.	M.	Pf.	M.	Pf.	M.	Pf.	M.	Pf.	M.	Pf.		
	Bestellung Nr.	Name des Bestellers																		

werden jedoch vier Kontobücher geführt, außer den Büchern für Neubauzwecke und für fremde Eisenbahnverwaltungen, sowie für Privatpersonen noch je eins für die Postverwaltung und für Gemeinschaftsverhältnisse. In Preußen werden die Kosten aus den Arbeiterkontrollheften, aus den Materialienverlangbüchern und aus dem Wirtschaftsbuche (für angekaufte Teile) übertragen. In Sachsen werden die Zahlen aus den Lohnverteilungen und aus den farbigen Materialverlangzetteln entnommen.

Die Aufstellung der Rechnungen wird entweder von den Werkstätten oder von den Direktionen bewirkt.

6. Sonstige Aufschreibungen.

Arbeiten für den eigenen Werkstättenbereich oder für andere Inspektionen, deren Kosten aus wirtschaftlichen oder anderen Gründen besonders ermittelt werden sollen, werden in Hilfshefte oder Nachweisungen (Sachsen) übertragen. In diesen Heften werden der Arbeitsgegenstand, der Betrag der Arbeitslöhne, die Menge oder der Geldwert der verwendeten Materialien und der gewonnenen Altmaterialien und die Gesamtkosten ausgewiesen.

In ähnlicher Weise werden mittels Kontrollbüchern oder Nachweisungen die Kosten der angefertigten Vorratsstücke verfolgt. Über diese Stücke sind außerdem noch Nachweise zu führen, aus denen Anzahl oder Menge hervorgeht.

Ferner wird in jeder Werkstätte ein Verzeichnis geführt über die Ausstattungsgegenstände, die für den Bedarf der eigenen Werkstätte den Materialbeständen entnommen oder auf Grund von Bestellzetteln selbst angefertigt werden.

Zu diesen Aufschreibungen und Zusammenstellungen kommen noch die Verzeichnisse und Nachweisungen für die verschiedenen Versicherungen, die bei allen Verwaltungen weit über den gesetzlich vorgeschriebenen Rahmen hinweggehen.

Bei kleineren Werkstätten (Betriebswerkstätten) werden die Aufschreibungen entsprechend den einfacheren Verhältnissen in möglichst einfacher Weise ausgeführt.

Schäden an Lokomotivkesseln, deren Ursachen und Behebung.

Von

Joh. Brotan,

Ingenieur, Inspektor und Werkstättenvorstand der k. k. Österr. Staatsbahnen, Gmünd N.-Ö.

1. Feststellung der Kesselschäden.

Als bis vor etwa 30 Jahren bei den Lokomotivkesseln Dampfspannungen von mehr als $8^1/_2$ bis 10 at nur selten angewendet waren, traten Kesselschäden — im allgemeinen — noch in bescheidenen Grenzen und vorwiegend nur bei Verwendung von schlechten Speisewässern auf. Später mußten jedoch wegen der gesteigerten Anforderungen des Verkehrs die Lokomotiven mit entsprechend höherer Zugkraft ausgestattet und der Betriebsdruck für deren Kessel meistens höher gewählt werden, so daß derselbe allmählich auf 12, 14 und sogar 16 at stieg.

Diese Steigerung des Betriebsdruckes hatte wohl auf die zylindrischen Bleche des Langkessels, welche entsprechend verstärkt werden konnten, nur eine geringe Einwirkung, auf die flachen, mit Stehbolzen versteiften Wände des Stehkessels jedoch, insbesondere auf jene der Feuerbüchse, war dieselbe eine wesentliche, so daß sowohl von seiten des Staates, als auch seitens der Bahnverwaltungen verschärfte Vorschriften über die Untersuchung der Lokomotivkessel erlassen wurden, um durch eine vermehrte Kontrolle die Sicherheit des Lokomotivbetriebes zu erhöhen.

Diese Vorschriften haben sich in hohem Grade nützlich erwiesen.

Abgesehen von den im dauernden Betriebe vorzunehmenden, bei den zumeist versteckten Kesselteilen schwierigen und beschränkten Untersuchungen des Kessels werden nun in regelmäßigen Zeiträumen bestimmte eingehende Untersuchungen dieser wichtigen inneren Organe der Lokomotive vorgenommen, wodurch die rechtzeitige Entdeckung und Behebung gewisser Schäden ermöglicht ist.

Man unterscheidet im allgemeinen zwei Arten von Kesseluntersuchungen (Revisionen), und zwar die äußere und die innere Untersuchung.

Die äußere Untersuchung findet bei den meisten Bahnen alljährlich statt (Jahresrevision) und beschränkt sich hauptsächlich auf die Untersuchung der Feuerbüchse und, bei teilweiser Öffnung der Blechverschalung, auf die außenseitige Besichtigung der Bodentafeln des Langkessels.

Die innere Kesseluntersuchung schließt mehr über den Zustand des Kessels auf. Sie wird mindestens alle fünf Jahre, oft aber früher, vorgenommen und erstreckt sich, bei vollständig abgedecktem Kessel, nach Herausnahme sämtlicher Feuerrohre und Entfernung des an den Innenwänden anhaftenden Kesselsteins auf alle äußeren und inneren Teile des Kessels.

Über die Ergebnisse der äußeren und inneren Kesseluntersuchungen werden Protokolle aufgelegt, um das Vorhandensein von Kesselschäden festzustellen, auch um über vorgenommene Kesselreparaturen aufzuklären.

Nach Maßgabe der vorzunehmenden Reparatur ist — in den meisten Fällen — mit der inneren Kesseluntersuchung eine Kesseldruckprobe im Zusammenhang, wie eine solche auch bei der Erprobung neuer Kessel vorgeschrieben ist. Der Probedruck ist höher als der anzuwendende Betriebsdruck, um die volle Betriebstauglichkeit des Kessels besser beurteilen zu können.

Für die Berechnung des Probedruckes gelten in den verschiedenen Staaten verschiedene Annahmen. Im nachstehenden sind einige derselben angeführt, es bedeutet dabei p den Betriebsdruck und P den Probedruck in Atmosphären:

In Deutschland ist bis $p = 5$, $P = 2\,p$; sodann $P = p + 5$,

,, Österreich ,, ,, $p = 2$, $P = 2\,p$; ,, $P = 1{\cdot}5\,p + 1$,

,, Frankreich ,, ,, $p = {}^1\!/_2$, $P = p + {}^1\!/_2$, bis $p = 6$ ist $P = 2\,p$; sodann $P = p + 6$,

,, Belgien ,, $P = 1{\cdot}5\,p$,

,, Italien ,, bis $p = 5$, $P = 1{\cdot}5\,p$; sodann $P = p + 5$,

,, Rußland ,, ,, $p = 1$, $P = 3\,p$, bis $p = 1{\cdot}5$ ist $P = 3$ at, bis $p = 5$ ist $P = 2\,p$; sodann $P = p + 5$,

In der Schweiz ,, ,, $p = 5$, $P = 2\,p$, bis $p = 10$ ist $P = p + 5$, sodann $P = 1{\cdot}5\,p$,

,, den Niederlanden ist bis $p = {}^1\!/_2$, $P = p + {}^1\!/_2$, bis $p = 5$ ist $P = 2\,p$, bis $p = 10$ ist $P = p + 5$; sodann $P = 1{\cdot}5\,p$,

bei amerikanischen Eisenbahnen wird $P = 1{\cdot}33\,p$ genommen.

Die „Technischen Vereinbarungen" des Vereins Deutscher Eisenbahnverwaltungen schreiben im Paragraph 113 vor, daß der Probedruck den zulässigen Dampfdruck um mindestens 3 at übersteigen muß und nicht um mehr als 5 at übersteigen darf.

Als Bescheinigung der durch Organe der Aufsichtsbehörde vorgenommenen Druckprobe dient ein amtliches Zertifikat.

Erst nach vorschriftsmäßig durchgeführter zufriedenstellender Druckprobe darf ein Kessel aufs neue in Betrieb gesetzt werden.

2. Arten der Kesselschäden.

Schäden an Lokomotivkesseln können nur dann rasch gefunden, rationell behoben und — mit einiger Aussicht auf Erfolg — hintangehalten werden, wenn man nicht nur deren Auftreten, Entwicklung und Verbreitung, sondern auch deren Ursachen kennt und verhüten kann.

Schäden an Lokomotivkesseln können innen- und außenliegend auftreten.

Innenliegend (unzugänglich) können sie dampf- oder wasserseitig, außenliegend (zugänglich) dagegen können sie feuerseitig, rauchkammerseitig oder außenseitig sein.

Es gibt verschiedene Arten von Kesselschäden:

a) Deformationen (Formänderungen), wie: Ausbauchungen und Ausbeulungen, seltener Einbeulungen, ferner örtliche Einsenkungen und Polsterungen, Verziehen, Strecken, Verbiegen der Bleche und Eindrücke in denselben. Deformationen von Bedeutung treten fast ausschließlich nur an ebenen und solchen gebogenen Flächen auf, die nicht einen vollen Kreis einschließen.

b) Korrosionen, Rostungen und Abzehrungen. Obzwar diese drei Arten von Schäden einander verwandt sind, so unterscheiden sie sich dennoch in bestimmter und ausreichender Weise von einander, und zwar:

α) Korrosionen oder Zerfressungen sind wasserseitig ausgefressene Vertiefungen des den chemischen Einflüssen ausgesetzten Materials, sie nehmen verschiedene Formen an und sind meistens mulden- oder furchenartig.

Erstere bilden narben-, linsen- oder muschelförmige oder auch anders geformte Ausfressungen verschiedener Größe und Tiefe; letztere umfassen rinnen- oder rillenförmige Vertiefungen, welche sich stellenweise erweitern oder verzweigen und manchmal auch eine scharfkantig ins Material einschneidende Form annehmen. Korrosionen bilden sich an schweißeisernen, flußeisernen und stählernen Blechen fast ausschließlich nur an den tiefsten, mit dem Kesselwasser in Berührung stehenden Flächen und mit Vorliebe an jenen Stellen, wo nach dem Ablassen des Kesselwassers kleine Wassermengen liegen oder infolge Adhäsion haften bleiben, die durch reiche Aufnahme von Sauerstoff und Kohlensäure aus der Luft die oxydierende Wirkung beschleunigen. Beanspruchungen des Materials durch Hin- und Herbiegen begünstigen die Bildung von Korrosionen. Auch an den im Wasser liegenden, eisernen Verankerungen, Muttern, Nieten usw. treten in verstärktem Maße Korrosionen auf.

Dampf beeinflußt das Korrodieren vorgenannter Kesselbleche nicht, an Kupferblechen kommen Korrosionen nicht vor.

β) Rostungen kommen außenliegend an eisernen und stählernen Kesselwandungen vor und sind zumeist eine Folge der Witterungseinflüsse bei mangelhaftem Anstrich. Insbesondere häufig zeigen sich Abrostungen an jenen Stellen der Kessel, welche durch Teile der Maschine oder des Wagens beständig gedeckt sind. Ist die Lage dieser Teile am Kessel eine solche, daß sie genügende Anhaltspunkte zum Ansammeln von atmosphärischer oder anderer Feuchtigkeit und Staub bietet, so bilden sich dort im Laufe der Zeit Ausrostungen. Tief eingreifende Ab- und Ausrostungen treten auch an allen jenen Stellen des Kessels auf, welche häufig unter oder unmittelbar neben feuchtgewordenen Brennmaterialrückständen, wie z. B. Asche, Flugasche, unverbranntem Kohlengries usw., liegen.

Kupferwände erleiden keine Rostungen.

γ) Abzehrungen erscheinen, ähnlich wie die Korrosionen, stellenweise in Form von Mulden und Rillen oder erstrecken sich über ganze Flächen und rufen nicht selten eine gefährliche Schwächung der Bleche hervor. Dieselben sind eine Folge teils rein mechanischer, teils chemischer oder kombinierter Einwirkungen des Brennmaterials, des Wassers, der Luft und der hohen Temperatur.

Abzehrungen kommen an den Innenseiten der Kesselbleche, welche Wasser und Dampf einschließen, nicht vor, sondern nur außen-, rauchkammer- und feuerseitig, und zwar sowohl an Kesselblechen und anderen Kesselteilen von Eisen und Stahl als auch an solchen von Kupfer.

Muldenförmige Abzehrungen erscheinen insbesondere an Stellen, welche dauernd unter einer bestimmten, vom Kesselwasser herrührenden Feuchtigkeit zu leiden haben, also an Nietnähten, Stehbolzen und anderen Verbindungen, welche öfters lecken oder blasen. Treten an feuerseitigen Stellen zu diesen chemischen Einwirkungen Beanspruchungen des Materials durch Biegen, so entwickeln sich rinnen- und rillenförmige Abzehrungen. Letztere pflegen in allmählicher Entwickelung scharfkantig ins Material einzuschneiden und nehmen aus diesem Grunde einen bedenklichen Charakter an. Das Brennmaterial ruft an der Feuerseite der Kupferbleche Abzehrungen hervor, und zwar sowohl mechanisch durch das Scheuern der mit den Flammen abziehenden, unverbrannten kleinsten Kohlenstückchen, als auch chemisch durch den Schwefelkiesgehalt der Kohle. Flußeiserne und insbesondere Wände aus Flußstahl bester Qualität bleiben von den Einwirkungen des Schwefels größtenteils verschont.

c) Undichte, lecke Stellen genieteter, geschraubter Überlappungen ebener, gewalzter oder gebördelter Kesselbleche, sowie aller sonstiger Verschraubungen und Nietungen, überhaupt aller Verbindungen zweier Kesselteile, welche wasser- oder dampfdurchlässig sind.

d) Ab- und Unterbrennen einzelner Kesselteile.

Abzubrennen pflegen jene im Feuerraume vorstehenden Teile, die in der Stichflamme liegen und die eine genügende Abkühlung durch das Kesselwasser nicht erhalten.

Das Unterbrennen zeigen Kesselbleche unmittelbar neben und teilweise auch unter im Feuerraume vorstehenden Nietenköpfen, Schraubenmuttern, Unterlagsscheiben usw.

e) Risse, Brüche sind Materialtrennungen, welche sich über den ganzen Querschnitt bestimmter Kesselteile erstrecken. Wird der Querschnitt nur teilweise von dem Riß oder dem Bruch durchsetzt, so heißt er ein Anriß oder Anbruch. Man unterscheidet auch Kantenanrisse und Randrisse.

f) Materialfehler sind solche Mängel, welche teils im Erzeugungsverfahren begründet sind, teils bei der Herstellung des Kesselmaterials im Hüttenwerke verschuldet werden. Dieselben haften dem Materiale schon bei der Einlieferung an und können sichtbar oder unsichtbar sein, wie z. B. schiefrige, unganze, unhomogene und poröse Stellen, im Walzprozesse hervorgerufene Unebenheiten usw. In vielen Fällen treten unsichtbare Fehler im Material erst während der Bearbeitung zutage.

g) Bearbeitungsfehler werden sowohl in den Fabriken bei Neuanfertigung der Kessel als auch später bei Durchführung von Reparaturen in den Werkstätten verschuldet, z. B. Verbrennen der Bördelbleche, Verbohren der Nietlöcher, mangelhafte und unvollständige Nietungen, fehlerhaftes Verstemmen, Schneiden unreiner und ungenauer Gewinde, Verreißen derselben, unvernünftiges Auftreiben der Feuerrohre usw.

h) Wartungsfehler haben ihre Ursache in der nachlässigen und unverständigen Wartung der Kessel im Betriebe, wie z. B. Ausglühen der Kesselwände, rasches Abkühlen einzelner Kesselteile oder des ganzen Kessels, sowohl gelegentlich des Einfeuerns oder des Wasserspeisens als auch beim Auswaschen usw.

i) **Abnützungsfehler** entstehen zumeist infolge leichtsinniger und roher Behandlung der Kessel mit dem Schürhaken und dem Rostspieße bei Bedienung des Feuers, sowie infolge unverständiger Anwendung gewisser Werkzeuge beim Auswaschen der Kessel und Reinigen derselben vom Kesselstein.

3. Auftreten der Kesselschäden.

a) Schäden am Langkessel.

α) Die Rauchkammer und die vordere Rohrwand.

Da die Bleche der eigentlichen Rauchkammer einem Dampfdrucke nicht ausgesetzt sind, so unterliegt die Rauchkammer, als solche, auch nicht den gesetzlichen Revisionen.

Die einschneidendsten, im allgemeinen aber einen gefährlichen Charakter nicht tragenden Schäden, welche rauchkammerseitig wahrgenommen werden, bilden tief eingedrungene Ab- und Ausrostungen aller in den unteren Partien liegenden Kesselteile, infolge der daselbst angesammelten Flugasche und unverbrannter Kohlenteilchen, denen durch den Spritzwechsel Feuchtigkeit zugeführt wird.

Zu diesen Ausrostungen gesellen sich auch häufig Abzehrungen von bedeutendem Umfange, wenn an jenen Stellen die Nietnähte lecken oder die dort in der Rohrwand befindliche Auswaschschraube andauernd schweißt.

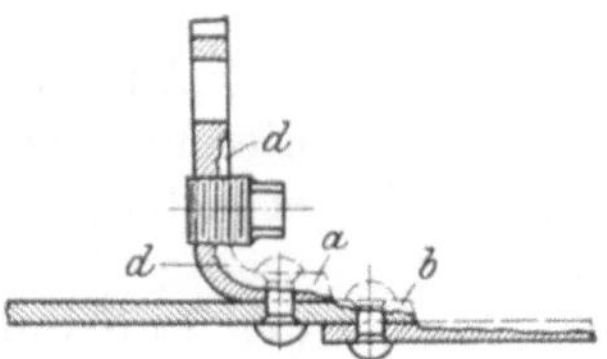

Abb. 1.
Schäden in der Rauchkammer.

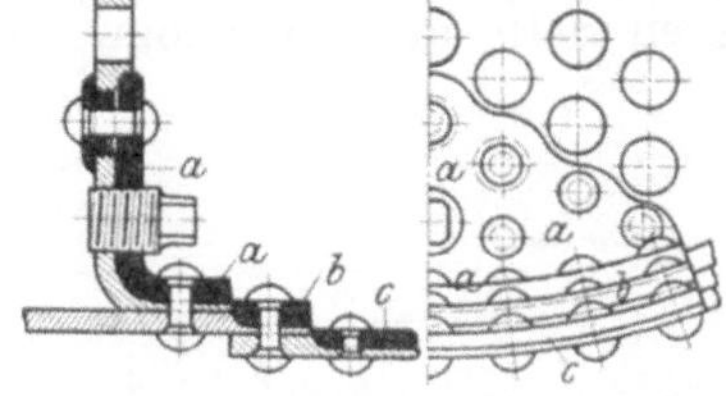

Abb. 2.
Behebung der Schäden in der Rauchkammer.

Abgesehen davon, daß in einem solchen Falle der Rauchkammerboden vollkommen durchzurosten pflegt, so wird man häufig in den unteren Partien nicht nur die Rohrwand und deren Bord a (Abb. 1), sondern auch jenen Teil b des ersten Schusses, der in die Rauchkammer hineinragt, zum großen Teile abgerostet und abgezehrt finden. Ebenso erscheinen in d um die Auswaschschraube herum an der Rohrwand derart tiefe Abzehrungen, daß die Schraube mangels der erforderlichen Anzahl Gewindegänge sogar ihren Halt verlieren kann.

Findet sich gelegentlich der inneren Kesselrevision ein solcher weit vorgeschrittener Mangel, dann ist die Auswechslung der Rohrwand samt der Bodentafel des ersten Schusses, besonders, wenn letztere noch andere Mängel aufweist, die rationellste Reparatur.

Dieselbe kann aber auch durch Aufnieten eines Winkelfleckes a, und einer Lasche b (Abb. 2) bewerkstelligt werden, doch müssen zu diesem Zwecke die neben der Auswaschschraube liegenden Rohrlöcher sowohl in der vorderen als rückwärtigen Rohrwand verschraubt werden. Der Rauchkammerboden erhält einen Kesselblechbelag c.

Treten Abzehrungen vorherrschend nur um das Auswaschloch herum auf, so wird der Schaden durch Ausbüchsen des Loches (Abb. 3) behoben. Die abgezehrte Stelle wird eben gemeißelt, eventuell gefräst. Ein mit einem Kopf *e* versehener Bolzen (Abb. 4), der einen kräftigen Vierkant *f* erhält, wird ausgebohrt und von außen mit Gewinde versehen. Dessen Kopf *e* muß eine Breite erhalten, welche die Abzehrung deckt. Nachdem das Auswaschloch entsprechend ausgerieben, mit Gewinde versehen und wasserseitig versenkt wurde, wird der Bolzen in dasselbe eingeschraubt und hierauf der Vierkant *f* abgehauen. Der Bolzen bildet sodann eine Büchse, die wasserseitig gebördelt wird. Der Kopf *e* der Büchse wird bis zum vollen Aufsitzen verhämmert und verstemmt. Schließlich wird in der eingezogenen Büchse das neue Auswaschloch angeordnet.

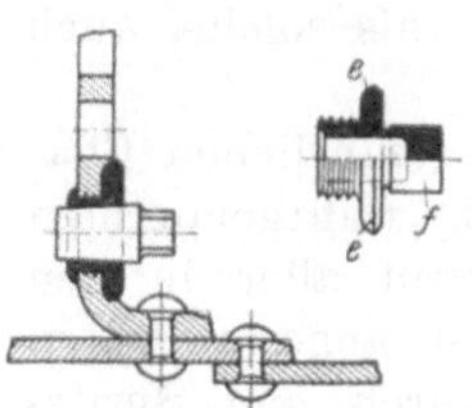

Abb. 3 u. 4. Ausbüchsen eines abgezehrten Auswaschloches.

Um die Bildung dieser Schäden überhaupt zu verhüten, lassen einzelne Bahnverwaltungen auch die vordere Rohrwand aus Kupfer herstellen.

Das Ruppertsche Verfahren, neue Rauchkammerrohrwände an der Außenseite zum Schutze der Abrostung im unteren Teile samt dem anliegenden Borde zu vermessingen, hat sich nicht bewährt, weil durch die sehr hohe teilweise Erhitzung der Rohrwand über einem freistehenden, offenen Schmiedefeuer oft Spannungen in derselben auftraten, die nach bewerkstelligtem Bohren der Rohrlöcher Risse in den Stegen herbeiführten. Das Bohren der Rohrlöcher wurde von der vermessingten Seite aus vorgenommen.

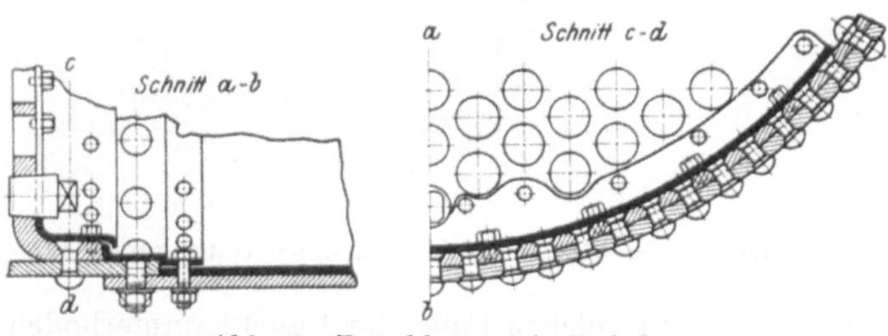

Abb. 5. Rauchkammerbodenbelag.

Um die bei diesem Verfahren erforderliche hochgradige Erhitzung der Rohrwand zu vermeiden, wurden Versuche angestellt, dieselbe auf gleiche Weise zu verzinken. Nachdem sie vorerst mit $10\,\%$iger Schwefelsäure gereinigt, mit Salzsäure gebeizt und verzinnt wurde, erhielt die erwärmte Rohrwand eine 4 bis 5 mm starke Schicht von flüssigem Zink aufgetragen. Nach etwa 4- bis 5-jähriger Betriebsdauer fand man bei allen derart behandelten Rohrwänden das Zink verzehrt und, wo es noch vorfindlich war, infolge der ungleichmäßigen Ausdehnung von Eisen und Zink brüchig.

Den einfachsten und besten, aber nicht immer vollkommenen Schutz gegen die Entwicklung dieser Schäden bildet die Anwendung eines Blechbelages. Zu diesem Zwecke werden, wie aus Abb. 5 ersichtlich ist, sowohl über den untersten Teil der Rohrwand bis zu den Rohrlöchern reichend und den Bord daselbst als auch über den unteren, in die Rauchkammer ragenden Teil des vorderen Schusses 5 bis 6 mm starke Kupferbleche mittels Schrauben befestigt. Der Rauchkammerboden wird mit Eisenblech von 10 bis 15 mm Stärke gedeckt.

An der tiefsten Stelle des wasserseitigen Umbuges der Rohrwand findet man häufig eine Korrosion a (Abb. 6), welche am einfachsten durch Abfeilen entfernt werden kann, da die Rohrwand an dieser Stelle genügende Stärke besitzt.

An den wasserseitigen Verankerungsblechen oder Winkeln, welche zur Versteifung der ober den Rohrlöchern liegenden Rohrwandfläche dienen, bilden sich auch Anrisse. (Abb. 7.) Eine Reparatur derselben erfolgt zweckmäßig durch Auswechslung der gerissenen Teile. Hierbei soll man aber nicht außer acht lassen, das Blech, beziehungsweise den Winkel, zur Vermeidung einer Wiederholung dieser Risse, stärker zu dimensionieren, oder aber demselben eine widerstandsfähigere Form zu geben.

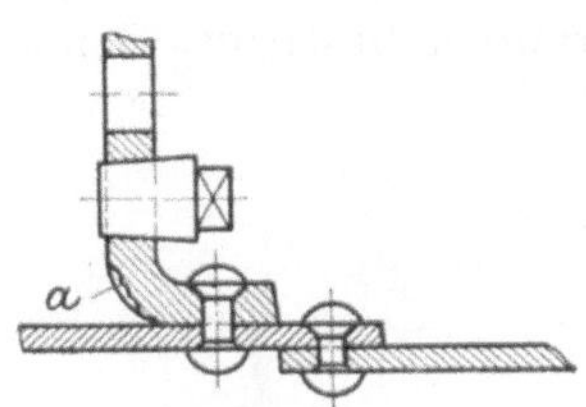

Abb. 6.
Korrosion am wasserseitigen Umbug
der Rauchkammerrohrwand.

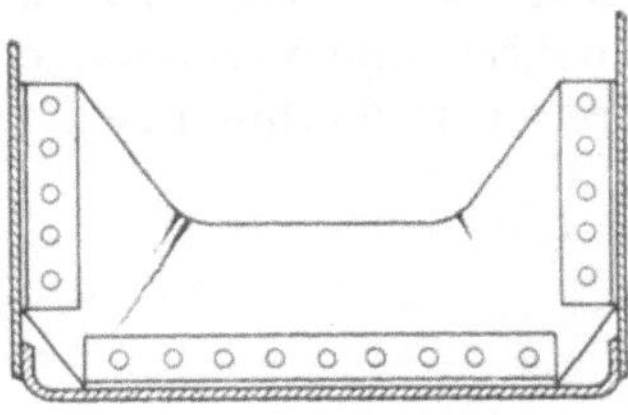

Abb. 7.
Anrisse der Verankerungsbleche.

Auch auf der diesen Verankerungen entgegengesetzten Seite der Rohrwand und hie und da um die Rohrlöcher herum kommen unwesentliche Abrostungen vor.

Genauere Nachmessungen der vorderen Rohrwand lassen häufig unbedenkliche Ausbeulungen, in seltenen Fällen Einbeulungen, feststellen, die jedoch gewöhnlich belassen werden können.

Hatte das Kesselblech, aus dem die Rohrwand gebördelt wurde, innere, in der Walzrichtung gelegene Ungänzen, so treten, wenn sich dieselben in den Lochpartien befinden, Spaltungen des Materials auf, die auf der Wandung der Rohrlöcher zum Vorschein kommen. Derartige Schäden sind jedoch, wenn nicht übermäßig stark auftretend, ohne Bedeutung.

β) Die zylindrischen Schüsse und der Dom.

Die Bodentafeln sämtlicher und insbesondere des ersten Schusses sind wasserseitig dem Korrodieren in umfangreicher Weise ausgesetzt, und zwar bilden sich die Korrosionen vorzugsweise an allen tieferen Partien der unebenen Flächen, also insbesondere unmittelbar neben Abstufungen (Überlappungen) oder Erhöhungen (Nietköpfen), und da durch das Korrodieren weitere Unebenheiten entstehen, so begünstigen diese auch ein rasches Fortschreiten der Zerfressungen.

Die Korrosionen kommen nicht nur zerstreut liegend in Form von Narben, Mulden und Furchen vor, sondern sie treten auch in ausgedehnten Gruppen und zusammenhängend in verschiedenen Breiten und Tiefen auf.

Einzelne muldenförmige Korrosionen, wenn sie auch tief ins Material eingreifen, haben nicht den gefährlichen Charakter, den man ihnen in der Praxis gewöhnlich beizulegen pflegt; es sind Fälle vorgekommen, daß in den Werkstätten Kesselputzer während der Beseitigung des Kesselsteines in einem kurz vorher noch im Betriebe gestandenen Kessel eine muldenförmige

Korrosion beim kräftigen Beklopfen mit der Finne des Hammers durchgeschlagen haben.

Wenn man beispielsweise mit dem Halbmesser a einer Mulde (Abb. 8) einen Kreis beschreibt und aus derselben Mitte o einen zweiten Kreis zieht, der die Linie bc zur Tangente hat, so kann man sich vorstellen, daß die beiden Kreise den Querschnitt einer hohlen Kugel darstellen, deren Wandung gleich ist der schwächsten Stelle in der Mulde. Genügt die Wandstärke dieser Kugel bei innerer Inanspruchnahme dem Dampfdrucke des Kessels, so besitzt auch die schwächste Stelle der Mulde noch immer die genügende Widerstandsfähigkeit.

Es ist selbstverständlich, daß man eine solche Mulde, wenn sie bei der inneren Kesselrevision vorgefunden wird, nicht weiter beläßt, sondern durch Ausbohren und Vernieten oder Verschrauben beseitigt; denn Korrosionen schreiten immerhin rasch vorwärts.

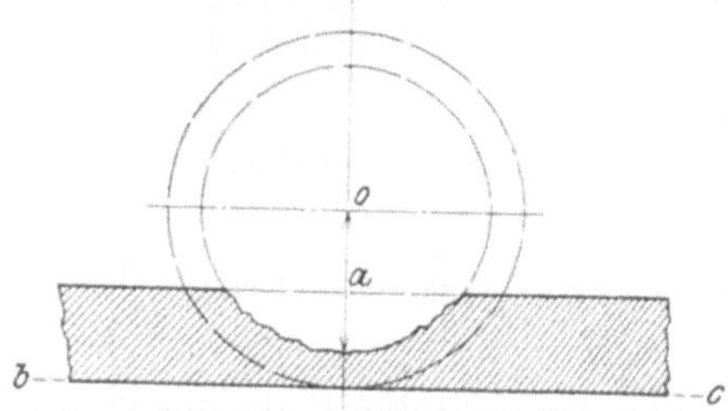

Abb. 8. Grenze der Ungefährlichkeit einer muldenförmigen Korrosion.

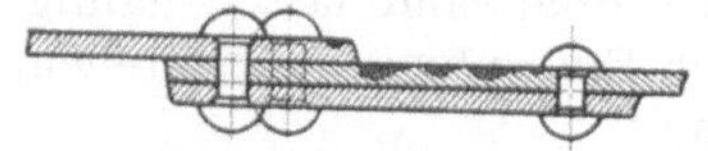

Abb. 10. Außen angebrachter Deckfleck einer Bodentafel.

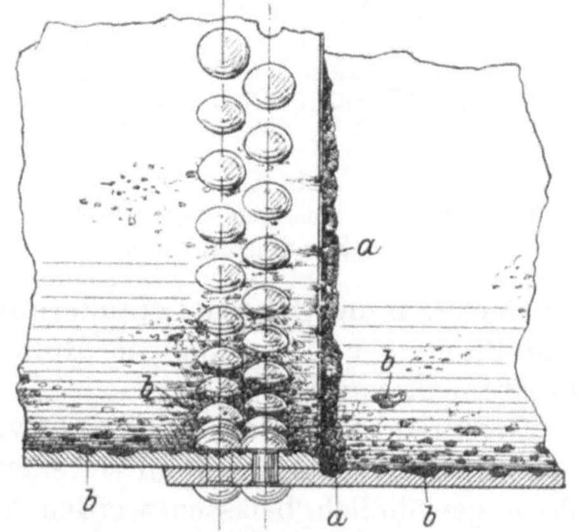

Abb. 9. Korrosionen an den Bodentafeln eines Langkessels.

Bedenklich werden Korrosionen dann, wenn sie in langen Furchen vorkommen oder wenn sie zusammenhängend in tiefen Mulden auftreten.

Furchenartige Korrosionen bilden sich zumeist an der tieferliegenden Bodentafel einer Nietverbindung zweier Bleche, und zwar unmittelbar neben der Überlappung des Oberbleches (a in Abb. 9), wogegen muldenförmige Korrosionen auf allen Teilen der Bodentafeln, vorzugsweise aber zwischen den Nietenköpfen einer Nietnaht (b in Abb. 9) auftreten.

Erscheint eine Bodentafel in ausgedehntem Umfange korrodiert, so wird sie ausgewechselt.

Ist der Schuß einteilig, so gelangt nur derjenige Teil zur Auswechslung, der den Boden darstellt. Der Schuß wird sodann zweiteilig.

Örtliche Korrosionen werden durch Aufnieten eines dem Halbmesser des Schusses entsprechend gebogenen Fleckes aus Kesselblech repariert. (Abb. 10.)

In der Regel werden solche Flecke außenseitig angebracht. Wo jedoch Teile der Maschine oder des Laufwerks, z. B. ein Kesselträger usw., im Wege stehen, muß der Fleck wasserseitig befestigt werden. Übergreift ein solcher Fleck die Überlappung zweier Kesselbleche, so muß er auch entsprechend gekröpft werden. (Abb. 11.)

Bei Anwendung von Flecken am Langkessel wird der schadhafte Teil desselben nicht ausgekreuzt; es tritt somit an der betreffenden Stelle eine Dublierung der Bleche ein.

Häufig kommen tiefeingreifende Korrosionen an der wasserseitigen Nietnaht der am Kesselbauch befindlichen Auswaschlucken vor. (Abb. 12.) Diese Schäden werden am rationellsten durch Auskreuzen des schadhaften Teiles und außenseitiges Aufnieten eines runden Fleckes, auf dem sodann die Auswaschlucke montiert wird, beseitigt. (Abb. 13.) In diesem Falle wird somit das Blech nicht dubliert.

Auch die am Langkessel angenieteten Rohrwandpratzen geben Anlaß zum Korrodieren der Kesselbleche zwischen den angenieteten Teilen derselben.

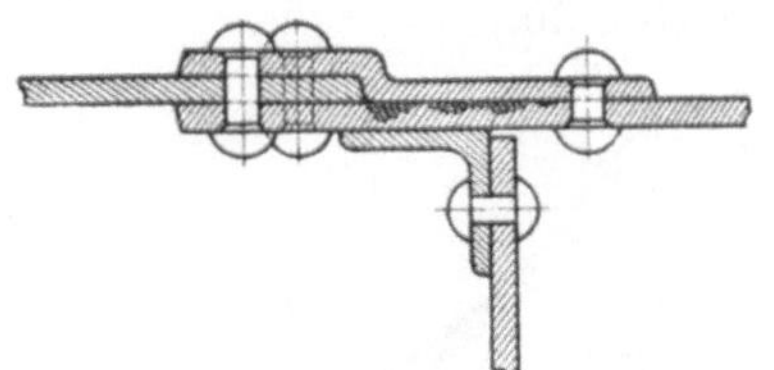

Abb. 11. Innen angebrachter Deckfleck einer Bodentafel.

Abb. 12. Korrosionen an der Auswaschlucke des Langkessels.

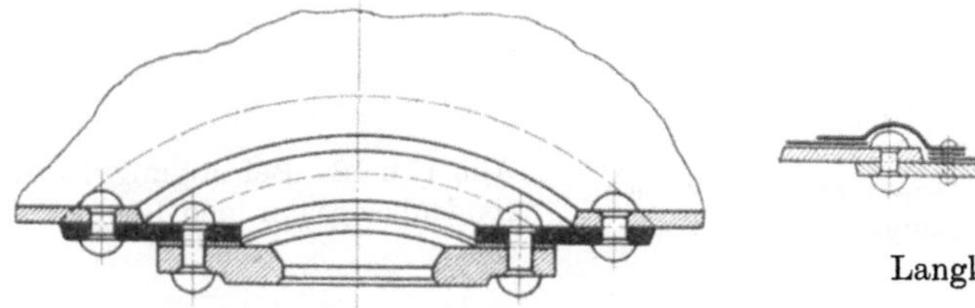

Abb. 13. Behebung der Korrosionen an der Auswaschlucke des Langkessels.

Abb. 14. Langkesselbodenbelag.

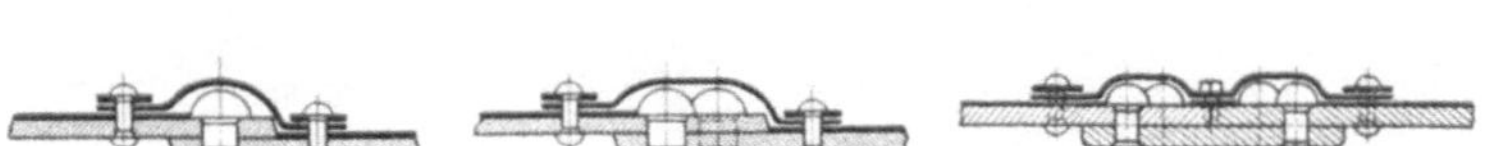

Abb. 15a, b, c. Blechbelag an der Quernietung.

Einen vorzüglichen Schutz gegen das Korrodieren der Bodentafeln der zylindrischen Kessel bildet der Feldbachersche Belag. (Abb. 14.) Derselbe besteht aus 2 bis $2^1/_2$ mm starkem Eisenblech[1]), welches wasserseitig in einer Breite von 1·2 bis 1·4 m über den Boden eines jeden Schusses bis zu den Quernietnähten reichend ausgebreitet wird. In derselben Breite werden sowohl über die einfache, bzw. doppelte Quernietung, als auch über die Laschennietung Kapseln von Eisenblech oder Kupferblech gleicher Stärke (wie in Abb. 15 a, b und c ersichtlich), angeordnet. Diese Belagbleche müssen gut aufliegen, daher werden ihre Ränder mit Flacheisen (35×4 mm) angenietet (Nietenteilung = etwa 100 mm). Die gegen die Nietnaht liegenden Ränder der Belagbleche reichen unter die Ränder der Kapseln und werden mit gleichem Flacheisen an die Bodentafel genietet.

---

[1]) Kupferblech bewährt sich nicht so gut, es wirft sich und macht manchmal Blasen, unter denen das Kesselblech korrodieren kann.

In derselben Weise wird auch eine runde Kapsel über der Nietnaht einer Auswaschlucke befestigt. (Abb. 16.)

Bei der Anordnung des Kesselbelages ist auch darauf zu achten, daß derselbe samt dem Flacheisen an den oberen Längsrändern schräge abgefeilt wird (Abb. 17); denn bei Unterlassung dieser Vorsicht begünstigt dieser Belag Wasserrückstände und späteres Korrodieren der Kesselbleche in Furchen, welche sich parallel zur Kesselachse über alle Schüsse hinziehen und unter Umständen gefährlich werden können. (Abb. 18.)

Aus der gleichen Ursache empfiehlt es sich auch, das Belagblech des ersten Schusses an dem gegen die Rohrwand zu liegenden Rande schräge abzureifen und unter den Umbug der Rohrwand zu schieben (Abb. 19), weil sich sonst unter diesem Umbuge an dem unbedeckten Teile der Bodentafel rasch tiefe Korrosionen entwickeln. (Abb. 20.)

Um die letzte Bodentafel zwischen den Rohrwandpratzen vor dem Korrodieren zu schützen, werden die Pratzen über den Blechbelag dieser Bodentafel genietet.

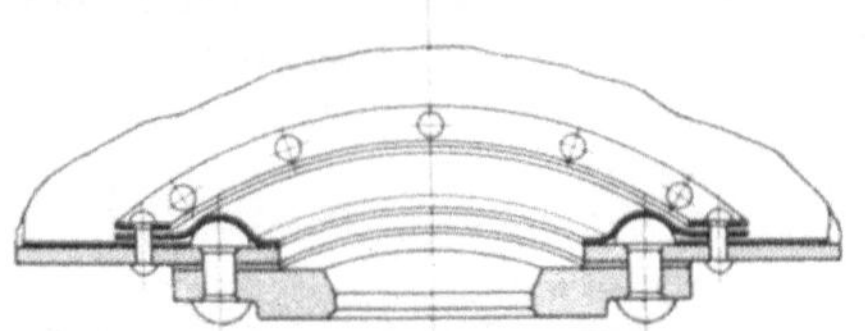

Abb. 16. Belag der Nietnaht einer Auswaschlucke am Langkessel.

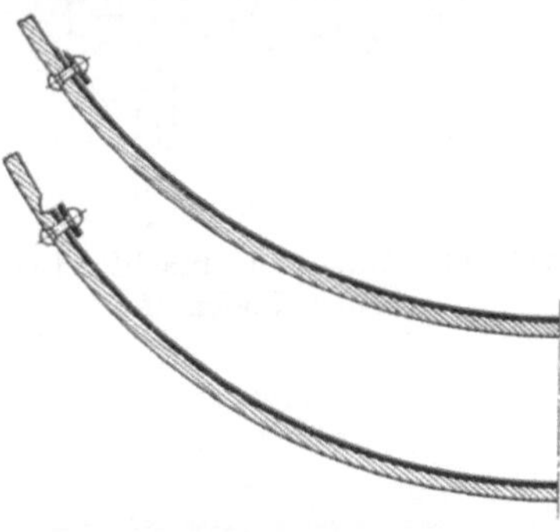

Abb. 17 u. 18. Befestigung des Kesselbodenbelages an den Längsrändern.

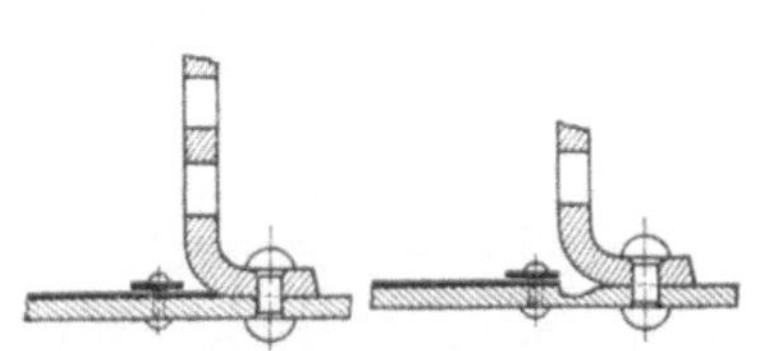

Abb. 19 u. 20. Befestigung des Belages unter dem Umbuge der Rauchkammerrohrwand.

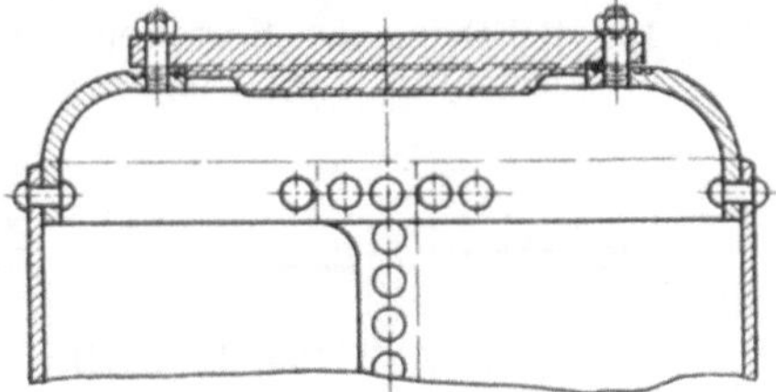

Abb. 21. Abzehrungen und Ausrostungen an der Domkappe.

Soll ein in Reparatur stehender Kessel erst dann mit einem Belag versehen werden, wenn dessen Bodentafeln bereits Korrosionen aufweisen, so müssen dieselben vorerst gründlich gereinigt und mit Eisenkitt ausgefüllt werden. Haben diese Korrosionen größere Dimensionen erreicht, so empfiehlt es sich, dieselben vor dem Verkitten zu verzinnen.

Der gesamte Blechbelag des Langkessels muß gelegentlich einer jeden inneren Kesselrevision entfernt und nach Besichtigung der Bodentafeln wieder angenietet werden. Ist der Belag selbst bereits angegriffen, dann wird er erneuert. Es ist selbstverständlich, daß zu diesem Zwecke auch die Rohrwandpratzen abgenietet werden müssen.

Der Dom ist derjenige Teil des Kessels, der am wenigsten Beschädigungen ausgesetzt ist. Wenn jedoch die Dichtung zwischen dem

Domdeckel und der Domkappe nur die geringsten Mängel aufweist, so bilden sich auch an dieser Stelle Abzehrungen. Chemische Einflüsse des Dichtungsmaterials sowie Witterungsfeuchtigkeit und Staub bewirken auf den Dichtungsstellen gleichfalls Ausrostungen. (Abb. 21.) Diese Mängel erschweren das neuerliche Abdichten des Deckels. Man dichtet mit ausgeglühtem Kupferdraht und wechselt dessen Auflaglinie, d. h. man weicht den beschädigten Stellen aus. Nehmen diese Schäden größere Dimensionen an, so müssen die Dichtungsflächen überdreht werden. Da zu diesem Zwecke die Kappe vom Dom abgenietet werden muß und der betreffende Teil der Domkappe in den seltensten Fällen eine Schwächung infolge des Abdrehens verträgt, so führen diese Schäden gewöhnlich zu einer Erneuerung der Domkappe.

Ein besonderes Augenmerk soll bei einer Kesselrevision den Stiftschrauben, welche zur Befestigung des Domdeckels dienen, gewidmet werden; dieselben sollen keine Schwächungen durch Abrostung oder Anbrüche zeigen und müssen in der erforderlichen Zahl und Stärke vorhanden sein.

b) Schäden am Stehkessel.
α) Die Feuerbüchse.

Die innere Feuerbüchse besteht aus der Rohrwand, der Türwand und der Mantelplatte, und wird für die europäischen Bahnverwaltungen fast ausschließlich aus Kupfer, für die amerikanischen Eisenbahnen hingegen beinahe nur aus Stahl erzeugt.

Kupfer wird hier für Feuerbüchsen aus dem Grunde dem Eisen oder Stahl vorgezogen, weil es dem Korrodieren und Rosten nicht unterliegt, weil es eine größere Geschmeidigkeit und Zähigkeit als Stahl besitzt, somit leichter bearbeitet werden kann, weil es größere Temperaturschwankungen verträgt, eine bessere Wärmeleitungsfähigkeit als Eisen besitzt und auch im Betriebe nicht spröde wird.

Dagegen hat das Kupfer den bedeutenden Nachteil, daß es eine geringere Festigkeit als Eisen oder Stahl besitzt und in der Wärme an Festigkeit verliert.

Für die Kupferplatten für Lokomotivfeuerbüchsen verlangt man gewöhnlich eine Festigkeit von 22 kg pro qmm. Bei einem Dampfdruck von 10 at, dem eine Wassertemperatur von 180° C entspricht, hat das Kupfer eine Festigkeit von rund 20 kg, und bei einem Druck von 15 at, der mit einer Temperatur des Wassers von 199° C zusammenfällt, besitzt das Kupfer nur noch eine Festigkeit von 18·5 kg pro qmm.

Es hat somit die Festigkeit dieses Materials bei 15 at Dampfdruck bereits um 3·5 kg pro qmm gegen seine ursprüngliche Festigkeit abgenommen.

Dieser namhafte Festigkeitsverlust tritt aber in einem viel höheren Maße auf, wenn die wasserseitigen Flächen der Feuerbüchse vom Kesselstein belegt sind, der als schlechter Wärmeleiter eine höhere Erwärmung der Kupferwände als des Wassers gestattet. Hieraus folgt, daß den mit Kesselstein verlegten Wänden der Feuerbüchse eine große Gefährdung des Kesselbetriebes innewohnt, weil durch die hohe Temperatur von rund 1400° C, welche in der Feuerbüchse sich entwickelt, sowie durch die Einwirkung der Stichflamme das örtliche Überhitzen solcher Kupferwände bis zum vollständigen Verlust ihrer Festigkeit, welcher bei 577° C eintritt, führen kann.

Die Rohrwand hat das Bestreben, sich in einer Ebene auszudehnen, welche senkrecht zur Achse des Langkessels liegt. Auch die Türwand dehnt sich gewöhnlich im gleichen Sinne aus; nur bei einigen Kesselkonstruktionen vollzieht sich die Ausdehnung derselben in einer schiefen Ebene. Die Ausdehnung der Mantelplatte erfolgt teilweise nach aufwärts, mehr jedoch parallel zur Langkesselachse.

Die Flächenausdehnung der Mantelplatte kreuzt sich somit vorwiegend unter einem rechten Winkel mit den Flächenausdehnungen der Rohr- und Türwand, und es treten dort, wo die Platten mit verschiedenen Ausdehnungsrichtungen zusammenfallen, d. i. in den seitlichen Umbügen der Rohr- und Türwand, Verbiegungen des Materials auf, welche anfangs viele dicht nebeneinander liegende und verzweigte Rillen hervorrufen, die sich später zu Rissen entwickeln.

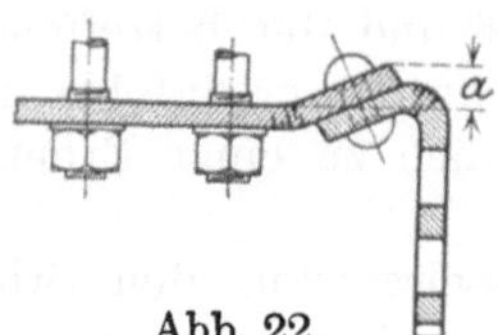

Abb. 22.
Streckung der Rohrwand.

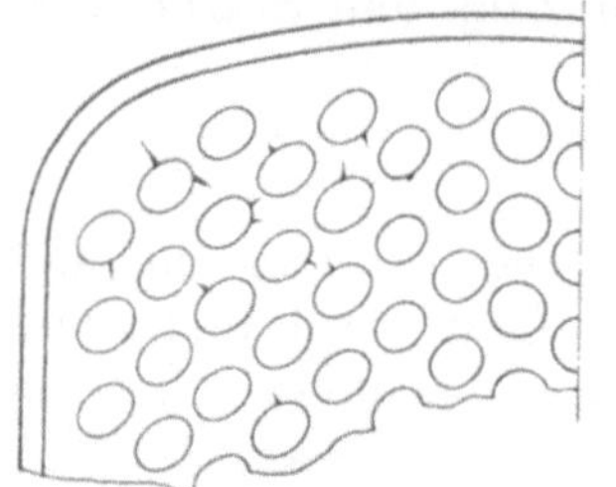

Abb. 23. Ovale Rohrlöcher und
angerissene Stege.

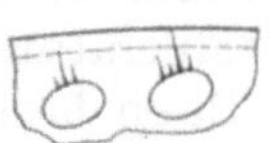

Abb. 24.
Rohrloch - Kantenanrisse.

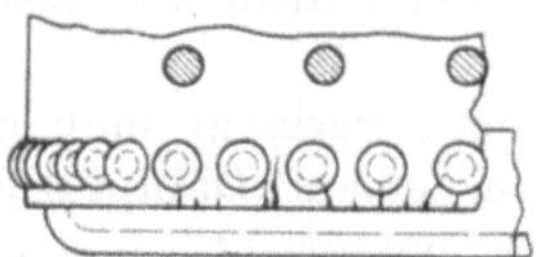

Abb. 25.
Randanrisse der Mantelplatte.

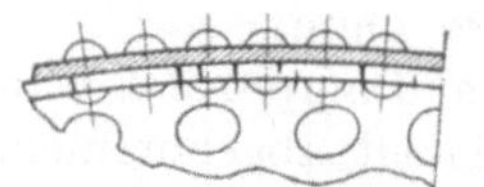

Abb. 26. Randanrisse im oberen
Borde der Rohrwand.

Diese Schäden zeigen sich um so früher und einschneidender, je schärfer die Umbüge hergestellt wurden.

Die Rohrwand streckt sich bleibend nach aufwärts und nimmt den anliegenden Teil der Decke mit, insoweit dies die steife Verankerung durch die Deckenschrauben zuläßt. Der obere Rohrwandbord wird abgebogen und die Decke bis zu der ersten steifen Querankerreihe aufgebogen, wodurch sich ins Material einschneidende Anrisse sowohl im feuerseitigen als wasserseitigen Umbuge dieses Bordes wie auch in der Decke neben der ersten steifen Deckenschraubenquerreihe entwickeln (Abb. 22).

Wegen der kräftigeren Versteifung des oberen Bordes an den beiden abgerundeten Ecken der Rohrwand streckt diese sich in der Mitte viel mehr nach oben. In einigen Fällen konnte daselbst ein Aufsteigen (a Abb. 22) von 25 bis 35 mm gegen die ursprüngliche Lage der Rohrwand gemessen werden. Die Rohrwand, bzw. deren Bord, rundet sich aus diesem Grunde nach oben ab, wodurch sich die oberen Rohrlöcher, besonders in den beiden Ecken, bis zu einer Durchmesserdifferenz von 8 mm oval gestalten (Abb. 23). Es tritt hierdurch auch ein Verziehen, Strecken und Reißen der bezüglichen Rohrlochstege ein und es entwickeln sich besonders an den Rohrlöchern der obersten Horizontalreihe wasserseitig gegen den oberen Umbug zu verlaufende Kantenanrisse (Abb. 24).

Auch die Mantelplatte erhält an ihrem aufgezogenen Teile wasserseitig in der Decke bis zur Nietnaht reichende Randanrisse (Abb. 25).

Die gleichen Anrisse bilden sich auch feuerseitig an dem gebogenen Borde der Rohrwand vom Rande aus gegen die Nietnaht (Abb. 26).

Die Rohr- und die Türwand der Feuerbüchse sind durch die steife

Umgrenzung in der freien Ausdehnung ihres plattenförmigen Teiles gehindert, infolgedessen neigt die Rohrwand häufig zur Bildung von Ausbauchungen, die zumeist in der Mitte oder im unteren Teile des Rohrlochplanes bis zu einer Pfeilhöhe von 30, ja sogar 40 mm aufzutreten pflegen. Die Ausbauchung der Rohrwand wird aber manchmal auch durch ein zu häufiges und kräftiges Aufwalzen oder durch das noch schädlichere Aufdornen der Rohre herbeigeführt. Die Rohrlöcher werden hierdurch namhaft erweitert, die Stege geschwächt und anrissig. Es kommt in solchen Fällen nicht selten vor, daß die Stege insbesondere in der unteren Hälfte der ausgebauchten Fläche reißen (Abb. 27).

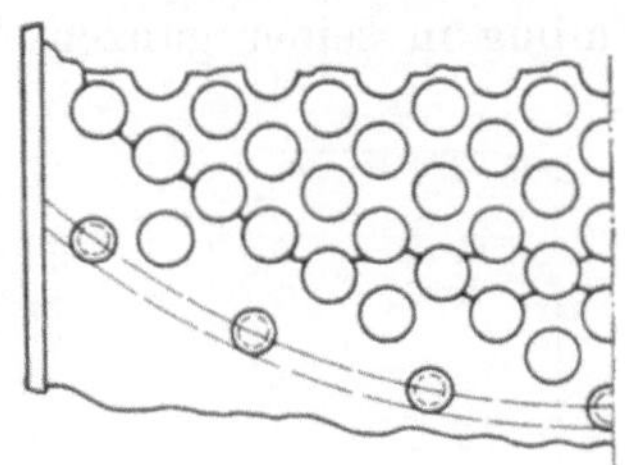

Abb. 27.
Gerissene Rohrlochstege.

Eine besondere Beachtung muß den Pratzen, welche unter dem Rohrlochplan die Rohrwand gegen den Langkessel verankern, gewidmet werden. Brüche von Rohrwandpratzen oder deren Schrauben bilden im Vereine mit gerissenen Stehbolzen der obersten Reihen bei ausgebauchten Rohrwänden eine Explosionsgefahr.

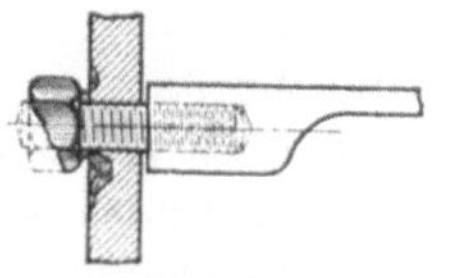

Abb. 28.
Abgebrannte und unterbrannte
Mutter einer Rohrwandpratze.

Sind die Pratzen an der Rohrwand mit Muttern befestigt, so brennen letztere nicht nur ab, sondern es wird die Rohrwand um die Muttern herum auch unterbrannt (Abb. 28).

Die Reparatur dieser verschiedenen Schäden der Tür- und besonders der Rohrwand erfolgt auf nachstehende Art:

Bei Kanten- und Randanrissen, wo immer sie angetroffen werden, ist vorzubeugen, daß sich dieselben nicht erweitern, bzw. nicht tiefer ins Material eindringen können.

Sind die Anrisse erst im Entstehen, so können dieselben, falls die örtlichen Verhältnisse es zulassen, mit einer runden Feile ausgefeilt werden. Ist dies jedoch nicht mehr möglich, so müssen sie abgebohrt werden.

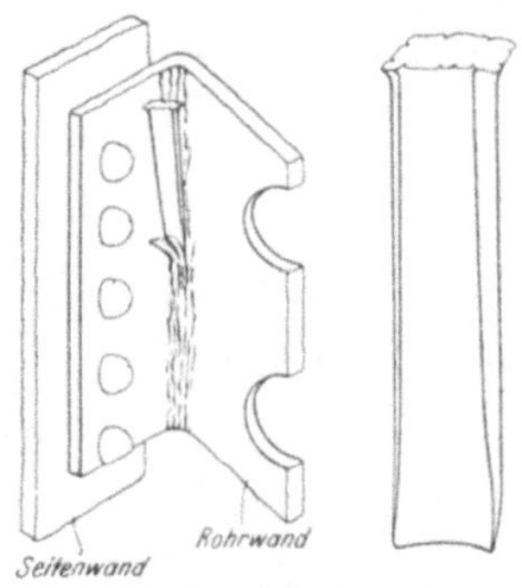

Abb. 29 und 30.
Abmeißeln der Rillen und Anrisse im Umbuge der Rohrwand.

Das Abbohren eines Anrisses findet auf die Art statt, daß in dem angerissenen Bleche ein schmales Loch gebohrt wird, in welches der Anriß in seiner ganzen Breite ausläuft oder auslaufen kann. Das Loch wird sodann verschraubt.

Anrisse, die mit einem Flecke gedeckt werden, müssen, wenn sie nicht vollends ausgekreuzt wurden, oder wenn sie nicht ohnehin in einem Nietloch auslaufen, auch stets vorher auf gleiche Weise abgebohrt werden.

Rillen in den feuerseitigen Umbügen der Rohr- und der Türwand werden ausgefeilt und beginnende Anrisse, wie in Abb. 29 ersichtlich, mit einem halbrunden Meißel (Abb. 30) entfernt.

Findet man bei dieser Arbeit, daß die Anrisse bereits eine bedenkliche Tiefe erreicht haben, so muß ein kupferner Winkelfleck zur Anwendung kommen.

Die bisher allgemein übliche Sondierung der Tiefe dieser Anrisse im

Umbuge genannter Wände durch Anbohren derselben, entspricht nicht immer dem Zwecke, weil in der Wandung des schmalen Bohrloches die Tiefe eines feinen Risses nur schwer richtig gemessen werden kann.

Da das Material, welches zu beiden Seiten (*a* und *b* Abb. 31) der Anrisse liegt, zur Festigkeit des Umbuges nicht beitragen kann, so erscheint es vorteilhafter, dasselbe durch Abmeißeln zu entfernen und den Umbug in seiner ganzen Ausdehnung von den Anrissen zu befreien.

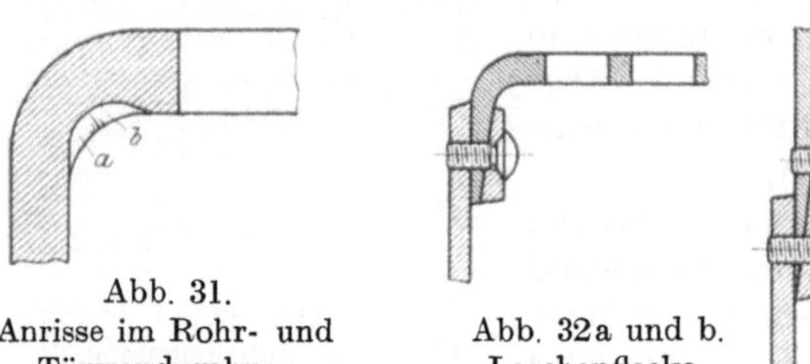

Abb. 31.
Anrisse im Rohr- und
Türwandumbug.

Abb. 32a und b.
Laschenflecke.

Erst wenn ein Zweifel über die genügende Blechstärke der bemeißelten Stelle entstehen sollte, empfiehlt es sich, dieselbe anzubohren; bei befriedigendem Ergebnis der Untersuchung ist das Bohrloch zu verschrauben, im entgegengesetzten Falle ein Fleck anzuordnen.

Liegen die Anrisse im Umbuge offen zutage, so braucht das Bemeißeln nur an einer kurzen Stelle vorgenommen zu werden, um nach Feststellung der Tiefe des Risses sich für oder gegen die Anbringung eines Winkelfleckes zu entscheiden.

Flecke an den Wänden der Feuerbüchse dürfen nicht als Dublierungsbleche (Deckflecke) Anwendung finden; sondern es müssen die schadhaften Teile, so weit der Fleck reicht, bis auf die Breite der Überlappung ausgekreuzt und entfernt werden.

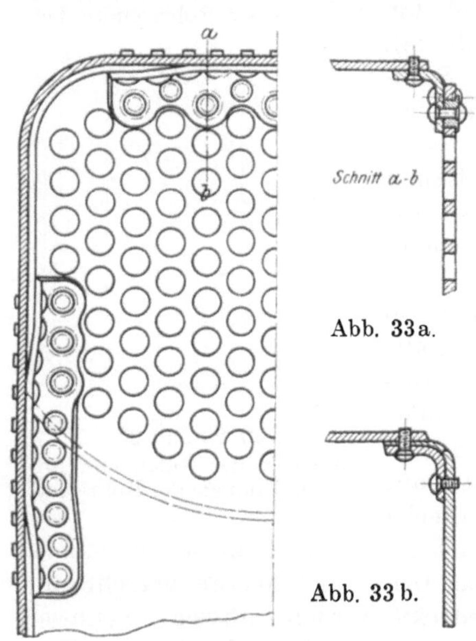

Abb. 33a.

Abb. 33b.

Abb. 33.   Rohrwand-Winkelflecke.

Bei allen Kesselreparaturen hat als Grundsatz zu gelten, daß überall dort, wo genietet werden kann, Nieten, und nur da, wo man nicht nieten kann, Fleckschrauben anzuwenden sind.

Bei Anwendung von Fleckschrauben darf das Gewinde stets nur im Unterbleche geschnitten werden, damit das Oberblech durch den Kopf der Schraube an das Unterblech angedrückt wird.

Ein vom Rande einer Kesselplatte — etwa eines Bordes — gegen die Nietnaht verlaufender Anriß kann mittels eines Laschenfleckes (Abb. 32a u. b) behoben werden. Der defekte Rand der Kesselplatte wird in entsprechender Länge zugeschärft und ein mit Rücksicht auf die Schräge der Zuschärfung konisch angearbeiteter Kupferfleck in Form einer Lasche über den abgebohrten Riß genietet oder mit Fleckschrauben befestigt und verstemmt.

Bei einem im Umbuge der Rohr- oder Türwand anzubringenden Winkelfleck wird der Bord samt dem Umbuge in der Länge der schadhaften Stelle ausgekreuzt, sodann der Bord dort, wo drei Bleche übereinander zu liegen kommen, zugeschärft und der mit Minium angepaßte Winkelfleck befestigt. Bei der Rohrwand werden die neben der ausgekreuzten Stelle liegenden Rohrlöcher verschraubt und an dieser Verschraubung der Winkelfleck mit genietet (Abb. 33 und 33 a).

Ausnahmsweise, wenn z. B. die defekte Stelle von geringerer Ausdehnung ist oder die Auswechslung der bezüglichen Wand aus anderen Gründen in Aussicht genommen wurde usw., kann das Auskreuzen einer solchen Defektstelle unterbleiben, doch muß eine entsprechende Bemeißelung und Zuschärfung des gedeckten Teiles erfolgen (Abb. 33 b).

Eine ausgebauchte Rohrwand wird durch das beiderseitige Bördeln der Feuerrohre vor weiterer Deformation geschützt und kann nach Herausnahme der Feuerrohre ausgerichtet werden. Das Ausrichten der Rohrwand wird, nachdem sie mit Holzkohle erwärmt wurde, mit dem Setzhammer vorgenommen. Mittels Ankerschrauben, welche durch die Rohrlöcher beider Rohrwände gespannt werden, wird die Arbeit sehr erleichtert.

Ovale Rohrlöcher müssen ausgerieben und zu stark erweiterten Rohrlöchern ausgebüchst werden. Die hier zu verwendenden Kupferbüchsen werden in das Rohrloch eingeschraubt und können von beiden oder nur von einer Seite einen Bord erhalten (Abb. 34a u. 34b).

Ein Anbruch in einem Rohrlochstege wird abgebohrt (Abb. 35). Sollte es sich als nötig erweisen, so können sodann beide Rohrlöcher überdies noch ausgebüchst werden.

Ein durchgerissener Steg kann durch das Einziehen von zwei oder drei einander übergreifenden Schraubenstiften und Ausbüchsen der beiden Rohrlöcher repariert werden (Abb. 36); doch ist dies nur dann zu empfehlen, wenn die gerissenen Stege vereinzelt liegen. Treten sie in Gruppen oder in einer Reihe beisammen liegend auf, so soll eine solche Reparatur unterlassen werden; ebensowenig ist es rationell, die defekte Rohrwand mit verschiedenen künstlich befestigten Kupferflecken zu versehen. In solchen Fällen wird besser die Auswechslung der Rohrwand vorgenommen.

Eine nach oben gestreckte Rohrwand kann nicht ausgerichtet, aber, wenn sie keine weiteren Schäden besitzt, im Betriebe belassen werden.

Besitzt die Rohrwand an dem deformierten oberen Borde Anrisse oder Risse, so wird deren Reparatur durch Ausfeilen, Abbohren oder Überflecken bewerkstelligt. Nehmen die Risse jedoch größere Dimensionen

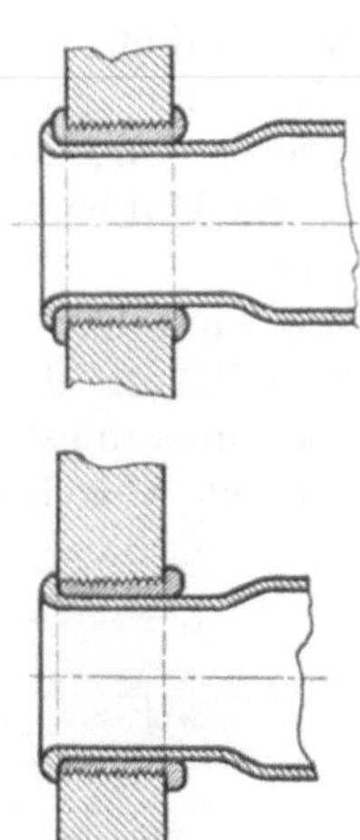

Abb. 34a und 34b.
Ausbüchsen der Rohrlöcher.

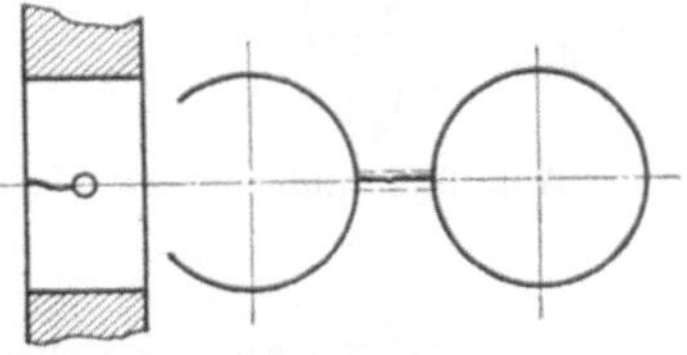

Abb. 35.
Ein Anbruch im Rohrlochsteg.

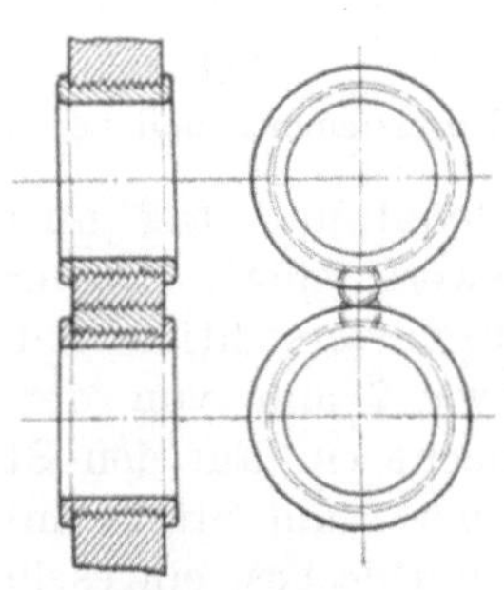

Abb. 36.
Reparatur eines gerissenen Rohrlochsteges.

an und hat die Rohrwand überdies noch andere Schäden, so bildet die Auswechslung derselben die sicherste Reparatur.

Nicht selten stellt sich ein Lecken des Rohr- und Türwandbordes ein. Derselbe wird verstemmt, bleibt jedoch das Verstemmen ohne dauernden Erfolg, dann müssen die lecken Nieten gegen kräftig angezogene Fleckschrauben ausgewechselt werden.

Steht der Rand des genannten Bordes von der Seitenwand oder von der Decke ab, so kann ein Anziehen desselben mittels Setzhammers gegen die Unterwand und sodann ein fachgemäßes Verstemmen Abhilfe schaffen.

Es kommen aber Fälle vor, daß durch Unkenntnis der Arbeiter, größtenteils in den Hilfswerkstätten, lecke Rohr- und Türwandborde auf die unsinnigste Weise, in der Absicht, sie zu verstemmen, von der Unterwand abgedrängt werden, so daß sie abstehen und zwischen der Unterwand und dem Borde eine eingestemmte tiefe Furche entsteht (Abb. 37 a).

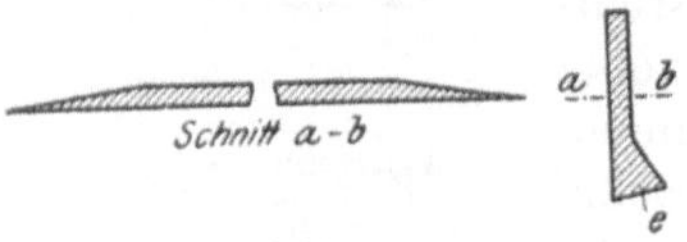

Ebenso werden manchmal die Rohrwandborde im unteren Teile der Stemmkante bei Handhabung des Schürhakens und des Rostspießes durch die Lokomotivmannschaft derart verschlagen und eingedrückt, daß der Teil o (Abb. 37 b) bis zum Nietkopf verdrängt wird.

Ist die Materialstärke o an der Niete noch ausreichend, so kann der Rand behauen bzw. bemeißelt, mit einem Handsetzer gegen die Unterwand angezogen und sodann fachkundig verstemmt werden.

Ist jedoch der Rand o an irgend einer Stelle des Bordes schmal und tief unterstemmt, so wird die Reparatur in anderer Weise bewerkstelligt. Die entsprechende Anzahl Nieten wird entfernt, der Bord durch vorsichtiges Eintreiben eines abgeflachten und keilförmigen Dornes etwa 7 mm von der Unterwand abgedrängt und zwischen die beiden Bleche ein auf den Stirnseiten zugeschärfter, kupferner Fleckstreifen von 6 bis 7 mm Stärke mit einem Ansatze (e in Abb. 38) bis zum Rande des Unterbleches eingeschoben. Die drei Bleche werden sodann geschraubt, wo möglich aber genietet, am Rande mit einem Handsetzer gegen die Unterwand angezogen, und schließlich in m und sodann in n vorsichtig verstemmt (Abb. 39).

Läßt die Materialstärke (o in Abb. 37 a u. 37 b) diese Ausführung nicht mehr zu, so wird der Ansatz (e in Abb. 40) breiter hergestellt und, wie aus Abb. 41 ersichtlich, mit einem Handsetzer angezogen und sodann verstemmt.

Der Feuertürring gibt häufig feuerseitig Anlaß zu Beschädigungen der Türwand, weil der am Türring anliegende Teil vom Wasser nicht

Abb. 38.

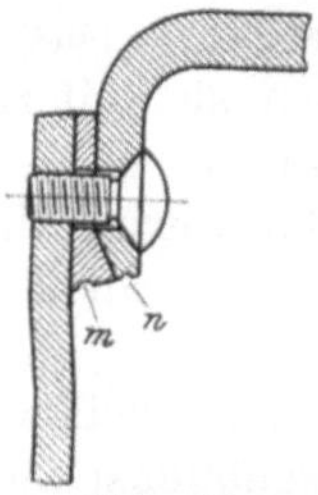

Abb. 39.

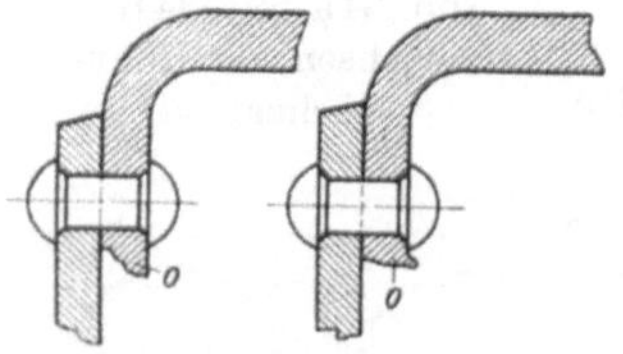

Abb. 37 a und b.

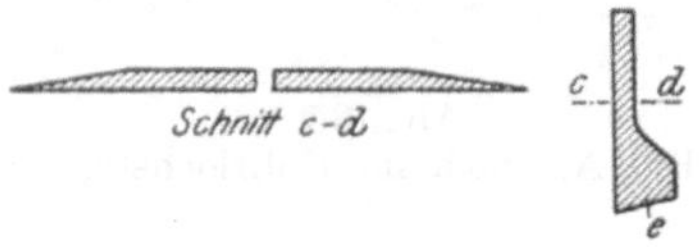

Abb. 40.   Abb. 41.

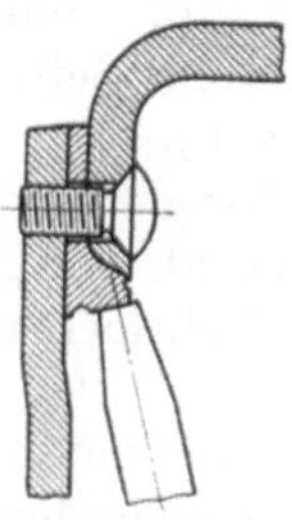

Unterstemmte und verschlagene Rohrwandborde.

abgekühlt werden kann. Er brennt samt den Nietköpfen ab und wird vom Rande ausgehend rissig. Die Reparatur wird durch Anordnung eines halben oder ganzen Feuertürlochfleckes bewerkstelligt. Ein solcher Fleck kann, nachdem der schadhafte Teil ausgekreuzt ist, entweder über oder unter dem Bleche der Türwand angeordnet werden.

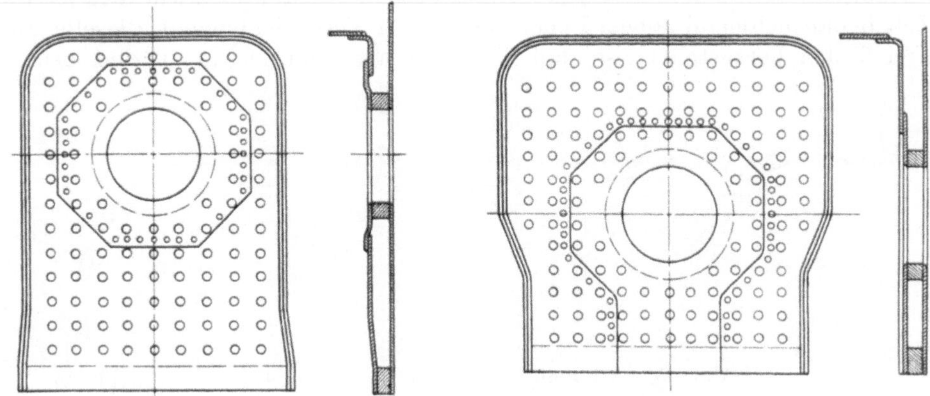

Abb. 42 und 43. Feuertürlochflecke.

Bei erstgenannter Anordnung erhält der Fleck eine ausgepolterte Form (Abb. 42) und wird gewöhnlich „Schüsselfleck" genannt. Um den Fleck unter das Blech der Türwand von unten schieben zu können, muß dieselbe über dem Fußringe ausgekreuzt werden (Ab. 43). Bei dieser Anordnung muß der Feuertürring um die Blechstärke des Fleckes schwächer gehobelt werden.

Den besten Schutz gegen diese Schäden bilden die zwei- oder dreiteiligen Schutzbleche aus feuerbeständigem Guß (Abb. 44 a, b und c), die mittels Schrauben im Heiztürloch einer jeden Konstruktion befestigt und, nachdem sie abgebrannt, wieder ersetzt werden können.

Die Webbsche Heiztüröffnung ist einer Öffnung mit vollem Heiztürring vorzuziehen, weil der vom Wasser nicht gekühlte Teil den direkten Flammen entzogen wird;

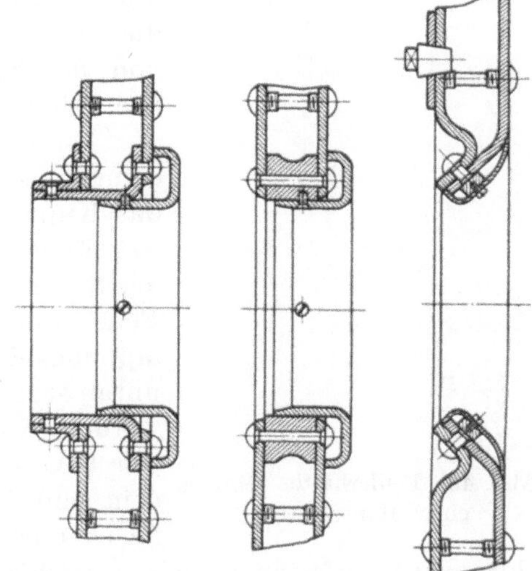

Abb. 44 a, b und c. Heiztürloch-Schutzbleche.

doch gibt der scharfe Winkel, der an der Webbschen Öffnung von den zusammengenieteten Blechen der Feuerbüchse und des äußeren Stehkesselmantels gebildet wird, Anlaß zu Kesselsteinablagerungen, die oft an jener Stelle auch ein Abbrennen des innenliegenden Türwandbleches samt den Nietköpfen herbeiführen und Ursache werden, daß sich an dieser Wand vom Rande der Heizöffnung ausgehende Kanten- und andere Risse bilden. Dieser Kesselstein kann dann nur entfernt werden, wenn zu diesem Zwecke an jener Stelle einige Stehbolzen herausgenommen werden. Um dies zu vermeiden, empfiehlt es sich, oberhalb der Webb-schen Heiztüröffnung eine oder zwei Auswaschschrauben anzuordnen (Abb. 44 c). Ein zwei- oder dreiteiliges Schutzblech aus feuerbeständigem Guß (Abb. 44 c) schützt auch in diesem Falle die Türwand vor solchen Schäden.

Die Mantelplatte, welche die beiden Seitenwände und die Decke der Feuer-büchse darstellt, besteht in der Regel aus einem Stücke; doch wurde in letzter Zeit bei ausnehmend langen Feuerbüchsen der Versuch gemacht, dieselbe aus drei Teilen herzustellen, so daß an die Platte der Decke in den beiden

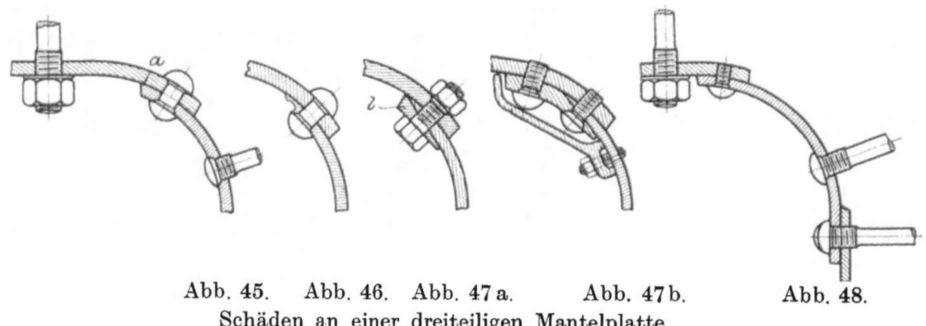

Abb. 45.   Abb. 46.   Abb. 47 a.   Abb. 47 b.   Abb. 48.
Schäden an einer dreiteiligen Mantelplatte.

seitlichen Umbügen die Seitenwandplatten genietet werden. Die dreiteilige Mantelplatte hat sich aber nicht bewährt, weil höchstwahrscheinlich die durch die Überlappung hervorgerufene Versteifung dazu beigetragen hat, daß sich in der Unterplatte, d. i. in der Decke $^1/_2$ bis 1 mm hinter dem Rande der Stemmkante, Haarrisse entwickeln, die erst dann zum Vorschein kommen, wenn von der Stemmkannte des Oberbleches, d. i. der Seitenwand, ein Span abgemeißelt wird.

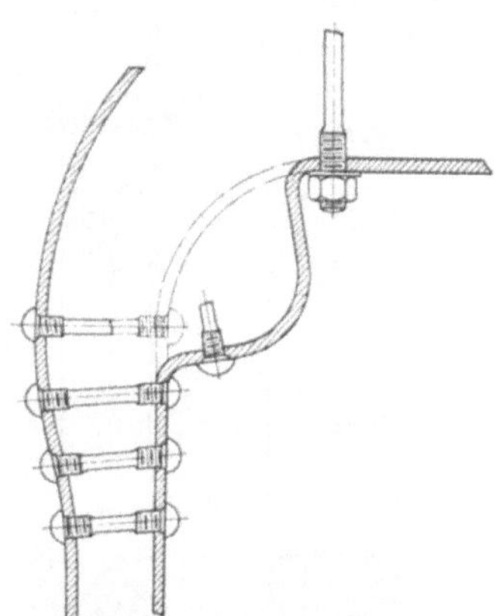

Abb. 49. Fehlerhafter Umbug einer Mantelplatte.

Diese unsichtbaren Haarrisse a (Abb. 45) dringen an den beiden Stößen immer tiefer in das Kupfermaterial der Decke ein.

Bevor noch die Bildung dieser Risse ent-deckt wird, stellt sich ein Abbrennen der im Feuerraume vorstehenden Kanten der Über-lappungsbleche in so arger Weise ein, daß mit-unter sogar die Nietköpfe der Naht unterbrannt werden (Abb. 46). Letzterer Schaden wird teils durch Anbringung eines schmalen Laschenfleckes (l in Abb. 47 a) oder eines Deckfleckes (breiteren Laschenfleckes), der durch einen auswechselbaren Schirm aus feuerfestem Gußeisen geschützt ist (Abb. 47 b), behoben. Beide Re-paraturen erweisen sich aber nicht als dauerhaft. Nach späterer Entdeckung solcher Risse (Abb. 45) wurde auch an jenen Stellen die Decke ausgekreuzt und in der ganzen Länge der Feuerbüchse gefleckt (Abb. 48).

Mit zu großem Halbmesser ausgeführte Umbüge der einteiligen Mantel-platte, welche den Übergang von der Decke beiderseits zu den Seiten-wänden bilden, begünstigen die Explosionsgefahr, die bei Eintritt mehrerer Stehbolzendefekte in der obersten Horizontalreihe durch das Einknicken oder Herausdrücken der Mantelplatte gegen den Feuerraum an jener Stelle erklärlich erscheint (Abb. 49).

Die gefährlichsten und am häufigsten vorkommenden Schäden bilden die sogenannten Polsterungen (*b* in Abb. 50). Dies sind feuerseitige Ausbeulungen, welche sich zwischen je vier Stehbolzen an jenen Stellen der kupfernen Wände der Feuerbüchse entwickeln, die von der Stichflamme am meisten bestrichen werden.

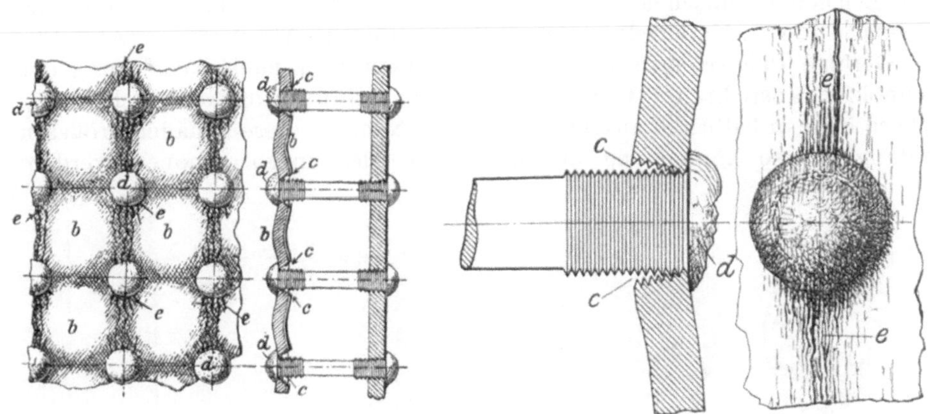

Abb. 50.
Polsterungen an der Wand der Feuerbüchse.

Abb. 51.
Rillen und Anrisse zwischen den Stehbolzen.

Durch eine derartige Ausbeulung der Kupferwände öffnen sich wasserseitig die Stehbolzenmuttergewinde (*c* in Abb. 50 und 51), so daß oft nur ein geringer Teil derselben wirksam bleibt und somit der zwischen den Wandungen des Stehkessels herrschende Druck zum großen Teile auf die Stehbolzenköpfe *d*, die gewöhnlich an solchen Stellen infolge Abbrennens und Abzehrens auch bereits mehr oder weniger geschwächt sind, übertragen wird.

Die Polsterungen rufen Undichtheiten der Stehbolzen hervor und treten fast ohne Ausnahme mit Rillen auf, die sich später zu Anrissen entwickeln. Diese Anrisse (*e* in Abb. 50 und 51) ziehen sich teils einzeln, teils in parallel nebeneinander liegenden oder miteinander verzweigten Formen gewöhnlich senkrecht von einem Stehbolzen zum anderen und dringen tief ins Material der Wand, manchmal fast bis zur Wasserseite ein.

Solche Polsterungen erscheinen nicht nur auf den Seitenwänden der Feuerbüchse, und zwar am ausgeprägtesten bei Anwendung eines Feuergewölbes unterhalb desselben, sondern auch auf der Rohrwand unter dem Rohrlochplan und geben Veranlassung, daß sich an den Stehbolzenlöchern auch sternförmige Kantenanrisse entwickeln (Abb. 52).

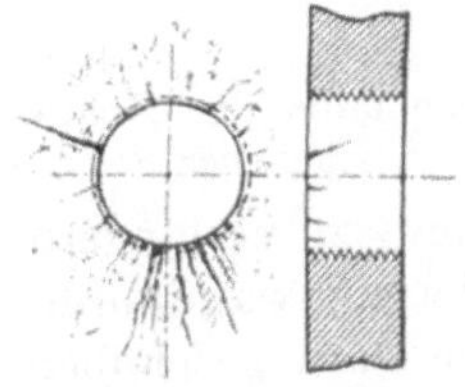

Abb. 52. Sternförmige Kantenanrisse an den Stehbolzenlöchern.

Hartes Speisewasser, hohe Dampfspannungen und große Abmessungen der Feuerbüchsen begünstigen die Entwickelung der Polsterungen.

Einen sehr bedenklichen Charakter können die Polsterungen bei starker Ablagerung von Kesselstein an den Wänden annehmen.

Die zwischen den Stehbolzen der vertikalen Reihen entstehenden Rillen rühren von Undichtheiten der Stehbolzen und dem chemischen Einflusse schwefelkieshaltiger Kohle bei hoher Temperatur und Zutritt von Wasser her, indem sich schwefelsaures Kupfer ($CuSO_4$) bildet, und sie erhalten, unterstützt durch das Ausdehnen und Zusammenziehen der Polsterungen, häufig eine scharfkantig ins Blechmaterial einschneidende Form, aus welcher sich dann die Anrisse entwickeln.

Nehmen diese Undichtheiten der Stehbolzen zu, so entstehen unter dem gleichen chemischen Einflusse neben den Stehbolzenköpfen und vorwiegend unterhalb derselben tiefe halbmondförmige Abzehrungen (Abb. 53).

Geringe Polsterungen ohne Anrisse lassen sich nach Entfernung der Stehbolzen ausrichten. Ganz kleine Kantenanrisse an den Stehbolzenlöchern können halbrund ausgefeilt werden. Nehmen diese Schäden größeren Umfang an, so können sie nur durch Überfleckungen behoben werden.

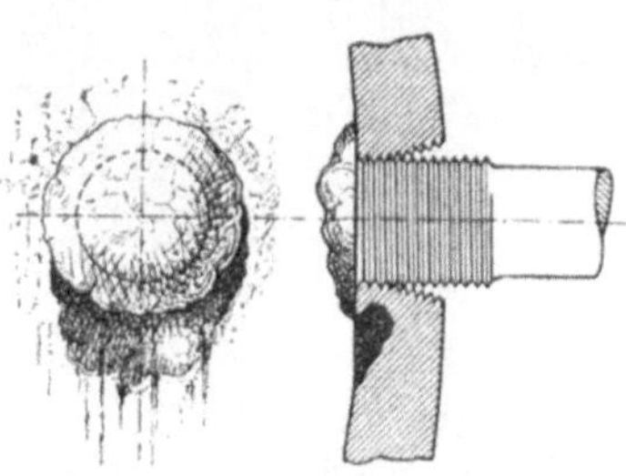

Abb. 53.
Halbmondförmige Abzehrungen unter den Stehbolzenköpfen.

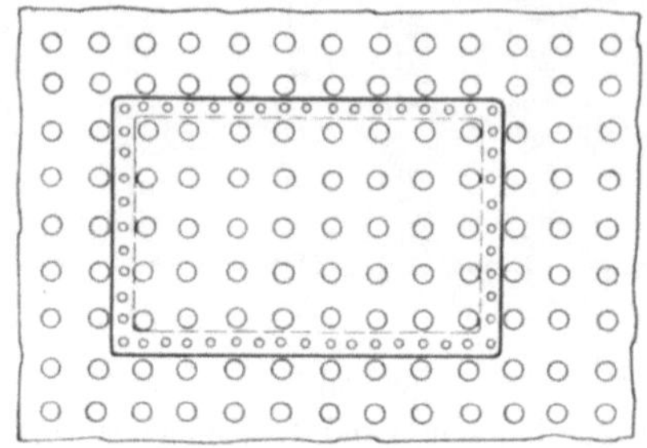

Abb. 54.
Überfleckung.

Die Größe des Fleckes richtet sich nach der Ausdehnung der Schäden. Man wird dabei die Seitenwand in jenen Stehbolzenreihen, welche die Schäden einschließen, auskreuzen und die Flecke derart anordnen, daß deren Überlappung bis zu den nächst zurückgebliebenen Stehbolzenreihen reicht (Abb. 54).

Man soll jedoch bei der Bestimmung der Größe des Fleckes anstreben, daß dessen horizontale Überlappungen nicht unmittelbar der Stichflamme ausgesetzt sind.

Reicht der Fleck bis in die Nähe des Fußringes, so erscheint es vorteilhaft, denselben über den Fußring

Abb. 55.
Ein unter den Rohrwandbord unterschobener Seitenwandfleck.

hinab zu verlängern; ebenso schließt man den Fleck neben dem Rohrwand- oder Türwandborde nicht ab, sondern macht ihn so lang, daß er unter den Bord geschoben werden kann. Zu diesem Zwecke werden jene Enden des Fleckes, welche eine dreifache Blechlage bedingen, ausgestreckt und zugeschärft (Abb. 55).

Die mit den Flammen über dem Roste abziehenden kleinsten unverbrannten Kohlenteilchen wirken scheuernd an den Wänden der Feuerbüchse, wodurch örtliche Abzehrungen derselben und der Stehbolzenköpfe entstehen. Auch das Einwerfen und das mit der Schaufel übliche Streuen der Kohle beim Einfeuern besitzt die gleiche scheuernde Wirkung, welche sich an den Wänden der Feuerbüchse bemerkbar macht und gewöhnlich auf der linken Seitenwand namhaft stärker ausgeprägt erscheint, was durch die Lage der Schaufel in den Händen des Heizers während des Einfeuerns begründet ist.

In der schwefelkieshaltigen Braunkohle besitzt die kupferne Feuerbüchse ihren größten Feind, diese Kohle vermag die Wände in verhältnismäßig kurzer Zeit infolge Bildung von schwefligsaurem Kupfer ($Cu\,SO_3$) bis zur Vernichtung abzuzehren. Es ist erwiesen, daß Braunkohle von etwa $5\,^0/_0$ Schwefelgehalt die Wände einer im Betriebe stehenden Feuerbüchse im Monat örtlich um mehr als 0·5 mm in ihrer Stärke schwächt (Abb. 56a).

Demselben Schicksale verfallen auch die Stehbolzenköpfe und die vorstehenden kupfernen Bördel der Feuerrohre. Letztere werden infolge dieses Mangels öfter gewechselt.

Auch jene Teile der Rohrwand, die zwischen den Feuerrohrbördeln liegen, werden abgezehrt, wodurch sich um die Rohrlöcher herum vorstehende, wulstartige Ringe (*i* in Abb. 56b) bilden.

Die Decke und insbesondere die Türwand der Feuerbüchse werden von schwefelkieshaltiger Kohle verhältnismäßig am wenigsten angegriffen.

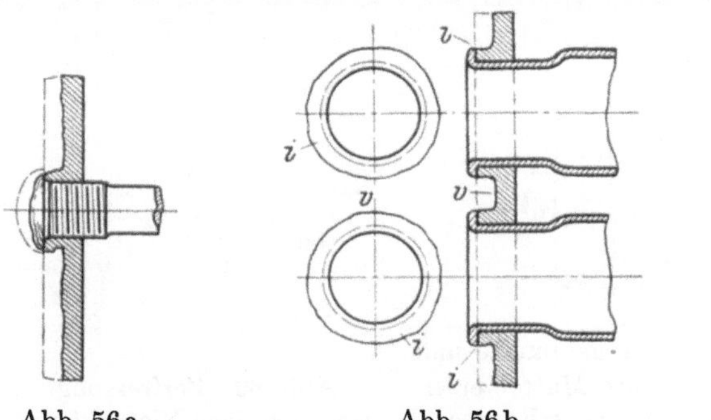
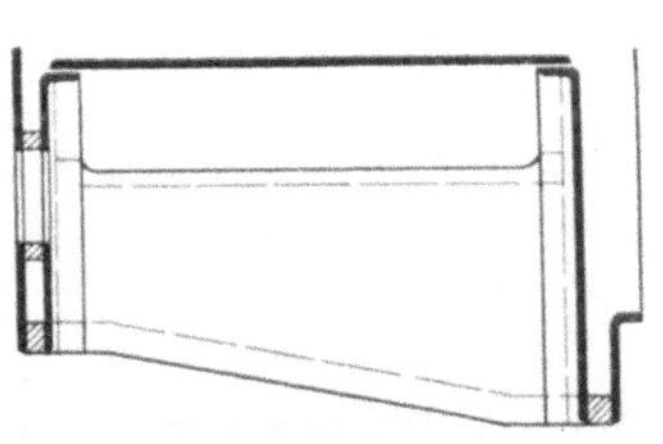

<table>
<tr><td>Abb. 56a.</td><td>Abb. 56b.</td><td>Abb. 57.</td></tr>
<tr><td colspan="2" style="text-align:center">Abzehrungen der Wände zwischen den Stehbolzen
und den Feuerrohrbördeln.</td><td style="text-align:center">Anschuhung der Seitenwand
einer Feuerbüchse.</td></tr>
</table>

Übersteigen die Vertiefungen (*v* in Abb. 56b) an den Rohrlochstegen nicht mehr als ungefähr 6 mm, so läßt sich die Rohrwand nach Herausnahme der Feuerrohre durch Abmeißeln der Wulste *i* regulieren. Bei tieferen Abzehrungen soll Rohrwandwechsel eintreten.

Eine Überfleckung der Rohrwand unter dem Rohrlochplan ist nur ein Notbehelf, weil die Überlappungen des Fleckes von der Stichflamme bestrichen werden und bald verbrennen.

Starke Abzehrungen an den Seitenwänden werden mittels Flecken in gleicher Weise wie bei Polsterungen mit Anrissen repariert.

Nehmen die Abzehrungen oder andere Schäden der Seitenwände ausgedehnte Dimensionen an, so werden sie angeschuht, d. h. die Flecke werden beiderseits unter die Borde der Rohr- und Türwand geschoben und reichen nach abwärts über den Fußring (Abb. 57).

Bei Anwendung von Flecken wird die ausgewechselte Kesseloberfläche von Mitte zu Mitte der Nietnaht gerechnet.[1]) Dublierungen (Deckflecke) werden als Auswechslung der Kesseloberfläche nicht angesehen.

Besitzt die Rohrwand unter größerem Halbmesser ausgeführte seitliche Umbüge, die auf die Konstruktion von Fußringen mit großem Krüm-

---

[1]) Bezieht sich auf Bestimmungen der Kesselgesetze.

mungshalbmesser zurückzuführen sind, und liegt an dieser Stelle die erste senkrechte Stehbolzenreihe verhältnismäßig weit vom Stoß dieses Bordes mit der Seitenwand, so kommt es vor, daß die letztere samt dem Stoße und dem Borde deformiert und zwar gegen den Feuerraum herausgedrückt wird (Abb. 58). Da eine solche Formänderung nicht immer harmlos ist, so soll sie ausgerichtet und durch Vermehrung der Stehbolzen an jener Stelle einer Wiederholung des Defektes entgegengearbeitet werden.

Unter dem Einflusse der Temperaturschwankungen werden die Deckenschrauben undicht, wodurch in der Decke um die oft zum großen Teil verbrannten Muttern herum Abzehrungen entstehen, deren Entwickelung durch Unterbrennen der Muttern gefördert wird (Abb. 59).

Wenn sich infolge des Streckens der Rohrwand in der Decke neben der ersten steifen Deckenschraubenquerreihe ein Riß gebildet hat (Abb. 22), so wird der defekte Teil ausgekreuzt und wasserseitig gefleckt, sowie auch jeder andere Riß der Decke auf gleiche Weise behoben wird. Jene Deckenschrauben oder Barren, welche der Ausführung einer solchen Arbeit hinderlich sind, werden entfernt und nach durchgeführter Reparatur erneuert.

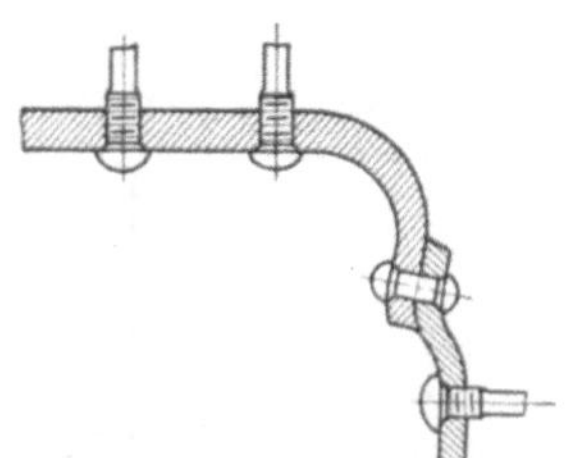

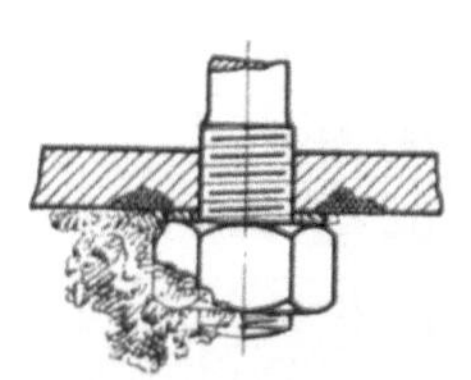

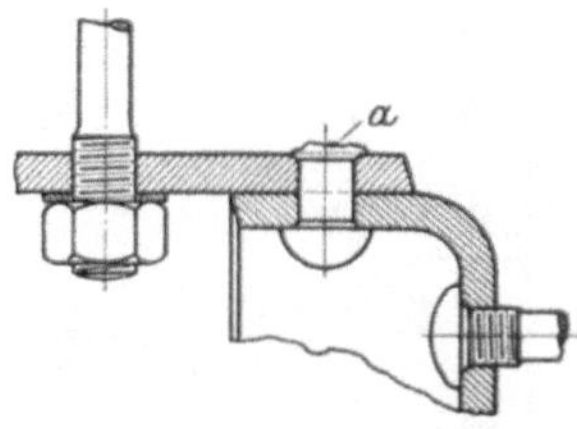

Abb. 58. Deformierung der Seitenwand.　　Abb. 59. Abgebrannte und unterbrannte Mutter einer lecken Deckenschraube.　　Abb. 60. Zerfressung wasserseitiger Nietenköpfe.

Für die Vernietung der kupfernen Feuerbüchse bedient man sich gewöhnlich eiserner Nieten. Wenn die Köpfe dieser Nieten im Betriebe des Kessels abbrennen, müssen sie erneuert bzw. durch Fleckschrauben ersetzt werden. Wasserseitig erleiden die Köpfe dieser Nieten oft in kurzer Zeit derart beträchtliche Zerfressungen, daß von manchen derselben überhaupt nichts übrig bleibt (a in Abb. 60). Dieser äußerst bedenkliche Defekt kann bei den Nieten, welche den Türwandbord mit der Decke verbinden, unter Umständen verhängnisvoll werden, weil deren wasserseitig versteckt gelegenen Nietköpfe nur schwer kontrolliert werden können. Um sich über den Zustand dieser Nietköpfe Gewißheit zu verschaffen, muß die Türwand oder die ganze Feuerbüchse herausgenommen werden.

Die Nietköpfe des Fußringes erleiden insbesondere in den vier Ecken beiderseits große Abrostungen und müssen öfter gewechselt werden.

Eine unerfahrene oder leichtsinnige Lokomotivmannschaft kann durch häufiges Halten eines niederen Wasserstandes bei Befahren von Strecken mit vielen Niveaubrüchen ein wiederholtes Überhitzen der momentan vom Wasser entblößten Feuerbüchsendecke und der oberen Rohrwandteile des Lokomotivkessels herbeiführen. Es tritt dadurch zwar kein ausgesprochenes Ausglühen, aber doch ein derart hochgradiges Erwärmen dieser Teile ein, daß im Laufe der Zeit bedeutende Undichtheiten der Blechverbindungen, der Deckenanker und der Stehbolzen, sowie auch Deformationen und Risse in denselben sich allmählich einstellen können.

Gegen derartigen Leichtsinn des Personals schützen am besten die Sicherheitsschrauben. Dies sind Schrauben aus Mangan- oder Phosphorbronze mit einem Kern aus Blei (*a* in Abb. 61), welche in die Decke der Feuerbüchse zwischen den Deckenankern eingeschraubt werden, und zwar bei kurzen Feuerbüchsen eine in der Mitte, bei langen je eine im vorderen und eine im rückwärtigen Teile derselben. Durch früheres Ausschmelzen des Kerns und Wassereintritt wird der Gefahr vorgebeugt.

Damit diese Schrauben aber auch den Zweck erfüllen, empfiehlt es sich, dieselben einer vierteljährlichen Revision zu unterziehen und hierüber Aufschreibungen zu führen. Bei der Revision ist darauf zu achten, daß der Bleipfropfen stets vom Kesselstein gereinigt und bei der geringsten Undichtheit oder einem anderen Mangel erneuert bzw. die Schraube im Innern frisch verzinnt und ausgegossen wird.

Feuerbüchsen aus Flußstahl haben in Europa noch wenig Anwendung gefunden und wo dies der Fall war, im allgemeinen keinen langen Bestand gehabt.

Sie unterliegen zwar weniger Deformationen, werden aber wasserseitig korrodiert und feuerseitig stark abgebrannt und abgezehrt. Insbesondere treten bei denselben bedenkliche Anrisse an den Anarbeitungsstellen auf.

Versuche der letzten Jahre mit dem Einbau mehrerer Feuerbüchsen aus Flußstahl und Flußeisen von verschiedener deutscher und österreichischer Herkunft haben nach einer Betriebsdauer von 2 bis 5 Jahren folgende Mängel ergeben: Unterhalb der Feuerrohrbördel

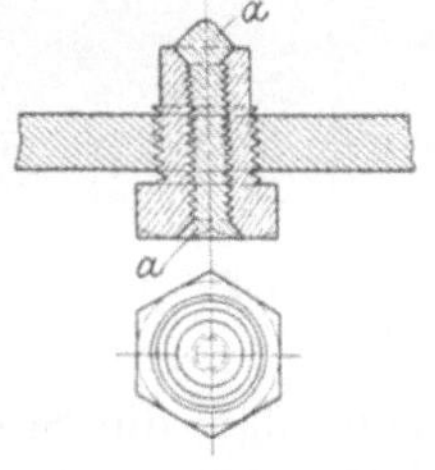

Abb. 61. Sicherheitsschraube in der Feuerbüchsdecke.

und rings um die gänzlich abgebrannten Unterlagsscheiben der Deckenmuttern haben sich ringförmige, tiefe Abzehrungen gebildet. An den Stehbolzenlöchern, insbesondere in den unteren Reihen der Rohrwand, der Seitenwände und in geringerem Maße der Türwand, haben sich sternförmige Anrisse entwickelt. Diese Risse waren wasserseitig mehr ausgebildet, so daß sie feuerseitig oft kaum erkennbar waren. Ausblasungen traten an der Mantelplatte längs der unteren Partien der senkrechten Borde der Rohr- und Türwand auf infolge von Undichtheiten der Nähte. Ferner kamen ringförmige Abzehrungen um die Stehbolzenköpfe und tiefe, parallel nebeneinander laufende Rillen und Anrisse zwischen je zwei übereinander liegenden Stehbolzenköpfen zum Vorschein, verursacht durch das Leckwerden derselben, sowie örtliche Abrostungen größerer und kleinerer Ausdehnung infolge von Verunreinigung der Feuerbüchse durch Reste des Brennmaterials. Vereinzelt traten auch an der Mantelplatte große und verästelte Materialrisse über einige Stehbolzenreihen reichend auf, vermutlich infolge zu rascher Abkühlung der Feuerbüchse beim Auswaschen und wegen der dadurch hervorgerufenen schädlichen Spannungen im Material.

Wasserseitige Korrosionen entwickeln sich vorzugsweise an jenen Stellen, an welchen sich vorstehende Kesselteile befinden, also neben den Stehbolzen, Deckenankern usw. Abb. 62 stellt die photographische Aufnahme des wasserseitigen Mantelkesselbleches einer Feuerbüchse aus Flußeisen dar nach einem kaum vierjährigen Betriebe. Aus derselben ist zu er-

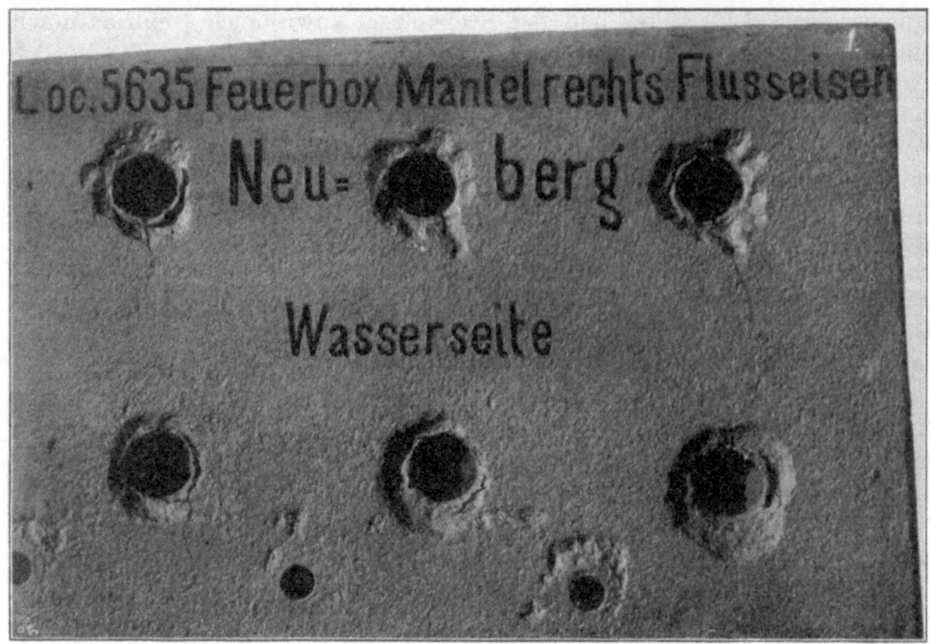

Abb. 62. Wasserseitig korrodierte Seitenwand einer flußeisernen Feuerbüchse.

sehen, daß die Stehbolzen Anlaß zur Entwickelung von Korrosionen gegeben haben, welche in dieser Mantelplatte derart tief eingreifen, daß das
Stehbolzengewinde fast gänzlich ausgefressen ist.   Auch kleine Anrisse,
von den Stehbolzenlöchern ausgehend, sind ersichtlich.

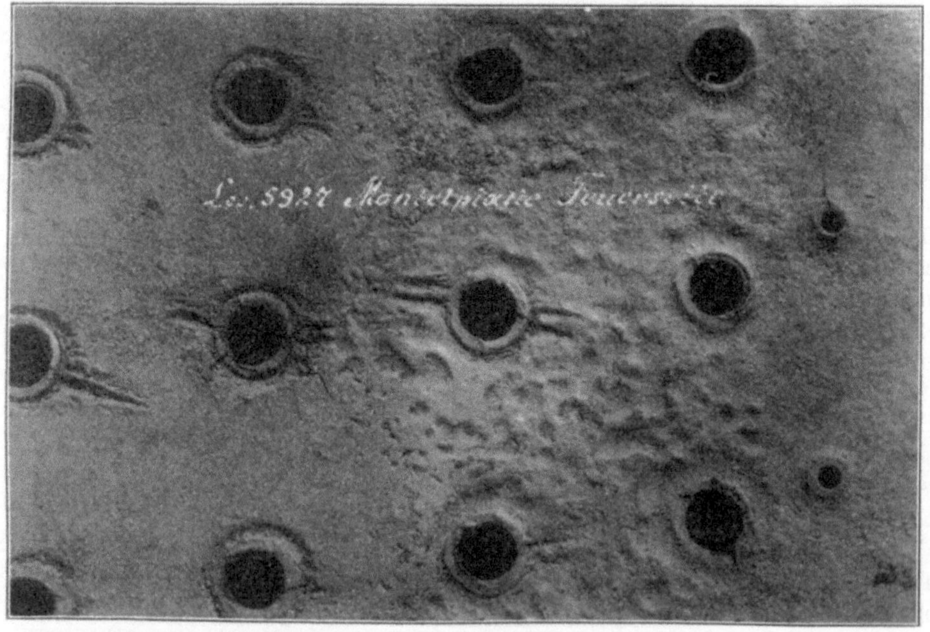

Abb. 63. Feuerseitige Zerstörung einer Flußstahlbüchse durch undichte Stehbolzen.

Feuerseitig treten Abzehrungen überall dort auf, wo auch nur die geringsten Undichtheiten vorkommen, und nachdem Temperaturschwankungen, hervorgerufen durch den Wechsel von Dienst- und Ruhezeit, durch das Auswaschen usw., Undichtheiten der Nietnähte, Überlappungen und anderer Verbindungen der Flußstahlbüchse rasch zur Folge haben, so entstehen auch an diesen Stellen verheerende Zerstörungen des Materials. Abb. 63 stellt die feuerseitige Ansicht der linken Seitenwand einer Flußstahlbüchse nach einer dreijährigen Betriebsdauer dar, an welcher vorzugsweise Zerstörung durch undichte Stehbolzen hervorgerufen wurde. Diese Platte zeigt außerdem mechanische Abzehrungen infolge der scheuernden Wirkung der verfeuerten Kohle und tiefe Abrostungen infolge von Verunreinigung durch Rückstände des verbrannten Kohlenmaterials.

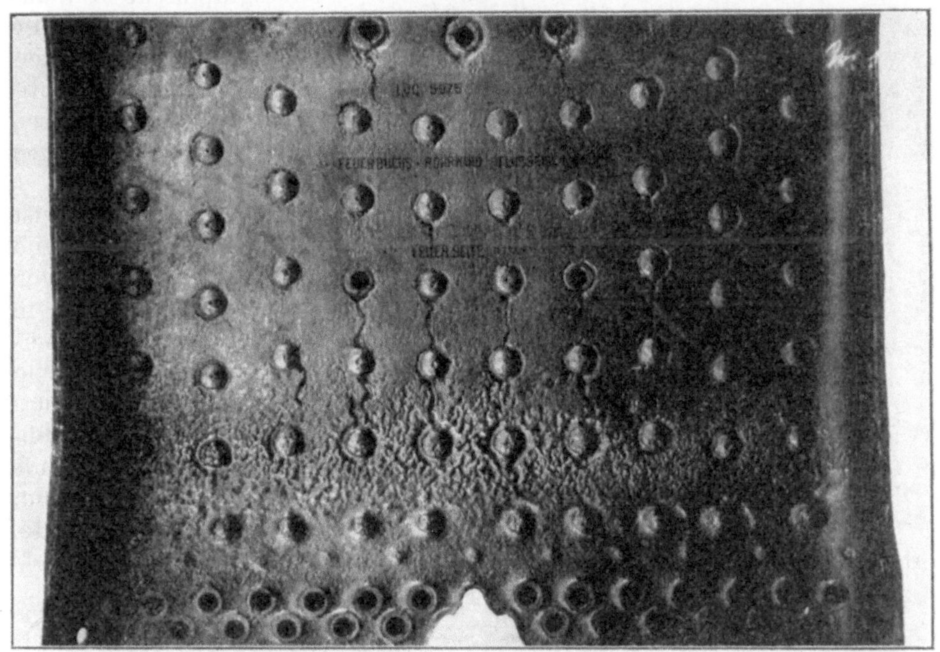

Abb. 64. Feuerseitige Abzehrungen und Risse in einer Rohrwand aus Flußstahl (unter dem Rohrbündel).

Abb. 64 zeigt den unter dem Rohrplan befindlichen feuerseitigen Teil einer Flußstahlrohrwand, welcher Abzehrungen der Wand, abgebrannte Stehbolzenköpfe und an der Nietnaht des Fußringes sowie um die Ankerpratzenköpfe tiefe ringförmige Abzehrungen trägt. Diese Flußstahlplatte ist überdies auch mit Anrissen zwischen je zwei übereinander liegenden Stehbolzenköpfen behaftet.

Abb. 65 zeigt dieselbe Rohrwand im ganzen, wobei man auch ringförmige Abzehrungen unter den Feuerrohrbördeln, welche infolge öfteren Rinnens dieser Rohre entstanden sind, ersehen kann. Die Feuerrohre waren infolge dieser Abzehrungen nicht mehr dicht zu bringen.

Abb. 66 veranschaulicht den feuerseitigen Teil der flußeisernen Decke derselben Feuerbüchse samt den in den Feuerraum ragenden Deckenschrauben mit abgenommenen Muttern, bei welcher infolge undichter

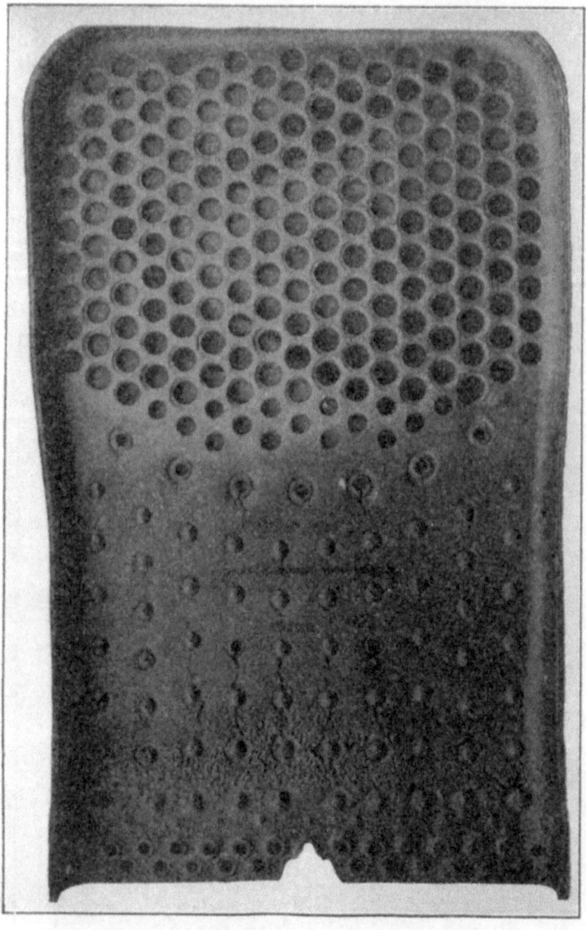

Abb. 65. Abzehrungen an einer Flußstahlrohrwand unter
den Bördeln lecker Feuerrohre.

Deckenschrauben 5 mm tiefe und 5 bis 6 mm breite Abzehrungen in der Decke um die Muttern herum entstanden sind.

Anrisse und Risse entwickeln sich in den Wandungen am häufigsten an den Stehbolzenlöchern und kommen zuerst wasserseitig zum Vorschein. Abb. 67 und 68 zeigen photographische Aufnahmen wasserseitiger Anrisse und Risse der Mantelwände zweier Lokomotiven mit Flußstahlbüchsen nach einer vierjährigen Betriebsdauer.

In Abb. 69 und 70 ist eine und dieselbe Wand und zwar in Abb. 69 von der Wasserseite und in Abb. 70 von der Feuerseite dargestellt. Während wasserseitig in den unteren Partien an den Stehbolzenlöchern bedeutende Risse wahrzunehmen sind, tritt an der Feuerseite,

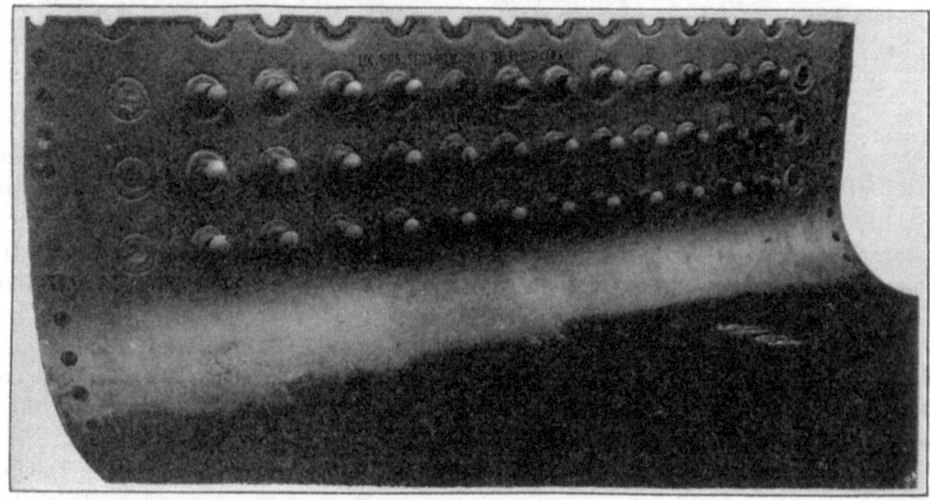

Abb. 66. Feuerseitige Abzehrungen an einer flußeisernen Feuerbüchsdecke.

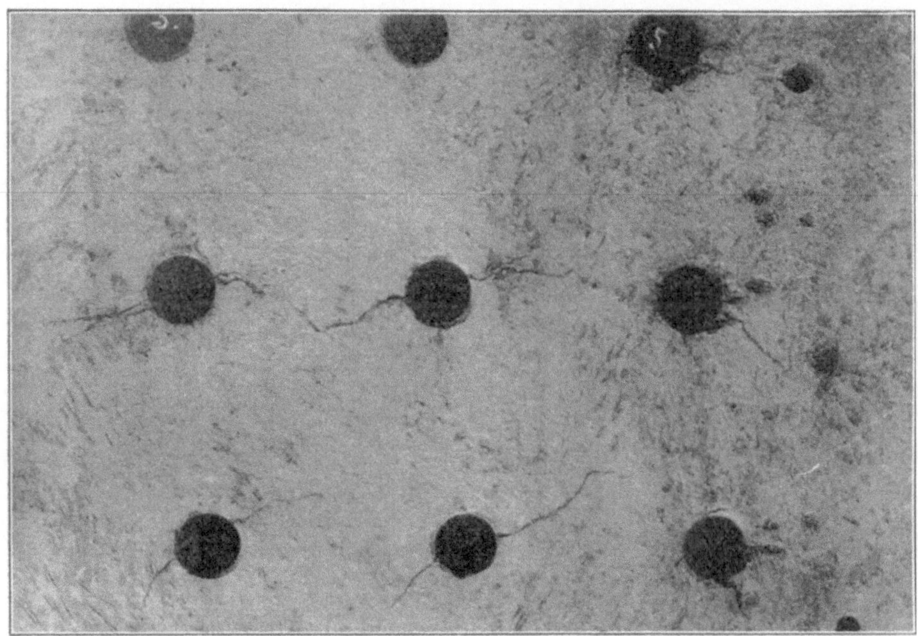

Abb. 67. Wasserseitig von den Stehbolzenlöchern ausgehende Risse in einer
Feuerbüchsmantelplatte aus Flußstahl.

die allerdings mit vielen Abzehrungsherden behaftet ist, nicht ein einziger
Riß auf.

Ebenso zeigen die Abb. 71 und 72 eine innere Mantelwand von der
Wasser- und Feuerseite. Wasserseitig sind an den Stehbolzenlöchern bedeutende Risse wahrzunehmen, wogegen feuerseitig nur tiefe Zerstörungen
des Flußeisenmaterials infolge Undichtheiten der Stehbolzen erscheinen.

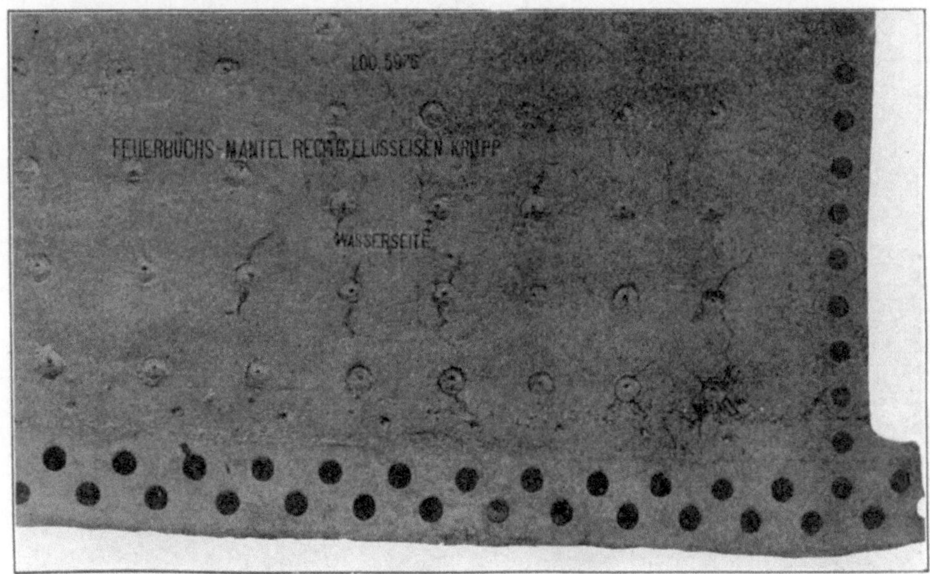

Abb. 68. Wasserseitig von den Stehbolzenlöchern ausgehende, sternförmige Anrisse in einer
Feuerbüchsmantelplatte aus Flußstahl.

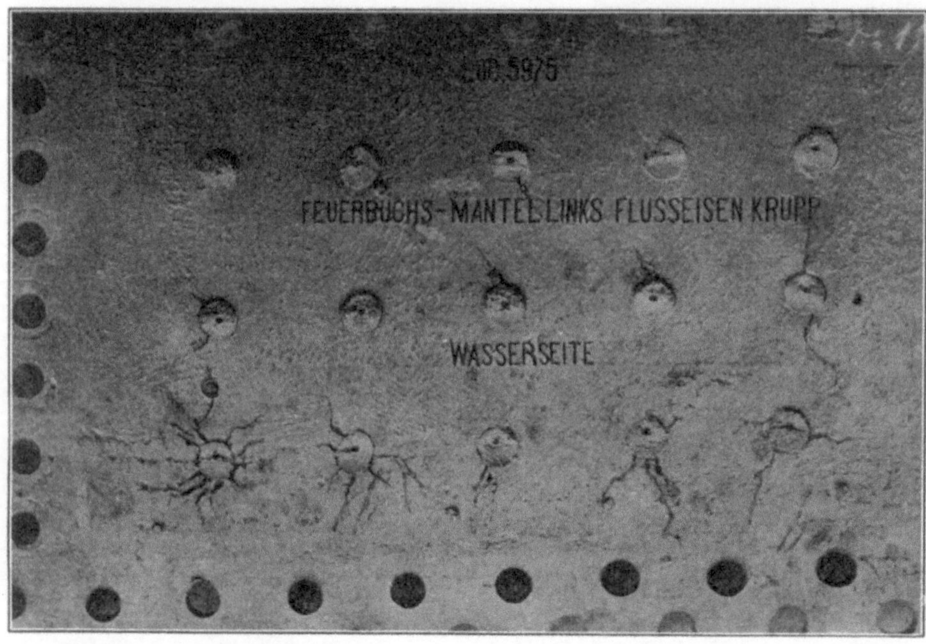

Abb. 69. Von der Wasserseite sichtbare sternförmige und verzweigte Risse und Anrisse in einer flußeisernen Feuerbüchsmantelplatte.

In Abb. 73 sind von Stehbolzenlöchern ausgehende, bis zur Feuerseite vorgedrungene und deshalb abgebohrte und verschraubte Risse einer Mantelplatte aus Flußstahl ersichtlich.

Diese Platte enthält auch furchenartige Korrosionen, welche über dem Fußringe entstanden sind.

Abb. 70. Dieselbe Platte wie Abb. 69, von der Feuerseite aus gesehen.

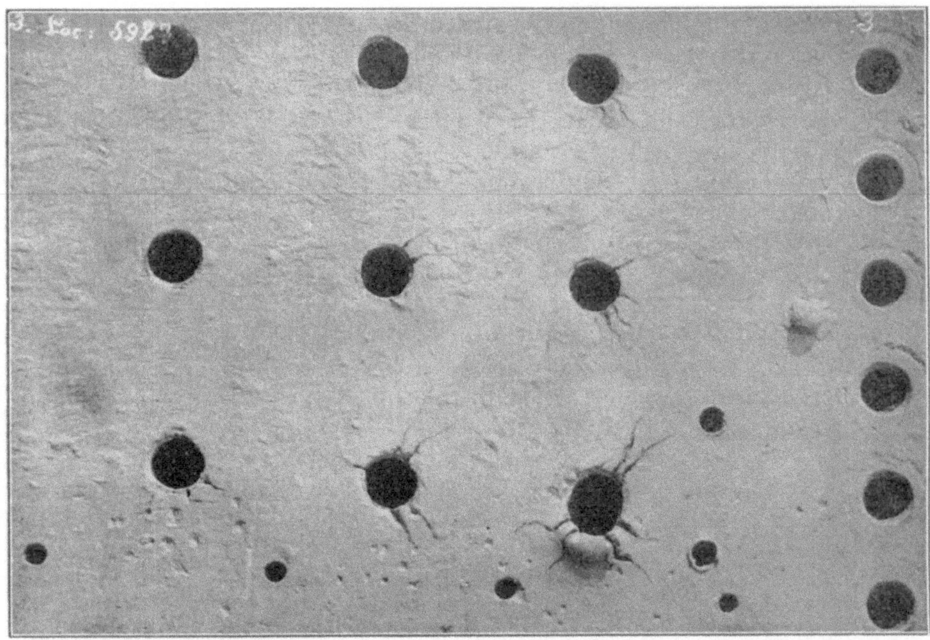

Abb. 71. Wasserseitig sichtbare Risse und Aufbeulung an den Stehbolzenlöchern einer
flußeisernen Feuerbüchsmantelplatte.

Abb. 74 zeigt einen nahezu 800 mm langen gefährlichen Riß in der
Seitenwand einer Flußstahlbüchse von der Wasserseite aus, welcher sich
über acht Stehbolzenreihen entwickelt hat.   Abb. 75 zeigt dieselbe Platte
von der Feuerseite, an welcher der Riß wenig wahrzunehmen ist und sich

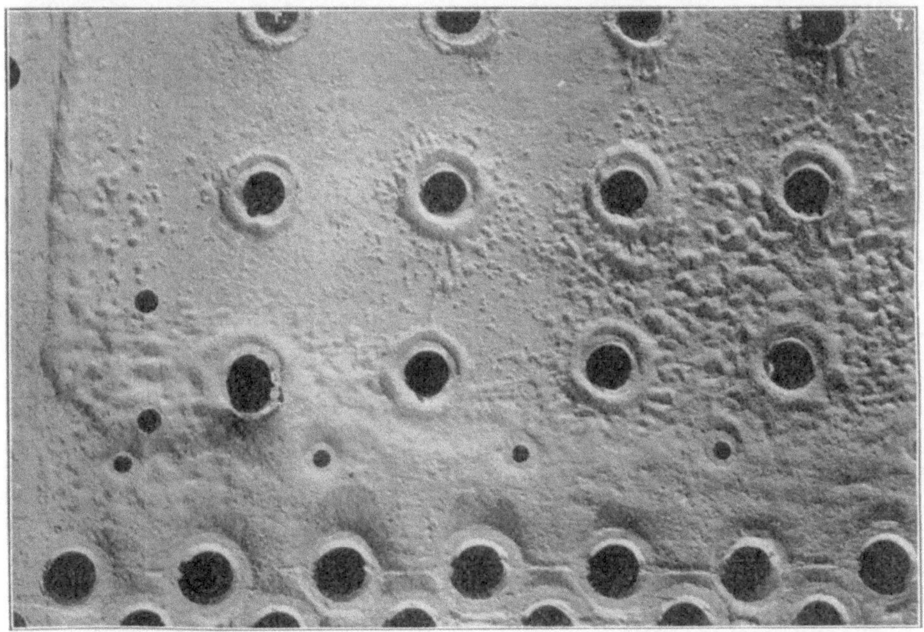

Abb. 72. Dieselbe Platte wie Abb. 71, von der Feuerseite aus gesehen.

nur über sechs Stehbolzenreihen zu erstrecken scheint. Bei der photographischen Aufnahme besaß die Platte noch die Stehbolzenköpfe.

Auf Grund dieser Schäden wurden an den Feuerbüchsen nach zwei bis fünf Jahren folgende Reparaturen ausgeführt: Die von den Stehbolzenlöchern auslaufenden Anrisse wurden, sobald sie sich wasserdurchlässig zeigten, verschraubt, die Seitenwände wurden bis 1 m hoch angeschuht und die Rohrwände gewechselt. Flecke wurden der schädlichen Materialspannungen wegen überhaupt nicht angebracht.

Die Neuherstellung und Reparatur der Feuerbüchsen aus Flußeisen ist schwieriger als solcher aus Kupfer.

Örtliche Mängel lassen sich wegen der geringen Anpassungsfähigkeit des Flußeisens nicht so leicht und gut wie bei Kupfer durch aufgeschraubte Flecke unschädlich machen. Auch dürften diese wegen der sich bildenden Materialspannungen im Betriebe kaum längere Zeit dicht zu erhalten sein.

Abb. 73. Verbohrte und verschraubte Risse in einer Feuerbüchsmantelplatte aus Flußstahl.

Unter Aufwendung zahlreicher Reparaturen und bei gründlicher Wartung, unter unbedingter Einhaltung des warmen Auswaschens, oftmaligen Reinigens der Feuerbüchse, sofortigen Behebens jedes Rinnens der Feuerrohre, der Deckenschrauben, der Stehbolzen und der Stöße, lassen sich Feuerbüchsen aus Flußstahl von mittlerer Größe im Durchschnitte fünf Jahre, in seltenen Fällen und äußerstens bis acht Jahre im Betriebe erhalten. Kleine Feuerbüchsen halten verhältnismäßig länger aus.

Dieser Lebensdauer steht jene der Kupferbüchsen unter den gleichen Betriebsverhältnissen mit etwa der doppelten Anzahl von Betriebsjahren entgegen.

Die ungünstigen Erfahrungen mit Stahlbüchsen, welche bisher die europäischen Bahnverwaltungen gegenüber amerikanischen Eisenbahnen machten, haben ihre Ursache wohl hauptsächlich iu den betreffenden Strecken- und Verkehrsverhältnissen, insbesondere aber in dem unverhältnismäßig häufigen Wechsel von Dienst- und Ruhezeit, wahrscheinlich aber auch in der minderen Qualität des Kesselmaterials.[1]

Eine stählerne Feuerbüchse verträgt nicht so gut wie eine kupferne die aus der Art der Dienstesverwendung hervorgehenden zahlreichen und großen Temperaturschwankungen und das hierdurch bedingte wiederholte Ausdehnen und Zusammenziehen des Materials. Letztere Erscheinungen

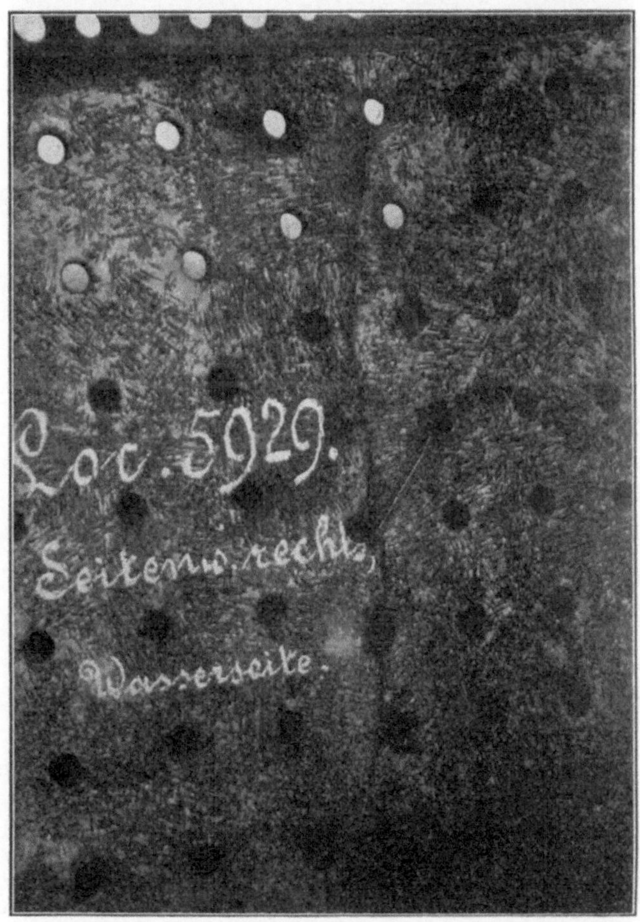

Abb. 74. Riß in einer Feuerbüchsmantelplatte aus Flußstahl, von der Wasserseite aus gesehen.

verursachen bei der Stahlbüchse in verhältnismäßig kurzer Zeit Undichtheiten aller ihrer Verbindungen, die wieder fortschreitende Zerstörungen der Bleche zur Folge haben.

Eine Stahlbüchse wird daher mehr geschont, wenn sie, wie es besonders im amerikanischen Bahnbetriebe üblich ist, tagelang ununterbrochen im Dienste steht und nur dann abgestellt wird, wenn Reparaturen der

---

[1] Die Stahlfeuerbüchsen der im Jahre 1902 von Baldwin, Philadelphia, für die bayerischen Staatsbahnen gelieferten $^4/_5$-Lokomotiven mußten nach zwei Jahren ausgewechselt werden. Das Material zeigte dabei vorzügliche Festigkeitseigenschaften.

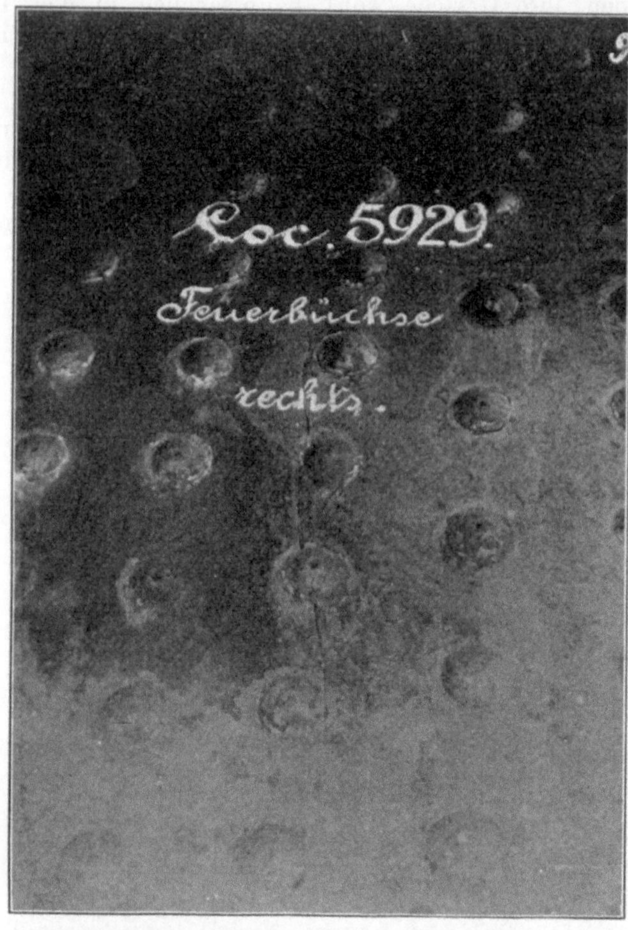

Abb. 75. Dieselbe Platte wie Abb. 74, von der Feuerseite aus gesehen.

Lokomotive oder das Auswaschen des Kessels dies erheischen. Letzteres soll nur mit warmem Wasser erfolgen.

β) Der äußere Stehkessel.

Der Stehkesselmantel besteht aus der ein- oder zweiteiligen Vorder- oder Krebswand, den beiden Seitenwänden, der Hinter- oder Stirnwand und der Decktafel (auch Herztafel genannt) und wird aus Schweiß- oder Flußeisen bzw. Flußstahl hergestellt.

Mit Ausnahme der Decktafel sind alle diese Bleche von der Wasserseite aus dem Korrodieren ausgesetzt.

Eine sehr bedeutende Korrosion bildet sich in Form einer Furche (α in Abb. 76) unmittelbar oberhalb des Fußringes (Stehkesselringes) an allen denselben von außen umgebenden Blechen und erreicht in der Nähe der Umbüge des Fußringes gewöhnlich die größte Tiefe.

Den besten und einfachsten Schutz gegen die Bildung dieses Schadens bietet ein 2 mm starker Kupferblechbelag, der zwischen den Fußring und die anliegenden Bleche des Mantels derart eingelegt wird, daß er über den

Ring etwa 70 mm vorsteht, wo er genietet (Fig. 77) oder mit nichtdurchgehenden Kopfschrauben befestigt wird.

Der Schutz durch Anwendung eines Winkels (Fig. 78) steht im Verhalten dem Kupferblechbelag nach.

Ist eine Korrosion über dem Fußringe im Entstehen, so soll sie gereinigt und mit Eisenkitt ausgefüllt werden, ist sie in der Entwickelung bereits vorgeschritten, so soll man dieselbe, nachdem sie metallisch rein gemacht und verzinnt wurde, mit Zink ausgießen und in beiden Fällen sodann den Kupferbelag anwenden. Haben Mantelbleche aber Korrosionen dieser Beschaffenheit von erweiterter Ausdehnung angenommen, so müssen sie angeschuht (Abb. 79), oder dubliert werden. (Abb. 80.)

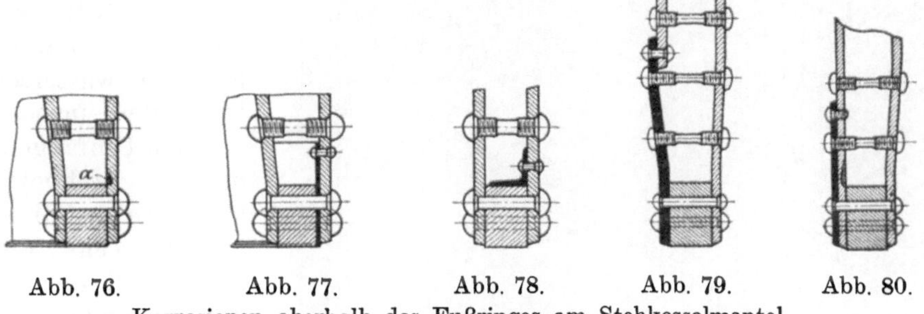

Abb. 76.   Abb. 77.   Abb. 78.   Abb. 79.   Abb. 80.

Korrosionen oberhalb des Fußringes am Stehkesselmantel.

Wesentliche Korrosionen entwickeln sich an der Vorder- bzw. Krebswand beiderseits an jenen wasserseitigen Stellen, wo der Umbug der senkrechten Borde mit dem kreisförmigen Streifen, der zur Verbindung mit dem Langkessel dient, zusammen trifft.

Da der Lokomotivkessel an der Rauchkammer mit dem Rahmen fest verbunden ist, so wird der Stehkessel an der Krebswand durch den Wärmeschub im Betriebe und durch die Zusammenziehung bei Kaltstellung des Kessels hin- und hergeschoben und das Krebsblech an der bezeichneten Stelle am ärgsten ein- und ausgebogen, wodurch Korrosionen sich entwickeln, die größtenteils eine verzweigte und scharfkantig ins Material einschneidende Form annehmen. Sind solche Korrosionen erst im Entstehen, so können sie ausgefeilt werden, sind sie aber tiefer eingedrungen, so muß an jener, durchaus nicht einfach geformten Stelle von außen ein Deckfleck, der im Feuer entsprechend gebogen und warm angepaßt wird, befestigt werden.

Da derselbe in den meisten Fällen den Stoß, welchen das Krebsblech mit der Seitenwand bildet, übergreift, so wird an jener Stelle entweder das obere Blech der Überlappung zugeschärft, oder es wird der Deckfleck gekröpft. Die erste Ausführung ist unfachgemäß, die zweite umständlich. In letzterer Zeit wird ein drittes, sich vorzüglich bewährendes Verfahren angewendet. Es wird nämlich an das Unterblech der in Rede stehenden Überlappung in der Höhe des Deck-

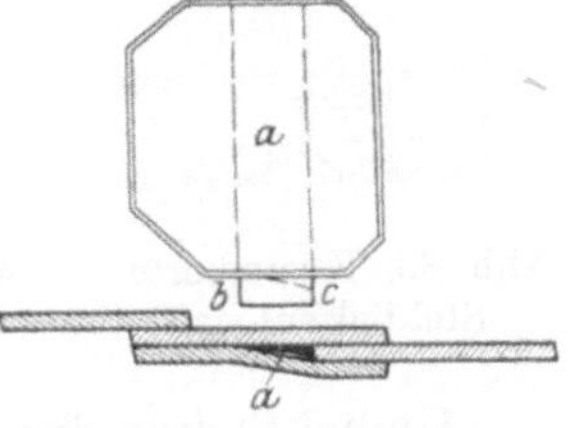

Abb. 81. Anordnung eines Deckfleckes am oberen Umbuge des Krebsbleches.

fleckes eine konische Eisenlasche (a in Abb. 81) gegen die Stemmkante des Oberbleches gut angepaßt und über dieselbe der Deckfleck genietet bzw. ge-

Abb. 82. Deckfleck am oberen Umbuge des Krebsbleches.

schraubt. Die Lasche wird, wie die Linie bc andeutet, entsprechend gekürzt und samt dem Flecke gut verstemmt. — Abb. 82 stellt die photographische Aufnahme eines solchen am Krebsbleche ausgeführten Deckfleckes dar.

Sowohl die Krebs- als auch die Stirnwand korrodieren namhaft in allen wasserseiten Teilen, insbesondere am Umfange der meisten Stehbolzenlöcher (Abb. 83) und in senkrecht dicht neben und in einander liegenden verkrümmten Linien, die sich von einem Stehbolzenloch zu dem unter ihm befindlichen hinziehen. Am ausgeprägtesten tritt diese Erscheinung zwischen den Stehbolzenlöchern der beiden ersten Vertikalreihen auf. (Abb. 84.)

Auch die Seitenwände sind auf den innen liegenden Flächen dem Korrodieren ausgesetzt, insbesondere kommen Ausfressungen an den Stehbolzenlöchern zum Vorschein, die bei einer großen Kesselreparatur zur Auswechslung der sonst in gutem Zustande befindlichen Seitenwände des äußeren Mantels führen können.

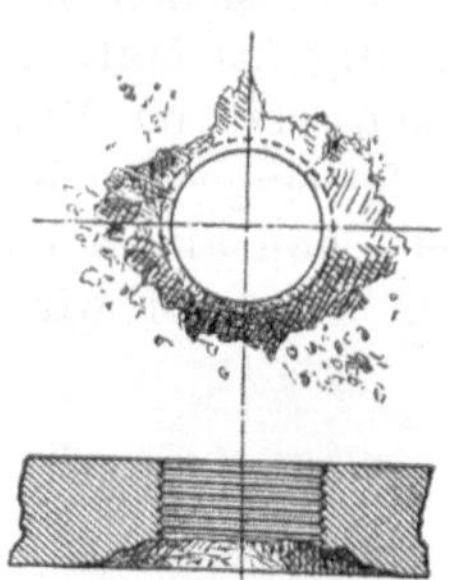

Abb. 83. Korrodiertes Stehbolzenloch.

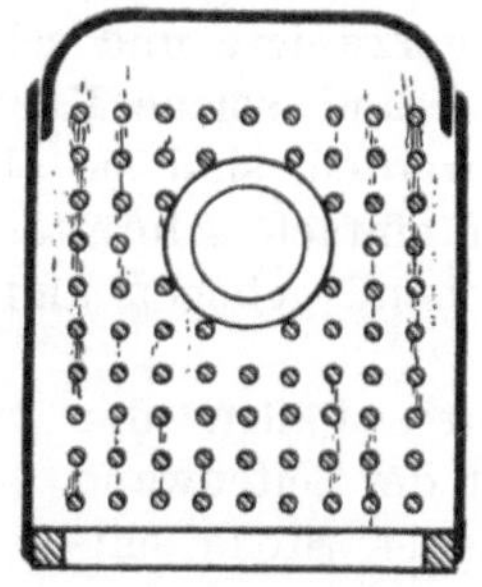

Abb. 84. Furchen zwischen den Stehbolzenlöchern.

Undichtheiten der Nietnähte, der Stöße, der Armaturen, der Reinigungslucken, der Auswaschschraubenlöcher und der Versteifungsflanschen am Kessel führen häufig zu muldenförmigen Abzehrungen der äußeren Kesselbleche. Solche Mängel werden nur durch eine sofortige Ausführung der erforderlichen Reparaturen, hauptsächlich durch rechtzeitiges Verstemmen bezw. Erneuerung mangelhafter, abgerosteter und abgezehrter Nieten, oder Auswechslung derselben durch Fleckschrauben, welche die Undichtheiten gründlich hintanzuhalten imstande sind, behoben. Stark ausgeblasene Stellen an den Versteifungsflanschen der Auswaschschraubenlöcher werden durch Auswechslung der Flanschen repariert. Sind Versteifungsflanschen nicht vorhanden, so werden solche angebracht.

γ) Verankerungsteile des Stehkessels.

Hierher gehören in erster Linie die Stehbolzen, welche die ebenen, flachen Wände der Feuerbüchse und des äußeren Mantels gegen einander versteifen.

Bei der kupfernen Feuerbüchse gelangen gewöhnlich Kupferstehbolzen und bei einer Stahlbüchse solche aus Flußeisen zur Anwendung.

Nachdem die lineare Wärmeausdehnung des Kupfers größer ist als jene des Eisens, so ist auch die Flächenausdehnung der kupfernen Feuerbüchse verhältnismäßig größer als jene des eisernen Mantels. Diese ungleichmäßige Ausdehnung der über einander liegenden Kesselteile, welche mit der Länge der Feuerbüchse

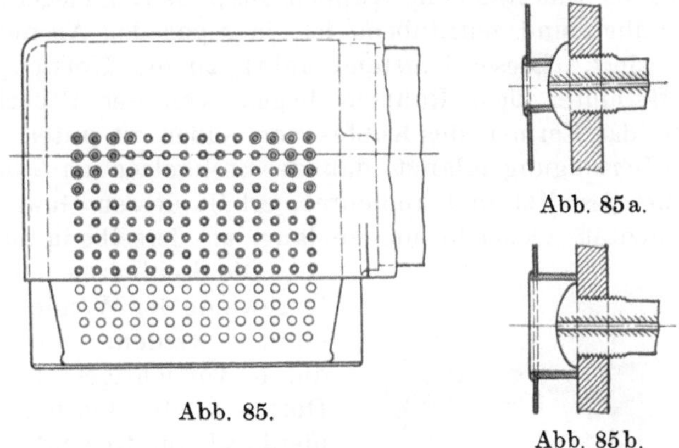

Abb. 85 a.

Abb. 85.

Abb. 85 b.

Anordnung eiserner Hülsen über den Stehbolzenköpfen.

zunimmt, müssen die Stehbolzen aufnehmen, wodurch ihre Inanspruchnahme auf Abbiegen erfolgt, die um so größer sein wird, je weiter die in vertikalen Reihen liegenden Bolzen von der Mitte der Wand und die in horizontalen Reihen befindlichen vom Stehkesselring (Fußring) entfernt sind. Dieser Umstand befördert das Brechen der in bestimmten Partien befindlichen Stehbolzen. Die in den beiden oberen Ecken der Seitenwände liegenden Bolzen haben in dieser Richtung am meisten zu leiden, weshalb dieselben auch im Durchmesser um etwa 3 mm stärker bemessen werden.

Da durch das Reißen eines Stehbolzens die Beanspruchung der benachbarten Bolzen vergrößert wird und der völlige Bruch mehrerer in einer Gruppe liegenden, gerissenen Bolzen eine Explosionsgefahr bedeutet, so müssen alle zu Gebote stehenden Mittel in Anwendung kommen, um jeden defekten Stehbolzen ohne Verzug der Auswechslung zuzuführen.

Damit ein solcher Bruch im Betriebe auch rasch entdeckt werden kann, werden die Stehbolzen vor dem Einziehen von beiden Seiten angebohrt. Ein Bolzenbruch, ob derselbe an der inneren oder äußeren Stehkesselwand erfolgt, wird durch eine Dampf- oder Wasserausströmung sofort angezeigt.

Da der Stehkessel von außen mit Blech verschalt wird, empfiehlt es sich, damit das Reißen eines bestimmten Stehbolzens deutlich bemerkt werden kann, in der Verschalung über den Köpfen aller oder nur der am meisten gefährdeten Bolzen eiserne Hülsen einzuziehen. (Abb. 85, 85 a und 85 b.)

Manganstehbolzen sind mit Rücksicht auf ihre größere Festigkeit den gewöhnlichen kupfernen Bolzen vorzuziehen, weil sie dem Reißen und Brechen weniger unterliegen; doch werden sie von der Stichflamme ebenfalls angegriffen und es brennen ihre Köpfe wie bei Kupferstehbolzen ohne Manganzusatz ab.

Flußeiserne Stehbolzen werden durch rasches Korrodieren sehr in Mitleidenschaft gezogen. Dieselben korrodieren jedoch mehr an der der Feuerbüchse abgewendeten Seite. (Abb. 86.)

Die Stehbolzen werden in der Regel von außen nach innen eingezogen und sodann von beiden Seiten niedergenietet und geschellt. Dies einzuhalten ist in den Hilfsbetriebswerkstätten insofern nicht immer möglich, weil an den äußeren Wänden des Stehkessels häufig Teile des Wagens wie Rahmen, Kuppelkasten usw. anliegen, deren Entfernung umständlich und zeitraubend ist, ja sogar das Ausheben des ganzen Kessels erfordert. Dieser Umstand führt zu der Notwendigkeit, Stehbolzen, die z. B. hinter dem Rahmen liegen, von der Feuerbüchse aus einzuziehen und das Formen des Kopfes von außen zu unterlassen. Damit man aber die Beruhigung erlangt, daß der Stehbolzen im Gewinde der äußeren Wand sicher festsitzt und abdichtet, erhält dessen Gewinde eine ganz schwache Konizität, vielleicht nur so lang, als derselbe in die äußere Wand eingreift.

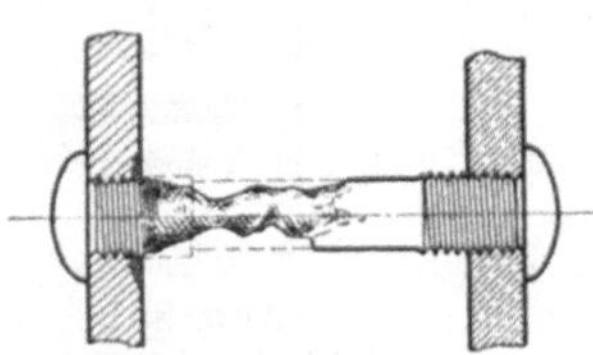

Abb. 86. Korrodieren flußeiserner Stehbolzen.

Die Stehbolzen müssen überhaupt im Muttergewinde der Wände gut sitzen, weil sie sonst undicht werden. Undichte Stehbolzen können durch vorsichtiges Einschlagen eines runden Dornes in die Bohrung etwas aufgetrieben und hierdurch im Gewinde gedichtet werden.

Beim Verstemmen der Stehbolzenköpfe muß stets Vorsicht walten, weil ein unerfahrener Arbeiter um die Köpfe herum das Unterblech einzuschneiden vermag. Die gleichen Verletzungen werden dem Bleche durch Verwendung großer Schelleisen beigebracht.

Um das Ausbrechen oder Abfallen der feuerseitigen Stehbolzenköpfe zu vermeiden, empfiehlt es sich, vor dem Niedernieten derselben das Gewinde in dem über die Wand vorstehenden Teile wegzufräsen.

Nachdem bei jedesmaligem Stehbolzenwechsel die Gewinde in der inneren und äußeren Wandung des Stehkessels aufgefrischt, d. h. nachgeschnitten, somit die Stehbolzenlöcher in den beiden Wänden gleichmäßig erweitert werden müssen, so wächst auch die Stärke der Stehbolzen bei jedesmaliger Erneuerung und erreicht nicht selten einen Durchmesser von 40 mm. Wird nun die Feuerbüchse oder nur deren Seitenwände, bzw. nur die Rohrwand, die bereits große Stehbolzenlöcher besitzen, ausgewechselt, so müßten folgerichtig in die neuen Wände dieselben großen Stehbolzenlöcher, wie sie der äußere Mantel besitzt, gebohrt und vielleicht derart große Stehbolzen eingezogen werden, daß eine weitere Auswechslung nicht mehr möglich wäre. Um dies zu vermeiden, gelangen sogenannte abgesetzte Stehbolzen zur Anwendung, oder es werden in der äußeren Wand die großen Stehbolzenlöcher auf 40 bis 45, höchstens 50 mm ausgerieben und ausgebüchst.

Abgesetzte Stehbolzen (Abb. 87) können nur von außen eingezogen werden, welche Arbeit in jenen Fällen, wo der auszuwechselnde Bolzen verdeckt hinter dem Rahmen liegt, in den Betriebshilfswerkstätten nicht vorgenommen werden kann; auch ist bei abgesetzten Stehbolzen die Herstellung der Gewinde, welche in ungestörter Fortsetzung sowohl auf dem schwächeren als auch stärkeren Teile des Bolzens in der gleichen Anzahl der Gänge auf 1 Zoll engl. erfolgen muß, mit Umständen verbunden.

Aus diesen beiden Gründen wird das Ausbüchsen der großen Stehbolzenlöcher in der äußeren Wand der Verwendung abgesetzter Stehbolzen vorgezogen.

Abb. 88 stellt eine solche schmiedeiserne Büchse mit einem Vierkant dar. Die Büchse erhält von außen eine ganz geringe Konizität von $^1/_4$ bis $^1/_2$ mm. Nach dem Einziehen der Büchse wird der Vierkant entfernt, die Büchse von beiden Seiten der Wand mäßig vernietet und in dieselbe der Stehbolzen mit normaler Stärke, wie gewöhnlich, eingezogen (Abb. 89).

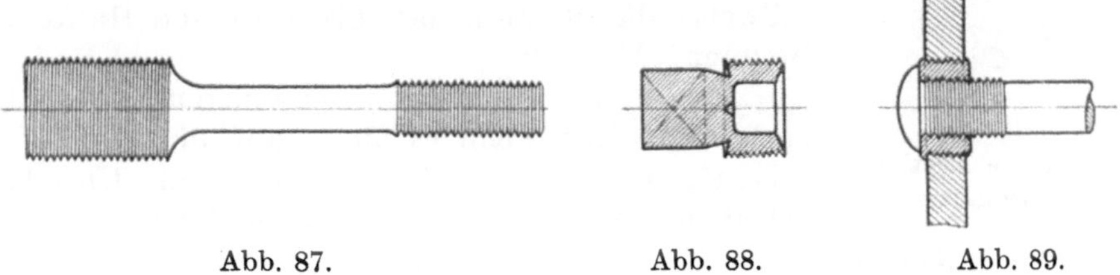

Abb. 87.
Abgesetzter Stehbolzen.

Abb. 88.

Abb. 89.
Ausbüchsen großer Stehbolzenlöcher.

Die Deckenbarren bilden eine platzraubende und steife Verankerung der Decke und behindern die Rohr- und Türwand in ihrer Ausdehnung nach aufwärts, wodurch Knickungen in deren oberen Umbügen und ovale Rohrlöcher in den obersten Horizontalreihen entstehen. Dieselben geben auch zur raschen Verlegung der Decke mit Kesselstein Veranlassung.

In neuester Zeit gelangen Deckenbarren seltener zur Anwendung. Statt derselben bedient man sich eiserner Deckenschrauben,

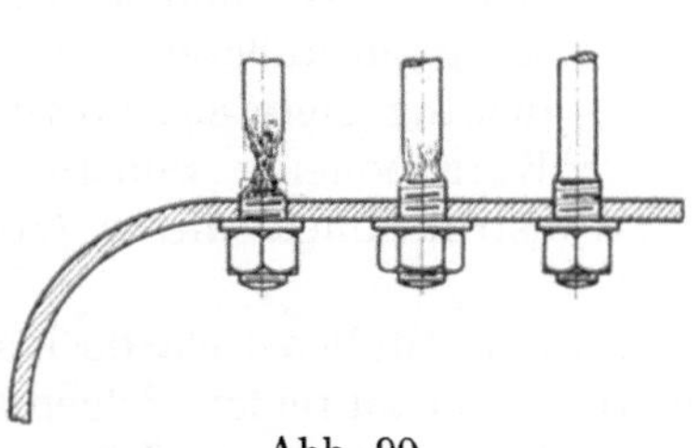

Abb. 90.
Korrodierte Deckenschrauben.

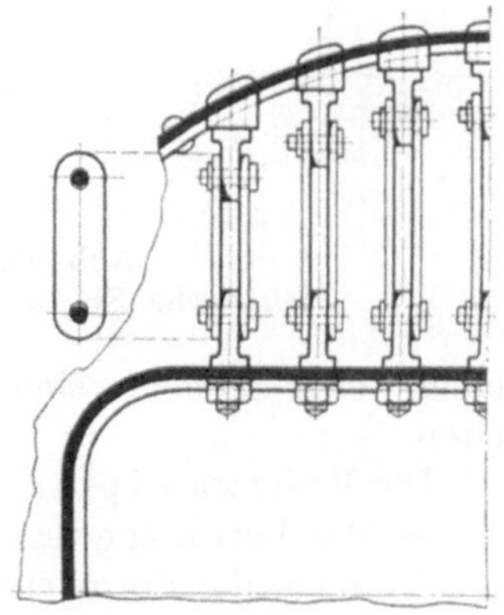

Abb. 91.
Gegliederte Deckenschrauben.

welche den Zweck der Stehbolzen erfüllen, aber auch wie diese unter der ungleichmäßigen Ausdehnung der inneren Kupferbüchse und des eisernen Außenmantels zu leiden haben. Die hierdurch entstehenden Spannungen wirken auf Abbiegen der in den ersten Längsreihen liegenden Deckenschrauben und rufen unmittelbar über der Decke sowohl Korrosionen (Abb. 90) wie auch Anrisse und Brüche derselben hervor.

In der ersten an der Rohrwand liegenden Querreihe gelangen daher in der Regel gegliederte Deckenschrauben (Deckenstehbolzen, Abb. 91) zur Anwendung, die durch Bolzen und Laschen mit ovalen Löchern verbunden sind.

Solche Deckenanker nehmen die vorerwähnten Ausdehnungsunterschiede auf, ohne zu brechen, und da sie sich auch verkürzen können, so gestatten sie die Ausdehnung der Rohrwand nach oben, wodurch der anliegende Deckenteil zwar gleichfalls, aber nicht so kurz, aufgebogen wird wie bei den gewöhnlichen Deckenschrauben; er reicht bis zur zweiten Reihe derselben. Brüche der Decke an dieser Stelle werden hierdurch größtenteils vermieden.

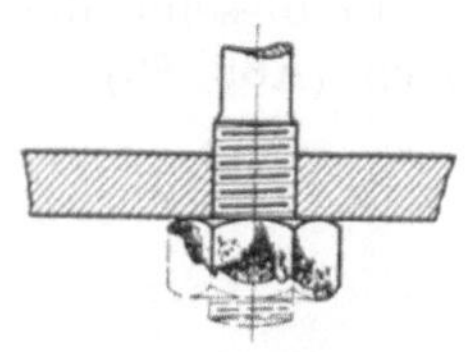

Abb. 92.
Abgebrannte Decken-
schraubenmutter.

Die Deckenschrauben, soweit sie im Feuer liegen, werden samt ihren Muttern und Unterlagsscheiben von den Flammen in Mitleidenschaft gezogen, die teilweise die Muttern oft bis über die Hälfte abbrennen (Abb. 92).

Es empfiehlt sich bei jeder inneren Kesseluntersuchung, selbst wenn es nicht unbedingt nötig erscheint, sämtliche Deckenmuttern samt Unterlagsscheiben zu wechseln, somit auch dann, wenn nur ein geringer Teil derselben Undichtheiten zeigt.

Um die alten Muttern entfernen zu können, müssen sie durchgekreuzt, und bevor die neuen montiert werden, das vorstehende Gewinde der Deckenschrauben reguliert, sowie die Decke im Bereiche der Auflagefläche der Unterlagsscheiben eben gefräst werden.

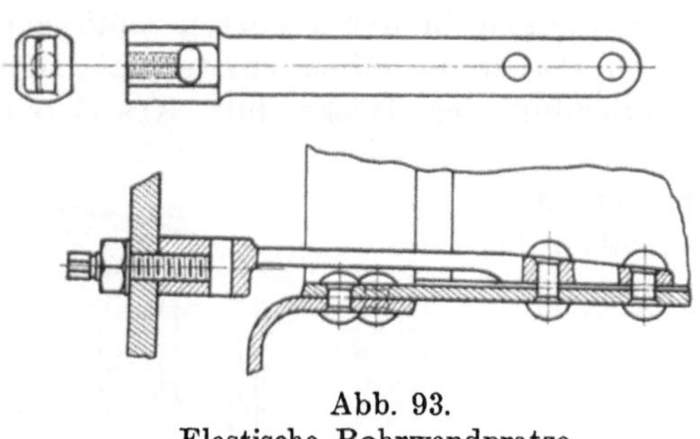

Abb. 93.
Elastische Rohrwandpratze.

An den Querverankerungen des äußeren Stehkesselmantels treten Schäden nur selten auf. Die durchgehenden Querankerschrauben sind den Verankerungen mit Pratzen vorzuziehen. Bei letzteren bilden sich wasserseitig am äußeren Mantel neben den angenieteten Pratzen mäßige Korrosionen. Sonstige Korrosionen oder Brüche sind bei beiden Konstruktionen dieser Queranker selten.

Die Rohrwandpratzen sollen kräftig, aber tunlichst elastisch sein, damit sie der Vertikalbewegung der Rohrwand, ohne zu reißen, folgen können. Abb. 93 zeigt die Form einer Pratze, die sich gut bewährt. Eine gerissene Pratze soll ohne Verzug erneuert werden. Es empfiehlt sich, die Pratzen bei jeder inneren Kesselrevison abzumontieren. Abgebrannte und unterbrannte Pratzenschraubenmuttern müssen stets gewechselt werden.

Der Stehkesselrahmen (Fußring) erleidet wasserseitig Korrosionen (Abb. 94), die äußerst selten eine schädliche Tiefe annehmen; dagegen entwickeln sich von außen, an der unteren Fläche des Fußringes, und zwar größtenteils nur in den vier Ecken, fast bis zur Handbreite sehr tiefe Abzehrungen, die in den meisten Fällen auch die anliegenden Bleche des eisernen Mantels in Mitleidenschaft ziehen (Abb. 95).

Die Ursache solcher Schäden liegt in der Konstruktion dieser Kesselteile; denn die Befestigung der 13 bis 16 mm starken Kesselbleche an den verhältnismäßig kurzen äußeren und inneren Umbügen des Fußringes ist selbst bei besonderer Übung und Fachkenntnis eine außerordentlich schwierige, und es ist nicht immer zu verhüten, daß sich im Betriebe ein schwaches Lecken oder kaum sichtbares Blasen einstellt. Wird dasselbe durch Verstemmen nicht dauernd behoben, so bilden sich mit der Zeit die vorerwähnten Defekte, die gründlich nicht repariert werden können. Kupferflecke, welche an der Defektstelle in die zu einer regelmäßigen Figur ausgemeißelten Vertiefungen, nach vorhergegangenem Verstemmen der undichten Partien, eingelassen und verschraubt wurden, haben sich noch am besten bewährt. Die Nietköpfe in den vier Ecken des Fußringes pflegen häufig ganz abgerostet und abgezehrt zu sein. Dieselben müssen ausgewechselt werden.

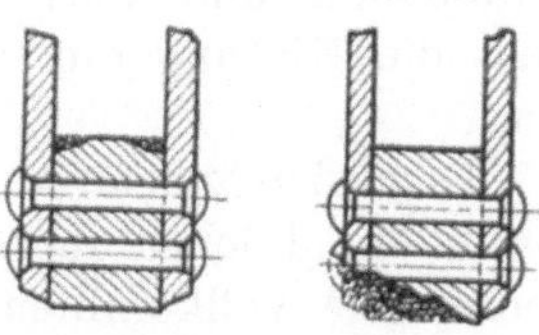

Abb. 94.   Abb. 95.
Korrosionen und Abzehrungen
des Fußringes.

Der Heiztürring erleidet selten größere Beschädigungen; er wird zwar von der Schaufel beim Einfeuern im Laufe der Zeit stark abgewetzt, doch nimmt dieser Mangel kaum einen schädlichen Umfang an.

In sehr seltenen Fällen kommt es vor, daß ein Heiztürring infolge schlechter Schweißung einen Querriß erhält. Ein solcher Ring kann nur gewechselt werden, wenn die äußere oder innere Wand ausgekreuzt und sodann gefleckt wird.

Die Schäden der an der Stirnwand vorhandenen Winkelverankerungen sind in Art und Umfang jenen an den Verankerungen der Rauchkammerrohrwand gleich und werden wie diese behoben.

c) Allgemeine Schäden infolge unrichtiger Bearbeitung.

Für den Lokomotivkesselbau wurden lange Zeit hindurch nur Schweißeisenbleche, später auch Flußeisen- bzw. Flußstahlbleche verwendet. In jüngster Zeit gelangen aber fast ausschließlich basische Martin-Flußeisenbleche zur Anwendung.

Hierbei wählt man gewöhnlich für die Bördelbleche nur erste Qualität, während alle übrigen Bleche auch von zweiter Qualität sein können.

Das Bördeln sowie das Ausstrecken der Überlappungsenden (Zuschärfen) der Flußeisenbleche muß in der Rotglühhitze geschehen; doch ist hierbei mit besonderer Vorsicht zu Werke zu gehen, da Flußeisen bei großer Hitze leicht verbrennt. Anderseits ist aber wieder darauf zu achten, daß diese Arbeiten nie im blauwarmen oder schwarzwarmen Zustande ausgeführt werden, weil sonst der bearbeitete Teil zur Rißbildung neigt.

Abb. 96.
Das Einkerben und Abschroten der Kesselbleche.

Gebördelte Kesselbleche müssen ausgeglüht und sehr langsam abgekühlt werden. Alle unter der Schere geschnittenen Flußeisenbleche sind, um sie vor Anrissen zu schützen, an den Kanten zu behobeln, ebenso ist das Einkerben und Abschroten aller Kesselbleche mit Schrotmeißel (Abb. 96) unzulässig, weil es ebenfalls zu Rißbildungen Anlaß geben kann.

Kesselbleche aus Stahl dürfen nie gestanzt werden, aber auch das Stanzen der schweißeisernen und flußeisernen Kesselbleche soll tunlichst vermieden werden. Solche Bleche müssen nach dem Stanzen ausgeglüht und sehr langsam abgekühlt oder aber die gestanzten Löcher müssen ausgefräst werden, um sie vor Rißbildung zu schützen.

Werden zusammengestellte Bleche zusammengebohrt, so sollen sie nach durchgeführter Bohrung, bzw. nach dem Ausreiben auseinandergenommen und von den zwischen den Blechen etwa zurückgebliebenen Bohrspänen und Fett gereinigt und vom Bohrgrat befreit werden, weil sonst die Nietung nie vollkommen dicht hergestellt und erhalten werden kann.

Dem Ausreiben der Nietlöcher ist besondere Beachtung zu widmen, damit alle Löcher der übereinander liegenden und zu nietenden Kesselbleche eine vollkommen zylindrische Wandung erhalten (Abb. 97) und in den Blechen nicht übergreifen (Abb. 98). Ebenso ist die Versenkung der Nietlöcher unerläßlich.

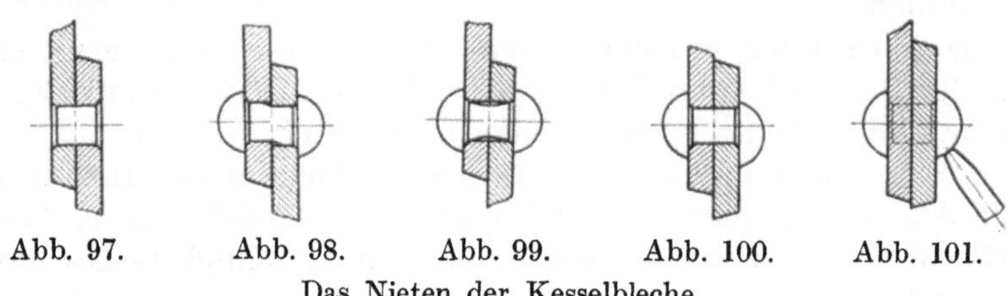

Abb. 97.   Abb. 98.   Abb. 99.   Abb. 100.   Abb. 101.

Das Nieten der Kesselbleche.

Das Niederstauchen des Schließkopfes findet frei mittels Hammers von der Hand, das Formen des Schließkopfes mittels Schelleisens statt. Beim Handnieten ist darauf zu achten, daß das Nietende rasch abkühlt und der Schaftteil länger glühend bleibt, damit während des Nietens das Loch vollständig ausgefüllt wird. Eine Nietung, welche dieser Vorschrift nicht entspricht, wird leck (Abb. 99).

Einseitig geschellte Schließköpfe (Abb. 100) sind zu vermeiden. Ebenso muß beim Verstemmen der Nieten Vorsicht walten, damit das Blech nicht verletzt wird. Man bediene sich hierbei richtig geformter Stemmeisen (Abb. 101).

Die Maschinennieterei ist der Handnieterei vorzuziehen, weil erstere nicht nur namhaft rascher, sondern auch verläßlicher ausführbar ist, besonders bei Anwendung hydraulischer Nietmaschinen, welche durch das Aneinanderpressen der zu nietenden Bleche mittels der Blechschlußvorrichtung ein vollkommen inniges Anliegen derselben vor dem Stauchen des Schließkopfes erzielt. Sollen aber die genannten Bleche das innige Anliegen auch nach Herstellung des Schließkopfes behalten, so muß sowohl der Nietstempel (Schelleisen) als auch die das Schelleisen umgebende ringförmige Blechschlußvorrichtung so lange auf den Schließkopf bzw. die Kesselbleche drückend einwirken, bis die Niete so weit erkaltet ist, daß sie nicht mehr dunkelrot, sondern vollkommen schwarz erscheint.

Dies wird jedoch, besonders wenn die Nietung durch Akkordarbeit ausgeführt wird und die Arbeitskontrolle keine entsprechende ist, in den seltensten Fällen beachtet, weil nicht nur durch das Abwarten der Dunkelfärbung der Niete, sondern auch dadurch Zeitverluste entstehen, daß der länger niedergehaltene und sich deshalb mehr erhitzende Preßstempel nach jedem Hub dementsprechend länger mit Wasser abgekühlt werden muß.

Daß dieser Fehler bei der Kesselfabrikation mit hydraulischer Nietung vorkommt, beweist der Umstand, daß neue Lokomotiven nach verhältnismäßig kurzer Betriebsdauer, wenn man sie der Verschalung entkleidet, ausgedehnte Krusten von Kesselsteinablagerungen an den äußeren Nietnähten aufweisen.

Wird die Blechschlußvorrichtung, so lange die Niete noch rotwarm ist, aufgehoben, so gibt dieselbe dem Bestreben der Bleche, ihr inniges Aufliegen aufzuheben, nach und die Nietung wird nicht vollkommen. Das Verstemmen der Bleche hilft zwar über die Erprobung und den ersten Betrieb des Kessels hinweg, es stellen sich aber infolge wechselnder Erwärmung und Abkühlung der Kesselbleche im Betriebe, sowie durch Erschütterungen während der Fahrt schwache Undichtheiten der Nietnähte ein, die unter der Blechverschalung dem Auge entzogen bleiben, aber die Kesselbleche an den Überlappungen mit Kesselsteinkrusten überziehen und hierdurch zu örtlichen Abzehrungen Anlaß geben.

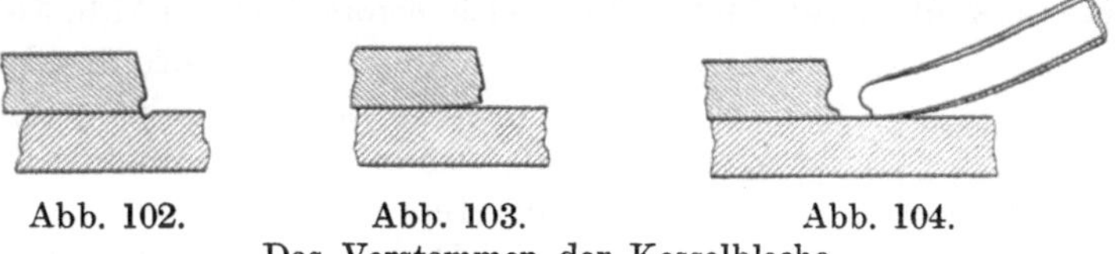

Abb. 102.   Abb. 103.   Abb. 104.
Das Verstemmen der Kesselbleche.

Das Verstemmen der Kesselbleche soll mit Verständnis erfolgen und hierbei besonders darauf geachtet werden, daß das Unterblech nicht verletzt wird (Abb. 102). Ebenso darf das Verstemmen nicht derart erfolgen, daß das Oberblech vom Unterblech abgezogen wird (Abb. 103). Man bediene sich eines runden Verstemmers, der Einkneifungen verhütet und eine runde Stemmnaht bildet (Abb. 104).

d) Schäden an den Feuerrohren.

Die Feuerrohre sollen aus dem besten weichen Stahl bestehen und ein vollkommen homogenes und zähes Material enthalten. Die Wände sollen eine gleiche Stärke und sowohl außen als innen glatte Flächen haben.

Das nahtlose Mannesmann-Verfahren liefert in dieser Richtung unzweifelhaft ein sehr zähes und homogenes Feuerrohrmaterial. Stumpf geschweißte Rohre eignen sich nicht für Lokomotivfeuerrohre, weil sie beim Aufwalzen und Bördeln oft Trennungen in den Schweißstellen erfahren. Es bestehen aber auch patentierte Schweißverfahren, welche sich bewähren.

Dem wasserseitigen Korrodieren sind alle eisernen Feuerrohre unterworfen, und zwar um so mehr, aus je weniger gleichartigem Material sie hergestellt sind.

Im Innern der Feuerrohre, d. i. feuerseitig, bilden sich nur in den seltensten Fällen unebene Abzehrungen, die Rohre werden aber von den durchziehenden, unverbrannten Kohlenstückchen gleichmäßig abgescheuert, und, wenn die Wandungen bis zu einem gewissen Grade geschwächt sind, vom Dampfdruck eingedrückt (Abb. 105).

Die wasserseitigen Korrosionen treten durchschnittlich bereits nach einem ungefähr zwei- bis dreijährigen Betriebe in zerstreut liegenden

Mulden von $^1/_4$ bis $^1/_2$ mm Tiefe und etwa 3 bis 5 mm Durchmesser auf (Abb. 106) und schreiten mit jedem Jahre in der Entwickelung fort. Bei Feuerrohren aus schlechterem Material treten in der Nähe der Lötstelle größere und ausgebreitetete Zerstörungen auf, was auf eine Veränderung des Materials durch den Lötprozeß hindeutet (Abb. 107).

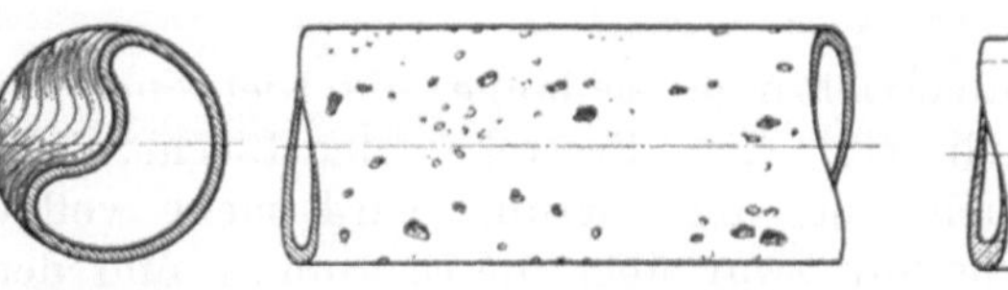

Abb. 105.
Eingedrücktes Feuerrohr.

Abb. 106.   Abb. 107.

Korrodierte Feuerrohre.

Dem Löten der Feuerrohre mit den Kupferstutzen soll daher die größte Aufmerksamkeit gewidmet werden. Die Lötung in dem beiderseits gleichmäßig hergestellten Konus soll vollständig und nicht etwa nur am Rande der Lötstelle oder nur stellenweise erfolgt sein. (Abb. 108) Solche Rohre halten zwar oft den Probedruck aus, ihre Lötung geht jedoch später auf, wodurch Störungen im Betriebe eintreten.

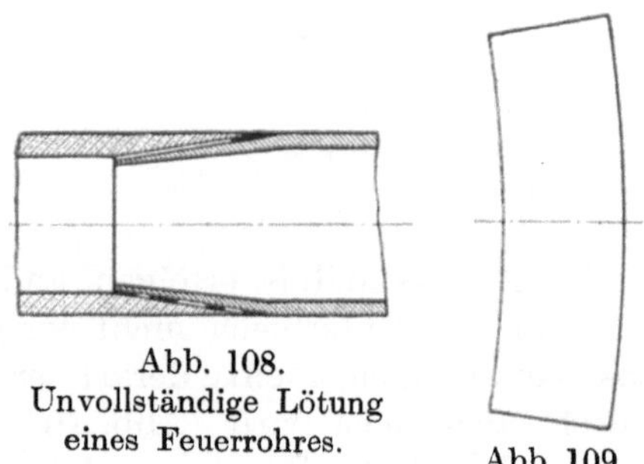

Abb. 108.
Unvollständige Lötung
eines Feuerrohres.

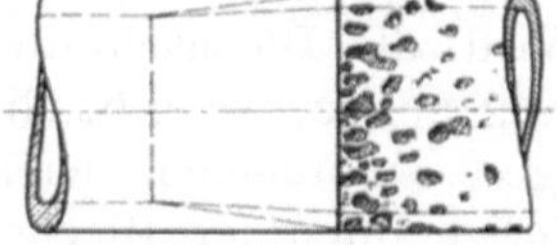

Abb. 109.
Messingblech-
manschette.

Die sicherste Lötung ist die stehende, doch hat auch die liegende Lötung in den letzten Jahren eine solche Verbreitung und Sicherheit erlangt, daß sie wegen einfacherer Manipulation und Zeitersparnis vielfach der stehenden Lötung vorgezogen wird.

Um eine gute Verteilung des fließenden Lötmateriales zu erreichen, bedient man sich auch statt des Schlaglotes messingener Ringel von entsprechender Stärke.

In dieser Richtung zeichnet sich besonders die Lötung mit Blechmanschetten aus, welche aus papierstarkem Messingblech (Abb. 109) geschnitten, zwischen den zu lötenden Konus des Feuerrohres und des Kupferstutzens eingelegt werden. Dieselben gestatten im geschmolzenen Zustande, auch bei liegender Lötung, eine vollständig gleichmäßige Verteilung des Lötmaterials.

Durch die Lötung darf der freie Querschnitt nicht verengt werden; ebenso dürfen im Rohrquerschnitt keine Ansätze durch die ineinander geschobenen Teile oder durch eine stellenweise Anhäufung von Lot vorhanden sein.

Derartige Ansätze führen gewöhnlich zu feuerseitigen Abzehrungen des Rohres (Abb. 110).

Abb. 111 zeigt den zu lötenden reinen Konus eines Feuerrohres im Kupferstutzen, der sich zu bewähren pflegt, sowie die Einwalzstellen des Rohres in den beiden Rohrwänden.

Feuerrohre, die in Rohrwände von Feuerbüchsen aus Flußstahl eingezogen werden, erhalten keine Kupferstutzen, sondern werden entweder unmittelbar eingewalzt oder sie werden an der Einwalzstelle mit einem Kupferring ausgerüstet.

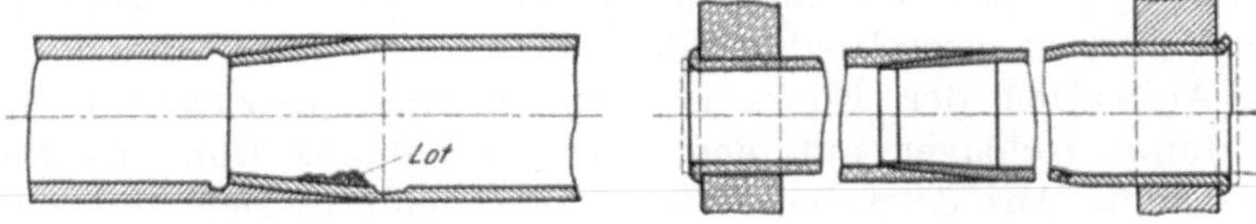

Abb. 110.
Verengung des freien Querschnittes eines Feuerrohres.

Abb. 111.
Richtig hergestelltes und eingezogenes Feuerrohr.

Von einem $1^1/_2$ mm starken Kupferrohr werden Stücke abgeschnitten, welche 2 bis 3 mm länger sind als die Stärke der Feuerbüchsrohrwand; die Stücke werden ausgeglüht, abgeschreckt, auf der inneren Seite blank gemacht und auf die blank gefeilten Feuerrohrenden derart aufgeschoben, daß das für die Bördelung notwendige Rohrende aus dem Kupferring hervorragt. Die Ringe werden sodann auf Holzkohle unter beständigem Drehen in horizontaler Lage mit dem Schlaglot aufgelötet und das anhaftende Lot mittels einer Schmirgelscheibe entfernt, so daß der zu bördelnde Teil vollständig blank ist.

Die Rohre werden sodann auf die übliche Weise eingezogen, gewalzt und gebördelt, wobei beobachtet werden muß, daß der Kupferring mit der Rohrwand abschneidet und nicht unter das Bördel tritt (Abb. 112).

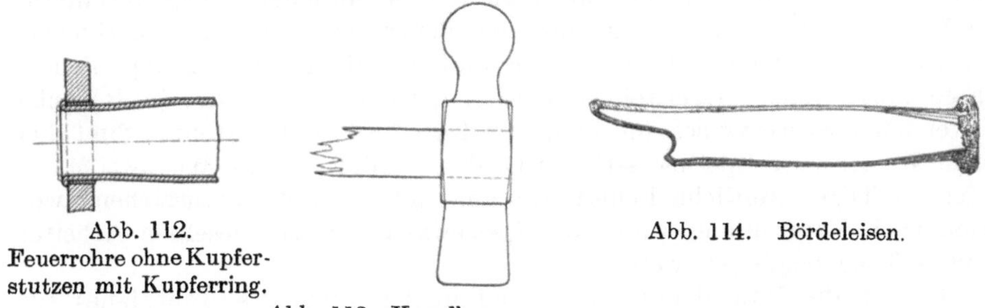

Abb. 112.
Feuerrohre ohne Kupferstutzen mit Kupferring.

Abb. 113. Kugelhammer.

Abb. 114. Bördeleisen.

Nach jedesmaligem Herausnehmen der Feuerrohre aus einem Kessel werden dieselben kürzer und müssen somit bei Wiederverwendung an der dem Kupferstutzen entgegengesetzten Seite durch Anschweißen eines Rohrstückes verlängert werden. Die Schweißung findet in den meisten Werkstätten durch einseitiges Andrücken der zu schweißenden Rohrenden beim Einschieben derselben zwischen ein einen Kreis einschließendes System von Walzen statt. Obwohl die zu schweißenden Teile nur von außen und nicht von beiden Seiten gegeneinander angepreßt werden und somit die Schweißung keine innige sein kann, so gibt sie trotzdem nie einen Anlaß zur Störung des Betriebes.

Zur Verhütung des Rohrleckens ist es unbedingt notwendig, daß vor dem Einziehen der Siederohre die Rohrlochwandungen beider Rohrwände metallisch reine Flächen zeigen.

Rohre, welche bereits öfters geleckt haben, können durch neuerliches Aufwalzen nicht mehr ein inniges Anliegen im Rohrloch erreichen, weil sich daselbst bereits ein wenn auch oft ganz schwacher Kesselsteinbelag gebildet hat.

Die Feuerrohrbördel brennen bei anhaltendem scharfen Feuer ab oder werden durch wiederholtes Aufwalzen der Rohre derart geschwächt, daß sie teilweise oder gänzlich abfallen. Solche Rohre sind schwer dicht zu halten und müssen gewechselt werden.

Das Aufwalzen der Rohre ist dem Dornen vorzuziehen, weil bei schiefen Hammerschlägen auf den Dorn sowohl das Rohr als die Lochwandung leidet. Aus demselben Grunde empfiehlt es sich, die vorstehenden Rohrenden mit einem Kugelhammer (Abb. 113) umzulegen und mit einem richtig geformten Bördeleisen (Abb. 114) zu bördeln.

Gewöhnlich werden die Feuerrohre an der Feuerbüchsenseite gebördelt und in der Rauchkammer nur aufgewalzt. Das beiderseitige Bördeln der Feuerrohre jedoch bietet einen Schutz gegen das Ausbauchen kupferner Rohrwände der Feuerbüchse.

4. Vorgang bei der Durchführung der inneren Kesseluntersuchung.

Ist eine Lokomotive zur Vornahme der inneren Kesselrevision in die Werkstätte abgestellt worden, dann werden, nachdem der Kessel gänzlich abmontiert ist, die Feuerrohre von der Rauchkammerseite herausgenommen und der Kessel äußerlich und innerlich sorgfältig gereinigt.

Bevor man mit der Reinigung beginnt, wird der Bodenblechbelag, wenn der Langkessel einen solchen besitzt, abgenietet und entfernt, ebenso wird mit dem in der Rauchkammer befindlichen Belag verfahren. Die Zeit, welche das Herausnehmen der Feuerrohre einer Lokomotive erfordert, ist abhängig von der Härte und der Menge des an den Feuerröhren anhaftenden Kesselsteines, welcher mit der Qualität der im Betriebe verwendeten Speisewässer im innigsten Zusammenhange steht. Sind bei einem Kessel gute Speisewässer verwendet worden, so können zwei Mann in einem Tage sämtliche Feuerrohre aus dem Kessel herauziehen, wogegen nach Verwendung schlechter Speisewässer hierzu dieselben Arbeiter 2 bis 4 Tage benötigen werden.

Besitzt die Rauchkammerrohrwand in der Mitte des Rohrplanes für diesen Zweck ein namhaft größeres Rohrloch, so hat wohl der an den Feuerröhren angesetzte Kesselstein auf das Herausziehen derselben weniger Einfluß.

Der Kesselstein wird von den Innenwänden des Langkessels mit der Finne des Hammers abgeklopft und mit Schaber und Stahldrahtbürste abgekratzt. Zur Reinigung des Stehkessels sind außer den vorgenannten Werkzeugen auch noch langstielige, flache und hakenförmig abgebogene Kratzer, starke Drähte und andere Vorrichtungen erforderlich, die geeignet sind, den Stehkessel sowohl vom Innern des Langkessels, als auch durch die Auswaschluken und Auswaschschraubenlöcher von außen in allen seinen gewöhnlich schwer zugänglichen Innenflächen tunlichst vom Kesselstein zu befreien. Auch die Durchführung dieser Arbeit ist von der Härte und Menge des an den Kesselwänden anhaftenden Kesselsteines abhängig. Bei leichtem Kesselsteinbelag können drei Mann einen Lokomotivkessel in drei Tagen vollständig reinigen; unter ungünstigen Ablagerungsverhältnissen werden dieselben Arbeiter hierzu sechs und auch acht Tage benötigen.

Ist von dem Kessel die gesamte Verschalung, Armatur, der Aschenkasten und Rost entfernt, der ganze Kessel vom Kesselstein befreit und die Feuerbüchse samt der Rauchkammer gründlich gereinigt, so wird die Vorbereitung zur Untersuchung des Kessels getroffen.

Da der Langkessel fast ausschließlich durch die Domöffnung befahren werden muß, so erscheint es vorteilhaft, denselben für diesen Zweck entsprechend auszurüsten (Abb. 115). Es werden zwei Leitern in die Stiftschrauben der Domkappe direkt oder indirekt eingehängt, und zwar eine längere aus Holz von außen, zum Besteigen des Domes, und eine zweite kürzere aus Flach- und Rundeisen, von innen, zum Hinabsteigen in den Kessel. Von beiden Seiten der Domöffnung an der Einsteigstelle werden an den Stiftschrauben Anhaltstangen mit Muttern befestigt und alle vorstehenden Stiftschrauben der Domkappe, welche den Einstieg behindern, mit einem entsprechend zugeschnittenen, zur Deckung der Schrauben mit Ausnehmungen versehenem runden Holzstück (Abb. 116) ausgerüstet. An den Anhaltstangen können überdies in den Kessel herabhängende Stricke befestigt und am Kesselboden ein oder zwei Bretter quer eingelegt werden.

Für die Kesseluntersuchung werden nachfolgende Werkzeuge und Vorrichtungen benötigt: 1 Maßstab, 2 eiserne Lineale (1 Stück hiervon von der Breite der Boxrohrwand an der Wasserseite), 1 rechter Winkel, 1 Spitz- und 1 Lochzirkel, 1 Meißel, 1 Feile, 1 spitzes Messer, 1 Lupe, 1 Stück Kreide, 1 kleiner Hammer und endlich entsprechendes Licht (in Ermangelung des elektrischen Lichtes 2 dicht geschlossene Fluidlampen und 2 Kerzen) sowie kräftige lange Drähte, an deren Ende ein Licht befestigt werden kann.

Alle aufgefundenen Mängel werden mit Bleistift in einem Notizbuche vorgemerkt und mit Kreide am Kessel bezeichnet, und zwar Teile, die gewechselt werden müssen, mit einem schiefen Kreuz, wogegen Defekte, die repariert werden sollen, eingeringelt oder eingerahmt werden. Die Größe der anzubringenden Deckflecke bzw. Dublierungen wird mit Kreidelinien angezeichnet. Flecke, die über ausgekreuzte Flächen anzuwenden sind, werden mit Doppellinien angedeutet, und zwar so, daß die innere Linie die Auskreuzung, die äußere dagegen die Größe des anzuwendenden Fleckes darstellt.

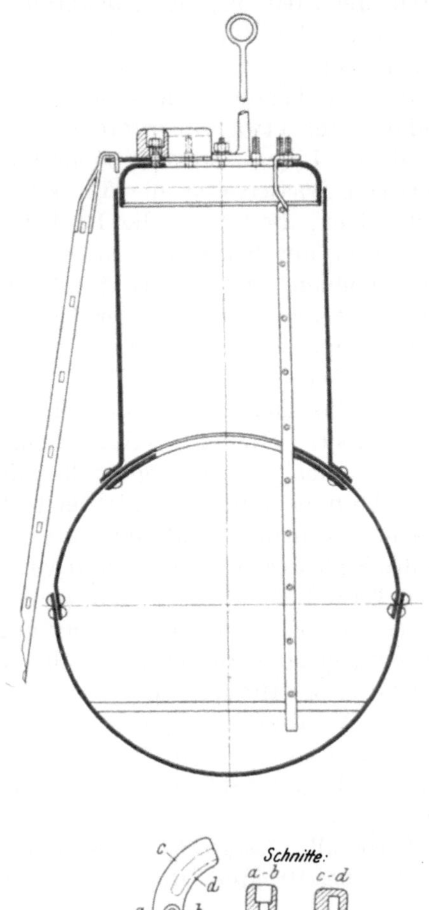

Abb. 115 und 116.
Vorrichtungen zum Einsteigen in den Langkessel.

Nachdem man sich über das Alter des Kessels, sowie der vielleicht bereits gewechselten Kesselteile und angebrachten Flecke einen Auszug aus dem Revisionsbuche verschafft und die in demselben etwa vorfindlichen, auf die Revision Bezug nehmenden Vormerke zur Kenntnis genommen hat, beginnt man mit der Untersuchung der Feuerbüchse als dem wichtigsten Teile des Kessels.

Man mißt die Decke nach, ob sie sich nicht eingebogen oder gesenkt hat, mißt nach, ob und um wieviel sich die Rohrwand gestreckt hat, ermittelt die Pfeilhöhe der Polsterungen und stellt überhaupt alle Mängel fest, die an der Rohr-, der Tür- und der Mantelwand feuerseitig wahrzunehmen sind.

Sodann begibt man sich in das Innere des Langkessels, mißt die Pfeilhöhe der etwa eingetretenen Ausbauchung der Feuerbüchsrohrwand mit einem Lineal, welches über die seitlichen Umbüge derselben reicht, untersucht wasserseitig die Rohrwand in den übrigen Teilen, die Rohrwandpratzen, die Decke, die Decken- und Queranker, die Stehbolzen, Verankerungen der Türwand, soweit dieselben in Augenschein genommen werden können, und notiert überhaupt alle Mängel, welche am Krebs, den beiden Seitenwänden und der Deckplatte des äußeren Mantels, sowie an der Feuerbüchse wasserseitig zu ersehen sind.

Man geht sodann zur Untersuchung der Wasserseite des Langkessels, d. i. der einzelnen Schüsse desselben, der Rauchkammerrohrwand und des Domes über. Hierauf verläßt man das Kesselinnere und steigt in die Rauchkammer, woselbst ebenfalls alle Mängel aufgenommen werden.

Sodann beginnt man mit der Untersuchung des Langkessels von außen und endet schließlich mit der Untersuchung des äußeren Stehkesselmantels und des Fußringes von außen und von innen. Bei der inneren Untersuchung dieser Teile bedient man sich eines an einem starken Draht befestigten Lichtes, das bei einer Auswaschöffnung eingeschoben wird, während durch eine entgegengesetzte Öffnung die Besichtigung der inneren Teile des Stehkessels stattfinden kann.

Das Wichtigste bei jeder Untersuchung eines Lokomotivkessels bildet die Erfahrung insofern, als man den Sitz aller gewöhnlich vorkommenden Mängel und Schäden kennt und somit weiß, wo man sie zu suchen hat.

Über alle festgestellten Schäden, sowie über den Umfang und die Art der beantragten Reparaturen wird ein Protokoll aufgenommen. (Muster I.)

In diesem Protokoll sollen sowohl die Schäden, als auch die beantragten Reparaturen systematisch und zusammenhängend, nach den einzelnen Kesselteilen geordnet, angeführt sein.

Die Entscheidung über die Art und die Ausdehnung der vorzunehmenden Reparaturen erfolgt insbesondere unter Berücksichtigung des Alters des Kessels und der Beschaffenheit der einzelnen Bleche.

Von dem Umfange der Reparaturen ist ihre Dauer abhängig.

Nach vollständig durchgeführter Wiederherstellung des Kessels werden die herausgenommenen und reparierten, wo nötig mit neuen Kupferstutzen versehenen Feuerrohre (oder deren Ersatz) wieder eingezogen, und nach erfolgter Armierung des Kessels mit den bestimmten Einrichtungen, wird derselbe für die Vornahme der behördlich vorgeschriebenen

Muster I.

Werkstättenleitung.............................

In die Kesselschmiede gelangt am...../.....190...
Reparatur beendet am....... /.....190...
Druckprobe vorgenommen am .. /.....190...
Anzahl der Reparaturtage...............................

Kessel der Lokomotive Nr.........., Type........., Leistungs-Nr.............

Erzeugungsjahr.......... Erzeuger...................... Inventar Nr............

Am Kessel befinden sich bereits gewechselte Kesselteile, Kesselbleche und angebrachte Flecke, die aus den Jahren stammen, und zwar:			
Kesselteil	Vorgefundene Mängel	Auszuführende Reparatur	Anmerkung
Feuerbüchse			
Äußerer Stehkessel Mantel			
Langkessel (Belag und Feuerrohre)			
Rauchkammer			

....am...190...

Der technische Beamte: 　　　　　　　　Der Abteilungsleiter:

.... 　　　　.....................................

Der Vorstand:

....

16*

Wasserdruckprobe bereit gestellt, wohl auch vorher pro domo einer solchen Probe unterzogen, um seine Betriebstauglichkeit festzustellen.

Bei den österreichischen Eisenbahnen kennt man zwei Arten der Wasserdruckprobe und zwar die Revisionsdruckprobe und die Wiedererprobung (Wiederholungsprobe).

Fanden bei einem Kessel keine größeren Auswechslungen statt, so wird er einer Revisionsdruckprobe unterzogen; wurde bei demselben jedoch mehr als der zwanzigste Teil der Oberfläche ausgewechselt, so muß eine Wiedererprobung stattfinden. Feuerrohre gelten nicht als Kesseloberfläche.

Bei einem noch nicht im Betriebe gestandenen Kessel findet eine Neuerprobung statt.

Um die Vornahme einer jeden Wasserdruckprobe muß bei der vorgesetzten Behörde nachgesucht werden. Man bedient sich hierbei eines Formulars, welches die Zeichnung des Kessels in verjüngtem Maßstabe enthält, in der die wichtigsten Abmessungen und die Blechstärken ersichtlich sind. Gewechselte Kesselteile und angebrachte Flecke werden in der Zeichnung rot angedeutet und letztere dimensioniert. Dieses Formular enthält überhaupt die ganze Legende des Kessels, es gibt über die Gattung und Bezugsquellen des Kesselmaterials, über die Anzahl und Dimensionen der Feuerrohre, sowie alle dem Gesetze unterliegenden Daten des Kessels und dessen Armatur genauen Aufschluß.

Hat der Kessel die Druckprobe überstanden, so wird das Wasser bis zum tiefsten Wasserstande abgelassen, derselbe angebrannt und der volle Dampfdruck erzeugt, wobei die Federwagen der Sicherheitsventile nach dem richtig gestellten Manometer entsprechend gespannt werden. Die sich bei dieser Gelegenheit etwa noch zeigenden Undichtheiten der Kesselnähte werden unter Dampfdruck vorsichtig verstemmt.

In dem bei der vorgesetzten Dienststelle zu hinterlegenden Protokolle, dem das Kessel-Zertifikat, auf welchem in der Regel die vollzogene Wasserdruckprobe amtlich bestätigt ist, beigelegt wird, ist in jedem Falle vermerkt, in welchem Zeitraume der betreffende Lokomotivkessel abermals der äußeren und der inneren Untersuchung zugeführt werden soll.

Die Abschrift aus dem Protokoll (Muster I) über die vorgefundenen Mängel und ausgeführten Reparaturen, sowie das Datum der vorgenommenen und nächstfälligen Untersuchungen werden in ein Kessel-Revisionsbuch (Muster II) eingetragen. In dieses Buch, welches am Deckenschild die Nummer und die Type der Lokomotive, sowie den Ort und das Jahr der Erzeugung vermerkt hat, gelangen überhaupt die Ergebnisse aller durchgeführten Revisionen des Kessels, die Abschriften der amtlichen Bescheinigungen über vollzogene Wasserdruckproben, sowie alle während des Kesselbetriebes vorgefundenen Mängel und Wahrnehmungen, als auch die am Kessel durchgeführten Reparaturen, Auswechslungen von Feuerröhren, Stehbolzen etc. zur Eintragung. Skizzen über vorgefundene größere Schäden, über ausgeführte wichtige Reparaturen, sowie ein Rohrplan und die Abschrift des Kessel-Zertifikates bilden Beilagen dieses Revisionsbuches. Am Rohrplan, in welchem die Rohre mit fortlaufenden Nummern versehen sind, werden in einem Verzeichnis die Auswechslungen der Feuerrohre in Evidenz geführt. In gleicher Weise wie der Rohrplan werden bei häufig auftretenden Defekten an Stehbolzen oder bei Erprobung deren Materials von den vier Seitenwänden der Feuerbüchse Stehbolzenpläne als Beilage des Kessel-Revisionsbuches angefertigt. Dasselbe befindet sich stets bei derjenigen Dienststelle in Aufbewahrung, welcher die zugehörige Lokomotive zur Dienstleistung zugewiesen, oder bei welcher dieselbe in Reparatur eingestellt ist.

Muster II.

Post-Nummer	Datum der vorgenommenen		Hierbei festgestellter Zustand des Kessels (Zugehörige Skizzen auf eingeklebten Beilagen)	Ausgeführte Reparaturen auf Grund des festgestellten Zustandes des Kessels	Datum der nächstfälligen		Anmerkung, Ort und Dauer der Verwendung
	äußeren	inneren			äußeren	inneren	
	Revision				Revision		

Eine gute Erhaltung des Kessels ist nicht allein mit Rücksicht auf seine Lebensdauer, sondern auch mit Rücksicht auf die Wirtschaftlichkeit des Betriebes von hervorragender Bedeutung.

Die Erhaltung und Lebensdauer eines Lokomotivkessels ist aber wesentlich von der Beschaffenheit der verwendeten Speisewässer abhängig, ferner von der Inanspruchnahme während seiner Verwendung im Betriebe, von der Wartung, Behandlung, Reinigung und besonders von der rechtzeitigen und ordentlichen Herstellung aller sich zeigenden Schäden, ebenso aber auch von seiner Bauart und endlich von dem Material, aus dem der Kessel erzeugt ist.

Im Durchschnitte beträgt die Lebensdauer eines Stehkessels 10 bis 15 Jahre, die eines Langkessels 30 und mehr Jahre, sodaß ein Langkessel gewöhnlich 2 bis 3 Stehkessel überdauert. Man kann annehmen, daß bei einem Lokomotivkessel nach einem 30jährigen Betriebe infolge der jahrelangen wechselnden Beanspruchungen durch Erwärmung und Abkühlung, durch Dehnungs- und Druckveränderungen eine solche Verminderung in der Güte der Kesselbleche eingetreten ist, daß es sich in der Regel nicht mehr lohnen dürfte, größere Herstellungen vorzunehmen, sowie es keineswegs vorteilhaft erscheint, einen Kessel, von dem nur unwesentliche Teile, vielleicht der Dom und die drei Decktafeln des Langkessels als gut befunden wurden, unter Benützung dieser Teile wieder aufzubauen.

Materialprüfung.

Von

G. Bode,

Kgl. Eisenbahnbauinspektor, Berlin.

1. Allgemeines.

Die außerordentlichen Fortschritte in allen Industriebetrieben, die dem vergangenen Jahrhundert ihren Stempel aufgedrückt haben, waren nur möglich durch die stetige Vervollkommnung der Kenntnis von den Eigenschaften der Materialien, aus denen Maschinen gebaut oder mit denen sie betrieben werden. Überall steht deshalb die Frage nach den Eigenschaften der zu verwendenden Materialien im Vordergrunde und alle Hüttenwerke und anderen Betriebe, die aus Rohmaterialien Halbfabrikate erzeugen, ebenso die Fabriken, die die Halbfabrikate zu Konstruktionsteilen weiter verarbeiten, sind mit Laboratorien und allen Einrichtungen ausgestattet, die zur Prüfung der Festigkeiten und sonstigen mechanischen, physikalischen und chemischen Eigenschaften von Metallen und anderen Baumaterialien erforderlich sind. Andererseits haben die großen Verbraucher, vor allen die Eisenbahnverwaltungen, die Marine und die Militärbehörden besondere Zweige ihrer Verwaltung, die sich nur mit dem Erwerb, der Untersuchung und der Verteilung der zu verwendenden Materialien beschäftigen.

Die Grundlage für diese Untersuchungen bilden Verträge, die zwischen dem Verbraucher und dem Erzeuger der Waren abgeschlossen werden und in welchen die geforderten Eigenschaften der zu liefernden Stoffe möglichst genau festgesetzt werden. Diese „Lieferungsbedingungen" enthalten, soweit zahlenmäßige Festsetzungen in Frage kommen, die oberen und vor allen Dingen die unteren Grenzwerte, die vom Erzeuger der Materialien unbedingt eingehalten werden müssen, andernfalls ist der Verbraucher berechtigt, die Übernahme der zur Abnahme gestellten Materialien zu verweigern. Hieraus erhellt die wichtige Stellung des Abnahmebeamten, der gleichsam die Mittelsperson zwischen Verbraucher und Erzeuger ist, wie auch von seiner Gewissenhaftigkeit oft genug wesentliche öffentliche Interessen abhängen, indem die Sicherheit der Bauwerke durch schlechte Materialien gefährdet wird.

Die Gütevorschriften werden für ein und dasselbe Material je nach dem Verwendungszweck verschieden festgesetzt und es bleibt den Erzeugern überlassen, sich mit ihrer Fabrikation dem anzupassen. Dem an sich natürlichen Bestreben des Verbrauchers, seine Anforderungen an die Eigenschaften des Materials möglichst hoch zu schrauben, stehen wirtschaftliche Rücksichten entgegen, denn der Preis der Ware steigt naturgemäß mit seiner Güte. Man begnügt sich deshalb im allgemeinen, von dem bestellten Material nur diejenigen Eigenschaften zu verlangen, die notwendig sind, damit es den zu erwartenden Beanspruchungen mit Sicherheit genügen kann.

Die Eigenschaften, die ein Material kennzeichnen, lassen sich trennen in physikalische, die dem Stoffe in jeder Form eigen sind, und in technische, die das Material als Konstruktionsteil oder bei seinem Übergange in einen solchen während der Bearbeitung entwickeln soll. Die letzteren sind in der Hauptsache seine Festigkeit, Elastizität, Härte, Schmiedbarkeit, Schweißbarkeit, Schmelzbarkeit. Von den physikalischen Eigenschaften eines Materials sind zu erwähnen sein spezifisches Gewicht, sein Gefüge, sein Verhalten bei Wärmeerhöhung und Wärmeentziehung, im besonderen seine Leitungsfähigkeit für Wärme, sein Schmelzpunkt, Siedepunkt, Verdampfungspunkt einerseits und sein Erstarrungspunkt andererseits, schließlich seine elektrischen und magnetischen Eigenschaften.

Alle diese Eigenschaften der Materialien werden im wesentlichen bestimmt durch ihre chemische Zusammensetzung, wie sie ihre Eigenschaften mit der chemischen Zusammensetzung ändern. Es bildet sonach diese eigentlich die Grundlage für die Materialprüfung. Dementsprechend bedienen sich die erzeugenden Werke regelmäßig der chemischen Analyse und halten sich durch sie über den richtigen Verlauf des Erzeugungsprozesses unterrichtet.

Seitens der Verbraucher dagegen wird bei der Materialprüfung die chemische Analyse verhältnismäßig selten angewendet, im allgemeinen nur als Kontrollprüfung bei nicht einwandfreiem Material. In der Regel begnügt man sich mit technischen Materialprüfungen, die sich zudem einfacher, bequemer und vor allen Dingen schneller ausführen lassen als chemische Untersuchungen. Dementsprechend enthalten die Lieferungsbedingungen gewöhnlich, wenigstens soweit feste Materialien in Frage kommen, keine Vorschriften über die chemische Zusammensetzung der Materialien, sondern nur Vorschriften über bestimmte technische und physikalische Eigenschaften, deren Vorhandensein die mit der Abnahme verbundene Materialprüfung ergeben muß.

2. Die Materialien und die Gütevorschriften.

Bezüglich der Materialien, die hier dem Rahmen des „Handbuches“ entsprechend zu behandeln sind, kann man zwei Gruppen unterscheiden. Zur ersten Gruppe gehören die Materialien, die beim Bau und Ersatz der Eisenbahnbetriebsmittel Verwendung finden, das sind in der Hauptsache Eisen in seinen Hauptgattungen als Gußeisen, Schweißeisen, Flußeisen, Flußstahl, Kupfer und seine Legierungen, Zinn und Zink und ihre Legierungen, Hölzer, Gewebe, Farben, Lacke. Zur zweiten Gruppe gehören die Materialien, die beim Eisenbahnbetriebe gebraucht werden, das sind in der Hauptsache Kohle, Wasser und Öle. Eine ganz strenge Scheidung beider Gruppen ist freilich nicht möglich, da ja auch die Baustoffe in vieler Beziehung der Abnutzung durch den Betrieb und damit dem Verbrauch unterliegen.

Die im Nachfolgenden angegebenen Gütevorschriften sind im Bereich der preußischen Staatseisenbahn-Verwaltung maßgebend. Soweit nicht Abweichungen vermerkt sind, decken sie sich im wesentlichen mit den von den übrigen deutschen und den österreichischen Eisenbahnverwaltungen erlassenen Bestimmungen.

a) Baumaterialien.

α) Gußeisen.

Der Guß muß fest und dicht, an den Ecken und Kanten voll, ohne Spannung und Fehler, wie Risse, Blasen usw. sein, eine glatte Oberfläche haben, auf der Bruchfläche ein feines, gleichmäßiges Korn von grauer Farbe zeigen und, sofern nichts anderes besonders verlangt wird, so weich sein, daß er sich leicht bearbeiten läßt.

Die einzelnen Gußstücke müssen genau nach den überwiesenen Modellen oder Zeichnungen sauber gegossen und durchaus frei von Formsand oder Kernmasse sein; windschiefe Stücke dürfen nicht geliefert werden. Die Eingußstellen (Gußtöpfe) sowie der Grat sollen gut abgeputzt sein.

Die Zugfestigkeit des Maschinengusses und des Gußeisens für Achslagerkasten von Wagen soll mindestens 12 kg auf das qmm betragen.

Der Zylinderguß soll eine Zugfestigkeit von 18 bis 24 kg für das qmm haben. Zu ihrer Feststellung sind an geeigneter Stelle Probestäbe von mindestens 350 mm Länge anzugießen. Auf gleichmäßig feste und dichte Beschaffenheit der zu bearbeitenden Flächen wird besonderer Wert gelegt; harte Adern im Guß berechtigen zu dessen Zurückweisung.

Die Schieber und Kolbenringe sind weicher, mit einer Zugfestigkeit für erstere von 12 bis höchstens 16 kg und für letztere von 12 bis höchstens 14 kg für das qmm herzustellen. Der Guß soll vollkommen dicht und so zähe sein, daß sich die fertigen Ringe durch Hämmern strecken lassen. Guß mit harten Adern wird zurückgewiesen.

Die Röhren sind stehend zu gießen und vor der Anlieferung einer Druckprobe zu unterziehen, für welche der größte anzuwendende Druck bei der Bestellung angegeben wird.

Die Roststäbe sind aus solchem Material herzustellen, welches der Einwirkung des Feuers möglichst widersteht.

Der schmiedbare Eisenguß muß sich in kaltem Zustande hämmern, strecken und richten lassen, ohne zu brechen.

Der durch Eingießen in eiserne Formen hergestellte Hartguß mit weichem Kern ist aus geeigneten Mischungen spannungsfrei anzufertigen und muß eine Härteschicht von mindestens 5 mm Stärke besitzen. Auf der Bruchfläche soll das strahlige Gefüge der härteren Teile allmählich in das graue Korn übergehen.

Die Bremsklötze sind aus zähem, dichtem und fehlerfreiem Stahlguß (Gußeisen mit Stahlzusatz), welcher sich gut bohren läßt, sauber und glatt anzufertigen.

β) Flußeisen.

Als Flußeisen ist das in flüssigem Zustand gewonnene schmiedbare Eisen aufzufassen, dessen Zugfestigkeit 50 kg für das qmm nicht übersteigt.

Das Flußeisen soll ein gleichmäßiges Gefüge besitzen, glatt und sauber in den verlangten Formen vollkantig ausgewalzt, ohne Schiefer und Blasen sein und darf weder Kantenrisse noch unganze Stellen haben.

Die vorgeschriebenen Festigkeits- und Dehnungszahlen gelten bei den flußeisernen Blechen sowohl für die Längs- als auch für die Querrichtung.

a) Weiches Flußeisen.

Weiches Flußeisen muß im Flammofen erzeugt, gut schweißbar und durch Einsetzen härtbar sein. Die Zugfestigkeit soll innerhalb der Grenzen von 34 bis 41 kg liegen und die Dehnung mindestens 25 v. H. betragen. Für Bleche und Nieteisen soll die Summe aus Festigkeit in Kilogramm und Dehnung in Prozenten mindestens 62 betragen. Außerdem muß das Material nachfolgende Bedingungen erfüllen:

1. Härtebiegeprobe.

Blechstreifen von 30 bis 50 mm Breite mit abgerundeten Kanten längs und quer zur Walzrichtung sowie Vierkant- und Rundeisen, die dunkelkirschrot angewärmt und in Wasser von $+ 28^0$ C abgeschreckt sind, sollen kalt vollständig zusammengebogen werden können, ohne auf der gezogenen Seite irgend welche Anbrüche zu zeigen. Das Probestück gilt als gebrochen, wenn sich auf der gezogenen Seite an der Biegungsstelle, abgesehen von kleinen Kantenrissen, ein deutlicher Bruch im Eisen zeigt.

2. Stauchprobe.

Ein Stück Rundeisen, dessen Länge gleich dem doppelten Durchmesser ist, soll sich im rotwarmen Zustand bis auf ein Drittel dieser Länge zusammenstauchen lassen, ohne zu spalten oder aufzureißen.

3. Ausbreitprobe.

Blechstreifen, deren Breite tunlichst das Dreifache ihrer Dicke beträgt, sowie Flach-, Vierkant-, Rund- und Winkeleisen müssen im rotwarmen Zustande mit einer nach einem Halbmesser von 15 mm abgerundeten Hammerfinne quer zur Walzrichtung mindestens auf das $1^1/_2$fache ihrer Breite ausgebreitet werden können, ohne an den Kanten und auf der Fläche Risse zu erhalten.

4. Lochprobe.

Blechstreifen mit einem Breitenverhältnis größer als 1:5, die im rotwarmen Zustande in einer Entfernung vom Rande gleich der halben Dicke des Streifens mit dem Lochstempel vom Durchmesser gleich der Blechstärke gelocht werden, dürfen vom Loche nach der Kante nicht aufreißen. Bei Blechstreifen über 20 mm Stärke soll der Durchmesser des Blechstempels 20 mm betragen. Dasselbe Verfahren ist bei Formeisen anzuwenden.

Bei Muttereisen muß sich ein Probestück von der Höhe gleich der Seitenlänge des Sechskants, ohne aufzureißen, im rotwarmen Zustande mit einem Stempel von der Stärke des Kerndurchmessers des zugehörigen Schraubenbolzens lochen und auf den $1^1/_4$fachen Lochdurchmesser auftreiben lassen. Die betreffenden Dorne sollen auf je 10 mm Länge um 1 mm Durchmesser wachsen.

5. Schweißprobe.

Zwei Versuchsstücke sollen ohne besondere Hilfsmittel leicht zusammengeschweißt werden können. Eine Trennung der Teile an der

Schweißstelle darf weder im kalten noch im warmen Zustande bei irgend welcher Beanspruchung erfolgen.

b) Härteres Flußeisen.

Die Herstellungsweise ist freigestellt mit Ausnahme des Eisens für Kuppelungsteile und für Zughaken, für die basisches Martinflußeisen zu verwenden ist. Die Schweiß-, Loch- und Stauchprobe kommt in Fortfall. Für die Biegeprobe genügt es, das Probestück um einen Dorn von der Stärke der halben Materialdicke um 180° zu biegen. Im übrigen soll das Material den nachstehend aufgeführten Bedingungen entsprechen.

Die Zugfestigkeit soll mindestens 37 und höchstens 44 kg und die Dehnung mindestens 20 v. H. betragen. Für Bleche soll die Summe aus Festigkeit in kg und Dehnung in Prozenten mindestens 60 sein. Für Preßbleche soll die Zugfestigkeit zwischen 42 und 50 kg liegen bei einer Dehnung von mindestens 16 v. H.

In Österreich ist für Kesselbleche aus Flußeisen eine Zugfestigkeit von mindestens 33, höchstens 38 kg bei einer Dehnung von 25 v. H. vorgeschrieben. Neben den technischen Proben ist chemische Untersuchung auf Phosphor- und Schwefelgehalt vorgesehen. Bleche, bei welchen sich mehr als $0.05\,^0/_0$ Phosphor oder $0.05\,^0/_0$ Schwefelgehalt nachweisen läßt, werden von der Übernahme ausgeschlossen.

In Amerika sind diese Vorschriften noch verschärft. Bei Feuerbüchsblechen darf der Phosphorgehalt nicht über $0.035^0/_0$, der Schwefelgehalt nicht über $0.025^0/_0$, bei den übrigen Blechen nicht über $0.04^0/_0$ bzw. $0.03^0/_0$ betragen. Als Zugfestigkeit ist 42.2 kg bei $28^0/_0$ bzw. $26^0/_0$ Dehnung vorgeschrieben.

γ) Schweißeisen.

Das Schweißeisen soll dicht, gut stauch- und schweißbar, weder kalt- noch rotbrüchig, frei von Schlacken, Schiefern oder blasigen Stellen, Schweißnähten, Kantenrissen oder sonstigen Fehlern, glatt und vollkantig ausgewalzt sein.

a) Stab- und Winkeleisen.

1. Zerreiß- und Dehnungsprobe.

Bezeichnung des Materials	Geringste Zugfestigkeit für das qmm des ursprünglichen Querschnitts in kg	Geringste Dehnung v. H. bei 200 mm Länge
a) Eisen zu Stehbolzen, Ankern, Ketten, Nieten und Schrauben		
bei einer Stärke bis zu 25 mm einschließlich	38	18
bei größeren Stärken	36	15
β) Eisen zu Kuppelungsteilen	36	15
γ) Eisen zu Pufferstangen, Zug- und Sicherheitshaken sowie Zugstangen	34	18

Bezeichnung des Materials	Geringste Zugfestigkeit für das qmm des ursprünglichen Querschnitts in kg	Geringste Dehnung v. H. bei 200 mm Länge
δ) Stabeisen (Flach-, Vierkant- und Rundeisen) ohne ausgesprochenen Verwendungszweck		
bei einer Stärke bis einschließlich 10 mm .	36	12
bei einer Stärke von mehr als 10 bis einschließlich 15 mm	35	12
bei mehr als 15 mm Stärke	34	12

2. Biegeprobe.

a) Eisen zu Stehbolzen, Ankern, Ketten, Nieten und Schrauben.

Probestäbe müssen sich, ohne Spuren einer Trennung an der Biegungsstelle zu zeigen, zusammenbiegen lassen, und zwar:

a) im dunkelkirschroten Zustand vollständig,

b) im kalten Zustand zu einer Schleife über einen Dorn von der halben Stärke des Eisens.

Ein mit Gewinde versehener Stab von 25 mm Durchmesser und 180 mm Länge muß sich um einen Dorn von 25 mm Durchmesser zusammenbiegen lassen, ohne Anbrüche im Gewinde zu zeigen.

β bis *δ*) Eisen zu Kuppelungsteilen, Pufferstangen, Zug- und Sicherheitshaken, Zugstangen sowie Stabeisen ohne ausgesprochenen Verwendungszweck und Winkeleisen.

Probestücke von Flacheisenstäben mit abgerundeten Kanten, 30 bis 50 mm breit, sowie Vierkant- und Rundeisen müssen sich über einen Dorn von 25 mm Durchmesser winkelförmig biegen lassen, ohne daß sich auf der gezogenen Fläche an der Biegungsstelle, abgesehen von kleinen Kantenrissen, ein Bruch im Eisen zeigt.

Der Winkel *α* (Abb. 1), den ein Schenkel bei der Biegung zu durchlaufen hat, beträgt in Graden

a) für Biegung im kalten Zustand:

bei Stärken von 8 bis 11 mm 50°

„ „ „ 12 „ 15 „ 35°

„ „ „ 16 „ 20 „ 25°

„ „ „ 21 „ 25 „ 15°

b) für Biegung im dunkelkirschroten Zustand:

bei Stärken bis 25 mm 120°

„ „ über 25 „ 90°

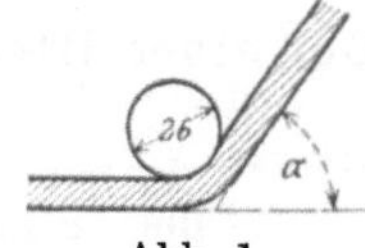

Abb. 1.

3. Stauchprobe.

Eisen zu Stehbolzen, Ankern, Ketten, Nieten und Schrauben.

Ein Stück Rundeisen, dessen Länge gleich dem doppelten Durchmesser ist, soll sich im warmen der Verwendung entsprechenden Zustand bis auf ein Drittel dieser Länge zusammenstauchen lassen, ohne Risse zu zeigen.

4. Ausbreitprobe.

Im rotwarmen Zustand muß ein auf kaltem Wege abgetrennter 30 bis 50 mm breiter Streifen eines Flach-, Vierkant-, Rund- oder Winkeleisens mit der parallel zur Faser geführten, nach einem Halbmesser von 15 mm abgerundeten Hammerfinne bis auf das $1^1/_2$ fache seiner Breite ausgebreitet werden können, ohne Spuren von Trennung im Eisen zu zeigen.

b) Bleche.

1. Zerreiß- und Dehnungsprobe.

	Güte I		Güte II	
	längs	quer	längs	quer
Geringste Zugfestigkeit für das qmm des ursprünglichen Querschnitts in kg	36	34	35	33
Geringste Dehnung v. H. bei 200 mm Länge	18	12	12	8

Bei Blechen von mehr als 26 mm Stärke verringert sich die Zugfestigkeit bei Vergrößerung der Stärke um je 2 mm stets um 0·5 kg auf das qmm des ursprünglichen Querschnitts, so daß z. B. die Festigkeit nur zu betragen braucht:

Bei einer Blechstärke	Bei Güte I		Bei Güte II	
	längs kg	quer kg	längs kg	quer kg
über 26 bis 28 mm . . .	35·5	33·5	34·5	32·5
„ 28 „ 30 „	35·0	33·0	34·0	32·0
„ 30 „ 32 „	34·5	32·5	33·5	31·5
„ 32 „ 34 „	34·0	32·0	33·0	31·0

2. Biegeprobe.

a) Im kalten Zustande.

Probestreifen von 30 bis 50 mm Breite müssen sich in der vorstehend veranschaulichten Weise um einen Dorn von 25 mm Durchmesser in den Winkel a biegen lassen, dessen Werte nachstehend angegeben sind.

Bei einer Blechstärke	Bei Güte I		Bei Güte II	
	längs	quer	längs	quer
bis 8 mm . .	130°	110°	110°	90°
über 8 „ 10 „ . .	120°	100°	100°	80°
„ 10 „ 12 „ . .	110°	90°	90°	70°
„ 12 „ 14 „ . .	100°	80°	80°	60°
„ 14 „ 16 „ . .	90°	70°	70°	50°
„ 16 „ 18 „ . .	80°	60°	60°	40°
„ 18 „ 20 „ . .	70°	50°	55°	30°
„ 20 „ 22 „ . .	60°	40°	50°	25°
„ 22 „ 24 „ . .	55°	30°	45°	20°
„ 24 „ 26 „ . .	50°	20°	40°	15°

b) Im dunkelkirschroten Zustande.

Probestreifen müssen sich über eine gebrochene Kante in den Winkel α biegen lassen, dessen Werte sind:

Bei beliebiger Blechstärke	Güte I	Güte II
in der Walzrichtung	180°	160°
quer zur Walzrichtung	180°	150°

Die Probestreifen sollen rechteckigen Querschnitt erhalten und an der Biegestelle mit abgerundeten Kanten versehen werden.

Ein Streifen gilt als gebrochen, wenn sich auf der gezogenen Seite an der Biegestelle, abgesehen von kleinen Kantenrissen, ein deutlicher Bruch im Eisen zeigt.

3. Ausbreitprobe.

Wie bei Stab- und Winkeleisen angegeben. Die Breite der Probestreifen soll tunlichst das Dreifache ihrer Dicke betragen.

4. Lochprobe.

Blechstreifen mit einem Breitenverhältnis (Verhältnis der Dicke zur Breite) größer als 1 : 5. die im rotwarmen Zustande in einer Entfernung vom Rande gleich der halben Dicke des Streifens mit dem Lochstempel vom Durchmesser gleich der Blechstärke gelocht werden, dürfen nicht aufreißen. Bei Blechstreifen über 20 mm Stärke soll der Durchmesser des Lochstempels 20 mm betragen.

c) Formeisen.
(Trägereisen $\underline{\mathsf{I}}$, **T**, **Ϲ**, **Z** usw.)

1. Zerreiß- und Dehnungsprobe.

Bezeichnung des Materials	Geringste Zugfestigkeit für das qmm des ursprünglichen Querschnitts in kg	Geringste Dehnung v. H. der vorgeschriebenen Länge
a) für die Flanschen (in der Längsrichtung) bei einer Stärke von 10 mm oder weniger . .	36	12
von mehr als 10 „ bis einschließlich 15 „ Stärke	35	12
von mehr als 15 „ bis einschließlich 25 „ Stärke	34	12
b) für die Stege (in der Längsrichtung) bei einer Stärke von 10 mm oder weniger . .	35	10
von mehr als 10 „ bis einschließlich 15 „ Stärke	34	10
von mehr als 15 „ bis einschließlich 25 „ Stärke	33	10

2. Biegeprobe.

Die Biegeproben werden, wie bei Stab- und Winkeleisen angegeben, mit Probestücken ausgeführt, die in der Längsrichtung entnommen sind.

δ) Siederöhren, Leitungsröhren für Luftdruckbremse und Dampfheizung.

Das Material soll basisches Martinflußeisen, das besonders weich und gut schweißbar ist, oder bestes Schweißeisen sein.

Die Siederöhren sollen einem inneren Probedruck von 25 at widerstehen, ohne Undichtigkeiten oder sonstige Fehler zu zeigen; ihre Enden müssen gerade und senkrecht zur Längsachse sauber abgeschnitten sein.

Die Siederöhren müssen sich in kaltem, unausgeglühtem Zustande durch Eintreiben von Dornen um 3 mm aufweiten lassen, ohne beschädigt zu werden. Bei dem zur Befestigung im Kessel nötigen Aufdornen, Anstauchen und Umbörteln dürfen sie nicht reißen oder sonst beschädigt werden.

Die Siederöhren werden außerdem folgender Härtebiegeprobe unterzogen: Es ist aus jedem zu prüfenden Rohre in der Längsrichtung ein Streifen von etwa 200 mm Länge herauszuschneiden, warm gerade zu richten und auf 40 mm Breite zu bearbeiten. Die Kanten sind leicht zu brechen. Der Streifen wird kirschrot warm gemacht und darauf in Wasser von 28 bis 30° C abgekühlt. Hierauf muß sich der Streifen um 180° biegen und ganz zusammenschlagen lassen, ohne Risse zu zeigen.

Die Leitungsröhren für Luftdruckbremse und Dampfheizung müssen sich kalt und warm gut bearbeiten lassen, ohne daß sich hierbei Fehler zeigen, insbesondere sich in rotglühendem Zustande — mit Sand gefüllt — um einen Dorn von der Stärke des äußeren Durchmessers der Rohre bis zum rechten Winkel biegen lassen, ohne daß sich hierbei die Schweißfugen lösen oder Risse und Anbrüche zeigen.

ε) Flußstahl.

Der Flußstahl soll von zäher und gleichmäßiger Beschaffenheit sein. Der Nickelflußstahl soll einen Nickelgehalt von 3 bis 5 v. H. haben.

Das Material wird auf seine Festigkeit und Zähigkeit geprüft. Als Maßstab für die Festigkeit dienen Zerreißproben, für die Zähigkeit Schlagproben.

Bei den Zerreißversuchen müssen die Materialien folgende Eigenschaften zeigen:

Martin- oder Bessemer-Flußstahl ohne besonderen Verwendungszweck, sauer oder basisch, soll eine Zugfestigkeit von mindesens 50 und höchstens 60 kg, eine Dehnung von mindestens 20 $^0/_0$ haben.

Bei Martin- oder Bessemer-Flußstahl für Achsen und Wagenradreifen soll die Zugfestigkeit mindestens 50 kg, bei Martinstahl für Lokomotiv- und Tenderradreifen mindestens 60 kg betragen.

Martin- oder Bessemer-Flußstahl für Blatt- und Spiralfedern soll in ungehärtetem Zustande eine Zugfestigkeit von mindestens 65 kg und eine Dehnung von mindestens 10 v. H. haben; die Summe aus der Zugfestigkeit und dem Doppelten der Dehnung soll mindestens 95 betragen.

Bei mittelhartem Sonderstahl für Blattfedern soll die Zugfestigkeit mindestens 85 kg, die Dehnung mindestens 12 v. H. und die Summe aus der

Zugfestigkeit und dem Doppelten der Dehnung mindestens 110 sein. Bei weichem Sonderstahl müssen als entsprechende Mindestzahlen 75 kg, 14 v. H. und 105 erreicht werden.

Tiegelflußstahl für Radreifen muß eine Zugfestigkeit von mindestens 70 kg, Tiegelflußstahl für Zapfen eine Zugfestigkeit von mindestens 60 kg bei einer Dehnung von 20 v. H. haben.

Bei Nickelstahl für gekröpfte Achswellen muß die Zugfestigkeit mindestens 60 kg, die Dehnung 18 v. H. und die Querschnittsverminderung 45 v. H. betragen.

Ein gehärtetes Federblatt, das b mm breit und h mm dick ist, darf bei einer Belastung von $0{\cdot}12\, b h^2$ kg und einer Entfernung der Unterstützungspunkte von 600 mm keine bleibende Durchbiegung zeigen.

Bei einer wiederholten Belastung unter ruhender und schwingender Last muß bei den Spiralfedern von 7·5 mm Blattstärke mit 3500 kg noch ein freies Spiel von 10 mm und bei wiederholter Belastung derjenigen von 10 mm Blattstärke mit 5000 kg noch ein freies Spiel von 15 mm verbleiben. Die Federn dürfen hierbei keinerlei Beschädigungen zeigen, auch sich durch jene Belastungen höchstens 2 mm bleibend setzen.

Das Material der Radreifen muß eine derartige Zähigkeit besitzen, daß die Reifen mit einem Schrumpfmaß von 1 mm für jedes Meter inneren Durchmessers auf die Radgestelle aufgezogen werden können, ohne zu reißen oder Fehler zu zeigen, die dem Material oder der Herstellungsweise zur Last fallen.

Bei den Schlagproben beträgt das Freilager für sämtliche Achsen 1·5 m.

Wagenachswellen von 145 mm Nabensitzdurchmesser (Fertigmaß) sollen bei den Schlagproben bei einem Arbeitsmoment von 3000 mkg für jeden Schlag mindestens 180 mm durchgebogen werden können, ohne zu brechen oder sonstige Mängel zu zeigen, während die im Nabensitz 130 mm starken Achswellen (Fertigmaß) durch Schläge von gleich großem Arbeitsmoment mindestens 200 mm durchgebogen werden müssen.

Tenderachswellen sollen unter jedesmaligem Wenden 8 Schläge von je 4200 mkg, Lokomotivachswellen unter gleichen Verhältnissen 8 Schläge von je 5600 mkg aushalten.

Die senkrecht unter das Fallwerk gestellten Radreifen werden durch Schläge eines Fallbärs von mindestens je 3000 mkg, die auf die Mitte der Lauffläche gerichtet sind, geprüft.

Bei dieser Probe soll die Einsenkung der Tender- und Wagenradreifen mindestens 12 v. H. ihres ursprünglichen inneren Durchmessers betragen; den Lokomotivradreifen soll eine Einsenkung gegeben werden können, die

$$aus\ der\ Formel\quad E = \frac{D}{100} - \frac{d-65}{10}\quad zu\ berechnen\ ist.$$

In dieser Formel bedeutet E die Einsenkung in Hundertsteln des lichten Durchmessers, D den Laufkreisdurchmesser und d die mittlere Reifenstärke, letztere Maße in Millimeter für den fertigen Zustand des Radreifens genommen.

Bei dieser Probe dürfen die Radreifen weder brechen noch sonstige Mängel zeigen.

Die Radgestelle werden mit dem Felgenkranze auf Holzunterlagen wagerecht gelagert. In die Nabenbohrung wird eine aus vier Segmentstücken bestehende Büchse geschoben, deren lichte Weite im Innern auf je 20 mm Länge um 1 mm verjüngt ist. Ein genau in diese Büchse passender Stahldorn von quadratischem Querschnitt wird bei den Rädern mit einer Nabenbohrung von 145 mm durch 6, bei denen mit 130 mm Nabenbohrung (Fertigmaß) durch fünf Schläge, die nacheinander die Schlagmomente von 300, 400, 500, 600, 700 und 800 mkg ergeben, in die Büchse eingetrieben. Vor der Benutzung sind die Dorne und die Innenflächen der Büchse mit Öl auszureiben und wieder trocken abzuwischen.

Nach dieser Probe, die sowohl auf Radgerippe wie auf Radscheiben aus Schweißeisen, Flußeisen oder Flußeisenformguß anzuwenden ist, dürfen die Radgestelle weder in der Nabe noch in den Speichen oder in dem Felgenkranze Sprünge oder sonstige Beschädigungen zeigen.

ζ) Kupfer.

Das Kupfer muß von vorzüglicher Güte, weder warm- noch kaltbrüchig sein und im Bruche ein dichtkörniges Gefüge zeigen.

Das Kupferblech bis 4 mm Stärke einschl. muß sich kalt und warm um einen Dorn vom Durchmesser der doppelten Blechstärke bis zur Berührung der Enden zusammenbiegen lassen, ohne zu brechen.

Das Kupferblech über 4 mm Stärke und das Stangenkupfer müssen nachstehenden Anforderungen genügen:

	Kupferblech über 4 mm Stärke	Stangenkupfer
Geringste Zugfestigkeit für das qmm des ursprünglichen Querschnittes in kg	22	23
Geringste Dehnung v. H. bei 200 mm Länge . .	38	38

Ein Probestück des Stangenkupfers von der Höhe der doppelten Stärke soll sich im kalten Zustande auf ein Drittel der Höhe zusammenstauchen lassen, ohne hierbei Risse zu erhalten.

Ein mit Gewinde versehenes Stück Rundkupfer von 30 mm Durchmesser und einer Länge von 180 mm soll sich im kalten Zustande mit seinen Enden zusammenbiegen lassen, ohne Anbrüche oder Langrisse im Gewinde zu zeigen.

Der Kupferdraht muß sich im kalten Zustande vollständig zusammenbiegen lassen, ohne zu brechen oder aufzureißen.

Die Kupferröhren müssen einen inneren Wasserdruck von 15 at, solche für Lokomotiven einen Druck von 25 at aushalten, ohne undicht zu werden oder irgend welchen Mangel zu zeigen.

Mit Sand ausgefüllt sollen sie sich im warmen Zustande um einen Rundstab vom dreifachen Durchmesser des äußeren Rohrdurchmessers biegen lassen, ohne Risse zu bekommen.

η) Legierungen.

a) Rotguß.

Der Rotguß muß dicht, zähe und von durchaus gleichmäßigem Gefüge sein. Er soll zusammengesetzt sein für Lager und Schieber aus 84 Teilen Kupfer, 15 Teilen Zinn und 1 Teil Zink, und für Armaturen aus 85 Teilen Kupfer, 9 Teilen Zinn und 6 Teilen Zink.

b) Weißmetall (Lagermetall).

Das Weißmetall ist aus Kupfer, Antimon und Zinn in folgender Weise herzustellen: 1 kg Kupfer wird mit 2 kg Antimon (regulus) und 6 kg vollkommen reinem Zinn zusammengeschmolzen. Das Antimon wird zugesetzt, wenn das Kupfer geschmolzen ist und, wenn beide Metalle flüssig sind, das Zinn. Diese Legierung wird in dünne Platten ausgegossen und je 9 kg derselben mit 9 kg reinem Zinn wieder zusammengeschmolzen. Das Ganze wird sodann in 15 mm starke Platten ausgegossen und ist damit zur Verwendung fertig. Größere Mengen, als vorstehend angegeben, dürfen mit einem Male nicht zusammengeschmolzen werden.

Die einzelnen Bestandteile der Legierung müssen möglichst rein sein. So darf Antimon höchstens 1 v. H. Verunreinigungen und hiervon nicht mehr als 0·1 v. H. Arsen, Zinn dagegen nicht mehr als 0·2 v. H. Verunreinigungen enthalten. Weiterhin sollen besonders Blei und Zink nicht beigemengt sein.

ϑ) Holz.

Das zu verwendende Holz muß im Winter gefällt und trocken, tunlichst astfrei, geradfaserig, zäh, fest und ohne Risse sein. Die Bretter und Bohlen sollen gut gerade und tunlichst ohne Kernröhren, auf der Flachseite nicht überspänig und nicht aus den Zopfenden geschnitten sein. Das Kiefernholz darf keine tiefgehenden bläulichen Stellen zeigen, soll feinjährig sowie besonders fest sein und darf nur gesunde, festgewaschsene Äste in mäßiger Anzahl enthalten. Das Mahagoni- und Nußbaumholz muß, entsprechend seiner Verwendung zu feinen, sauber auszuführenden Tischlerarbeiten, von bester Beschaffenheit, gerade gewachsen, fein und dichtfaserig sein. Das Mahagoniholz soll außerdem im polierten Zustand einen seidenartig glänzenden Spiegel von schöner rotbrauner Farbe, das Nußbaumholz einen solchen von brauner bis dunkelbrauner Farbe zeigen.

Diese von der preußischen Staatsbahnverwaltung gegebene Gütevorschrift muß als unzureichend bezeichnet werden, da sie dem Abnahmebeamten keine bestimmten zahlenmäßigen Unterlagen für seine Abnahmeprüfung bietet, wie denn auch die Abnahmetätigkeit sich meist auf eine äußere Besichtigung des Holzes, in der Hauptsache auf die Feststellung vom Vorhandensein oder Nichtvorhandensein loser Äste beschränkt. Um jedoch die Brauchbarkeit des Holzes wirklich beurteilen zu können, dazu gehört die Kenntnis seines Feuchtigkeitsgehaltes, bezogen auf einen Normalfeuchtigkeitsgehalt, ferner die Kenntnis seines spezifischen Gewichtes und seiner Festigkeitseigenschaften, die wiederum ganz außerordentlich durch den Feuchtigkeitsgehalt beeinflußt werden, schließlich die Veränderung, die der Rauminhalt eines Stücks Holz durch Schwinden oder Quellen erfährt. Zur Ermittlung der Festigkeitseigenschaften ist es notwendig, an geeigneten Probestücken Druck-, Biege-, Scher-, Zug- und Spaltversuche vorzunehmen. Dabei müssen streng genommen Proben für dieselben Untersuchungen aus verschiedenen Teilen des Stammes entnommen werden, da naturgemäß die Zahl und Lage der Jahrringe im Probestück, ferner der Umstand, ob die Probe aus Kern- oder Splintholz besteht, schließlich auch die Stammhöhe, in der die Probe entnommen ist, von Einfluß auf die Festigkeitseigenschaften des Holzes sind. Vorläufig jedoch fehlt es noch an ausreichenden Unterlagen und Vorschriften für alle diese Untersuchungen sowie an ausgebildeten und erprobten Untersuchungsmethoden und Apparaten. Es sind aber seitens der an der Erzeugung und Verwertung von Nutzhölzern interessierten Kreise aller Länder Bestrebungen im Gange, auf dem Wege von Vereinbarungen diesem Mangel abzuhelfen.

ι) Gewebe.

a) Segeltuch.

Segeltuch zu Wagendecken, Lokomotiv- und Wagendächern und Vorhängen für Tenderlokomotiven (Doppeldrell) soll ein gleichmäßig festes, geköpertes Gewebe aus Flachs oder Hanf ohne Beimischung von Hede, Jute oder Baumwolle sein. Gewebe, die teils aus Flachs, teils aus Hanf bestehen, sind ausgeschlossen. Das Gewebe soll auf 1 qcm in der Kette etwa neun Doppelfäden und im Schuß etwa elf zweifach gezwirnte Fäden enthalten. Das Gewicht von 1 qm muß mindestens 850 g betragen. 40 mm breite Probestreifen der Gewebe, die eine Länge von 360 mm gemessen zwischen den Backen der Zerreißmaschine, haben müssen, werden bei einer Wärme von 40° C in einem geeigneten Trockenofen mindestens zwei Stunden getrocknet und unmittelbar nach der Entnahme aus dem Trockenofen zerrissen. Hierbei sollen die Probestücke für Segeltuch zu zu Lokomotiv- und Wagendächern eine Festigkeit von mindestens 125 kg in der Kette und im Schuß besitzen. Maßgebend sind die Festigkeitszahlen, die sich aus fünf Zerreißversuchen als Durchschnitt ergeben.

b) Plüsch.

Der Plüsch muß im Grundgewebe aus bester Leinenkette und bester Mule (Baumwollenschuß) bestehen, der rote Plüsch ein plüschbildendes Obergewebe aus bestem Mohairgarn, der gestreifte Plüsch ein solches aus bestem Wiftgarn (Wollgarn) haben.

Die Bindung des Polfadens muß zweipolig sein und zwei Schuß auf die Florstellung (Rute) und im Grundgewebe Doppeltafteinbindung haben; ebenso muß die Grundbindung der Leinenkette in Doppeltaft bestehen.

Auf 1 qcm des Gewebes sollen beim roten Plüsch 13 bis 15 Polfäden und ebensoviel Grundkettenfäden und 14 bis 15 Florstellen gleich 14 bis 15 Doppelschußfäden, beim gestreiften Plüsch 10 bis 12 Polfäden und ebensoviel Grundkettenfäden und 13 bis 14 Florstellen gleich 13 bis 14 Doppelschußfäden entfallen. Der Flor des Plüsches über dem Grundgewebe gemessen muß 2 bis 2·5 mm hoch und gleichmäßig geschoren sein. Ein Quadratmeter des roten Plüsches soll bei mindestens 60 v. H. Gehalt an Mohairwolle 530 bis 580 g und ein Quadratmeter des gestreiften Plüsches bei mindestens 50 v. H. Gehalt an Wolle 410 bis 450 g wiegen.

Der Plüsch darf keine Webefehler oder Flecken zeigen, die Farben müssen durchaus lichtbeständig und so waschecht sein, daß sie sich beim Waschen mit Ammoniak (Salmiakgeist mit 17 v. H. Ammoniakgehalt) in einer Mischung mit Wasser (97 Teile Wasser, 3 Teile Ammoniak) bei einer Wärme von etwa 20° C weder verändern, noch bei dem gestreiften Plüsch ineinander laufen.

ϰ) Farben und Lacke.

a) Leinöl und Leinölfirnis.

Als Bindemittel für Ölfarben kommt von den trocknenden Ölen fast ausschließlich Leinöl in Betracht. Gutes Leinöl soll bei einer Wärme von 20° C ein spezifisches Gewicht von 0·930 bis 0·940 besitzen, abgelagert, schleimfrei und klar, von hellgelber Farbe und schwachem Geruch sein, darf keinerlei fremdartige Beimischungen enthalten und auch bei längerer Aufbewahrung keinen Bodensatz ablagern.

In dünner Schicht auf Glas oder Porzellan gestrichen, soll das Öl bei einer Wärme von 20° C spätestens nach Verlauf von fünf Tagen einen trockenen, klebefreien Überzug bilden.

Es ist in hohem Grade Verfälschungen ausgesetzt; als Verfälschungsmittel dienen hauptsächlich Rüböl, Baumwollsamenöl, Mineralöl, Fischtran, Harz, Kolophonium. Das Vorhandensein derartiger Verfälschungsmittel läßt sich im allgemeinen nur durch chemische Untersuchung des Leinöls nachweisen.

Um das Leinöl noch besser trocknend zu machen, es in Leinölfirnis überzuführen, wird es in offenen Gefäßen, die der Luft Zutritt gestatten, mehrere Stunden lang gekocht und ihm hierauf bei einer Temperatur von 200° bis 260° durch Zusetzung anorganischer Blei- oder Manganverbindungen Sauerstoff zugeführt. Nach der von der preußischen Staatsbahnverwaltung herausgegebenen Gütevorschrift soll Leinölfirnis aus reinem Leinöl unter Zusatz einer Mangan- oder Bleiverbindung hergestellt, frei von fremdartigen Beimengungen sein und darf auch bei längerem Lagern keinen Bodensatz ausscheiden. In dünner Schicht auf eine Glastafel gestrichen, soll der Firnis bei einer Wärme von 20° C nach Verlauf von 18 Stunden einen trockenen, klebefreien, nicht nachdunkelnden Überzug bilden.

Wenn Firnis diesen Bedingungen nicht entspricht, so kann das darauf zurückzuführen sein, daß bei der Herstellung nicht sachgemäß verfahren wurde, was sich gewöhnlich schon durch seine Farbe und seinen Geruch kennzeichnet, oder daß er durch Zusatz von Harz, Harzöl oder Fischtran verfälscht wurde. Diese Zusätze sind meist nur durch chemische Untersuchung nachzuweisen.

b) Farben.

Alle Ölfarben bestehen aus dem eigentlichen Farbkörper und dem Bindemittel. Als letzteres dient fast ausschließlich Leinöl bzw. Leinölfirnis, dessen notwendige Eigenschaften schon besprochen sind. Von den Farbkörpern muß verlangt werden, daß sie fein geschlemmt und vollkommen trocken sowie ausgiebig sind, genügend decken, hinreichende Farbenbeständigkeit, d. h. Widerstandsfähigkeit gegen Licht und Luft besitzen und Verunreinigungen gar nicht oder nur in geringer für jede Farbe besonders als zulässig festzusetzender Menge enthalten.

c) Lacke.

Für die Verwendung bei Eisenbahnbetriebsmitteln kommen nur die sog. fetten Lacke in Betracht. Sie bestehen allgemein aus einem bei höherer Temperatur geschmolzenen Harze, einem trocknenden Öle und dem Verdünnungsmittel. Guter Lack muß hell und durchsichtig sein, darf auch nach längerem Stehen keinen Bodensatz ablagern, muß gut trocknen, ohne spröde oder rissig zu werden, und dabei einen vollständig glatten und glänzenden Überzug bilden, der eine mehrjährige Haltbarkeit besitzt und auch unter der Einwirkung der Witterung weder reißt noch blind wird. Schleiflack im besondern soll so hart werden, daß durch Schleifen eine gleichmäßig glatte Fläche hergestellt werden kann. Loko-

motivlack muß namentlich der im Betriebe auf ihn einwirkenden höchsten
Wärme gut widerstehen; beim Erwärmen einer mit Lack überzogenen
Glasplatte darf er weder fließend werden, noch nach dem Wiedererkalten
beim Anschneiden mittels eines Messers sich spröde erweisen.

Maßgebend für die Haltbarkeit ist die Güte des verwendeten Harzes
und die Menge und Güte des trocknenden Öles. Im allgemeinen haben
schnelltrocknende Lacke keine große Widerstandsfähigkeit gegen die Einflüsse der Luft. Es wird deshalb ein mit reinem Leinöl hergestellter
Lack größere Haltbarkeit besitzen als ein Lack, bei dem Leinölfirnis verwendet ist.

b) Betriebsmaterialien.

Bezüglich Wasser und Kohle wird auf die betreffenden Abschnitte
im II. Bande des Handbuches: „Zugförderung" verwiesen; die notwendigen
Eigenschaften dieser beiden Betriebsmaterialien sind dort behandelt.

Öle.

α) Petroleum.

Aus dem Rohpetroleum, welches gewöhnlich dunkel, bräunlich bis
schwarz gefärbt ist, werden durch Destillation und Raffination das Leucht-
öl und die höher siedenden Schmieröle gewonnen. Gutes Leuchtpetroleum
muß bestgereinigt, frei von mechanischen Verunreinigungen, klar und
wasserhell sein, eine weiße oder gelblichweiße Farbe und weder den Geruch roher Naphtha, noch den des Rohpetroleums haben. Bei 20° C muß
amerikanisches Petroleum (standard white) ein spezifisches Gewicht von
0·792 bis 0·807, russisches, österreichisches und rumänisches Petroleum
ein solches von nicht über 0·820 besitzen.

Bei einem Barometerstand von 760 mm bis zu 23° C erwärmt, darf
das Petroleum entflammbare Dämpfe nicht entweichen lassen.

Es muß mit heller und weißer Flamme in gewöhnlichen Lampen
brennen, ohne zu rußen oder Geruch zu verbreiten.

β) Mineralschmieröle.

Die Mineralöle sind die höchstsiedenden Bestandteile des Rohpetroleums.
Sie verbleiben als dunkelfarbige und dickflüssige Rückstände bei der
Destillation des rohen Erdöls und werden entweder ungereinigt für bestimmte Schmierzwecke benutzt oder durch nochmalige Destillation in
einzelne Fraktionen zerlegt. Indem man, je nach dem Verwendungszweck, verschiedene Fraktionen unmittelbar entnimmt oder miteinander
und mit den ursprünglichen Rückständen mischt, erhält man Mineral-
schmieröle, die in ihren Haupteigenschaften (Viskosität, Flammpunkt und
spezifisches Gewicht) außerordentlich voneinander abweichen.

Die Aufgabe der Schmiermittel, die aufeinander gleitenden Metallflächen
der Maschinen und Fahrzeuge vor direkter Berührung, starker Reibung
und Abnutzung zu schützen, ist nach den jeweiligen Temperatur-, Ge-
schwindigkeits- und Druckverhältnissen sehr verschieden. Während bei
hoher Geschwindigkeit und geringem Druck dünnflüssige Öle verwendet
werden, müssen für höhere Drucke, wenn die Gefahr der Auspressung des
Schmiermittels zwischen den Berührungsflächen hinweg besteht, Öle von
entsprechend höherer Viskosität (Zähflüssigkeit) gewählt werden.

Weiterhin ist die Temperatur der geschmierten Flächen ausschlaggebend bei der Wahl der Zähflüssigkeit des Schmieröls. Wenn man, wie z. B. bei den Achsbüchsen der Eisenbahnfahrzeuge, mit zeitweiser starker Abkühlung der Öle rechnen muß, verwendet man dünnflüssige Öle, während für Dampfzylinderschmierung sehr zähflüssige und deshalb hochsiedende Schmieröle in Frage kommen. Aus diesen Darlegungen geht hervor, daß eine sachgemäße technische Prüfung der Schmiermittel an den jeweiligen Verwendungszweck anknüpfen muß. Dementsprechend weisen die Gütevorschriften für die im Eisenbahnbetriebe zur Verwendung kommenden Mineralöle erhebliche Unterschiede auf.

a) Dynamoöl.

Dynamoöl zur Schmierung von Dynamo- und Gaskraftmaschinen sowie von Signal- und Weichenstellwerken soll ein leichtflüssiges, helles Mineralöl, frei von Wasser und Mineralsäuren sein. Es soll bei 20° C ein spezifisches Gewicht von 0·86 bis 0·91 haben und eine Viskosität von 15 bis 25 bei 20° C, von 2·5 bis 4·5 bei 50° C aufweisen.

Bei 0° soll das Öl noch fließend sein und auf 200° erhitzt entflammbare Dämpfe nicht entweichen lassen.

b) Mineralschmieröl.

Mineralschmieröl zum Schmieren von Lokomotiven und Wagen soll als Sommer- und Winteröl geliefert werden und folgenden Bestimmungen genügen:

Es soll betragen bei 20° C

das spezifische Gewicht 0·900 bis 0·940,

der Flüssigkeitsgrad, bezogen auf destilliertes Wasser von 20° C, für

	Sommeröl		Winteröl	
	20° C	50° C	20° C	50° C
obere Grenze	60	10	45	7·5
untere Grenze	40	7	25	4·5

Auf 160° C erhitzt, soll das Sommeröl, auf 145° C erhitzt, das Winteröl entflammbare Dämpfe nicht entweichen lassen. Das Sommeröl soll bei — 5° C, das Winteröl bei — 20° C noch fließend sein, d. h. es soll einem gleichbleibenden Drucke von 50 mm Wassersäule ausgesetzt, in einem Glasröhrchen von 6 mm innerer Weite noch mindestens 10 mm in einer Minute steigen. Das Öl soll wasserfrei und frei von Mineralsäuren sein, darf organische Säuren höchstens 0·3 v. H. (auf Schwefelsäureanhydrit berechnet) enthalten, nur schwachen Geruch besitzen, soll sich im Verhältnis von 1:40 Raumteilen in Petroleumbenzin von 0·67 bis 0·70 spezifischem Gewicht vollkommen lösen lassen, in einem Probierglas von 20 mm lichter Weite eine klare Lösung von hellbrauner Farbe und nach 24 stündigem Stehen nur Spuren von Niederschlag zeigen. Das Öl darf keine fremdartigen Beimengungen enthalten und selbst nach längerem Lagern keinen Bodensatz bilden, auch darf es kein Trocknungsvermögen besitzen, d. h. in dünnen Lagen längere Zeit den Einwirkungen der Luft ausgesetzt, weder verharzen, noch zu einer firnisartigen Schicht eintrocknen.

c) Zylinderöl.

Zylinderöl zum Schmieren von unter Dampf gehenden Maschinenteilen soll frei von Wasser und fremdartigen Beimengungen sein, nur schwachen Geruch haben, nach längerem Stehen keinen Bodensatz bilden, kein Trocknungsvermögen besitzen und in Benzin von 0·67 bis 0·7 spezifischem Gewicht eine klare Lösung von hellbrauner Farbe zeigen.

Auf eine Temperatur von nicht unter 260° gebracht, soll das Öl entflammbare Dämpfe nicht entweichen lassen. Bei zweistündiger Erhitzung auf 200° soll es höchstens 0·2°/₀ Verdampfungsverlust haben. Soweit das Öl im besonderen als Heißdampföl Verwendung finden soll, wird neuerdings verlangt, daß der Flammpunkt über 300° C liegen soll.

Zusätze pflanzlicher oder tierischer Fette sind zulässig, jedoch ist deren Menge und Natur vom Lieferer im Angebot anzugeben.

Derartige Zusätze von sog. fetten Ölen machen Mineralöle schwerer verdampfbar. Indem man also den Ölen zur Herabsetzung der Verdampfbarkeit rohes Rüböl oder Knochenöl zusetzt, macht man auch billigere dünnflüssigere Minerale zur Dampfzylinderschmierung verwendbar.

γ) Rüböl.

Von den pflanzlichen nicht trocknenden Fetten kommt für den Eisenbahnbetrieb hauptsächlich Rüböl in Frage. In rohem Zustande, nur durch Ablagern von Schleimteilen befreit, dient es als Schmiermaterial, während gereinigtes Rüböl, dem durch Behandeln mit Schwefelsäure die färbenden und sonstigen nichtfettartigen im Öl gelösten Bestandteile entzogen sind, als Brennöl verwendet wird.

Rohes Rüböl, das als Schmiermaterial Verwendung findet, muß gut abgelagert, hell, durchaus klar, sowie frei von Mineralsäure, von Schleim und fremdartigen Beimischungen jeder Art sein; es darf kein Trocknungsvermögen besitzen und auch bei längerem Lagern keinen Bodensatz bilden.

Der Gehalt an freier Fettsäure soll 0·3°/₀ (auf Schwefelsäure-Anhydrit berechnet) nicht übersteigen.

Gereinigtes (raffiniertes) Rüböl, das als Brennöl Verwendung findet, muß best geläutertes Raps- oder Rüböl, durchaus klar, schleim-, harz- und wasserfrei sein. Es soll eine helle Farbe besitzen und darf Mineralsäuren höchstens in Spuren, sowie freie Fettsäure höchstens 0·3°/₀ (auf Schwefelsäure-Anhydrit berechnet), jedoch keinerlei fremdartige Beimengungen enthalten.

Das Öl soll auch bei längerem Lagern keinen Bodensatz bilden und beim Gebrauch mit heller und weißer Flamme, geruchlos und ohne zu rußen, brennen.

δ) Gasöl.

Die zur Gaserzeugung dienenden Öle, die durch Zersetzung in glühenden Retorten auf Ölgas verarbeitet werden, werden sowohl aus Rohpetroleum, als auch aus dem ihm verwandten Braunkohlenteer und Schieferölteer gewonnen. Das von den deutschen Eisenbahnverwaltungen hauptsächlich verwendete, durch Destillation des Braunkohlenteers erhaltene Gasöl soll klar, durchsichtig, satz- und wasserfrei sein. Es darf bei einer Temperatur von 20° C höchstens ein spezifisches Gewicht von 0·882 besitzen.

100 kg dieses Öls müssen bei einer stündlichen Erzeugung von 10 cbm

Gas mindestens 54 cbm Gas ergeben, das bei 35 l Verbrauch in der Stunde eine Lichtstärke von 11 Vereins-Normalkerzen hat.

Beim Vergasen dürfen in den Retorten nur ganz geringe Rückstände verbleiben. Kreosotöle oder von ihrem Kreosotgehalt befreite sog. indifferente Öle, desgleichen mit derartigen Ölen vermischtes Paraffinöl und Gasöle mit mehr als $2\,^0/_0$ Kreosotgehalt werden von der Annahme ausgeschlossen.

3. Materialprüfung.

Jeder speziellen Materialprüfung hat eine eingehende Besichtigung der zur Untersuchung gestellten Materialien voranzugehen, um festzustellen, ob sie den bezüglich ihrer äußeren Beschaffenheit, der Genauigkeit der Bearbeitung, der Farbe, der Reinheit gegebenen Vorschriften, gegebenenfalls auch den dem Lieferungsabschluß zugrunde gelegten Proben entsprechen. Besondere Apparate außer geeigneten Meßwerkzeugen werden im allgemeinen hierbei nicht zur Anwendung kommen.

Die speziellen Untersuchungen gestalten sich entsprechend der Mannigfaltigkeit der Materialien selbst und der Verschiedenartigkeit der Bedingungen, denen sie genügen müssen, sehr verschieden.

a) Prüfung der Metalle.

Die Güte und Verwendbarkeit der Metalle wird außer durch chemische Untersuchungen, die jedoch, wie schon erwähnt, wenigstens von den Verbrauchern nur verhältnismäßig selten angewendet werden, in der Hauptsache durch Festigkeitsversuche und ferner durch sog. technologische Proben festgestellt. Diese letzteren sollen hauptsächlich über die Zähigkeit und über den größeren oder geringeren Grad von Brüchigkeit der Metalle bei verschiedenen Wärmegraden Aufschluß geben oder dartun, in welchem Maße sie kalt oder warm mit dem Hammer umgeformt, geschmiedet werden können. Es sind das besonders Biegeproben, Stauchproben, Lochproben, Ausbreite- und Schweißproben, die sämtlich mit stabförmigen Probestäben ausgeführt werden, ferner Versuche mit dem Aufweiten, Einstauchen, Umbördeln und Biegen von Röhren. In welcher Weise bei diesen technologischen Proben zu verfahren ist, darüber enthalten die Gütevorschriften, wenn sie derartige Proben vorsehen, gleichzeitig genaue Angaben, so daß es sich erübrigt, an dieser Stelle noch einmal darauf einzugehen.

Den weitaus größten Raum bei allen Untersuchungen von Metallen nehmen die Festigkeitsversuche ein, da die Feststellung der Festigkeit der Metalle immer die Grundlage für ihre Beurteilung bildet. Als Festigkeitsversuche kommen fast ausschließlich nur in Frage:

Zerreißversuche zur Ermittlung der Zugfestigkeit und Dehnbarkeit,
Schlagversuche ,, ,, ,, Stoßfestigkeit,
Eindruckversuche ,, ,, ,, Härte.

α) Zerreißversuche.

Beim Zerreißversuch lassen sich die Erscheinungen der Zugfestigkeit, Elastizität und Zähigkeit beobachten; er bildet somit ein zuverlässiges Mittel, um über die inneren Eigenschaften eines Materials und damit über seine Eignung zur praktischen Verwendung Aufschluß zu geben.

Den Maßstab für die Güte des Materials bildet heute fast ausschließlich die beim Zerreißversuch ermittelte Festigkeit in Kilogramm, bezogen auf 1 qmm des ursprünglichen Querschnittes des Probestabes, und die Dehnung, d. i. die Verlängerung, die der Probestab beim Zerreißen erfahren hat, ausgedrückt in Prozenten der ursprünglichen Meßlänge. Dabei berechnet man die Festigkeit aus der Höchstlast, die zum Bruch des Probestabes geführt hat, und die Dehnung aus der bleibenden, nach dem Bruch gemessenen Verlängerung. Dagegen sind die meisten Verbrauchsverwaltungen davon abgekommen, die Kontraktion, d. i. die Querschnittsverminderung an der Bruchfläche, ausgedrückt in Prozenten des ursprünglichen Querschnitts, zur Beurteilung der Materialien heranzuziehen, da diese zu eng mit der Gleichartigkeit des Materials, mit der Abwesenheit von Gußblasen u. dgl. zusammenhängt. Damit erklärt sich auch die sonst auffallende regellose Verschiedenheit zwischen den Werten der Längendehnung und der Querschnittsverminderung, während andrerseits das Verhältnis zwischen Spannungszuwachs und Dehnungszuwachs wenigstens innerhalb der Proportionalitätsgrenze konstant ist.

Zu den Zerreißversuchen werden Stäbe von kreisförmigem oder rechteckigem Querschnitt verwendet, letzteres namentlich bei Probestäben, die von Blechen entnommen sind. Bezüglich der den Probestäben zu gebenden Abmessungen sind gewisse Vereinbarungen getroffen. Danach sollen die runden Probestäbe Durchmesser von 10, 15, 20 oder 25 mm erhalten und in ihren Formen und Abmessungen tunlichst den nachstehenden Abbildungen entsprechen. Bei Rundstäben ohne Einspannköpfe, die mittels Klemmbacken eingespannt werden, soll die freie Länge zwischen letzteren nach Möglichkeit dieselbe sein, wie die Länge zwischen den Köpfen des abgebildeten Stabes von gleichem Durchmesser.

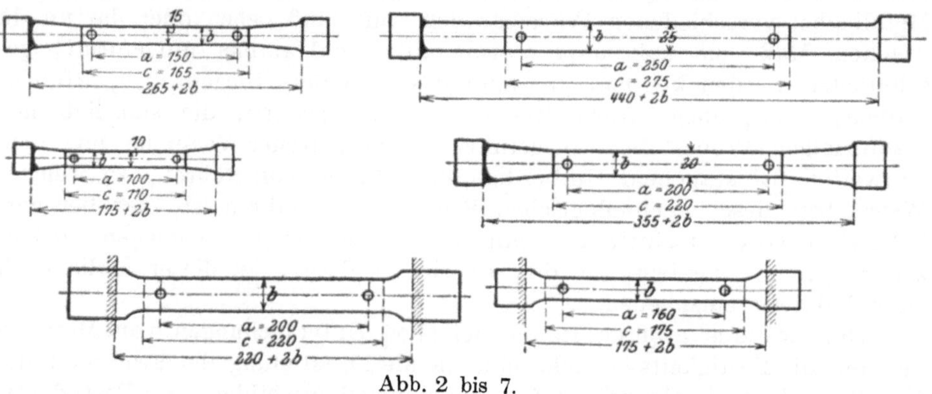

Abb. 2 bis 7.

Die flachen Probestäbe sollen hinsichtlich ihrer Maßlänge, Gebrauchslänge und freien Länge zwischen den Stabköpfen tunlichst den vorstehenden Abbildungen 2 bis 7 entsprechen. Die Gebrauchslänge (c) soll tunlichst 20—40 mm Breite und einen Querschnitt von mindestens 200 qmm, wenn möglich aber von 300 qmm oder mehr erhalten, die Meßlänge (a)

bei Stäben von 200—300 qmm Querschnitt 160 mm,
    ,,   ,, mit größerem   ,,   200 ,,

betragen. Bei Blechprobestreifen soll die Breite auf der Gebrauchslänge nicht geringer als die Blechdicke sein.

Um einwandfreie Resultate zu erhalten, sollen die Probestäbe möglichst derart aus dem Probestück herausgearbeitet werden, daß sie denselben Zustand aufweisen wie das Probestück selbst. Probestreifen von Blechen müssen kalt abgetrennt und kalt bearbeitet werden, nur dürfen sie warm gerade gerichtet werden, wenn sie durch das Abschneiden krumm geworden sein sollten.

Bei Achswellen werden die Zerreißstäbe aus den durch die Schlagproben am wenigsten verbogenen Teilen, bei Radreifen aus der Mitte des Reifenquerschnitts aus einem unter möglichst schwacher Erwärmung gerade gerichteten Stück der am wenigsten verbogenen Teile, die sich in der Regel in einem Winkel von etwa 40^{0} gegen die Senkrechte befinden, herausgearbeitet.

Um die Probestäbe in die Mäuler der Zerreißmaschinen einspannen zu können, werden die gedrehten Stäbe gewöhnlich mit Köpfen versehen und es geschieht die Übertragung der Kraft vom Maul auf den Stab mit Hilfe der Ansatzfläche des Kopfes unter Verwendung geteilter Einlagestücke. Flachstäbe erhalten gewöhnlich keine eigentlichen Köpfe, sondern werden mit den Enden, die breiter gehalten werden als der eigentliche prismatische Stab, in Einspannvorrichtungen eingelegt, die den Stab mittels Reibung, häufig unter Verwendung von Beißkeilen, an seiner Oberfläche erfassen und ihn so festhalten.

Beim Einspannen der Stäbe muß man darauf achten, daß nicht eine schiefe Beanspruchung stattfindet, da andernfalls Biegungsmomente auftreten, durch die das Prüfungsergebnis erheblich beeinflußt werden kann.

β) Schlagversuche.

Im Maschinenbau, im Eisenbahnbetriebe und bei vielen anderen Gelegenheiten kommen häufig Fälle vor, in denen die Materialien sehr schnell auftretenden Beanspruchungen und Stößen ausgesetzt sind; es verhalten sich aber die Materialien zum Teil recht verschieden gegenüber der ruhigen und gegenüber der plötzlichen Inanspruchnahme. Hierdurch ergibt sich die Notwendigkeit, bei Materialien und Konstruktionsteilen, die erfahrungsgemäß derartige stoßweise Beanspruchungen erfahren, außer Zerreißversuchen, die der Beanspruchung durch eine ruhig und langsam wirkende Belastung entsprechen, auch Schlagversuche auszuführen, um die Stoßfestigkeit der Probestücke zu ermitteln.

Seitens der Eisenbahnverwaltungen werden Schlagversuche in der Regel bei Achswellen, Radreifen, Radgestellen, Radscheiben und Schienen angewendet. Über die den Fallwerken zu gebende Bauart sind im Verein deutscher Eisenbahnverwaltungen folgende Festsetzungen getroffen:

Das Fallwerk soll eine solche Höhe haben, daß damit ein Arbeitsmoment von 5600 mkg (Produkt aus Fallhöhe und Bärgewicht) ausgeübt werden kann.

Der Grundbau soll aus einem Mauerkörper gebildet sein, dessen Größe durch die Baugrundverhältnisse bedingt ist, dessen Höhe aber mindestens 1 m betragen muß.

Die Auflager für den zu prüfenden Körper sollen in einem, auf dem Grundbau ruhenden Untersatze sicher befestigt, z. B. verkeilt werden, der aus einem Stücke Gußeisen von mindestens 10 000 kg Gewicht besteht.

Die Bärführungen sind aus Metall, z. B. Eisenbahnschienen, so herzustellen, daß dem Bären kein großer Spielraum verbleibt. Die Schmierung der Führungen mit Graphit wird empfohlen.

Die Schwerlinie des Bärs muß in die Mittellinie der Bärführungen fallen, das Verhältnis der Führungslänge des Bärs zu der Lichtweite zwischen den Führungen soll größer als 2 : 1 sein.

Die Bärform ist so zu wählen, daß der Schwerpunkt der ganzen Bärmasse möglichst tief liegt.

Die Bärmasse kann aus Gußeisen, auch aus gegossenem oder geschmiedetem Stahl bestehen. Die Hammerbahn soll aus geschmiedetem Stahl bestehen; sie ist mit Schwalbenschwanz und Keil im Bär zentrisch zu dessen Schwerlinie zu befestigen; durch besondere Marken soll die Erfüllung dieser Bedingung erkennbar gemacht sein. Die Hammerbahn soll nach einem Halbmesser von nicht unter 150 mm abgerundet sein und es soll die Aufschlaglinie senkrecht zur Schwerlinie stehen.

Das Bärgewicht soll 1000 kg betragen, ist dies nicht angängig, so soll der Bär tunlichst 500 kg wiegen.

Die Auslösevorrichtung soll so beschaffen sein, daß sie den freien Fall des Bärs nicht beeinflußt und ein unbeabsichtigtes Herabfallen desselben möglichst verhütet.

Es ist ferner eine Einrichtung zu treffen, die das vollständige Herabfallen des durch einen Zufall in unbeabsichtigter Weise ausgelösten Bärs verhindert und die am Fallwerke beschäftigten Personen vor einer etwaigen Beschädigung schützt.

Die Höhenteilung in Metern und Dezimetern soll sich an der Geradführung des Bärs verschieben lassen und muß vom Standpunkte des Beobachters aus gut zu sehen sein.

Bei Schlagproben mit Radreifen soll die Hammerbahn auf ein dem Querschnitte des zu prüfenden Reifens entsprechendes, oben ebenes Aufsatzstück von höchstens 20 kg Gewicht schlagen.

Die Reifen sollen durch eine Vorrichtung in richtiger Stellung zur Aufnahme des Schlages gehalten werden.

Die Auflager für die Achswellen sollen eine halbzylindrische Form von 50 mm Halbmesser haben und außerdem sattelförmig gestaltet sein.

Es sind Einrichtungen zu treffen, durch die das Herausspringen der Achswellen und Radreifen nach erfolgtem Schlage verhindert wird; diese Einrichtungen dürfen jedoch die Formveränderung beim Schlagen nicht beeinflussen.

Bezüglich der bei den Fallversuchen anzuwendenden Arbeitsmomente und der damit zu erzielenden Ergebnisse enthalten die oben wiedergegebenen Gütevorschriften besondere Angaben, auf die hier verwiesen wird.

γ) **Eindruckversuche.**

Eindruckversuche werden ausgeführt, um die Härte eines Materials zu ermitteln. Unter Härte ist dabei der Widerstand zu verstehen, den ein Körper dem Eindringen eines anderen härteren Körpers entgegensetzt, eine Definition, die allerdings insofern unvollkommen ist, als sie die diesen Widerstand wesentlich beeinflussende Art des Eindringens offen läßt.

Von den Eindruckverfahren, die dadurch gekennzeichnet sind, daß bei ihnen ein Stempel durch ruhigen Druck in das zu prüfende Material eingetrieben wird, hat in neuerer Zeit die Brinellsche Kugeldruck-

probe weite Verbreitung gefunden. Sie wird allerdings seitens der Eisenbahnverwaltungen bisher fast nur bei Abnahmeuntersuchungen von Schienen angewendet. Da jedoch die Absicht besteht, sie auch auf Betriebsmaterialien anzuwenden, möge an dieser Stelle darauf eingegangen werden.

Die Brinellsche Kugeldruckprobe besteht darin, daß eine gehärtete Stahlkugel mittels einer Presse in den Gegenstand, der geprüft werden soll, eingedrückt, alsdann der Durchmesser des Eindrucks, bzw. seine Tiefe bestimmt und die Fläche der gebildeten sphärischen Vertiefung, in Quadratmillimetern ausgedrückt, berechnet und in den angewendeten Druck in Kilogramm dividiert wird. Der Quotient, der dabei erhalten wird, ist die Härtezahl; sie gibt an, wieviele Kilogramm von dem auf die Kugel wirkenden Druck jedes Quadratmillimeter des geprüften Materials zu tragen vermag.

Die Länge und Breite der Probestücke müssen hinreichend groß bemessen werden, damit das Material unter der örtlichen Belastung nicht seitlich ausweichen kann, sondern rund um die Kugel heraufgedrückt wird. Die Dicke der Probe ist, wenn über $2^1/_2$ mm, ohne Einfluß auf die Härtezahl.

Dagegen besteht eine gewisse Abhängigkeit der Härtezahl von der Größe der Belastung bzw. von der Größe des Eindrucks. Um dem Rechnung zu tragen und stets vergleichbare Ergebnisse zu erzielen, werden zu den Versuchen für jedes Material immer Kugeln von demselben Durchmesser und möglichst die gleiche Belastung angewendet, die dabei so zu bemessen ist, daß der Eindruckswinkel abc (Abb. 8) 90° nicht übersteigt.

Es zeigt sich jedoch, daß, auch wenn gleiche Kugeldurchmesser und gleiche Belastungen angewendet werden, bei verschieden harten Materialien die entstehenden Eindrücke nicht nur verschieden groß, sondern auch verschiedenartig, einander geometrisch unähnlich sind, also unmittelbar vergleichbare Ergebnisse nicht erzielt werden. Diese Mängel, die dem Kugeldruckverfahren anhaften, zu vermeiden,

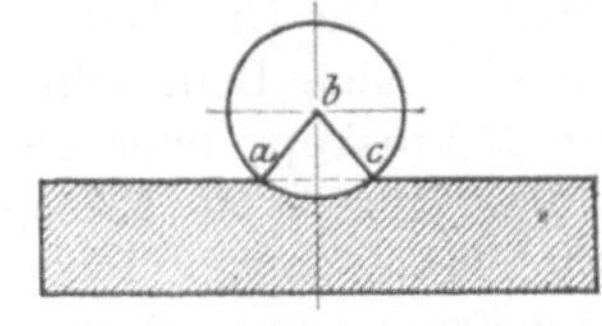

Abb. 8.

ist vorgeschlagen, statt der Kugel einen rechtwinkligen Kreiskegel zu verwenden, eine Körperform, bei der die Eindrücke stets geometrisch ähnlich sind. Es gilt dann das Gesetz der proportionalen Widerstände, wonach die zur Erzeugung der Eindrücke nötigen Belastungen sich wie die Quadrate analoger linearer Dimensionen verhalten. Diesem Kegeldruckverfahren, das von den französischen Eisenbahnverwaltungen für Materialprüfungen bereits vorgeschrieben wird, haftet jedoch in der Anwendung, wenigstens auf Gußeisen, der Übelstand an, daß die einzelnen Kristalle der sich bildenden Randwulste ausbrechen, so daß eine genaue Messung des Druckkreisdurchmessers nicht möglich ist. Auch wird, wenn man das Eindruckverfahren auf gebrauchsfertige Maschinenteile, z. B. Dampfschieber, anwendet, die Oberfläche durch die tieferen Kegeleindrucke mehr beschädigt, als durch die flachen Eindrucke der Kugel.

b) Prüfung der Hölzer.

Wie schon oben ausgeführt, beschränkt man sich bei Prüfung der Nutzhölzer im allgemeinen darauf, durch Besichtigung und Aufmaß ihre äußere bedingungsgemäße Beschaffenheit, allenfalls noch bei Mahagoni- und Nußbaumholz durch Anstellung entsprechender Proben ihre Politurfähigkeit festzustellen. Zuweilen geht man noch so weit, an einzelnen dem großen Stapel entnommenen Brettstücken ihre Trockenheit zu ermitteln. Zu dem Zweck stellt man das Gewicht des Probestücks in dem Zustande, wie es entnommen wurde, und andererseits, nachdem es durch Trocknen in einem geeigneten Ofen von aller Feuchtigkeit befreit ist, fest. Aus dem Gewichtsverlust ist dann der ursprüngliche prozentuale Feuchtigkeitsgehalt des Probestücks zu errechnen. Jedoch haben diese Ermittelungen nur wenig praktischen Wert, so lange nicht über den Normalfeuchtigkeitsgehalt (12 bis $15^0/_0$) allgemein gültige Festsetzungen getroffen sind und die Gütevorschriften nicht Bestimmungen über den zulässigen Feuchtigkeitsgehalt enthalten.

Bezüglich der eigentlich notwendigen Ermittelung der Festigkeitseigenschaften der Hölzer, die die Anstellung von Druck-, Biege-, Scher-, Zug- und Spaltversuchen erfordern würde, fehlt es vorläufig noch an erprobten Prüfungsmethoden, so daß man von derartigen Untersuchungen überhaupt Abstand zu nehmen pflegt.

c) Prüfung der Gewebe.

Die Prüfung erfolgt durch Besichtigung, Vergleich mit der eingereichten Probe, Feststellung der Abmessungen und des Gewichtes. Bei den Wagendecken ist besonders auch auf die Näharbeit und die Befestigung der Ringe (Kauschen) zu achten; auch ist bei wasserdicht getränkten Decken oder Segeltuch die Undurchlässigkeit nach den Lieferungsbedingungen festzustellen. Die Ermittelung der Fadenzahl geschieht mit Hilfe eines Fadenzählers. Eine Beimischung von Jute bei Segeltuch wird entweder unter dem Mikroskop, oder dadurch erkannt, daß eine Probe in konzentrierte Salpetersäure von 1·4 spezifischem Gewicht getaucht wird. Jute färbt sich hierbei nach kurzer Zeit deutlich rot und Hanffaser hellgelb, während Flachsfaser zunächst unverändert bleibt. Flachs und Hanf sind entweder unter dem Mikroskop, oder auch dadurch zu unterscheiden, daß bei Behandlung der Fasern mit stark verdünnter Jodlösung (Jodin, Jodkalium) und darauf mit stark verdünnter Schwefelsäure die Flachsfaser eine bläuliche, die Hanffaser eine grünliche Farbe annimmt.

Bei Plüsch wird das Festsitzen der Florfäden durch Auszupfen einiger Fäden mit der Hand aus der Mitte des Stückes untersucht, der Gehalt an Florwolle durch Ausfasern eines genau gemessenen Gewebeabschnittes und Wiegen der Florwolle festgestellt. Die Echtheit der Farben wird durch Waschprobe ermittelt.

Die mittels einer Stoffzerreißmaschine festzustellende Festigkeit des Segeltuches wird erheblich durch den Gehalt des Gewebes an Feuchtigkeit beeinflußt. Die ausgetrockneten Streifen nehmen in verhältnismäßig kurzer Zeit wieder Feuchtigkeit auf. Es ist daher von besonderer Wichtigkeit, daß bei Trocknung der Probestreifen die vorgesehene Temperatur von $+ 40^0$ C inne gehalten wird und daß die Streifen unmittelbar nach Entnahme aus dem Trockenraume zerrissen werden, bevor das Gewebe wieder Feuchtigkeit aus der Luft aufnehmen kann.

Die Probestreifen müssen etwas breiter, wie vorgeschrieben, geschnitten und durch das Ausziehen von Fäden auf die richtige Breite gebracht werden.

d) Prüfung der Farben und Lacke.

Aus jedem Faß Leinöl und Leinölfirnis wird, nachdem es mehrere Tage gelagert hat, mittels Stechheber eine Probe entnommen und diese auf Farbe, Geruch, Bodensatz und Schleim oder Trübung untersucht. Die Feststellung des spezifischen Gewichts erfolgt mittels Senkwage, die des Trocknungsvermögens, der Zähigkeit und des Nachdunkelns nach den in den Gütevorschriften angegebenen Verfahren.

Bei Farben wird der Farbenton, die Körnung und Deckkraft durch Besichtigung und Verreiben der Farbe in trockenem und streichfertigem Zustande und durch Anstreichen auf Glas oder Eisenblech geprüft. Die Ausgiebigkeit kann durch Mischung der Farben in trockenem Zustande oder durch Auftragen einer Mischung in streichfertigem Zustande beurteilt werden; in gleicher Weise wird das Deckungsvermögen und die Farbenbeständigkeit ermittelt.

Zum Prüfen der Lacke wird eine Probe auf eine Glas- oder Eisenblechplatte, die vorher einen Ölfarbenanstrich erhalten hat, aufgestrichen. Mit diesen Probeplatten werden sodann nach den in den Gütevorschriften enthaltenen Angaben Versuche angestellt.

Die Prüfung auf Reinheit und bedingungsgemäße Herstellung erfolgt außerdem bei allen Farben und Lacken durch chemische Untersuchung.

e) Prüfung der Öle.

Das spezifische Gewicht der Öle wird mittels Senkwage ermittelt, ihre Reinheit, Farbe und der Geruch werden an Proben, die mittels Stechheber aus den abgelagerten Fässern entnommen sind, beurteilt.

Weiterhin ist ihre Zähflüssigkeit (Viskosität) festzustellen. Die Zähflüssigkeit bzw. der Flüssigkeitsgrad wird ausgedrückt durch den Quotienten aus der Ausflußzeit von 200 ccm Öl bei der durch die Gütevorschriften festgelegten Versuchstemperatur und derjenigen von 200 ccm Wasser bei 20° C.

Bei Mineralschmierölen, insbesondere bei Dampfzylinderölen wird verlangt, daß sie an ihrer Schmierfähigkeit auch in verhältnismäßig hohen Temperaturen nichts einbüßen, daß sie also erst bei starker Erhitzung verdampfbar sind. In der Praxis wird eine direkte Bestimmung der Verdampfbarkeit fast nur für einzelne Spezialöle: Heißdampföl, Transformatorenöl vorgenommen, während man sich im allgemeinen als Vergleichsmaßstab mit dem einfacher zu bestimmenden Entflammungspunkt begnügt.

Die Bestimmung des Flammpunktes bei Petroleum hat hauptsächlich den Zweck, seine Feuergefährlichkeit zu beurteilen, da diese bis zu einem gewissen Grade durch seinen Flammpunkt gekennzeichnet wird.

Wichtig ist, namentlich zur Bewertung der dunklen Öle, die zur Wagenschmierung verwendet werden, die Kenntnis ihres Verhaltens in der Kälte. Insbesondere ist durch Versuche festzustellen, daß das für diesen Zweck gelieferte Öl bei den in den Lieferungsbedingungen angegebenen Temperaturen noch ein gewisses Fließvermögen besitzt, da es andernfalls, wenn es bei diesen Kältegraden in den Schmiervorrichtungen erstarren würde, einen großen Reibungswiderstand erzeugen und zu Betriebsstörungen Anlaß geben würde.

Neben diesen physikalischen Prüfungen der Schmieröle wird häufig eine mechanische Prüfung ihres Reibungswertes vorgenommen, indem man in besonderem Apparat die zur Umdrehung einer Welle oder eines Zapfens erforderliche Kraft mißt, während Welle oder Zapfen in einem mit dem Versuchsöl geschmierten Lager laufen. Der ermittelte Kraftverbrauch gibt den Maßstab für die Größe der Reibung an. Naturgemäß haben die hierbei erzielten Ergebnisse nur vergleichsweise Wert. Die Versuche werden deshalb in der Weise angestellt, daß man mehrere für denselben Zweck vorgeschlagenen Öle auf derselben Ölprobiermaschine unter denselben Bedingungen, also unter denselben Temperatur- und Druckverhältnissen und bei gleicher Umdrehungszahl der Welle bzw. des Zapfens miteinander oder mit einem Öl von bekannten Eigenschaften vergleicht.

Die Ermittelungen des Flüssigkeitsgrades, des Flammpunktes, des Kältepunktes und der Schmierfähigkeit der Öle erfolgen in besondern für diesen Zweck gebauten Apparaten und Vorrichtungen, die im nächsten Abschnitt beschrieben sind.

Die Gasausbeute und die Rückstände des Gasöls werden durch eine Probevergasung von je 300 bis 500 kg in einer Fettgasanstalt ermittelt, wo auch die Lichtstärke des erzeugten Gases durch photometrische Messung festgestellt wird.

Bei den Brennölen (Petroleum und Rüböl) wird durch Brennproben untersucht, ob das Öl für Beleuchtungszwecke geeignet ist, insbesondere ob es eine helle Flamme gibt, ohne zu rußen und den Docht in kurzer Zeit zu verkohlen; dabei wird die Lichtstärke wenn tunlich photometrisch ermittelt.

4. Prüfungsvorrichtungen.

a) Vorrichtungen für die Untersuchung von Metallen.

α) Zerreißmaschinen.

Die Hauptteile einer Zerreißmaschine sind außer dem Maschinengestell, das stehend oder liegend angeordnet sein kann, die Antriebvorrichtung und die Kraftmeßvorrichtung. Die Antriebvorrichtung oder das Spannwerk sind als Schraube mit Schneckenrad oder als hydraulische Presse ausgebildet; dabei erfolgt der Antrieb selbst von Hand oder mechanisch, durch Riemen von einem Vorgelege aus oder unmittelbar durch Elektromotor.

Die Kraftmeßvorrichtung ist meistens eine Balken-, hydrostatische oder Federwage. Die jeweilig aufgewendete Kraft wird durch eine geeignete Vorrichtung angezeigt, zuweilen auch in Form eines Diagramms auf einem Papierstreifen aufgezeichnet.

Zwischen Spannwerk und Kraftmesser ist der Probestab eingeschaltet. Zu dem Zweck sind beide mit Einrichtungen, den Spannköpfen oder Mäulern versehen, welche die Probe an den Enden erfassen.

Je nach der erforderlichen Größe und Leistungsfähigkeit der Zerreißmaschine und nach den örtlichen Verhältnissen kommt die eine oder die andere Bauart dieser Hauptteile zur Anwendung.

Eine außerordentlich einfache und übersichtliche Ausführung zeigt die in Abb. 9 dargestellte Zerreißmaschine der Firma Alb. v. Tarnogrocki in Essen. Die Maschine eignet sich hauptsächlich zum Prüfen von Drähten und dünneren Versuchsstäben.

Abb. 9.   Zerreißmaschine mit hydraulischer Zugvorrichtung.

Das Einlegen des Versuchsstabes erfolgt von oben her in die Spannköpfe *bb* zwischen zwei Keile, die ihn selbsttätig, der Zugkraft entsprechend,
festklemmen. Dadurch, daß die Spannköpfe drehbar gehalten sind, kann
sich der Stab von selbst in die Zuglinie einstellen, so daß Verbiegungen
an der Klemmvorrichtung nicht eintreten können. Die dargestellte Maschine hat hydraulische Zugvorrichtung mit Anschluß an eine etwa vorhandene Wasserleitung. Kann der hydraulische Antrieb nicht angewendet
werden, so wird statt dessen ein Speichenrad zum unmittelbaren Andrehen
der Spindel aufgesetzt. Dem ausgeübten Zuge entsprechend hebt sich
das Gegengewicht *g* und bewegt sich der Zeiger *m*, der gleichzeitig den
Friktionszeiger *n* auf der Skala *l* verschiebt. Im Moment, wo der Stab
reißt, wird das Gegengewicht arretiert, während der Friktionszeiger *n* die
äußerste Grenze der Zeigerbewegung fixiert. Nach Anheben der Sperrklinke *f* kann das Gegengewicht mit dem Windwerk *e* wieder herabgelassen
werden.

Die in Abb. 10 dargestellte Präzisionszerreißmaschine derselben Firma
hat vertikal angeordnete Spannvorrichtung. Die Zugerzeugung erfolgt
durch Drehen des Handrades *r*, wodurch die untere Spannvorrichtung nach
abwärts gezogen wird; dabei bewegt sich das Pendel *P* aus seiner senkrechten in eine geneigte Stellung und gleichzeitig wird die im Aufhängungs-

punkt des Pendels stattfindende Drehung in vergrößertem Maßstabe durch
den Zeiger auf die in Augenhöhe angebrachte Skala übertragen. Die
äußerste Zeigerbewegung bzw. die maximale Zugkraft fixiert der Schleppzeiger.

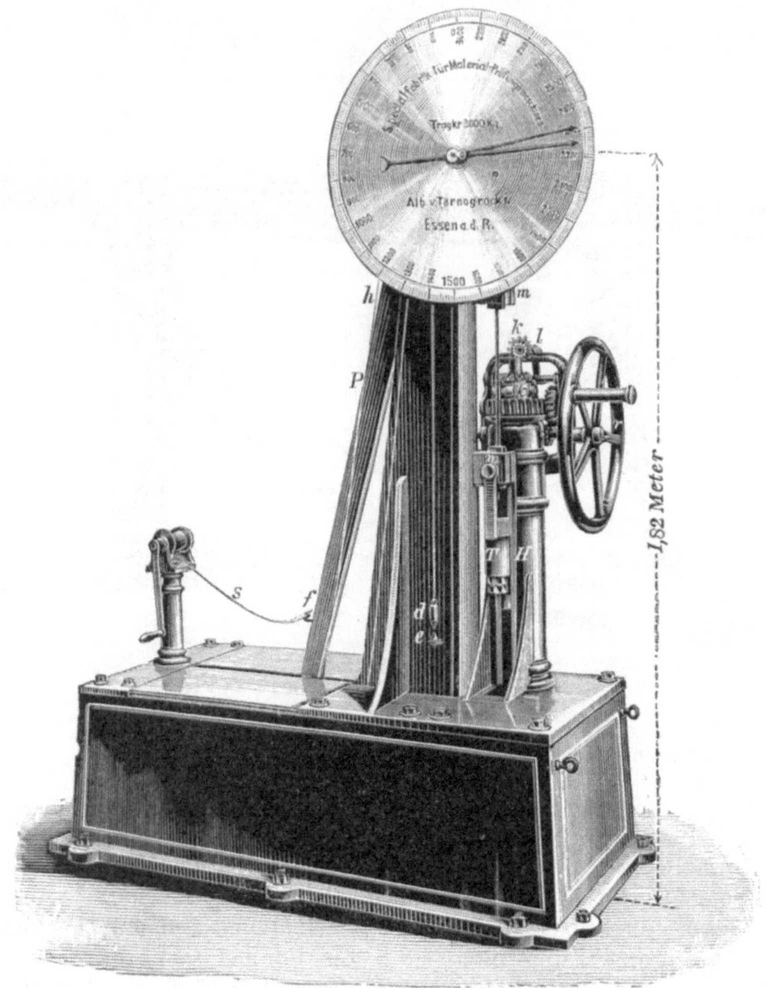

Abb. 10. Präzisionszerreißmaschine.

Nach demselben Prinzip gebaute Maschinen, jedoch mit hydraulischer
Zugvorrichtung, werden bis 50000 kg Zugkraft ausgeführt.

Die Abb. 11 und 12 geben eine Zerreißmaschine der Elsässischen
Maschinenbaugesellschaft Grafenstaden wieder, bei der die Kraftmessung durch Laufgewichtswage erfolgt. Die Maschine kann für eine
Zugkraft bis zu 30000 kg Handantrieb erhalten, darüber hinaus wird
Riemenantrieb angewendet. Durch Anordnung doppelten Vorgeleges kann
mit zwei Geschwindigkeiten zerrissen werden; bei der größeren Geschwindigkeit dauert das Zerreißen eines Probestabes 3 bis 5 Minuten, bei der
kleineren Geschwindigkeit 7 bis 10 Minuten. Außerdem ist die Einrichtung
getroffen, daß die Welle des Schneckenrades behufs raschen Auf- und
Niederlassens der Einspannvorrichtungen direkt angetrieben werden kann.

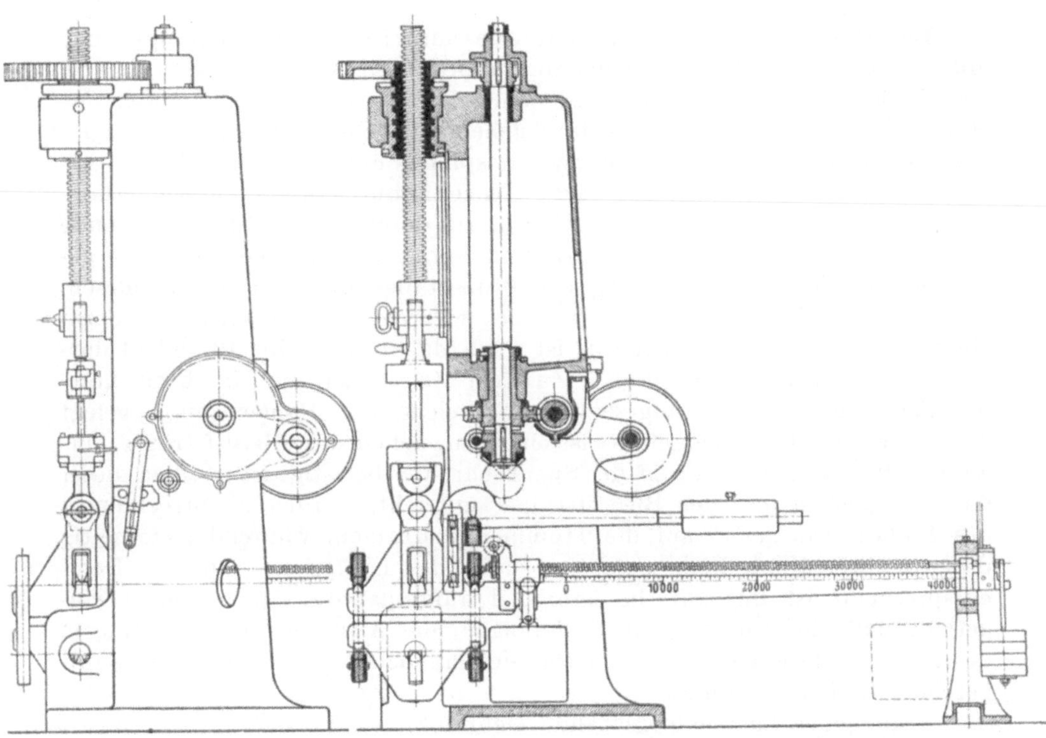

Abb. 11 und 12. Zerreißmaschine der Elsässischen Maschinenbaugesellschaft Grafenstaden.

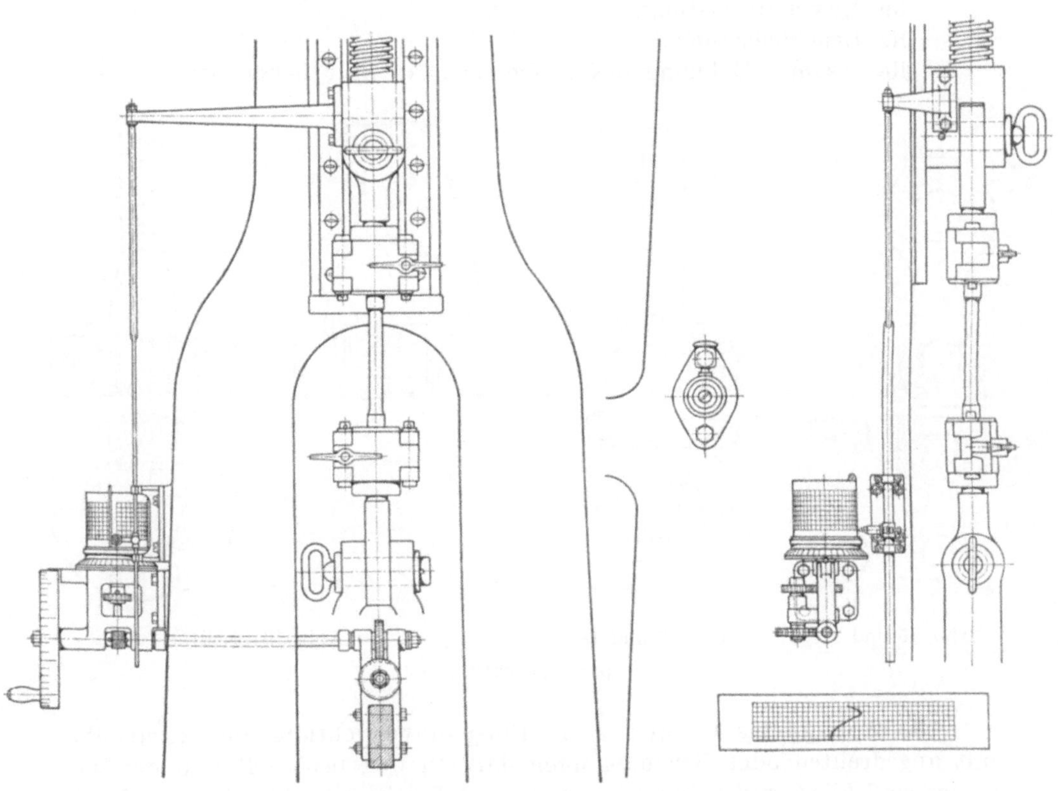

Abb. 13 und 14. Registriervorrichtung.

Der Hebelmechanismus zur Kraftmessung ist ein Differentialgehänge mit Laufgewicht. Die Verschiebung dieses Laufgewichts geschieht von der Vorderseite der Maschine aus, wo sich vorn seitlich am Gestell das Handrad auf einer nach innen durchgehenden Welle befindet, von welcher aus die Bewegung auf die Laufgewichtsspindel übertragen wird.

Von der Handradwelle aus wird gleichzeitig durch Stirn- und Schneckenrädchen eine vertikale Welle angetrieben, auf deren oberem Ende eine runde Scheibe sitzt. Scheibe und Handrad sind mit Teilungen versehen, die gestatten, die jeweilige Belastung des Probestabes bis zu 10 kg abzulesen.

Um das Verhalten des Probestabes während des Versuches in Form eines Diagrammes wiederzugeben, ist noch die in den Abb. 13 und 14 dargestellte Einrichtung getroffen. Zu dem Zweck ist auf die horizontale Scheibe eine Trommel aufgesetzt, um welche der Papierstreifen gelegt wird. Vor der Trommel geführt ist ein Stängelchen mit Bleistiftträger, das andrerseits am Scharnierkopf der Spannschraube befestigt ist. Indem dieser das Stängelchen und den Bleistiftträger mitzieht, werden die Streckungen des Probestücks genau auf die Trommel übertragen, während gleichzeitig diese in ihrer Umdrehung dem Vorschube des Laufgewichts folgt. Dementsprechend ist das auf die Trommel aufgespannte Papier derart eingeteilt, daß die Ordinaten die Dehnungen, die Abszissen die Belastungen des Probestücks angeben. Die hierbei sich ergebende von dem Bleistift aufgezeichnete Kurve gibt an:

die jeder Last entsprechende Dehnung,
die Elastizitätsgrenze,
die Maximalbelastung,
die Bruchbelastung,
die gesamte Dehnung des Probestücks in natürlicher Größe.

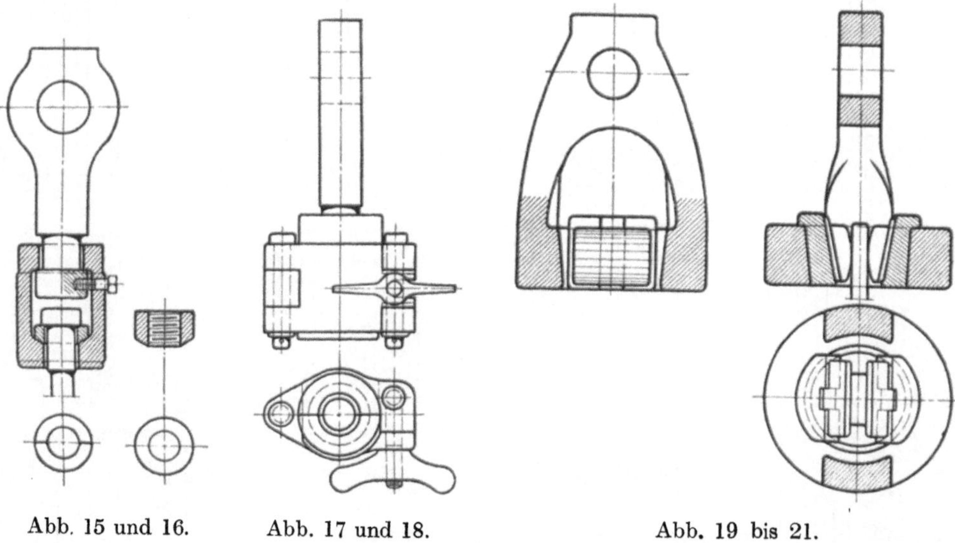

Abb. 15 und 16.   Abb. 17 und 18.   Abb. 19 bis 21.
Einspannvorrichtungen.

Die Abb. 15 bis 18 stellen die Einspannvorrichtung für Rundstäbe mit angedrehten oder Gewindeköpfen dar. In den beiden Bolzen der Maschine sind Köpfe mit sphärisch angedrehter Fläche aufgehängt, worauf sich eine zweiteilige, ebenfalls sphärisch gedrehte Scheibe legt (Abb. 15), welche den Rundstab unter seinem Kopfe umfaßt. Bei Gewindeköpfen wird die zweiteilige Scheibe durch eine Mutter (Abb. 16) ersetzt. Zum bequemen Einlegen der Stäbe ist der Kopf mit einem umlegbaren Scharnierdeckel versehen. (Abb. 17 und 18).

Sollen Flachstäbe zerrissen werden, werden die in den Abb. 19 bis 21 wiedergegebenen Köpfe in den beiden Bolzen der Maschine aufgehängt. Diese Köpfe sind jeder mit zwei Paar Keilen versehen, von denen das innere Paar, das flach ist, nach innen geriffelte Flächen zum Festpacken des Probestreifens hat. Das äußere Paar ist entsprechend dem konisch ausgedrehten Loch des Kopfes gedreht. Diese Einrichtung ermöglicht, daß sich die Einspannkeile in den Köpfen frei in jeder radialen Richtung einstellen können, Biegungs - Beanspruchungen des Probestabes also vermieden werden.

Abb. 22 zeigt eine von der Mannheimer Maschinenfabrik Mohr & Federhaff gebaute Zerreißmaschine mit hydraulischem Antrieb, bei der die Messung der Kraft mittels Meßdose erfolgt. Bei diesem System setzt

Abb. 22. Hydraulisch angetriebene Zerreißmaschine mit Meßdose.

sich die Kraft, die vom Probestab auf die Meßvorrichtung ausgeübt wird, in der Meßdose dadurch in hydraulischen Druck um, daß ein Kolben entsprechend der jeweilig ausgeübten Belastung auf ein dünnes Metallblech drückt, das einen mit Wasser gefüllten Raum dicht abschließt. Indem dieser mit einem Manometer in Verbindung steht, zeigt der Ausschlag des Zeigers die Größe der Last selbsttätig an.

Abb. 23 zeigt eine 50 t-Zerreißmaschine der Firma J. Amsler-

Laffon & Sohn zu Schaffhausen. Diese Prüfungseinrichtung besteht
eigentlich aus drei Maschinen, der eigentlichen Zerreißmaschine, dem Pendelmanometer (Druckmeßapparat) und der Pumpe.

Abb. 23. Zerreißmaschine, Pendelmanometer und Pumpe mit Elektromotor.

Die Zerreißmaschine ist eine hydraulische Presse, in deren Zylinder
von einer Druckpumpe Öl getrieben wird, wodurch der Kolben aufwärts

gedrückt wird. Zylinder und Kolben bilden den oberen Teil der Maschine. Auf dem Kolben ruht ein Querhaupt, das durch zwei Säulen mit einem Balken verbunden ist, der bei den Zerreißversuchen als Einspannkopf für das obere Ende des Probestabes dient; das untere Ende des Probestabes wird im Tisch des Sockels befestigt.

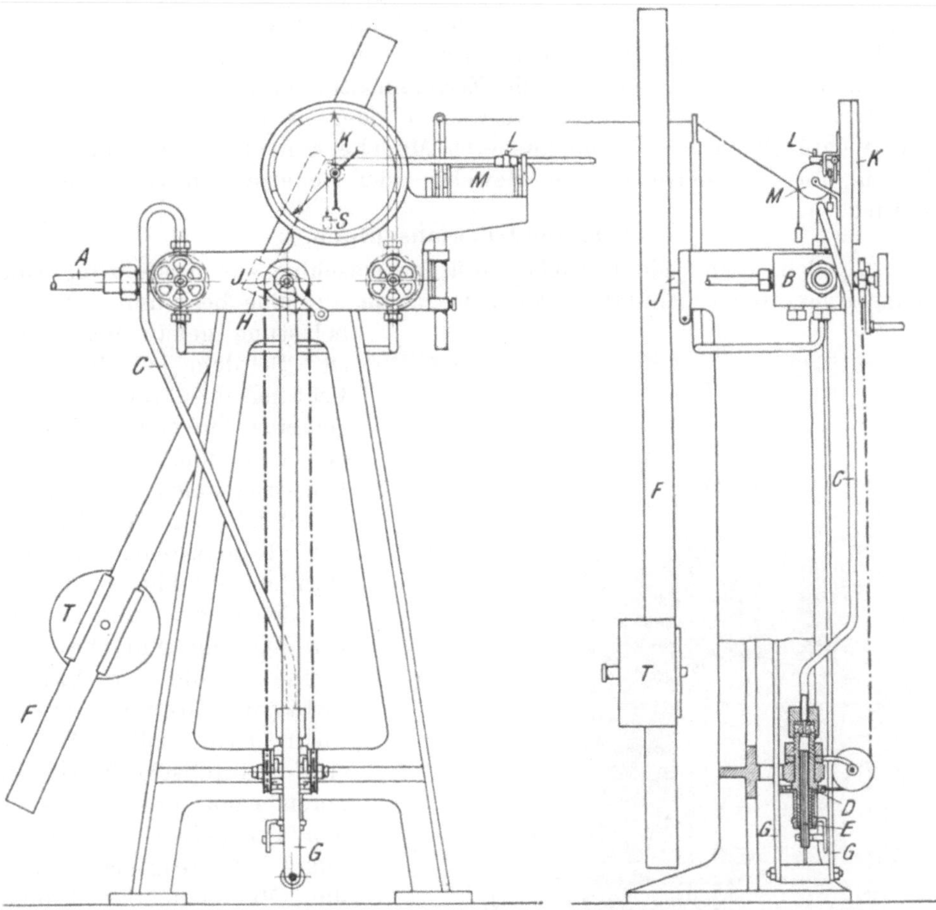

Abb. 24 und 25. Pendelmanometer.

Der in der Zerreißmaschine angewendete Flüssigkeitsdruck wird von dem neben der Maschine stehenden Pendelmanometer (Abb. 24 und 25) gemessen und aufgezeichnet. Das Rohr A stellt die Verbindung des Hochdruckzylinders der Prüfmaschine mit dem Ventilkörper B bzw. durch das Rohr C mit dem kleinen Zylinder D her. In diesem und im Hochdruckzylinder herrscht also derselbe Flüssigkeitsdruck.

Der Öldruck hat das Bestreben, den Kolben E abwärts zu drücken. Die Bewegung von E wird durch die Hebel G und H auf das Pendel F übertragen und dieses dadurch aus der Gleichgewichtslage nach links abgelenkt. Es ist also die Neigung des Pendels das Maß der Kraft. Dieses Maß wird dabei auf dem Zifferblatt K abgelesen und gleichzeitig durch den Schreibstift L auf einem Blatt Papier aufgezeichnet, das um die Schreibtrommel M gelegt ist. Durch Verschieben des Gewichtes T am Pendel F

kann man den Druckmeßapparat auf verschiedene Belastungsstufen einstellen, entsprechend dem beim Versuch zu erwartenden Höchstwiderstand
des Probekörpers.   Man hat es auf diese Weise in der Hand, die Empfindlichkeit des Meßapparates der Stärke des Probekörpers anzupassen.

Die Ölpumpe ist eine doppelt wirkende Kolbenpumpe, die in der Regel
für einen Höchstdruck von etwa 300 at eingestellt wird.   Ihr Antrieb erfolgt entweder durch Riemen von einem Vorgelege aus oder, wie auf der
Abbildung dargestellt, unmittelbar durch einen Elektromotor.

In der Regel lassen sich die Zerreißmaschinen auch zur Vornahme
von Druck- und Biegeversuchen verwenden oder wenigstens in einfachster
Weise dafür herrichten.   Die kleineren Modelle können Einrichtungen erhalten, um zum Zerreißen von Gewebe- oder Lederproben verwendet zu
werden.

β) **Kugeldruckmaschinen.**

An sich kann jede Festigkeitsprüfungsmaschine zur Ausführung von
Kugeldruckproben benutzt werden, wenn sie auf eine bestimmte Druck

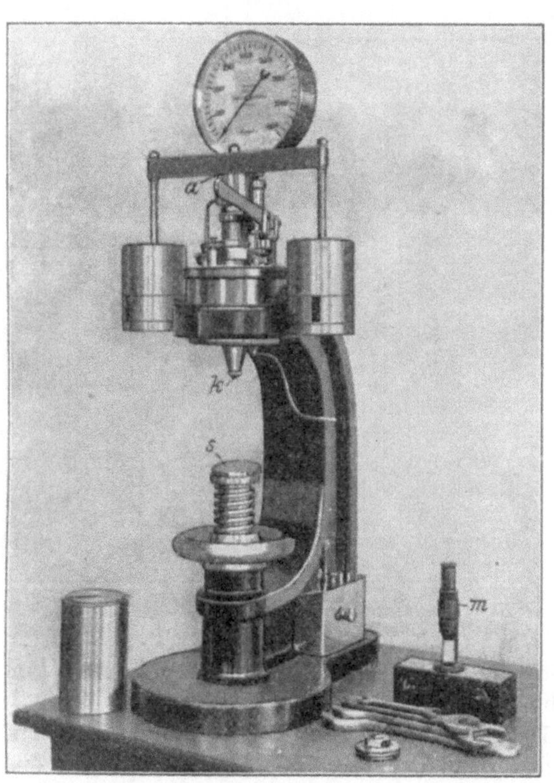

Abb. 26. Hydraulische Kugeldruckpresse.

belastung genau einstellbar ist. Seitdem jedoch dieses Prüfungsverfahren eine allgemeine Anwendung gefunden hat, sind verschiedene Konstruktionen von Spezialmaschinen zur Ausführung von Kugelproben in den Handel gebracht worden.

Eine gute und in der Handhabung einfache Maschine ist die der Aktiebolaget Alpha in Stockholm (Abb. 26). Es ist eine hydraulische Presse, in deren nach unten wirkenden Preßkolben die Stahlkugel k befestigt ist, die in die Oberfläche des Probestückes eingedrückt werden soll; letzteres wird dabei auf die verstellbare Preßplatte s gelegt. Der Druck im Preßzylinder wird durch eine kleine Handpumpe erzeugt und durch ein Manometer gemessen, dessen Teilung gestattet, den auf der Probe lastenden Druck unmittelbar in Kilogramm abzulesen.

Um zu verhüten, daß der bestimmte Druck überschritten wird, ist
die Maschine mit einer Kontrollvorrichtung versehen.   Sie besteht aus
einem mit dem Preßzylinder unmittelbar in Verbindung stehenden kleineren
Zylinder a, in welchem sich ein Kolben reibungslos bewegt. Dieser Kolben
wird mit Gewichten belastet, welche dem für die Probe bestimmten Druck

entsprechen. Wenn sich die Kontrollvorrichtung zu heben anfängt, so ist das ein Zeichen, daß der festgesetzte Druck erreicht ist, der nunmehr nicht überschritten werden kann und so lange konstant bleibt, wie die Kontrollvorrichtung in Schwebe ist. Diese Einrichtung dient gleichzeitig dazu, um die Genauigkeit des Manometers zu kontrollieren.

Abb. 27. Kugeldruckmaschine mit Pendelmanometer.

Zum Messen des Kugeleindruckes, und zwar des Durchmessers des Eindruckkreises dient ein besonderes für diesen Zweck konstruiertes Mikroskop m, das mit Okularmikrometer versehen ist und gestattet, bis auf $^1/_{20}$ mm abzulesen. Die Härtezahl:

$$\frac{\text{Druck in kg}}{\text{Fläche des Eindrucks in qmm}}$$

wird hiernach aus Tabellen entnommen.

Mit der abgebildeten Maschine können Probedrucke bis zu 3000 kg angewendet werden, jedoch baut die Firma auch Maschinen für 50 000 kg Belastung mit Kugeln von 19 mm Durchmesser, wie sie für die Prüfung von Eisenbahnschienen vorgeschrieben sind.

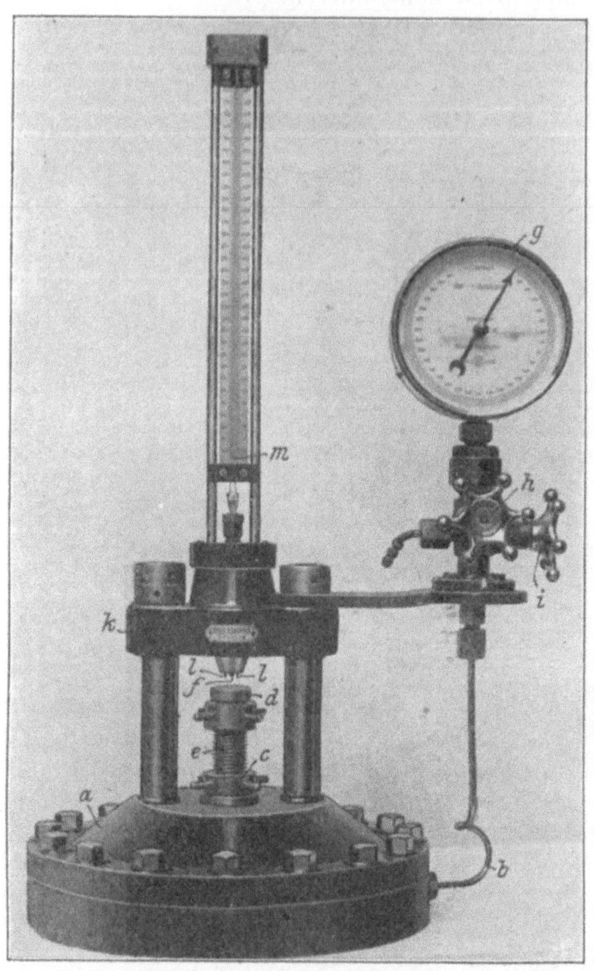

Abb. 28. Kugeldruckmaschine nach Prof. Martens.

Die Genauigkeit des Prüfungsergebnisses leidet bei der beschriebenen Maschine darunter, daß es bei der oft unscharfen Begrenzung des Eindrucks, wie sie namentlich bei Gußeisen infolge ungleichmäßiger Randwulstbildungen auftritt, schwer ist, den Durchmesser des Eindruckkreises genau genug abzumessen. Dem trägt die in Abb. 27 dargestellte Kugeldruckmaschine von J. Amsler-Laffon & Sohn Rechnung, bei der nicht der Eindruckdurchmesser, sondern die Eindrucktiefe gemessen und der Ermittelung der Härtezahl zugrunde gelegt wird.

Auch diese Maschine ist eine hydraulische Presse, deren Kolben durch Öl, das durch die seitlich angebrachte Handpumpe in den Zylinder getrieben wird, aufwärts gedrückt wird. Auf ihm ruht die Preßplatte, auf welche das Probestück gelegt wird. Die axial über dem Kolben befindliche, mittels Handrades verstellbare Spindel nimmt die in das Probestück einzupressende Stahlkugel auf.

Der Probedruck wird, wie bei Zerreißmaschinen dieser Firma durch ein Pendelmanometer gemessen und durch die Doppelzeiger eines Zifferblattes angezeigt, wobei der Schleppzeiger den Höchstdruck fixiert. Ebenso wird die Eindrucktiefe durch Doppelzeiger an einem über der Schraubenspindel befindlichen Zifferblatt angezeigt, dessen Teilung so eingerichtet ist, daß man noch Hundertstelmillimeter ablesen kann. Mit Hilfe der dem Apparat beigefügten Tabellen wird die Härtezahl unmittelbar aus der Eindrucktiefe ermittelt.

Die Übertragung der Eindrucktiefe auf den Zeigermechanismus geschieht durch einen Stift im Innern der Schraubenspindel, der sich auf eine die Kugel umgebende Hülse stützt. Indem diese während des Druckversuchs auf der Oberfläche des Probestücks ruht, hebt sie sich mit dem Probestück in dem Maße, wie die Kugel in das Probestück eindringt.

Die Maschine gestattet, Belastungen bis zu 5000 kg anzuwenden.

Auf wesentlich anderen Konstruktionsprinzipien beruht die von Louis Schopper in Leipzig nach Angaben des Geheimrats Martens ausgeführte, in Abb. 28 wiedergegebene Kugeldruckmaschine. Bei ihr wird zur Erzeugung des Druckes eine in die Fußplatte a eingelassene Meßdose verwendet. Diese besteht aus einem starken Metallgefäß, das durch eine dünne, leichtbewegliche Gummi- oder Lederscheibe abgeschlossen ist. Auf der Scheibe liegt ein fester Deckel, welcher von dem durch das Rohr b zugeführten Druckwasser in die Höhe getrieben wird. Der Zufluß des Druckwassers, das einfach der Hausleitung entnommen werden kann, wird durch die Ventile h und i geregelt, während der angewendete Probedruck durch das Manometer g angezeigt wird. Mittels der auf der Druckplatte befindlichen Schraube e wird der auf der Kugelschale d ruhende Probe-körper vor dem Beginn der Belastung mit der Stahlkugel f und den Stiften l in Berührung gebracht.

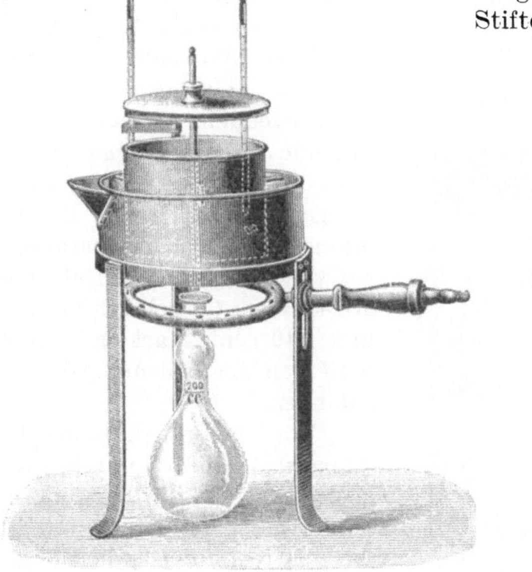

Abb. 29.   Abb. 30.

Englersches Viskosimeter.

Auch bei dieser Maschine wird nicht der Durchmesser des Eindruckkreises, sondern die Eindrucktiefe gemessen. Zu dem Zweck ist in dem Querstück k eine zweite mit gefärbter Flüssigkeit gefüllte Meßdose angebracht, die mittelbar mit den drei um die Stahlkugel befindlichen leicht beweglichen Stiften l verbunden ist. Diese ruhen während des Versuches auf dem Probekörper, übertragen seine Aufwärtsbewegung auf den Deckel der Meßdose und veranlassen das Steigen der Flüssigkeit in dem mit der Dose in Verbindung stehenden Kapillarrohr m. Da die wirksame Fläche der Dose 500 qmm und der Querschnitt des Kapillarrohres etwa 1 qmm beträgt, so entspricht 1 mm auf der Skala etwa $^1/_{500}$ mm der Tiefe des Eindrucks der Kugel in den Probekörper.

In seiner jetzigen Ausführung ist der Apparat für eine Kugelgröße bis zu 5 mm Durchmesser berechnet.

Abgesehen vielleicht von dem letztangeführten können die beschriebenen Apparate ohne wesentliche Änderungen für die Anwendung von Kegeln statt der Kugeln eingerichtet werden.

b) Vorrichtungen für Öluntersuchungen.

α) Viskosimeter.

Zur Bestimmung der Zähflüssigkeit der Öle bzw. ihres Flüssigkeitsgrades bedient man sich der Viskosimeter, und zwar fast ausschließlich des einfachen Englerschen Apparats (Abb. 29 u. 30), bei welchem die Ausflußzeiten der Öle, die die Grundlage für die Berechnung ihrer Zähflüssigkeit bilden, in folgender Weise ermittelt werden:

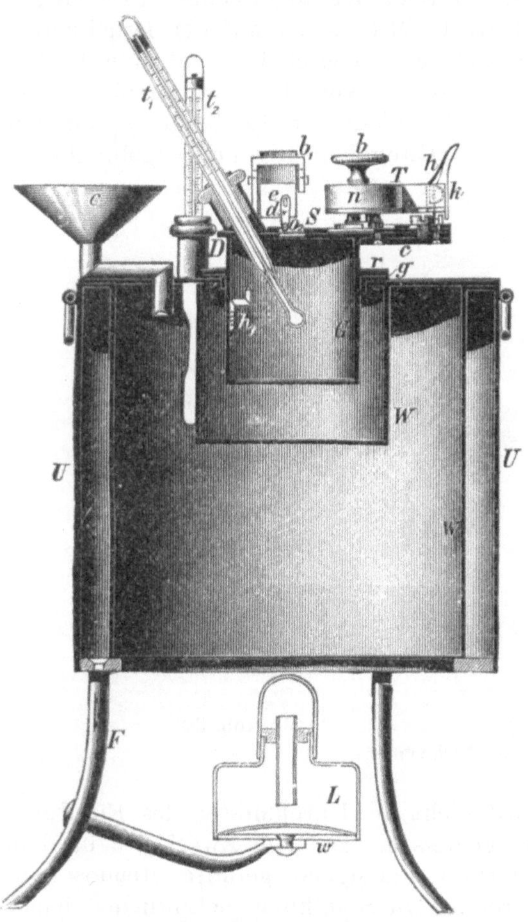

Abb. 31. Petroleumprober.

Das Ausflußgefäß A wird bis zu den Markenspitzen c mit Öl gefüllt, während das aus Platin bestehende Ausflußröhrchen a mit dem hölzernen, durch den Deckel A_1 geführten Stift b verschlossen wird. Durch das mit Leitungswasser oder hochsiedendem Mineralöl zu füllende Erwärmungsbad B wird die Temperatur des Probeöls geregelt. Der zur Erwärmung dienende Kranzbrenner d ist verschiebbar. Mittels des Meßkolbens C, welcher bei 200 und 240 ccm Marken besitzt, wird das ausfließende Öl aufgefangen.

Vor Ingebrauchnahme des Apparates muß er mit Wasser geeicht, d. h. die Ausflußzeit von Wasser ermittelt und so die Berechnungseinheit gewonnen werden. Von Zeit zu Zeit wird dieser Wert nachgeprüft.

β) Petroleumprober.

Zur Feststellung des Flammpunktes von Petroleum soll nach den Vorschriften der preußischen Staatsbahnverwaltung ausschließlich der in Abb. 31 dargestellte Abelsche Petroleumprober benutzt werden.

Bei diesem wird das zu prüfende Petroleum in das innen verzinnte Gefäß G gefüllt, das sich innerhalb eines Hohlraumes befindet. Die langsame Erwärmung des Petroleums erfolgt durch ein Wasserbad W, das für

den Versuch durch die Spirituslampe L auf die Temperatur von 54° bis 55°
gebracht wird. Zur Messung der Temperaturen des Wasserbades und des
Petroleums dienen die Thermometer t_1 und t_2. Der Deckel von Gefäß G
trägt einen flachen Schieber, der durch das Triebwerk T bewegt wird.
Dabei werden Durchbrechungen im Schieber über korrespondierende Durchbrechungen in der Deckelplatte gebracht. Sind die Durchbrechungen
völlig geöffnet, so senkt sich das auf dem Gefäßdeckel befindliche, um
eine horizontale Achse drehbare Lämpchen b_1 derart, daß es mit der
eine kleine Zündflamme tragenden Dochthülse d zwei Sekunden lang in
den mit Luft und Petroleumdämpfen gefüllten oberen Teil des Petroleum-
gefäßes eintaucht. Von $^1/_2{}°$ zu $^1/_2{}°$ Zunahme der Petroleumtemperatur
läßt man das Zündflämmchen durch Auslösen des Triebwerkes eintauchen,
bis die Entflammung der Petroleumdämpfe erfolgt. Der hierbei am
Thermometer t_1 abgelesene Wärmegrad ist der Flammpunkt des unter-
suchten Petroleums.

γ) **Apparat zur Flammpunktbestimmung bei Mineralölen.**

Die Bestimmung des Flammpunktes von Mineralschmierölen soll nach
den Vorschriften der preußischen Staatsbahnen durch die in Abb. 32 dargestellte Vorrichtung erfolgen.

Dabei ist a ein zylindrischer gla-
sierter, zur Aufnahme des Öls bestimmter Porzellantiegel, b eine halb-
kugelförmige Blechschale, die 45 cm
hoch mit Sand gefüllt wird, c ein
Thermometer mit einer von 200° bis
300° reichenden Skala. g stellt ein
Zündrohr mit Gummischlauch dar.

Der Tiegel wird bis auf 1 cm
vom Rand mit Öl gefüllt und auf
den Sand gesetzt, das Thermometer
so eingespannt, daß die Quecksilber-
birne vollständig von Öl umspült ist.

Ist das Öl bis auf 100° erwärmt,
so wird langsam weiter erhitzt, so
daß Überhitzung vermieden wird.
Hat das Öl eine Temperatur erreicht,
die etwa 40° unter der durch die
Gütevorschriften festgesetzten niedrigsten Temperatur für die Entflammung liegt, so wird mit der Prüfung begonnen in der Weise, daß
man die 10 mm lange Zündflamme

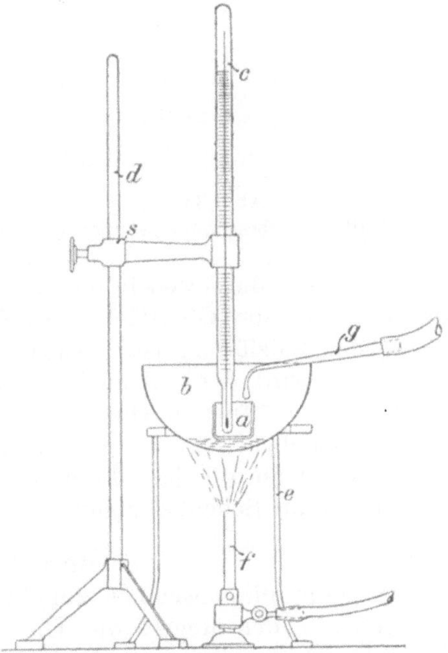

Abb. 32.
Flammpunktbestimmungsapparat.

langsam und gleichmäßig über den Tiegel a einmal hin und her bewegt.
Dabei muß die Flamme von den etwa sich entwickelnden Dämpfen bestrichen werden, darf jedoch das Öl oder den Rand des Tiegels nicht
berühren. Zunächst wird bei je 5° Temperatursteigerung, später von Grad
zu Grad geprüft. Die Erwärmung wird so lange fortgesetzt, bis bei An-
näherung des Flämmchens ein vorübergehendes Aufflammen über der Ölober-
fläche oder eine durch schwachen Schall wahrnehmbare Verpuffung eintritt.

δ) **Apparat zur Kältepunktbestimmung bei Mineralölen.**

Die Lieferungsvorschriften verlangen von den Mineralölen, daß sie auch in der Kälte ein gewisses Fließvermögen besitzen. Dieses Fließvermögen zu ermitteln dient die in Abb. 33 dargestellte Vorrichtung.

Sie besteht aus den Teilen zur Herstellung des vorgeschriebenen Luftdruckes von 50 mm Wassersäule und den Teilen zur Abkühlung des Öles auf einen bestimmten Kältegrad.

Auf das Wasser im Gefäß a wird der durch ein Gewicht beschwerte Glastrichter b gesetzt, an den durch einen Schlauch das Wassermanometer c angeschlossen ist; dabei ist der Quetschhahn f geschlossen. Hierdurch entsteht im Luftraum des Trichters und der anschließenden Röhren ein der Niveaudifferenz des Wassers im Trichter und außerhalb desselben entsprechender Druck, welcher durch das Manometer gemessen wird. Die Einstellung des Druckes auf genau 50 mm Wassersäule geschieht durch Zugießen von Wasser in das Gefäß oder durch Lüften des Quetschhahnes f; dabei darf der Schlauch d noch nicht auf das Ölprobierglas gesteckt sein.

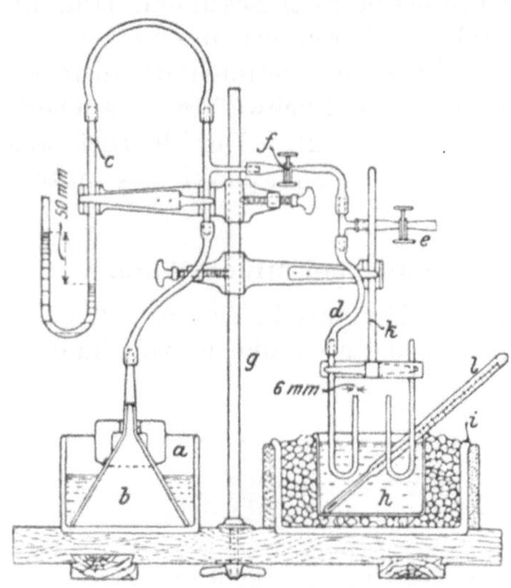

Abb. 33.
Kältepunktbestimmungsapparat.

Die Abkühlung der Ölproben geschieht in **U**-förmigen, mit Millimeterteilung versehenen 6 mm weiten Röhrchen, die soweit in die im Gefäß h befindliche Gefrierlösung gesenkt werden, daß die Oberfläche des Öles mindestens 1 cm unter der Oberfläche der Salzlösung ist. Nachdem so das Öl etwa eine Stunde abgekühlt ist, wird der Schlauch d des vorher fertig gemachten Druckerzeugers bei geöffnetem Quetschhahn e auf das lange Ende eines Probierglases geschoben, hierauf die Klemme e geschlossen und f geöffnet. Nun beobachtet man, ob das Öl unter dem eintretenden Druck in einer Minute um 10 mm im Schenkel steigt.

ε) **Ölprobiermaschinen.**

Die Ölprobiermaschinen zur Ermittelung des Reibungswertes der Öle gestatten in der Regel, die Öle unter wechselnden Geschwindigkeits-, Druck- und Temperaturverhältnissen zu prüfen. Je nach Bauart der Maschine erfolgt die Prüfung an horizontal oder vertikal gelagerter Welle. Der in Abb. 34 dargestellte Apparat, System **Fein-Kapff**, besteht im Prinzip aus einem Elektromotor mit vertikal gelagerter Achse, welche eine Spindel S in Umdrehung versetzt. Diese dreht sich auf dem Spurzapfen Z in dem zu prüfenden Öl und kann durch das auf einem Hebelarm verschiebbare Gewicht G belastet werden.

Der Kraftverbrauch des Elektromotors, der von der jeweiligen Schmierfähigkeit des zu untersuchenden Öles abhängt und somit ein Maß hierfür darstellt, kann an Präzisionsinstrumenten gemessen und abgelesen werden.

Gleichzeitig wird die Umdrehungszahl der Spindel, die in weiten Grenzen regulierbar ist, durch das Gyrometer U und die Temperatur im Innern des Gefäßes durch das Thermometer T gemessen. Eine unter dem Apparat

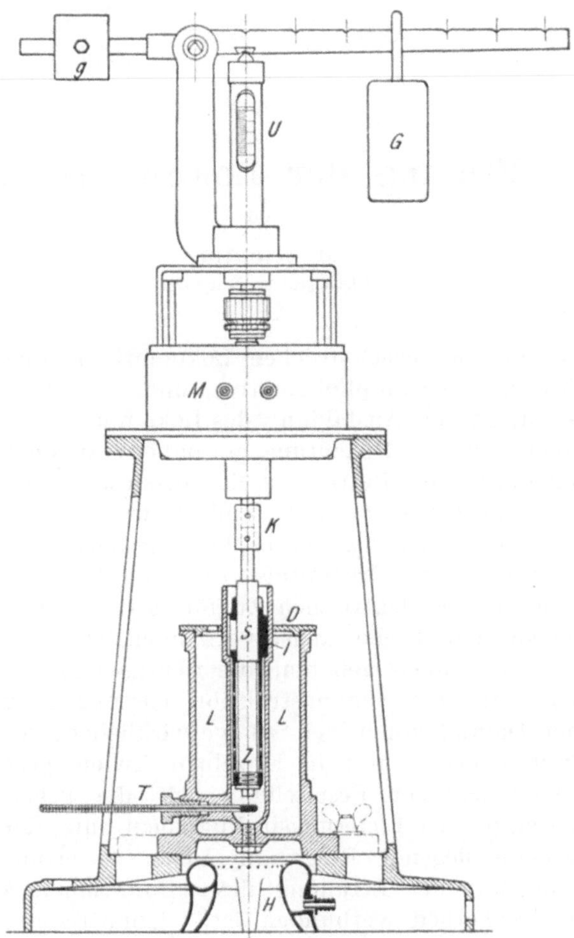

Abb. 34. Ölprobiermaschine.

angebrachte Heizvorrichtung H dient zur beliebigen Veränderung der Temperatur des Öles, wobei der den Ölraum umgebende Kessel L, der mit Wasser, Sand oder dergleichen gefüllt wird oder auch leer gelassen werden kann, die Wärmeausstrahlung in wirksamer Weise verhindert.

Prüfung der Lokomotiven.

Von

M. Richter,

Oberingenieur, Hannover.

Die Frage der wissenschaftlichen Lokomotivprüfung hat neuerdings für die Entwicklung der Dampflokomotive, und, was in engem Zusammenhang damit steht, für die Ausbildung des Lokomotiv-Ingenieurs als Grundlage der ersteren, erhöhte Bedeutung gewonnen: zu dem Versuch an der fahrenden Lokomotive im Betrieb ist das ortsfeste Prüffeld hinzugetreten, um eben so sehr fördernd als aufklärend zu wirken.

In gegenseitiger Ergänzung der beiden Versuchsarten ruht die richtige Lösung jener Frage, eine Erkenntnis, die zum Besten der immer mehr von dem Gespenst der elektrischen Zugförderung bedrohten Dampflokomotive an maßgebender Stelle längst vorhanden ist.

Ist so die Möglichkeit geboten, die richtigen Mittel zur Gewinnung von Grundsätzen für die Neukonstruktion leistungsfähiger und zugleich wirtschaftlicher Dampflokomotiven zu verwirklichen, so ist ein weiteres, seit langer Zeit übliches und in einzelnen Teilen gesetzlich geregeltes Verfahren unerläßlich zur Feststellung, ob die gegebene Lokomotive einerseits überhaupt den Lieferungsbedingungen entspricht und das dem Entwurf zugrunde liegende Programm sicher zu erfüllen imstande ist, andererseits, ob mit der Erfüllung ihrer Funktionen keine Gefahr für die öffentliche Sicherheit verbunden ist. Unmittelbar an diese Frage knüpft sich die Notwendigkeit der regelmäßigen Wiederkehr solcher Untersuchungen, um den Sicherheitsgrad auf unveränderlicher Höhe zu erhalten, und womöglich muß auch noch für fortlaufende Kontrolle aller Sicherheitseinrichtungen, sowohl durch die Bedienungsmannschaft, als durch den Eigentümer des Fahrzeugs, gesorgt werden.

In dieser Weise bietet sich hinsichtlich des Zwecks der Untersuchungen nach dem Maßstab der dazu erforderlichen Zeitdauer der Unterschied zwischen der vorübergehenden Prüfung (bzw. Probe) und der dauernden Kontrolle, d. h. zwischen den Maßnahmen zur bloßen Erforschung und denjenigen zur Bewachung (bzw. Erhaltung) der Leistungsfähigkeit der Lokomotive. Im Betrieb läßt sich aber diese Unterscheidung nicht streng durchführen; eine Reihe von Maßnahmen, wie z. B. die Geschwindigkeitsmessung, dient gleichmäßig beiden Zwecken und eine „Kontrolle" der Lokomotive selbst spitzt sich sogar meistens auf diese Art der Messung zu, die somit weiter nichts als die Dauerprüfung einer Einzelgröße darstellt und deshalb bei der vorübergehenden eigentlichen „Prüfung" der Lokomotive erst recht nicht zu entbehren ist.

Wird der Maßstab der Zeitdauer ausgeschaltet, so ist eine ebenfalls den Zweck betreffende Unterscheidung der Versuche diejenige in technisch-polizeiliche und in wissenschaftliche Prüfungen, — eine wieder nicht überall scharf einzuhaltende Trennung freilich, da sowohl in der Art der Versuche an sich, als auch in bezug auf die zu prüfenden Größen viele Berührungspunkte vorhanden sind, und schon die polizeiliche Abnahmeprüfung einem wissenschaftlichen Versuch sehr nahe kommt, obwohl dieser nur in einer Rennprobe besteht.

Eine weitere Unterscheidung ist durch den Umfang des Versuchs gegeben mit dem Wort „Probe“ gegenüber „Prüfung“, indem man mit ersterem die Untersuchung einer Einzelgröße bezeichnet, gleichgültig, ob nun diese an statische Beanspruchung der Baustoffe (z. B. bei der Kesseldruckprobe) oder an dynamische Vorgänge (z. B. bei der Geschwindigkeits- oder Kraftprobe) gebunden ist. Im ersten Fall handelt es sich nicht nur um Messung dieser Größen, sondern auch um Feststellung sämtlicher Umstände, die sie beeinflussen könnten: die „Probe“ wird zur „Revision“ mit rein technisch-polizeilichem Sicherungszweck.

Endlich muß unterschieden werden, ob die Lokomotive zum Zweck der Prüfung außer Betrieb gesetzt werden muß oder nicht, und ferner, ob sie in letzterem Fall als ortsfeste Anlage (in einem Prüffeld) oder wie gewöhnlich als fahrendes Kraftwerk behandelt wird: Standprüfung und Fahrprüfung.

Trägt man alle diese Gesichtspunkte zusammen und ordnet, so ergibt sich folgende Übersicht über die an Lokomotiven vorzunehmenden Prüfungen im weiteren und engeren Sinn:

Zweck der Prüfungen	Prüfungsmittel:			
	Auf dem Stand		Auf der Strecke	
	Außer Betrieb	Im Betrieb	Probefahrten	Planfahrten
technisch-polizeilich . . .	Revisionen	—	Abnahmeprüfung	Fahrkontrolle Heizkontrolle
wissenschaftlich	—	Prüffeld	Sonderversuche	—
		Versuchswagen		

An diese sechs nach Zweck und Wesen verschiedenen Prüfungsarten möge sich die Einteilung des unter dem Titel „Prüfung der Lokomotiven“ gebotenen Stoffes anschließen.

1. Technisch-polizeiliche Prüfungen.

A. Vorübergehende Prüfungen: Revisionen und Probefahrten.

Hierher gehören die Abnahmeprüfung und die wiederkehrenden Untersuchungen der Lokomotiven und Tender, die für Deutschland durch § 43 der Betriebsordnung für die Eisenbahnen Deutschlands gesetzlich vorgeschrieben sind, um dem § 27 derselben Verordnung gerecht zu werden; der Wortlaut der beiden Vorschriften heißt:

B.-O. § 27. „Die Betriebsmittel müssen fortwährend in einem solchen Zustand gehalten werden, daß die Fahrten mit der größten für sie zulässigen Geschwindigkeit ohne Gefahr stattfinden können.“

B.-O. § 43. „Neue oder mit neuen Kesseln versehene Lokomotiven dürfen erst in Betrieb gesetzt werden, nachdem sie einer technisch-polizeilichen Abnahmeprüfung unterworfen und als sicher befunden sind."

„Nach jeder umfangreicheren Ausbesserung des Kessels, im übrigen in Zeitabschnitten von höchstens drei Jahren, sind die Lokomotiven nebst Tendern in allen Teilen einer gründlichen Untersuchung zu unterwerfen, womit eine Kesseldruckprobe zu verbinden ist. Diese Frist rechnet vom Tage der Inbetriebsetzung nach beendeter Untersuchung."

„Bei den Druckproben ist der Kessel vom Mantel zu entblößen und mit Wasserdruck zu prüfen. Der Probedruck soll den höchsten zulässigen Dampfüberdruck um 5 at übersteigen."

„Kessel, die bei dieser Probe ihre Form bleibend ändern, dürfen in diesem Zustand nicht wieder in Dienst genommen werden. Bei jeder Kesselprobe ist gleichzeitig die Richtigkeit der Manometer und Ventilbelastungen zu prüfen. Der angewendete Probedruck ist mittels eines Prüfungsmanometers zu messen, das in angemessenen Zeitabschnitten auf seine Richtigkeit untersucht werden muß."

„Längstens acht Jahre nach Inbetriebsetzung eines Lokomotivkessels muß eine innere Untersuchung vorgenommen werden, wobei die Siederohre zu entfernen sind. Nach spätestens je sechs Jahren ist diese Untersuchung zu wiederholen."

„Über die Ergebnisse der Kesseldruckproben und der sonstigen mit den Lokomotiven und Tendern vorgenommenen Untersuchungen ist Buch zu führen."

Der mit dieser Verordnung erzielte Sicherheitsgrad ist anderswo bis jetzt nicht übertroffen worden; sie mag daher zur Beantwortung sämtlicher auf die Kesselrevision bezüglichen Fragen genügen.

Eine weitere, nicht zur Sicherung der Lokomotive sondern des Oberbaues gehörige Prüfung, die ebenfalls in jeder Betriebswerkstätte vorgenommen werden kann, wie die Kesseldruckprobe rein statischer Natur ist und von deren Ausfall die Erlaubnis zur Inbetriebsetzung der Lokomotive als Fahrzeug bedingungslos abhängt, ist

die Raddruckprobe, mit deren Hilfe die Einhaltung der für den betreffenden Entwurf erlassenen Sondervorschriften oder der für die Bahn allgemein gültigen Vorschriften (in Deutschland nach den T.-V. § 66 und Normalien § 29) ermittelt werden muß. Meßapparat ist meist die Ehrhardtsche Raddruckwage.

Haben die Proben des Kesseldrucks und des Raddrucks, deren Hilfsmittel zu allgemein bekannt sind, als daß Besprechung nötig wäre, günstigen Ausfall, so wird der Betrieb mit der Abnahmeprüfung eingeleitet. Als gutes Muster, wie dieselbe einzurichten ist, mag gelten

der österreichische Erlaß des Eisenbahnministeriums vom 4. Juli 1901 an die Privateisenbahn-Verwaltungen, womit einheitliche Bestimmungen über den Vorgang bei Vornahme der technisch-polizeilichen Abnahmeprüfung getroffen sind:

„1. Die Eingabe um Vornahme der technisch-polizeilichen Prüfung einer zur Verwendung im Eisenbahnbetrieb bestimmten Lokomotive ist an die k. k. Generalinspektion der österreichischen Eisenbahnen zu richten und hat zu enthalten:

a) die Angabe der Lokomotivtype unter Anführung der Genehmigungsdaten derselben;

b) den Zeitpunkt, von welchem an die Lokomotive für die Vornahme der technisch-polizeilichen Prüfung bereit steht;

c) die Bahnstrecke, in welcher die technisch-polizeiliche Prüfung stattfinden soll;

d) die nach den Konstruktionsverhältnissen der Lokomotive zulässige größte Fahrgeschwindigkeit, welche auf dem Geschwindigkeitsschild der Lokomotive angeschrieben werden soll;

e) die für die Prüfungsfahrt in Aussicht genommene Fahrordnung, welche derart zu erstellen ist, daß die bei der Probefahrt anzuwendende Fahrgeschwindigkeit (vgl. Abs. 3, a und b) auf eine entsprechende Bahnlänge beibehalten werden kann."

„2. Als Vorbereitung für die technisch-polizeiliche Prüfung ist vorzusorgen:

a) das Einfahren der Lokomotive durch geeignete Verwendung (Leerfahrten, Verschubdienst usw.), damit bei der technisch-polizeilichen Prüfung ein Warmlaufen der Achsen, Zapfen und Steuerungsbolzen nicht zu gewärtigen ist;

b) die gründliche Reinigung des Kessels durch wiederholtes Auswaschen, um die technisch-polizeiliche Prüfung mit vollkommen reinem Wasser, verläßlich funktionierenden Wasserstandszeigern und Speiseapparaten vornehmen zu können.

c) die Einschulung des zur Bedienung der Lokomotive bei der technisch-polizeilichen Prüfung bestimmten Personals, damit selbes sowohl mit der Lokomotivtype vertraut, als auch für die Anforderung der forcierten Fahrleistung geeignet ist;

d) die Ausrüstung der Lokomotive mit Brennmaterial (Kohle, Koks, Holz) bester Qualität für die technisch-polizeiliche Prüfung."

„3. Die Durchführung der technisch - polizeilichen Prüfung bleibt im allgemeinen dem Ermessen der Prüfungskommission anheimgestellt, und es wird nur bezüglich der Fahrgeschwindigkeiten folgendes bestimmt:

a) die seitens der Bahnverwaltung unter 1 d angegebene größte zulässige Fahrgeschwindigkeit wird nur dann seitens der Prüfungskommission zu approbieren sein, wenn die Lokomotive bei der technisch-polizeilichen Prüfung mit einer mindestens um zehn Stundenkilometer höheren Fahrgeschwindigkeit bei vollkommen sicherem Gange gefahren ist;

b) die bei der technisch-polizeilichen Prüfung der Lokomotive angewendete größte Fahrgeschwindigkeit soll im allgemeinen nicht mehr betragen, als die um 15 Stundenkilometer vermehrte, seitens der Bahnverwaltung nach der Bauart der Lokomotive angegebene zulässige, größte Betriebsfahrgeschwindigkeit. Nur bei der Prüfung neuer Lokomotivtypen kann auf Verlangen der Prüfungskommission oder der Bahnverwaltung ausnahmsweise eine weitere Erhöhung der Fahrgeschwindigkeit nach Ermessen der Prüfungskommission stattfinden.

Die Höchstfahrgeschwindigkeit darf bei der Probefahrt nur in jenen Teilstrecken zur Anwendung kommen, welche seitens der intervenierenden Bahnorgane als hierzu geeignet bezeichnet werden."

B. Dauernde Prüfungen.

I. Fahrkontrolle.

Die Kontrolle der Fahrgeschwindigkeit liegt vielfach noch im Argen. In bezug auf diesen Punkt herrschen verschiedenartige Anschauungen, deren praktische Ergebnisse sich in folgende drei Gruppen zerlegen lassen:

1. Keine Vorschriften über Höchstgeschwindigkeit im allgemeinen; besondere Vorschriften für Kurven und Gefälle; keine Kontrollapparate.

2. Genaue Vorschriften im allgemeinen und besondern; keine Kontrollapparate im allgemeinen.

3. Genaue Vorschriften; Sorge für ihre Einhaltung durch Kontrollapparate.

Der erste Fall findet sich in Amerika und England; Kontrollapparate finden dort meistens nur vorübergehende Anwendung bei Vornahme wissenschaftlicher Versuche, die selten genug vorkommen. Die Befolgung etwaiger Vorschriften ist, wie im zweiten Fall, sozusagen Vertrauenssache.

Der zweite Fall entspricht der von alter Zeit her in den meisten Ländern Europas üblichen Behandlungsweise. Für Deutschland z. B. gilt der § 66 der Betriebsordnung zur Begrenzung der Höchstgeschwindigkeit, aber nur teilweise wird die Befolgung durch Apparate kontrolliert; im allgemeinen sorgt die Berechnung der Fahrzeiten an sich, die Zugbelastung, die begrenzte Leistungsfähigkeit der Lokomotiven und der Fahrbericht des Zugführers für gewissenhaftes Einhalten der Grenze — z. B. in Preußen.

Nur in bestimmten Fällen werden zur Sicherung einzelner Gebirgsstrecken besondere, noch genauer zu besprechende Apparate benutzt.

Der dritte Fall kommt in Süddeutschland, Österreich, der Schweiz, teilweise in Frankreich und auch sonst mehrfach zu immer größerer Verbreitung. Zu der Sicherung einzelner gefährlicher Strecken kommt noch die Dauerkontrolle jeder Bewegung der Lokomotive überhaupt.

Von dem im gegebenen Fall wissenschaftlichen Zweck einer solchen Aufsicht abgesehen, kann man über den allgemeinen Wert derselben geteilter Meinung sein. Sicher ist es eine Entlastung für die Lokomotivmannschaft — falls der Apparat überhaupt in Ordnung ist — bei irgend welchen Betriebsstörungen die Unverantwortlichkeit nachweisen zu können, also in dem Kontrollapparat gewissermaßen einen Entlastungszeugen mitzuführen. Andererseits aber ist die erstrebte Sicherung nur auf gefährlichen Streckenabschnitten mit besonderen Geschwindigkeitsvorschriften vorhanden, auf günstigen Abschnitten dagegen kaum zu behaupten; denn was soll eine gelegentliche (wenn überhaupt mögliche) Überschreitung der Lokomotive schaden, die bei der Abnahmeprüfung bis zu 15 km/st mehr hat leisten müssen? Läßt man deshalb aber eine Überschreitung unbedenklich zu, so verliert der Apparat seinen polizeilichen Zweck und damit den Zweck überhaupt. Als Hemmschuh erweist er sich ohnehin nicht nur für die Mannschaft, sondern auch für einen geordneten Verkehr, da er das Einfahren von Verspätungen auf günstigen Gefällen usw. unmöglich macht und deshalb dafür sorgt, daß die Verspätung, d. h. Betriebsstörung, möglichst lange bestehen bleibt.

Abgesehen davon, ob nun die Kontrolle der Fahrgeschwindigkeit als unentbehrliche Maßregel zur Erhöhung der Regelmäßigkeit und Sicherheit des Eisenbahnbetriebs erachtet wird oder nicht, so ist der Kontrollapparat, wenn er auch nur gelegentlich bei Probefahrten Anwendung findet, doch als Hilfsmittel zur Lokomotivprüfung beachtenswert.

Nach der Anordnung solcher Apparate in bezug auf ihren Standort, d. h. je nachdem sich der Apparat im Zug selbst oder außerhalb desselben befindet, muß man unterscheiden ortsfeste Streckenkontroller und bewegliche Maschinenkontroller. Beide Gruppen zerfallen in anzeigende (Tachometer) und aufzeichnende (Tachographen), letztere sind eingerichtet wie erstere, aber mit Registrierwerk unzertrennlich verbunden, wodurch die Brauchbarkeit der Apparate wesentlich erhöht wird.

Die Aufzeichnung geschieht entweder in Parallelkoordinaten auf einem laufenden Papierstreifen, oder (seltener) in Polarkoordinaten auf einer sich drehenden Scheibe, wobei diejenige Bewegung entweder von einem Uhrwerk oder durch die Radachse hervorgebracht wird, auf die sich die Geschwindigkeit beziehen soll, je nachdem diese als Funktion der Zeit oder des Weges aufzutragen ist.

Die Anzeige der Geschwindigkeit ist nur optisch, diejenige der Überschreitung ihrer zulässigen Grenze manchmal auch akustisch.

Die Messung ist dauernd, wenn die augenblickliche (wahre), oder totalisierend, wenn die mittlere Geschwindigkeit eines möglichst kurzen, vorausgegangenen Zeit- oder Wegabschnitts bestimmt wird; der Übergang zwischen beiden Arten ist die differentialisierende. Davon wird sowohl Anzeige wie Aufzeichnung betroffen.

Mit diesen Begriffen ergibt sich eine für die Bauart maßgebende Unterscheidung:

Entweder wird die Geschwindigkeit gemessen als solche, d. h. als einheitliche Größe, was auf Grund einer elektrischen oder mechanischen Kraftübertragung möglich ist. Im ersten Fall kann es sich um bloßen Betrieb eines Transformators, der an eine Stromquelle angeschlossen ist, durch die zu kontrollierende Welle (Lokomotivachse), oder auch um Betrieb eines kleinen Generators handeln, der den Meßstrom selbst erzeugt. Im zweiten Fall werden meistens Schwungmassen, gleichgültig, ob fest oder flüssig, kraftschlüssig angetrieben, um durch ihre veränderliche Entfernung von der Drehachse einen Maßstab der Drehgeschwindigkeit zu liefern. Es ist aber in beiden Fällen die Winkelgeschwindigkeit die Meßgröße.

Oder es wird die Geschwindigkeit durch Vereinigung ihrer beiden Faktoren, Zeit und Weg, die einzeln gemessen werden, berechnet, entweder selbsttätig in bestimmten Abschnitten oder nachträglich. Einer der beiden Bestandteile bedarf oft, bei Fernmessung immer, des Hilfsmittels der elektrischen Übertragung durch regelmäßige, zwangläufige Unterbrechung eines Hilfsstromes; damit ergibt sich von selbst, daß hier, auch bei mechanischen Mitteln, nur eine Messung von mehr oder weniger kurzen Zeit- und Wegabschnitten möglich ist; also ist hier die mittlere Umlaufzahl (bzw. mittlere Umfangsgeschwindigkeit) die Meßgröße.

In beiden Fällen wird die einfache Zeit- und Wegmessung zur Kontrolle der Geschwindigkeitsmessung ebenfalls vorgenommen.

α) **Die ortsfeste Messung: Streckenkontakte.**

Diese ist eigentlich ein Sonderfall der telegraphischen Eisenbahnsignalgebung und möge hier nur erwähnt werden als Hilfsmittel von eingegrenzter

Brauchbarkeit für wissenschaftliche Zwecke. Bahnpolizeilichen Zweck erfüllt sie bei der Überwachung bestimmter Streckenabschnitte mit starken Gefällen und Krümmungen, wissenschaftlichen aber selten bei der Anstellung von Dauerversuchen auf freier Strecke und gelegentlich bei Anfahrversuchen in der Nähe von Stationen.

1. In bestimmten Abständen werden Radtaster neben dem Schienenkopf angebracht, so daß entweder durch Hebelwirkung oder infolge der Schienendurchbiegung (letztere neuerdings als besser erkannt wegen der starken Abnützung bei ersterer) ein Stromkreis so oft geschlossen wird, als Räder von bestimmter Belastung (Lokomotivtriebräder z. B.) oder Eisenbahnräder überhaupt darüber fahren. Der kurz dauernde Strom setzt entweder selbst oder besser mittels Relais einen Elektromagneten in Tätigkeit und bewirkt, daß eine Nadel einen durch Uhrwerk gleichförmig bewegten Papierstreifen durchlocht. So zeichnet ein Zug beim Überfahren der einzelnen Taster seinen Lauf ohne Rücksicht auf die Entfernung von der Kontrollstation selbsttätig auf; aus der Dichte der Löcher jeder Gruppe, die eine Stellung des Zuges darstellt, und aus dem gegenseitigen Abstand a mm der Gruppen einerseits, sowie aus der bekannten Papiergeschwindigkeit c mm/st und dem Abstand A km der Streckentaster andererseits ist die Zugsgeschwindigkeit V km/st zu ermitteln mit:

$$V = 3600\, c\, \frac{A}{a} = \frac{C}{a}.$$

Danach ist der Geschwindigkeitsmaßstab anzulegen mit hyperbolischer Teilung.

Was den Radtaster selbst betrifft, so ist an Stelle der älteren einfachen Druckhebelkontakte der mit größerer Sicherheit und geringster Abnützung arbeitende Quecksilberkontakt von Siemens & Halske getreten, der auch sonst zu den verschiedensten Zwecken Anwendung findet (Lösung von Blocksperren, Schrankenverschlüssen usw.) und einfach darauf beruht, daß die Durchbiegung der Schiene beim Hinüberrollen eines Rades einen kurzen Stempel verschiebt, der in einem an die Schiene angeschlossenen Kasten eine Stahlplatte herabdrückt und dadurch das darunter befindliche Quecksilber in einen Seitengang mit anschließendem Steigrohr hineindrückt, wo es in einen Becher überläuft. In diesen ragt eine Metallgabel als Stromleiter frei hinein, so daß beim Füllen des Kelches mit Quecksilber die Verbindung der Leitung mit der Erde als Rückleitung durch die Gabel geschlossen wird. Nach Entlastung des Druckstempels kehrt das Quecksilber durch eine kleine Öffnung des Bechers wieder in den freigewordenen Druckraum zurück.

2. Besonderes Interesse verdienen hier die mit Streckentastern ausgeführten Versuche der englischen Ostbahn (G.E.R.), die im Jahr 1903 vom Oberingenieur Holden dieser Bahn auf der Durchgangslinie bei der Station Chadwell Heath durchgeführt wurden, um genau festzustellen, ob die neue, große $^5/_5$-gek. Vorort-Tenderlokomotive[1] wirklich imstande sei, die Vorschrift zu erfüllen, daß ein vollbesetzter Zug im Gewicht von etwa 360 t (ohne Lokomotive) eine Beschleunigung von 0·44 m/sek² erhalten, also 30 sek nach Abfahrt bereits eine Geschwindigkeit von 48 km/st (30 engl. Meilen)

---

[1] vgl. lfd. Nr. 251 auf S. 46 in Bd. I.

haben müsse, um bei der mit Haltepunkten dicht besetzten Strecke (drei Halte auf 2 km!) möglichst Anfahrzeit zu sparen und auf diese Weise dem elektrischen Betrieb näher zu kommen (Abb. 1).

Eine Leitung I zu einem elektromagnetisch bewegten Schreibstift a, unter dem mittels Uhrwerk ein Papierstreifen b gleichförmig durchgezogen wird, führt einerseits zu einem (dem äußeren) Strang des Gleises, andererseits zu einer rund 400 m langen dazu parallelen Reihe von kupfernen Streif-kontakten c, deren Abstände und Längen den Geschwindigkeiten der erwar-teten gleichförmig beschleunigten Bewegung in gleichen Zeitabständen pro-portional sind. Geschlossen wird der Stromkreis bei jedem Kontaktpaar durch ein Paar Bürsten $d_1 d_2$, von denen die eine am Schienenräumer der Lokomotive, die andere an der Außenkante der Pufferschwelle befestigt ist. Aus dem Geschwindigkeitsverhältnis des Zuges und des Papieres, sowie der Anordnung der Kontakte ergibt sich ohne weiteres, daß die auf dem Streifen verzeichneten Striche alle gleich lang und gleich weit entfernt sein müssen; trifft dies bei der Beobachtung nicht zu, so läßt sich aus der Verschiedenheit der Aufzeichnung gegenüber dem erwarteten Zustand die Abweichung der Zugbeschleunigung von dem gewünschten Wert und die Schwankung derselben berechnen.

Um Fehler in der Geschwindigkeit des Streifens festzustellen, bzw. von ihnen unabhängig sein zu können, wird auf dem Streifen durch eine elektrische Uhr e die Zeit in halben Sekunden fortlaufend eingestochen.[1]

Nur nebenbei sei erwähnt, daß es tatsächlich nach einigen Versuchen gelang, die gewünschte Aufgabe zu erfüllen. Jedoch wurde bald darauf

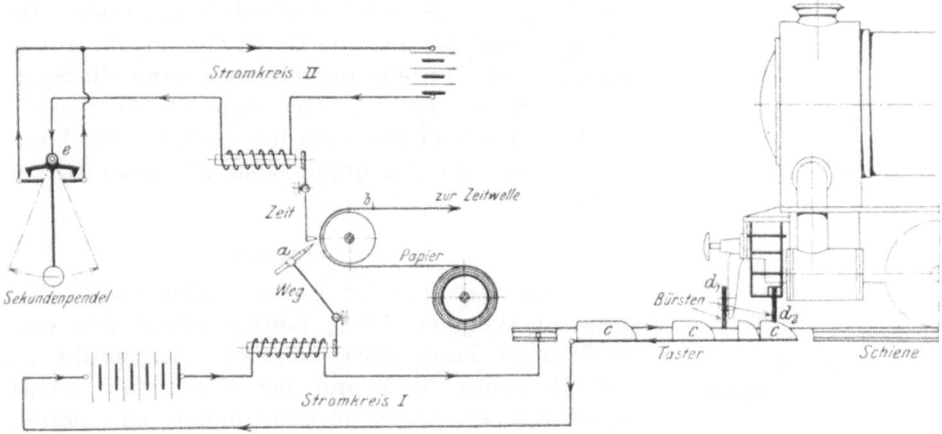

Abb. 1. Anfahrmessung auf der englischen Ostbahn.

dieser Koloß von Lokomotive zu einer $^4/_4$-gek. Güterzuglokomotive mit Schlepptender umgebaut, weil die Beanspruchung des Oberbaues und der große Dampfverbrauch zu den erzielten Vorteilen in schlechtem Verhältnis standen.

β) Die ortsbewegliche Messung: Geschwindigkeitsmesser.

Wie die vorige, so dient auch diese in besonderen Anwendungsfällen dem wissenschaftlichen Versuch und ist schon in der technisch-polizeilichen Abnahmeprüfung unentbehrlich. Entweder auf der Lokomotive selbst

---

[1] Locomotive Magazine 1903, S. 261.

oder in irgend einem angehängten Wagen — am besten Versuchswagen, der dafür ein für allemal eingerichtet ist — wird ein Geschwindigkeitsmesser untergebracht und mit einer Achse zwangläufig verbunden. Im ersten Fall deckt sich die Möglichkeit der gelegentlichen Probe zu wissenschaftlichen Zwecken mit der dauernden Kontrolle und jede Maschine muß ein für allemal mit einem Apparat ausgerüstet werden; im zweiten Fall handelt es sich bloß um Gelegenheitsversuche und ein Apparat genügt für jede Versuchsreihe.

Nach der bereits gegebenen Einteilung sind hier folgende Bauarten zu trennen:

A. Dauernd wirkende Messer.

1. Mit elektrischer Übertragung.

Hier muß unterschieden werden, ob der von der Achse angetriebene Geber mit fremdem Strom arbeitet oder ob er den Strom selbst erzeugt; im ersten Fall hat er die Rolle eines Transformators (bzw. Induktors), im zweiten diejenige eines Generators zu spielen, und in beiden Fällen liegt ihm ob, dem Empfänger Wechselstrom zu schicken. Hierher gehören also

α) Transformatoren.

Der Geschwindigkeitsmesser von Lahmeyer-Frankfurt (Abb. 2) ist nichts anderes als eine Art von Induktionsapparat mit Zwangsunterbrecher,

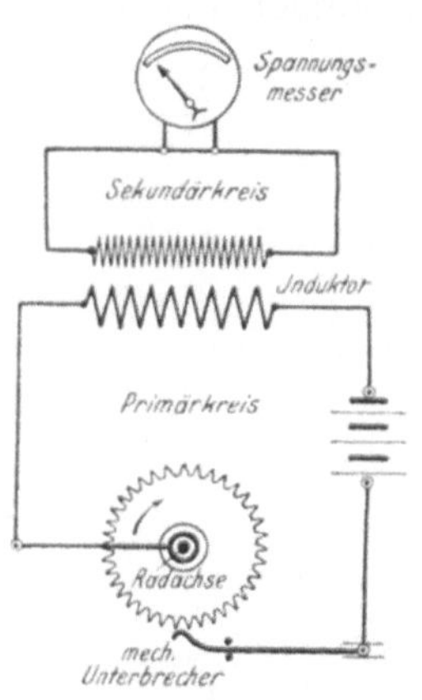

Abb. 2.
Geschwindigkeitsmesser
von Lahmeyer.

der von einer Achse gedreht wird; die Primärwicklung wird von schwachem Gleichstrom aus einer kleinen Speicherbatterie durchflossen und jede Unterbrechung bewirkt eine Wechselstromperiode: Die Periodenzahl ist also der Geschwindigkeit proportional, und an Stelle der ersteren kann die Spannung treten, so daß von dem Strom nur ein Voltmeter durchflossen werden muß, das auf km/st geeicht ist, um ihn unmittelbar als Meßmittel zu gebrauchen.

β) Generatoren.

Der Frahmsche Ferngeschwindigkeitsmesser (von Fr. Lux, Ludwigshafen) war erstmals in St. Louis 1904 zu sehen. Er beruht auf der Resonanz, d. h. auf der Eigenschaft elastischer Körper, stark in Schwingung zu geraten, wenn die Schwingungszahl des Anstoßes mit ihrer Eigenschwingung übereinstimmt, und, weil die elektrische Übertragung nicht an die Entfernung gebunden ist, wird die elektrische Resonanz angewendet, um in einem Kamm von abgestimmten Federn einzelne Federn zur Schwingung zu bringen.[1]

Der Geber ist eine kleine Wechselstromdynamo, die am Stirnende einer Laufachse, d. h. außerhalb des Rades, konzentrisch mit diesem befestigt ist. (Abb. 3).

Die Geberachse wird unveränderlich mit der Laufachse verbunden mittels Flansches, der mit ihr aus einem Stück geschmiedet ist und auf

---

[1] Zeitschr. Ver. deutsch. Ing. 1904, S. 1580; 1907, S. 952.

der Rückseite einen ringförmigen Ansatz hat; mit diesem wird er in eine Ringnut des Achsenstirnendes eingelassen (der Körner also nicht berührt), und mittels dreier Stiftschrauben mit versenkten konischen Bunden befestigt. Auf einen Bund des Flansches, vor den drei Muttern dieser Bolzen, ist warm aufgezogen eine Scheibe, die als Träger einer bestimmten Anzahl im Kreise sitzender, mit Zäpfchen eingeschraubter, zylindrischer, schmiedeeiserner Köpfe dient, so daß ein sich drehender Nockenanker hergestellt ist.

Auf die Geberachse aufgesteckt ist das mit Dochtschmierung versehene Gebergehäuse; als Zwischenlage dient eine auswechselbare Rotguß-Laufbüchse und die Seitenverschiebung, bzw. das Herausfallen des Gehäuses wird verhindert durch rechtsgängige Scheibenmutter mit linksgängiger Gegenmutter. Die Vorderseite des Gehäuses ist durch entsprechend ausgewölbten Deckel geschlossen.

Das Gehäuse enthält ein ruhendes magnetisches Magazin, bestehend aus drei, in vier Punkten fest auf Rippen geschraubten, ringförmigen Stahlmagneten, die die Achse umgeben und deren unterster sich mit den beiden Enden auf zylindrische Polschuhe auflegt; diese tragen Spulen und ragen durch den Boden des Gehäuses hindurch, so daß sie sich dem Nockenanker bis auf geringe Entfernung nähern.

Da nun das Gehäuse mit seinem Magazin ruht und der Anker sich dreht, so entsteht beim Schnitt der Kraftlinien ein Wechselstrom von bestimmter Periodenzahl, die vom Raddurchmesser (im neuen und abgedrehten Zustand) abhängt, und zu deren Berechnung auch die Kenntnis der Höchstgeschwindigkeit der Maschine wichtig ist. Der Strom wird durch ein Kabel fortgeleitet.

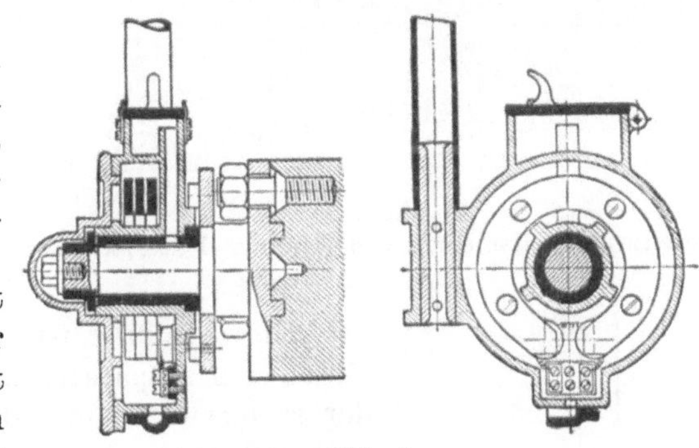

Abb. 3.
Geschwindigkeitsmesser von Frahm: Geber.

Das Gebergehäuse wird an der Mitdrehung verhindert durch einen Anschlag, bzw. durch seitliche Befestigung an einem Stahlrohr. Dieses muß auch der gegenseitigen Verschiebung von Rad und Rahmengestell Rechnung tragen und deshalb im obern Endpunkt in der Achsenrichtung seitliche Parallelverschiebung oder auch gleichzeitig Drehung zulassen; es wird dies bewirkt durch Stützung in einem Schlitz im Laufblech oder in einer Verbreiterung des Radbogens, oder durch Führung in einer Kugelbüchse, die ihrerseits in einem kleinen Bock seitlich verschiebbar gelagert ist. Das freie Kabelende muß durch entsprechende Länge mit Schleife nachgeben können und wird außerdem an Klemmen angeschlossen, von wo ein anderes Kabel weiterführt; dadurch wird beim Auswechseln der Laufachse das Abnehmen des Ganzen ohne Öffnung des Gehäuses ermöglicht.

Der Empfänger, d. h. der eigentliche Geschwindigkeitsmesser, ist der interessanteste Teil. Er besteht aus einem Kamm von 55 Federn, die innerhalb der Periodenzahl des Stromes (3000 bis 6000) stufenweise abgestimmt sind. (Abb. 4 und 5).

Dieser Kamm ist auf zwei Blattfedern elastisch gelagert und trägt einen flachen Weicheisenstab, der den Anker eines mit Spulen versehenen hufeisenförmigen Dauermagneten bildet (Abb. 6.) Diese Spulen werden vom Wechselstrom durchflossen, wodurch sich das Feld abwechselnd verstärkt und verschwächt. Infolgedessen gerät der Anker, und mit ihm der Kamm nebst allen darauf befestigten Federn in regelmäßige, der Periodenzahl entsprechende Schwingung, die

Abb. 4.
Geschwindigkeitsmesser von Frahm: Feder.

aber im allgemeinen bei der großen Schwingungszahl und Federmasse zu gering ist, um mit bloßem Auge gesehen zu werden. Diejenigen Federn aber, deren Eigenschwingung mit der von außen mitgeteilten zusammenfällt, geraten in sehr starke Schwingungen, die also mit der Periodenzahl des Wechselstroms ebenfalls übereinstimmen und deshalb sichtbar die Geschwindigkeit der Lokomotive auf entsprechend geeichter Teilung angeben.

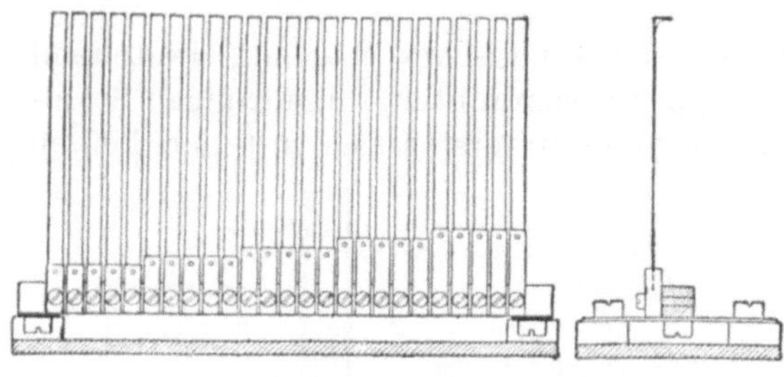

Abb. 5.
Geschwindigkeitsmesser von Frahm: Federkamm.

Diese Teilung ist, um an Federn und damit an Größe des Apparates zu sparen, zu beiden Seiten der rechtwinklig umgebogenen und mit verschieden großen Tropfen Lötzinn ausgefüllten Federköpfe angetragen, mit den halben Werten auf der einen Seite, so daß der Ausschlag einer Feder scheinbar zweideutig ist; jedoch hat dies auf die Beurteilung der Geschwindigkeit keinen Einfluß, da die Verwechslung einer Geschwindigkeit mit ihrem doppelten Wert keinem Führer passieren wird.

Zum Ein- und Nachregulieren des Federausschlags dient eine Stellschraube, die gegen eine besondere Feder am Kamm drückt; demselben Zweck dient das Abfeilen des Zinntröpfchens.

Von einem und demselben Geber aus lassen sich mehrere Empfänger betreiben, einer z. B. auf dem Zugführersitz oder bei Probefahrten in einem Versuchswagen befindlich, einer auf der Lokomotive.

Jahrelange Versuche haben gezeigt, daß die Elastizität der Federn praktisch konstant, also eine Änderung der Schwingungszahl auch nach Milliarden von Schwingungen nicht bemerkbar ist; nicht von Einfluß ist ferner Art und Stärke der Erregung, so daß irgend welche Umstände in der Leitung vom Geber zum Empfänger oder in ersterem außer Be-

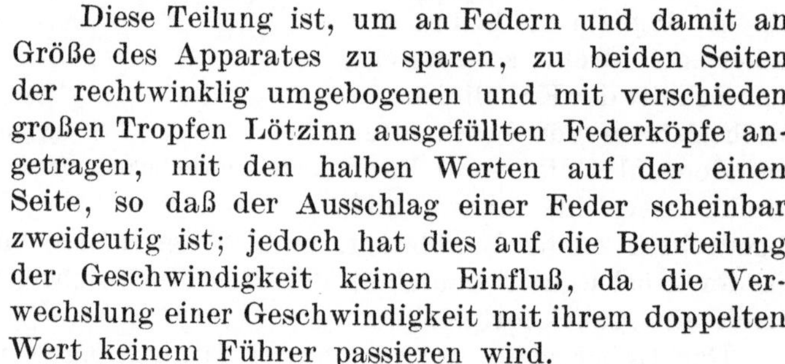

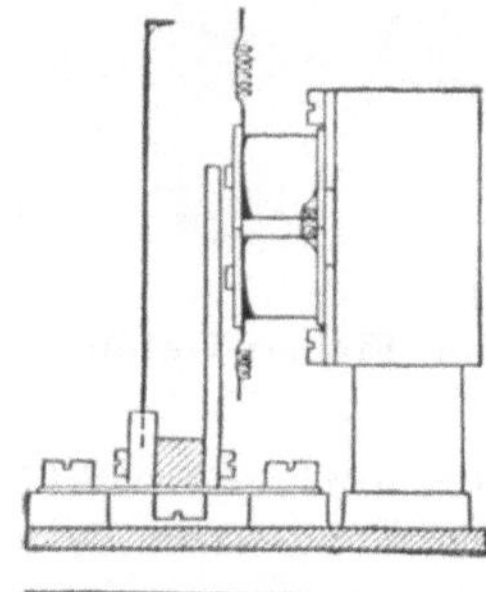

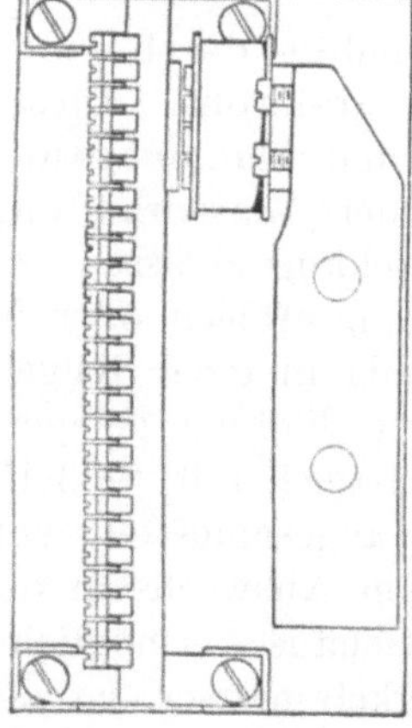

Abb. 6. Geschwindigkeitsmesser von Frahm: Empfänger.

tracht bleiben. Um übrigens den Empfänger frei zu machen vom Einfluß der Erschütterungen der Lokomotive beim Fahren, ist sein Gehäuse in U-förmigen Federbändern in einem aus ⅃ Eisen bestehenden Rahmen aufgehängt. Das Zifferblatt ist abnehmbar und kann gegen ein anderes, das den abgedrehten Radreif berücksichtigt, ersetzt werden.

Dieser geniale Apparat gehört zu den reinen Tachometern; von einer Aufzeichnung ist bis jetzt keine Rede gewesen. Dies entspricht in seiner Anwendung für Lokomotiven dem Gedanken, daß eine besondere Kontrolle seitens der Verwaltung unnötig ist, wenn nur der Führer selbst genaue Kenntnis der augenblicklichen Geschwindigkeit hat.

Da die Verbindung zwischen Geber und Empfänger nicht zwangläufig ist, so kann trotz den geringen elektrischen Widerständen die Reaktion nicht sofort auf jede Änderung der Antriebsgeschwindigkeit erfolgen, sondern nur mit einer gewissen „Hysteresis" und innerhalb gewisser Geschwindigkeitsstufen; es darf jedoch angenommen werden, daß bei der Kleinheit der ersteren und bei den Fehlern, die jedem Messer infolge Massenträgheit, toten Ganges usw. unausweichlich anhaften, der Frahmsche Apparat so genau und schnell anzeigt, wie dies überhaupt erforderlich ist.

2. Mit mechanischer Übertragung.

Die verschiedenen Arten von unmittelbar und mechanisch wirkenden Messern lassen sich am besten einteilen nach dem Gesichtspunkt, ob die Übertragung vom Geber zum Empfänger kraftschlüssig oder zwangschlüssig ist.

Unter die ersteren gehören gewissermaßen auch die mit elektrischer Übertragung, insofern, als eben bei ihnen durch äußere Zwangsmittel ebenfalls das Spiel des Empfängers unabhängig vom Geber geändert werden kann. In der Mitte steht die Übertragung durch Flüssigkeiten: bei Verwendung von Luft ist wegen der Zusammendrückbarkeit derselben Kraftschluß, bei Wasser dagegen aus dem entgegengesetzten Grund, von der Lässigkeit und dem toten Gang des ganzen Apparates abgesehen, Zwangsschluß vorhanden.

a) Kraftschlüssige Übertragung.

Der Geschwindigkeitsmesser von G. Göbel, Darmstadt, D.R.P. 608, etwa aus dem Jahr 1876 stammend, auf der ehemaligen Main-Neckar-Eisenbahn eingeführt, wird nicht mehr gebaut, bietet aber doch Interesse. (Abb. 7.)

Von einer Laufachse a aus wird durch einen Riementrieb eine benachbarte Scheibe b bewegt, auf deren Achse ein Exzenter c sitzt. Dieses dient zum Antrieb einer kleinen Luftpumpe d, deren Druckleitung zu einem Kasten e im Führerhaus führt und dort in einem in Quecksilber getauchten Behälter f endet. In diesen wird die Luft gefördert, wodurch er sich entsprechend aus der Versenkung emporhebt. Durch eine von der Höhenlage des Behälters abhängige, von einem Schieber bediente Öffnung g im oberen Teile entweicht die Luft in dem Maß, daß die Hebung der Umlaufgeschwindigkeit der Pumpe und deshalb der Zuggeschwindigkeit proportional bleibt. Durch einfaches Hebelwerk h wird die Hebung auf einen Zeiger einerseits und auf einen Schreibstift i andererseits übertragen, der fortlaufend auf geeichtem Papier die Hebung aufzeichnet.

Beim Kraftschluß an sich und der Verwendung von Luft im besonderen ist die Augenblicksmessung nur eine scheinbare und der Genauigkeitsgrad wohl nur gering; Widerstände aller Art, Ungenauigkeiten im Zusammenwirken und -passen, sowie daher rührende zu große oder zu geringe Kompression der Luft müssen nicht nur eine Verkleinerung, sondern auch Verzögerung des Ausschlags bewirken.

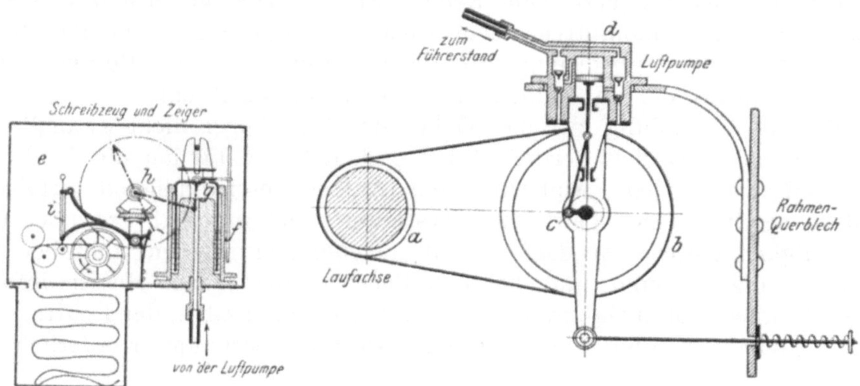

Abb. 7. Geschwindigkeitsmesser von Göbel.

Zur Beseitigung bzw. Verminderung dieser Übelstände ist bei ähnlichen Apparaten die Luft durch eine Flüssigkeit: Glyzerinwasser oder Öl ersetzt, die natürlich einen Kreislauf vom Empfänger zum Geber und zurück machen muß. Dadurch ist eine mehr zwangschlüssige Übertragung erreicht. Hierher gehört der Geschwindigkeitsmesser von Pfeil, der im übrigen dem Göbelschen ähnelt, sowie der von Boyer, wo der Druckkolben durch Wickelfedern im Gleichgewicht gehalten wird.

β) Zwangschlüssige Übertragung.

Die hierher gehörigen Apparate beruhen fast durchweg auf denselben Grundsätzen wie die Kraftregler und müssen wie diese unterschieden werden in Fliehkraft- und Beharrungsregler, je nachdem die radial wirkende Fliehkraft oder die tangential wirkende Trägheit von Schwungmassen in Betracht kommt, um einen die Geschwindigkeit messenden Ausschlag hervorzurufen. Die Messung selbst geschieht also kraftschlüssig.

1. Fliehkraftmesser. Entweder die Hebung eines festen Körpers oder eines Flüssigkeitsspiegels infolge der Wirkung der Fliehkräfte soll der Geschwindigkeit als Maß dienen. Auf jeden Fall zeigt ein solcher Apparat, vom toten Gang und der Verzögerung der Massen abgesehen, die augenblickliche Geschwindigkeit der Lokomotive empfindlich an.

a) Feste Schwungmassen werden nicht in die bekannte Form des Drehpendelreglers gebracht, sondern astatisch aufgehängt.

Der Geschwindigkeitsmesser von Klose, gebaut von der Maschinenfabrik Oerlikon, beruht auf den Zentrifugalwirkungen eines astatisch aufgehängten Körpersystems; die Umdrehgeschwindigkeit wird durch Zwischenglied auf eine Feder übertragen, die hierdurch eine solche Spannung erfährt, daß zu jeder bestimmten Umfangsgeschwindigkeit eine bestimmte Federspannung und Lage gehört, welche zum Anzeigen und Aufzeichnen der Geschwindigkeit benutzt wird. Die Verbindung des Apparats mit der Lokomotive ist eine solche, daß er die gleiche Umlaufzahl erhält wie die Triebachse. (Abb. 8.)

Der Apparat besteht immer aus einer Drehachse a, einer astatisch aufgehängten Scheibe b und einer Feder c. Die Drehachse a ist entsprechend ausgebildet: sie trägt eine breite Gabel d, die den Schwungkörper symmetrisch in zwei Zapfen $e_1 e_2$ erfaßt. Der Körper b, wie erwähnt eine kreisrunde Scheibe, hat in der mittleren Querebene einen Schlitz, an dessen Ende eine kurze Zugstange f angehängt ist; diese geht nach oben an die Fortsetzung der Drehachse, und durch einen Gegenlenker g wird die völlige Geradführung des oberen Endpunktes erreicht. An diesen ist mit Bolzen eine vertikale Stange bzw. ein Rohr h angeschlossen, dessen unterster Teil mittels Überwurfbüchse h_1 die Drehung mitmacht, während im übrigen durch Kammzapfen in dieser Büchse nur Verschiebung in der Längsachse bewirkt ist, die sich auf den Zeiger überträgt. Die Fliehkräfte der Schwungscheibe und ihr Ausschlag werden im Gleichgewicht gehalten durch eine in die Gabel-

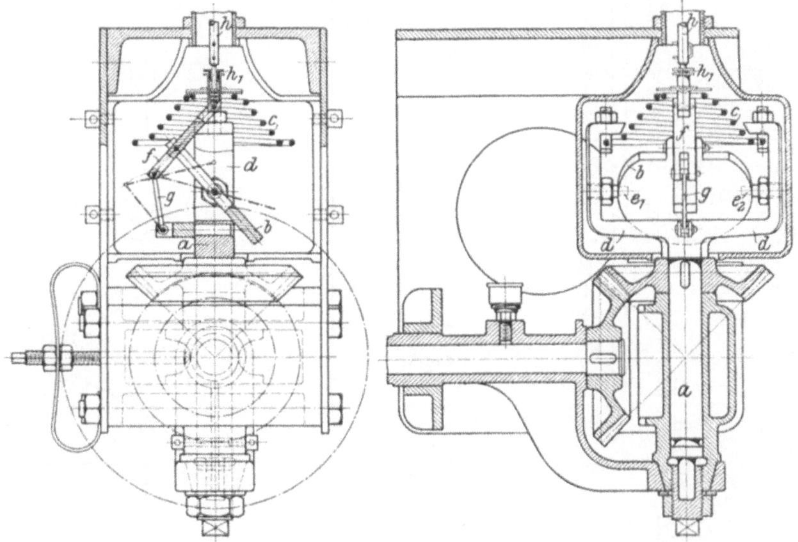

Abb. 8. Geschwindigkeitsmesser von Klose: Meßzeug.

endpunkte eingelassene, sich also mitdrehende Kegelfeder c, gegen welche der untere Teil des zur Übertragung bestimmten Gestänges sich stemmt.

Die richtige Astasie der Schwungmasse wird mit Rücksicht auf den zur Führung der Lenker erforderlichen Ausschnitt dadurch erreicht, daß die Kraftwirkung des Lenkers den Ausschnitt ersetzt; dadurch wird das System gegen Stöße und parallele Kräfte unempfindlich.

Die Anzeige der Geschwindigkeit (Abb. 9) geschieht höchst einfach durch Angriff einer am oberen Ende der erwähnten Zugstange h angebrachten Führungsgabel i an einem Rädchen k, in das die Zähne des einen Zinkens eingreifen; auf der Achse des Rädchens sitzt ein Zeiger, dessen Skala passende Teilung aufweist. Der Drehungssinn der Triebachse ist naturgemäß gleichgültig; eine Umkehrungsvorrichtung ist nicht erforderlich.

Unterhalb des Zeigerapparats befindet sich das Schreibwerk. Das Ende eines mit Gegenlenker l geführten Lenkers m ist in einem Schlitz n der Zugstange h gerade geführt; das eine Ende des Gegenlenkers enthält den

Schreibstift o, das andere ist selbst mit Hilfslenker p versehen. Die beiden festen Punkte liegen auf einer stellbaren Federplatte q. Der Schreibstreifen ist ein endloses Band, über zwei Rollen $r_1 r_2$ geführt, ausreichend für das Tagewerk der Lokomotive; seine Geschwindigkeit ist 1 mm/min, so daß Aufenthalte und Fahrzeiten sich ohne weiteres mit dem Millimeterstab abmessen lassen.

Der Antrieb erfolgt auf verschiedene Arten ziemlich gleich gut:

a) mit Reibrolle von der Lauffläche des Triebumfangs aus; dieselbe hat gewöhnlich 1000 mm Umfang und ist federnd gelagert;

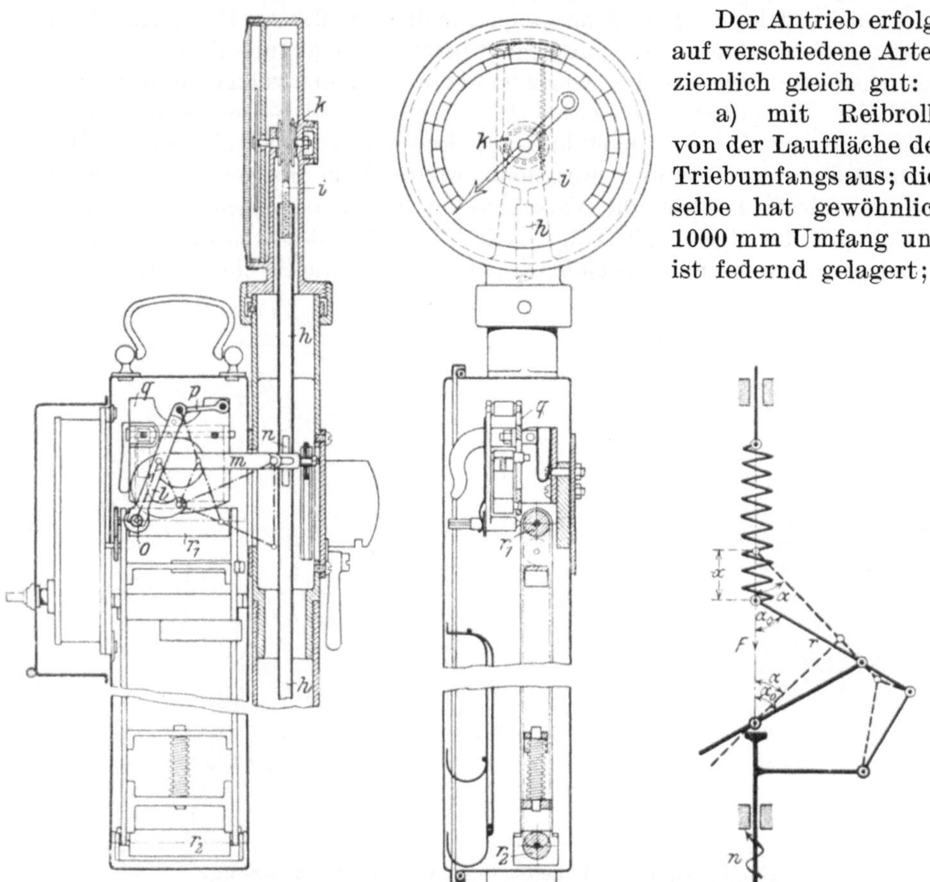

Abb. 9. Geschwindigkeitsmesser von Klose:
Zeiger und Schreibzeug.

Abb. 10. Geschwindigkeitsmesser von Klose: Schema.

b) mit federnder (aus dünnen Stahlstreifen zusammengesetzter) Antriebskurbel mit Schleife von irgend einem bestimmten Punkt des Triebwerks aus (z. B. Kurbelzapfen oder Kurbelstange);

c) mit Kette oder Riemen von einem eigens aufgesteckten Rad aus.

Im ersten Fall ist man unabhängig vom Raddurchmesser und von der Abnützung des Spurkranzes; man kommt daher mit einer Teilung für alle Lokomotiven aus; jedoch kann bei schmutzigen, öligen und vereisten Schienen ein Schlüpfen der Rolle eintreten. Im übrigen ist für einen zentralen Antrieb des Apparates zu sorgen, da sonst trotz federnder Kurbel und Astasie Schwankungen des Zeigers infolge von Stößen der Lokomotive durch periodische Aufhäufung der Schwingungen nicht zu vermeiden sind.

Der näheren Betrachtung wert ist bei diesem Apparat der dynamische Zusammenhang zwischen Umlaufzahl der Welle und Federspannung (Abb. 10).

Ist F die Federspannung (Zentripetalkraft), M_F das auf den Schwungkörper wirkende Moment derselben, r die Länge des Lenkers, α der Winkel zwischen diesem und der Achse, wie α_0 der Anfangswert desselben für $F = 0$, so ist

$$M_F = 2\,Fr \sin \alpha.$$

Ist ferner M_M das von der Zentrifugalkraft herrührende Moment der Schwungmasse, n die Umlaufzahl der Achse, sowie C eine sämtliche Konstanten enthaltende Zahl, so ist

$$M_M = C n^2 \sin \alpha \cos \alpha.$$

Im Gleichgewicht gilt

$$M_M = M_F,$$

also

$$2\,Fr \sin \alpha = C n^2 \sin \alpha \cos \alpha,$$

oder

$$2\,Fr = C n^2 \cos \alpha.$$

Da die Federkraft F nach dem Hookschen Gesetz der Dehnung x proportional ist, so ist $F = f x$ zu setzen. Und für x gilt

$$x = 2\,r\,(\cos \alpha - \cos \alpha_0),$$

woraus

$$\cos \alpha = \cos \alpha_0 - \frac{x}{2r}.$$

Dies oben eingesetzt

$$2\,f x r = C n^2 \left(\cos \alpha - \frac{x}{2r}\right).$$

Für bekanntes α, r, f und x bei bestimmtem n läßt sich daraus C berechnen; ist dies versuchsmäßig geschehen, so ergibt sich x zur Bestimmung der Teilung.

Im Anschluß daran muß die Körperform gesucht werden, die bei völliger Astasie der Aufhängung das verlangte Moment M_M liefert, und zugleich bequem zu berechnen, herzustellen und zu kontrollieren ist; dies ist eben die Kreisscheibe. Hierauf wird das Moment des Ausschnitts berechnet und demjenigen des Zuglenkers gleich gesetzt, um den Ausgleich der Zentrifugalkräfte zu bewirken. Das Zentrifugalkraftmoment des Zuglenkers darf aber die Federspannung nicht beeinflussen; es muß daher sein Stoßmittelpunkt in den Angriffspunkt fallen, d. h. sein Trägheitsmoment geteilt durch das statische Moment gleich dem Horizontalabstand dieses Punktes von der Achse sein. Endlich muß wegen der Erzielung der Astasie auch der Schwerpunkt des Zuglenkers in jenen Angriffspunkt fallen und ihr statisches Moment gleich dem des Ausschnitts sein; beide letzten Bedingungen sind kaum zu erfüllen, aber ohne deshalb merkliche Fehler herbeizuführen.

b) **Flüssige Schwungmassen** erlauben die Konstruktion sehr einfacher Geschwindigkeitsmesser, die durch den Wegfall des Hebelwerks, wenigstens für den anzeigenden Teil, in Anschaffung und Unterhaltung billiger sind und geringes Gewicht besitzen. Sehr verwickelt wird jedoch in gewissen Fällen die zuverlässig reagierende Verbindung mit einem Schreibwerk.

Das **Bifluidtachometer** der Rhein. Tachometerbaugesellschaft Köln,

D. R. P. 114323 (Abb. 11), ist ein Glasrohr a, welches mit einem unterhalb desselben befindlichen, quer gerichteten Behälter b (Zelluloid oder Hartgummi) verbunden ist. Der letztere ist mit senkrechten Kanälen $c_1 c_2$ ausgestattet, welche sich oben zu einem Querkanale d vom Querschnitt der Glasröhre, unten zu einer bauchigen Erweiterung e vereinigen. Die Röhre ist mit einem Glasrohr f umgeben, welches mit dem oberen Teil des erwähnten Behälters b in der Nähe der Drehachse durch ein Zweigkanälchen g in Verbindung steht. In der unteren Erweiterung e des Behälters ist etwas über die halbe Höhe eine Flüssigkeit von großem spezifischem Gewicht eingelassen und darüber eine solche von geringem Gewicht, die den Raum und die Verbindungskanäle anfüllt und so beschaffen ist, daß sie sich nie mit der unteren mischen kann.

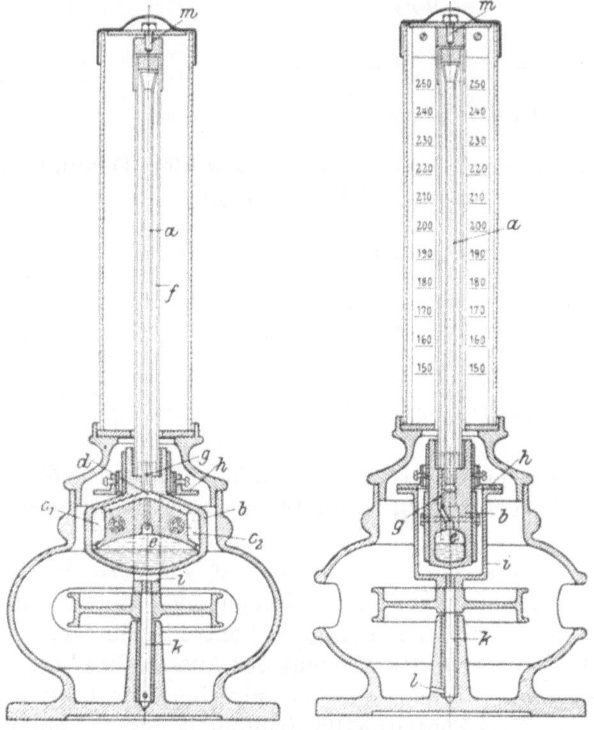

Abb. 11. Bifluidtachometer.

Wird der Behälter mit dem Röhrensystem gedreht, so wird die schwerere Flüssigkeit in dem unteren Raum nach außen gedrängt und dadurch die darauf liegende leichte Flüssigkeit in der inneren Glasröhre aufwärts gedrückt, während sie umgekehrt in der äußeren Glasröhre fällt, weil diese in der Nähe der Achse ihren Abfluß zum unteren Teil des Behälters hat. Denselben Weg nimmt die von der Flüssigkeit in der inneren Röhre verdrängte Luftsäule, indem die innere Röhre oben offen, die äußere aber verschlossen ist; im Ruhezustand stellt sich aber sofort wieder die frühere Verteilung der Flüssigkeiten ein.

Zur Vermeidung des Übertragens von Stößen ist der Behälter in einem Universalgelenk h aufgehängt; der äußere Gelenkbügel i trägt den au Stahl hergestellten Spurzapfen k, der auch gleich mit der Antriebscheibe verbunden ist, und durch eine seitliche Bohrung l kann vom Boden des Standgehäuses her selbsttätige Schmierung erfolgen. Das Ganze ist mit einem zylindrischen Schutzglas umgeben, dessen Deckel einen Zentrierzapfen m mit Schmierung für die Drehröhre enthält.

Der Geschwindigkeitsmesser von Brüggemann (gebaut von P. Suckow & Comp. Breslau, Inh. Robert Meyer) beruht auf der Messung der Spiegelbewegung einer in einem Gefäß eingeschlossenen, rotierenden Quecksilbermenge (Abb. 12).

Der Antrieb erfolgt durch eine geschlitzte Kurbel a, welche durch

Winkelräder $b_1 b_2$ ein konisches Gefäß c in Umdrehung versetzt. Der Deckel desselben taucht mit einem Einsatz d so ein, daß ein oberer, äußerer Hohlring e und ein innerer vertikaler Hohlzylinder f entsteht, die nur durch vier feine Kanäle g miteinander verbunden sind. Das Gefäß wird bis zum Boden des Hohlringes mit Quecksilber gefüllt und auf diesem schwimmt im Innenraum ein Kolben h, dessen vertikale Verschiebung durch ein Gestänge i in einem Standrohr k nach oben zum Zeiger und Schreibzeug übertragen wird.

Durch die Zentrifugalwirkung wird beim Drehen des Gefäßes das Quecksilber nach außen gepreßt und aus dem inneren Bodenraum in den oberen Ringraum getrieben, so daß der Spiegel innen sinkt und auch der Kolben sich senkt. Die jeweiligen Umdrehungszahlen werden durch Hebelübersetzung von dem Zeiger auf geeichter Skala mit km/st angegeben; der Unempfindlichkeitsgrad ist höchstens $1^0/_0$. Sehr einfach fällt hier auch die Aufzeichnung aus: durch ein Uhrwerk wird über dem Zifferblatt vor einem in der Verlängerung der Stange i sitzenden Schreibstift l eine Trommel m in zwölf, bzw. sechs Stunden einmal umgedreht. Der etwa 12 cm hohe geschlossene Streifen ist deshalb mit entsprechender Teilung — jede Stunde wieder in halbe, jede halbe in dreimal zehn Minuten, und letztere Einheit wieder halbiert — und mit einem Maßstab 1 cm/15 min versehen.

Das Uhrwerk kann im Stillstand der Lokomotive abgestellt werden; zur Überwindung der Schreibwiderstände ist für Apparate mit Schreibvorrichtung eine viermal größere Energie durch verdoppelte Quecksilbermenge in größerem Gefäß geschaffen.

Der Schreibapparat ist abnehmbar für gelegentliche Kontrolle eingerichtet, so daß eine Dienststelle mit einem Schreibapparat für alle Zeigerapparate auskommen kann, weil für gewöhnlich nur dem Führer die Geschwindigkeit überhaupt kenntlich gemacht werden soll.

Dieser Apparat ist sehr einfach, fast unbegrenzt haltbar, hoch empfindlich gegen Geschwindigkeitsänderung, unempfindlich gegen Erschütterung und wurde 1890 von der preußischen Staatsbahn prämiiert.

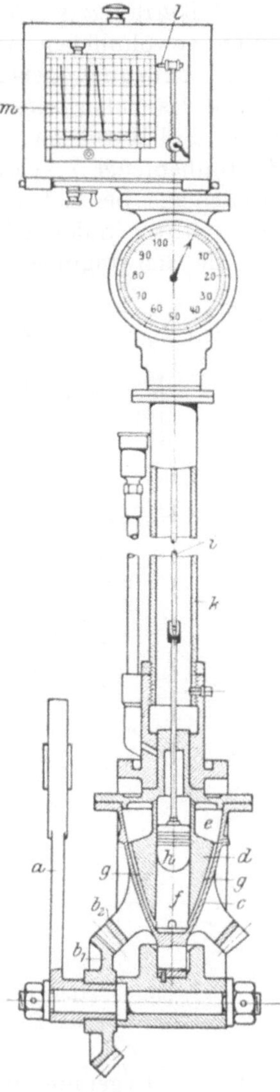

Abb. 12.
Geschwindigkeitsmesser
von Brüggemann.

2. Beharrungsmesser im eigentlichen Sinn des Wortes sind vielleicht noch nicht vorhanden; jedoch kann man etwa den folgenden Apparat, einen Flachmesser, der die Trägheit eines Pendels ausnutzt, dazu rechnen.

Der Geschwindigkeitsmesser von Peyer, Favarger & Cie., Neuchâtel (Schweiz) ist gewissermaßen eine Pendeluhr, die ihren Antrieb, statt von einer Feder, von der Maschinenwelle erhält, deren Geschwindigkeit gemessen werden soll, und deren Anker, auf dem beweglichen Meßrahmen sitzend, durch die Reaktion der Pendelträgheit proportional der Geschwindigkeit verschoben wird (Abb. 13).

In der Hauptsache handelt es sich um folgendes: Durch Stirnrädchen $a_1 a_2$, Schnecke b und Schraubenrad c wird die Antriebsgeschwindigkeit auf ein Ankerrad d stark verkleinert proportional übertragen; dieses bringt einen gewöhnlichen Anker e zur Schwingung, der nicht fest, sondern insofern beweglich gelagert ist, als sein Drehpunkt sich in einem auf die Achse des Ankerrades lose aufgesteckten Rahmen f befindet, der den Zeiger trägt und durch ein Zahnrädchen g, das in ein Segment h eingreift, eine Schraubenfeder i spannt, womit die Rückstellkraft und Begrenzung des Ausschlags bedingt ist. Andererseits greift der Arm des Ankers durch einen Stift k in den gekrümmten Schlitz l eines Pendels m ein, das als Bremse für die Schwingungen des Ankers dient.

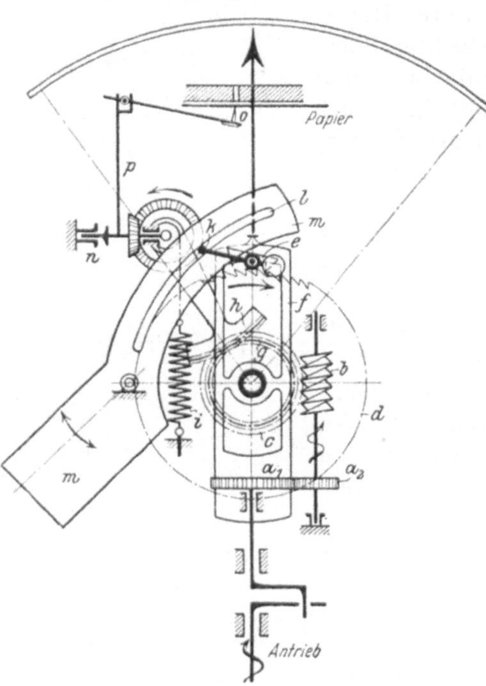

Abb. 13. Geschwindigkeitsmesser
von Peyer, Favarger & Cie.

Bei einer bestimmten Umlaufzahl hat auch das Pendel seine bestimmte Schwingungszahl, die ihm der Anker erteilt, und der Zeigerrahmen eine bestimmte Stellung. Vergrößert sich aber die Umlaufzahl des Ankerrades, so muß sich die Schwingungszahl des Pendels ebenfalls vergrößern, was nur möglich ist, wenn sich der Antrieb verstärkt, d. h. wenn sich der Hebelarm des antreibenden Ankerstiftes vergrößert; umgekehrt ausgedrückt, wirkt die Trägheit des Pendels als Bremse auf den Anker und verursacht, daß derselbe vom Rad mitgeschleppt wird. Auf jeden Fall wird also bei einer Beschleunigung der Antriebswelle eine Drehung des Ankerrahmens eintreten müssen, die der Beschleunigung und deshalb auch der erreichten Endgeschwindigkeit entspricht und durch die Federspannung im Gleichgewicht gehalten wird, gerade so, als ob der Massenrückdruck des Pendels im Ankerdrehpunkt angriffe. Sobald die Beschleunigung verschwindet, kommt der letztere zur Ruhe; da sich diese Einstellung in unendlich kleinen Zeiträumen vollzieht, so gehorcht der Zeiger sofort jeder Geschwindigkeitsänderung und zeigt deshalb richtig die augenblickliche Geschwindigkeit.

Die Aufzeichnung der Geschwindigkeit geschieht auf zwei gleichwertige Arten auf einem geschlossenen Papierstreifen von 5 mm/min Vorschub:

a) mittels Stahlstiftes, der nicht nach gleichen Zeit-, sondern Wegabschnitten (je nach Bedarf 25, 50, 100, 200 m) ein Loch einschlägt;

b) mittels Messing- bzw. Graphitstiftes, der auf Chromo- bzw. gewöhnlichem Papier fortlaufend notiert; in diesem Fall werden durch einen besonderen Umlaufzähler 100 m-Marken eingeschlagen.

In beiden Fällen wird außerdem oben und unten die Zeitteilung von 5 mm/min (bei hohen Grenzgeschwindigkeiten Vorschub von 10 mm/min) eingestochen. Die Bewegung des Streifens geschieht durch Uhrwerk mit Ankerhemmung und Unruhe, welches sich selbsttätig durch die Bewegung der Maschine aufzieht und nach Stillstand derselben 30 Minuten weiterläuft; zum Antrieb dient ein einfacher Schalthebel, der durch ein auf der Achse des Ankerrades sitzendes Stiftrad gestoßen wird. Die Bewegung des Schreibstiftes o dagegen erfolgt von der Übersetzungsachse n der Rückstellfeder i aus durch den Ausschlag eines Stellhebels p.

Die Drehung kann hier natürlich nur in einem Sinn erfolgen; im entgegengesetzten schaltet ein Sperrad das Werk aus mittels Federklinke. Soll aber in beiden Richtungen kontrolliert werden können, der Antrieb also stets im gleichen Sinn erfolgen ohne Rücksicht auf die Fahrtrichtung, so muß zwischen Triebachse und Geschwindigkeitsmesser ein Umwender eingestellt werden (Abb. 14). Dieser ist ein Wechselgetriebe aus zwei konischen Rädern $a_1 a_2$, die auf der Achse b verschiebbar und durch Federn in der Lage gehalten werden; durch Klauenkupplungen $c_1 c_2$ sind sie mit der Achse verbunden. Je nach dem Sinn der Drehung kommt der eine oder andere zum Eingriff in die Achse des Geschwindigkeitsmessers, die deshalb stets im gleichen Sinn gedreht wird.

Im Grund genommen ist dieser Apparat trotz seiner Vielteiligkeit einfach und bedarf, von den Reibungen abgesehen, fast keiner Kraftäußerung, so daß der Verschleiß sehr gering ist; eine Nachprüfung von Zeit zu Zeit ist zur Erhaltung des Genauigkeitsgrades erforderlich.

3. Eine Art von elektrischem Beharrungsmesser bzw. Dämpfer ist das Wirbelstrom-Tachometer der Deutschen Tachometerwerke, Berlin,

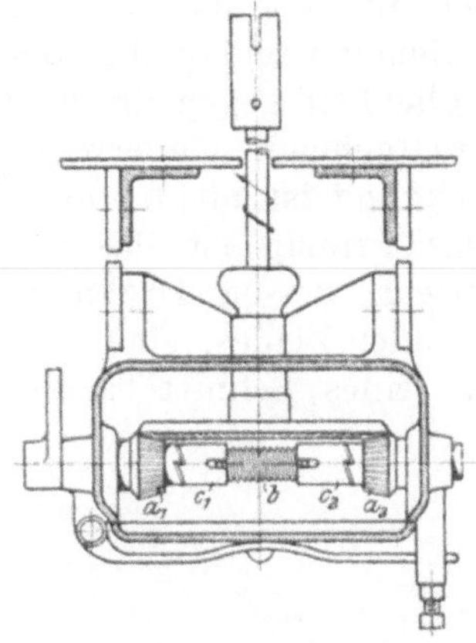

Abb. 14. Umwender.

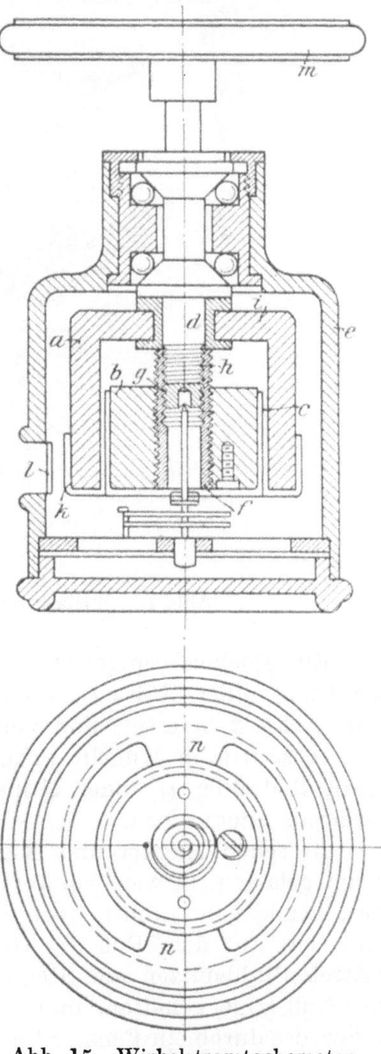

Abb. 15. Wirbelstromtachometer (für Werkzeugmaschinen).

das sich durch größte Genauigkeit und Empfindlichkeit, Dauereinstellung, Proportionalausschlag (bis 320° gehend), geringsten Kraftverbrauch, Unempfindlichkeit gegen Erschütterung, Selbstschmierung, beliebige Eichbarkeit, weitgehende Unverwüstlichkeit und Einfachheit, auszeichnen soll. Aufzeichnung ist nicht eingerichtet.

Das Prinzip ist das eines Kurzschlußankers in einem rotierenden Magnetfeld, dessen Drehmoment, proportional der Geschwindigkeit des umlaufenden Feldes, eine Feder verdreht, und ist am leichtesten aus dem Schema eines Schnitt-Tachometers für Werkzeugmaschinen zu ersehen (Abb. 15).

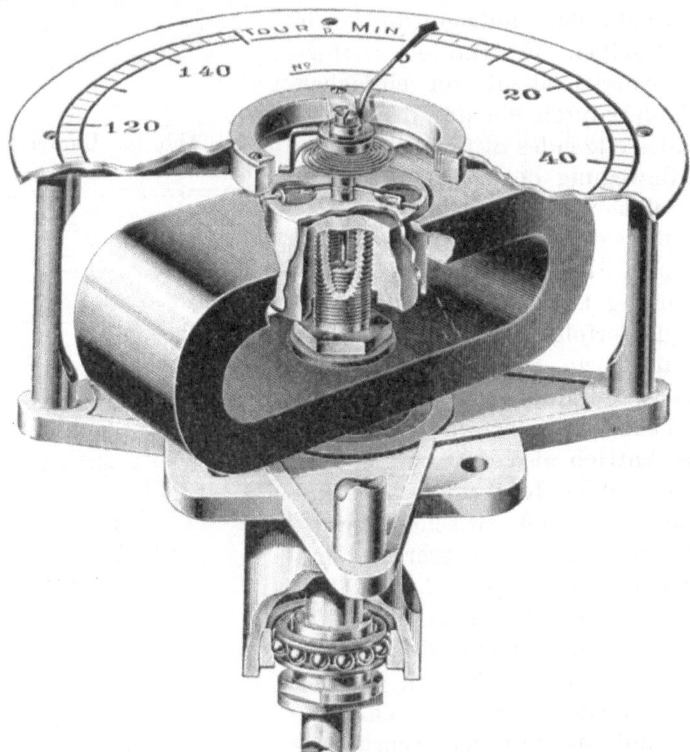

Abb. 16. Wirbelstromtachometer (für Kraftmaschinen).

Ein glockenförmiger Dauermagnet a und ein mit ihm unter Zwischenschaltung einer Hülse h koaxial verbundener Weicheisenkern b sind auf einer Achse d befestigt und von ihr durch unmagnetische Büchsen isoliert; die Achse ist in Kugeln gelagert und wird durch Darmsaite (Schnurlauf), Reibräder m, oder Kupplung mit biegsamer Welle usw. nach Erfordernis angetrieben.

Zwischen Magnet und Kern ist ein 1 mm breiter ringförmiger Spielraum gelassen, in welchem aufs Genaueste ausbalanziert der aus Aluminium bestehende sehr dünne, trommelförmige Anker c schwingt. Derselbe ist einerseits auf dem Fuß des Gehäuses e, anderseits im Innern der Hülse h mittels Stahlspitzen auf Steinen gelagert, wird durch eine Spiralfeder in der Null-Lage gehalten, und wiegt einschließlich derselben und des Zeigers (oder des durch ein Fenster l beobachteten Skalenbogens k) kaum 2 Gramm.

Wird die Magnetachse in Drehung versetzt, so entstehen in dem

Aluminiumanker Wirbelströme, die auf Drehung desselben wirken und mit der entgegengesetzten Wirkung der Feder zusammen einen Ausschlag des Ankers hervorrufen, der, wie erwähnt, der Umlaufzahl der Welle proportional ist.

Für Kraftfahrzeuge, z. B. Lokomotiven, ist das Magnetfeld zum Zweck einer möglichst empfindlichen Einstellung noch verstärkt, indem statt des glockenförmigen ein ⌣ förmiger Magnet verwendet ist. Wirbelströme im Eisenkern selbst sind, da derselbe mit umläuft, auch in diesem Falle vermieden, was zur Energie des Drehfeldes beiträgt (Abb. 16).

Die Skala ist nur für eine Drehrichtung bestimmt.

B. Totalisierende Messer.

Hier wird die Geschwindigkeit, entweder nachträglich oder durch den Apparat selbst, aus den einzeln gemessenen Zeit- und Wegabschnitten zusammengestellt; es ist also die mittlere Umfangsgeschwindigkeit bzw. Umlaufzahl für kurze Zeitteile die zu bestimmende Größe, und zwar um so genauer, je kürzer die Zeitteile gewählt werden. Die wirkliche Geschwindigkeit jedes Augenblicks läßt sich dagegen nicht mit theoretischer Sicherheit feststellen, obwohl die praktische Sicherheit so ziemlich dieselbe ist wie bei den vorigen Apparaten und dem wirklichen Bedürfnis jedenfalls genügt. Von mindestens einer Größe (Zeit) wird die Messung zwangläufig bewerkstelligt.

1. Getrennte Zeit-Wegmessung.

Der elektromagnetische Zeitwegmesser (Abb. 17) ist eine Umkehrung des Streckenkontaktmessers. Auf irgend eine Weise wird ein Papierstreifen durch die Achse a, deren Geschwindigkeit gemessen werden soll, in Vorschub versetzt, immer proportional jener Geschwindigkeit. Ein Strich, den ein Stift b am Ende eines Ankers c auf dem Streifen zieht, wird in dem Augenblick nach der Seite verschoben, wo der Strom durch das Schaltrad d einer Uhr geschlossen wird; bei der kurz darauf folgenden Unterbrechung des Stroms schnellt der Anker infolge einer Feder e in die frühere Lage zurück. Aus dem Papiervorschub c mm/km, dem Abstand a mm der Mittelpunkte der entstandenen Strichknicke und der Zeitfolge t sek derselben läßt sich die Zuggeschwindigkeit V km/st ermitteln zu

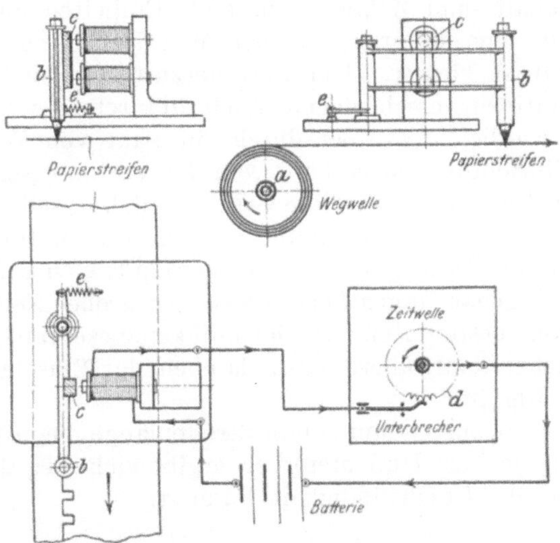

Abb. 17. Elektromagnetischer Zeitwegmesser.

$$V = \left(\frac{3600}{ct}\right) a = Ca.$$

Danach ist der Geschwindigkeitsmaßstab mit gleichmäßiger Teilung anzulegen; für genügende Genauigkeit muß der Papiervorschub rasch erfolgen, was entsprechend großen Papierverbrauch erfordern würde bei Verwendung von fortlaufenden schmalen Streifen.

Es ist deshalb ein endloses Band von ziemlicher Breite anzuwenden, auf dem die Unterbrechungen entweder in engen Schraubenwindungen notiert werden, indem sich die Achse der Schreibtrommel vom Uhrwerk aus so verschiebt, daß auf jeden Umlauf des Bandes ein Schraubengang kommt, oder so, daß nach jedem Umlauf die Parallelverschiebung der Schreibtrommel mittels Schaltrad auf einmal bewirkt wird.

Das Verfahren ähnelt sehr dem Loggen der Schiffsbewegung und leidet auf alle Fälle an mangelnder Übersicht, geringer Empfindlichkeit gegen Geschwindigkeitsänderungen und an der Notwendigkeit der nachträglichen Ausmittelung der großen Zahl von Beobachtungswerten.

Es lassen sich auch nach Belieben Vertauschungen treffen: der Antrieb des Papierbandes kann durch das Uhrwerk bewirkt werden, das Aufzeichnen der Unterbrechungen von der Achse aus geschehen, also gleiche Zeit-, aber ungleiche Wegteilung; gleichgültig ist dann in letzter Linie, ob die Übertragung seitens des Wegmessers elektrisch oder mechanisch geschieht. Auf die letztere Art wirkt

der Chronotachymeter der Paris-Lyon-Mittelmeerbahn. Durch ein Uhrwerk, welches von der Triebachse selbst aufgezogen wird, wird eine Schreibtrommel von 10 cm Durchmesser in 10 Minuten einmal gedreht. Sie ist besteckt mit einem geschlossenen Blatt Papier mit zehn Längsteilen zu je einer Minute und 45 Zeilen von je $^1/_2$ cm Höhe, um welche nach jeder Drehung die Weiterschaltung erfolgt; die verfügbare Dienstzeit eines Blattes ist daher $10 \cdot 45$ Minuten $= 7^1/_2$ Stunden. Auf dieses Blatt werden durch Schalt- und Zählwerk in zwei Einheiten die Umlaufzahlen eingeschlagen; die eine so groß, als der Wegstrecke von 1 km entspricht, die andere 40 mal kleiner. Um dies herzustellen, sind für jede Gruppe von Lokomotiven verschiedenen Triebraddurchmessers verschiedene Schaltwerke erforderlich, was aber durch ein Paar von Wechselrädern erfüllt wird. Die Einrichtung ist deshalb, von den vorhin geschilderten Nachteilen abgesehen, einfach, zeigt aber die Geschwindigkeit selbst nicht an; sie eignet sich bei hohen Geschwindigkeiten nur für die Bestimmung innerhalb größerer Zeiträume (halbe bis ganze Minuten) gut, kleine Geschwindigkeiten dagegen werden genau angegeben infolge der großen Zeitteilung, so daß das Einhalten von bestimmten Geschwindigkeitsbeschränkungen an einzelnen Punkten sicher kontrolliert wird, da eben das Einschlagen der Marken ganz zwangläufig ist.

Kommen auf x mm Streifenlänge beim Raddurchmesser D m a Marken (zu je vier Umläufen), so ergibt sich bei den angegebenen Verhältnissen für die Geschwindigkeit V km/st:

$$V = \left(24{,}1\,D\right)\frac{a}{x} \quad \text{oder} \quad V = Ca,$$

wenn D und x als Konstanten eingesetzt werden. Der Maßstab kann danach mit gleichmäßiger Teilung angelegt werden.

2. Vereinigte Zeit-Wegmessung.

Bei dieser besorgt der Apparat selbst die fortwährende Berechnung der Geschwindigkeit aus den getrennten Angaben des Weg- und des Zeitmessers, die sich in gleichen, kleinen Zeiträumen wiederholen und, vom toten Gang der Gesamtanordnung abgesehen, wegen der Zwangläufigkeit aller Teile unbedingt genau sind, aber nur für die mittlere Geschwindigkeit jener Zeiträume gelten können. Hierher gehören drei bemerkenswerte Apparate:

Der Geschwindigkeitsmesser von Flaman zeigt die Geschwindigkeit und außerdem in Perioden zu je zehn Minuten die Zeit; ferner schreibt er auf einem fortlaufenden Streifen mit gleichförmiger Wegteilung die Geschwindigkeiten, Wege und Zeiten auf. (Abb. 18.)

Die Geschwindigkeit wird gemessen durch den Winkel, den ein Schaltrad a in der Zeiteinheit infolge der Tätigkeit eines Schalthebels b beschreibt. Dieser wird von einer vierkantigen, proportional zu der Antriebsgeschwindigkeit sich drehenden Achse A_1 bewegt, am Anfang der Zeiteinheit durch einen Schaltdaumen c in das Rad a eingesetzt und am Ende der Zeiteinheit durch einen andern Hebel d seitens der Uhrwelle A_2 ausgelöst, so daß das Schaltrad unter der Wirkung seiner Rückstellfeder und Gegenwirkung eines ebenfalls in dieser Zeitteilung einfallenden Stelldaumens e seine augenblickliche Stellung beibehält. Die Geschwindigkeit wird angezeigt auf einem Zifferblatt durch einen Zeiger f, der am Ende jeder Zeiteinheit einen dem messenden Winkel des Schaltrades a proportionalen Ausschlag einnimmt. Die Zeiteinheit ist 0·48 sek, so daß in einer Stunde die Messung 750 mal erfolgt; der Drehungssinn der Antriebswelle bleibt außer Einfluß. Die Aufzeichnung der Geschwindigkeit geschieht durch Übertragung des Winkelausschlags mit Hilfe eines

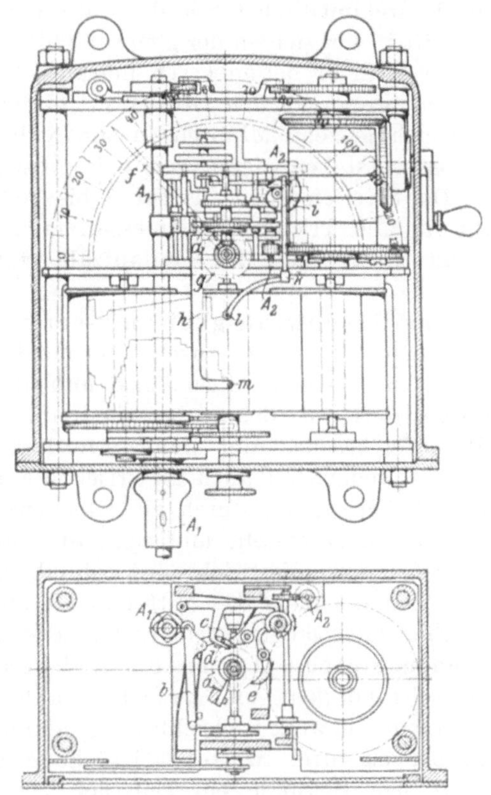

Abb. 18. Geschwindigkeitsmesser von Flaman.

Zahnsegments g, das auf eine Zahnstange h wirkt; diese markiert die Geschwindigkeit in senkrechten proportionalen Ordinaten auf einem nach dem Maßstab von 0·4 mm/km in je 10 km/st eingeteilten, bis 130 km/st gehenden Streifen.

Dieser Streifen (Fig. 19) wird nicht durch Uhrwerk, sondern durch

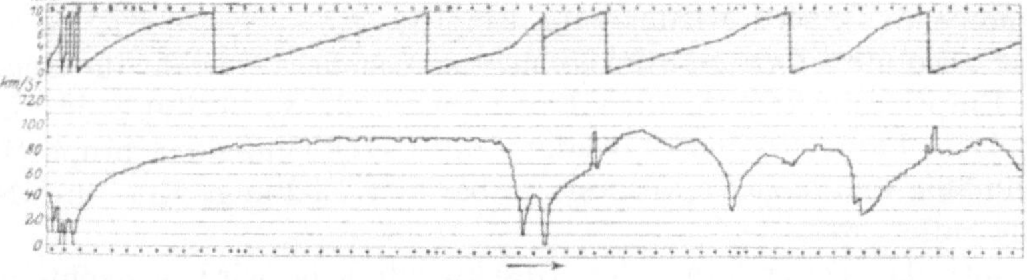

Abb. 19. Geschwindigkeitsmesser von Flaman: Aufzeichnungsmuster.

die Antriebswelle vorgeschoben, er gibt also nicht Zeit-, sondern gleich-
förmige Wegteilung; es wird deshalb von diesem Apparat die Weg-
Geschwindigkeitskurve entworfen. Marken zu 5 mm Teilung geben 1 km-
Strecken und Doppelmarken 20 km an.

Die Zeit wird von einem Uhrwerk aus in Perioden von je zehn Minuten auf einem besonderen Zifferblatt angegeben, das vom Zeiger in diesem
Zeitraum einmal umlaufen wird. Es ist in 40 Teile geteilt, jeder bedeutet also $^1/_4$ min $= 15$ sek. Die Aufzeichnung der Zeiträume wird erhalten durch Übertragung der gleichförmigen Drehung dieses Zeigers
mittels archimedischer Spirale i auf einen an dieser aufgehängten Stiel k
mit Stift l, der sich in der gleichen Ordinate oberhalb des Geschwindigkeits-
schreibstiftes m befindet; er markiert die Zeit deshalb ebenfalls in senkrechten, proportionalen Ordinaten mit einem Maßstab von 2 mm/min und
fällt nach je zehn Minuten in die Null-Lage zurück, so daß sägeförmige
Kurven entstehen, deren vertikale Abstürze die Haltezeiten angeben.

Der Streifen reicht aus für 6 bis 7000 km. Ein und derselbe Apparat
paßt für alle Triebraddurchmesser, falls durch das Winkelvorgelege dafür
gesorgt wird, daß die Umlaufzahl für die Wegeinheit immer gleich
groß ist.

Der Geschwindigkeitsmesser von Hasler, Bern (Abb. 20) versucht, eine fortgesetze Anzeige der möglichst augenblicklichen Geschwindigkeit mit der zwangläufigen, also unbedingt genauen Messung zu verbinden.
Er registriert wie der vorige die Fahrgeschwindigkeit, Fahrzeit, Aufenthalte, Wegstrecke, und wenn erforderlich, Handhabung der Bremse; er
zeigt im Bedarfsfall auch akustisch die Überschreitung der zulässigen Ge-
schwindigkeitsgrenze durch ein Glockenzeichen an. Der Zeiger wird jede
Sekunde neu eingestellt und zeigt die mittlere Geschwindigkeit der letzten
zwei Sekunden; die Stiche des Schreibwerks erfolgen alle drei Sekunden
und geben ebenfalls das Mittel der letzten zwei Sekunden an.

Eine mehrgängige, feingeschnittene Schraube a dreht sich infolge fester
Verbindung (Achse A_1) mit der Radachse des Triebrades proportional der
Zuggeschwindigkeit und zwar lose auf einer Achse A_2, die selbst wieder
von einem Uhrwerk b gleichförmig gedreht wird. Um diese Schraube sind
konzentrisch drei Mutter-Teilstücke c gelagert; vermittelst Uhrwerkes
kommt jede Sekunde ein Teilstück zum Eingriff und wird genau nach
zwei Sekunden Eingriff wieder von der Schraube getrennt. Während
dieser Zeit wird das Teilstück auf seiner Achse d gehoben, und zwar um so
höher, je rascher sich die Scheibe dreht, d. h. je größer die Fahrgeschwindigkeit des Zuges ist; letztere wird also durch die Hubhöhe des Stückes in
der Zeiteinheit gemessen.

Für das Zurückfallen des ausgelösten Mutterstückes in seine Ruhelage ist die Zeitdauer einer Sekunde lang genug; nach Ablauf dieser Sekunde kommt das Stück wieder zum Eingriff.

In der absoluten Zwangläufigkeit liegt eine sichere Gewähr für Genauigkeit und Empfindlichkeit in allen Lagen, weshalb die Teilung des Zifferblattes und des Papierstreifens unbedingt der Geschwindigkeit proportional,
also gleichmäßig und dazu vorausbestimmbar ist; Eichung, Ein- und Nach-
regulierung fallen weg.

Die optische Darstellung der Geschwindigkeit wird erreicht durch
einen Zeiger e, der auf einseitiger Bogenskala spielt und jede Sekunde neu

gestellt wird. Zu diesem Zweck heben die erwähnten Mutterstücke ein
die Schraube umgebendes Ringstück f, das an einem Schlitten g geführt ist
und mit dessen Hilfe eine Zahnstange h in die Höhe schiebt; diese greift
in ein Zahnsegment i auf der Zeigerachse k ein. Das Rückfallen des Zeigers
in die Anfangslage beim zweisekundlichen Auslösen wird verhütet durch

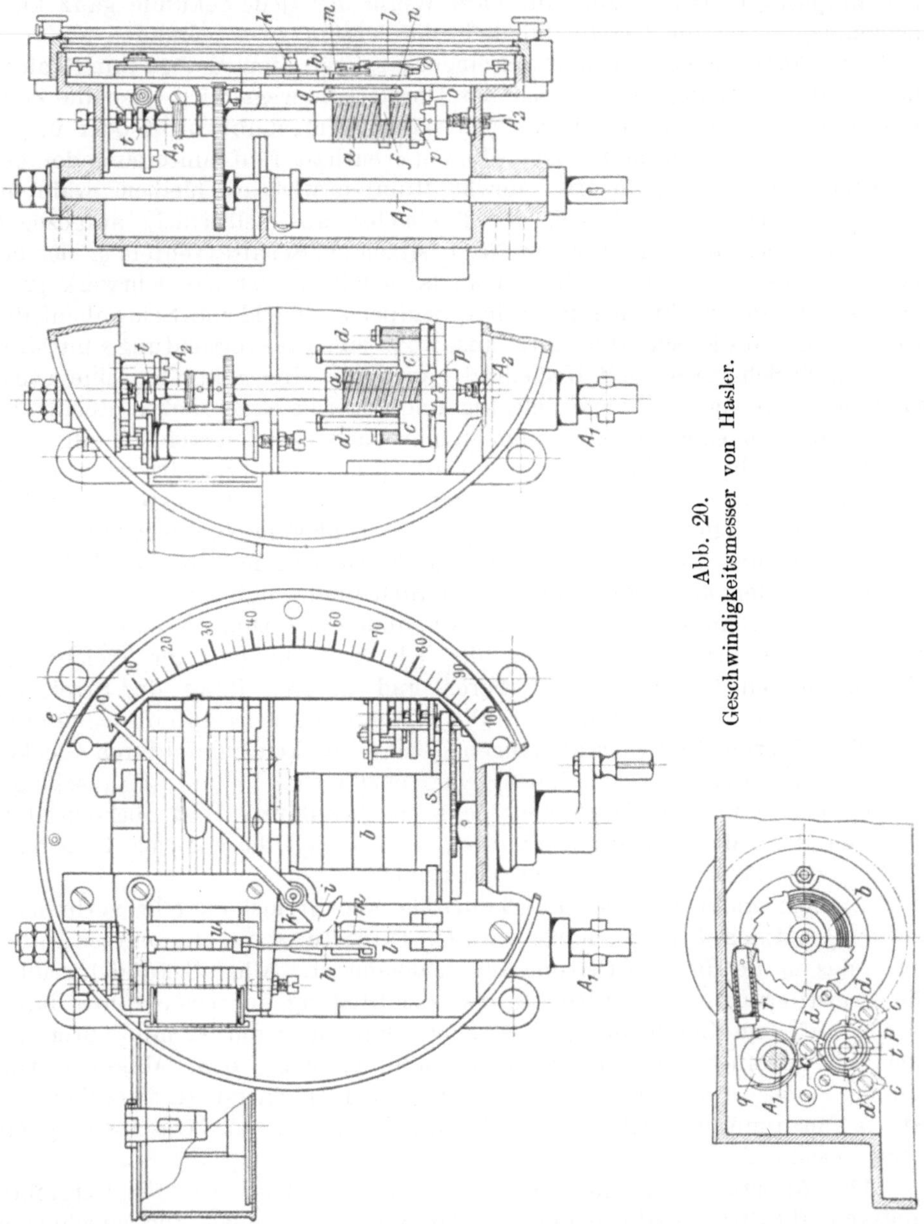

Abb. 20.

Geschwindigkeitsmesser von Hasler.

einen Winkelhebel l, der einerseits durch drei kleine Sperrkegel m den Rücken
des Schlittens festhält, andererseits durch Feder n angedrückt, mittels einer
kleinen Rolle o kraftschlüssigen Sitz auf dem Umfang einer Kerfenscheibe p
hat; diese ist befestigt auf der Uhrwelle A_2, dreht sich deshalb gleichförmig,
und zwar bildet sie den Sitz der über die Uhrwelle lose aufgeschobenen

Schraube a. Infolge der Sekundenteilung dieser Scheibe erfolgt sekundliches, nur augenblicklich dauerndes Auslösen der Sperre und Zurückfallen des Zahnstangenschlittens g auf das soeben am höchsten stehende Mutterstück, unmittelbar vor der zweisekundlichen Auslösung des letzteren. Da die in zwei Sekunden von jedem Mutterstück erstiegene Höhe der Zuggeschwindigkeit proportional ist, so gibt auf diese Weise der (jede Sekunde ganz kurz zuckende) Zeiger die Geschwindigkeit der letzten zwei Sekunden an.

Das Aufzeichnen geschieht auf einem Papierstreifen von 40 mm Skalenhöhe und 40 m Länge, der durch das Uhrwerk bewegt wird, also die Zeit-Geschwindigkeitskurve aufnimmt, mit einem Vorschub von 4 oder 6, gelegentlich auch 8 mm/min. Das Uhrwerk enthält fünf hintereinander geschaltete Spiralfedern, die etwa für 30 Minuten wirksam bleiben; während der Fahrt wird es jedoch von der Triebachse aus selbsttätig aufgezogen mit Hilfe eines auf der Antriebwelle A_1 sitzenden Schaltexzenters q, das bei jeder Drehung um einen Zahn vorwärts schaltet. Ist das Uhrwerk ganz aufgezogen, so drückt sich im Schaltstempel r eine kleine Schraubenfeder zusammen und die Schaltung setzt aus, wozu eine Stellvorrichtung s mithilft.

Durch Schaltwerk mit Kerfenrad t wird alle drei Sekunden eine ebenfalls an der Zeigerzahnstange gelenkig und federnd angebrachte Stechnadel in den Streifen eingeschlagen, unmittelbar nach der Zeigereinstellung, wodurch die Geschwindigkeit registriert wird. Ein weiteres Schaltwerk zeichnet Wegmarken an der Grundlinie des Streifens, die bei Höchstgeschwindigkeiten von 30, 40, 50, 60, 90, 125 km/st Einheiten von bzw. 200, 250, $333^1/_3$, 400, 500, 1000 m darstellen, durch Anwendung von zwei Schaltdaumen werden diese Einheiten erforderlichenfalls halbiert.

Auf den Schubwalzen des Streifens befinden sich zum Zweck der zwangläufigen Mitnahme (Verhinderung des Gleitens) Spitzen, die gleichzeitig Zeitmarken einstechen in den oberen und unteren Rand des Streifens; Einheit 1 min = 4 mm; größere Einheit (Doppelmarken) 15 min = 60 mm.

Das Überschreiten der zulässigen Geschwindigkeit kann (durch Glocke) akustisch angezeigt werden, indem ein Hebel durch Federkraft anschlägt, sobald die Hebung der Mutterteilstücke das bestimmte Maß überschreitet. Je nach dem Maß der Überschreitung äußert sich diese durch 1, 2 oder 3 Glockenschläge, und zwar alle 3 Sekunden.

Endlich kann mit der Fahrkontrolle die Bremskontrolle verbunden werden. Auf dem Kastengehäuse wird ein Bourdonsches Manometer aufgesetzt, das an die Hauptluftleitung angeschlossen ist. Alle 3 Sekunden erfolgt die Registrierung des Luftdrucks bzw. der Stellung der Druckröhre durch Stiche auf dem Geschwindigkeitsstreifen, mit einer um 12 mm unter der obersten Kilometerlinie liegenden Grundlinie, nach dem Maßstab von 1 mm = 1 at. Um einer Kollision der beiden Markierstifte vorzubeugen, ist die Spannungsregistrierung um 10 mm rückwärts zur Geschwindigkeit verschoben.

Der Apparat ist in gleicher Weise für Schnellzug- wie für Berglokomotiven, für Straßenbahnen und Automobile usw. geeignet; für verschieden hohe Höchstgeschwindigkeiten sind nur andere Zifferblätter und andere Übersetzungsgetriebe nötig. Eine Umkehrvorrichtung ist auch hier erforderlich, und aus dem letzten Grund mit auswechselbaren Winkelrädern zu versehen, wie bei Peyer, Favarger & Cie., Neuchâtel. Gering sind die Fehler durch „Streuung“, d. h. Abweichung der Punkte von der gleichförmigen Einhaltung der Markierrichtung, die sich auch bei ganz unveränderlichem Bewegungszustand nicht vermeiden lassen, von der gegenseitigen Lage der Eingriffsstücke in der Steigschraube herrühren, bzw. von der 2-sek Unterbrechung des Eingriffs, sowie von der Abrundung der Bruchteile der rechnungsmäßig erforderlichen Zähnezahlen auf Ganze, — aber vorhanden sind sie leider, da sich eben nun einmal die Zwangläufigkeit nicht mit der Dauerwirkung ganz vereinigen läßt. Leicht zu korrigieren ist der aus der Abnutzung der Radreifen sich ergebende Fehler.

Der Geschwindigkeitsmesser von Haußhälter (gebaut von Seidel & Naumann A.-G., Dresden) ist im Grundgedanken der Vorläufer des Haslerschen und gleicht diesem im Äußern und in vielen Einzelheiten; sehr verschieden ist aber die Art der Verbindung zwischen Zeit- und Wegmeßwelle. (Abb. 21.)

Die Wegwelle I, deren Drehgeschwindigkeit proportional der Zuggeschwindigkeit ist, übersetzt mittels Schraube a und Schraubenrad b ihre Bewegung auf eine kurze wagerechte Walze c, die ein Rädchen d mit feinen Zähnen trägt. Auf der Zeitwelle II dagegen, vom Uhrwerk gleichförmig gedreht, befindet sich verschiebbar, aber nicht relativ drehbar, ein Fallstück e; die untere, dicke Hälfte, als Luftpuffer ausgebildet, trägt auf dem Umfang feine, parallele Rillen, in welche das erwähnte Walzenrädchen d eingreift, so daß es bei seiner Drehung das Fallstück mit in die Höhe nimmt. Da nun die Rillen durch eine der Achse parallele breite Nut f ausgeschnitten sind, welche infolge der Drehung der Zeitwelle in stets gleichen Zeitteilen den Eingriff der Rillen auslöst und das Fallstück zum Zurückfallen bringt, so sind die von letzterem in der Zeiteinheit erstiegenen Höhen der Zuggeschwindigkeit proportional.

Ist das Fallstück wieder in der Ruhelage angekommen, so muß der erneute Eingriff der Rillen gesichert werden. Dazu dient ein unter die Antriebsschnecke a gesetzter Teller g mit schrauben-

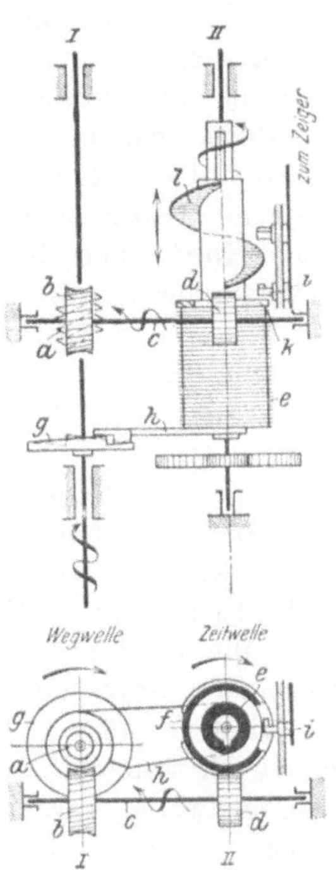

Abb. 21. Geschwindigkeitsmesser von Haußhälter.

förmigen Kronzähnen, deren Höhe gleich der Rillenteilung ist und auf die sich eine Unterlegplatte h stützt; diese dient als Aufschlag des Fallstücks und umklammert die beiden Wellen lose zur Verhinderung der Drehung. Um denselben Betrag, um den sich die Höhenlage der Rillen ändert, ändert sich dann auch diejenige der Walzenzähne, da ein fortwährendes geringes Heben und Senken des Fallstückes eintritt; es ist also immer der Eingriff gesichert.

Der Zeiger wird alle 12 bzw. 6 Sekunden neu eingestellt, und zwar mit Hilfe eines vertikal in der Zeigerplatte verschiebbaren Stiftes i, dessen Höhenlage einerseits durch einen Ring k über dem Fallstück, anderseits durch einen sehr steilen Schraubengang l in beiden Richtungen bestimmt wird; die freibleibende Fallhöhe ist der veränderliche Raum zwischen diesem Gang und dem Ring. Unmittelbar vor dem Herabfallen des Fallstückes muß der Stift die niedrigste Lücke, am unteren Ende des Ganges, passieren und sich deshalb nach dem Unterschied der Hubhöhen zwischen diesem und dem letzten Spiel einstellen; eine Verkleinerung derselben bewirkt durch den Gang ein Herunterdrücken, eine Vergrößerung durch den Ring ein Hinaufdrücken des Stiftes, der durch Zahnstange und Zahnsegment seinen Ausschlag auf einen Zeiger überträgt.

Durch einen breiteren Teil der Ringfläche auf einer Hälfte wird ein zweiter Stift in derselben Weise beeinflußt und wirkt auf ein zweites Zahnsegment mit entsprechend verändertem Halbmesser. Der Zeiger wird in jeder Lage durch eine leichte Schleppfeder festgehalten, und zweimal bei jeder Drehung der Zeitwelle abwechselnd durch die beiden Stifte, d. h. alle 6 Sekunden, gestellt.

Durch ein Daumenrad wird alle 12 Sekunden ein federnder Hammer, in dem sich eine von der Zeigerzahnstange festgehaltene Spitze vorschiebt, gegen den Papierstreifen geschnellt und wieder herausgezogen in dem Augenblick, wo das Fallstück fällt, der Zeiger also in Ruhe ist.

Hat das Fallstück eine bestimmte, der Höchstgeschwindigkeit entsprechende Höhe erreicht, so hebt es bei weiterer Hebung einen Stift aus, dessen Kopf einen durch Daumenrad von der Antriebswelle aus bewegten Federhammer auslöst; es erfolgt ein Glockenzeichen, da beim Fallen des Fallstückes der Hammer wieder gestellt wird; für je 5 km/st Überschreitung ein weiteres, also bei 10 km/st 3 Schläge rasch hintereinander.

Im übrigen ist der Apparat, abgesehen von der Vorrichtung zur Bremskontrolle mit sämtlichen Beigaben des vorigen ausgerüstet; das Uhrwerk, mit Feststellung und Ausschaltung versehen, zieht sich nach 30 Minuten Laufzeit selbsttätig auf.

Papiertransport 4 mm/min; Zeitmarken durch die Mitnehmernadeln der Walzen alle $1^1/_2$ Min. = 6 mm oben und unten; Zeitzwischenmarken unten alle 15 Min. = 60 mm; Wegmarken alle 500 m (durch Zählwerk mit Federnadel) unter der Grundlinie. Höhe der Streifenskala 40 mm; Länge des Streifens 45 m. Wiederaufwicklung des Streifens selbsttätig durch Schaltwerk von der Maschine aus. Verbindung der Antriebswelle mit der Maschinenwelle durch Klauenkupplung, die in der Rückwärtsdrehung auslöst.

C) Differentialisierende Messer.

Bei diesen wird mittels Differentialräderwerkes die zu messende Geschwindigkeit mit einer bekannten verglichen. Sie vereinigen in sich die Vor- und Nachteile der beiden andern Gruppen, d. h. sie besitzen eine gewisse Zwangläufigkeit bei einer gewissen Dauerwirkung, beides aber nicht in unbegrenztem Maß, so daß der Genauigkeitsgrad ebenfalls nur ein beschränkter ist. Hierher gehört

der Geschwindigkeitsmesser im Versuchswagen
der französischen Westbahn (Abb. 22),

ein durch seine Einfachheit auffallender Apparat. Er besteht aus einem Paar winkelrechter Reibräder, das eine als Planrad a_1 von großem Durchmesser auf der Zeitwelle II sitzend, d. h. von einem Uhrwerk gleichförmig gedreht, das andere in Gestalt einer Reibrolle a_2 von geringem Durchmesser als bewegliche Mutter ausgebildet zu einer Spindel b, die durch Kegelräder von der Wegwelle I (Maschine) angetrieben wird und in radialer Richtung quer über das Planrad geführt ist. Durch eine zum Planrad parallele Führungsscheibe *c* wird diese Rolle gegen das erstere gepreßt und gezwungen, die Umfangsgeschwindigkeit des Berührungspunkts anzunehmen. Dadurch erfolgt ein Fortschrauben auf der Spindel, also eine zunehmende Radialverschiebung, die aber durch die entgegengesetzte Drehung der Spindel aufgehoben wird, sobald die Umfangsgeschwindigkeiten von Mutter und Spindel im Eingriff einander gleich sind. Eine einfache Betrachtung zeigt, daß der Radialausschlag der Reibrolle der Geschwindigkeit der Antriebswelle proportional ist, daß also beim Stillstand der Maschine die Rolle sich genau in der Mitte der Zeitscheibe

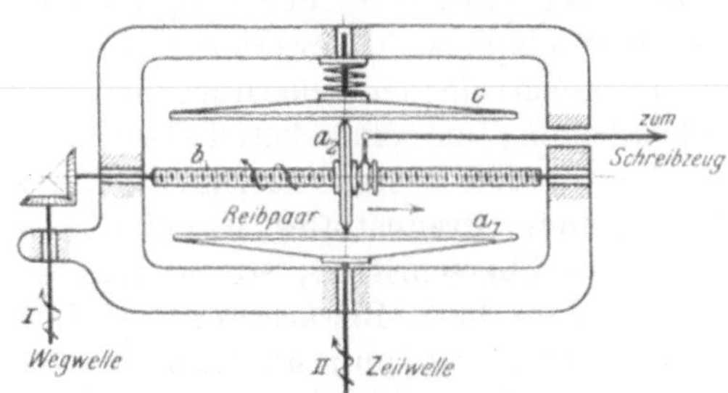

Abb. 22. Differentialisierender
Geschwindigkeitsmesser.

halten muß, weil sie beim geringsten Ausschlag nach der einen oder andern Seite durch die Drehung der Zeitscheibe zurückgedreht würde. Die anfängliche Stellung der Rolle und der Drehsinn der Maschine ist gleichgültig, es erfolgt auf alle Fälle positiver Ausschlag, von der Mitte aus mit stabiler Einstellung, indem sich die Stellkräfte vernichten; ein (gedachter) anfänglich negativer Ausschlag dagegen bewirkt keine Labilität, sondern macht durch Verstärkung der nun im gleichen Sinn wirkenden Stellkräfte sofort wieder der astatischen Mittelstellung und dann dem stabilen Zustand Platz.

Die Verbindung der Rolle mit Zeiger und Schreibwerk macht keine Schwierigkeit.

II. Heizkontrolle.

Für gewöhnlich wird über den Verbrauch des Heizstoffes und seine Beziehung zur Maschinenleistung, sowie über die wirtschaftliche Ausbeutung desselben nur insofern Kontrolle geübt, als eben für jede Lokomotive der erfahrungsmäßige Gesamtverbrauch nachträglich aus der Zahl der Beschickungen von bekannter Größe ohne besondere Verantwortung der Mannschaft ermittelt und zu der Laufleistung (Einheit : Lokomotivkilometer) oder Zugleistung (Einheit : Tonnenkilometer) ins Verhältnis gesetzt wird, was wesentlich finanziell-statistischen Zweck hat. Durch Kohlenprämien, Einführung dampfsparender Bauarten, wie Lokomotiven mit Verbundwirkung, Überhitzung, Speisewasservorwärmung, sucht man den Heizstoffverbrauch möglichst einzuschränken und auch durch gelegentliche Probefahrten den Einheitsverbrauch wissenschaftlich zu bestimmen.

Wie aber jede einzelne Lokomotive das ihr übermachte kostbare „Heizgut" ausbeutet, und wie die Mannschaft damit wirtschaftet, darüber fehlt gerade im Lokomotivbetrieb bis heute jede Kontrolle, schon aus dem Grund, weil der Führerstand ohnehin mit Apparaten überladen ist und man der Mannschaft den heute genug anstrengenden Dienst nicht noch schwerer machen möchte. Jedoch läßt sich ohne große Belästigung der Mannschaft und ohne nennenswerte Beladung des Führerstandes auf bequeme Art eine Heizkontrolle einrichten, die sich zum Vorteil des Kohlenkonsumenten nicht mehr auf die bloße Quantität des Verbrauchs, sondern auch auf die Qualität des Verbrennungsvorgangs richtet.

Es handelt sich also um die Messung des Heizeffekts, und zwar nicht nur um eine vorübergehende zu reinen Versuchszwecken, sondern um eine dauernde im Betrieb und deshalb selbsttätige, das einzige Mittel, durch das eine gute, richtige Ausbeutung des Heizstoffes, eine richtige Beurteilung der Güte der Feuerungsanlage und eine gerechte Überwachung der Mannschaft sich bewerkstelligen läßt; ein Zweifel besteht nicht, daß die bestkonstruierten Feuerungsanlagen bei nachlässiger Bedienung zu den schlechtesten, die einfachsten dagegen in geschickten und aufmerksamen Händen zu den besten werden. Denn zur Verbrennung einer bestimmten Menge eines Brennstoffes ist eine bestimmte Menge Luft erforderlich; wird diese überschritten, so entsteht ein Wärmeverlust durch Abkühlung der Heizgase bzw. Erwärmung des Luftüberschusses auf die Temperatur der letzteren. Da nun sämtliche Verbrennungen zur Bildung von Wasser und Kohlensäure führen sollen, so ist die letztere um so weniger in den abziehenden Heizgasen prozentual enthalten, je größer der Luftüberschuß ist, der sie verdünnt. Theoretisch sollten die Heizgase $21^0/_0$ Kohlensäure (und $79^0/_0$ Stickstoff) enthalten; mehr als 65 bis $70^0/_0$ dieses Betrages lassen sich jedoch praktisch nicht erzielen. In ungeschickter und nachlässiger Bedienung geht aber häufig der Kohlensäuregehalt bis auf $10^0/_0$ herunter. Bei einem Kohlensäuregehalt von 15 bis $20^0/_0$ und einer Abgastemperatur von 270^0 C beträgt der Heizstoffverlust nicht weniger als 12 bis $90^0/_0$, und bei der bekanntermaßen noch ungünstiger arbeitenden Lokomotive noch mehr, und zwar so, daß bei gleicher Abnahme des Kohlensäuregehalts eine immer raschere Zunahme des Verlustes erfolgt. Äußerliche Kennzeichen dafür gibt es nicht; wenigstens sind sie nicht deutlich: falsche Luftschieberstellung, verschlackter Rost, zu hohe oder zu niedrige Brennschicht, Lücken in derselben, oder gar überhaupt falsche Rostanlage bei im übrigen guter Bedienung, mögen die Gründe sein.

All dies zu erkennen und zu bessern ermöglicht die Beobachtung des Kohlensäuregehaltes der Rauchgase, also ein besonderer Fall der Analyse. Am besten eignet sich der selbsttätige, dauernd wirkende

Heizeffektmesser „Ados"

(„Ados" Feuerungstechnische Gesellschaft, G. m. b. H., Aachen) infolge seiner Einfachheit, Kleinheit und unbedingten Sicherheit gegen Abnützung und Störungen zu einer solchen Analyse. Es ist ein mit Schreibwerk verbundener, völlig sich selbst überlassener Orsatappart, der nur die Kohlensäure feststellt; der Ersatz der Kalilauge muß nach etwa 3000 Absorptionen, d. h. einer Dienstzeit von 8 bis 14 Tagen erfolgen. Im einzelnen dürfte dieser in die Lokomotivprüfung leider noch nicht eingeführte Apparat genügend bekannt sein, so daß seine Besprechung wegfallen kann.[1]

Die Wiederkehr der Analyse geschieht hier alle 10 Minuten, erforderlichenfalls noch häufiger, so daß der Apparat als totalisierend bezeichnet werden kann. Sein Wert würde sich durch Verbindung mit einem Zugmesser irgend welcher Art (Unterdruckmesser Phönix z. B.) noch erhöhen, der mit Registrierwerk auf demselben fortlaufenden Streifen aufzeichnen müßte.

---

[1] Zeitschr. Ver. deutsch. Ing. 1902, S. 320.

2. Wissenschaftliche Prüfungen.

Die wissenschaftlichen Prüfungen lassen sich einteilen in solche, die im Betrieb auf freier Strecke stattfinden, gleichgültig, ob mit leerfahrender Lokomotive zu besonderen Zwecken, wie z. B. zur Bestimmung ihres Eigenwiderstandes bzw. ihrer Leerlaufarbeit, oder ob mit ganzen Zügen außer Fahrplan oder endlich in fahrplanmäßigem Dienst, und in solche auf dem festen Stand, im „Prüffeld". Eine Vereinigung des festen Prüffeldes mit der Betriebsprüfung bildet gewissermaßen das fahrende Prüffeld: der Versuchswagen. Die Auswahl unter diesen Möglichkeiten richtet sich stets nach dem Zweck der Probe: ob die Lokomotive im einzelnen oder in ihrer Beziehung zum Zug untersucht werden soll, und im ersten Fall noch, ob es sich um die Einzelvorgänge und das Zusammenwirken derselben oder um bloße Kraft- und Geschwindigkeitsproben handelt.

A. Prüfungen im Betriebe.

I. Besondere Probefahrten.

Von der technisch-polizeilichen Abnahmeprüfung unterscheiden sich die wissenschaftlichen Probefahrten durch ihre willkürliche Veranstaltung, durch die freie Verfügung über die Grenzwerte der Leistungsfaktoren, besonders der Geschwindigkeit, durch den größeren Umfang der anzustellenden Beobachtungen und den zugeschnittenen Zweck derselben, der meistens außerhalb der bloßen Rennprobe liegt. Soweit diese mit in Betracht kommt, sind die Apparate der technisch-polizeilichen Prüfungen auch hier wieder anzuwenden: Geschwindigkeitsmesser jeder Art, Heizeffekt- und Unterdruckmesser, (registrierende) Dampfdruckmesser. Dazu kommt aber je nach Bedarf noch eine große Zahl von anderen Apparaten, bzw. Dauer- und Einzelbeobachtungen gewisser Größen und zufälliger Vorkommnisse, so daß man sämtliche Aufgaben einer Probefahrt folgendermaßen einteilen kann:

I. Feststellung allgemeiner Unterlagen, bei Probefahrten mit verschiedenen Bauarten von Lokomotiven zum Zweck des Vergleichs unerläßlich. Hierher gehört:

Angabe der genauen Zuglast, der Zahl der Wagen und Bauart derselben, und Zahl der Achsen; der Bauart der Lokomotive in bezug auf Radstände, Achsdrücke, Schwerpunktshöhe, Kurvengelenkigkeit, Hauptabmessungen von Kessel, Maschine und Tender (Faktoren der Leistung und des Aktionsradius), Luftschneideflächen usw.

Aufzeichnung der Geschwindigkeit als Funktion des Weges und der Zeit, Vermerkung der Anfahrzeit, der km-Zeiger an der Strecke, der Stationen, der Bremszeit, der Steigungen und Krümmungen an Hand des Streckenprofils. Bei Registrierwerken ist großer Papiervorschub, bis zu 10 mm/sek und möglichst kurze Meßzeit oder dauernde Messung erforderlich, um die Genauigkeit zu erhöhen und Raum für Zwischenwerte zu gewinnen; endlich Aufzeichnung der Windrichtung und Windgeschwindigkeit in bezug auf den Zug, sowie des relativen Luftdrucks gegen die Vorder- und Seitenfläche und des absoluten Luftdrucks des Zuges. Für den Wind dient ein Anemometer mit Fahne, deren Stellung gegen die Längsachse des Zuges dauernd registriert werden muß; am besten wird auch auf demselben Streifen mittels einfachen Zählwerks die Umlaufzahl in kleinen Einheiten vermerkt. Für den Luftdruck dient ein einfaches Heberbarometer mit vorwärtsgekehrter weiter Öffnung und mit Wasserfüllung, sowie ein gewöhnliches Barometer.

II. Untersuchung des Verhaltens von Lokomotive und Tender gegenüber Zug einerseits und Oberbau andererseits; ersteres mittels Zugkraftmessers (Dynamometers) irgend welcher Art, eingeschaltet zwischen Tender und Wagen an Stelle einer Kupplung; — letzteres mittels Messung der „störenden" und außerdem noch der zulässigen Bewegungen des Lokomotivrahmens gegenüber Drehgestellzapfen und Tenderrahmen; ferner der etwaigen Seitenverschiebungen von Laufachsen gegen den Rahmen; kurz: Aufnahme von Schlinger- und Zuckdiagrammen mit Hilfe von Armen am beweglichen Teil, die mit Übersetzung ihren Ausschlag auf eine durch Uhrwerk getriebene, auf dem festen Teil sitzende Papiertrommel übertragen. Zur Messung der störenden Bewegungen ist vereinzelt schon der Schlicksche Pallograph angewendet worden.[1])

Die Eigenschwingungszahl des Dynamometers darf nicht mit der zu erwartenden höchsten Zuckungszahl zusammenfallen, sondern muß darüber liegen, da sonst durch Resonanz eine derartige Verstärkung seiner Schwingungen entsteht, daß die Trennung der Massendrücke von den wechselnden Zugkräften nicht mehr möglich ist; die mittlere Zugkraft läßt sich nicht mehr ablesen, oder anders ausgedrückt, es läßt sich nicht mehr unterscheiden, ob es sich um Geschwindigkeitsänderungen des Gesamtschwerpunkts infolge des Wechsels der äußeren Kräfte oder um Teilschwingungen der Rahmenmassen infolge der inneren Trägheitskräfte mit Erhaltung des Gesamtschwerpunkts handelt.

III. Messungen an der Lokomotive als Kraftfahrzeug erstrecken sich auf Kessel und Maschine.

Bei ersterem wird Kohlen- und Wasserverbrauch im Verlauf der Fahrt, sowie die Ansammlung der Flugasche in der Rauchkammer, die Menge der zum Anfeuern verbrauchten Stoffe summarisch festgestellt. Nebenbei muß der unverbrannte Rückstand im Aschfall, der Kohlensäuregehalt der Abgase, die Temperatur derselben in der Rauchkammer, die Luftleere in der Rauchkammer, der Überdruck an der Hauptluftklappe möglichst dauernd gemessen werden; dann der Wassergehalt des Dampfes (mit Kalorimeter), der Dampfdruck im Kessel, im Schieberkasten, im etwaigen Verbinder, möglichst durch Registrierwerke. Bei genauen Überhitzungsversuchen sind noch die Temperaturen der Heizgase und des Dampfes vor Eintritt und nach Austritt aus dem Überhitzer zu messen. Endlich darf die Messung der Speisewassertemperatur nicht fehlen, ferner ist die Stellung des Reglers zu vermerken.

Für die Maschine kommt neben den Schieberkasten- und Verbinderdrücken die genaue Beobachtung der Füllungsgrade in Frage. Hauptsache ist das Aufnehmen von Dampfdruckdiagrammen, entweder nach der alten Art in einzelnen Stichproben oder besser selbsttätig auf fortlaufendem Streifen, dessen Vorschub vom Kreuzkopf aus durch Schaltwerk stattfindet, wobei Marken größerer Einheiten von Umläufen, z. B. $\frac{1}{2}$ km-Marken, besonders gestochen werden sollten, um die Übersicht und die Auswahl einzelner wichtiger Zeitpunkte zu erleichtern.

---

[1]) Zeitschr. Ver. deutsch. Ing. 1905, S. 1501, 1561.

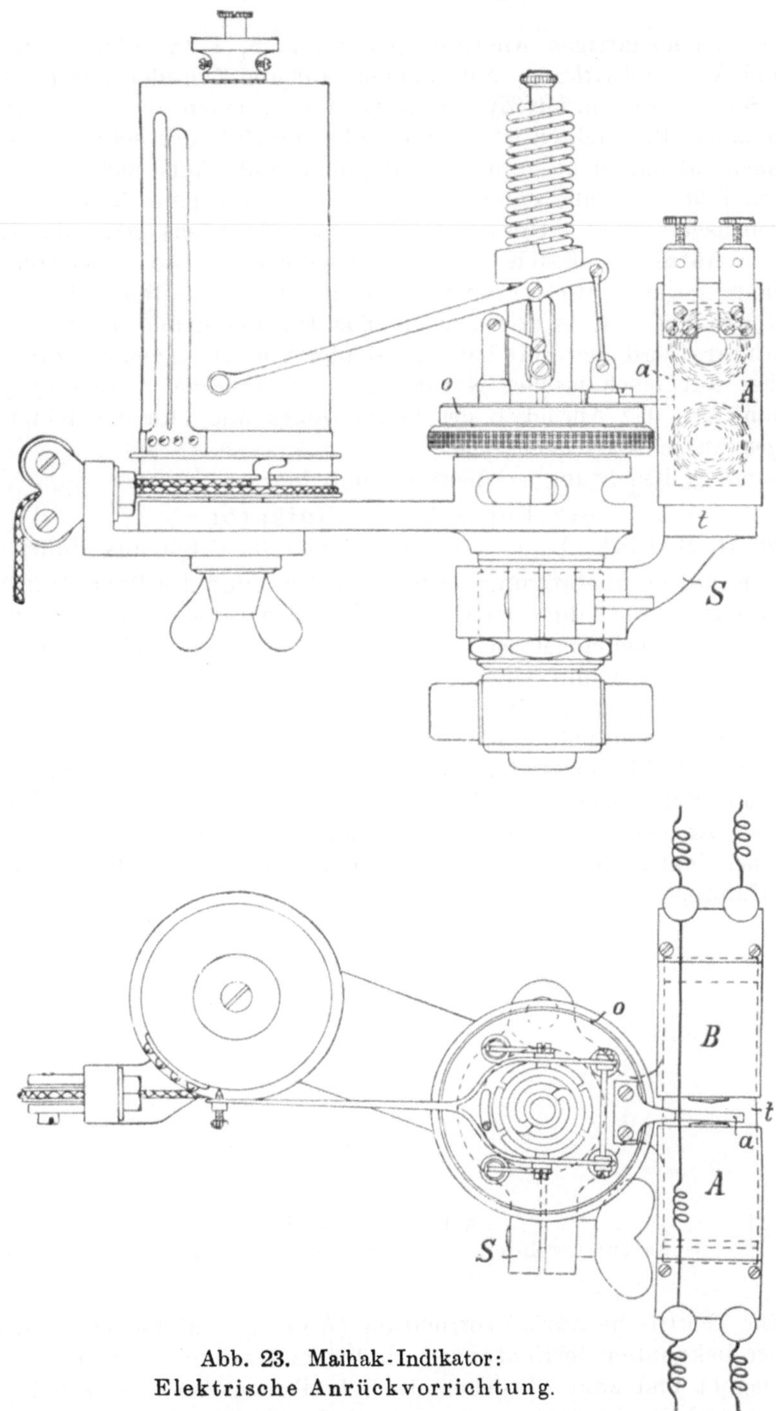

Abb. 23. Maihak-Indikator:
Elektrische Anrückvorrichtung.

Allgemeine Ratschläge für die Aufstellung und Bedienung der Indikatoren lassen sich nur schwer geben. Die Anordnung des Indikators selbst, der Antrieb der Schreibtrommel vom Kreuzkopf aus, das Hebelwerk zur Hubverminderung, und anderes, all dies hängt von konstruktiven Eigenheiten der Maschine, von Platzrücksichten usw. ab; man denke nur

an die verschiedenartigen Anordnungen mit 2, 3, 4 Zylindern, mit Zwil-
lings- und Verbundwirkung, mit inneren, äußeren Zylindern, mit inneren,
äußeren Schieberkästen, mit Zylindern vor, unter, neben der Rauchkammer!

Für einen Beobachter ist in der Nähe der Zylinder selbst manchmal
gut, manchmal gar nicht gesorgt, und sein Stand, falls sich ein solcher
auftreiben läßt (im Falle entsprechender Anordnung eines Laufbleches) ist
häufig lebensgefährlich. Um den Beobachter wenigstens gegen das Herabfallen zu schützen, muß sich ein Geländer anbringen lassen, das womöglich
zum Schutz gegen Unwetter auch noch ein Dach erhalten sollte.

Auf alle Fälle ist es vorzuziehen, das Indizieren aus der Ferne, d. h.
vom Führerstand aus, mit Hilfe passender Vorrichtungen vorzunehmen,
die früher nur mechanischer Natur waren (Drahtzüge). Neuerdings besorgt man gern das Anrücken des Schreibzeugs und ähnliche feinere Vorrichtungen auf elektrischem Weg.

Besondere Beachtung verdient deshalb hier

der Fernschreib-Indikator

von H. Maihak, Hamburg, nach seinen Patenten ausgeführt,

mit elektrischer Fernbetätigung des Schreibzeuges und des Papiertransports,
zur gleichzeitigen Entnahme einer Reihe von Einzeldiagrammen an mehreren Zylindern in beliebigen Zeitabständen ohne Papierwechselung.

Dieser Indikator hilft einem äußerst fühlbaren Bedürfnis in eleganter,
bequemer Weise ab und soll, da er gerade für das Indizieren der Lokomotiven eine bedeutende Rolle spielen wird, hier eingehend gewürdigt
werden. Der Indikator, Patent Maihak 1906 (mit kühl liegender Feder,
bei der das Schreibgestänge den Federträger umgibt) ist versehen mit
elektrischer Anrückvorrichtung, mit Papiertrommel für fortlaufende Diagramme bei elektrischer Fernbetätigung und, nebenbei, mit Kettenzugwerk
für die Hahnbetätigung.

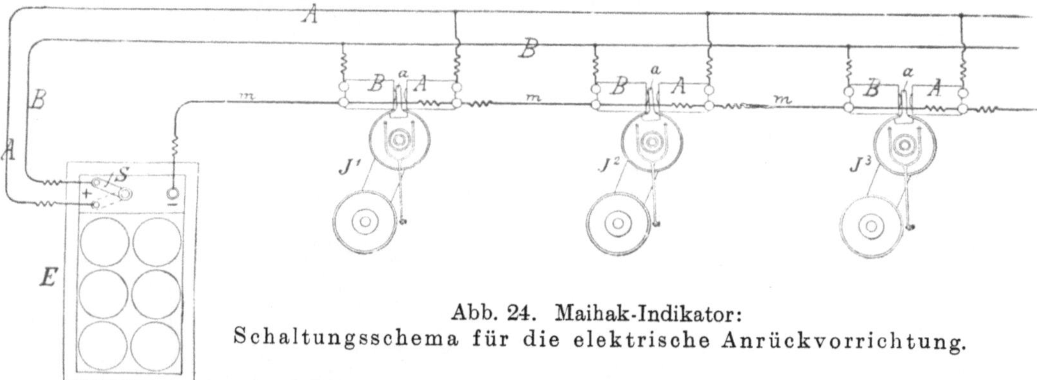

Abb. 24. Maihak-Indikator:
Schaltungsschema für die elektrische Anrückvorrichtung.

a) Die elektrische Anrückvorrichtung (Abb. 23) unterscheidet sich von
den bisher bekannten Vorrichtungen ähnlichen Zweckes, welche nur einen
Elektromagnet und zum Abrücken des Schreibzeugs nach Ausschalten des
Stromes eine Feder benutzten, dadurch, daß zur Vermeidung der in dieser
Feder liegenden Übelstände zwei Elektromagnete A und B angewendet
werden, zwischen denen sich der mit der Drehscheibe o des Schreibzeugs
verbundene Anker a bewegt. Mittels eines entsprechenden Schalters S
wird der Strom der Batterie E nach Bedarf in A oder B geschaltet, so
daß das An- und Abrücken ganz sicher erfolgt (Abb. 24).

Der Träger t der Elektromagnete ist als Schelle derart ausgeführt, daß die Einrichtung für jeden beliebigen Indikator bequem paßt. Die Elektromagnete selbst sind in Hartfibergehäusen gelagert und gegen Beschädigung und Nässe völlig geschützt.

b) Die Papiertrommel für fortlaufende Diagramme wird in verschiedenen Größen von $1^1/_2$ bis $4^1/_2$ m Papierlänge (hier 3 m) gebaut und erlaubt die Entnahme von etwa 100 bis 450 (hier etwa 300) fortlaufenden, oder statt dessen 20 bis 100 aufeinanderfolgenden Einzeldiagrammen auf einem Streifen. Sie kann mit jedem beliebigen Indikator verbunden werden, so daß mit wenigen Handgriffen die Trommeln gegeneinander zu wechseln sind; ferner lassen sie sich mit einer bequemen Anhaltevorrichtung versehen, so daß bei jeder beliebigen Umlaufzahl der Maschine mit absoluter Sicherheit bei gespannt bleibender Trommelschnur durch einfache Drehung eines Knopfes das Ein- und Ausrücken sich bewirken läßt. — Diese beiden Einrichtungen dürften als Eigentümlichkeiten des Maihak-Indikators im allgemeinen bekannt sein und bedürfen weiter keiner Besprechung; wohl aber verdienen die besonderen Einrichtungen für fortlaufende Aufnahme Besprechung, um so mehr als dafür gesorgt ist, daß der Vorschub des Papierbandes während des Ganges aus- und einschaltbar ist, so daß in kürzesten Zwischenräumen Einzel-Diagramme hintereinander aufgenommen werden können (Abb. 25).

Das selbsttätige Vorrücken des Papierstreifens bei bewegter Trommel wird folgendermaßen bewirkt: Das Rad z^1 trägt oben eine Sperrkrone z^2, in welche eine durch den Hebel b betätigte Sperrklinke r eingreift. Sind beide Klinken b und n eingerückt und wird die Trommel vorwärts gedreht, so bleibt Rad z^1 stehen, während die Sperrklinke n über

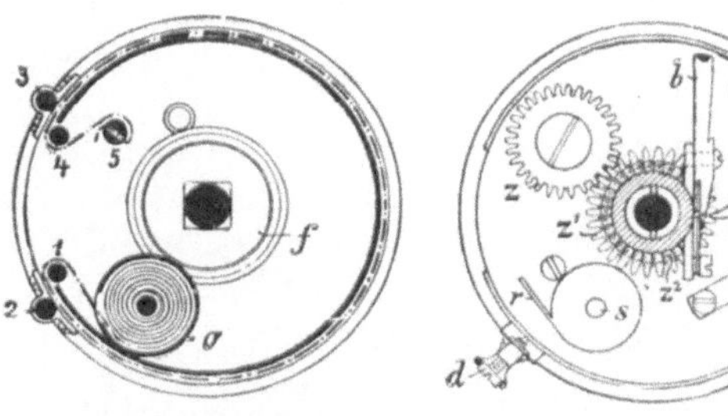

Querschnitt. Obere Ansicht.
Abb. 25. Maihak-Indikator:
Papiertrommel für fortlaufende Diagramme.

die Verzahnung z^1 hinweggleitet. Dabei wälzt sich z auf z^1 ab, dreht sich mit Achse 5, und damit wird der Papierstreifen ein entsprechendes Stück aufgewickelt, bzw. auf der Trommel vorgeschoben. Beim Rücklauf der Trommel gleitet Sperrklinke b auf z^2, und n arretiert z^1 und z, so daß Achse 5 und der Papierstreifen in Ruhe bleiben. Beim nächsten Vorwärtsgang der Trommel wiederholt sich dann das Vorrücken des Papierstreifens usw.

Löst man Klinke b aus, was während des Ganges geschehen kann, so findet ein Vorschub des Papiers nicht statt. Die Trommel arbeitet dann wie eine gewöhnliche Trommel, und es kann ein normales, geschlossenes Diagramm aufgenommen werden. Wird dann b wieder für ein oder mehrere Hübe eingerückt und gleich wieder ausgerückt, so ist das Papier um ein entsprechendes Stück weitergeschoben und es kann wieder ein Einzeldiagramm genommen werden. Es ist also derart auch möglich, den ganzen Papierstreifen mit einer Reihe dicht aufeinander folgender Einzeldiagramme zu beschreiben, ohne daß die Trommel in Ruhe gesetzt zu werden braucht.

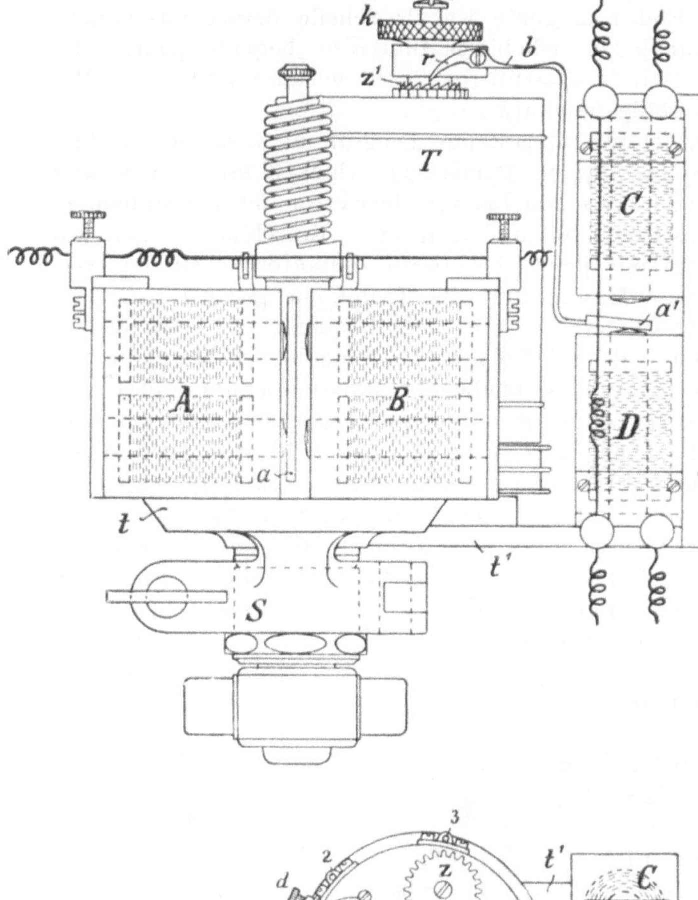

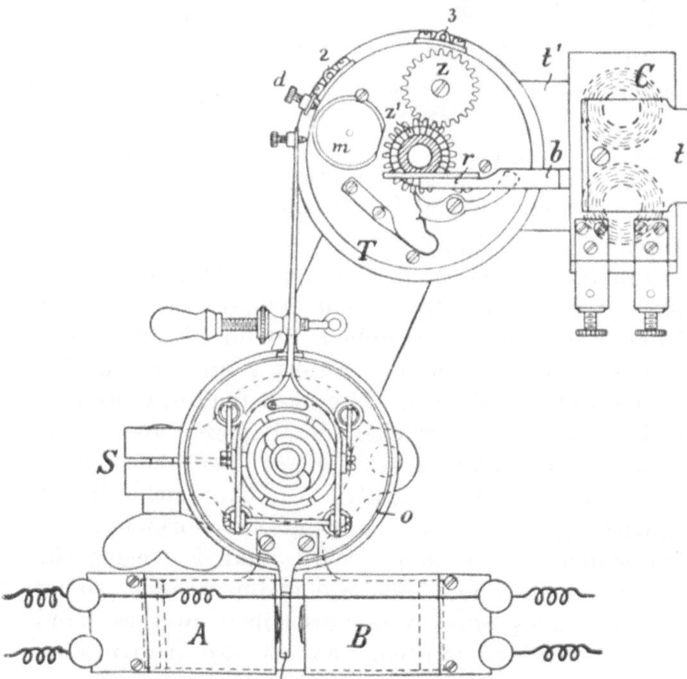

Abb. 26. Maihak-Indikator:
Elektrische Fernschreibvorrichtung.

Vor Abnahme der Diagramme wird die atmosphärische Linie durch den Schreibstift des Indikators gezogen; die Fortsetzung besorgt der an der Trommel angebrachte, mittels einer Schraube in richtiger Höhe einstellbare, leicht anfedernde Schreibstift d. — Die Trommelfeder befindet sich im Schutzrohr f.

Diese Papiertrommel ist nun ebenfalls für elektrische Fernbetätigung eingerichtet (Abb. 26).

Der die Sperrklinke r aus- und einrückende Hebel b ist nach unten verlängert und mit einem Anker a^1 verbunden, der durch zwei am verstellbaren Träger t^1 befestigte Elektromagnete C und D beeinflußt wird, die in Art und Wirkungsweise genau den bereits erwähnten Elektromagneten A und B entsprechen. Auch die Stromschaltung ist die gleiche, wobei aber noch ein zweiter Schalter S_1 zur Benützung kommt.

Wenn die Indikatorschnur mit der Hubverminderungseinrichtung verbunden ist und die Trommel T schwingt, so schreibt man durch entsprechende Schaltnng von S zuerst die atm. Linie, auf welche dann der Schreibstift d zur dauernden Verzeichnung dieser Linie eingestellt werden kann. Dann öffnet man den Indikatorhahn und schreibt das Diagramm, bei Anwendung eines Dreiwegehahns auch die Diagramme beider Zylinderseiten. Darauf betätigt man den zweckmäßig neben S angeordneten Schalter S_1 so, daß C Strom erhält, r in z^1 einrückt und das Papier transportiert. Je nach der Anzahl Hübe, die man gestattet, wird es weiter geschoben. Gewöhnlich schaltet man nach etwa 8 bis 10 Hüben den Strom in D, wonach r ausgerückt wird, der Papierschub aufhört und für das nächstfolgende Diagramm freier Raum ist. Dasselbe kann sofort oder in beliebiger Zeitfolge geschrieben, werden bis zu einer Gesamtzahl von 40 ganz frei nebeneinander stehenden Diagrammen.

Bei Lokomotiven wird der Indikator auf dem Zylinder durch Dreiwegehahn mit beiden Kolbenseiten verbunden und dieser vom Führerstand aus, wo sich auch die beiden Schalter S und S_1 befinden, mittels Hebels und Kettenzugs betätigt. Die (Gallsche) Kette wird von der auf den Dreiwegehahnstöpsel gesteckten Kettenscheibe aus über passend verteilte Leitrollen zu einer im Führerstand montierten Gegenscheibe geführt, welche einen Handgriff trägt und deren verschiedene, den Hahnstellungen entsprechende Stellungen durch Einschnappen eines Federbolzens in die Kerben auf der Rückseite der Scheibe festgehalten werden.

Diese Indizier-Einrichtung ist bereits von den größten Lokomotiv-Bauanstalten, sowie vom preußischen Eisenbahnzentralamt (Berlin) mit bestem Erfolg angewendet worden. Soweit bekannt, hat letztere Stelle sich selbst eine Einrichtung geschaffen für die Unterbrechung der Trommelbewegung auch während der Fahrt. Die Schnur wird an einem Stein befestigt, der in einer Kulisse verschiebbar ist und alle Trommelhübe, von der Ruhe bis zum größten, durch seine Verschiebung einstellen läßt.

Der Wert besonderer Einrichtungen wie Speisewasser-Vorwärmung, Überhitzung, Verbundwirkung, Luftschneideflächen usw., kann durch einzelne Probefahrten auch bei größter Genauigkeit nicht einwandfrei festgestellt werden; es gehört dazu eine ganze Reihe von vergleichenden Versuchen, für welche die Mittelwerte einzelner Größen wie Fahrzeit, Belastung, Einheitsverbrauch usw. nachträglich in Ansatz gebracht werden. Für gewisse Ermittelungen reicht auch eine sehr große Zahl von Probefahrten nicht aus; man ist dann auf die Betriebsergebnisse einer längeren Dienstzeit, am besten eines ganzen Jahres, angewiesen, die alle möglichen Zufälle der Witterung und des Dienstes geboten hat, und muß die Verbrauchsziffer (Einheit: Tonnenkilometer) berechnen. Besonders wichtig ist dieses Verfahren für die gerechte Beurteilung zweier bis auf die betreffende Einrichtung (z. B. Luftschneideflächen) gleichen Bauarten der Lokomotive. Unter Umständen ist ein noch größerer Zeitraum erforderlich, um auch die Unterhaltungskosten einwandfrei aufzustellen, da nach dem bekannten Sprichwort: „Neue Besen kehren gut" gewisse Übelstände erst nach längerer Zeit sich äußern können, die sogar trotz vorzüglicher Probeergebnisse zum Verwerfen der Bauart führen müssen (z. B. bei einzelnen Arten von Überhitzern, kurvengelenkigen Triebwerken usw.).

Eine sehr brauchbare Anweisung für die Lokomotiven der preußischen

Staatsbahnen bietet ein Aufsatz von Leitzmann-Erfurt[1]), dessen Inhalt durch die Zusammenstellung der im einzelnen besprochenen Punkte hiermit wiedergegeben sei:

1. Einleitung: Begründung der Notwendigkeit von Probefahrten, Zweck derselben, Wunsch eines festen Prüffeldes.

2. Zweck der Untersuchungen: Angabe der zu prüfenden Größen und der zu beobachtenden Begleitumstände.

3. Versuchslokomotiven.

　a) Auswahl derselben: Bauart; Baufehler.

　b) Probefahrt I: Leerauslauf auf Gefäll; Schäden.

　c) Ausbesserung: Betriebstüchtiger Zustand.

　d) Ausmessung: Hauptmaße; Wasser- und Dampfraum; Tenderraum; Wasserstandsgläser.

　e) Ausrüstung:

　　α) Indikatoren;　　β) Tachometer;　　γ) Dynamometer;

　　δ) Vakuummeter;　ε) Manometer;　　ζ) Wasserwagen;

　　η) Meßapparate für störende Bewegungen.

　f) Regulierung der Steuerung: Voröffnen; Schieberellipsen;

　g) Probeanheizung: Dichtungen; Anheizverbrauch;

　h) Probefahrt II: Eichung der Tachometer.

4. Versuchsstrecken:

　a) Auswahl und Beschaffenheit: längere Dauersteigungen.

　b) Besondere Anforderungen: Verkehrsdichte, Kilometerzeiger.

5. Anweisungen für das Stations- und Streckenpersonal: Abfahrt, Streckensicherung, Sanden.

6. Versuchszug: Fahrplanmäßige Güterzüge; leere Personenzüge; Schmierung, Kupplungen, Bremsen.

7. Personal und Funktionen desselben.

　　　Lokomotivführer, Heizer, Schlosser.

　　　Zugführer, Schaffner, Versuchsbeamter.

8. Materialien:

　a) Brennmaterial: Kohlenanalyse.

　b) Wasser: Analyse und Reinigung.

　c) Schmieröl.

9. Behandlung der Lokomotive.

　a) Einlaßregulator: Drosselung.

　b) Füllungsgrad.

　c) Bedienung des Feuers: freie Rostfläche; Brennschichthöhe; Rauchgasanalyse; Feuerschirm.

　d) Dampfdruck und Speisen.

　e) Rost- und Rauchkammerspritze.

　f) Schmieren: Teil- und Zentralschmierung.

　g) Sandstreuen.

10. Indizieren: Bestimmung des genauen Druckmaßstabs.

11. Vorversuche:

　a) Indizieren an der allein fahrenden Lokomotive.

　b) Eigenwiderstand von Lokomotive und Zug: Auslaufversuche.

　c) Ausprobieren des Blasrohrs.

---

[1]) Verhandlungen zur Beförderung des Gewerbfleißes 1900, S. 35 u. f.

d) Probeanheizungen: kaltes Wasser, warmes Wasser vom Druck 0, und vom Druck 5 at.

e) Bestimmung der Wasser- und Dampfverluste:
  α) Injektoren, β) Rostspritze, γ) Rauchkammerspritze,
  δ) Luftpumpe, ε) Kohlenspritze, ζ) Kohlennässen mit Eimern,
  η) Dampfsander, ϑ) Zentralöler, ι) Sicherheitsventile.

12. **Dampfentwicklung:**
  a) Rauchkammer-Luftleere,
  b) Einfluß des Windes am Kaminrand,
  c) Wasserstand im Kessel.

13. **Maximalleistung:** Füllung und Geschwindigkeit.

14. **Kohlenverbrauch:**
  a) Anheizung (Zwischenanheizung),
  b) Fahrt; Verhältnis von Anheizzeit zu Fahrzeit.

15. **Wasserverbrauch:** Verluste.
  a) Tenderwasser (Eimer zum Kohlennässen),
  b) Tenderwasser und Dampf (Injektoren, Kohlenspritze),
  c) Kesselwasser (Rost- und Rauchkammerspritze),
  d) Kesseldampf (Luftpumpe, Sander, Zentralöler, Sicherheitsventile).

16. **Indizierte Zugkraft und Reibungszugkraft:**
  Kurvenwiderstand, Windwiderstand.

17. **Geförderte Zuglast.**

18. **Indizierte Leistung.**

19. **Dampfverwertung.**

20. **Spezifischer Kohlenverbrauch und Verdampfungsziffer.**
  a) Herausfahren der Lokomotive.
  b) Etwaige Rangierbewegungen.
  c) Abblasen der Sicherheitsventile.
  d) Luftpumpe.
  e) Abkühlung.

21. **Gang der Lokomotive:** Störende Bewegungen, Schlingern, Kurvenführung usw.

22. **Indikatorische Untersuchung der Lokomotive.**
  a) Dampfeinströmung.
  b) Expansion.
    α) Hochdruckzylinder. β) Niederdruckzylinder.
  c) Ausströmung.
  d) Kompression.

23. **Kalorimetrische Untersuchung der Lokomotive.**
  a) Zwillingsmaschine.
  b) Verbundmaschine.
    α) zweizylindrig, β) vierzylindrig.

24. **Anhang:** Zusammenstellung der Ergebnisse nach Formularen.
  a) Hauptabmessungen und Versuchsplan.
  b) Füllungsgrade.
  c) Kolben- und Schieberwege bei größter Füllung.
  d) Zugsgewicht, Aufzählung der Wagen.
  e) Zustand der Maschine, Vorratsräume.
  f) Versuchsfahrt: Dampfdruck, Füllung, Geschwindigkeit.

g) Kohlen- und Wasserverbrauch.

h) Besondere Angaben über die Fahrt:
   α) Zugsgewicht, Fahrzeiten.
   β) Gesamter Kohlenverbrauch.
   γ) Dgl. Wasserverbrauch; Windstärke, Windrichtung.
   δ) Verbrauch vor der Fahrt.

i) Dampfentwicklung.

j) Indikator-Diagramme:
   α) bei Zwillingsmaschinen, β) bei Verbundmaschinen.

k) Zugkraft und Leistung.

l) Untersuchung der Diagramme: Druck und Füllung.

m) Theoretische Untersuchung der Eigenheiten im Diagramm.

n) Zusammenstellung von
   α) Reparaturen von Einzelteilen, β) Maßskizzen,
   γ) Thermodynamischen Vergleichsgrundlagen der verschiedenen Lokomotiv-Bauarten.

II. Versuchswagen.

Ein Versuchswagen ist ein fahrendes Prüffeld, das zwischen Tender und Zug eingeschaltet wird und folgende Vorzüge bietet: Vornahme von Versuchen bei jedem beliebigen Zug ohne besondere Vorkehrungen, Entlastung des Führerstandes und der Lokomotivmannschaft, Unterkunft einer größeren Prüfmannschaft, Vornahme sonst schwieriger oder unmöglicher Messungen auf sicherem Stand, Messung einer bestimmten Größe auf verschiedene Arten, bequemste Anordnung aller Apparate. Nachteile sind: die Mehrbelastung des Zuges und die Unmöglichkeit des Indizierens.

Auf diesem Gebiet sind die Franzosen bahnbrechend gewesen; dann folgten die Amerikaner.

Der Versuchswagen der französischen Ostbahn[1]), ausgestellt in Paris 1878, zeichnete sich durch den Besitz eines elektrisch-mechanischen Fernindikators aus, der seiner Merkwürdigkeit wegen besprochen werden soll. (Abb. 27.)

An die beiden Zylinderenden der Lokomotive sind an Stelle von Indikatoren sogenannte „Exploratoren“ angeschraubt. Ein solcher enthält in seinem unteren Teil, zwischen Flanschen eingespannt nach Art des Federmanometers, eine dünne Stahlmembran A, die auf der einen Seite dem Zylinderdruck, auf der andern dem Prüfungsdruck, auf den ein Behälter B im Wagen gebracht ist, ausgesetzt ist und deren Ausbiegung nach oben oder unten durch ausgehöhlte Klemmplatten begrenzt wird. Die Ausbiegung wird durch eine Stange aufwärts übertragen auf eine außerhalb des Druckraums liegende Metallgabel C, deren etwas einwärts gebogene Zinken gegen einen zwischen ihnen liegenden Glaszylinder D gelehnt sind; in diesem Zylinder befindet sich ein Metallstück, das einerseits an einen Metallknopf E, andererseits an eine Silberscheibe F angeschlossen ist, deren Kante mit derjenigen des Glaszylinders in einer Fläche liegt. Alle drei Teile sind vom Gehäuse sorgfältig isoliert, werden aber mit ihm durch die Gabel in Verbindung gesetzt, sobald diese ihre Mittelstellung hat, d. h. sobald die Drücke beiderseits der Membran einander gleich sind.

---

[1]) Revue générale des chemins de fer 1878, S. 285 u. f.

Der Strom umfließt dann einen Magnet, der den Schreibstift G anzieht und wieder losläßt, wie es der vorübergehende Stromschluß erfordert. Die Bewegung des Papiers in der Wagerechten muß der Kolbenbewegung proportional und synchron sein, und diejenige des Stiftes in der Senkrechten muß den Maßstab des Dampfdrucks in den Zylindern genau einhalten.

Die der Kolbenbewegung entsprechende Bewegung des Papiers wird durch ein kleines, dem Triebwerk der Lokomotive ähnliches Triebwerk hervorgebracht, das zwei um 90^0 versetzte Kurbeltriebe an einer Welle w enthält. Die Kurbellängen sind so stellbar, daß das Verhältnis zwischen Kurbel und Schubstange dem auf der zu prüfenden Lokomotive vorhandenen genau entspricht; die Kreuzköpfe H dienen zur Bewegung des Papiers

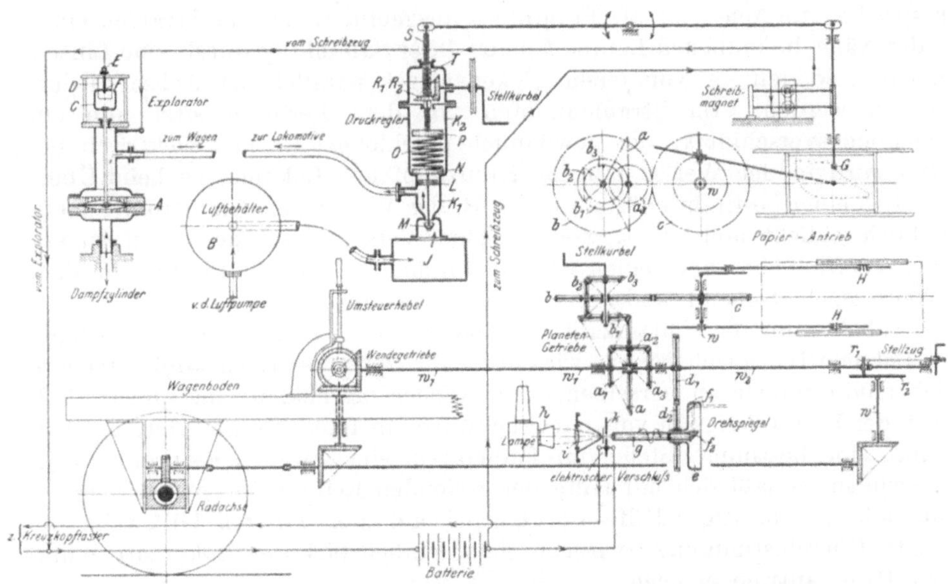

Abb. 27. Fernindizier-Anlage der französischen Ostbahn 1878.

Die Bewegung dieser kleinen Maschine erfolgt von einer Radwelle des Wagens aus durch Vermittlung von Wechselrädern, die gleichzeitig dafür zu sorgen haben, daß die Bewegung durchaus synchron und außerdem proportional der Kolbenbewegung der Maschine wird.

Die Antriebswelle w_1 übersetzt ihre Bewegung auf eine ihr koaxiale Welle w_2 durch drei gleich große Rechtwinkelräder $a_1 a_2 a_3$. Das Mittelrad sitzt selbst drehbar auf einer Speiche eines großen Rades a, dessen Nabe lose über die stumpf zusammenstoßenden Enden der beiden Wellen $w_1 w_2$ gesteckt ist. Die zweite Welle trägt eine auf ihr verschiebbare Reibscheibe r_1, die senkrecht auf einer großen Scheibe r_2 läuft, welche ihren Antrieb w' ebenfalls von der Wagenachse erhält; durch Verschiebung der kleinen Scheibe und Veränderung des sie treibenden Halbmessers kann ihr jede beliebige Geschwindigkeit erteilt, und auf diese Art die Geschwindigkeit des großen Hauptrades a aufs genaueste eingestellt werden, die sich nun aus den Geschwindigkeiten der beiden Teilwellen zusammensetzt.

Das Hauptrad a greift nun seinerseits wieder rechtwinklig in ein halb so großes b_1 ein, das auf seinem Rücken wieder die Bewegung einem Wenderadwerk weitergibt; das erste Triebkegelrad b_1 und das große Hauptrad b sitzen lose, das dritte Kegelrad b_3 fest auf einer Querwelle, die mit Kurbel versehen ist. Hält man diese fest, so wälzt sich infolge der gewählten Armverhältnisse das Mittelrad b_2 auf dem festen Rad so ab, daß das zweite Hauptrad b, das zum Antrieb des Papierbewegungsrades c dient, dieselbe Geschwindigkeit erhält wie das erste.

Durch Drehen der letzterwähnten Kurbel aber wird seine Geschwindigkeit beliebig beeinflußt, und dieser Umstand wird zur Herstellung des Synchronismus verwertet. Die zweite, wie erwähnt, von einer Reibscheibe angetriebene Welle w_2 treibt durch Zwischenräder $d_1 d_2$ eine Scheibe e an, deren Umlaufzahl genau gleich ihrer eigenen ist. In einer Ecke dieser Scheibe sitzt ein Winkelspiegel f_1, dem parallel ein zweiter f_2 in der Achse der Scheibe entspricht; die Achse ist als Fernrohr g ausgebildet, das die Strahlen einer in der Nähe befindlichen Lampe h nach ihrer Sammlung durch eine Linse i fortleitet, so daß sie von jenem Eckenspiegel parallel der Achse wiedergegeben werden. Im Strahlenknoten vor dem Fernrohr sitzt nun ein Augenblicksverschluß k, der gewöhnlich geschlossen ist und elektrisch betätigt wird in der Weise, daß der Kreuzkopf der Lokomotive beim Überschreiten einer bestimmten Stellung, z. B. der Mittellage, den Strom augenblicklich schließt und öffnet, wodurch jener Verschluß für denselben Augenblick geöffnet ist und einen Strahl durchläßt, der als Punkt auf dem Eckenspiegel erscheint und sofort wieder verschwindet.

Sobald nun die Umlaufzahl der Spiegelscheibe e ganz genau derjenigen der Lokomotive gleich ist, so wird der beim Spiel des Kreuzkopfs erzeugte Lichtpunkt immer an derselben Stelle wieder erscheinen; im andern Fall läuft der Punkt langsam vor- oder rückwärts im Kreis herum. Ist also dem Punkt eine bestimmte Stelle (im Fadenkreuz eines zweiten Fernrohrs etwa) zugewiesen, so läßt sich mit Hilfe der rollenden Reibscheibe auf der ersten und mit gleichzeitiger Hilfe der Kurbel auf der zweiten Hilfswelle die feinste Übereinstimmung zwischen dem Kolbenspiel der Lokomotive und dem Papierantrieb erzielen.

Was ferner die Einrichtung der proportionalen Querbewegung des Schreibstifts betrifft, so befindet sich in dem Wagen ein Preßluftbehälter B, der von einer Pumpe gespeist wird, die ihrerseits ihren Antrieb von einem Exzenter auf der Radachse erhält und sich leicht ausschalten läßt. In Verbindung mit diesem Behälter steht ein Druckregler. Der Fuß desselben ist eine mit dem Behälter verbundene Kammer J; über derselben steht ein Zylinder K_1 mit Kolben L, einerseits durch ein nach außen sich öffnendes Ventil M am Ende der Kolbenstange J mit der Kammer, andrerseits durch eine Rohrleitung mit dem Druckanzeiger („Explorator") auf dem Dampfzylinder in Verbindung stehend (wie bereits erwähnt), während an den Kolben eine den Zylinder am andern Ende schließende Scheibe N angeschlossen ist. Diese bildet den Boden eines zweiten, weiteren Zylinders K_2 und wird durch eine Schraubenfeder O gegen den Sitz gepreßt, so daß sich der große Zylinder gegen den kleineren selbst schließt, sobald die Spannung dieser Feder größer ist als der Luftdruck im kleinen Zylinder. Damit öffnet sich aber zwangläufig die untere Klappe und läßt aus dem Druckbehälter frische Luft zuströmen, bis die Drücke gleich geworden sind. Ist umgekehrt der Druck in dem kleinen Zylinder etwas zu groß, so muß die Feder nachgeben, es erfolgt eine kleine Hebung des Kolbens, wodurch sich die untere Klappe schließt und weiteren Zutritt von Preßluft verhindert.

Die Unterstützung der Feder ist eine willkürlich verschiebbare, so daß die Federspannung und damit auch der Druck im Zwischenzylinder beliebig groß gemacht werden kann, bis zur Höhe des vollen Behälterdrucks. Dies wird erreicht durch Hebung oder Senkung der Federdruckplatte P mittelst einer Spindel S, die durch ein Kegelräderpaar $R_1 R_2$ in einer festen Hülse T verschoben wird; die Drehung wird durch Kurbel oder Schnurlauf beliebig bewirkt.

Da nun die Länge der Feder ihrem Druck umgekehrt proportional ist, so braucht man nur das Ende der Federspindel mit einem Schreibstift irgendwie zu verbinden und diesen quer über das Papier zu führen, um dieses dem Arbeitsbereich des Indikators zu unterwerfen und auf demselben, wenn keine Unterbrechung der Berührung stattfände, zunächst eine Sinus-Kurve zu erhalten. Diese wäre um so enger zusammengedrängt, je langsamer die Spindel herabgeschraubt wird, bzw. je mehr Umläufe des Triebrades, d. h. Hübe (Hin- und Hergänge) des Papieres während eines Hubes der Spindel erfolgen. Von dieser Sinus-Kurve wünscht man aber nur die dem Dampfdiagramm entsprechenden, also zu jeder einzelnen Kurbelstellung gehörigen Punkte; man erhält sie durch die bereits erwähnte elektrische Auslösung mittels Elektromagnets, der von der Schreibspindel getragen wird und auf Stromöffnung, d. h. auf Gleichgewichtsstörung der Membran im Explorator, reagiert.

Naturgemäß gewinnt man bei einem Spiel des Dampfkolbens nur je 2 Punkte aus entgegengesetzten Abschnitten der Dampfverteilung, nämlich einen beim Senken, einen beim Heben der Membran, während sich der Stift einmal auf- oder abwärts bewegt. Um also aus lauter solchen Punkten ein wirkliches Diagramm von genügend dichtem Umfang zu erhalten, muß während eines Spiels des Stiftes eine große Zahl von Kolbenhüben stattfinden (z. B. 50) und die Hebung und Senkung der Spindel einmal, aber entsprechend langsam geschehen. Das so entstandene Druckdiagramm stellt dann gewissermaßen eine Sammlung von Punkten, ein Mittel aus gerade so vielen aufeinanderfolgenden Diagrammen dar, als Umläufe des Triebrades stattgefunden haben.

Besonders dünn gesät müssen deshalb die Punkte da ausfallen, wo die Drucklinie fast wagerecht verläuft, also in der Ausströmung, und bei großer Füllung und geringer Kolbengeschwindigkeit auch in der Einströmung.[1]

Dieser äußerst vielteilige, immerhin aber geniale Apparat ist in seiner Wirkungsweise leicht verständlich und darf geschichtliches Interesse beanspruchen. Daß sich heute seine Beschaffung nicht mehr lohnen würde, ist eine erledigte Frage, und ob die Genauigkeit groß genug war, bleibt

---

[1] Die Abb. 27 soll den Apparat rein schematisch veranschaulichen, wie auch die Beschreibung sich nur mit dem Grundgedanken befassen konnte. Verschiedene Einzelheiten stehen deshalb, um Verwicklung zu vermeiden, in der dargestellten Einfachheit mit der wirklichen Ausführung im Widerspruch, so die Schreibvorrichtung an sich (die mit elastischem Hubvergrößerer verbunden ist), ferner ihre Verbindung mit der Druckspindel (nicht mit Hebel, sondern steif und gleichläufig ohne Zwischenglied gekuppelt), dann der symmetrische Antrieb der beiden Papierrahmen, die Verteilung der Triebwellen usw. Ebenso mußte auch von den Zutaten zur Vervollkommnung der Anlage völlig abgesehen werden.

zweifelhaft trotz der raffinierten Kunstgriffe; denn eine derartige Vereinigung mechanischer, pneumatischer, optischer und elektrischer Hilfs-mittel ist schwer zu beherrschen, und es mag sich zwischen Vorgang und Aufnahme eine empfindliche „Hysteresis" einstellen.

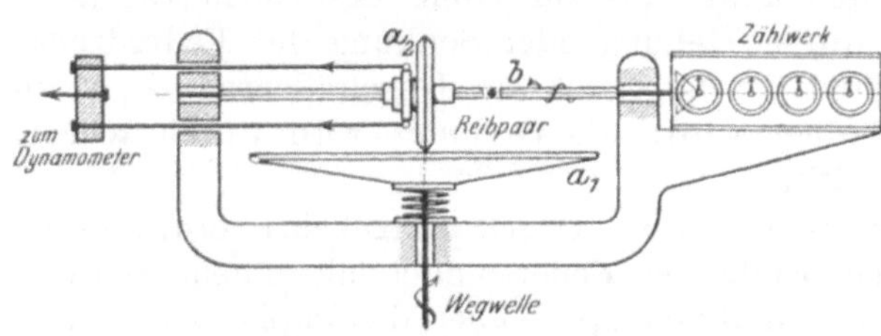

Abb. 28. Arbeitsmesser der französischen Westbahn.

Der Versuchswagen der französischen Westbahn ist neben anderen Meßwerkzeugen mit einem vollständigen Orsat-Apparat ausgerüstet, was einen Beitrag zur Besprechung betr. „Ados" liefert. Beachtenswert ist auch der Wegintegrator des Kraftmessers, d. h. der Arbeitsmesser (Abb. 28) in diesem Wagen. Er beruht auf demselben Grundsatz wie der bereits beschriebene Geschwindigkeitsmesser mit Planscheibe und Rolle. An Stelle der Schreibvorrichtung ist das Dynamometer eingeschaltet, die Bewegung also umgekehrt, und die Rolle a_2 auf der Welle verschiebbar gemacht, indem die Welle an Stelle einer Spindel durch ein Vierkant b dargestellt wird; die Planscheibe a_1 wird nicht durch Uhrwerk, sondern von der Radachse aus

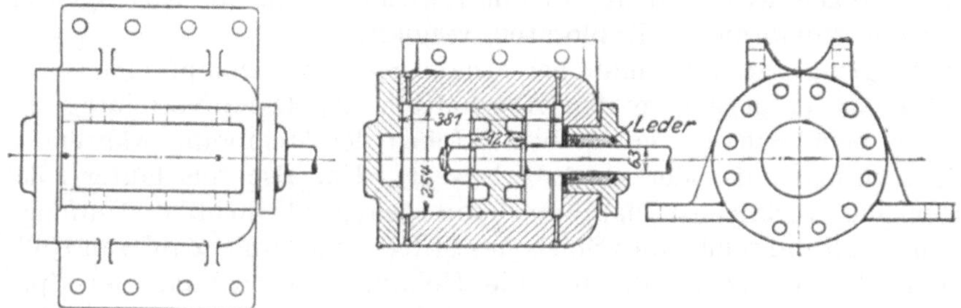

Abb. 29. Versuchswagen der Chicago, Burlington & Quincy-Bahn: Öldynamometer.

getrieben. Auf diese Weise wird der Radialausschlag der Rolle infolge der am Dynamometer wirkenden Kräfte vereinigt mit der durch ein Zählwerk benutzten Umlauf- bzw. Wegmessung, also die Arbeit als Produkt aus Kraft und Weg berechnet, und durch die Anzahl der Umläufe der Rolle angegeben.

Wird endlich das Zählwerk durch einen registrierenden Geschwindigkeitsmesser ersetzt, so gibt dieser bei entsprechender Eichung sofort die augenblickliche Arbeit mit allen ihren Schwankungen durch die Änderung der Rollengeschwindigkeit (als Maß der Zugkraft) an.

Der Wagen der Chicago, Burlington & Quincy-Eisenbahn[1] stammt aus dem Jahre 1885 und ist 1901 mit neuer Einrichtung versehen worden, bestehend aus: Öldynamometer, Orsatapparat, Luftdruckregistrier-werk am Bremszylinder, Registriermanometer für den Lokomotivkessel, Registrierwerk für die Rauchkammer-Luftleere, Geschwindigkeitsmesser usw.

Das Öldynamometer (Abb. 29) besteht aus einem einzigen Zylinder von 254 mm Durchmesser, in den ein 127 mm hoher Kolben eingeschliffen

---

[1] Zeitschr. Ver. deutsch. Ing. 1902, S. 1444.

ist, bei einem größten Kolbenhub von 102 mm. Der Zylinder ist für einen Flüssigkeitsdruck von 70 at berechnet, was einer übertragbaren Zugkraft von 35 000 kg gleichkommt. Soll das Dynamometer nicht benutzt werden, so kann durch Einlegen eines Keiles zwischen einen Anschlag am Wagenboden und ein an der Zugstange befindliches Federgehäuse die am Zughaken angreifende Kraft unmittelbar auf das Wagengestell übergeleitet werden.

Von der Vorder- und Rückseite des Dynamometerzylinders führen zwei Röhren zu zwei auf gemeinsamer Grundplatte in gleicher Achse angeordneten Indikatorzylindern. Als Kolben dient die beiden gemeinsame Kolbenstange selbst, die an beiden Enden in die Zylinder eingeschliffen ist und durch zwei Federn in die Mittellage gedrängt wird (Abb. 30). In ihrem

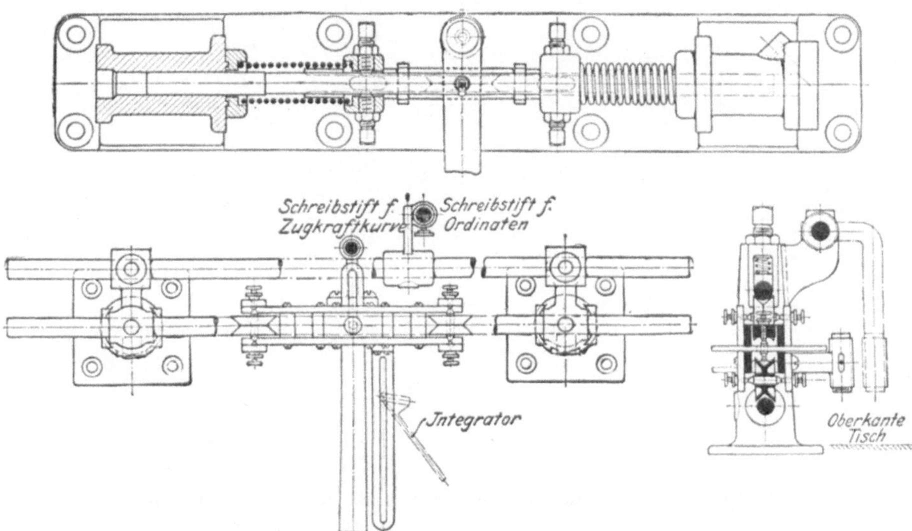

Abb. 30. Versuchswagen der Chicago, Burlington & Quincy-Bahn:
Schreibübertragung.

mittleren Teil hat die Stange einen schmalen wagerechten Schlitz, durch den ein Hebel zur Vergrößerung des Stangenhubes hindurchtritt. Zwischen zwei senkrecht untereinander angeordneten, zur Achse der Indikatorzylinder parallelen Stahlstangen rollt nämlich mittels eigenartig gestalteter Rollen ein den Schreibstift tragender Laufwagen, der durch den vorhin erwähnten Hebel hin und her geschoben wird. Da der Abstand des festen Hebeldrehpunktes von der Achse 35,5 mm, die Entfernung bis Mitte Wagen 355 mm beträgt, so ist die Hubvergrößerung eine zehnfache. Mit Hilfe eines eigentümlichen Integrators, nach Art eines Planimeters, wird mit elektrischer Auslösung die Hublinie aufgezeichnet und jede Umdrehung des Meßrädchens durch eine Marke auf einer Grundlinie angegeben.

Der Wagen der Illinois Central RR. Co., gemeinsam mit der Urbana-Universität angeschafft[1]), dient ebenfalls hauptsächlich zum Messen des Zugwiderstandes, jedoch sind auch Apparate zur Prüfung der Gleislage, der Bremsen usw. vorgesehen. Der Wagen, von der gewöhnlichen Durchgangsbauart mit zwei Drehgestellen, hat am Vorderende beiderseits ausgebaute

---

[1]) Zeitschr. Ver. deutsch. Ing. 1901, S. 1141.

Fenster, wo der Beobachter der Stationen, Meilensteine usw. seinen Sitz hat und durch Druck auf einen elektrischen Knopf seine Beobachtung markiert.

Zur Übertragung des am Zughaken des Versuchswagens von der Lokomotive ausgeübten Zuges dient ein Flüssigkeitsdynamometer (Abb. 31), dessen Gehäuse aus drei verschieden weiten, hintereinander liegenden Zylindern besteht und mit einer kräftigen Fußplatte auf den Wagenboden aufgeschraubt ist, während die durchgehende, drei entsprechende, ein-geschliffene Kolben tragende Zugstange mit dem vorderen Zughaken des Wagens verbunden ist. Je nach der Größe der an diesem angreifenden

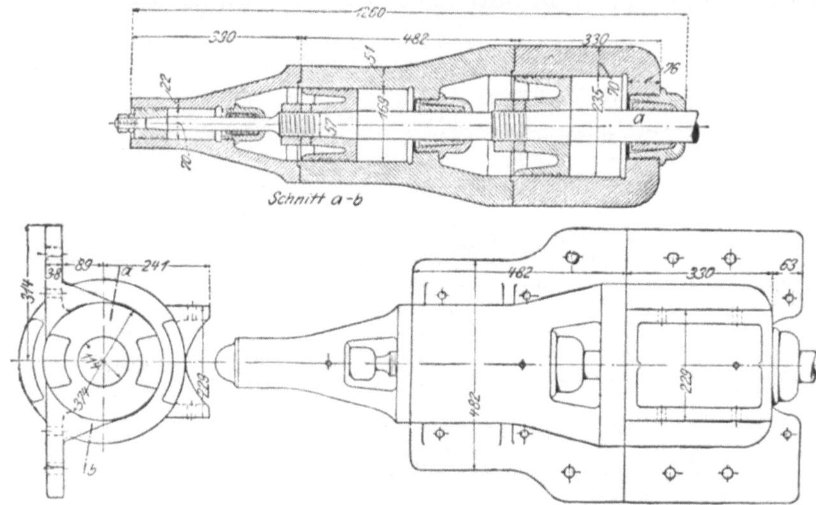

Abb. 31. Versuchswagen der Illinois Central-Bahn: Öldynamometer.

Kraft wird einer der drei Zylinder mit Öl gefüllt, das den Druck auf das Gehäuse und damit auf den Wagen überträgt. Stopfbüchsen und Kolben haben nur Labyrinthdichtung, die sich gut bewähren soll. Die Zylinder-räume stehen durch Röhren mit einem hydraulischen Zeigermanometer und einem Registriermanometer in Verbindung (Abb. 32), das die in der Ölfüllung herrschende Spannung auf einem abrollenden Papierstreifen aufzeichnet, während das Registriermanometer und die Vorrichtung zum Abrollen des Papierstreifens auf einem Arbeitstisch angeordnet sind, auf dem sich außerdem noch ein aufzeichnender Geschwindigkeitsmesser von Boyer be-findet. An einer Wand in der Nähe des Arbeitstisches ist das erwähnte Zeigermanometer für den Öldruck, sowie ein solches für den Luftdruck bei Bremsprüfungen, ferner ein Geschwindigkeitszeiger und eine Uhr, die alle 5 oder 10 Sekunden einen elektrischen Kontakt schließt, angeordnet. An der gegenüber liegenden Wand sind zwei Dampfdruckzeigermanometer und ein Dampfdruckregistriermanometer angebracht, die den Kessel- und Schieberkastendruck bei Leistungsversuchen an der Lokomotive messen sollen. Weiter entfernt ist noch vorgesehen ein Registrierwerk zum Messen des Zuges im Schornstein. Die Zylinder werden mittels Pumpe aus einem besonderen Ölbehälter gespeist. Das Füllen der Zylinder wird beschleunigt und gleichzeitig das Öl aus den Druckzylindern und dem Tropfölgefäß mit Druckluft in den Hauptölbehälter zurückgedrängt in der Weise, daß

der Hilfsluftbehälter der Bremsleitung ebenso wie die Pumpe mit dem
Ölbehälter und den Dynamometerzylindern, sowie dem Tropfölgefäß in
Verbindung steht, das durch Undichtheiten entweichendes Öl auffängt.

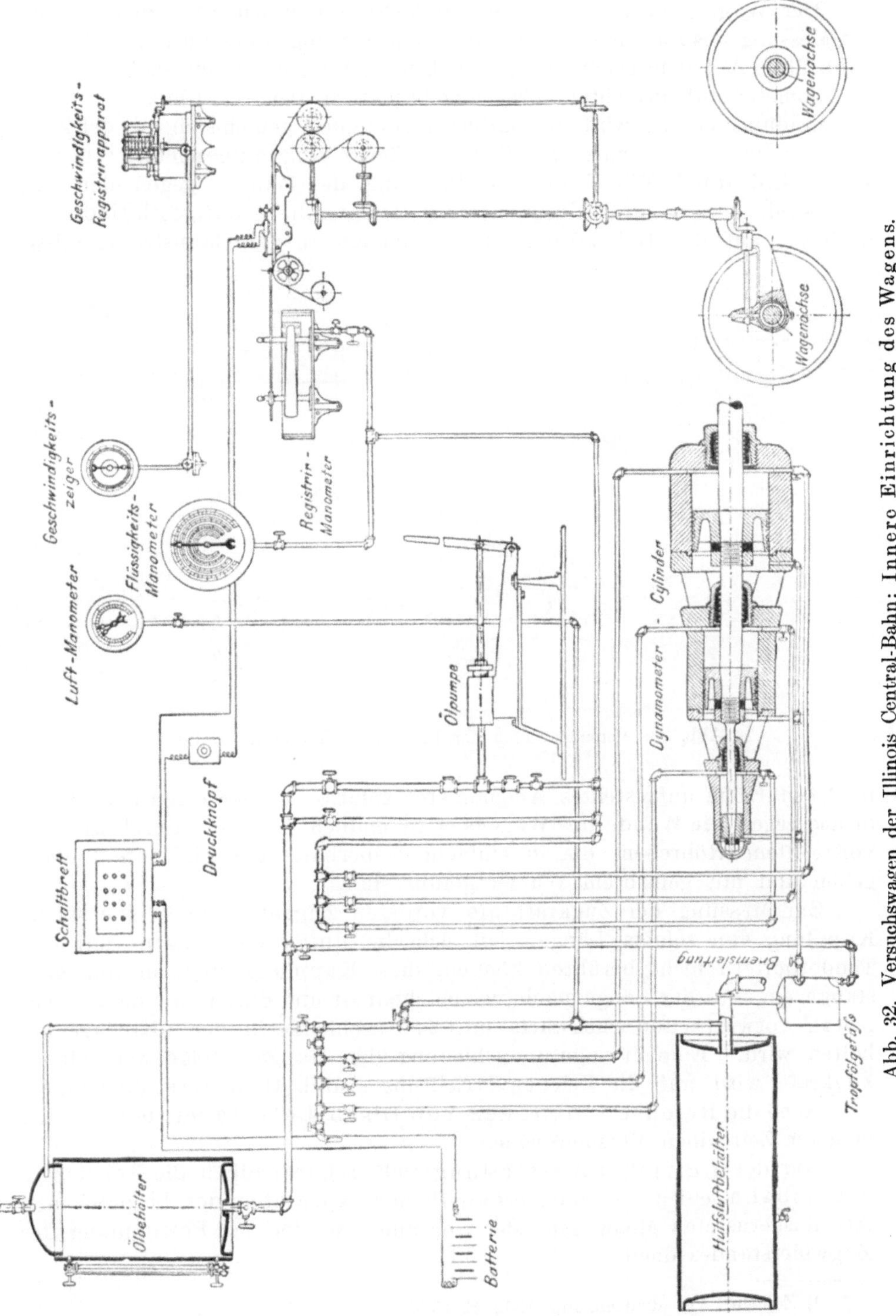

Abb. 32. Versuchswagen der Illinois Central-Bahn: Innere Einrichtung des Wagens.

Die Kolbenflächen des Dynamometers betragen 5, 30, 60 Quadratzoll, bzw. 32, 193·5, 387 qcm, was bei einem höchst zulässigen Flüssigkeitsdruck von 80 at übertragbare Höchstwerte der Zugkraft von 2·6, 15·5, 31·5 t ergibt.

Der Wagen der Lancashire-Yorkshire-Eisenbahn[1]) dient neben der Messung des Zugwiderstandes vor allem derjenigen des Luftwiderstandes (Abb. 33). Auf dem Dach des (zweiachsigen) Wagens ist ein sechsschaliges Anemometer auf lotrechter Achse angebracht in 380 mm Höhe, und durch Kegelradübersetzung wird die Luftgeschwindigkeit gemeinsam mit der Zuggeschwindigkeit auf einem Streifen mit Zeitteilung aufgezeichnet; gleichzeitig wird durch Windfahne die Richtung des Windes gegen den Zug festgestellt und ebenfalls aufgezeichnet. Die wirkliche Luftgeschwindigkeit in bezug auf den Bahnkörper wird durch ein an der Bahnstrecke selbst

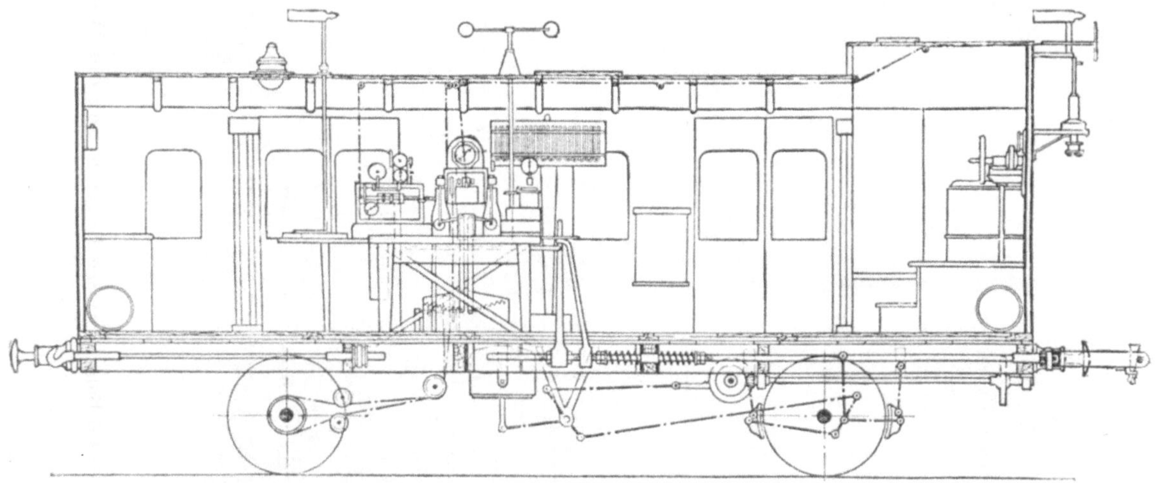

Abb. 33. Versuchswagen der Lancashire-Yorkshire-Bahn.

in 2,4 m Höhe aufgestelltes Anemometer gemessen. Der eigentliche Luftdruck gegen die Wände des Wagens wird endlich gemessen durch 27 nach vorn offene Röhrchen, die in einfache Heberbarometer (U Röhren) übergehen und mit gefärbtem Wasser gefüllt sind.

Zur Messung der Zugkraft am vorderen Zughaken dient eine starke Kupplung von solcher Länge, daß sich die Puffer des Wagens mit den Tenderpuffern nicht berühren können; diese Kupplung greift in eine Zugstange ein, die der Länge nach verschiebbar ist und durch zwei Schraubenfedern vorwärts und rückwärts mittels Anschlages in der Mittellage gehalten wird. Eine etwaige Verschiebung der Stange infolge wechselnder Zugkraft wird auf die Zeichenvorrichtung durch Hebelwerk übertragen.

Auch die Reichseisenbahnen von Elsaß-Lothringen besitzen seit längerer Zeit einen Versuchswagen.

Auf der Lütticher Ausstellung 1905 zeigte endlich die Belgische Staatsbahn einen mit allen erforderlichen Apparaten der besprochenen Art ausgerüsteten Meßwagen, der vor allem wieder zur Bestimmung des Zugwiderstandes diente.

---

[1]) Zeitschr. Ver. deutsch. Ing. 1902, S. 1676.

Die Apparate zur Übertragung der Bewegung von der Radachse hinauf in den Meßraum, ferner zur Umkehrung dieser Bewegung im Meßraum selbst, erforderlichenfalls zum Ausrücken, endlich zum Vorschub des Registrierstreifens usw. sind mannigfacher Art und bieten an sich auch nichts Besonderes, was einen Beitrag zur Frage der Lokomotivprüfung liefern könnte, so daß auf ihre Besprechung zu verzichten ist.

Außer den besprochenen Öldynamometern sind schon viele andere Arten von Dynamometern, so z. B. das von Morin, Régnier, Holtz angewendet worden. Ersteres besteht aus zwei einander zugekehrten, an den Enden verbundenen Eisenbahnwagenfedern; der Bund der einen wird am Tender, derjenige der andern am ersten Wagen eingehängt und die Durchbiegung gegen die Ruhelage als Maßstab der übertragenen Zugkraft benutzt. Alle Federdynamometer leiden jedoch an dem früher besprochenen Übelstand der Resonanz.

Ist auf irgend eine Art nun die Zugkraft hinter der Lokomotive gemessen, bzw. die zugehörige Leistung, die eigentliche „Nutz"leistung im wirtschaftlichen Sinn berechnet, so erhält man das Verhältnis zur indizierten Leistung an den Kolben als kommerziellen Wirkungsgrad der Lokomotive, wobei diese nebst ihrem Tender als Fahrzeug mitbefördert werden muß. Der mechanische Wirkungsgrad der Lokomotive als Maschine dagegen läßt sich auf diese Art nicht bestimmen, weil der Eigenwiderstand des Tenders und der Lokomotivlaufachsen, sowie der Luftwiderstand der beiden Fahrzeuge noch nicht bestimmt ist, lauter Widerstände, die zum Widerstand am Tenderzughaken hinzuzuschlagen, oder vom gesamten Lokomotivwiderstand (Differenz zwischen Gesamtwiderstand und Wagenwiderstand) abgezogen werden müssen, um die „Nutzleistung" am Triebradumfang zu erhalten.

Der Versuchswagen sollte zwischen zwei Dynamometern eingeschaltet werden; das vordere, am Tenderzughaken, könnte dann die ganze Nutzzugkraft der Lokomotive einschließlich Versuchswagen, das hintere, vor dem ersten Zugwagen, die reine Nutzzugkraft, ausschließlich Versuchswagen, angeben, und der Unterschied zwischen beiden wäre der Eigenwiderstand des Versuchswagens selbst.

Die unmittelbare Bestimmung der Tangentialkraft am Triebradumfang und dadurch des mechanischen Wirkungsgrades der Lokomotiv-Dampfmaschine ist jedoch nur bei der Standprüfung möglich.

B. Ortsfeste Prüfanlagen.

Der allgemeine Wert ortsfester Anlagen für Lokomotivprüfung besteht in der größeren Genauigkeit und Sicherheit im Messen und Ablesen, in der Unbeschränktheit der zu wählenden Mittel, in der Gefahrlosigkeit der Handhabung sämtlicher Mittel, in der Zugänglichkeit aller Teile der Lokomotive, der Unabhängigkeit von der Strecke und den Einflüssen der Witterung, im Wegfall jeder Belästigung für die Zugmannschaft, und endlich in der Möglichkeit, gewisse Messungen, die an der fahrenden Lokomotive ganz undenkbar sind, überhaupt und dazu noch bequem anzustellen, wozu z. B. die Messung der aus dem Schornstein unverbrannt entweichenden Kohlenmenge (Ruß und Flugkohle) gehört; ebenso schwierig ist auf freier Strecke meistens das Indizieren, besonders bei mehreren Zylindern und mangelndem Platz.

Wichtig ist die Unabhängigkeit von der Strecke, also von ihrem Profil, ihrer Länge, ihrem Fahrplan, ihrer Gleisbeschaffenheit, ihrer Stationsverteilung und allen damit verknüpften Hindernissen; völlig außer Betracht bleibt ferner der „Aktionsradius" der Lokomotive, d. h. die Menge ihrer Vorräte an Brennstoff und Wasser, die sich im Stand beliebig oft erneuern lassen; endlich ist die Witterung ohne Einfluß, so daß wechselnder Wind von veränderlicher Richtung, veränderlicher Reibungskoeffizient der Triebräder usw. ausgeschlossen ist, während· umgekehrt ohne große Hilfsmittel der Zugwiderstand sich beliebig ändern läßt; kurz, das feste Prüffeld erlaubt, einen beliebig umfangreichen Versuch beliebig lange Zeit unter ganz genau gleichbleibenden Verhältnissen durchzuführen.

Was jedoch den theoretischen und praktischen Wert in betreff der Richtigkeit des zahlenmäßigen Ergebnisses der Versuche selbst betrifft, so muß gesagt werden, um auch die Nachteile des Prüffeldes gerechterweise anzuführen:

Eine Lokomotive auf dem Stand ist keine richtige Lokomotive mehr, sondern eben nur noch ein Komplex, der mit ihr die äußere Erscheinung und den Aufbau, sowie eine Anzahl von Einzelvorgängen gemeinsam hat, dem aber die Hauptfunktion verloren gegangen ist: das Fahren, — und das will viel bedeuten!

Auf dem Stand wird nämlich die Fortbewegung des Ganzen durch eine Zugkupplung am Hinterende entweder ganz verhindert (Verankerung) oder auf ein sehr geringes Maß durch elastische Vorrichtungen (Dynamometer) beschränkt, die Relativbewegung gegen die Bahn durch Stützung der Triebräder auf Laufrollen, welche durch die Maschine mit in Umdrehung versetzt werden, ermöglicht und die Kraftabgabe durch Bremsung dieser Laufrollen geregelt. An Stelle des Fortrollens auf fester Bahn tritt also das Abrollen der Stützräder unter der festen Lokomotive; an Stelle der Tenderzugkraft ist der Widerstand des Dynamometers oder gar einer festen Wand, und an Stelle der Überwindung des nützlichen Zugwiderstandes am Triebradumfang ist diejenige eines Bremswiderstandes getreten. Ein vollständiges Prüffeld setzt sich deshalb, soweit es sich nur um eine Kraftprobe handelt, aus drei Hauptteilen zusammen:

einer Tragvorrichtung, bestehend aus gut gelagerten Stützrollen für die Triebräder;

einer Bremsvorrichtung für die Stützrollen, welche die abgeführte Arbeit in Wärme umsetzt, diese durch Kühlwasser unschädlich macht und mit Dynamometer an jeder Achse versehen sein sollte;

einer Zugvorrichtung zum Festhalten der Lokomotive, versehen mit Dynamometer zur Messung der nutzbaren Gesamtzugkraft.

Von den Nachteilen, die mit dem Standversuch unzertrennbar zusammenhängen, ist der eine bekannt: der Fortfall des Luftwiderstandes, wodurch bei bestimmter Zugkraft am Haken eine geringere Kesselleistung gegeben ist als auf freier Strecke, oder umgekehrt bei bestimmter Beanspruchung des Kessels eine höhere Nutzzugkraft am Haken frei wird; der kommerzielle Wirkungsgrad wird also zu günstig. Der Wegfall der Reibung der Laufachsen, und zwar bei Lokomotive und Tender, macht ebenfalls viel aus, kann aber genügend genau berechnet werden.

Ein weiterer Nachteil ist der Wegfall der Masse des Zuges, und überhaupt der Massenbewegung (von derjenigen im Triebwerk abgesehen), die sonst den Gang der Lokomotive und ihre störenden Bewegungen durch die lebendige Kraft aller Einzelteile und des Ganzen, sowie durch die Trägheitskräfte nach allen Richtungen hin günstig beeinflußt, so daß die Lokomotive auf dem Stand ungünstigere Ergebnisse liefert als vor dem Zug bzw. im Fahren.

Ein Nachteil ist ferner der Wegfall der strömenden Luft in bezug auf Abkühlungsverluste an ausgesetzten Wärmeleitungsflächen, wie Schieberkasten, Zylinder usw. Auch hierin wird das Prüffeld zu gute Proben liefern.

Ein weiterer Punkt ist teilweise nicht bekannt, teilweise noch nicht gebührend gewürdigt und der Untersuchung unterzogen worden, obwohl amerikanische Stimmen längst darauf aufmerksam gemacht haben: dies ist sozusagen die „Ausschaltung des Rührwerks", das den Wasserumlauf im Kessel erhöht und deshalb die Dampferzeugung verstärkt bzw. das Fehlen der beim Fahren unvermeidlichen Erschütterungen des Kessels, die das beständige Zittern der wasserberührten Flächen herbeiführen. Dieses Zittern befördert die rasche Abspülung der Dampfbläschen und den Ersatz derselben durch frisches Wasser, so daß die in der Zeiteinheit verdampfbare Wassermenge größer ist als in ortsfesten Kesseln; denn nicht nur das Feuerröhrenbündel und die künstliche Anfachung des Feuers ist es, was dem Lokomotivkessel eine so hohe Leistungsfähigkeit gegenüber dem ortsfesten verleiht. Wird auch die Lokomotive vorn oder hinten elastisch gefesselt und auf Tragräder gestellt, denen sie durch ihre Maschine Bewegung verleiht, so ist dies doch kein Vergleich damit, wenn sie frei über die Schienen dahindonnert, und, freilich auf Kosten des festen Gefüges aller ihrer Teile, eine Kette von Stoßwirkungen in sich auslöst.

Alles in allem ergibt sich deshalb aus einer Zusammenstellung der Vor- und Nachteile des festen Prüffeldes, daß dieses für eine bestimmte Lokomotivgattung zur Förderung der Kenntnisse der Einzelvorgänge und des Ineinandergreifens derselben, sowie für Vergleichsversuche zwischen mehreren Lokomotiven ähnlicher Bauart einen hohen Wert besitzt und überall da, wo die Tätigkeit der Lokomotive derjenigen einer ortsfesten Maschine gleicht, Zutrauen verdient, daß es aber keine Auskünfte über die wahre Leistung einer bestimmten Bauart der Lokomotive und keinen Maßstab für die vergleichende Beurteilung verschiedener Gattungen zu geben vermag; daß es nämlich in dieser Beziehung zu einer Unterschätzung der Leistungsfähigkeit des Kessels, sowie der Ruhe des Ganges der Lokomotive, andererseits zu einer Überschätzung ihrer Wirtschaftlichkeit Veranlassung gibt.

Der Versuch an der fahrenden Lokomotive im regelrechten Betrieb kann aus diesen Gründen nie ganz entbehrt, sondern nur eingeschränkt werden. Dies mag auch vielleicht neben den hohen Kosten der Anlage zur Erklärung dafür dienen, daß die Standprüfung das jüngste und noch am wenigsten verbreitete Prüfverfahren ist.

Bei der Einrichtung einer Prüfanlage kann es sich entweder nur um vorübergehende Einzelproben oder darum handeln, eine bestimmte, dem Zugbetrieb dauernd entzogene Lokomotive als Lehr- und Lerngegenstand zu verwenden und an ihr die allgemeinen Gesetze des Lokomotiv-Organismus immer wieder aufzusuchen, oder auch, was neuerdings mehr in den Vordergrund getreten ist, die Anlage zu Versuchen mit beliebigen

Lokomotiven, die in Betrieb gesetzt werden sollen oder schon im Betrieb sind, zur Verfügung zu halten, und ihre Ausbildung entsprechend zu wählen.

Als Muster aller Prüfanlagen mag

das Prüffeld der Pennsylvania-Bahn[1])

beschrieben werden, das auf der Weltausstellung St. Louis 1904 schon deshalb eine Sehenswürdigkeit erster Güte darstellte, weil zum ersten Male die Lokomotivprüfung der Öffentlichkeit vorgeführt wurde, und weil diese Anlage außerdem die Vereinigung alles dessen enthielt, was man auf diesem Gebiet allmählich gelernt hatte.

Die Dreiteilung der Anlage ist genau durchgeführt: Stütz-, Brems-, Zugvorrichtung. Jedoch hat man auf die Anbringung von Dynamometern an jedem Rad verzichtet, weil infolge des Wegfalls des Luftwiderstandes, des Tenderwiderstandes (Lagerreibung und rollende Reibung) und des Widerstandes der Lokomotivlaufachsen die Zugkraft am Haken derjenigen am Triebradumfang gleich ist — ein Umstand, der im Betrieb durchaus nicht zutrifft; andrerseits hat man dadurch die Möglichkeit eingebüßt, wenigstens die Verteilung der Kräfte auf die einzelnen Räder festzustellen, die aus den verschiedensten Gründen weder im Betrieb noch auf dem Stand gleich ausfallen wird.

1. Die Tragvorrichtung (Abb. 34). Zur bequemen Zugänglichkeit sämtlicher Teile ist eine Grube von 12 m Breite und 1·95 m Tiefe mit Grundmauern aus Beton angelegt, die das große Gewicht und die Stöße aufzunehmen haben. In einem mittleren Abstand von 2·5 m sind auf dem Boden zwei kastenförmige parallele Längsbalken a aus Gußeisen verankert, die zur Aufnahme der der Länge nach verschiebbaren Lagerböcke b für die Stützachsen dienen und zu diesem Zweck ⊥-förmige Längsschlitze zum Fassen der Fußschrauben haben.

Die Stützräder i sind nach Art der Eisenbahnräder gebaut, bestehen aus Gußstahl, haben aufgezogene Stahlreifen mit zylindrisch abgedrehter Arbeitsfläche, die infolge ihrer Höhe Nacharbeit leicht zuläßt, Befestigungsringe und am äußeren Rand eine tiefe Spritznut, die infolge ihrer Schrägung von der Lokomotive abfallendes Öl nach außen von der Tragfläche abführen soll, diesen Zweck aber schlecht erfüllt; besser sind einfache Raddeckbogen aus Blech, mit Ausschnitt im Gipfel, wo die Stützung stattfinden soll. Die Räder sind in gewöhnlicher Spurweite auf Achsen von gewaltigen Abmessungen aufgezogen und diese außerhalb der Räder in Sellersschen Kugelgelenklagern von großer Tragfläche ($l:d = 3$) mit Wasserkühlung und Kettenschmierung gelagert; die untere (tragende) Hälfte der Lagerschale ist aus Bronze, die obere aus Gußeisen, neuerdings ebenfalls mit guter Schmierung und mit Weglassung der mittleren Stoßkante, die Veranlassung zum Heißlaufen gibt, sobald bei Längsverschiebungen der Lokomotive horizontale Drücke im Lager auftreten.

Die Lagerböcke b sind aus Gußeisen in Kastenform gebildet und in zwei verschiedenen Höhen vorhanden, um sich an die beiden Sätze von Radachsen: drei Achsen zu 1830 mm für Personen- und fünf zu 1270 mm für Güterlokomotiven, anzupassen und stets die Stützhöhe auf der Fußbodenhöhe zu halten.

---

[1]) Zeitschr. Ver. deutsch. Ing. 1904, S. 1321.

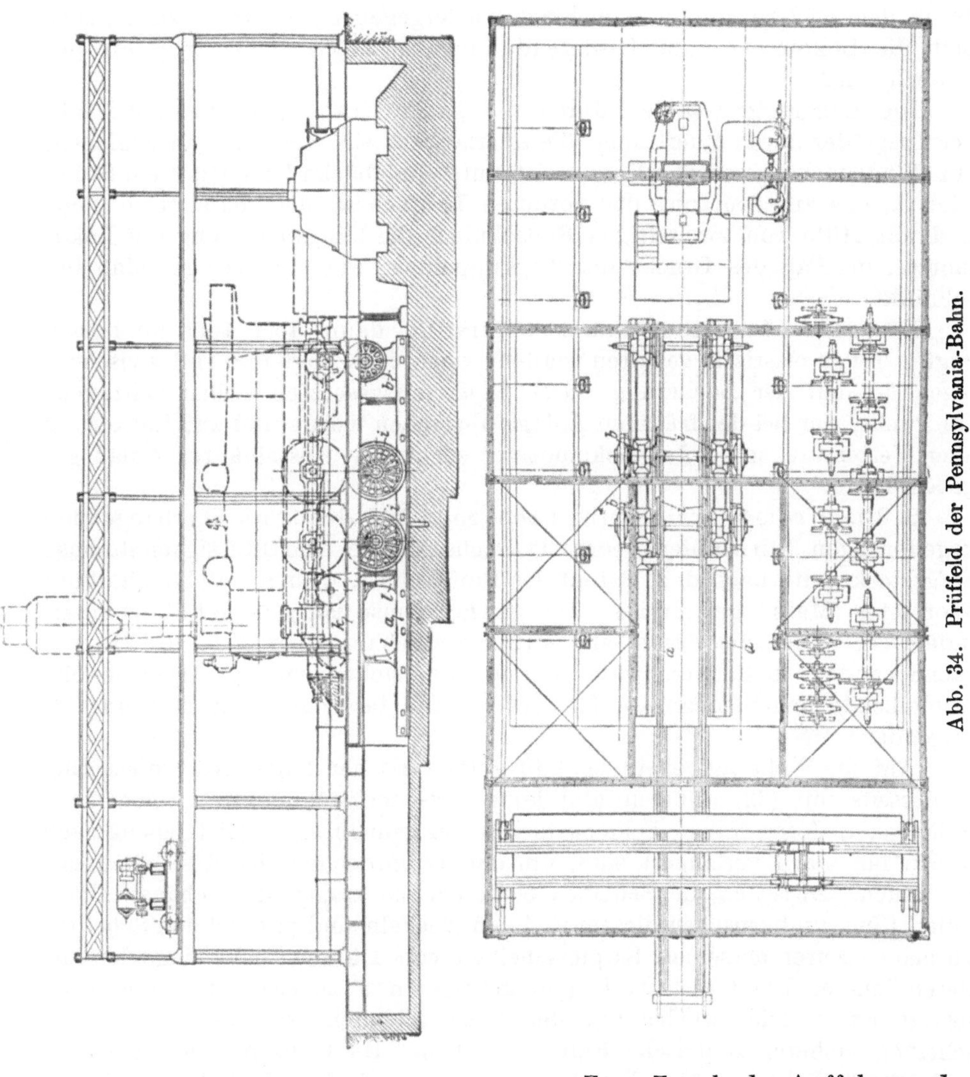

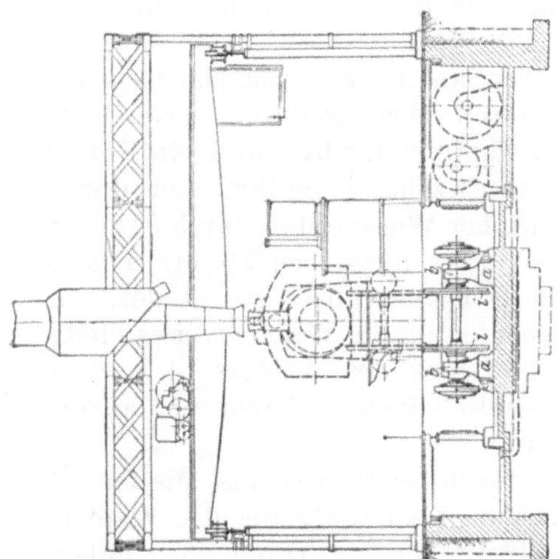

Abb. 34. Prüffeld der Pennsylvania-Bahn.

Zum Zweck des Auffahrens der Lokomotive auf die vorher genau den Radständen derselben angepaßten Stützräder wird an die Innenseite der letzteren beiderseits ein $\top$-Träger angeschraubt, der sich auf die Stützachsen auflegt und auf dem Flansch eine Laufschiene mit Spurkranzrille trägt. Die Lokomotive rollt in dieser auf den Spurkränzen herein und steigt um einige Millimeter in die Höhe auf die Tragräder auf, wodurch sie sich von der Laufschiene abhebt. Ist sie in der richtigen Stellung angekommen, so wird der Träger entfernt und da-

22*

durch den Rädern die Beweglichkeit wiedergegeben, während zu gleicher Zeit die Lokomotive am Hinterende an die Zugvorrichtung straff gekuppelt wird.

Die Längsträger laufen durch die ganze Grube und sind außerhalb der Trägräder durch Querträger, die es erlauben, sie zur Seite zu schieben, auf Windeböcke gestützt. Ebenso ist auf Windeböcke l montiert ein Stück Gleis k, das zur Stützung der vorderen Laufachsen der Lokomotive dient und mit Hilfe von zweiseitigen Radschuhen die Längsbewegung der Lokomotive, im Fall des Bruchs der Zugkuppelung, auf ein geringes Maß beschränkt.

Die ganze Lagerung muß sehr kräftig, dann aber auch an bevorzugten Teilen elastisch gehalten werden, wozu unter anderem Holzzwischenlagen an den der Lockerung durch Stöße ausgesetzten Teilen beitragen; ein Punkt, der bei der früheren Anlage übersehen wurde und zur Lockerung aller Verbindungen in der Lokomotive, sogar der Kesselnähte, Anlaß gegeben hatte.

2. Die Bremsvorrichtung (Abb. 35). Auf den stark überhängenden kegelförmigen Stirnzapfen jeder Tragachse ist je eine Flüssigkeitsbremse aufgesteckt, die nach dem Patent des Professors Alden am Polytechnikum Worcester (Mass.) gebaut ist. Die ganze Bremse ist jederzeit abnehmbar, indem sie beiderseits durch eine Mutter festgehalten wird. In der Hauptsache handelt es sich um eine umlaufende flache Scheibe, gegen welche feststehende Scheiben angepreßt werden. Die tatsächliche Ausführung ist folgende:

Auf die Welle aufgekeilt sind in symmetrischer Lage zwei gußeiserne, beiderseits mit (32) radialen und konzentrischen Schmiernuten versehene Scheiben a, deren Naben beiderseits von der gemeinsamen Mittelebene nach außen hin stark verlängert sind, um den zylindrischen Sitz des Gehäuses c zu bilden. Zwischen die Scheiben eingeschoben tragen die Gehäusehälften einen Ring, und zwischen diesem und den Deckeln sind parallel den Scheiben zu beiden Seiten derselben Kupferscheiben von 1·6 mm Dicke eingeklemmt, deren innerer Rand rechtwinklig umgebogen und an eisernen Ringen f befestigt ist, welche wieder auf der Nabe schleifen, so daß die Kupferscheiben sichere, zentrische Führung haben. Im Ganzen sind also zwei umlaufende Scheiben, die den Gehäuseraum in drei Teile teilen, und vier feste Kupferscheiben verwendet.

Durch Preßwasser werden die letzteren an die ersteren elastisch angedrückt und so ein regulierbarer Widerstand hervorgerufen. Das Preßwasser, aus einem Behälter von 4 at Druck stammend, wird durch ein Rohr g einer Verteilungskammer am Umfang obensitzend zugeführt und durch Kanäle auf die drei Räume verteilt, in gleicher Weise unten durch l wieder abgeführt; der mittlere Druck beträgt nur $^1/_3$ at, höchstens $2^1/_2$ at. Dieses Wasser bewirkt gleichzeitig die Kühlung; je rascher diese stattfindet, um so größer kann naturgemäß die übertragene, d. h. in Wärme verwandelte Arbeit sein, deren Größe andrerseits vom Druck des Wassers, d. h. von der Reibung der Kupferscheiben an den Gußscheiben, abhängt und außerdem durch die Schmierung beeinflußt wird.

Die Schmierung geschieht von zwei großen Gefäßen m aus, die das Öl durch etwas verwickelte Rohre und Kanäle n an die Nabe der Kupferscheiben führen, von wo es durch die Fliehkraft in den Nuten nach außen

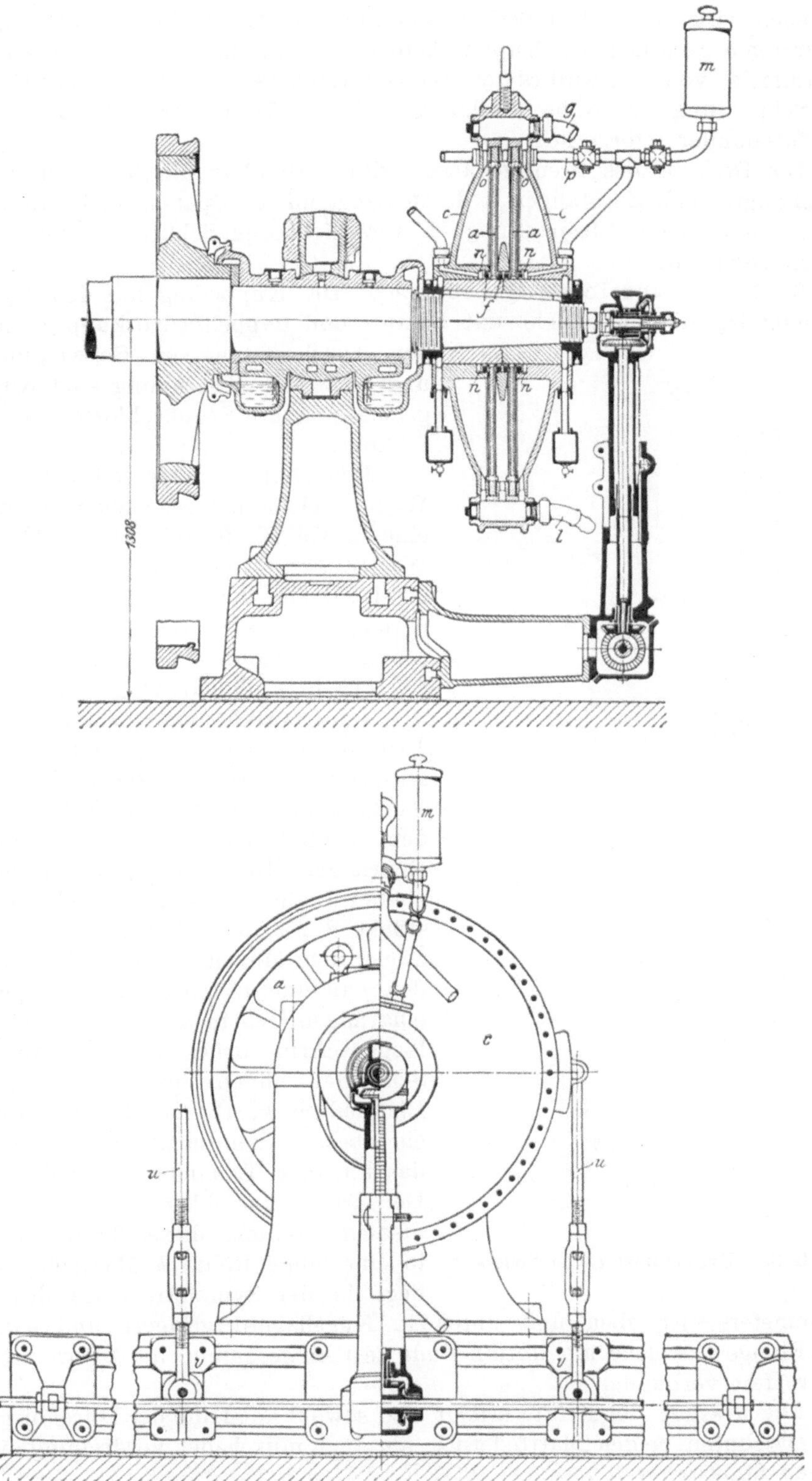

Abb. 35. Flüssigkeitsbremse von Alden.

getrieben wird, um sich außerhalb der Gußscheiben in einem ringförmigen Hohlraum o zwischen den Kupferscheiben am Umfang der ersteren wieder zu sammeln; von dort wird es den Gefäßen durch Röhren p wieder zugeführt. Die Schmierung der Nabe erfolgt auf gleiche Weise; für diese sind aber Tropfölsammler erforderlich.

Die Drehung des Bremsgehäuses wird verhindert durch symmetrisch außen angreifende Zugstangen u, deren Länge mittels Spannschloß veränderlich ist und deren Einspannung in verschiebbaren Schlitten v am Fußbalken geschieht.

3. Die Zugvorrichtung (Abb. 36). Die Kuppelung mit dem Dynamometer ist die gewöhnliche mit Haupt- und doppelter Notkuppelstange; zur Ausgleichung von Schwingungen und leichteren Montierung sind Kugelgelenke und Spannschlösser eingeschaltet.

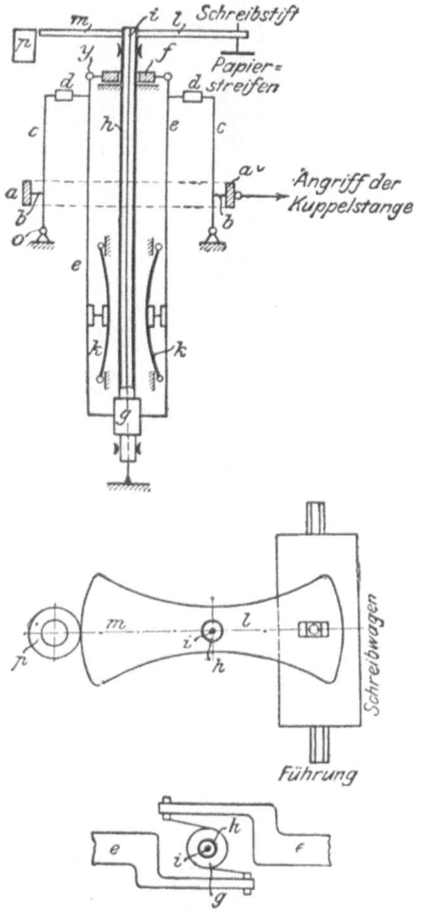

Das Dynamometer selbst ist eine Wage, welche bei gegebenem Moment eine große Kraft mit einem kleinen Weg (Zugkraft mit Längsverschiebung) in eine kleine Kraft mit großem Weg (Triebkraft des Schreibstifts mit Ausschlag) verwandelt; es ist von W. Sellers in Philadelphia gebaut.

Ein das Dynamometer umgebendes Joch a wird an die Lokomotive gekuppelt; es greift durch Schneidenstücke b an zwei symmetrisch stehenden, ebenfalls in Schneiden o gelagerten, einarmigen Hebeln c an, die an ihrem oberen Ende wieder durch Schneidenstücke d an den kleinen Hebelarmen zweier sehr langen, ebenfalls in Schneiden y an einer festen Platte f gelagerten einarmigen Hebel e angreifen. Mit dem langen Arm drücken diese auf in Schneiden ihnen parallel gelagerte Blattfedern k; ihre Enden sind durch ein Stahlband miteinander verbunden, das um eine Trommel g gewickelt ist. Der Parallelausschlag der Hebel verursacht Drehung dieser Trommel, die in eine lange Röhre h übergeht; diese liegt in der Symmetrieachse des Dynamometers, ist oben und unten in Kugellagern gelagert und enthält eine Stange i, welche am untern Ende fest eingespannt, am obern mit der Röhre fest verbunden ist.

Abb. 36. Dynamometer von Sellers.

Die Messung der Kräfte erfolgt also sowohl mit Hilfe der Durchbiegung der erwähnten beiden Blattfedern k, als auch mittels der Verdrehung dieser langen Stahlstange i.

Die Schreibvorrichtung ist sehr einfach: die Röhre endigt oben in einen zweiarmigen Hebel l, m, der einerseits in einem Schlitz den gerade geführten Wagen der Schreibfeder führt, andererseits mit Stahlbandschlinge eine Drehungsölbremse p umgibt, wodurch Schwingungen, besonders von den Zuckungen der Lokomotive herrührend, gedämpft werden.

Die größte Längsverschiebung des Zugrahmens ist nur $1/400''$ (0.064 mm), die sich aber im Verhältnis 1 : 3125 zu einem Weg der Schreibfeder von 200 mm steigert; dazu sind 3 Sätze von Federn vorhanden, um Zugkräfte von 40, 20 und 8 t aufzunehmen.

Der Rauch und Dampf der Lokomotive wird durch einen in der Längsrichtung verschiebbaren Kamin abgeführt, der genau über dem Lokomotivkamin eingestellt wird und im unteren Teil zum Zweck der beliebigen Verlängerung, d. h. Anpassung an die Höhe des Kaminrandes über den Schienen, teleskopisch ausziehbar ist und Funkenfangplatten enthält, die nach einer Seite hin die Funken ablagern, so daß diese von Zeit zu Zeit mittels Trichters entladen und gewogen werden können.

Über der Lokomotive läuft der Länge nach ein elektrischer Laufkran von 9 t Tragkraft und 13 m Spannweite, der aus einem vor die Lokomotive hereingefahrenen Wagen Material entnehmen kann, vor allem Kohlen, die nach hinten über der Zugvorrichtung auf einen in der Höhe des Führerstandbodens liegenden Boden abgeladen werden.

An Meßapparaten enthält die Anlage folgendes:

Das Dynamometer, Indikatoren (für jede Kolbenseite und für den Schieberkasten), Dampfdruckmesser, Luftdruckmesser für die Rauchkammer, die Feuerbüchse und den Aschkasten, Thermometer für die Rauchkammer, Kalorimeter für den Dampf im Regulator, Umlaufzähler, Geschwindigkeitsmesser usw., und zwar die wichtigsten nach verschiedenen Bauarten mehrfach vorhanden, um gleichzeitig eine Messung auf mehr als eine Art bewerkstelligen zu können.

Die Ablesungen werden alle 10 Minuten gemacht; die Versuchsdauer ist 2 bis 6 Stunden. Die zu machenden Ablesungen, dieselben, wie bei einer Probefahrt, sind bereits aufgezählt worden. Sie werden in drei Gruppen zusammengestellt: a) Verhalten der ganzen Lokomotive, b) Verhalten des Kessels allein, c) Verhalten der Maschine allein.

Der regelrechten Prüfung geht eine Probefahrt zur Herstellung guter Anschlüsse usw. voraus; die Prüfung, aus 15 bis 20 Versuchen bestehend, läßt sich, gleichgültig ob bei Personen- oder Güterzuglokomotiven, wieder in drei Teile zerlegen:

a) Leistungsfähigkeit von Kessel und Maschine bei Vollbeanspruchung entweder in bezug auf Kraft oder auf Geschwindigkeit; Regler ganz geöffnet, Füllung veränderlich.

b) Leistungsfähigkeit bei veränderlicher größter Geschwindigkeit; Regleröffnung umgekehrt veränderlich zum Füllungsgrad.

c) Leistungsfähigkeit bei größter Zugkraft; veränderliche Geschwindigkeit; Anfahrverhältnisse.

Diese Anlage genügte bekanntlich in mehrfachen Beziehungen anfänglich nicht den Ansprüchen, ist aber jetzt bedeutend verbessert im Güterbahnhof der Pennsylvaniabahn zu Altoona wieder errichtet worden. Für gute Beleuchtung, Lüftung, Verteilung der Instrumente, Wägvorrichtungen für Kohle und Asche usw. ist besonders gesorgt worden. Die Hauptschwierigkeit, Wasser von konstantem Druck den Bremsen zuzuführen, wurde dadurch beseitigt, daß eine zweistufige Schleuderpumpe von 75 PS, von einem Elektromotor getrieben, zur Wasserlieferung angestellt wurde; sie ist mit selbsttätiger Kontrolle versehen, speist den Hauptverteilungskopf und bezieht das Wasser aus einem der großen Behälter, die sich in der Nähe befinden. Das Abwasser fließt aus allen Bremsen zu einem gemeinsamen Trog, von dort in einen Behälter unter dem Fußboden, und von diesem wird es durch eine 20 pferdige, elektrisch angetriebene Schleuderpumpe dem ersten Behälter wieder zugeführt. Es können 340 l Wasser in der Minute durch diesen Kreislauf geschickt werden.

Das Dynamometer ist weiter von der Lokomotive entfernt und in ein dichtes Blechgehäuse eingeschlossen worden, um gegen Asche, Staub und Kohle von der benachbarten Feuerstelle geschützt zu sein.

Sehr handlich ist die Bekohlungsanlage eingerichtet. Außerhalb des Gebäudes, der Längsseite entlang werden die Kohlenwagen angefahren, in einen Trichter unter der Gleisebene entladen und von diesem mittels eines Becherwerks in die Höhe befördert nach zwei Behältern von je 50 t Fassung, die sich am Hinterende des Gebäudes im zweiten Stockwerk befinden und am Boden eine Schiebetür haben. Durch diese erfolgt die Ladung von kleinen Wagen zu je 454 kg, die über die Wage in einem Durchgang unter dem Boden des Prüfraumes nach einem hydraulischen Elevator gefahren werden, der sie nach der Feuerung bringt und dort umkippt.

Ganz ähnlich findet die Entaschung statt. Die Asche wird aus dem Aschfall in eine Grube entladen, dort in einen Wagen zusammengeschaufelt, gewogen, im gleichen Elevator gehoben bis zum Hauptboden, dort entleert in einen Trichter, der zu einem Eimerwerk führt, und von diesem in einen Aschenbehälter über dem Zufahrgleise entladen, wo sie von Zeit zu Zeit abgeholt wird.

Das Kesselwasser wird einem Vorratskasten entnommen, der von einem der Wasserbehälter in der Nähe gefüllt wird, nachdem eine Wägung des Wassers in besonderen Behältern vorher erfolgt ist. Auf dem Weg zum Injektor befindet sich zur Kontrolle noch ein Wassermesser. Das Schlabberwasser wird durch eine elektrisch angetriebene, kleine Schleuderpumpe wieder nach dem Speisebehälter zurückbefördert.

Die Sammlung der Lösche aus dem Kamin wird in der beschriebenen Weise von einem Apparat besorgt, der möglichst wenig Hindernis für den Auspuff bieten soll. Er wird von einem Gestell getragen, das über dem Dachfirst auf einem Gleise von 5 m Länge laufen kann, so daß es den verschiedensten Längen der Lokomotiven Rechnung trägt. Dieser Aufbau ist aber von einem weiteren Dach so umschlossen, daß der Schutz gegen die Witterung vollkommen ist.

Einzelne erwähnenswerte Verbesserungen, die schon vor der Übertragung der Anlage getroffen worden waren, bestanden in dem Ersatz der Kettenschmierung in den Bremslagern durch Ölgefäße mit Filzstreifen; ferner im Einbau von Ölbremsen zwischen Lokomotive und Dynamometer, um die Umkehrung der Kraftrichtung infolge des Zuckens zu verhindern; in der Reinigung des Kesselspeisewassers; im Ersatz des Maschinenschmieröls für die Bremsscheiben durch eine Mischung von $^1/_8$ Rizinusöl mit $^7/_8$ Zylinderöl, die infolge ihrer Zähflüssigkeit eine größere Arbeit aufzehrt und den Wasserdruck, also die Reibung der Scheiben und dadurch ihre Abnutzung, vermindern läßt.

Die Kohlenanalyse wird im allgemeinen zum Zweck der Auswahl einer passenden Versuchskohle durchgeführt. Es fehlt jedoch die Analyse der Lösche und der Funken, die freilich weniger wichtig ist.

Zu den Versuchen in St. Louis waren 35 Personen angestellt: 1 Direktor, 1 Stellvertreter desselben, 1 Chemiker, 3 Rechner, 1 Stenograph, 1 Versuchsleiter, 11 Beobachter, 15 Arbeiter.

Die Art der Versuche, ihre Zusammenstellung und ihre Ergebnisse sind aus der technischen Literatur genügsam bekannt. Es dürfte noch erwähnt werden, daß zurzeit diese Anlage der Regierung der Vereinigten Staaten zur Vornahme von Versuchen über den Wert der Verfeuerung von Kohlenziegeln bei Lokomotiven überlassen ist.

Da die Anlage der Pennsylvaniabahn fast alles bietet, was ein Prüffeld leisten kann und die in anderen Anlagen vorher gemachten Erfahrungen in sich vereinigt, so möge nur noch ein Überblick über sämtliche vorhandenen Prüfanlagen gegeben werden.

1. Als Begründer der Prüfanlagen muß Alexander Borodin gelten, der bei der Russischen Südwestbahn im Jahre 1881/82 eine ortsfeste Versuchseinrichtung ausführte, um Zwillings- und Verbundlokomotiven, sowie Lokomotiven mit und ohne Dampfzylindermantel zu vergleichen. Eine zu diesem Zweck besonders auserlesene Lokomotive wurde in die Höhe gegehoben, die Kuppelstangen wurden beseitigt, ebenso das Blasrohr; der Abdampf wurde zu einem Strahlkondensator geführt und der Kamin verlängert, um den nötigen Zug herzustellen. Die freilaufende Triebachse diente zum Antrieb der Hauptwelle der Bahnwerkstatt Kiew bei einer Umlaufzahl von 92 bis 102 in der Minute; die Leistung wurde auf 90 PS beschränkt, da der Mangel eines starken Dynamometers keine höheren Leistungen zuließ.

2. Im Jahre 1891 unternahmen die Ingenieure Hazlehurst und Cole der Baltimore-Ohio-Eisenbahn Standversuche in bezug auf die Gestaltung und Wirkung des Blasrohrs, wobei die Lokomotive, wie im vorigen Fall, gehoben wurde; man ließ die Maschine laufen wie im Betrieb und vernichtete die Umfangskraft durch ihre eigene Triebradbremse, wobei die Schuhe durch Wasser gekühlt wurden.

3. Die erste Daueranlage wurde nach diesen zwei Vorläufern im Jahre 1891 errichtet von Professor Goss in einer Abteilung des mechanischen Laboratoriums der Purdue-Universität in Lafayette (Indiana) und nach einer Feuersbrunst im Jahre 1894 in vollendeterer Form wieder aufgebaut.

Diese Anlage zeigt die erwähnte Dreiteilung bereits völlig durchgeführt, dient aber nicht der Öffentlichkeit. Versuchsgegenstand ist eine der Anstalt dauernd überlassene $^2/_4$-gekuppelte (2—2—0) Personenzuglokomotive der älteren, normalen amerikanischen Bauart aus der Lokomotivfabrik Schenectady mit folgenden Hauptabmessungen:

Zylinderdurchmesser	432	mm	Äußere Heizfläche	124	qm
Kolbenhub	610	,,	Rostfläche	1·61	,,
Triebraddurchmesser	1600	,,	Gesamtgewicht	40·0	t
Kesselüberdruck	10	at	Reibungsgewicht	26·4	t
Gesamtradstand	7·0	m	Triebradstand	2·59	m

Gestützt sind die vier Triebräder auf Tragräder, deren Achsen die Aldensche Bremse tragen. Das Dynamometer kann bis 13 500 kg Zug aufnehmen und besteht aus dem Kopf einer Emeryschen Zerreißmaschine, deren hydraulischer Lagerbock jede statische und dynamische Beanspruchung verträgt.

Die Anlage ist geeignet für Lokomotiven mit Triebradständen bis zu 5.5 m.

4. Im Jahr 1894 errichtete der Oberingenieur Quayle der Chicago-Nordwestbahn eine zeitweilige Prüfanlage in Süd-Kaukauna (Wisconsin) zur Untersuchung von Blasrohr und Kamin. Die Lokomotiven wurden in der Längsrichtung verankert und ihre Triebräder auf die Räder eines passend umgeänderten Drehgestells gestützt, die durch je zwei hydraulisch angepreßte Bremsschuhe abgebremst waren; die Kühlung war wieder durch Wasserstrahlen bewirkt.

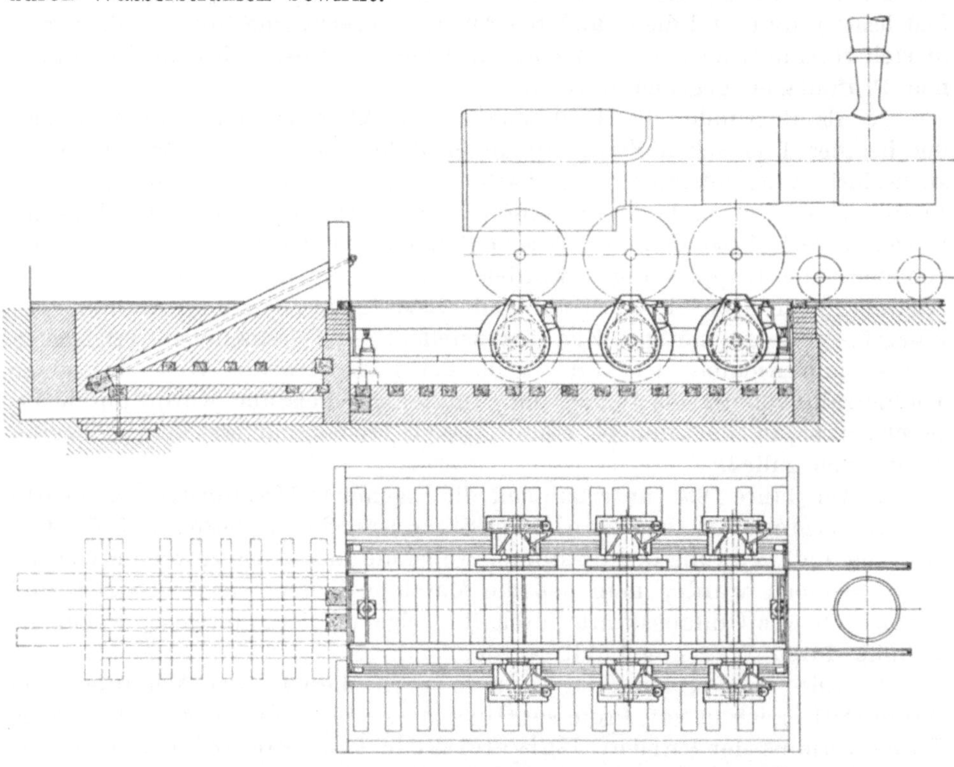

Abb. 37. Prüffeld der Chicago-Nordwestbahn: Tragvorrichtung.

5. Im Jahr 1895 errichtete dieselbe Bahn eine Daueranlage in ihren Werkstätten zu Chicago nach Plänen des Oberingenieurs Quayle und seines Assistenten Herr. (Abb. 37.) Der Stand nimmt ein Gleis im Lokomotivrundschuppen ein; daneben befindet sich auf einem zweiten Gleis der Tender, der mit der Lokomotive durch einen erhöhten Fußboden verbunden ist; mittels Dezimalwage wird die in kleinen Wagen herüberbeförderte Kohlenmenge gewogen.

Mit den Laufrädern steht die Lokomotive auf festem Boden, mit den Triebrädern auf niedrigen Tragrädern, die in ähnlicher Weise wie in der beschriebenen Anlage montiert sind. Die Lager sind aber keine Sellersschen, sondern gewöhnliche; Lagerböcke sind bei dem geringen Rollendurchmesser nicht nötig, sondern der Fuß der Lager ist ohne weiteres

verstellbar in einer mit ⌐-Schlitzen und mit Zahnstange versehenen gußeisernen Deckplatte auf jedem der beiden kräftigen Holzbalken, die auf
dem Boden der Grube die Tragbahn bilden.

Auf die Stirnenden der Tragachsen sind gußeiserne Bremsscheiben
aufgezogen, auf denen Pronysche Zäume in Gestalt von kurzen Differential-
Bandbremsen sitzen, deren Endpunkt von sechszölligen Luftzylindern angefaßt wird. Die Scheibe nebst Bremsband ist in ein Gehäuse eingeschlossen, welches das Kühlwasser durchleitet. (Abb. 38.)

Die Druckluft wird von der Werkstatt geliefert mit einem Druck
von 4·2 at und zuerst nach einem Behälter geschickt, von wo eine Rohrleitung zu einem Druckregler führt, der die Leitungen zu den verschiedenen Bremszylindern bedient und durch Schnurlauf mit der hintern Achse
verbunden ist. Dieser hält den Druck konstant, und damit auch die

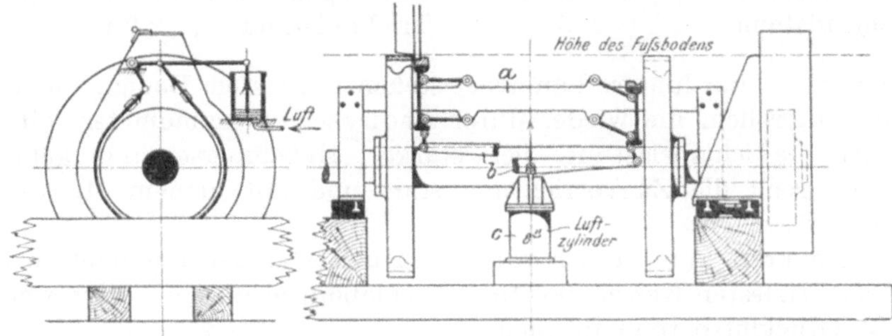

Abb. 38. Prüffeld der Chicago-Nordwestbahn: Brems- und Auflaufvorrichtung.

Umlaufgeschwindigkeit; eine andere Antriebrolle gibt ihm eine andere
Umlaufzahl und stellt so infolge des veränderten Druckes im Bremszylinder
eine andere Reibung und deshalb auch eine andere Beharrungsgeschwindigkeit der Lokomotive selbsttätig ein.

Ein Dynamometer ist aber außerdem nicht vorhanden; die Lokomotive wird einfach an einen starken Prellbock gekuppelt, so daß hier die
Umfangskraft der Triebräder, abgesehen von etwaigem Schlupf und von
der Reibung der Tragachsen, gemessen wird, und zwar für jede Achse einzeln.

Bemerkenswert ist die Vorrichtung zum Ein- und Auffahren der Lokomotiven mittels beweglichen Gleises. Das Gleis ist ausgebildet wie bei der
Anlage der Pennsylvania-Bahn, wird aber nicht an- und dann nach verrichtetem Dienst wieder abgeschraubt, was bei regem Prüfungsbetrieb
zeitraubend ist, sondern die hochstegigen Träger der Spurrille sind durch
eine Parallelogrammführung an einen Rahmen a gehängt und werden —
an jedem Ende der Grube ist diese Vorrichtung vorhanden — durch einen
Querbalken b gelenkig gestützt, der sich in der Gleismitte auf den Kolben
eines achtzölligen Preßluftzylinders c auflegt. Durch die Hebung des Kolbens
schwenken beide Rillenträger auswärts in die Höhe und legen sich glatt
an die Innenseite der Tragrollen an; über den Tragachsen werden sie
durch eingeschobene Holzschuhe mit Eisenbeschlag gestützt und angeklammert. Die Spurrille liegt 6 mm tiefer als die Oberkante der Tragrolle, so daß nun die Lokomotive sicher und bequem auffahren kann; ist
dies geschehen, so werden die Stützen entfernt, die Träger sinken zurück
und geben die Rollen frei.

6. Im Jahr 1899 folgte die Columbia-Universität in New York mit einer ähnlichen Anlage, die aber wie die der Purdue-Universität nur dem Studium, nicht der Prüfung der Lokomotive dient und nicht öffentlich ist. Versuchsgegenstand ist deshalb, wie in jenem Beispiel, eine dauernd aufgestellte Lokomotive, Geschenk der Baldwin Locomotive Works, Philadelphia.

Es ist die bekannte $^2/_4$-gek. (1 – 2—1) Vauclainsche vierzylindrige Verbund-Schnellzuglokomotive „Columbia", Fabriknummer 13 350, die 1893 in Chicago ausgestellt war. Sie hat folgende Hauptabmessungen:

Zylinderdurchmesser	330/558 mm		Äußere Heizfläche	138 qm
Kolbenhub	660 „		Rostfläche . . .	2·3 „
Triebraddurchmesser	2140 „		Gesamtgewicht .	57·2 t
Kesseldruck	12·7 at		Reibungsgewicht	37·7 t
Gesamtradstand . .	7·5 m		Triebradstand .	2·2 m.

Die vordere und hintere Laufachse stehen auf festem Boden, die Triebräder auf Tragrollen, die wieder durch Pronysche Dynamometer mit veränderlicher Gewichtsbelastung bei starker Hebelübersetzung gebremst werden, während die Zugvorrichtung starr und mit keinem Meßapparat verbunden ist.

Die Triebkraft kann außer vom eigenen Kessel der Lokomotive noch von einem ortsfesten Kessel des Maschinenlaboratoriums geliefert werden; ferner ist Druckluftbetrieb möglich.

Dieselben Versuche lassen sich auch mit einem elektrischen Straßenbahnwagen an Stelle der Lokomotive ausführen.

7. Etwa im Jahre 1903 wurde der Bau einer Prüfanlage dieser Art am Sibley-College,[1] Abteilung der Cornell-Universität in Ithaka (N. Y.), eingeleitet. Die Versuchslokomotive, abermals ein Geschenk der Baldwin-Locomotive Works, ist eine $^2/_4$-gek. (2—2—0) vierzylindrige Verbund-Locomotive nach Bauart Vauclain-de Glehn, die durch einen am Kupplungshaken eingehängten, im Fundament des Gebäudes verankerten Preßluftzylinder belastet werden soll. Die Lokomotive selbst wird bis 20 at Kesseldruck haben und so eingerichtet sein, daß jederzeit durch Abschalten der Niederdruckzylinder und Veränderung der Steuerung aus der Verbund- eine Zwillingsmaschine gemacht werden kann.

8. Soweit bekannt, befinden sich Prüfanlagen in England bis jetzt auf folgenden Plätzen:

Vulkan Foundry Works, Newton-le-Willows.
Hyde Parks Werkstätte Glasgow der Nordbritischen Bahn.
Swindon Works der Großen Westbahn.

9. Im Anschluß an den Unterricht im Eisenbahnwesen an der Technischen Hochschule Charlottenburg steht zurzeit der Bau eines Prüffeldes durch den preußischen Staat in Vorbereitung, das im Zusammenhang mit der Bahnwerkstatt Grunewald der K.E.D. Berlin gleichzeitig auch den Zwecken der Bahnverwaltung (Kurse für Eisenbahnbeamte) dienen soll. Der Bau ist veranschlagt auf 90 000 Mark. Die Verhandlungen gehen bereits seit 1899.

---

[1] Zeitschr. Ver. deutsch. Ing. 1903, S. 510.

Die Halle für den Prüfstand mit rund 28 m Länge und 17·5 m Breite genügt für Aufstellung der längsten Lokomotiven mit Tender, während die Grube selbst die längsten Lokomotiven ohne Tender aufnehmen kann und so breit ist, daß die Bremsen sich bequem anordnen lassen und später durch Dynamos mit Wattmeter ersetzt werden können.

Für besondere Versuche wird ein gasgeheizter Dampfüberhitzer, eine Niederschlagvorrichtung (Kondensator) und ein Zusatzkessel vorgesehen.

Ein Laufkran von 10 t Tragkraft dient nebenbei zum bequemen Anschluß des Kamins an das Auspuffrohr, bzw. an die Funkenkammer. Gas-, Wasser-, elektrische Leitung (Akkumulatoren) für Meßversuche sind vorhanden.

Zur Erzielung konstanten Wasserdrucks für die Bremsen dient ein hochgelegener Wasserbehälter. Reichlich ist das Kohlenlager bemessen.

An Nebenräumen sind vorhanden: Vortragssaal, Berechnungssaal, Klein-Laboratorium zur Ermittelung der Dichte von Schiebern, Kolben usw., der Wärmedehnung; zur Analyse der Kohlen, des Schmieröls usw.

Zur Feststellung der einzelnen Raddrücke ist eine Anzahl genauer Gleiswagen erforderlich. Für den Zusatzkessel und für Feuerungsversuche ist ein ortsfester Schornstein vorhanden, der die Einrichtung für gelegentlichen künstlichen Zug enthält.

Zweckmäßig ist nach dem Vorgang von Purdue, Columbia, Sibley, die Beschaffung einer stets versuchsbereiten Lernlokomotive, die alle erforderlichen Anschlüsse dauernd beibehält, und an der eine Einrichtung getroffen werden könnte zur Durchsicht ins Kesselinnere mit passender Beleuchtung, um den Wasserspiegel im Betrieb, besonders bei plötzlichem Aufreißen des Reglers, mit Rücksicht auf die Dampfnässe beobachten zu können.

Anlagen für die Reinigung der Wagen.

Von

C. Guillery,

kgl. Baurat, München.

1. Anlagen für die Reinigung der Personenwagen.

a) Allgemeines über die Reinigung der Personenwagen und über die Einrichtung der Reinigungsanlagen.

Die Personenwagen sind seitens der Betriebswerkstätten und der Zugbildungsstationen täglich einer gründlichen inneren und äußeren Reinigung zu unterziehen, namentlich in den Teilen, mit denen die Reisenden in unmittelbare Berührung kommen. Die äußere Reinigung wird durch tägliche Säuberung der Fenster und der Handgriffe und durch zeitweiliges gründliches Abwaschen des ganzen Wagenkastens bewirkt, bei der inneren Reinigung handelt es sich neben der Beseitigung von groben Verunreinigungen, Papierabfällen und sonstigen Überbleibseln vor allem um die Entfernung der Staubes von den Fußböden, Wänden und Sitzen. Die Beseitigung des Staubes, der bekanntlich als Träger von Krankheitskeimen sehr gesundheitsgefährlich sein kann, hat seit einigen Jahren, infolge der von der Vakuum-Reinigergesellschaft gegebenen Anregung, besondere Aufmerksamkeit bei den Eisenbahnverwaltungen gefunden. Es sind dementsprechend auf größeren Bahnhöfen vielfach Entstäubungsanlagen geschaffen worden, andere sind im Entstehen begriffen oder zur Ausführung vorgesehen.

Bis vor einigen Jahren wurde versucht, den Staub durch Klopfen und Bürsten aus den Polstern der Personenwagen zu entfernen. Dies gelingt indessen auf diese Weise nur zum geringen Teil, der größere Teil des dabei aufgewirbelten Staubes setzt sich nachher wieder auf die Polster und Vorhänge, auf den Fußboden und die Wände ab und wird durch den Luftzug und durch die Bewegungen der Reisenden immer wieder aufgerührt. Wie gesundheitsgefährlich der Staub infolge seiner Eigenschaft als Keimträger sein kann, zeigen die Untersuchungen des Berliner hygienischen Instituts, nach denen sich während des Ausklopfens der Polster innerhalb zwei Minuten 9688 Keime auf Gelatineplatten absetzten.[1] Bei dem Verfahren der Vakuum-Reinigergesellschaft und bei den übrigen, teils aus diesem unmittelbar abgeleiteten, teils auf anderem Wege denselben Endzweck erreichenden Verfahren wird der Staub durch

---

[1] Eisenbahntechn. Zeitschr. 1905, S. 344.

Absaugen vollständig beseitigt und unschädlich gemacht. Nach den hierzu
verwendeten Einrichtungen können zwei Hauptgruppen von Verfahren
unterschieden werden, je nachdem der zum Absaugen des Staubes erforderliche Luftunterdruck an einer zentralen Erzeugungsstelle oder aber in unmittelbarer Nähe der einzelnen Absaugestellen geschaffen wird. Im ersten
Falle werden Kolben- oder Dampfstrahlpumpen zur Erzeugung des Luftunterdrucks verwendet, im zweiten Falle wird der Luftunterdruck durch aus-
strömende Preßluft erzeugt. Im ersten Falle sind demnach saugende Kolben-
oder Dampfstrahlpumpen vorhanden, im zweiten Falle Druckluft-
pumpen von ähnlicher mechanischer Leistung und in beiden Fällen mehr oder
weniger lange Leitungen, im einen Falle für Sauge-, im anderen Falle für Druckluft, und in beiden Fällen wiederum eine Anzahl Schläuche mit besonders
geformten Mundstücken zum Absaugen des Staubes und ein oder mehrere
Filter zur Zurückhaltung und Sammlung des abgesaugten Staubes. Die
Filter sind teils trockene, teils nasse und sind zuweilen noch mit einer
Einrichtung zur Tötung der in dem Staube enthaltenen Keime versehen.

b) Einrichtung der Entstäubungsanlagen im besonderen.

1. Anlagen mit Erzeugung des Luftunterdrucks an einer Zentralstelle.

α) Einrichtung der Anlagen: Bauart Booth, Shenton, Esperia,
Soterkenos, Siemens-Schuckert.

Bei dem im In- und Auslande mehrfach angewendeten Verfahren der
Vakuum-Reinigergesellschaft wird der Luftunterdruck durch eine Kolbenpumpe erzeugt. Der Anspruch I des betreffenden Patentes (Booth), der
übrigens durch eine Entscheidung des Reichsgerichts vom 27. Oktober 1906
für Deutschland nichtig erklärt worden ist[1]), hat folgenden Wortlaut:
„Vorrichtung zum Entstäuben von Teppichen und dergleichen mit einem
einzigen, das Saugwerkzeug mit der Vorrichtung zur Erzielung der Saugwirkung verbindenden und gleichzeitig zum Wegführen des Staubes usw.
dienenden Leitungsrohr, dadurch gekennzeichnet, daß die mit Staub beladene Luft bei ihrem Durchgang durch das Leitungsrohr zuerst eine in
die Leitung eingeschaltete Filtriervorrichtung zu durchstreichen hat, worauf sie in reinem Zustande unter der Wirkung einer fortlaufend in Tätigkeit befindlichen Saugpumpe oder dergl. austritt, wobei der zu behandelnde
Gegenstand gleichmäßig gereinigt und die Pumpe von den Verunreinigungen
freigehalten wird.“

Nach dieser Anordnung ist eine Entstäubungsanlage auf dem Bahnhof Grunewald bei Berlin eingerichtet.[2]) Die Maschinenanlage ist in
Abb. 1 bis 3 dargestellt; als Maschinenhaus dient ein ausgemusterter, auf
Grundmauerwerk gestellter Wagenkasten. Die Luftpumpe ist zweizylindrig
mit einer Leistung von 500 cbm angesaugter Luft in der Stunde bei
140 Umdrehungen der Kurbelwelle in der Minute. Der Antrieb erfolgt
mittels Riemen von einem Drehstrommotor mit 225 Volt Betriebsspannung
aus. Während des vollen Betriebes erreicht der Luftunterdruck in der
Filtriervorrichtung 45 cm Quecksilbersäule. Die Filtriervorrichtung ist
zwischen dem Motor und der Luftpumpe aufgestellt. Die mit dem Staube

---

[1]) Glasers Annalen 1907, Bd. 60, Heft 2, Heft 11.
[2]) Eisenbahntechn. Zeitschr. a. a. O.; Glasers Annalen 1906, Bd. 58, S. 210/211.
Ausführung durch die Berl. Masch.-A.-G. vorm. L. Schwartzkopff.

beladene Luft tritt durch eine zwei Zoll im lichten haltende Leitung in
die Filtriervorrichtung ein und wird bei dem Austritt aus der Leitung
gegen die Wandung des Filterbeutels abgelenkt. Der feine Staub schlägt
sich auf dem Filtertuch nieder und wird von diesem nach Abnahme der
den Filterbeutel umgebenden Haube durch Abklopfen entfernt. Gröbere
Schmutzteile fallen gleich auf den mit einer Reinigungsöffnung versehenen
Boden der Filtriervorrichtung nieder. Alle zwei Stunden muß der Filterbeutel unter Abnahme der Haube, gegebenenfalls mit Zuhilfenahme einer

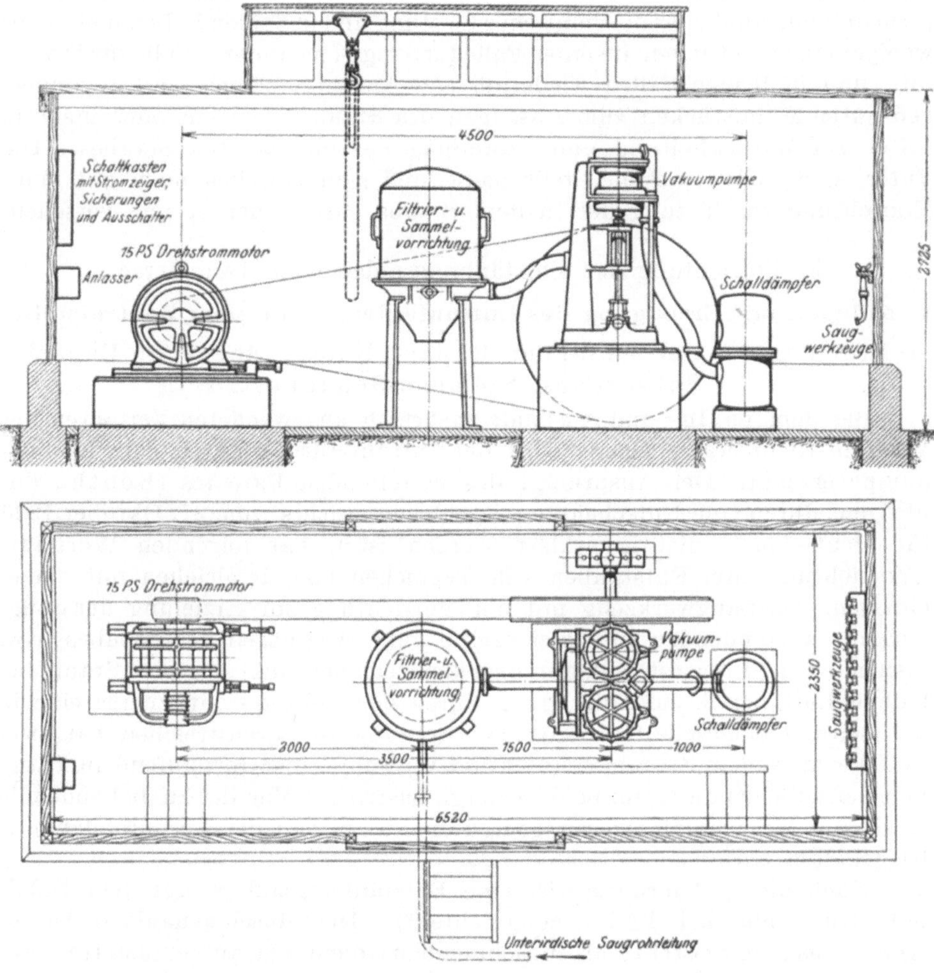

Abb. 1 und 2. Entstäubungsanlage auf dem Bahnhof Grunewald.

über dem Filter angebrachten Laufkatze, durch Abklopfen gereinigt werden,
alle zwölf Stunden muß der Filterbeutel ausgewechselt werden. Ist eine
Betriebsunterbrechung zur Vornahme dieser Reinigung nicht angängig, so
müssen zwei Filter angeordnet werden, die wechselweise zu benutzen sind.

Die Saugleitung verzweigt sich in zwei Leitungen von je $1^{1}/_{2}$ Zoll
lichte Weite und 90 m Länge, welche 0·5 m tief unter dem Erdboden verlegt sind. An diesen beiden Leitungen sind in Abständen von je 18 m
im ganzen sechs Anschlüsse für die mit Mundstücken versehenen Gummi-

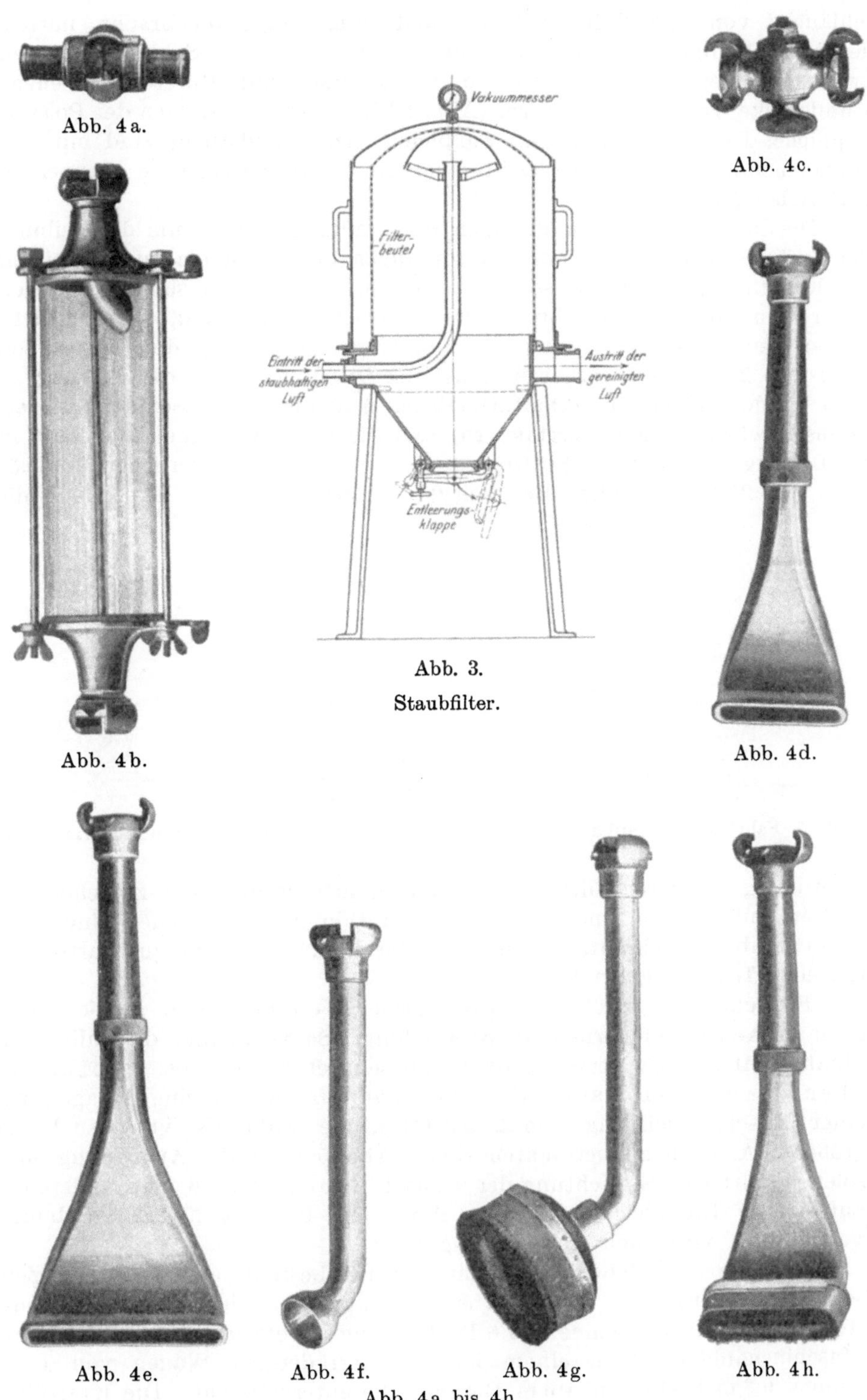

Abb. 4a.

Abb. 4c.

Abb. 3.
Staubfilter.

Abb. 4b.

Abb. 4d.

Abb. 4e. Abb. 4f. Abb. 4g. Abb. 4h.

Abb. 4a bis 4h

a = Schlauchkuppelung. b = Kontrollzylinder. c = Absperrhahn.
d bis h = Saugmundstücke für Polster, Decken, Wände und Fußböden.

schläuche von $^3/_4$ Zoll lichte Weite und 18 m Länge angebracht, mittels deren die Reinigung der Wagenabteile bewirkt wird. Die Schläuche tragen zwecks Lockerung des Staubes und Schmutzes mit Bürsten versehene Mundstücke verschiedener Form (Abb. 4d bis h) zum Absaugen der Polster, Teppiche, Decken, Wände und Fußböden. Die Mundstücke sind mit den Schlauchenden durch eine leicht und schnell auswechselbare Kuppelung verbunden (Abb. 4a).

Die Saugleitungen müssen innen vollständig glatt sein, um die Reibung der Luft herabzumindern und Verstopfungen der Leitungen zu vermeiden. Die Krümmungshalbmesser sollen mindestens 300 mm groß sein, der Winkel, unter dem die Anschlußrohre in die Hauptleitung münden, soll 30° nicht übersteigen. Die Entfernung der Saugmundstücke von dem Filter soll höchstens 200 m betragen, weil sonst der Druckverlust in der Leitung zu groß würde und ein unverhältnismäßiger Aufwand an Maschinenkraft erwachsen würde, um zu verhindern, daß die Geschwindigkeit der Luft in der Leitung unter den zur Fortbewegung des Staubes erforderlichen Mindestwert von 25 m/sek sinkt. Bei weitverzweigten Leitungen ist deshalb die

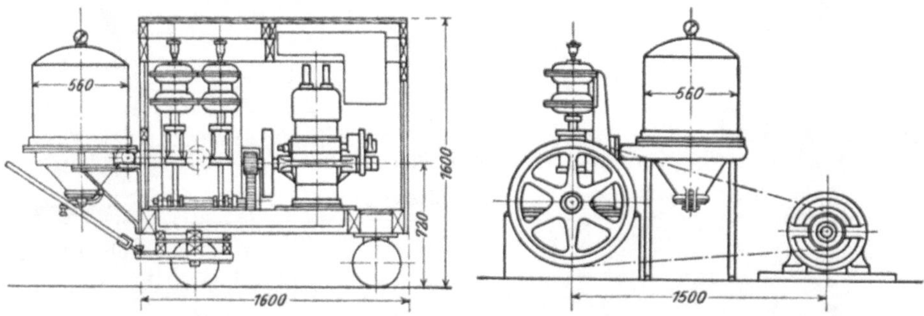

Abb. 5. Fahrbare Entstäubungseinrichtung   Abb. 6. Ortsfeste Entstäubungseinrichtung.

Anordnung mehrerer Filtriervorrichtungen erforderlich, die zwischen den Gleisen aufzustellen und sorgfältig daraufhin zu überwachen sind, daß nicht Staub und Schmutz durch die Filter hindurch in die zur Luftpumpe führende Leitung gelangt.

Einrichtungen nach dem Boothschen Verfahren und ähnliche sind auch im Auslande mehrfach in Anwendung. So verwendet die italienische Staatseisenbahnverwaltung Entstäubungseinrichtungen von Booth, von Shenton und von Esperia[1]), und zwar durchweg kleine Anlagen mit einer Maschinenleistung von 2 bis 6 PS, die wohl als Vorversuche zu größeren Anlagen zu betrachten sind. Abb. 5 zeigt die Anordnung einer solchen fahrbaren Einrichtung der Bauart Booth, Abb. 6 eine andere fest aufgestellte Einrichtung ähnlicher Art. Die Boothsche Entstäubungsvorrichtung wird auch tragbar ausgeführt.

Die fahrbare Boothsche Einrichtung besteht aus einer doppeltwirkenden Luftpumpe, die durch einen elektrischen Gleichstrommotor oder durch eine Benzinmaschine von 6 PS Leistung angetrieben wird. Die ganze Maschinenanlage ist in einem kleinen vierräderigen Wagen von 1·6 m Länge, 0·8 m Breite und 1·6 m Gesamthöhe untergebracht. Die Kraftübertragung erfolgt bei elektrischem Antrieb durch Zahnräder, bei Antrieb

---

[1]) L'Ingegneria ferroviaria 1906.

durch eine Benzinmaschine mittels Riemen. Die Luftpumpe hat zwei Zylinder von 178 mm Durchmesser und 152 mm Kolbenhub. Die Absaugung des Staubes erfolgt durch zwei an die Luftpumpe angeschlossene Gummischläuche, die entweder einzeln oder gleichzeitig benutzt werden können. Der in der angesaugten Luft enthaltene Staub wird durch ein Leinwandfilter zurückgehalten.

Die tragbare Boothsche Einrichtung besteht aus einer einzylindrigen doppeltwirkenden Luftpumpe von 132 mm Zylinderdurchmesser und 68 mm Kolbenhub und aus einer Gummischlauchleitung von 150 m Länge.

Bei der italienischen Staatseisenbahnverwaltung sind auch ähnliche Einrichtungen, Bauart Shenton und Esperia, in Gebrauch. Die Shentonsche Einrichtung besteht aus einer einfach wirkenden Luftpumpe mit zwei Zylindern von 165 mm Durchmesser und 125 mm Kolbenhub, an welche zwei Gummischläuche von zusammen 300 m Länge angeschlossen sind, die beide gleichzeitig zum Staubsaugen benutzt werden können. Der Antrieb erfolgt mittels Riemen durch einen Gleichstrommotor von 3 PS Leistung. Die ganze Anlage ist in einem kleinen Wagen von 1·4 m Länge und 0·7 m Breite untergebracht. Der Staub wird bei dieser Einrichtung vor seinem Eintritt in den Sammler sterilisiert, und zwar durch Erhitzung auf 300° C in einem Esperia-Filter, Patent von Todeschini in Mailand. Der Staubsammler ist zu einem Drittel mit Wasser gefüllt, in dem sich der von der Pumpe angesaugte Staub niederschlägt.

Die ebenfalls von Todeschini in Mailand gebaute Esperia-Luftpumpe ist doppeltwirkend und hat zwei Zylinder von 120 mm Durchmesser und 170 mm Kolbenhub. Der Antrieb erfolgt durch einen einphasigen Wechselstrommotor von 2 PS Leistung mittels Riemen. Die Anlage ist in einem Wagen von 1·3 m Kastenlänge und 0·9 m Kastenbreite aufgestellt. Der Staub wird in dem Filter mit einer antiseptischen Lösung zur Tötung etwaiger Krankheitskeime in Berührung gebracht. An den Pumpenzylinder ist nur ein Schlauch von 150 m Länge nebst Saugmundstück angeschlossen.

In Frankreich sind schon seit zwei bis drei Jahren umfangreiche Einrichtungen zum Staubabsaugen ähnlicher Art wie die Boothsche Anordnung mit gutem Erfolg in Gebrauch, so bei der französischen Nordbahn, der Orléansbahn und der Paris-Lyon-Mittelmeerbahn.[1]) Abb. 7 stellt den Grundrißplan der Staubsauganlage der Orléansbahn am Quai d'Orsay in Paris dar, welche zur Reinigung der elektrisch beförderten Vorortzüge dient. Es ist hier auf jeder Längsseite des Bahnhofs eine Rohrleitung von 33/42 mm Durchmesser verlegt, aus welcher durch je eine elektrisch angetriebene, bei A und B im Lageplan aufgestellte Luftpumpe die Luft abgesaugt wird. Die Pumpen haben je zwei Zylinder und leisten stündlich je 200 cbm angesaugte Luft. Der Arbeitsverbrauch der treibenden Elektromotoren beträgt je 4 KW, der Stromverbrauch 7 bis 8 Amp. bei einer Spannung von 550 bis 600 Volt. Der erzeugte Luftunterdruck beträgt etwa 50 cm Quecksilbersäule, solange nur mit einem Mundstück gearbeitet wird, die Druckverhältnisse ändern sich aber schnell, sobald mehr Mundstücke in Gebrauch genommen werden (Abb. 8 und 9). Bei einem Luftunterdruck von 28 cm Quecksilbersäule ist die Geschwindigkeit der Luft

---

[1]) Revue générale des chemins de fer 1906, S. 82/86.

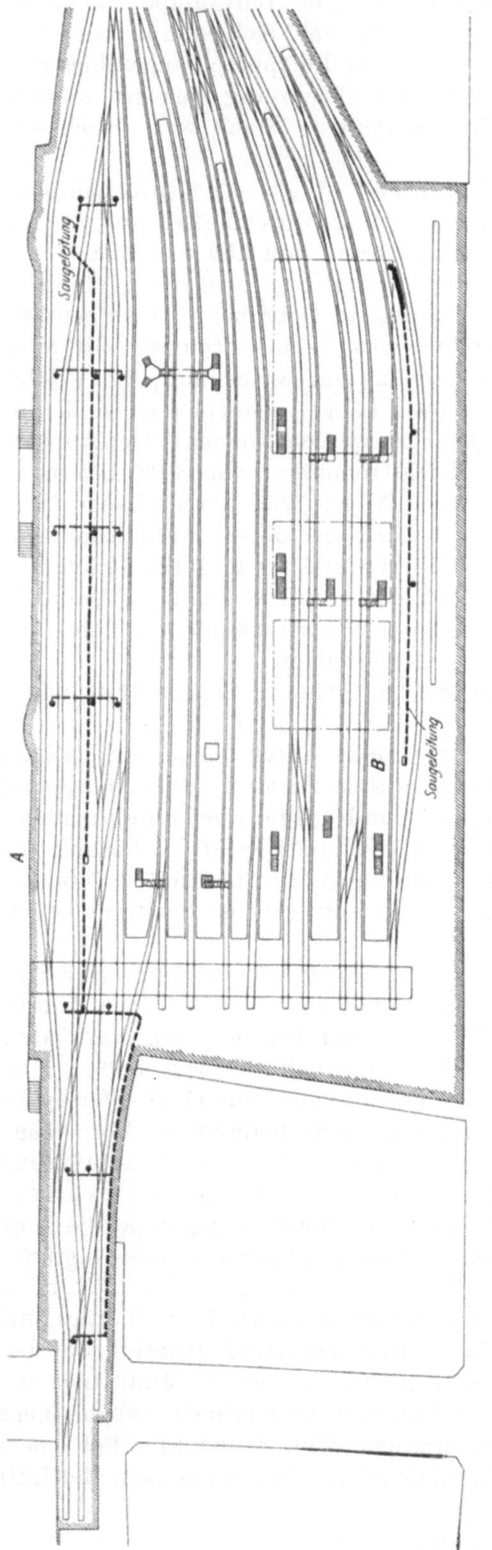

Abb. 7. Entstäubungsanlage der Orléansbahn am Quai d'Orsay in Paris.

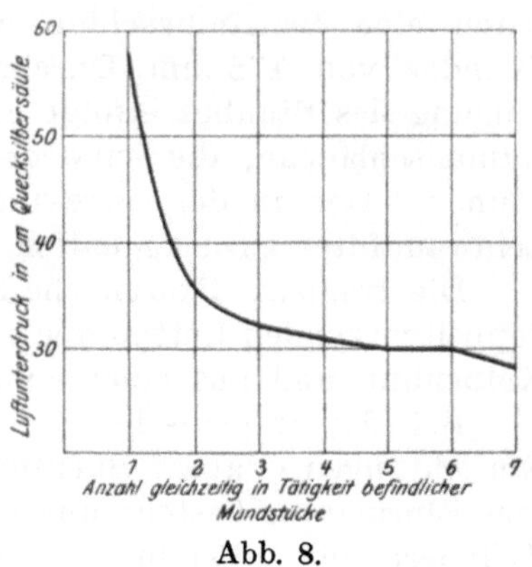

Abb. 8.

in den Leitungen noch hinreichend groß, um den Staub mit fortzuführen. Die Maschinenanlage, Bauart Soterkenos, ist, in ähnlicher Weise wie dies früher für die Boothsche Einrichtung angegeben worden ist, in je einem kleinen Wagen untergebracht, von dessen Fahrbarkeit indessen für gewöhnlich kein Gebrauch gemacht wird.

Die Orléansbahn besitzt in Paris noch eine zweite Staubsauganlage auf dem an derselben Strecke gelegenen Austerlitzbahnhof und zwar zur Reinigung der bis dahin oder bis zur vorhergehenden Schnellzugstation Juvisy mit Dampflokomotiven und von dort aus nach dem Quai d'Orsay

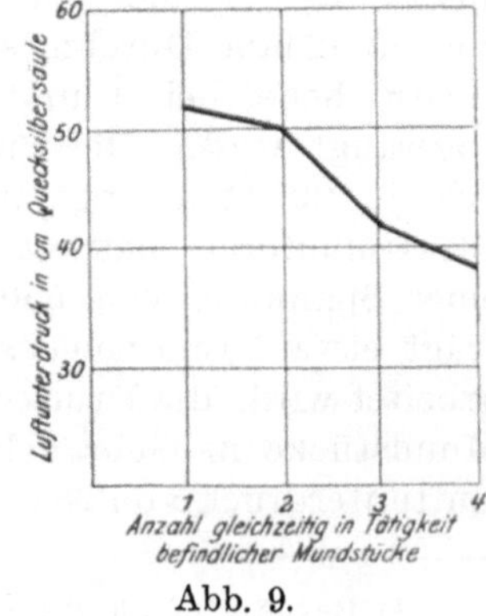

Abb. 9.

elektrisch beförderten Schnellzüge. Die Reinigung durch das Absaugverfahren erfolgt aber hier nur etwa alle zehn Tage, wie dies auch bei
der französischen Nordbahn für die Schnellzugwagen als ausreichend befunden worden ist.

Abb. 10 und 11 zeigen Anschlüsse der Zweigrohre für die Saugleitung, wie
sie nach den Erfahrungen der Paris-Lyon-Mittelmeerbahn am zweckmäßig-
sten befunden worden sind. Die Krümmungshalbmesser werden hier nicht
kleiner als 50 cm genommen; an den Verbindungen, die durch Muffenver-
schraubungen hergestellt werden, sind alle vorstehenden Kanten im Innern
der Rohre vermieden. Es hat sich bei den französischen Anlagen ferner als
zweckmäßig herausgestellt, die Anschlüsse für die Reinigungsschläuche in
Abständen von 30 bis 40 m an den Rohrleitungen anzubringen. Die
Schläuche werden etwa 25 m lang ausgeführt, damit sie einerseits nicht
zu unhandlich werden und damit andererseits nicht ein zu häufiger, mit

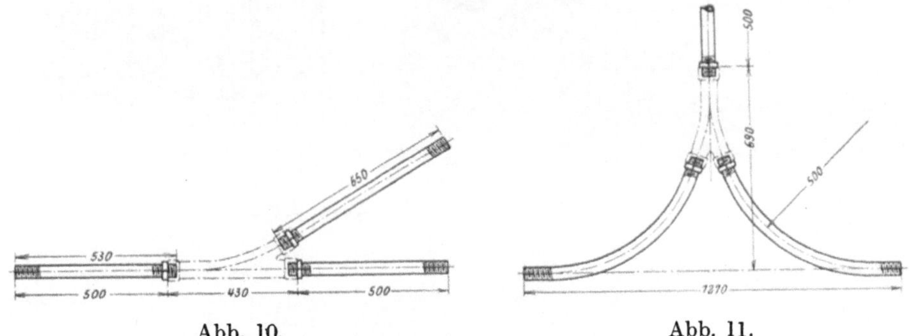

Abb. 10.   Abb. 11.

Rohrverbindungen für Saugleitungen.

Zeitverlust verbundener Wechsel des Anschlusses vorgenommen werden
muß. Die Anschlußstellen für die Schläuche werden, wenn sie nicht benutzt werden, durch eine Verschraubung geschlossen. Absperrhähne sind
nicht vorhanden.

Seitens der Siemens-Schuckert-Werke ist in der letzten Zeit eine Entstäubungsvorrichtung mit Kreiselluftpumpe angeboten und an mehrere
Stellen probeweise geliefert worden. Die Entstäubungsvorrichtung wird
entweder fest aufgestellt oder fahrbar eingerichtet (Abb. 12a). Der Luftunterdruck wird durch eine elektrisch angetriebene Kreiselpumpe geschaffen, deren Flügel sich in einem teilweise mit Wasser gefüllten Gehäuse drehen. Die Leistung der Pumpe beträgt 120 cbm angesaugte Luft
in der Stunde. Die Saug- und Drucköffnung der Pumpe befindet sich
innen. Das durch die Drehung der Flügel an den äußeren Umfang des
Pumpengehäuses geschleuderte Wasser dient zur Abdichtung der Flügel
gegen das Gehäuse. Durch die Berührung der mit Staub erfüllten Luft
mit dem Wasser wird der größte Teil des Staubes ausgefällt, der übrig-
bleibende Teil tritt entweder mit der Luft ins Freie, oder er wird durch
ein besonderes Wasserfilter zurückgehalten. Im allgemeinen wird aber keine
besondere Filtriervorrichtung angewendet. Zur Aufnahme etwa mitge-
rissener kleiner fester Teile ist hinter der Pumpe ein Ablagerungsbehälter
eingeschaltet, der von Zeit zu Zeit entleert wird. Das in der Pumpe enthaltene Wasser muß fortlaufend, am besten aus einer Leitung, ergänzt
werden, um ein Verschlammen der Pumpe zu verhüten und um das von

der Luft mitgerissene Wasser zu ergänzen. Der Wasserverbrauch beträgt 300 bis 360 Liter in der Stunde. An schwerer zugänglichen Stellen wird der Staub durch einen Turbinen-Saugbläser (Abb. 12b) aufgerührt und

Abb. 12a. Entstäubungsvorrichtung der Siemens-Schuckert-Werke.

gleichzeitig abgesaugt. Der Turbinen-Saugbläser ist aus einer kleinen Axialturbine, die durch den Strom der angesaugten Luft in Drehung versetzt wird, und einem kleinen, unmittelbar damit verbundenen Schleudergebläse zusammengesetzt. Die Flügel des Schleudergebläses sind auf dem Kranz der mit 3000 bis 4000 Umdrehungen in der Minute laufenden kleinen Turbine angeordnet. Durch das Gebläse wird die von rückwärts angesaugte Luft gegen einen Leitschirm geschleudert und von diesem nach vorn in die Umgebung des das Mundstück abschließenden Schutzkorbes gelenkt. Auf diesem Wege lockert der Luftstrom den feinen Staub, mit dem er in Berührung kommt, und tritt dann, mit den Staubteilchen beladen, der Saugwirkung des Mundstückes folgend, durch die Öffnungen des Schutzkorbes und die kleine Turbine hindurch in die zur Luftpumpe führende Saugleitung. Mit dem Turbinen-Saugbläser kann indessen nur feiner und spezifisch leichter Staub aufgerührt und abgesaugt werden. Gröberer

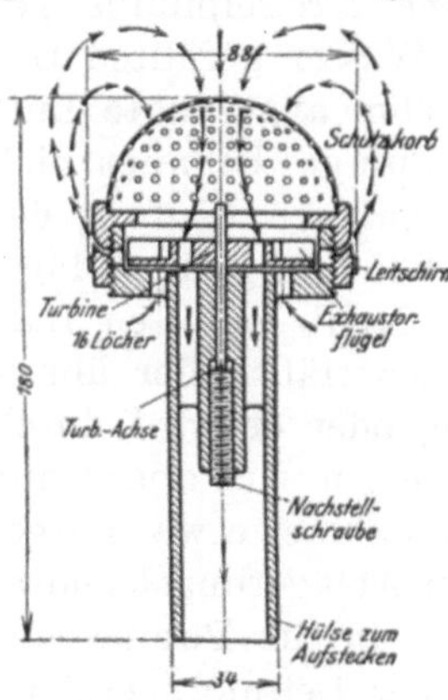

Abb. 12b. Turbinen-
Saugbläser.

Schmutz kann dadurch nicht entfernt werden, weil sonst die Lagerung der kleinen Turbine und das ganze Innere der Vorrichtung verschmutzt und verstopft werden würde. Das Innere der Vorrichtung muß deshalb durch den Schutzkorb mit feinen Öffnungen vor der Berührung mit grobem Schmutz behütet werden.

β) Betriebsergebnisse und Kosten.

Mit einer Boothschen Vorrichtung wurden bei der italienischen Staatsbahn aus einem vorher sorgfältig von Hand ausgeklopften Teppich eines Abteils I. Klasse noch 317 g Staub gewonnen, ferner ist hier beobachtet worden, daß bei dem Absaugverfahren die Beschädigungen vermieden werden, die durch Ausklopfen namentlich bei Sammetüberzügen leicht entstehen. Zur Reinigung der Abteile III. Klasse und der Ecken und Winkel ist dagegen das Staubsaugverfahren gegenüber dem Absaugen der Polster als weniger vorteilhaft befunden worden. Für die Reinigung eines Abteils I. Klasse von Hand durch Klopfen und Bürsten werden bei der italienischen Staatsbahn durchschnittlich 50 Minuten gebraucht, für ein Abteil II. Klasse 40 Minuten. Zu den Ausgaben an Tagelohn hierfür sind 8 v. H. als Generalkosten für den Verbrauch an Gerätschaften hinzuzurechnen. Alles in allem werden die Kosten für die Reinigung eines Polsterabteils von Hand auf 0·24 Lire (19 Pfg.), für die weit wirksamere und nicht gesundheitsschädliche Reinigung durch das Absaugverfahren auf 0·28 Lire (22·5 Pfg.) berechnet. Es wird aber angenommen, daß die Kosten für die Reinigung durch Absaugen erheblich heruntergehen werden bei größeren Anlagen mit längeren Rohrleitungen und entsprechender Arbeitseinteilung, wie in Berlin-Grunewald, in Paris und an anderen Orten. Die fahrbare Boothsche Vorrichtung der italienischen Staatsbahn kostet einschließlich 300 m Gummischlauch etwa 7600 Lire (6080 M.) bei elektrischem Antrieb und etwa 8600 Lire (6880 M.) bei Antrieb durch eine Benzinmaschine. Die tragbare Boothsche Einrichtung kostet nebst einem Gummischlauch von 150 m Länge 4050 Lire (3240 M.). Die Beschaffungskosten der früher beschriebenen fahrbaren Shentonschen Einrichtung mit Esperia-Filter betragen etwa 4000 Lire (3200 M.), die der fahrbaren Einrichtung mit Esperia-Luftpumpe 3450 Lire (2760 M.) nebst Zubehör an Schläuchen und Mundstücken.

Die Anlage in Berlin-Grunewald hat rund 14000 M. gekostet; für die französischen Anlagen werden die Beschaffungskosten nicht angegeben. Nach den Erfahrungen in Grunewald ist die Reinigung mittels Absaugen nicht nur weit gründlicher als die Reinigung von Hand mittels Klopfen und Bürsten, sondern sie wird auch billiger, schon wenn nur 62 Polsterabteile täglich zu reinigen sind, infolge der größeren Schnelligkeit, mit der sich die Reinigung durch das Absaugverfahren vollzieht. Während nämlich die Reinigung eines Polsterabteils durch Klopfen und Bürsten durchschnittlich 45 Minuten beansprucht, erfolgte die Reinigung mittels des Absaugverfahrens anfangs in 20, jetzt in 10 bis 15 Minuten. Werden 62 Polsterabteile täglich gereinigt, so betragen die Reinigungskosten eines Abteils bei dem Verfahren **vo**n Hand einschließlich aller persönlichen und sachlichen Ausgaben 21·8 Pfg., bei dem Absaugverfahren 21·17 Pfg. unter Annahme eines Zeitaufwandes von 20 Minuten für die Reinigung eines

Abteils. Bei der täglichen Reinigung von 470 Polsterabteilen würde die Reinigung eines Abteils nach dem Absaugverfahren unter gleichen Voraussetzungen der Berechnung nach nur noch 14 Pfg. betragen. Nach den anderweitig gewonnenen Erfahrungen läßt sich auch annehmen, daß die, für das Absaugverfahren erforderliche Zeit sich noch erheblich verkürzen läßt, wenn die Wagen regelmäßig gereinigt werden und hierdurch der Reinlichkeitszustand, in dem die Wagen zur Reinigungsstelle hinkommen ein wesentlich besserer geworden ist.

Im Jahre 1905 sind auf dem Bahnhof der Orléansbahn am Quai d'Orsay in Paris von Anfang April bis Ende Oktober 29174 Wagenabteile I. und II. Klasse durch das Absaugverfahren gereinigt worden. Die durchschnittlich auf die Reinigung eines Abteils I. oder II. Klasse verwendete Zeit betrug $10'48''$, während nach neueren Mitteilungen jetzt nur mehr 7 Minuten hierzu gebraucht werden, so daß ein Mann jetzt rund 8 Abteile in einer Stunde und 80 Abteile in einer zehnstündigen Arbeitsschicht reinigen kann. Auf die Reinigung eines Polsterabteils von Hand entfallen dagegen durchschnittlich $26'11''$. Demnach entsteht bei dem Absaugverfahren für jedes Polsterabteil eine Zeitersparnis von $26'11'' - 7' = 19'11''$ oder 73 v. H. Für 29174 in 7 Monaten gereinigte Abteile beträgt also die Zeitersparnis $29174 \times 19\frac{1}{6}$ Minuten oder 9320 Stunden. Die Stunde zu $0·425$ Fr. gerechnet ergibt dies eine Ersparnis von $9320 \times 0·425 = 3961$ Fr. in 7 Monaten oder von 6790 Fr. (5432 M.) im Jahr. In jedem Polsterabteil der elektrisch beförderten Vorortzüge werden bei regelmäßiger täglicher Reinigung durch das Absaugverfahren durchschnittlich nur mehr 22 g Staub gefunden. In einem vorher dem Absaugverfahren noch nicht unterworfenen, aber von Hand gründlich gereinigten vierachsigen Durchgangswagen wurden dagegen beim Absaugen im ganzen mehrere Liter Staub gefunden.

Auf dem Austerlitzbahnhof der Orléansbahn in Paris sind im Jahre 1904 im ganzen 16734 Abteile I. und II. Klasse durch das Absaugverfahren gereinigt worden. Die auf ein Wagenabteil verwendete Zeit betrug im ersten Viertel von 1904: $18'6''$, im zweiten Viertel: $11'52''$, im zweiten Halbjahr 1904: $11'18''$ und in den ersten zehn Monaten von 1905: $10'19''$. Dies ist, ebenso wie die betreffenden Erfahrungen in Grunewald, bemerkenswert für solche Fälle, in denen ein Vorversuch von einer Staubsauganlage im großen abschrecken möchte, weil vielleicht mit Einschluß der Generalkosten der Betrieb bei dem Absaugverfahren zunächst etwas teurer ausfällt als bei der Reinigung von Hand, sofern die bei einem Versuch im kleinen mit ungeübter Mannschaft und bei sehr mangelhaftem Reinlichkeitszustand der vorher nie gründlich entstaubten Polster als erforderlich befundene Zeit den Berechnungen zugrunde gelegt wird. Im Austerlitzbahnhof ist eine jährliche Ersparnis von rund 2700 Fr. (2160 M.) erzielt worden. Durchschnittlich wurden 90 g Staub in jedem der etwa alle zehn Tage durch Absaugen gereinigten Abteile der Schnellzugwagen gefunden.

Die früher beschriebene fahrbare Siemens-Schuckertsche Einrichtung kostet mit Ausrüstung und mit einem Elektromotor von 5 PS 2600 bis 2800 M., je nach der zur Anwendung kommenden Stromart und der Betriebsspannung.

γ) Einrichtung der Anlagen in Saarbrücken und Ludwigshafen und der Anlagen der Purofak-Gesellschaft in Wien.

Bei der königl. Eisenbahndirektion Saarbrücken sind schon vor mehreren Jahren Versuche gemacht worden, an Stelle der Boothschen Kolbenluftpumpe ein Körtingsches Dampfstrahlgebläse zu verwenden. Zur Abscheidung des Staubes aus der Luft wurde ein ebenfalls von Gebr. Körting geliefertes Wasserfilter verwendet. Die Versuche haben die technische Ausführbarkeit und die wirtschaftliche Zweckmäßigkeit für sehr kleine Anlagen ergeben.

Auf Grund dieser Versuche ist kürzlich von Herrn Direktionsrat Staby in Ludwigshafen für die Pfälzer Eisenbahnen eine ähnliche Einrichtung geschaffen worden, welche in Abb. 13 in ihrer Gesamtanordnung dargestellt ist, während die Abb. 14 die Einzelheiten des Wasserfilters zeigt.[1] Das Filter ist in den Tender einer außer zum Staubsaugen auch zum Verschiebedienst und zum Vorheizen der Züge benutzten älteren Personenzuglokomotive eingebaut und ist aus drei miteinander in Verbindung stehenden Kammern gebildet, aus deren mittleren die Luft mittels eines Körtingschen Dampfstrahlgebläses abgesaugt wird. Das Wasser steigt alsdann in dieser mittleren Kammer so lange, bis die in den Trennungswänden angebrachten Löcher frei werden und die Luft nunmehr durch diese Löcher hindurchtreten kann. Die mit Staub erfüllte Luft tritt in die äußeren Kammern ein, in denen sich die gröberen Schmutzteile gleich niederschlagen, während der feinere in der Luft schwebende Staub bei dem Durchtritt der Luft durch die Wasserschicht der mittleren Kammer zurückgehalten wird. Die vom Staube befreite Luft wird durch das Gebläse in die Rauchkammer der Lokomotive befördert. Da in dem Wasserfilter kein erheblicher Druck zu überwinden ist, so verursacht die Anwendung desselben keinen in Betracht kommenden Arbeitsverlust. Im Betriebe hat sich herausgestellt, daß die Filterkammern reichlich groß bemessen sind und deshalb noch erheblich kleiner ausgeführt werden können.

In Abb. 15 ist eine von der Purofak-Gesellschaft in Wien auf dem Wiener Bahnhof der priv. österreichisch-ungarischen Staatseisenbahngesellschaft vorläufig zu Versuchszwecken eingerichtete Entstäubungsanlage dargestellt. Die aus glatten Mannesmannrohren hergestellte Saugleitung ist einstweilen oberirdisch verlegt. Die saugende Dampfstrahlpumpe ist auf den Deckel eines gußeisernen Topfes aufgesetzt, in den die Saugleitung mündet. Beim Anschluß von vier Gummischläuchen, deren Mundstücke von -den zu reinigenden Polstern abgehoben sind, so daß die Luft ganz frei einströmen kann, wird angeblich in der Leitung noch ein Luftunterdruck von 20 bis 22 cm Quecksilbersäule erzielt, es kann aber mit fünf bis sechs Mundstücken gleichzeitig gearbeitet werden.

δ) Betriebsergebnisse und Kosten.

Bei den in Saarbrücken mit einem Körtingschen Strahlsauger vorgenommenen Versuchen wurde beim Arbeiten mit einem Mundstück ein Luftunterdruck von 40 cm Quecksilbersäule erzielt, beim Arbeiten mit drei Mundstücken noch ein solcher von 22 bis 25 cm. Am Staubsammler war der Luftunterdruck um 5 bis 7 cm höher. Der Dampfverbrauch betrug

---

[1] Organ Fortschr. des Eisenbahnwesens 1907, S. 89/90.

bei $5^1/_2$ at Dampfüberdruck 170 bis 250 kg in der Stunde, entsprechend der Arbeitsleistung einer Maschine von 10 bis 15 PS. Der Wasserverbrauch des Staubfilters betrug 300 l in der Stunde. Die stündliche Ausgabe für Kohle und Wasser belief sich auf rund 0·55 M., und die Beschaffungskosten der ganzen Anlage betrugen 1500 M. für den Strahlsauger und die Rohrleitung nebst Filter, Gummischläuchen und Mundstücken.

In Ludwigshafen betrugen die Kosten der ganzen Einrichtung nur 800 M. und an diesem Betrage ließe sich noch sparen durch kleinere Ausführung des reichlich großen Wasserfilters. Der Kohlenverbrauch beträgt hier rund 50 kg in der Stunde, wenn mit drei Reinigungsschläuchen gleichzeitig gearbeitet wird. Es liegen keine genauen Zahlen über den Kohlen- und Dampfverbrauch gleich leistungsfähiger Anlagen mit saugenden Kolbenpumpen vor, indessen ergibt der Vergleich mit den Zahlenangaben über den Verbrauch an elektrischer Energie bei solchen Anlagen, daß die Strahlpumpen gegenüber Kolbenpumpen das drei- bis vierfache an Arbeit

Abb. 13. Entstäubungsanlage in Ludwigshafen.

verbrauchen. Anlagen mit Strahlpumpen eignen sich deshalb nur für sehr kleine Verhältnisse wegen der niedrigen Beschaffungskosten und der leichten und billigen Unterhaltung.

Nach den mehr als einjährigen Erfahrungen in Ludwigshafen genügt es, wenn die Polsterabteile im Sommer einmal wöchentlich, im Winter zweimal in jedem Monat durch Absaugen gereinigt werden.

Bei der Anlage der Purofak-Gesellschaft betrug der Dampfüberdruck in dem Kessel der zu dem Versuche verwendeten Lokomotive 8 bis 10 at, der stündliche Dampfverbrauch 250 bis 280 kg, der Kohlenverbrauch demnach bei Annahme einer 6·5fachen Verdampfung rund 40 kg in der Stunde. Es wird Wert darauf gelegt, daß durch den mit der Luft sich mischenden Dampfstrahl alle in dem mitgerissenen Staube enthaltenen Krankheitskeime getötet werden. Hierüber ist von dem Hygienischen Institut der k. k. Universität in Wien eine Bescheinigung ausgestellt worden. Darnach wurde bei einem Versuche gefunden, daß der aus der Staubsaugvorrichtung entnommene feuchte Schlamm nur noch wenige Keime, die erste Probe 22, die zweite 8 enthielt, während die gleiche Menge des ursprünglich in dem durch Absaugen gereinigten Teppich enthaltenen Staubes mehrere hunderttausend Keime aufwies. Die wenigen lebensfähig ge-

bliebenen Keime waren überdies durchweg völlig harmloser Art. Die
erste Probe war nach zehn, die zweite nach zwanzig Minuten aus dem
der Saugvorrichtung vorgelegten Topfe entnommen worden. Die Wärme
des in diesem Topfe angesammelten Schlammes betrug unmittelbar nach
Beendigung des Versuches 70°C. Die Dampfspannung im Kessel betrug
5 at, der Luftunterdruck in der Leitung 10 bis 15 cm Quecksilbersäule.

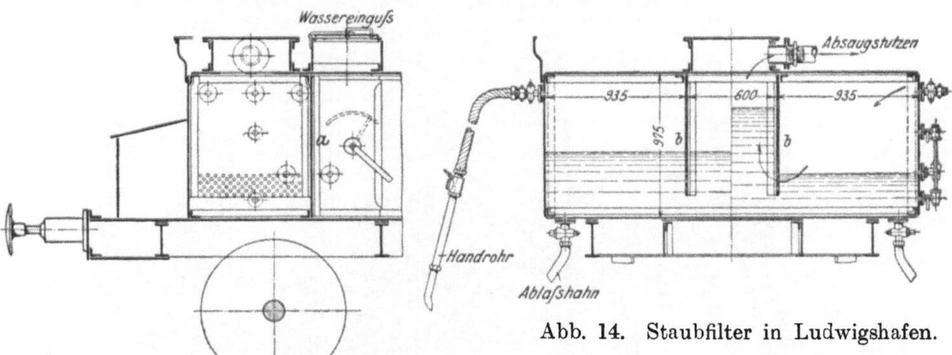

Abb. 14. Staubfilter in Ludwigshafen.

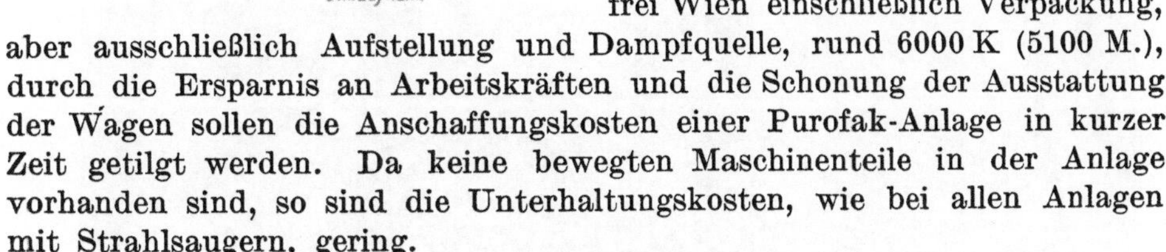

Der Staub war auf den Teppich,
von dem er abgesaugt wurde, vorher lose aufgestreut worden.

Eine Purofak-Anlage der hier
besprochenen und abgebildeten Art
mit einer 120 m langen Saugleitung
aus Mannesmannrohren nebst zehn
Anschlußknien, vier Gummischläuchen von je 25 m Länge nebst Saug-
mundstücken, einer Saugvorrichtung
der von der Purofak-Gesellschaft geführten größeren Bauart, dem Sam-
meltopf, dem Anschlußrohr an einen
Lokomotiv- oder sonstigen Kessel,
allen Verschraubungen und dem erforderlichen Dichtungsmaterial kostet
frei Wien einschließlich Verpackung,
aber ausschließlich Aufstellung und Dampfquelle, rund 6000 K (5100 M.),
durch die Ersparnis an Arbeitskräften und die Schonung der Ausstattung
der Wagen sollen die Anschaffungskosten einer Purofak-Anlage in kurzer
Zeit getilgt werden. Da keine bewegten Maschinenteile in der Anlage
vorhanden sind, so sind die Unterhaltungskosten, wie bei allen Anlagen
mit Strahlsaugern, gering.

2. Anlagen mit Erzeugung des Luftunterdrucks an den Absaugstellen.

α) Allgemeines.

Den vorstehend besprochenen Staubsauganlagen mit Erzeugung des
Luftunterdrucks an einer von den Absaugstellen weit entlegenen Zentralstelle haften verschiedene in der ganzen Anordnung begründete Nachteile
an, zunächst einige kleinere. Die Länge der Saugleitungen von dem Mundstück bis zum Filter ist auf 200 m beschränkt, durch Undichtigkeiten in

Abb. 15. Entstäubungsanlage der Purofak-Gesellschaft, Wien.

den Filtern kann Staub in die Leitungen zwischen den Filtern und der Luftpumpe und in die Luftpumpe selbst gelangen, undichte Stellen in den Saugleitungen sind schwer aufzufinden und es kann Wasser durch undichte Stellen in die unter dem Erdboden verlegten Saugleitungen eindringen. Schließlich greift der Staub je nach seinen Bestandteilen die Innenwandungen der Saugleitungen auf dem langen Wege durch dieselben mehr oder weniger stark an. Vor allem aber, und dies ist der Hauptnachteil, sind nicht alle Winkel und Ecken der Wagenabteile durch die Saugmundstücke zu erreichen. Dies gilt namentlich für den durch Heizkörper verbauten Raum unter den Sitzen. Der Siemens-Schuckertsche Turbinensaugbläser vermag diesen Mangel auch nicht völlig zu beseitigen, schon weil er nur zur Entfernung feinen und leichten Staubes benutzt werden kann. Eine zeitweilige gründliche Reinigung des Raumes hinter und unter den Heizkörpern, sowie der Heizkörper selbst ist aber dringend erwünscht, um ein Festbrennen oder starke Erwärmung des Staubes und dadurch veranlaßten übeln Geruch zu vermeiden.

In Grunewald ist dieser Mangel auch alsbald empfunden worden und es ist deshalb dort in Vorschlag gebracht worden, mit der Saugluftanlage eine besondere Druckluftanlage zu verbinden, um an den Stellen, die für die Saugmundstücke unzugänglich sind, eine Reinigung durch Ausblasen mit Druckluft zu bewirken. Eine solche neben einer Saugluftanlage noch besonders zu errichtende Druckluftanlage beansprucht indessen für sich allein annähernd nochmals die gleichen Anlagekosten wie die Saugluftanlage.

Es lag deshalb nahe, zu versuchen, ob nicht eine technisch und wirtschaftlich ausreichende Reinigung dadurch zu ermöglichen wäre, daß einerseits durch Einführung von Druckluft in das Ende der Mundstücke, wie bei einer Strahlpumpe, der zum Absaugen des Staubes erforderliche Luft-

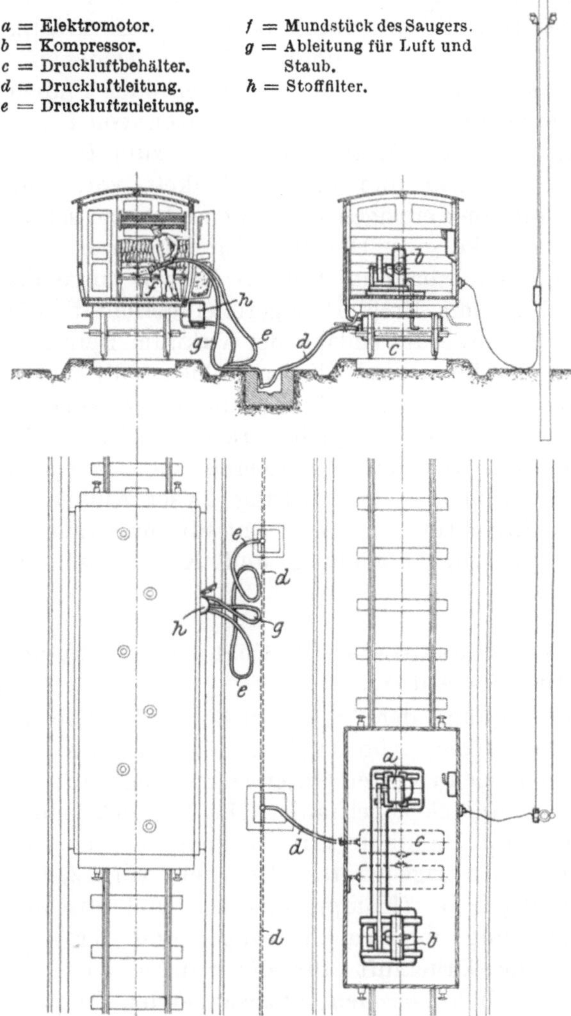

Abb. 16. Entstäubungsanlage in Cöln

unterdruck geschaffen würde, andererseits nach Aufschrauben eines entsprechend geformten Rohres auf das Schlauchende die Druckluft zum Ausblasen der für die Saugmundstücke unzugänglichen Ecken benutzt würde. Es fand sich bei solchen in Cöln vorgenommenen Versuchen, daß dies sehr wohl tunlich sei. Die Polster wurden bei dem auf diese Art bewerkstelligten Saugen vollkommen rein und der Verbrauch an Maschinenkraft war nicht höher als bei irgend einem anderen Verfahren. An dem Ende eines an das rückwärtige Ende des Mundstücks angeschlossenen Ausblaseschlauches trat die mit Staub beladene Luft kräftig aus und riß den Staub weit mit sich fort in die freie Luft. Druckluftanlagen sind nun in vielen Betriebswerkstätten schon vorhanden oder können doch auch sonst mit Vorteil verwendet werden zum Ausblasen von Lokomotivsiederohren, zur Prüfung der Druckluftbremsen und zum Betrieb von Druckluftwerkzeugen. Es lag also nun die Möglichkeit vor, eine vollkommene Reinigungsanlage mit einer einzigen Maschinenanlage zu schaffen, die auch noch für andere Zwecke gute Dienste leisten konnte.

Zunächst wurde auf dem Betriebsbahnhof Cöln B. B. vor ungefähr zwei Jahren eine Reinigungsanlage mit Preßluftsaugern eingerichtet, die etwa die Leistungsfähigkeit der Grunewalder Anlage der Vakuum-Reinigergesellschaft haben sollte. Die Ergebnisse mit dieser Anlage sollten den Stoff liefern zur Beurteilung der zweckmäßigen Einrichtung einer größeren Anlage, die für sämtliche 1200 von der Betriebswerkstätte Cöln B. B. zu unterhaltenden mit Polstersitzen versehenen Wagenabteile ausreichen sollte. Mittlerweile ist die entsprechende Vergrößerung dieser Anlage in Aussicht genommen und die Errichtung großer Entstäubungsanlagen gleicher Bauart in Düsseldorf, Essen, Magdeburg und Kattowitz teils schon erfolgt, teils eingeleitet.

β) Einrichtung der Entstäubungsanlagen in Cöln, Magdeburg und Düsseldorf.

Abb. 16 zeigt die Gesamtanordnung der Anlage in Cöln BB, Abb. 17 den Lageplan für die erweiterte Anlage, Abb. 18 und 19 stellen die Maschinenanlage dar, die in einem ausgemusterten Güterwagen eingebaut ist, um auf diese Weise eine fahrbare Anlage zu erhalten. Es hat sich jedoch hier wie anderwärts gezeigt, daß für Bahnhöfe mit starkem Verkehr eine ortsfeste Anlage mit entsprechend ausgedehntem Rohrnetz vorzuziehen ist. Abb. 20 stellt die Druckluftpumpe (Kompressor) dar und aus den Abb. 21 und 22 ist die Handhabung der Druckluftsauger und der Ausblasvorrichtung zu ersehen. Die Druckluft für die Sauger tritt am äußersten Ende der Mundstücke dicht an dem abzusaugenden Teppich oder Polster ein, wie aus Abb. 23 zu ersehen ist. Mittels eines an das rückwärtige Ende des Mundstücks angeschlossenen Gummischlauchs wird die aus dem Sauger austretende stauberfüllte Luft in ein leichtes kleines Stoffilter von etwa 7 kg Gewicht übergeführt, an dessen inneren Wänden der Staub sich niederschlägt. Durch zeitweiliges leichtes Rütteln des Filters wird der Staub von den Wänden abgeschüttelt und kann alsdann nach Bedarf entleert werden. In Abb. 23 ist der Austrittsschlauch von dem Filter gelöst, um den austretenden Staubstrahl sichtbar zu machen, was auf dem Urbilde sehr gut gelungen ist. Es ist hierdurch bewiesen, daß selbst beim Austritt in die freie Luft, in einem gegen das Saugmundstück schon sehr erweiterten Querschnitt, die Geschwindigkeit der ausströmenden Druckluft noch groß genug ist um den Staub mitzuführen.

Die ursprüngliche Anlage in Cöln bestand aus einem 15 pferdigen Elektromotor für Gleichstrom mit 970 Umdrehungen in der Minute, der Einkurbeldruckluftpumpe mit vier Zylindern, deren Kurbelwelle 350 Umdrehungen in der Minute machte, und einer insgesamt 200 m langen Leitung

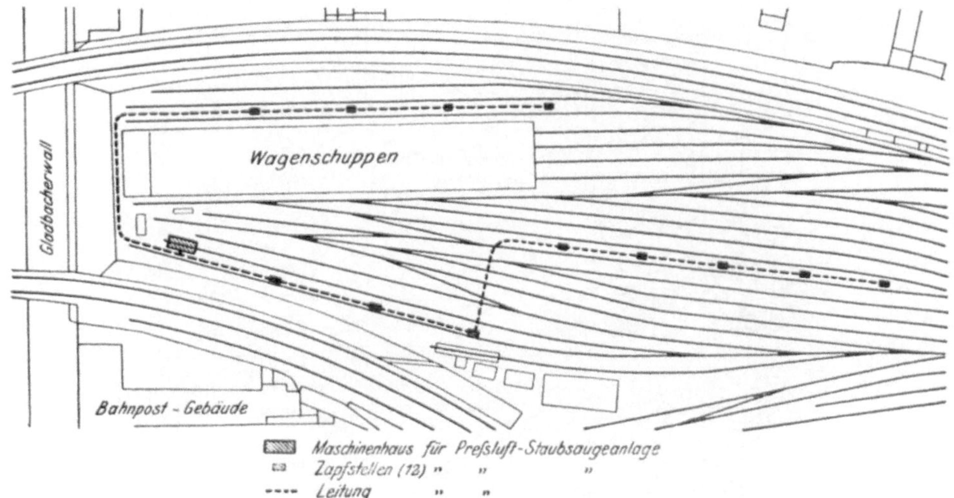

Abb. 17. Lageplan der Entstäubungsanlage in Cöln.

aus eisernen patentgeschweißten Rohren von 50 mm lichte Weite mit sechs Entnahmestellen für Druckluft in Abständen von etwa 35 m in verschließbaren Mauerkasten. Zwei ehemalige Gasbehälter unter dem als Maschinenhaus verwendeten Wagen dienten als Windkessel. Kleine Ölabscheider

Abb. 18. Maschinenanlage in Cöln.

verhindern, daß Ölteilchen von der Druckpumpe aus auf die zu reinigenden Polster gelangen können. Ferner gehörten zu der ursprünglichen Anlage noch zwei Mundstücke nebst Austrittschläuchen und Stoffiltern und die elektrische Freileitung zu dem Motor, bestehend aus Kupferdraht von

1200 m einfacher Länge und 35 qmm Querschnitt, der zum Teil an vorhandenen eisernen und hölzernen Masten, zum Teil an neu beschafften, in Abständen von je 40 m aufgestellten Holzmasten von 10 m Höhe verlegt ist. Schließlich sind noch zwei Anschlüsse der elektrischen Leitung an den Motor und die in einem Schaltkasten untergebrachten Schalt-

Abb. 19. Maschinenanlage in Cöln.

vorrichtungen und Sicherungen nebst Strommesser einbegriffen. Für die Erweiterung der Anlage nach Abb. 17 ist die Verlängerung der Rohrleitung um etwa 220 m nebst entsprechender Vermehrung der Entnahmestellen für Druckluft, sowie die Beschaffung von sechs bis acht Saugschläuchen nebst Mundstücken, den erforderlichen Druckluftschläuchen und Staubfiltern, einem selbsttätigen Druckregler und einigen Ersatzteilen vorgesehen.

Die in Cöln verwendeten, von A. Borsig in Tegel bei Berlin mit der ganzen Anlage gelieferten und durch Patent geschützten Saugmundstücke besitzen die Eigentümlichkeit, daß ein Teil der Druckluft durch feine im Rande der Mundstücke angebrachte Öffnungen auf die Polster geblasen wird, um den Staub zu lockern. Es wird also damit der gleiche Zweck verfolgt wie mit dem neueren Siemens-Schuckertschen Turbinensaugbläser. Die Borsigschen Mundstücke aus Metall sind glatt und ohne Bürsten, mit gut abgerundeten Ecken und Kanten zur Schonung der Polster. Bei stark verschmutzten Teppichen ist es erforderlich, diese

Abb. 20.
Kompressor von A. Borsig.

aus den Wagen herauszunehmen und den fest anhaftenden Schmutz zunächst durch Blasen mit Druckluft unter den Teppich zu lockern. Es hängt von der Beschaffenheit des Schmutzes, der an den Schuhen der Reisenden in die Wagen gelangt, ab, ob dieses Ausblasen der Teppiche in mehr oder weniger hohem Grade erforderlich ist. Im übrigen ist das Ausblasen der Teppiche, ebenso wie das Ausblasen der Wagenwinkel, nur ein unvermeidliches Übel, das man stets auf das Notwendige beschränken und stets nur vor dem Absaugen vornehmen wird.

Abb. 21. Handhabung der Druckluftsauger.   Abb. 22. Ausblasen unter den Sitzen.

Abb. 23. Wirkungsweise des Druckluftsaugers.

Abb. 24 stellt einen neuen, etwas leistungsfähigeren in Cöln aufgestellten Kompressor dar, mit Hilfe dessen es möglich ist, sechs Sauger oder vier Sauger und zwei Bläser dauernd im Betrieb zu halten.

Die auf dem Hauptbahnhof Magdeburg errichtete und seit kurzem in Betrieb befindliche Staubsauganlage besteht aus einem Borsigschen Einzylinderverbundkompressor (Abb. 25) für Riemenantrieb mit Differenzialwindzylinder von 450 und 360 mm Durchmesser und 250 mm Kolbenhub mit einer Stirnkurbel, einem Riemenschwungrad von 1500 mm Durchmesser und 250 mm Kranzbreite und mit einem Kurbelwellenlager außer-

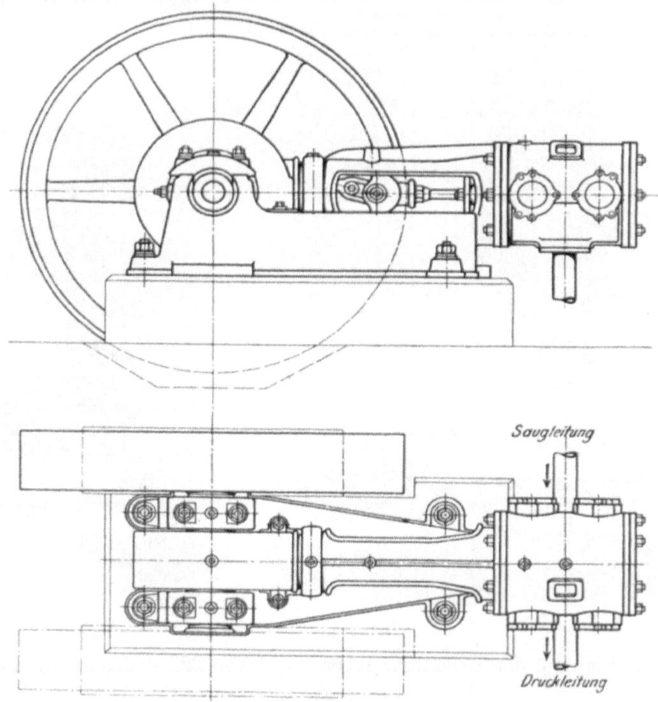

Abb. 24. Kompressor von A. Borsig für Cöln.

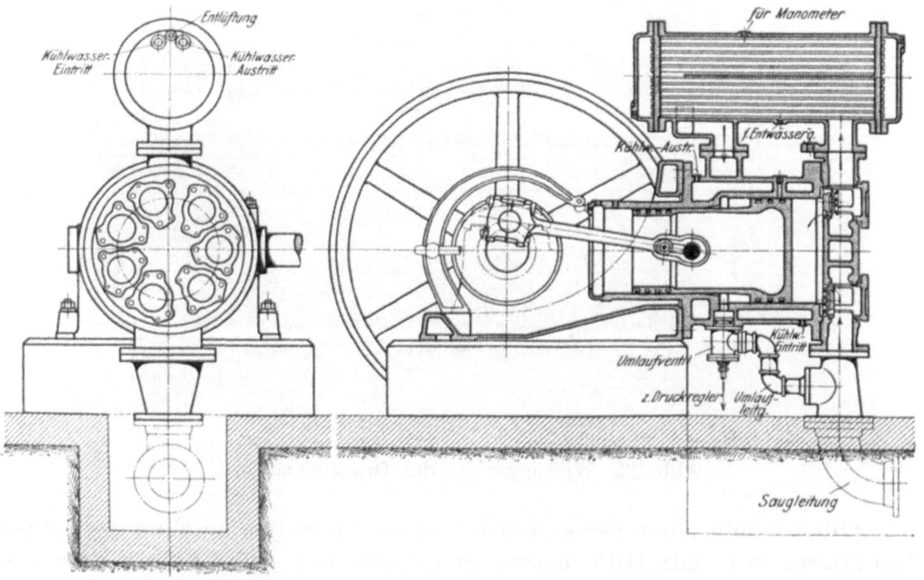

Abb. 25. Kompressor von A. Borsig für Magdeburg.

halb des Riemenrades. Über dem Windzylinder ist ein Zwischenkühler mit Wasserumlauf für den Kompressor angeordnet. Ferner ist eine Vorrichtung zur selbsttätigen Regelung des Ganges der Pumpe vorhanden, ein großes und sechs kleine Filter, ein stehend angeordneter schweißeiserner Windkessel von 900 mm lichter Weite und etwa 3350 mm Gesamthöhe, acht Stück Staubsauger für die Polstersitze und ein Teppichstaubsauger nebst den erforderlichen Schläuchen. Die Rohrleitung besteht aus mehreren Teilen von verschiedener Lichtweite und einer Gesamtlänge von 1090 m und besitzt dreißig Anschlußstellen zur Entnahme von Druckluft für die Sauger.

Eine ähnliche Anlage in Düsseldorf (Abb. 26 und 27) arbeitete zunächst gleichzeitig mit sechs Staubsaugern, ist aber für zehn Sauger ausreichend

Abb. 26. Maschinenanlage in Düsseldorf von A. Borsig.

bemessen. Eine vierte Anlage in Essen ist für sechs Staubsauger eingerichtet, eine fünfte gleichartige Anlage ist in Kattowitz im Bau. Anderweitig werden Versuche mit einfachen Mundstücken von Serényi in Berlin angestellt.

γ) Betriebsergebnisse und Kosten.

In der Cölner Anlage ist über ein Jahr lang mit gutem Erfolge mit zwei Saugern, später gleichzeitig mit sechs Saugern oder mit vier Saugern und zwei Ausblasvorrichtungen gearbeitet worden. Der Druck in den Luftbehältern sank dann bei vollem Betrieb von 6 auf 4 und $3^1/_2$ at. Bei langen, weitverzweigten Leitungen wird es demnach erforderlich sein, den Druck an der Pumpe für die Fernleitung zu erhöhen und gegebenenfalls für die in der Nähe der Pumpe gelegenen Entnahmestellen den Druck wieder herabzumindern, um Vergeudung von Druckluft zu vermeiden. Immerhin hat die Einrichtung mit Druckluftsaugern auch den Vorteil,

Abb. 27. Entstäubungsanlage in Düsseldorf.

daß sehr lange Leitungen von der Pumpe aus ohne weiteres technisch ausführbar sind.

Zum Reinigen eines Polsterabteils werden einschließlich der zum Ausblasen der Ecken erforderlichen Luft in Cöln jedesmal 2·7 cbm von der Druckpumpe angesaugter Luft verbraucht. Die von einem zwölfpferdigen Elektromotor angetriebene vierzylindrige Druckluftpumpe saugt in der Minute 2 cbm Luft an und verdichtet sie auf 5 bis 6 at. Für die gründliche Reinigung eines stark verschmutzten Abteils sind 18 bis 20 Minuten erforderlich. Diese Zeit wird sich nach Einrichtung eines vollständig geregelten Betriebes ebenso erheblich abkürzen lassen wie bei der Anlage in Grunewald und bei den französischen Anlagen.

Es sind in Cöln genaue Beobachtungen angestellt worden über die Wiederansammlung von Staub nach einmaligem Absaugen. Es hat sich dabei herausgestellt, daß sich nach acht bis zehn Tagen nur etwa ein Drittel der zuerst abgesaugten Staubmenge wieder vorfand. So wurden beispielsweise in Cöln aus den Polstern eines früher nie durch Absaugen gereinigten vierachsigen Wagens mit $6^1/_2$ Abteilen zunächst 890 g Staub durch Absaugen gewonnen, während bei einer nach neun Tagen wiederholten Reinigung in demselben Wagen nur mehr 285 g gefunden wurden. Bei sämtlichen anderen in gleicher Weise beobachteten Wagen, die alle in dieser Zeit weite Strecken in Schnellzügen zurückgelegt hatten, war das Verhältnis ein ähnliches. Dies Ergebnis stimmt mit den Erfahrungen in Ludwigshafen und in Paris gut überein. Werden also die Polster nur alle acht und selbst nur alle vierzehn Tage durch Absaugen gereinigt, so gelangen doch schon die zu reinigenden Wagen in einem erheblich besseren Reinlichkeitszustande zu der Staubsauganlage hin, als wenn die Wagen vorher stets nur von Hand durch Klopfen und Bürsten gereinigt worden sind, und die zur Reinigung eines Abteils erforderliche Zeit wird entsprechend kürzer.

Die Bau- und Beschaffungskosten für eine Anlage mit Druckluftsaugern sind nicht größer als die einer gleich leistungsfähigen Anlage Bauart Booth oder verwandter Art mit Kolbenluftpumpen, die bei den letzteren Anlagen aber zu einer vollständigen Reinigung noch dazu erforderliche besondere Druckluftanlage entfällt ganz und so werden die gesamten Bau- und Beschaffungskosten bei einer Anlage mit Druckluftsaugern nur etwa halb so hoch wie bei dem Vakuumverfahren, ohne daß die Betriebskosten höher werden. Die ursprüngliche Anlage in Cöln hat 8000 M. gekostet, für die Erweiterung sind noch außerdem 5000 M. vorgesehen. Die große Magdeburger Anlage hat rund 18000 M. gekostet.

2. Anlagen für die Reinigung der Güterwagen.

a) Reinigungsvorschriften.

Die zur Viehbeförderung benutzten Güterwagen müssen nach jeder solchen Benutzung einer gründlichen inneren Reinigung unterworfen werden, welche sich auf die Entfernung der in den Wagen verbliebenen Auswurfstoffe und die Beseitigung und Tötung etwaiger Krankheitskeime erstreckt.

Innerhalb des deutschen Eisenbahn-Verkehrsverbandes bestehen für die Beseitigung von Ansteckungsstoffen bei der Beförderung von lebenden Tieren, fäulnisfähigen tierischen Abfällen, Stalldünger und sonstigen Fäkalien strenge Vorschriften, welche bezüglich des technischen Teiles des Reinigungsgeschäftes folgenden wesentlichen Inhalt haben.

Alle Wagen, in denen Pferde, Maultiere, Esel, Rindvieh, Schafe, Ziegen, Schweine und Geflügel befördert worden sind, müssen nach jedesmaligem Gebrauch gereinigt und desinfiziert werden, bei verpacktem Geflügel indessen nur, wenn eine sichtbare Verunreinigung der Wagen stattgefunden hat. Dieselbe Vorschrift besteht für Wagen, in denen fäulnisfähige tierische Abfälle in losem Zustande befördert worden sind und für solche, die zur Beförderung von Stalldünger, sowie von anderen Fäkalien und Latrinenstoffen gedient haben, sofern nicht die Wagen bestimmungsgemäß ausschließlich zur Beförderung dieser Gegenstände dienen. Bei Wagen mit Klauenviehsendungen aus verseuchten Gegenden, ferner auf etwaige Anordnung der zuständigen Polizeibehörde und im Falle dringenden Verdachtes der Infektion eines Wagens hat eine verschärfte Desinfektion einzutreten.

Die vorgeschriebene Reinigung der Wagen besteht in der Beseitigung der Streumaterialien, des Düngers, der Reste von Stricken, der Federn usw. und in einem gründlichen Abwaschen mit heißem Wasser. Wo heißes Wasser nicht in genügender Menge zu beschaffen ist, darf unter Druck ausströmendes kaltes Wasser verwendet werden nach vorheriger Abspülung mit heißem Wasser zur Aufweichung des Schmutzes. Die Reinigung und Ausspülung der Wagen ist möglichst auf einem Gleis auszuführen, das mit einer undurchlässigen Bettung und mit einer Abflußvorrichtung versehen ist.

Nach erfolgter Reinigung ist die gewöhnliche Desinfektion durch Waschen der Fußböden, Decken und der Innen- und Außenwände mit einer auf mindestens 50⁰ C erhitzten Sodalauge zu bewirken, zu deren Herstellung mindestens 2 kg Soda auf 100 l Wasser zu verwenden sind.

Die verschärfte Desinfektion folgt, wo sie erforderlich ist, auf die Reinigung und auf die gewöhnliche Desinfektion. Zur verschärften Desinfektion wird eine dreiprozentige Mischung von Kresolschwefelsäure verwendet, welche aus zwei Raumteilen rohem Kresol und einem Raumteil roher Schwefelsäure hergestellt wird und mit welcher die Fußböden, Decken und Wände der Wagen bepinselt oder bespritzt werden.

b) Allgemeines über die Einrichtung der Reinigungsanlagen.

Diese Vorschriften bilden die Grundlage für die Einrichtungen zur Reinigung und Desinfektion (Entseuchung) der Wagen innerhalb des deutschen Eisenbahnverkehrsverbandes. Vielfach wird mit diesen Einrichtungen und ihrer Verwendung noch über die Anforderungen der Vorschriften hinausgegangen, indem die Wagen bei der gewöhnlichen Reinigung und Desinfektion meist mit heißem Wasser unter starkem Druck

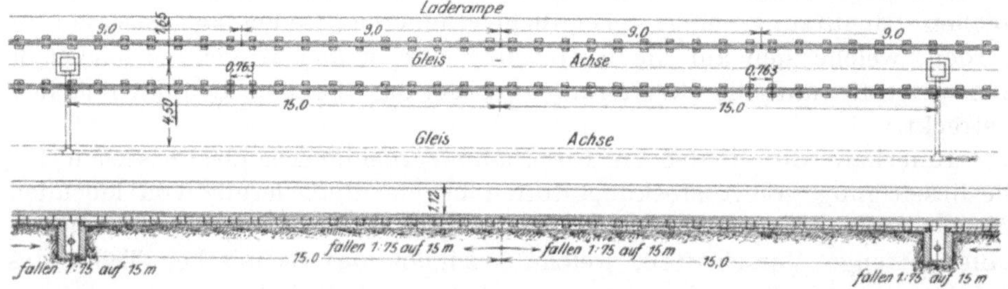

Abb. 28. Lageplan der Reinigungsanlage der E. D. Magdeburg für Güterwagen.

ausgespritzt werden. Der Druck in den Heißwasserleitungen wird entweder durch Aufspeicherung des heißen Wassers in Hochbehältern geschaffen oder durch Dampfstrahlpumpen. Die letztere Einrichtung empfiehlt sich namentlich für Anlagen kleineren und mittleren Umfangs.

Die Anlagen zur Reinigung der zur Viehbeförderung benutzten Güterwagen bestehen durchweg

1. aus einer unter Druck stehenden Kaltwasserleitung nebst Absperrschiebern und Standrohren,

2. aus einer dauernd unter Druck stehenden oder zeitweilig unter Druck gesetzten Heißwasserleitung nebst Absperrschiebern und Standrohren,

3. aus einer Anzahl Spritzschläuche mit Strahlrohren und den zur Reinigung der Wagen erforderlichen Besen, Schaufeln, Kratzern und Leitern,

4. aus den Waschgleisen, auf denen die Reinigung der Wagen vorgenommen wird und die so eingerichtet sind, daß das von den Wagen abfließende schmutzige Wasser gesammelt und abgeführt wird, ohne in den Boden eindringen zu können,

5. aus den Ableitungen des schmutzigen Wassers nebst Sand- und Schlammfängen,

6. aus einer Anzahl Aufstellungsgleise für die angebrachten zu reinigenden und für die wieder in Betrieb gehenden gereinigten Wagen.

Die Abb. 28 bis 30 zeigen Einzelheiten der Einrichtung der Waschgleise nach einer Musterzeichnung der Eisenbahndirektion Magdeburg für Reinigungsanlagen kleineren und mittleren Umfanges. Der Boden ist an

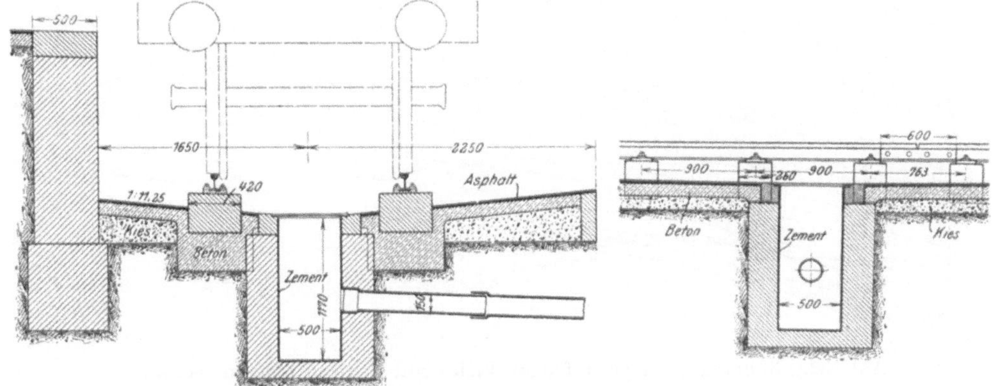

Abb. 29. Reinigungsanlage der E. D. Magdeburg für Güterwagen.

den Waschgleisen durch eine Asphaltschicht auf einer Betonunterlage gedichtet, die Einlaufbehälter (Gullys) für das schmutzige Wasser sind innen mit einer Zementschicht verputzt. Die Schienen sind auf Steinwürfeln so befestigt, daß das Wasser unter den Schienen durchfließen kann; die nach der Wasserzuleitung hin liegende Schiene wird zweckmäßig einige Zentimeter höher gelegt als die andere, damit die Böden der Eisenbahnwagen zur Beförderung des Abflusses des schmutzigen Wassers Gefälle nach der anderen Seite hin erhalten. Das Ausspritzen der Wagen erfolgt im Bezirk Magdeburg mittels der Strahlpumpe einer Lokomotive vom Nebengleis aus. Jedes Strahlrohr verbraucht bei anhaltender Benutzung etwa 6 cbm Wasser in der Stunde. Auf die Reinigung jedes Bodens eines Viehwagens sind 1·5 cbm heißes Wasser zu rechnen. Die Viehwagen sind für Großvieh einbödig, für Schweine häufig zweibödig, für Federvieh drei- oder vierbödig.

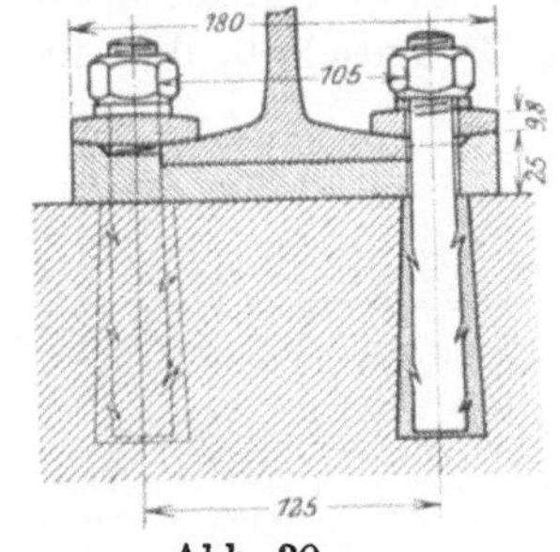

Abb. 30.
Befestigung der Schienen.

c) Beispiele der Ausführung von größeren Reinigungsanlagen.

Abb. 31 stellt den Lageplan der Reinigungsanlage für Eisenbahnwagen und Straßenfuhrwerk auf dem städtischen Vieh- und Schlachthofe in Berlin dar. Hier wird mit Hilfe von vier liegenden Flammrohrkesseln heißes Wasser erzeugt und in vier eisernen Hochbehältern von kreisrunder Form und mit kalottenförmigem frei hängenden Boden aufgespeichert. Die Behälter haben je 4 m Durchmesser, 2·3 m Höhe und etwa 30 cbm Inhalt Jeder der vier Dampfkessel ist imstande, den Wasserinhalt eines Behälters innerhalb zweier Stunden von 10° auf 60° C zu erwärmen. Die Einrichtung ist so getroffen, daß ein Wasserumlauf von den ursprünglich mit kaltem Wasser gefüllten Hochbehältern zu den Kesseln stattfindet, indem das von den Kesseln kommende Heißwasserrohr oben in die Behälter eingeleitet ist, während durch ein zweites Rohr das kalte Wasser aus dem unteren Teile der Behälter zu den Kesseln fließt. Ein drittes Rohr führt nach Bedarf das heiße Wasser aus den Hochbehältern zu den

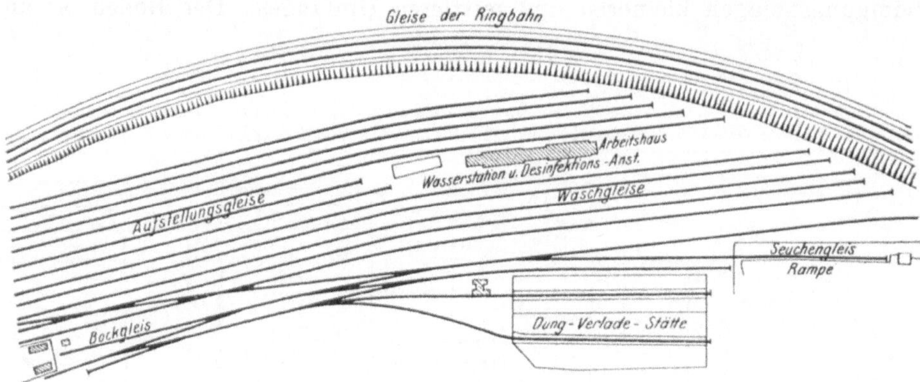

Abb. 31. Reinigungsanlage auf dem Vieh- und Schlachthofe in Berlin.

Standrohren der Waschgleise. Die Zuleitung des kalten Wassers zur Füllung der Hochbehälter ist mit selbsttätigen durch Schwimmer bedienten Absperrventilen versehen.

Die ganze Kessel- und Behälteranlage ist in einem Gebäude von rund 27 m Länge, 6·5 m Breite und 10·3 m lichter Höhe untergebracht. Im Erdgeschoß des im Lageplan als Wasserstation und Desinfektions-

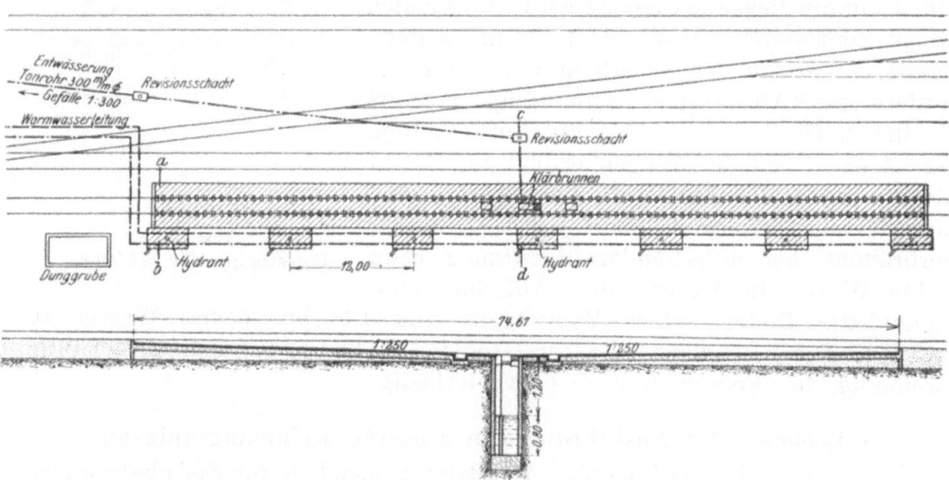

Abb. 32. Lageplan der Reinigungsanlage in Neuß.

anstalt bezeichneten Gebäudes liegen die Kessel, im Dachgeschoß die Behälter und von der Umlaufgalerie des Zwischengeschosses aus sind die Absperrvorrichtungen der Rohrleitungen zugänglich. In zwei niedrigen Fachwerkanbauten ist ein Dienstraum für den Aufseher und ein Raum für Geräte eingerichtet. Ein anstoßendes Gebäude von rund 17·4 m Länge und 6·5 m Breite mit Keller-, Erd- und Dachgeschoß dient zum Aufenthalt der vierzig ständigen und der an einzelnen Tagen überdies noch aushilfsweise eingestellten Arbeiter in den Arbeitspausen, sowie zum Trocknen der Kleider. Schränke mit verschließbaren Abteilungen dienen zur Aufbewahrung von Wertsachen und Eßwaren. Die Erwärmung des Aufenthaltsraumes und die Trocknung der Kleider der Arbeiter erfolgt mittels Luftheizung. Die heiße Luft wird von der im Keller aufgestellten Gegenstromheizvorrichtung durch zwei Kanäle von je $0{\cdot}64 \times 0{\cdot}32$ m Querschnitt

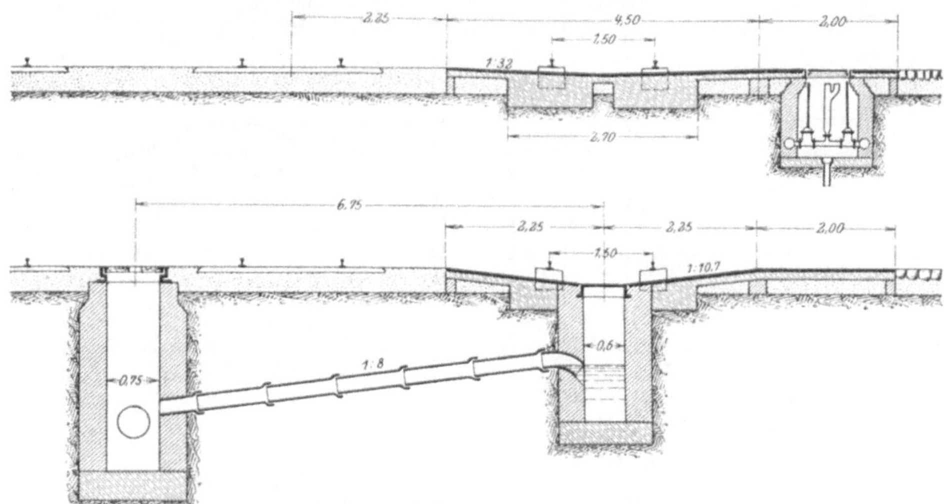

Abb. 33. Querschnitt durch die Reinigungsgleise in Neuß.

in das Dachgeschoß geleitet und wird hier durch Verteilungskanäle unmittelbar unter die Kleidergestelle geführt. An dieses Gebäude ist das Kohlenlager und die Abortanlage angeschlossen.

Aus den Hochbehältern gelangt das heiße Wasser durch das mit 61 Standrohren versehene Rohrnetz zu den vier mit undurchlässigem Bodenbelag versehenen Waschgleisen von zusammen etwa 1250 m Länge. Die mit der Reinigung der Eisenbahnwagen beschäftigten Arbeiter werden

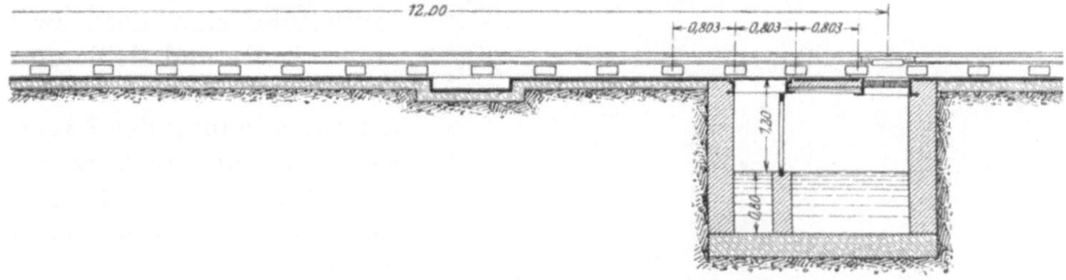

Abb. 34. Längsschnitt durch die Reinigungsgleise in Neuß.

in Gruppen von je drei Mann eingeteilt. Der erste Arbeiter säubert die Wagen von Streumaterial, Dünger und anderen lose in den Wagen liegenden Stoffen, der zweite bespritzt die Wände und Fußböden mit dem Strahlrohr der Heißwasserleitung, der dritte bearbeitet mit Besen, eisernen Kratzen und anderem Werkzeug diejenigen Stellen an den Wänden und Fußböden, von denen Schmutz und Dungreste nicht loszulösen waren.

Dieser Reinigung folgt unmittelbar die Desinfektion mit heißer Sodalauge, welche in einem fahrbaren Kessel mitgeführt wird. Mit dieser

Lauge werden die Wagen unter Benutzung von Tuchquasten ausgepinselt.
Zur Ausführung der verschärften Desinfektion mit Kresolschwefelsäure
werden tragbare kleine Spritzen verwendet, die aber durch die Säure
stark angegriffen werden und deshalb in etwa zwei Jahren abgenutzt sind.

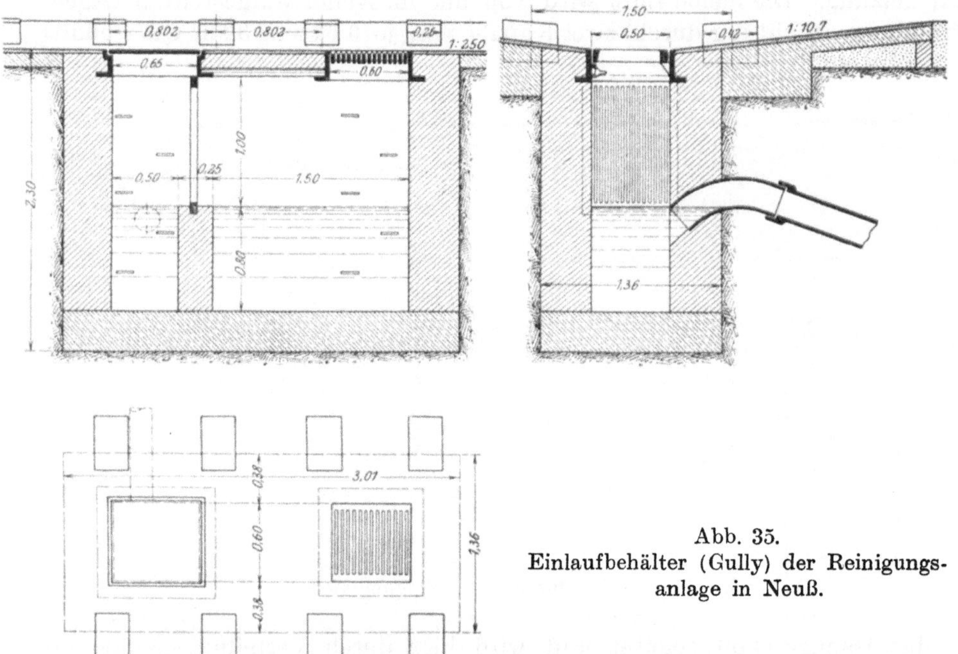

Abb. 35.
Einlaufbehälter (Gully) der Reinigungsanlage in Neuß.

Das Schmutzwasser wird von dreißig zwischen die Gleise eingebauten,
mit Schlammfang versehenen Einlaufbehältern (Gullys) aufgenommen, von
dort durch vier Sammelleitungen zu einer Hauptrohrleitung und alsdann
in den städtischen Kanal
übergeführt. In die Hauptrohrleitung sind noch zwei
große Sand- und Schlamm-
fänge eingebaut, einer an
der Einmündung der Zweig-
rohre, der andere kurz vor
dem Anschluß des Haupt-
rohrs an den städtischen
Kanal.

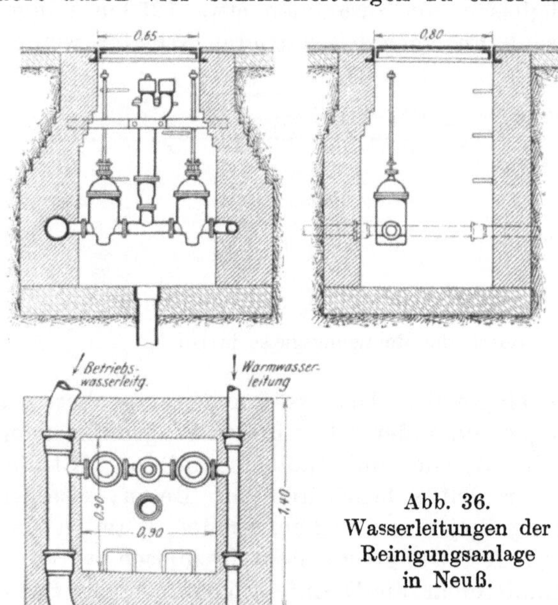

Abb. 36.
Wasserleitungen der
Reinigungsanlage
in Neuß.

Die Eisenbahndirektion
Cöln hat auf dem Bahnhof
Neuß kürzlich eine Entseuchungsanlage für Eisenbahnwagen errichtet, die in Abb.
32 bis 38 im Plan und den
wichtigsten baulichen Einzelheiten dargestellt ist.
Abb. 39 stellt den Kessel für
die Heißwasserleitung dar,

welche durch eine von dem Kessel aus betriebene Dampfstrahlpumpe mit einer Leistung von 60 l in der Minute gespeist wird. Der neben dem Kessel stehende Bottich dient zur Bereitung der Sodalauge mittels eingeleiteten Dampfes. Das 75 m lange Waschgleis mit sieben Standrohren für heißes Wasser ist ähnlich ausgeführt wie früher angegeben worden ist, die nach der Seite der Wasserleitungen liegende Schiene ist gegen die andere um 2 cm überhöht.

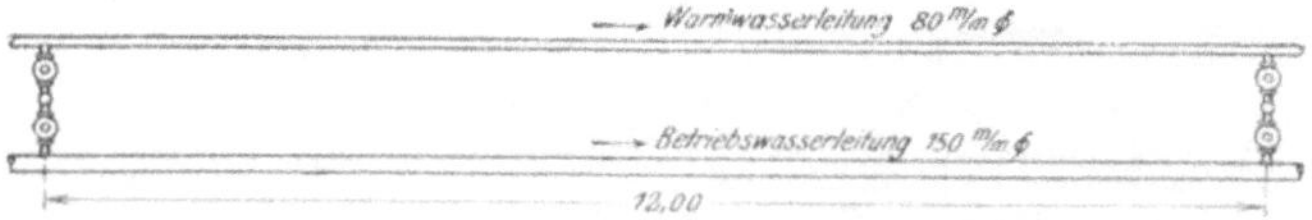

Abb. 37. Wasserleitungen der Reinigungsanlage in Neuß.

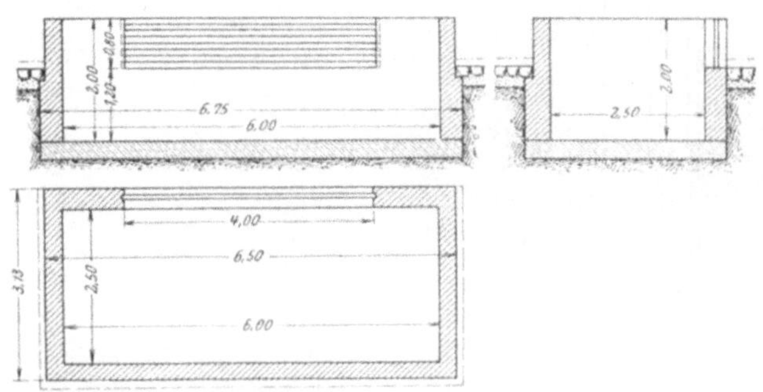

Abb. 38. Düngergrube der Reinigungsanlage in Neuß.

d) Bau- und Betriebskosten der Reinigungsanlagen für Güterwagen.

Eine der vorstehend beschriebenen in der Anordnung und den Abmessungen ähnliche, vor einigen Jahren fertiggestellte Entseuchungsanlage für Eisenbahnwagen auf dem Bahnhof Crefeld mit einem 73 m langen Waschgleis hat 12 750 M. gekostet. Auf dieser letzteren Anlage wurden im Jahre 1906 insgesamt 8893 Wagen einfach und 126 Wagen verschärft desinfiziert. Die Kosten für die einfache Desinfektion eines Wagens werden auf 1·15 M., die für die verschärfte Desinfektion auf 1·28 M. berechnet.

Die Baukosten für die früher besprochene Reinigungsanlage auf dem städtischen Vieh- und Schlachthof in Berlin haben ursprünglich betragen:

1. Für das Wasserstationsgebäude mit Anbauten und vollständiger Einrichtung . . . . 41 347 M.
2. für den Bodenbelag der Waschgleise nebst den eingebauten Gullys . . . . 44 869 „
3. für die Heißwasserleitung zwischen den Waschgleisen . . 20 149 „

zusammen: 106 365 M.

Die Anlage ist später bis auf den heutigen Umfang erweitert worden. Für diese Erweiterung sind aufgewendet worden:

1. Für ein neues Waschgleis. . . . . 49 984·50 M.
2. für die Verlängerung der Heißwasserleitung . . . . 4 675·10 „
3. für die Erweiterung des Wasserstationsgebäudes . . 24 711·91 „
4. für die Herstellung eines Rohrkanals . . . . . . 43 722·08 „
5. für die Herstellung eines Raumes zum Aufenthalt der Arbeiter und zur Trocknung der Kleider . . . . . 21 762·60 „

zusammen: 144 856·19 M.

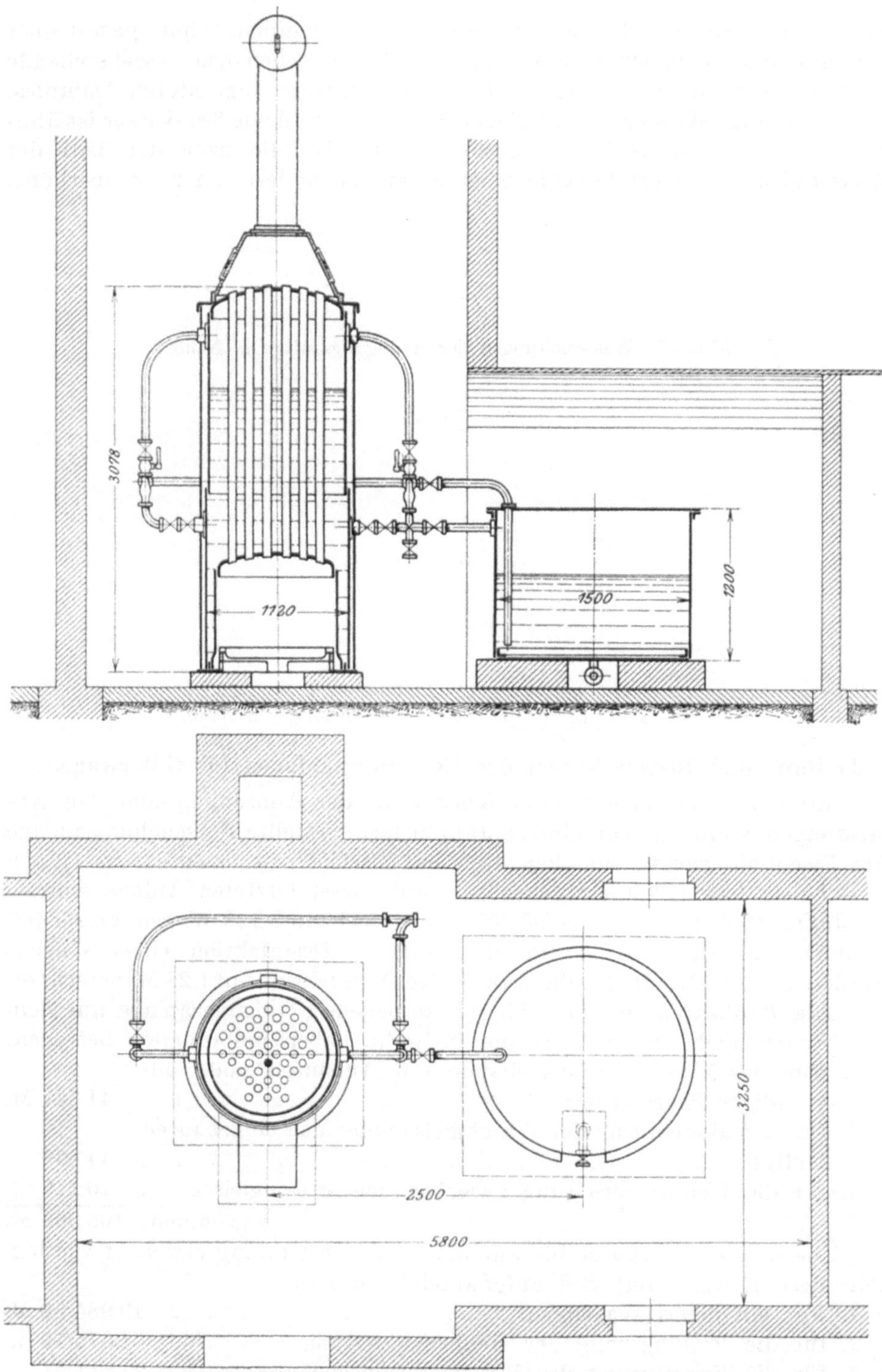

Abb. 39. Kessel für die Heißwasserleitung in Neuß.

Die gesamten Baukosten der heute bestehenden Anlage haben demnach 251 221·19 M. betragen. Hierin sind jedoch die Anlagekosten für die ersten Waschgleise an sich nicht einbegriffen, vielmehr sind bei den ursprünglich ausgeführten Waschgleisen nur die Kosten für die Herstellung des wasserdichten Bodenbelags eingesetzt. Die Betriebsausgaben belaufen sich auf durchschnittlich rund 132 000 M. im Jahre, denen eine Einnahme von rund 97 700 M. gegenübersteht.

Eine Reinigungsanlage der Zentrale für Viehverwertung e. G. m. b. H. in Berlin auf dem Magerviehhofe in Friedrichsfelde mit zwei Waschgleisen von je 150 m Länge hat an Bau- und Beschaffungskosten beansprucht:

1. Für die Herstellung der Waschgleise . . . . . . 23 078·46 M.
2. „ „ „ „ Heißwasserleitung . . . . 5 071·47 „
3. „ „ „ des Heißwasserkessels mit Zubehör 5 915·00 „
4. „ das Einbauen eines Heißwassermessers. . . . . 394·37 „
5. „ die Beschaffung der erforderlichen Handgeräte und Werkzeuge . . . . rund 1 000·00 „
6. für die Beschaffung der Spritzschläuche . . . rund 2 000·00 „

zusammen rund 37 500·00 „

Bei dieser letzteren Anlage kann jetzt dauernd mit vier Strahlrohren gearbeitet werden. Die tägliche Leistung beträgt dabei durchschnittlich 28 gereinigte Wagen mit 55 Böden.

Die Anlage würde aber nach Erweiterung der jetzt nur etwa 80 mm im ichten haltenden Heißwasserleitung auch noch für acht Strahlrohre ausreichen.

Kostenberechnung für die Desinfektion der Viehwagen auf dem Magerviehhofe in Friedrichsfelde im Jahre 1906.

Gereinigt wurden 8372 Viehwagen mit 16 660 Böden.

Ausgaben:

1. Waschanzüge . . . . M. 349·50
2. Kreosol und Salzsäure . . . . „ 379·97
3. Soda . . . . „ 180·00
4. Utensilien . . . . „ 745·65
5. $4\frac{1}{2}\%$ Zinsen für Grund und Boden, 2 Morgen à M. 23 000·00 = M. 46 000·00 = „ 2070·00
6. $4\frac{1}{2}\%$ Zinsen für das Baukapital von M. 34 459·00 = „ 1550·65
7. $\frac{1}{2}\%$ Amortisation . . . . „ 172·30
8. $4\frac{1}{2}\%$ Zinsen von M. 9173·00 als Anteil auf die allgemeinen Bauunkosten von M. 156 026·00 bei M. 4 153 687·00 Bausumme. . . . . „ 412·78
9. 22 213 cbm Warmwasser auf

4492 Wagen à 1 Boden ⎫
1676 „ „ 2 „ ⎬ = 16 660 Böden
2204 „ „ 4 „ ⎭

à $1\frac{1}{3}$ cbm = 22 213 cbm Wasser à cbm M. 0,43 = „ 9551·60
10. Verwaltungskosten, Anteil an Steuern . . . . . „ 500·00

Ausgaben auf 16 660 Böden Sa. M. 15 912·45

Mithin kostet 1 Boden = M. 0·96.

Einnahme:

4492 Wagen, einbödige, à M. 2·00 = M. 8984·00
1676 „ zweibödige „ „ 3·00 = „ 5028·00
2207 „ vierbödige „ „ 3·00 = „ 6621·00 = M. 20 633·00
8375

ab Ausgaben „ 15 912·45

Gewinn M. 4720·55

Eisenbahnrettungswesen.

Von

G. Bode,

Kgl. Eisenbahnbauinspektor, Berlin.

1. Unfälle im Eisenbahnbetriebe.

Die Statistik über die im Eisenbahnbetriebe entstandenen Unfälle zeigt, wohl für alle Länder, die erfreuliche Tatsache, daß der Prozentsatz an Verunglückungen von Eisenbahnbediensteten oder Reisenden stetig sinkt. Wenn wir danach heutzutage einen hohen Grad von Sicherheit im Eisenbahnbetriebe erreicht haben, so sind das die Früchte der unausgesetzten Bemühungen der Eisenbahnverwaltungen, die Organisation und die Einrichtungen des Betriebes zu möglichster Vollkommenheit auszubilden. Aber trotz aller derartiger Maßnahmen wird es niemals gelingen, die Eisenbahnunfälle ganz aus der Welt zu schaffen. Häufen sich doch mit der zunehmenden Dichte des Verkehrs naturgemäß die Anlässe zum Entstehen von Unfällen, die dabei noch durch das heutige Streben nach Steigerung der Fahrgeschwindigkeit begünstigt werden. Es besteht so gleichsam eine fortwährende Spannung zwischen den Anforderungen, die der Verkehr einerseits und die Rücksicht auf die Sicherheit des Betriebes andrerseits an die Eisenbahnverwaltungen stellen, und durch Vergleich der Zahlen der Unfälle bzw. der Verunglückungen von Menschen, die in gleichen Zeitabschnitten im Eisenbahnbetriebe sich ereignet haben, erhält man einen Maßstab dafür, wie weit es der betreffenden Eisenbahnverwaltung gelungen ist, diese Spannung zu mindern.

Da nun auch die umfassendsten Vorbeugungsmaßregeln als menschliche Anordnungen immer unvollkommen bleiben und, von Menschen gehandhabt, immer unvollkommen wirken werden, die Eisenbahnunfälle demnach niemals ganz zu vermeiden sein werden, so bleibt nur übrig, dafür zu sorgen, sie in ihren Folgen nach Möglichkeit zu mildern. Hierzu führen zwingend sowohl humane als auch wirtschaftliche Erwägungen. Soweit es sich um Verletzungen von Menschen, denen dadurch schwerere Funktionsstörungen entstanden sind, handelt, werden Geldentschädigungen immer nur einen sehr mangelhaften Ausgleich für die dem Betroffenen zugefügten dauernden Schädigungen darstellen können. Demgegenüber muß mindestens gefordert werden, daß die Möglichkeit vorhanden ist, den Anforderungen unserer modernen Hygiene in bezug auf aseptische Wundbehandlung zu entsprechen und daß die hierzu vorzuhaltenden Gegenstände möglichst schnell zur Hand sind. Gerade dadurch, daß heutzutage diesen beiden

Bedingungen im weitgehendsten Maße entsprochen wird, werden in vielen Fällen schwere gesundheitliche Schädigungen des Verletzten, die früher fast unausbleiblich waren, vermieden und damit die wirtschaftlichen Schädigungen des Verunglückten, die unausbleiblichen Folgen jeden Unfalls, nach Möglichkeit gemildert. Das liegt aber nicht nur im Interesse des Unfallverletzten, sondern in gleichem Maße im Interesse der haftbaren Eisenbahnverwaltung, da die von dieser zu zahlenden Geldentschädigungen sich dementsprechend vermindern.

Weiterhin gilt es, mit allen Mitteln die Störungen des Betriebes, die jeder größere Unfall zur Folge zu haben pflegt und die naturgemäß um so empfindlicher werden, je intensiver der Betrieb auf der gesperrten Strecke ist, zu beseitigen, wiederum im wirtschaftlichen Interesse der betroffenen Eisenbahnverwaltung. Es möge dabei im allgemeinen darauf hingewiesen werden, daß im Güterverkehr jede Verkehrsstauung, wie sie bei längerer Betriebsunterbrechung eintritt, an sich erhöhte Betriebskosten verursacht solange, bis der Betrieb sich wieder vollständig programmäßig abwickelt. Dazu kommen die den Verfrachtern für überschrittene Lieferfristen zu zahlenden Entschädigungen, ferner im Personenverkehr die Kosten etwa notwendig werdender Umleitung von Zügen. Somit bedeutet jede Stunde früherer Beseitigung einer Betriebsunterbrechung einen bedeutenden Gewinn bzw. eine erhebliche Herabminderung des Schadens. Es erfordert also auch hier die Rücksicht auf die Wirtschaftlichkeit möglichst vollkommene Einrichtungen und Hilfsmittel zur Bewältigung der Aufräumungsarbeiten auf der Unfallstelle und zur Wiederherstellung etwa zerstörter Gleisanlagen, die zudem möglichst schnell und bequem zur Hand sein müssen.

Es liegt auf der Hand, daß die Eisenbahnverwaltungen erst sehr allmählich dazu gekommen sind, sich mit ihren Rettungseinrichtungen diesen doppelten Forderungen der Humanität und der Wirtschaftlichkeit anzupassen, zum Teil deshalb, weil das darin investierte nicht unerhebliche Kapital von vornherein am wenigsten erwerbend ist. Gewöhnlich geben größere Unfälle den Anlaß, die vorhandenen Einrichtungen zu ergänzen und zu vervollkommnen, sei es, daß sich die Folgen einer falsch angebrachten Sparsamkeit allzu deutlich fühlbar gemacht haben, sei es, daß neue Gesichtspunkte aufgetreten sind, die als Richtschnur für notwendige Verbesserungen dienen konnten.

2. Rettungsmittel in den Zügen.

So wünschenswert es einerseits ist, gerade bei dem einem Zuge auf freier Strecke zustoßenden Unfall Rettungsmittel sofort bei der Hand zu haben, so schwierig ist es, dieser Forderung in ausreichendem Maße zu entsprechen. Bezüglich der Werkzeuge ist man im allgemeinen auf die auf der Lokomotive vorhandenen Geräte, Winden, Brechstangen, Ketten, Schraubenschlüssel und Hämmer angewiesen. Außerdem werden bei einzelnen Verwaltungen die D-Zugwagen mit Äxten und Sägen ausgerüstet, die dazu dienen sollen, im Bedarfsfalle Verletzte, die zwischen Wagenteile eingeklemmt sind, aus diesen zu befreien. Ferner werden vielfach in den Zügen Handfeuerspritzen mitgeführt, kleine Apparate, die außerordentlich einfach zu handhaben und in Tätigkeit zu setzen sind und ermöglichen, ein etwa entstehendes Feuer sofort im Keime zu ersticken.

Zu diesen Sicherheitsmaßregeln gehören auch die Handgriffe und
Fußtritte, die neuerdings außen unterhalb der breiten Fenster der D-Zugwagen angebracht werden und den Reisenden ermöglichen sollen, einen
Wagen, dessen Endausgänge infolge eines Zugunfalles unpassierbar geworden sind, durch die Fenster zu verlassen.

An dieser Stelle mögen die Signalmittel erwähnt werden, die als
Zuggerät in den Zügen mitgeführt werden und dazu bestimmt sind, zur
Deckung eines aus irgend welchen Gründen auf der freien Strecke liegen
gebliebenen Zuges verwendet zu werden, falls nicht von vornherein mit
Sicherheit zu übersehen ist, daß das Fahrthindernis innerhalb weniger
Minuten beseitigt sein wird. Diese Signalmittel bestehen im allgemeinen
aus mehreren rot leuchtenden Signalfackeln, roten Signalfahnen,
Laternen mit roten Blenden und einer Anzahl Knallkapseln. Die
letzteren werden in einer Entfernung von etwa 600 m vom Zuge auf den
Schienen befestigt, und zwar nur nach rückwärts oder auch nach vorwärts,

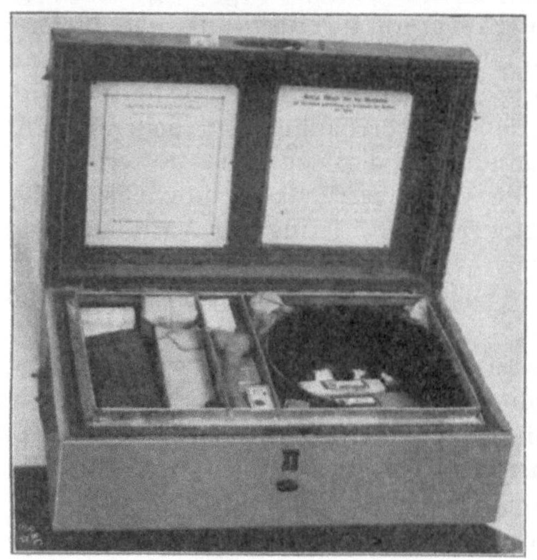

Abb. 1. Kleiner Rettungskasten.

je nachdem die Strecke zwei- oder
eingleisig ist und je nach dem,
ob nur ein Gleis oder beide Gleise
durch den Zug gesperrt sind. Bis
die Knallsignale ausgelegt sind
und bei kürzeren nicht fahrplan-
mäßigen Aufenthalten eines Zuges
erfolgt seine Sicherung während
der Dunkelheit und bei Nebel
durch die rot leuchtenden Signalfackeln. Zu diesem Zwecke werden die Signalfackeln vor Abfahrt
des Zuges regelmäßig dem letzten
Bremser oder wenigstens einem
Zugbediensteten übergeben, während die übrigen Signalmittel zur
Verfügung des Zugführers im
Packwagen verbleiben.

Bezüglich der für die erste
Hilfe Verletzter in den Zügen mit-
zuführenden Verbandmittel muß man sich naturgemäß auf das Not-
wendigste und Einfachste beschränken. Bei einzelnen Verwaltungen tragen
die Zugführer Verbandtaschen mit folgendem Inhalt: 10 g Verbandwatte,
Sublimatmull in Läppchen 0·3 m, 2 Mullbinden, je 5 m lang, 6 cm breit
mit 2 Sicherheitsnadeln, Guttaperchapapier 12 × 24 cm, 1 dreieckiges Tuch,
1 Fläschchen mit 20 g Hoffmannstropfen, 2 Stückchen Zucker.

Die meisten Eisenbahnverwaltungen haben die Bestimmung getroffen,
daß jedem Packwagen eines Zuges ein sogenannter kleiner Rettungskasten mitzugeben ist. Dabei werden nicht sämtliche Packwagen von
vornherein mit Rettungskasten ausgerüstet; es wird vielmehr nur den
Zugbildungsstationen eine solche Zahl von Rettungskästen überwiesen,
daß jeder Packwagen eines ausgehenden Zuges einen kleinen Rettungskasten erhalten kann. Bei Bemessung der Zahl müssen selbstverständlich
die Umlaufdauer der Packwagen sowie die erfahrungsgemäß abzulassenden
Bedarfszüge berücksichtigt werden.

Die Größe dieser kleinen Rettungskästen wird einmal durch den verhältnismäßig geringen in den Gepäckwagen zur Verfügung stehenden Raum bedingt, vor allen Dingen aber müssen sie nach Größe und Gewicht handlich genug sein, um bequem von einem Manne getragen werden zu können. Die auf den preußischen Staatsbahnen eingeführten kleinen Rettungskästen (Abb. 1) haben eine Größe von 50×30 cm bei 16 cm Höhe und ein Gewicht von etwa 10 kg. Sie sind aus gutem trockenem Holz fest gearbeitet, verschließbar, mit seitlichem Traggriff und gutem Lackanstrich versehen und erhalten zum Schutz gegen äußere Beschädigungen einen Überzug aus kräftiger Segelleinwand, dem, wie auch dem Kasten selbst, die Heimatstation aufgeschrieben ist. Zur Aufnahme der eigentlichen Verbandmittel enthalten sie einen dicht schließenden Zinkeinsatz mit Deckel. Sie haben folgenden Inhalt:

1. Eine knieförmig gebogene große Schere mit Lederumhüllung zum Aufschneiden der Kleidungstücke;
2. Zwei Streifen gerollten Schusterspan, 60 cm lang, 6 cm breit;
3. Fünf Meter Sublimatmull, je 1 m in Dosenverpackung mit der Aufschrift: „1 m ganzer Sublimatmull“;
4. Fünf Meter Sublimatmull in Stücke von 20 cm Länge und Breite geschnitten und je 1 m in Dosenverpackung mit der Aufschrift: „1 Meter Sublimatmull in Läppchen“;
5. Hundert Gramm Verbandwatte in Dosenverpackung zu je 50 g;
6. Zwanzig Binden von festem, ungestärktem Mull, 6 cm breit, 5 m lang, in Dosenverpackung mit Aufschrift;
7. Eine „v. Bardelebensche Brandbinde“, 4 m lang;
8. Sechs dreieckige Verbandtücher (Mitellen), deren kürzere Seiten je 90 cm lang sind;
9. Ein Dutzend starke Sicherheitsnadeln in einer Schachtel mit Aufschrift;
10. Eine Flasche, enthaltend 200 g „Alcohol absolutus“;
11. Eine Tube aus blauem oder braunem Glase mit dichtschließendem Schraubenverschluß, 50 g Äthertropfen (aether sulfuricus) enthaltend mit der Aufschrift: „Äthertropfen, feuergefährlich! Für Erwachsene bis zu 15 Tropfen innerlich bei Ohnmachten und Schwächezuständen“;
12. Eine Tropfflasche Opiumtropfen (30 g), zusammengesetzt aus Opiumtinktur und Baldriantropfen (je 15 gr) mit der Aufschrift: „Opiumtropfen. Für Erwachsene bis 20 Tropfen bei Durchfall und Darmkolik. Kleinen Kindern nicht zu verabreichen“;
13. Zehn Stück Würfelzucker in einer Glasflasche mit Aufschrift;
14. Zwei Rollen amerikanisches Heftpflaster, 1 cm und 3 cm breit;
15. Eine Nagelbürste in Pergamentpapier verpackt;
16. Ein Metallnagelreiniger;
17. Ein Stück gute Seife in Staniol verpackt;
18. Ein Handtuch, etwa $1^1/_2$ m lang;
19. Ein Waschbecken aus Papiermasse;
20. Zehn Sublimatplätzchen — nach Professor Angerer-München — von je 1 g mit der Aufschrift „Gift“ in gut verkorktem Glas. Ein Plätzchen genügt für ein Liter Wasser;
21. Zwei Trikotschlauchbinden, 5 m lang und 6 cm breit;
22. Eine Trikotschlauchbinde, 3 m lang und 6 cm breit;
23. Ein Abdruck der „Kurzen Winke“ an der Innenseite des Deckels befestigt;
24. Ein Inhaltsverzeichnis des kleinen Rettungskastens an der Innenseite des Deckels befestigt.

Durch regelmäßige von den Bahnärzten vorzunehmende Prüfungen wird festgestellt, daß sich sämtliche Gegenstände stets in tadellosem Zustande befinden. Verbrauchtes oder sonst unbrauchbar gewordenes Verbandzeug ist sofort zu ersetzen.

3. Rettungsmittel auf den Bahnhöfen.

Wie es in der Natur des Eisenbahnbetriebes liegt, ereignen sich weit
mehr Unfälle auf den Bahnhöfen als auf der freien Strecke. Namentlich
der Verschubdienst, der sich doch fast ausschließlich auf den Bahnhöfen
vollzieht, gibt recht häufig die Veranlassung zu Unfällen. Dasselbe gilt
von den Werkstätten, in denen die Tätigkeit der Arbeiter an den zahlreichen Werkzeugmaschinen und das fortwährende Hantieren mit schweren
Gegenständen erhebliche Unfallgefahren mit sich bringt.

Wenn es deshalb unbedingt notwendig ist, alle Bahnhöfe und Werkstätten mit Rettungsmitteln, namentlich für die erste Hilfe Verletzter,
auszurüsten, wird man bei der Auswahl der hierzu vorzuhaltenden Gegenstände einen Unterschied zwischen kleinen und großen Bahnhöfen und

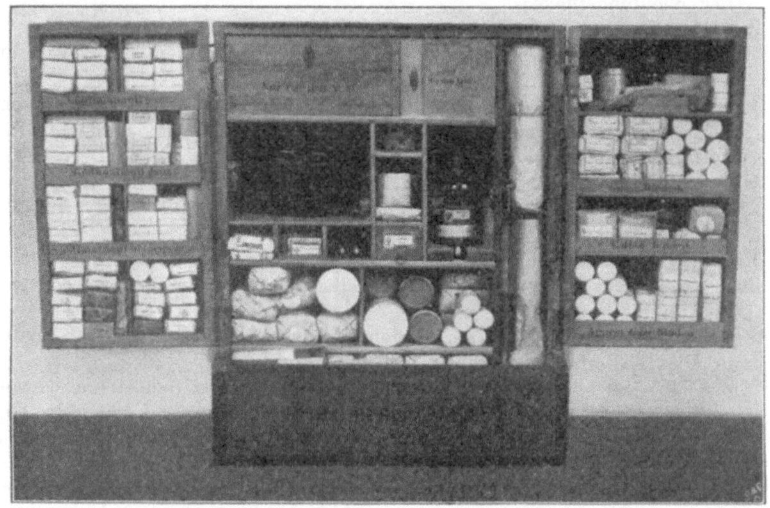

Abb. 2. Großer Rettungskasten.

Werkstätten machen können. In der Regel begnügt man sich damit,
auf den kleinen Bahnhöfen und in den kleinen Werkstätten kleine
Rettungskästen in der Ausführung und mit dem Inhalt, wie oben beschrieben, aufzustellen.

Größere Bahnhöfe jedoch, bei denen infolge der größeren Zahl der
gleichzeitig beschäftigten Menschen sowie mit Rücksicht auf den lebhafteren
Zug- und Rangierdienst von vornherein mit der Möglichkeit gerechnet
werden muß, daß häufigere und schwerere Unfälle eintreten, ferner die
größeren Werkstätten müssen mit vollkommeneren und reichlicheren
Rettungsmitteln ausgestattet werden. Dasselbe gilt von denjenigen
kleinen Bahnhöfen, bei denen besondere ungünstige örtliche Verhältnisse
vorliegen, sei es, daß Arzt oder Apotheke nur schwer erreichbar sind,
oder ein Krankenhaus sich nicht in der Umgegend des betreffenden Bahnhofes
befindet.

Auf den preußischen Bahnen werden die hiernach in Frage kommenden
Bahnhöfe mit großen Rettungskästen nach der Abb. 2 ausgestattet.
Diese sind in Schrankform ausgeführt, mit Flügeltüren, deren Innenflächen

ebenfalls zur Unterbringung von Verbandmaterial benutzt werden, und ermöglichen so eine außerordentlich praktische und übersichtliche Anordnung des gesamten Inhalts. Dabei fällt unter allen Umständen ein unnützes Herausreißen und Beschmutzen von Verbandmaterial, welches augenblicklich nicht gebraucht wird, fort; es kann vielmehr jeder einzelne Gegenstand entnommen werden, ohne daß der übrige Inhalt in Unordnung gerät. Bei der übersichtlichen Anordnung fällt es auch dem Nichtbahnarzt nicht schwer, sich in dem Rettungsschrank zurechtzufinden.

Durch sorgfältige Dichtung aller Fugen ist dem Einstauben der Verbandmittel nach Möglichkeit vorgebeugt. Um sie leicht transportabel zu machen, werden diese Rettungskästen auf starke eiserne Rollen gesetzt. Auf der Rückseite erhalten sie einen verschließbaren Behälter zur Aufnahme der unten beschriebenen zusammenlegbaren Tragbahre.

Die Schränke haben zwei Abteilungen, davon ist Abteilung A zum gemeinschaftlichen Gebrauch für den Arzt und die Beamten bestimmt, während Abteilung B der ausschließlichen Benutzung durch den Arzt dient und als solche mit einem Schilde bezeichnet ist.

Es enthält

Abteilung A:

1. Zwei knieförmig gebogene große Scheren zum Aufschneiden der Kleidungsstücke, mit je einer Lederumhüllung;
2. Sechs Schienen aus Schusterspan, 75 cm lang und 6 cm breit;
3. Sechs Schienen aus Schusterspan, 60 cm lang und 6 cm breit;
4. Zwölf Pappschienen, 60 cm lang und 6 cm breit;
5. Sechzig Meter Sublimatmull, je 1 m in Dosenverpackung mit der Aufschrift: „1 m ganzer Sublimatmull";
6. Sechzig Meter Sublimatmull in Stücke von 20 cm Länge und Breite geschnitten und je 1 m in Dosenverpackung mit der Aufschrift: „1 m Sublimatmull in Läppchen";
7. Dreißig Päckchen reine antiseptische Verbandbaumwolle zu je 100 g in Dosenverpackung mit der Aufschrift: „Verbandbaumwolle";
8. Zwölf Tafeln gewöhnliche geleimte Watte, in einem starken Papierumschlag verpackt, mit Aufschrift;
9. Sechzig Binden von festem, ungestärktem Mull, und zwar 30 Stück 6 cm breit und 5 m lang
   und 30 Stück 10 cm breit und 5 m lang in Dosenverpackung;
10. Dreißig Binden von gestärktem Mull, 6 cm breit und 5 m lang in Dosenverpackung;
11. Zwölf dreieckige Verbandtücher (Mitellen), deren kürzere Seiten je 90 cm lang sind;
12. Vier „v. Bardelebensche Brandbinden", 4 m lang;
13. Ein Gros starke Sicherheitsnadeln in einer Schachtel mit Aufschrift;
14. Eine Flasche, enthaltend 500 Gramm „Alcohol absolutus";
15. Zwei Tuben aus blauem oder braunem Glase mit dichtschließendem Schraubenverschluß, je 50 g Äthertropfen (aether sulfuricus) enthaltend mit der Aufschrift: „Äthertropfen, feuergefährlich! Für Erwachsene bis zu 15 Tropfen innerlich bei Ohnmachten und Schwächezuständen";
16. Zehn Stück Würfelzucker in einer Glasbüchse mit Aufschrift;
17. Zwei Nagelbürsten, einzeln in Pergamentpapier verpackt;
18. Zwei Metallnagelreiniger;
19. Zwei Stück gute Seife, einzeln in Staniol verpackt;
20. Zwei Handtücher, etwa $1^1/_2$ Meter lang;
21. Drei Waschbecken aus Papiermasse;
22. Zwanzig Sublimatplätzchen — nach Professor Angerer-München — von je 1 g mit der Aufschrift „Gift" in gut verkorktem Glas. Ein Plätzchen genügt für den Inhalt der Literflasche (s. 23);

25*

23. Eine 1 Liter haltende Flasche, als Gießflasche (Irrigator) aus starkem Glas
und mit 2 Öffnungen, einer gewöhnlichen oben und einer seitlichen, nahe
dem Boden, letztere so eng, daß ein gewöhnlicher Irrigatorschlauch darüber
gezogen werden kann, beide mit guten Korken verschlossen. Diese Flasche
muß immer mit vorrätigem Sublimatwasser gefüllt sein;

24. Ein Behälter mit zwei Berzelius-Röhren und Korkstopfen in Vorrat, einen
Stopfen von jeder im großen Rettungskasten befindlichen Sorte;

25. Ein 1 m langer Gummischlauch zur Gießflasche, zu der unteren Öffnung der
Gießflasche passend und am einen Ende mit einem zur Spitze ausgezogenen Glasröhrchen versehen (sog. Berzelius-Röhre);

26. Vier Trikotschlauchbinden, 5 m lang und 6 cm breit,
Zwei Trikotschlauchbinden, 3 m lang und 6 cm breit;

27. Ein starker Wachsstock;

28. Zwei Tragtücher;

29. Zwei Rollen amerikanisches Heftpflaster, 1 cm und 3 cm breit;

30. Ein kleiner Kochapparat in Nickelausführung mit Spirituslampe und 50 Stück
Sodapastillen sowie eine Flasche Brennspiritus, zum Sterilisieren der Instrumente;

31. Ein Abdruck der Anleitung (Dienstvorschrift über das Rettungswesen);

32. Ein Abdruck der „Kurzen Winke" auf einer Papptafel;

33. Ein Verzeichnis des Inhalts des großen Rettungskastens auf einer Papptafel;

34. Eine zusammenlegbare Tragbahre, in den Rettungskasten passend, mit Gurt.

Abteilung B. zur ausschließlichen Benutzung des Arztes und als solche
mit einem Schilde bezeichnet:

1. Eine Verbandtasche von Segeltuch, darin

   a) 1 einklingiges Bistouri;
   b) 1 Schere;
   c) 1 gewöhnliche Sonde;
   d) 1 Hohlsonde;
   e) 1 Kornzange zum Feststellen der Griffe, zugleich als Unterbindungspinzette
   und Nadelhalter verwendbar;
   f) 1 anatomische Pinzette;
   g) 4 Unterbindungspinzetten;
   h) 10 größere krumme Nähnadeln;
   i) 1 Dechampssche Nadel;
   k) 1 Rasiermesser;
   l) 1 Metallkatheter;

2. Eine Subkutan-Spritze aus rostfreiem Metall und eingeschliffenem Metallkolben;

3. Nähseide in drei Stärken auf Ihleschem Fadenhaltern, aus rostfreiem Metall;

4. Vier Tuben Chloroform purissimum zu je 50 g in braunem Glase, mit dichtschließendem Schraubenverschluß;

5. Eine Chloroformmaske mit zugehörigem Glas nach Esmarch;

6. Sechs zugeschmolzene Glasröhren mit ausgezogenen Spitzen, die mit je 1 g
2% Lösung von Morphium hydrochloricum gefüllt sind. Zur Verhütung des
Einfrierens und Zerbrechens ist jede Röhre einzeln in Watte gepackt und in
einer Pappschachtel aufzubewahren. Eine Feile zum durchfeilen der ausgezogenen Glasspitzen nebst Gebrauchsanweisung ist beizugeben.

Die den großen Rettungskästen beigegebenen **Tragbahren** sind dreimal zusammenlegbar und nehmen deshalb nur einen geringen Raum ein.
(Abb. 3 und 4.) Sie sind aus Metall konstruiert, mit grauer oder brauner
Segelleinwand bespannt und äußerst dauerhaft; auf Bestellung können sie
auch mit verstellbarer Kopferhöhung hergestellt werden.

Auf einigen besonders großen Bahnhöfen deutscher und außerdeutscher
Eisenbahnverwaltungen sind **Rettungszimmer** eingerichtet. Sie werden
tunlichst in die Nähe der Bahnsteige gelegt, sollen nicht unter 25 qm

Grundfläche haben, müssen hell, luftig, heizbar und leicht zugänglich und mit der deutlichen Bezeichnung Rettungszimmer versehen sein.

An den Fenstern erhalten sie doppelte Vorhänge, und zwar solche, welche genügend Licht durchlassen, und solche, welche den Raum dunkel machen. Die Rettungszimmer werden täglich gelüftet, mit frischem Wasser versehen, nach Bedarf gereinigt und im Winter geheizt. Sie dürfen von den Bahn- und Kassenärzten auch als Ordinationszimmer für das Bahnpersonal benutzt werden.

Abb. 3. Tragbahre, gebrauchsfertig.

Zur Ausstattung der Zimmer gehören in der Regel:

Ruhebett mit starkem Ledertuch bezogen;
Waschtisch mit 2 verschließbaren Türchen nebst Zubehör, bestehend in 2 Waschbecken, Wasserkanne, Trinkbecher, Seifenschale, Seife und Handtüchern;
Wasserkübel mit Deckel aus Email;
Brechschale;
Stechbecken aus Email;
Universalurinflasche aus Hartgummi;
Eisbeutel;
Zwei wollene Decken;
Gummiunterlage;
Zwei große Leintücher;
Vier Spreukissen, zwei große, zwei kleine;
Tisch mit verschließbarer Schublade;
Zwei Teller, drei Schalen aus Email, zwei Löffel;
Zwei Stühle, eine Bank;
Zwei Universalkatheter in Etui;
Leuchter;

Abb. 4.
Tragbahre, zusammengelegt.

Thermometer;
Tragbares Klosett mit Torfmullstreuung, Spucknapf;
Zwei Untergestelle aus Holz für den großen Rettungskasten und die Tragbahre;
Wandschränkchen, Kleiderrechen;
Plakat der Anleitung über die erste Hilfeleistung bei Unfällen;
Ein großer Rettungskasten;
Eine Tragbahre.

Von einzelnen Bahnverwaltungen ist außerdem noch in diesen Rettungszimmern ständiger bahnärztlicher Dienst eingerichtet. Damit dürfte wohl den weitgehendsten Ansprüchen, welche an derartige stationäre Rettungseinrichtungen gestellt werden können, entsprochen werden.

4. Hilfszüge.

Während die vorher beschriebenen Rettungsmittel im wesentlichen dazu bestimmt sind, bei kleineren Unfällen, Verletzungen Einzelner als sofort bereite Hilfsmittel zu dienen, kommen für die Hilfeleistung bei

größeren Eisenbahnunfällen auf den Bahnhöfen sowohl wie auf der freien
Strecke Hilfszüge zur Verwendung. Sie bestehen aus einem Arztwagen
und einem Gerätewagen oder auch nur aus einem Hilfsgerätewagen,
immer nach Bedarf zusammen mit einem Mannschaftswagen für die Be-
gleiter oder für den Transport Leichtverletzter. Die Gerätewagen dienen
im wesentlichen zur Aufnahme aller Werkzeuge und Geräte, die nach
Unfällen zur Aufgleisung der Betriebsmittel und Wiederherstellung der
Strecke erforderlich sind. Die Arztwagen sind dazu bestimmt, den zur
Hilfeleistung herbeigerufenen Ärzten die Möglichkeit zu bieten, den Verletzten gleich noch auf der Unfallstelle eine sachgemäße Behandlung zu-
teil werden zu lassen und auch etwa notwendige Operationen sofort vorzunehmen; weiterhin dienen sie zur Beförderung der Schwerverletzten zur
nächsten Krankenhausstation bzw. zu ihrer Heimatstation.

Derartige Hilfszüge sind jetzt von den meisten Eisenbahnverwaltungen
in größerer Zahl beschafft und unter Berücksichtigung der Verkehrsdich-
tigkeit und damit der Unfallmöglichkeit auf die Stationen verteilt; dabei
ist man jedoch in erster Linie von dem Gesichtspunkte ausgegangen, daß
die Herbeiführung eines Hilfszuges zur Unfallstelle auf allen Stellen möglichst gleichmäßig und in kürzester Zeit erfolgen kann.

a) Gerätewagen.

Die Eisenbahnverwaltungen haben schon seit längerer Zeit Gerätewagen gehabt, jedoch ist naturgemäß mit den Fortschritten der Technik
ihre Einrichtung vervollkommnet und gerade in den letzten Jahren ihre

Abb. 5. Gerätewagen der preuß. Staatsbahn.

Zahl erheblich vermehrt worden. Sie werden in der Regel aus Pack- oder
Personenwagen hergerichtet (Abb. 5) und erhalten, damit sie sowohl allein
wie in Personenzügen befördert werden können, Hand- und durchgehende
Bremse, Dampfheizleitung, falls sie ein besonderes Abteil für die Begleitmannschaften haben, in diesem Dampfheizung, außerdem jedoch mit Rücksicht darauf, daß sie häufig längere Zeit auf der Unfallstelle bleiben
werden, Ofenheizung und Kocheinrichtung zum Wärmen von Speisen und
Kochen von Wasser, ferner ausreichende Gasbeleuchtung. Zum Aus- und
Einbringen der Werkzeuge und Geräte werden große seitliche Schiebetüren
angebracht, ist eine Endbühne vorhanden, auch noch eine auf diese führende Stirnwandtür zum Besteigen und Verlassen des Wagens.

Die Ausstattung mit Werkzeugen und Geräten muß so sein, daß alles, was zum Aufgleisen entgleister und zum Beseitigen zertrümmerter Fahrzeuge sowie zum Wiederherrichten zerstörter Gleise notwendig ist, in reichlicher Zahl und bester Ausführung vorhanden ist. Die Verantwortung dafür, daß alle Geräte vollständig sind und sich in gebrauchsfähigem Zustande befinden, hat ein Beamter, dem ein für allemal die Beaufsichtigung des Wagens übertragen ist; er hat auch dafür zu sorgen, daß nach jedem Unfalle der Wagen und seine Einrichtung instand gesetzt wird und die Bestände ergänzt werden.

Die im nachfolgenden angegebene Ausrüstung hat sich als im allgemeinen zweckmäßig und ausreichend ergeben. Es müssen etwa vorhanden sein:

12 eiserne Lokomotiv- und Wagenwinden von 10000 und 15000 kg Tragfähigkeit;
2 Schlittenwinden von je 15000 kg Tragfähigkeit;
2 hydraulische Winden von mindestens je 20000 kg Tragfähigkeit;
4 große eichene Windebohlen, kleine Windebohlen, Vorlegeklötze, Keile aus Eichen- oder Weichholz in großer Zahl und verschiedenen Abmessungen;
10 eiserne Zwischenlegeklötze;
6 eiserne Keile;
1 Vorrichtung zum Aufkippen von Wagen, bestehend aus Bock mit verstellbarer Rolle, Zugstange, Eichenstütze, den erforderlichen Befestigungsteilen und einer langen Krankette mit Haken und Ring;
2 Hanfseilflaschenzüge;
4 Windenhalter;
4 Stück = 2 Paar (1 Paar rechts, 1 Paar links) Auffahrtschuhe für seitliche Aufgleisung von Wagen;
4 schwere Zugketten;
2 kräftige Drahtseile, verschieden lang;
1 langes Hanfseil;
6 leichte Bindeketten;
12 Bindestricke;
1 Sprossenleiter;
1 Vorrichtung zum Lösen der Hauptkuppelungsbolzen der Lokomotiven und Tender;
12 Vorrichtungen zum Festhalten der Drehgestelle vierachsiger Wagen;
1 Paar Gleitschienen;
Gleitbleche in verschiedener Größe und Stärke;
2 kleine, 2 große Brechstangen (Geisfüße);
4 beschlagene Hebebäume;
2 Schraubzwingen;
3 normale Schraubenkuppelungen;
2 Kuppelungen (Doppelbügel);
4 Vorschlaghämmer;
6 Handhämmer;
6 Kaltmeißel zum Abschlagen von Nieten;
10 Hand- und Stieldurchschläge;
3 Bleihämmer;
2 Holzhämmer;
26 Flach- und Kreuzmeißel;
25 verschiedene Schraubenschlüssel, davon 5 verstellbar;
2 Schraubenzieher;
2 Kneifzangen;
1 Schneidemesser;
3 Äxte;
2 Beile;
2 Handsägen mit Gestell;
6 Fuchsschwanz- und Stichsägen;
6 Holzbeitel (Stemmeisen);
1 Feldschmiede;

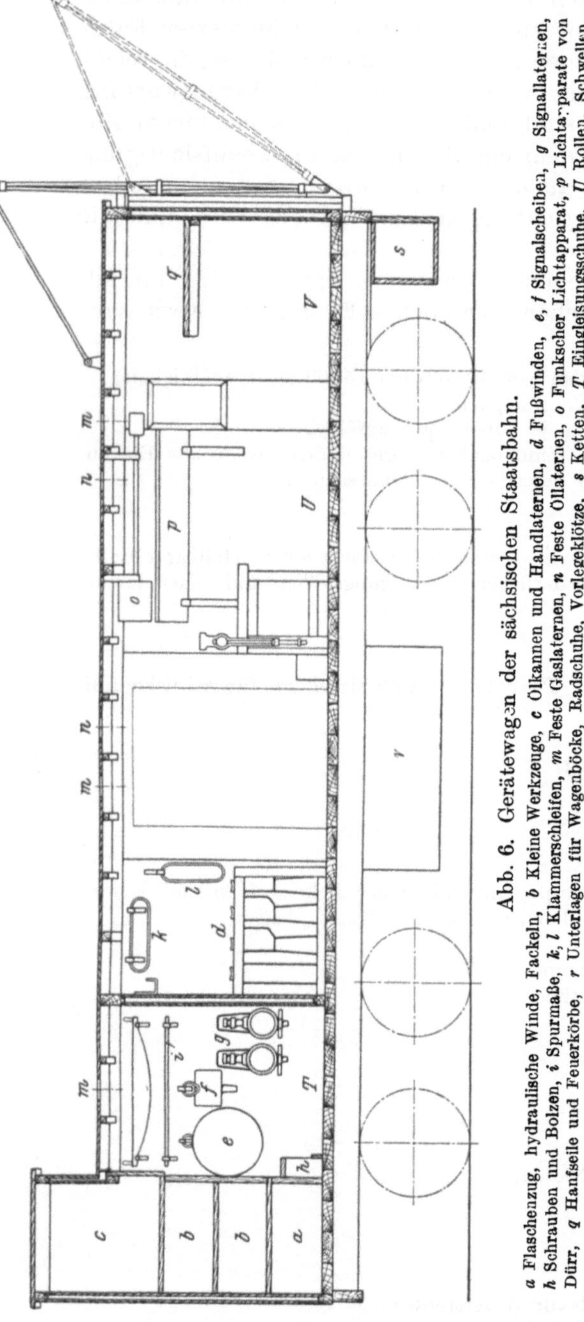

Abb. 6. Gerätewagen der sächsischen Staatsbahn.

a Flaschenzug, hydraulische Winde, Fackeln, *b* Kleine Werkzeuge, *c* Ölkannen und Handlaternen, *d* Fußwinden, *e, f* Signalscheiben, *g* Signallaternen, *h* Schrauben und Bolzen, *i* Spurmaße, *k, l* Klammerschleifen, *m* Feste Gaslaternen, *n* Feste Öllaternen, *o* Funkscher Lichtapparat, *p* Lichtapparate von Dürr, *q* Hanfseile und Feuerkörbe, *r* Unterlagen für Wagenböcke, Radschuhe, Vorlegeklötze, *s* Ketten, *T* Eingleisungsschuhe, *U* Rollen, Schwellen, hölzerne Unterlagen für Winden, *V* Windeklötze und hölzerne Unterlagen.

1 Ambos mit Klotz und Ein-
  steckhörnern;
1 Schleifstein mit Trog;
1 Feilbank mit Schraubstock;
20 Feilen aller Art;
1 Feilkloben;
16 Bohrer aller Art;
1 Bohrknarre;
2 Bohrwinkel;
1 eiserner Bohrdrauf (Brustleier);
6 Kannen mit Öl, Petroleum,
  Spiritus;
1 großer, 1 kleiner Holzkasten;
1 Handfeger;
1 Besen;
3 Wassereimer, 1 Wasserkanne;
3 Kreuzhacken;
2 Nagelhämmer;
4 Paar Schienenlaschen mit Bolzen
  und Muttern;
10 Erd- und Schneeschaufeln;
3 Spurmaße;
1 verstellbares Stichmaß;
4 Signalscheiben einschließlich
  Oberwagen- und Schluß-
  scheiben;
2 Stockscheiben mit Laternen;
2 Signalfahnen;
2 Oberwagen-, 2 Schlußlaternen;
1 Handglocke;
8 Handlaternen;
40 Harzfackeln;
20 Magnesiumfackeln;
2 große Beleuchtungsapparate für
  Öldampf-, Azetylen- oder elektrisches Licht;
1 Klapptisch, 1 Schemel, 2 Bänke;
2 Waschbecken;
12 Trinkgefäße;
2 verschließbare Werkzeug-
  schränke;
2 Extinkteure, 6 Feuereimer;
1 eiserner Ofen mit Kocheinrichtung, 2 Kohlenkasten, 2 Kohlen-
  löffel;
1 Gaskocher;
1 kleiner Rettungskasten;
1 Tragbahre;
1 tragbarer Streckenfernsprecher.

Alle diese Gegenstände müssen übersichtlich und leicht zugänglich gelagert sein und sich stets in durchaus gebrauchsfähigem Zustande befinden.

Die Abb. 6 zeigt die innere Einrichtung und Ausstattung der Gerätewagen der sächsischen Staatsbahnen. Diese Wagen haben an der einen Stirnwand einen Drehkran von 1500 kg Tragfähigkeit erhalten, der zum Einheben und Verladen einzelner Achsen, von Teilen zertrümmerter Wagen gute Dienste leisten kann.

Abb. 7 bringt einen bei der inzwischen verstaatlichten früheren böhmischen Westbahn eingeführten Hülfswagen zur Darstellung, dessen Ausstattung noch dahin vervollständigt ist, daß bei ihm neben den sonstigen Hülfsgerätschaften eine Ersatzachse und ein einfacher zweiachsiger Unterwagen mitgeführt werden. Ist bei einem Wagen infolge des ihm zugestoßenen Unfalls ein Drehgestell unbrauchbar geworden oder Achshalter und Achsbuchsführungen einer Achse verloren gegangen, so wird der Unterwagen unter den beschädigten Wagen geschoben und dieser dadurch notdürftig lauffähig gemacht.

Abb. 7. Österreichischer Gerätewagen.

b) Arztwagen.

Nachdem die ungarischen Staatsbahnen als die Ersten mit der Errichtung von Rettungswagen vorgegangen waren, ist in Deutschland zuerst Bayern diesem Beispiele gefolgt. Diese ersten Rettungswagen hatten im wesentlichen nur den Zweck, zur Beförderung der Verletzten von der Unfallstelle in Kliniken oder in das eigene Heim zu dienen. Sie sind nach dem Durchgangssystem gebaut und enthalten in einem allgemeinen Raum, der jedoch zur gesonderten Unterbringung von männlichen und weiblichen Personen in zwei Abteile geschieden werden kann, 6 bis 10 Betten, die zugleich als Tragbahren und als Krankenlager verwendbar sind, außerdem einen Verbandkasten mit allen nötigen chirurgischen Instrumenten. Sie sind mit Ofenheizung, Gasbeleuchtung, Eiskasten und Abort versehen.

In Österreich wurden zwar für den Kriegsfall durch den Malteserorden mehrere Sanitätszüge für den Verwundetentransport auf Eisenbahnen bereit gehalten, für Friedenszeiten waren jedoch bis vor einigen Jahren nur von wenigen Eisenbahnverwaltungen entsprechende Vorkehrungen getroffen worden. Erst die Inbetriebsetzung der Wiener Stadtbahn mit

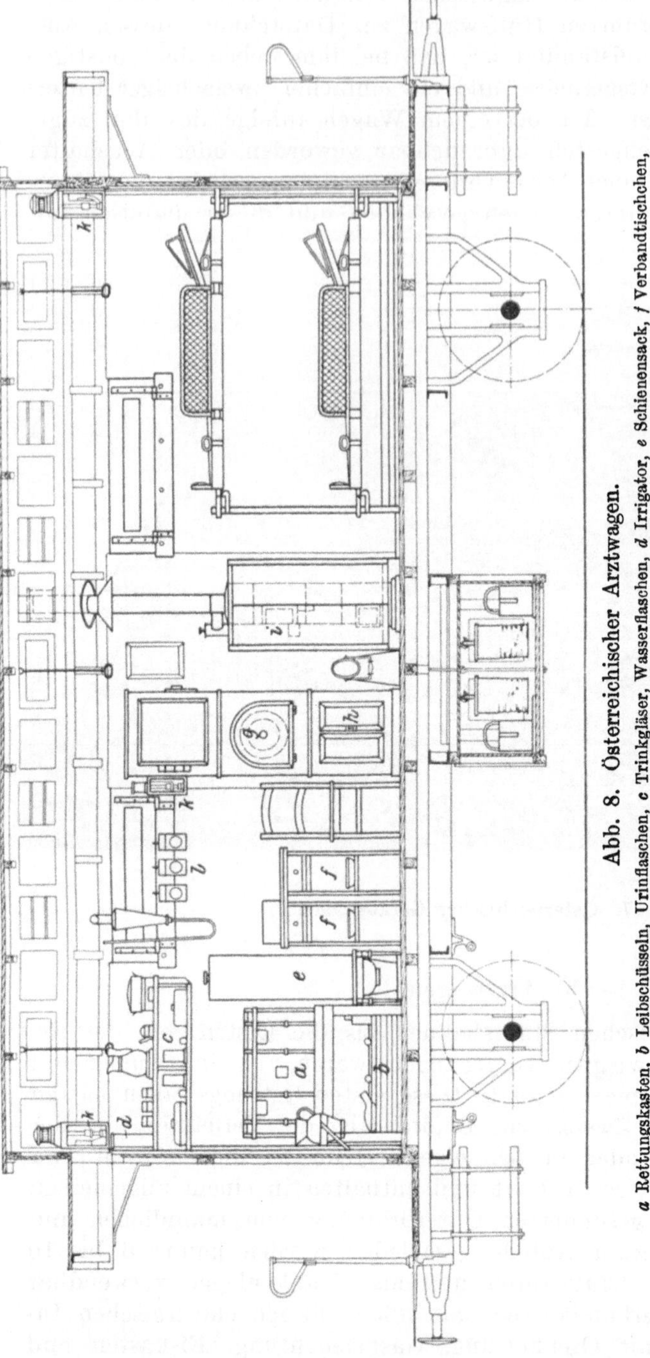

Abb. 8. Österreichischer Arztwagen.

a Rettungskasten, *b* Leibschüsseln, Urinflaschen, *c* Trinkgläser, Wasserflaschen, *d* Irrigator, *e* Schienensack, *f* Verbandtischchen, *g* Waschtoilette, *h* Wäscheschrank, *i* Füllofen, *k* Feste Öllampen, *l* Handlaternon.

ihrem weitverzweigten Netz ist schließlich die Veranlassung gewesen, mit der Einrichtung sog. Sanitäts-Ambulanzwagen vorzugehen.

Der erste derartige Wagen ist durch das Zusammenwirken der K. K. Staatsbahnverwaltung und der Wiener freiwilligen Rettungsgesellschaft geschaffen. Seitens der Staatsbahn - Direktion wurde der Gesellschaft ein sog. Malteser - Waggon zur Verfügung gestellt, auf ihre Kosten ausgebaut, mit Transport- und Sanitätsmaterial ausgestattet und dem auf Station „Hauptzollamt" der Stadtbahn bereitstehenden technischen Hilfszuge angereiht.

Der Wagen (Abb. 8), ursprünglich ein zweiachsiger, gedeckter Güterwagen, dessen seitliche Schiebetüren geschlossen und fest gestellt und innen verschalt sind, hat an beiden Enden Plattformen mit abnehmbaren Geländern; kleine Übergangsbrücken dienen zum Übergang in andere angekuppelte Wagen. In den beiden Stirnwänden befinden sich Doppeltüren, welche bei einer lichten Breite von 950 mm gestatten, die 645 mm breiten Tragbahren bequem ein- und auszubringen.

Der Innenraum hat eine lichte Länge von 6640 mm und eine lichte Breite von 2600 mm, weißen waschbaren Ölfarbenanstrich, und erhält gutes

Licht durch 28 Fenster aus mattem Glase, die sich in dem über den ganzen Wagenkasten reichenden Aufbau befinden. Sechs von diesen Fenstern sind beweglich und dienen zur Ventilation, gegen das Eindringen von Staub und Regen sind sie durch außen angebrachte schräg gestellte Jalousieleisten geschützt. Der Fußboden ist mit Linoleum belegt.

Zur Unterbringung der Tragbetten dienen eiserne an den Längswänden angeordnete Gestelle, von denen das an der einen Längswand befindliche große doppelte Gestell sechs, das einfache Gestelle an der anderen Längswand zwei Tragbahren, immer je zwei übereinander, aufnimmt. Diese sind genau nach dem Modell der Ambulanzwagen-Tragbahren der Wiener freiwilligen Rettungsgesellschaft angefertigt, mit verstellbarem Kopfteil und einschiebbaren Handgriffen versehen, gut gepolstert und mit weißem waschbaren Ledertuch überzogen. Für jede Tragbahre sind zwei weiße Wolldecken und ein Leinentuch vorhanden. Zur Sicherung der Kranken können außen vor die Tragbahren Schutzgitter angebracht werden.

Das Sanitätsmaterial ist zum größten Teil an der Längswand, an welcher das kleine Traggestell für nur zwei Betten steht, untergebracht. Es befindet sich dort zunächst auf einer 60 cm hohen Stellage ein großer Sanitätskasten mit reichlichem Instrumentarium, Medikamenten und Verbandmitteln; unterhalb desselben sind Leibschüsseln und Urinflaschen, oberhalb desselben auf einer Doppelstellage Trinkgläser, Wasserflaschen, Wärmflaschen und andere Sanitätsutensilien.

Neben dem großen Sanitätskasten steht ein Schienensack mit allen Gattungen gepolsteter und ungepolsteter Schienen sowie dem nötigen Verbandzeug. Weiterhin reihen sich an zwei Verbandtischchen mit Nickeldoppelkassetten, in welchen die nötigsten Instrumente für den Gebrauch im Innern des Wagens vorrätig sind. Diese Verbandtischchen sind in der Weise angeordnet, daß auf sie, in entsprechendem Abstand aufgestellt, eine Tragbahre aufgelegt und hierdurch ein Operationsbett improvisiert werden kann.

Weiterhin sind in einem mitten unter dem Wagen angebrachten Gepäckkasten, der sowohl vom Wageninnern aus durch Bodenklappen, als auch von außen durch Doppeltüren zugänglich ist, Emailgefäße für Trinkwasser, Desinfektionsflüssigkeit, Fackeln, Stricke, Gurten usw. untergebracht.

Ein Teil dieses Gepäckkastens ist als Kohlenkasten ausgebildet, der ebenfalls vom Innern des Wagens durch zwei kleinere Bodenklappen zugänglich gemacht ist.

Die Beheizung des Wagens erfolgt durch einen Füllofen, System Meidinger; durch Hervorziehen der unteren Schiebetür des Ofens kann in Verbindung mit den sechs beweglichen Fenstern im Oberlichtaufbau eine gute Ventilation des Innenraums erzielt werden.

Neben dem Ofen, vor der Verschalung der einen Schiebetür, ist eine Wascheinrichtung mit umkippbarer Waschschüssel, Wasserreservoir und Abfluß angebracht. Unterhalb der Waschtoilette befindet sich ein kleiner Wäscheschrank mit Vorräten an Kompressen, Handtüchern, Operationsmänteln usw.

Zur Beleuchtung des Wagens während der Dunkelheit dienen zwei feste Öllampen mit Reflektoren oberhalb der beiden Stirnwandtüren, eine Öllampe zum Hängen und Stellen, sowie drei transportable Öllaternen. Um den Wagen auch in Personenzüge einstellen zu können, ist er mit durchgehender Vakuum-Bremsleitung, sowie mit Dampfleitung ausgestattet.

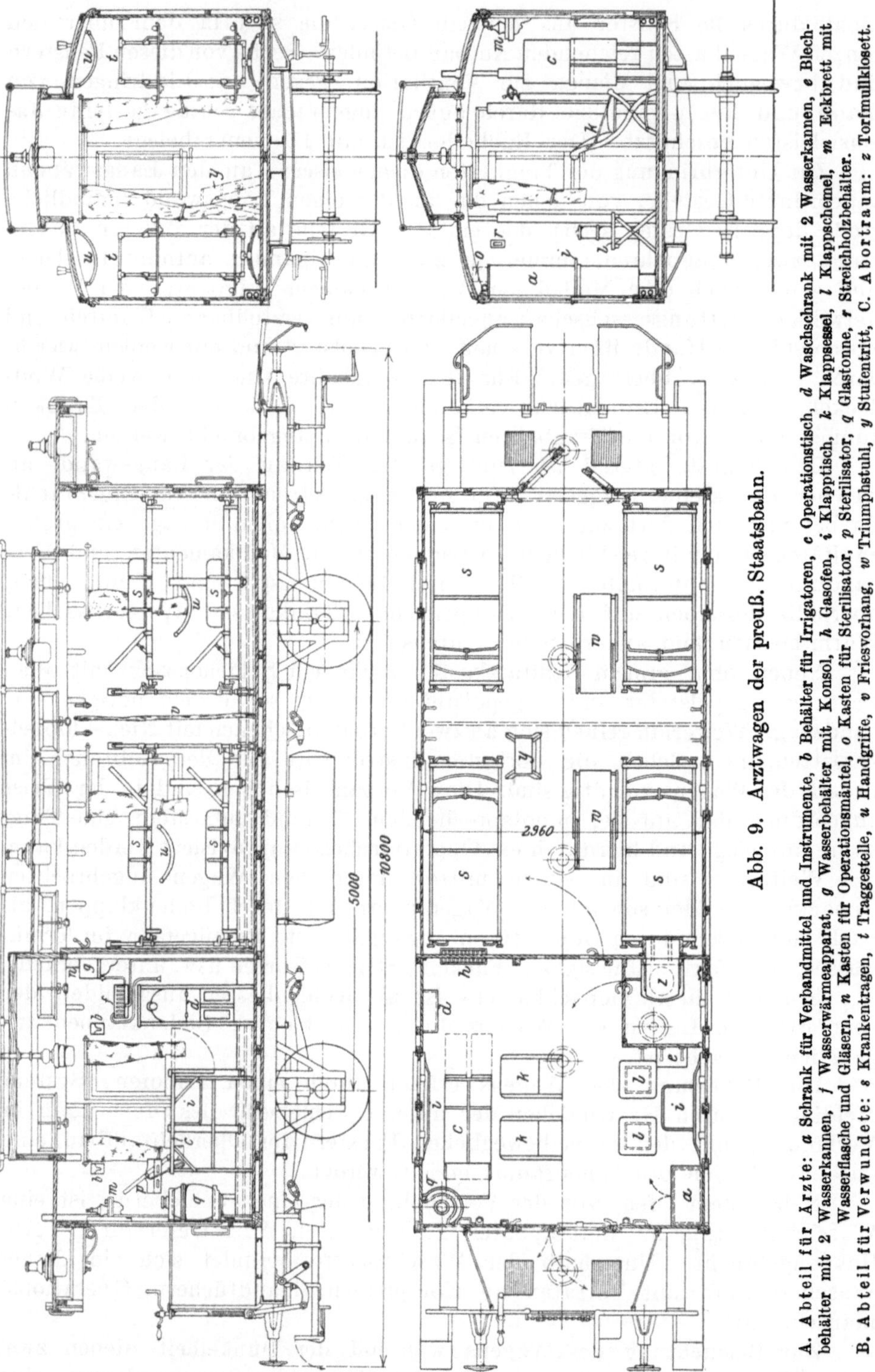

Abb. 9. Arztwagen der preuß. Staatsbahn.

A. Abteil für Ärzte: *a* Schrank für Verbandmittel und Instrumente, *b* Behälter für Irrigatoren, *c* Operationstisch, *d* Waschschrank mit 2 Wasserkannen, *e* Blechbehälter mit 2 Wasserkannen, *f* Wasserwärmeapparat, *g* Wasserbehälter mit Konsol, *h* Gasofen, *i* Klapptisch, *k* Klappsessel, *l* Klappschemel, *m* Eckbrett mit Wasserflasche und Gläsern, *n* Kasten für Operationsmäntel, *o* Kasten für Sterilisator, *p* Sterilisator, *q* Glastonne, *r* Streichholzbehälter. B. Abteil für Verwundete: *s* Krankentragen, *t* Traggestelle, *u* Handgriffe, *v* Friesvorhang, *w* Triumphstuhl, *y* Stufentritt, C. Abortraum: *z* Torfmullklosett.

Während dieser österreichische Ambulanzwagen gegenüber dem früher beschriebenen Rettungswagen einen Fortschritt aufweist insofern, als in ihm durch entsprechende Anordnung der Einrichtungsgegenstände

Abb. 10. Arztwagen (Außenansicht).

die Möglichkeit geschaffen werden kann, gleich noch auf der Unfallstelle im Wagen Operationen an Verletzten vorzunehmen, sind die von der preußischen Staatseisenbahnverwaltung beschafften Arztwagen gerade in dieser Beziehung noch weiter vervollkommnet.

Zu ihrer Herrichtung (Abb. 9, 10, 11, 12) sind vorhandene zweiachsige

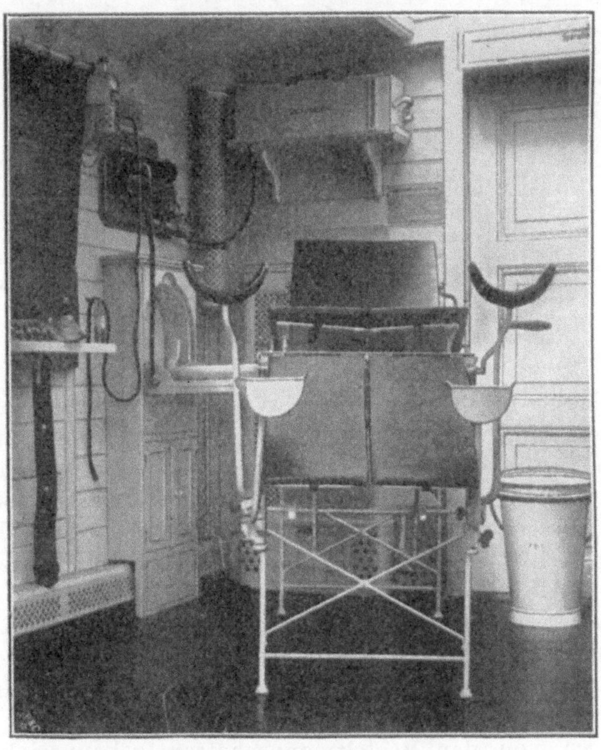

Abb. 11. Arztwagen (Arztraum).

breite Durchgangspersonenwagen IV. Klasse mit Lüftungsaufbau, Doppeltüren an den Stirnwänden, Plattformen und umlegbaren Plattformgeländern
verwendet worden. Sie sind mit Luftdruckbremse und Niederdruckdampf-
heizung versehen. Durch Aufstellung eines Gasofens ist indessen auch
auf eine von der Lokomotive unabhängige Heizung Bedacht genommen.
Ferner ist die Gasbeleuchtungseinrichtung wesentlich reicher ausgestaltet.

Das Innere des Wagens ist durch eine Wand in zwei Teile abgeteilt,
die durch eine Tür von der Breite, daß die Tragbahren bequem hindurch-
gebracht werden können, miteinander verbunden sind. Das kleinere Abteil
dient als Arztraum, das größere als Krankenraum.

Ersteres hat durch Einbau von Seitenfenstern und einem fast 3 qm
großen aus Drahtglas hergestellten Oberlichtbau gute Tagesbeleuchtung;
es ist mit einem Operationstisch nach Dr. Hagedorn, einem Schrank
für Verbandmittel und Instrumente, einem Waschschrank und einem

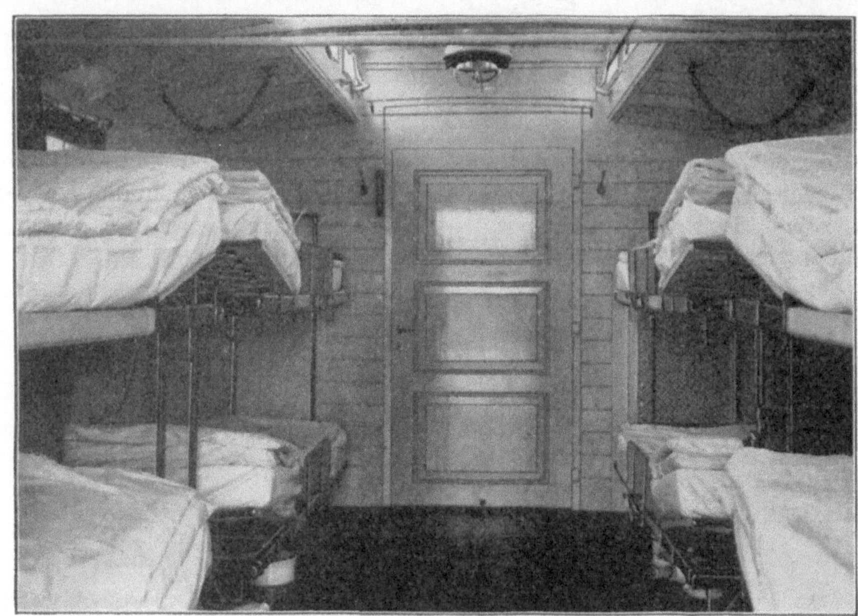

Abb. 12. Arztwagen (Krankenraum).

Schnellwassererhitzer nebst zugehörigen Wasserkasten ausgerüstet. Unter
den Seitenfenstern sind auf jeder Seite ein Klapptischchen und an einer
Wagenlängswand zu beiden Seiten der Fenster in entsprechender Höhe
Behälter zur Aufnahme von Irrigatorflaschen angebracht. Außerdem befinden sich in diesem Raume 2 ledergepolsterte Klappsessel, 2 Klappschemel, 2 Wasserkannen in einem Blechbehälter, 2 Wasserkannen im
Waschschrank, 1 Glas-Wassertonne, 1 Wassereimer, 1 Eiseimer mit Einsatz
und Deckel, 1 Wasserflasche und 2 Gläser, 2 zweiteilige Spucknäpfe, 1 Sterilisator. Schließlich sind noch in diesem Raume in besonderen Kästen
2 Operationsmäntel für Ärzte, 4 Überkleider und 10 Armbinden untergebracht. Durch die weißen mit rotem Kreuz bedruckten Armbinden
werden diejenigen von den Begleitmannschaften gekennzeichnet, welche
im Samariterdienst ausgebildet sind. Für vier von diesen Leuten, die

im besonderen Fall dazu ausgewählt werden, den Ärzten bei Behandlung der Verletzten Handreichungen zu tun, sind die Überkleider bestimmt.

In den Arztraum werden auch die dem Hilfszuge mitzugebenden und stets erst vor Abfahrt desselben vom Bahnhofswirt abzuverlangenden Erfrischungsmittel gebracht. Es sind das 1 Flasche Rotwein, 1 Flasche Kognak, einige Flaschen Selterswasser, einige Tafeln Schokolade und einige Stücken Zucker, sowie Eis. In einer Ecke dieses Abteils ist ein Klosettverschlag angeordnet, in dem sich ein Torfstreuklosett mit Eimer befindet. Der mit Linoleum bekleidete Fußboden im Arztraum hat in der Mitte ein Abflußventil, nach welchem hin er mit Gefälle verlegt ist.

Der zusammenlegbare Operations- und Untersuchungstisch besteht aus Schweißeisen. Er hat abnehmbare Kissenpolsterung und wasserdichten Ledertuchbezug. Die Rückenlehne, der Sitz und die Unterschenkelplatten sind beliebig verstellbar. Die Lagerfläche ist der Länge nach geteilt und mit ausziehbarer Spülrinne versehen. Zu dem Tisch gehören noch auswechselbare Knie- und Fußstützen.

Der Schnellwassererhitzer nach System Grove ermöglicht in einigen Minuten nach dem Anzünden der Gasflamme ständig fließendes warmes Wasser in beliebiger Menge herzustellen.

Der Schrank für Verbandmittel und Instrumente ist wesentlich vollkommener und reichhaltiger ausgestattet, wie die auf den Stationen befindlichen sogen. großen Rettungskasten. Er enthält, was der Arzt notwendig hat, um einen Verletzten zu verbinden und transportfähig zu machen, nämlich:

1. zwei knieförmig gebogene große Scheren zum Aufschneiden der Kleidungsstücke, in Waschlederhüllen;
2. 1 Messer;
3. 2 Verbandtaschen von Segeltuch;
    darin je:
    a) 1 einklingiges Bistouri;
    b) 1 Schere;
    c) 1 gewöhnliche Sonde;
    d) 1 Hohlsonde;
    e) 1 Kornzange zum feststellen der Griffe, zugleich als Unterbindungspinzette und Nadelhalter verwendbar;
    f) 1 anatomische Pinzette;
    g) 4 Unterbindungspinzetten;
    h) 10 größere krumme Nadeln;
    i) 1 Dechampssche Nadel;
    k) 1 Rasiermesser;
    l) 1 Subkutanspritze;
    m) 1 Metallkatheter;
4. 1 Glas Nähseide in 3 Stärken auf Ihleschen Fadenhaltern;
5. 1 Chloroformmaske;
6. 30 Gipsbinden in Blechdosen, und zwar:
    15 Stück je 5 cm breit ⎫
    10 „   „ 8 „   „ ⎬ 10 m lang;
     5 „   „10 „   „ ⎭
7. 4 Waschbecken aus Papiermasse, darunter 1 nierenförmiges;
8. 1 Korkzieher;
9. 1 Reservegummischlauch;
10. 2 ein Liter haltende Flaschen, als Gießflasche (Irrigator) aus starkem Glas und mit 2 Öffnungen, einer gewöhnlichen oben und 1 seitlichen, nahe dem Boden, letztere so eng, daß ein gewöhnlicher Irrigatorschlauch darüber gezogen werden kann, beide mit guten Korken verschlossen;

11. 2 zwei m lange Gummischläuche zur Gießflasche, zu der unteren Öffnung der Gieß-
    flasche passend und an einem Ende mit einem zur Spitze ausgezogenen Glas-
    röhrchen versehen (sogen. Berzelius-Röhre);
12. 1 Behälter mit 8 Berzelius-Röhren;
13. 4 Stück gute Seife, einzeln in Staniol verpackt;
14. 1 Gros starke Sicherheitsnadeln in 1 Schachtel mit Aufschrift;
15. 1 Fläschchen mit 10 Sodapastillen;
16. 2 Tuben amerikan. Vaseline zu je 25 g;
17. 12 Handtücher, etwa $1^1/_2$ m lang;
18. 30 Sublimatplätzchen (nach Professor Angerer-München) von 1 g mit der Auf-
    schrift „Gift" in gut verkorktem Glas;
19. 2 Gläschen Lysoform zu je 100 g;
20. 2 Tuben Aether sulfuricus zu je 50 g in blauen Gläsern;
21. 40 g pulverisiertes Jodoform in 1 Hartgummibüchse mit doppelten abschraubbaren
    Deckel, einem durchlöcherten und darüber einem ganzen mit der Aufschrift „Jodo-
    form, Gift";
22. 5 Tuben Chloroform puritin zu je 50 g in braunen Gläsern;
23. 12 Stück Wismuth-Brandbinden nach Dr. von Bardeleben, 4 m lang, 10 cm breit,
24. 60 m Sublimatmull. in Stücke von 20 cm Länge und Breite geschnitten, je 5 Stück
    in einem besonderen starken gelben Papierumschlag verpackt, mit der Aufschrift
    „1 m Sublimatmull in Läppchen";
25. 60 m Sublimatmull, je 1 m in einem besonderen, starken, blauen Papierumschlag
    verpackt, mit der Aufschrift „1 m ganzer Sublimatmull";
26. 2 Rollen amerikanisches Heftpflaster, sparadrap, 20 cm breit;
27. 1 Schachtel mit 6 zugeschmolzenen Glasröhrchen mit ausgezogenen Spitzen, die mit
    je 1 g $2^0/_0$ Lösung Morphium hydrochl. gefüllt sind, und 1 Feile zum Durchfeilen
    der Glasspitzen nebst Gebrauchsanweisung;
28. 2 Likörgläschen;
29. 1 Blechdose mit Korkstopfen;
30. 1 Fläschchen Kampferöl 50 g;
31. 10 Stück Würfelzucker in 1 Glasbüchse mit Aufschrift: „Zucker";
32. 1 Blendlaterne mit Wachslicht;
33. 1 Kleiderbürste;
34. 12 dreieckige Verbandtücher (Mitellen), deren kürzere Seiten je 90 cm lang sind;
35. 6 Nagelbürsten, einzeln in Pergamentpapier verpackt;
36. Gestärkte Mullbinden in Paketen zu je 2 Stück. und zwar:
        36 Stück, je 6 cm breit und 5 m lang;
37. 15 Trikotschlauchbinden, davon:
        10 Stück 6 cm breit und 5 m lang
         5 „   6 „   „   „ 3 „   „ ;
38. Baumwoll-(Kaliko)Binden, und zwar:
        24 Stück je 6 cm breit ⎫ 5 m lang;
        24   „   „ 10 „   „ ⎭
39. 24 Schienen aus Schusterspan, und zwar:
        12 Stück 75 cm lang und 6 cm breit
        12   „   60 „   „   „ 6 „   „ ;
40. 12 Pappschienen, 60 cm lang und 6 cm breit;
41. 14 Holzschienen mit Blechhülsen zum Verlängern;
42. 2 Schienen aus Draht für den Ober- und Unterschenkel, 75 cm lang und 10 cm breit;
43. 30 Päckchen reine antiseptische Verbandwatte, zu je 100 g in starkem Papier-
    umschlag verpackt und mit der Aufschrift: „Verbandwatte";
44. 12 Tafeln gewöhnliche geleimte Watte, in einem starken Papierumschlag verpackt,
    mit der Aufschrift: „Watte";
45. 2×2 m Mosetig-Batist zum Unterlegen, 85 cm breit.

Der Krankenraum enthält 8 Lagerstätten, und zwar je 2 übereinander. Jedes Bett ist mit einer Leib- und Kopfmatratze, 2 wollenen
Decken, den notwendigen leinenen Überzügen und ebensolchen Bettlaken
versehen. Zum Aufrichten der Kranken sind Handgriffe aus Hanfgeflecht
vorgesehen, und zwar für die oberen Lagerstätten an der Wagendecke,

für die unteren an den Seitenwänden. Zum Besteigen der oberen Betten dient ein zusammenlegbarer Stufentritt. Für Leichtverwundete befinden sich hier zwei sogenannte Triumphstühle; Stechbecken, Harnflaschen, Thermometer, Kleiderhaken, Spucknäpfe sind in ausreichender Zahl vorhanden.

Zur Scheidung etwa untergebrachter Personen verschiedenen Geschlechts ist in der Mitte des Krankenabteils ein Friesvorhang angeordnet; ein ebensolcher an der Stirnwandtür dient zur Abhaltung der Zugluft.

Die zugleich als Krankenbetten dienenden Krankentragen haben Quer- und Längsholme aus Eschenholz; letztere sind an der unteren Fläche mit Bandeisen beschlagen. Zwei weitere Querverbindungen aus Rundeisen befinden sich in der Mitte der Tragen und am Kopfende, hier zugleich die Stütze für die bewegliche Kopflehne bildend. Die Tragbahren sind mit einem nachspannbaren Bezuge aus Segeltuch versehen.

Die Traggestelle, welche auf Gleitschienen die Tragbahren aufnehmen, bestehen aus rechteckig geformten Rahmen aus Gasrohr, die auf Blattfedern ruhen. Seitlichen Halt erhalten sie durch am oberen wagerechten Rahmenstück angebrachte Zapfen, welche in hufeisenförmigen Führungskloben, die an den Wagenseitenwänden festgeschraubt sind, geführt werden.

Derartig eingerichtete und ausgestattete Arztwagen sind zurzeit bei den preußischen Staatsbahnen gegen 80 vorhanden.

Eine geradezu musterhafte Einrichtung stellt der durch das einmütige Zusammenwirken der königl. Eisenbahndirektion Frankfurt a. M. und der dortigen Sanitätskolonne des Kreiskriegerverbandes geschaffene Frankfurter Rettungszug dar, dessen Ausrüstungsgegenstände von der Sanitätskolonne in einem Depot für die eventuelle Verwendung stets gebrauchsbereit vorgehalten werden. Als Depot dient eine ehemalige Eilguthalle von etwa 50 qm Grundfläche, die denkbar günstig zum Hauptbahnhof sowohl wie zur Stadt gelegen, direkte Gleis- und Straßenverbindung hat, sodaß die dort gelagerten Gegenstände in bequemster Weise nach der einen Seite in bereit gestellte Eisenbahnwagen, oder nach der anderen Seite in Krankentransportwagen und Lastfahrzeuge überführt werden können.

Zur Aufnahme der Gegenstände im Depot dient ein großes an der einen Längswand stehendes Holzgestell mit Fachabteilungen. Dabei ist die Anordnung so getroffen, daß die zur Einrichtung eines Eisenbahnwagens gehörenden Gegenstände in je einem Fach untergebracht sind; oben befindliche Tafeln bezeichnen den Inhalt eines jeden Faches. In andern Querfächern des Gestells sind Lampen, Tornister, Werkzeuge, Reservestricke, Kisten mit Verbandzeug, Schienen, Decken, Waschgerät, Trinkgeschirre usw. soweit möglich in leicht zu transportierenden Verpackungen mit Inhaltsangabe aufgestellt. Der Depotraum selbst und das umgebende Terrain sind mit reichlicher elektrischer Beleuchtung ausgestattet. Ein Zapfhahn für reines Trinkwasser befindet sich in nächster Nähe.

Die Zusammensetzung des für den gegebenen Fall aus diesem Depot auszurüstenden Hilfszuges richtet sich nach Größe und Umfang des gemeldeten Unfalls. Für die größten Anforderungen wird der Hilfszug aus 12 Wagen zusammengestellt, davon entfallen 3 auf den betriebstechnischen Teil, 2 auf gemeinsame Benutzung und 7 auf den Transport Schwerverletzter.

Der 1. Wagen ist ein Beleuchtungswagen für die Arbeiten bei Nacht. Er enthält einen Dampfkessel, Wasser- und Kohlenkasten, eine Dampfmaschine und eine von ihr angetriebene Dynamomaschine. Der erzeugte Strom dient zur Speisung von 5 Glühlampen innerhalb des Wagens, von 2 großen an den Stirnseiten des Wagens angebrachten Scheinwerfern und von 6 Bogenlampen, die entfernt vom Wagen verwendet werden können. Die zur Aufstellung der Bogenlampen dienenden 8 m hohen Masten sind auf dem Dach des Wagens untergebracht. Ferner sind Ankerseile und Befestigungsteile sowie 500 laufende m Kabel für die Stromzuführung zu den Lampen vorhanden.

Auf dem 2. Wagen, der hinter einem Schutzwagen läuft, befindet sich ein Hebekran von 5000 kg Tragfähigkeit.

Der 3. Wagen ist ein Gerätewagen mit der früher beschriebenen Ausrüstung an Werkzeugen und Geräten zu Aufräumungsarbeiten.

Ein 4. Wagen, ein leerer Gepäckwagen, soll bei kaltem und schlechten Wetter den bei den Hilfsarbeiten Beschäftigten Obdach geben. In diesen Wagen wird ein fahrbarer Herd zur Erwärmung und Bereitung von Kaffee gebracht, ferner Trink- und Eßgeschirre und Erfrischungsmittel.

Der 5. Wagen ist ein Wagen I. und II. Klasse für die mitfahrenden Eisenbahnbeamten und Ärzte. Bei der Rückfahrt ist dieser Wagen zur Aufnahme der leichter Verletzten bestimmt.

Die übrigen 7 gedeckten Güterwagen, von denen 2 auch durch Wagen IV. Klasse ersetzt werden können, nehmen aus dem Depot die verschiedenen Transportsysteme auf und dienen zum Transport der Schwerverletzten. Es können in ihnen 50 bis 60 Lagerstätten hergerichtet werden. Sollte wirklich einmal diese Zahl nicht ausreichen, so können mit Hilfe des vorhandenen Improvisationsmaterial noch weitere Wagen ausgerüstet werden.

Es ist natürlich von äußerster Wichtigkeit, daß die Hilfszüge mit ihrem gesamten Inhalt stets gebrauchsfähig sind und in kürzester Zeit nach Eingang einer Anforderung in Dienst gestellt werden können. Sie unterstehen zu dem Zweck der Aufsicht derjenigen Dienstelle, die in erster Reihe berufen ist, die Aufräumungsarbeiten vorzunehmen, und für jeden Hilfszug und Hilfsgerätewagen ist ständig ein Beamter bestimmt, der für die gute Beschaffenheit der Fahrzeuge und Geräte sowie für das Vorhandensein aller Geräte und Materialien die Verantwortung trägt. Außerdem wird durch jährlich mehrmals zu wiederholende Revisionen festgestellt, daß sich Wagen und Geräte in durchaus gebrauchsfähigem Zustande befinden.

Die zur Begleitung der Hilfszüge und Hilfsgerätewagen erforderlichen Beamten und Arbeiter werden hierfür ein für allemal bestimmt und durch geeignete Vorkehrungen wird dafür gesorgt, daß sie jederzeit erreichbar sind. Jede Aufstellungsstation eines Hilfszuges oder Hilfsgerätewagens erhält ein namentliches Verzeichnis dieser Beamten und Arbeiter nebst Angabe ihrer Wohnung, ihrer Dienststelle, und den Vermerk, in welcher Weise sie herbeizurufen sind (durch Fernsprecher, Klingelleitung, Boten usw.). In dem Verzeichnis werden auch die Bahnärzte mit ihren Wohnungen aufgeführt.

Sämtliche namhaft gemachten Beamten und Arbeiter werden mit den Einrichtungen der Wagen vertraut gemacht und in den bei Unfällen vorzunehmenden Arbeiten unterrichtet. Im besonderen werden sie durch die Bahnärzte im Samariterdienst ausgebildet.

Der Ort, an dem der Hilfszug oder die Hilfsgerätewagen auf dem Aufstellungsbahnhofe aufzustellen sind, wird nach Möglichkeit so gewählt, daß das Heransetzen einer geeigneten Lokomotive an den Zug oder Wagen und die Ausfahrt aus dem Bahnhof ohne zeitraubende Rangierbewegungen erfolgen kann. Wenn angängig, wird in der Nähe dieses Aufstellungsortes der Alarmplatz bestimmt, auf dem sich die zur Begleitung bestimmten Beamten und Arbeiter einzufinden haben.

Um die stete Dienstbereitschaft der Hilfszüge festzustellen, werden mehrmals im Jahre, auch zur Nachtzeit, unvermutete Probealarmierungen der sämtlichen in Frage kommenden Beamten, Ärzte und Arbeiter vorgenommen und dazu der Hilfszug einschließlich Lokomotive mit sämtlichen Personal bereitgestellt und der Alarmierungsstelle zugeführt. Mit der Alarmierung wird in der Regel eine Übung mit den Mannschaften im Rettungsdienst verbunden.

5. Unterweisung des Personals in der ersten Hilfeleistung.

Bei Unfällen auf der Eisenbahn sind zunächst die Zug- und Bahnhofsbeamten dazu berufen, die nötige Hilfe zu leisten. Um sie hierzu geschickt zu machen, sind jetzt von sämtlichen Eisenbahnverwaltungen Unterrichtsstunden eingerichtet, in denen jene in der ersten Hilfeleistung unterwiesen werden. Ebenso erhalten die zur Begleitung der Arztwagen vorgesehenen Mannschaften Samariterunterricht, in dem sie namentlich im Verbinden sowie im Ein- und Ausladen Verletzter geübt werden. Der Unterricht ist vertragsmäßig gegen besondere Vergütung von den bestellten Bahnärzten, und zwar in der Regel einmal jährlich zu erteilen; mit dem Unterricht sind praktische Übungen unter Benutzung der auf den Bahnhöfen vorhandenen Rettungskästen und Tragbahren bzw. der Arztwagen zu verbinden. Neben dem Unterricht und als Unterlage für diesen erhalten die Zug- und Bahnhofsbeamten gedruckte Anleitungen über die Verhaltungsmaßregeln, welche bei Unfällen auf Eisenbahnen vor Ankunft des Arztes zu beachten sind. Sehr zweckmäßig sind die nachstehend abgedruckten Vorschriften, die bei den süddeutschen Eisenbahnverwaltungen eingeführt sind:

Anleitung über die erste Hilfeleistung bei Unfällen auf Eisenbahnen vor der Ankunft des Arztes.

Wenn bei einem Unfalle Personen verletzt worden sind, so ist sofort unter Mitteilung der Art und des Umfanges des Unfalles ein Arzt, wenn tunlich der nächstwohnende Bahnarzt, herbeizurufen.

Bis zur Ankunft des Arztes, welchem alsdann die weiteren Anordnungen hinsichtlich der Behandlung des Verletzten zustehen, ist nachstehendes zu beobachten:

1. Allgemeine Maßnahmen.

Von der Unfallstelle sind Unberufene fern zu halten, damit die so notwendige Ruhe und Ordnung nicht gestört wird. Ängstigende Bemerkungen über den Zustand Verletzter sind zu unterlassen.

Die erste Hilfe ist vor allem jenen zuzuwenden, welche stark bluten oder zwischen Trümmern eingeklemmt sind.

Die Blutungen sind zu stillen, worüber in Ziff. 3 das Weitere dargelegt ist.

Die Verunglückten sind mit aller Vorsicht aus ihrer üblen Lage zu befreien, abseits von den Gleisen bequem zu lagern, und zwar, wenn tunlich, bei warmem Wetter im

Schatten, bei kaltem Wetter in einem luftigen, erwärmten Raume. Verletzten, welche durch Blutverlust geschwächt sind, darf ein Schluck Wein oder 10 bis 20 Hoffmannstropfen auf Zucker oder in Wasser gereicht werden. Speisen dürfen ohne ärztliche Erlaubnis nicht gegeben werden.

Bis zur Ankunft des Arztes ist je nach Lage des Falles für die Herbeischaffung eines Rettungskastens und einer Tragbahre zu sorgen.

2. Behandlung der Wunden.

Die Hauptsache bei Behandlung von Wunden ist Reinlichkeit. Es hat demnach jeder, welcher eine Wunde verbinden will, vorher seine Hände mit Wasser und Seife sowie mit der Nagelbürste gründlich zu reinigen und wo möglich in antiseptischer (keimtötender) Flüssigkeit nachzuwaschen. Ist kein völlig reines Handtuch zur Stelle, so dürfen die Hände vor der Berührung der Verbandstoffe nicht abgetrocknet werden.

Eine antiseptische Flüssigkeit wird hergestellt, indem man ein Sublimatplätzchen in 1 l reinen Wassers auflöst. (Gefäß im Rettungskasten.)

In Ermangelung von antiseptischer Lösung ist reines Brunnenwasser oder besser gekochtes Wasser, z. B. vom Dampfkessel der Lokomotive, zu benützen.

Die Wunden der Verletzten sind freizulegen, und zwar zuerst an jener Stelle, an welcher es am stärksten blutet. Zu diesem Zwecke sind die Kleider, welche Wunden bedecken, mit der Schere aufzuschneiden, wobei jedoch mit der größten Vorsicht zu verfahren ist.

Wunden dürfen nicht mit den Fingern berührt, für gewöhnlich auch nicht ausgewaschen werden; nur wenn sie durch Sand, Erde oder sonstwie verunreinigt sind, dürfen sie durch vorsichtiges Überrieseln mit Sublimatwasser, im Notfalle mit gekochtem Wasser oder reinem Brunnenwasser gereinigt werden.

Bei Kopfwunden ist zu verhüten, daß dem Verletzten das Sublimatwasser in den Mund oder in die Augen fließt.

Das etwa auf einer Wunde befindliche geronnene Blut darf nicht entfernt werden, weil hierdurch neuerdings Blutungen hervorgerufen werden könnten.

Nie darf ein Körperteil, ein Stück Fleisch oder Haut, wenn auch der Zusammenhang mit dem übrigen Körper noch so gering ist, abgerissen oder abgeschnitten werden.

Die Wunden werden in ihrem ganzen Umfang und darüber hinaus mit Verbandmull in mehreren Schichten bedeckt, über die Mullschichten wird eine Lage Verbandwatte gelegt und der ganze Verband mit Mullbinden oder Verbandtüchern befestigt. Die Verbandstoffe sind so anzufassen, daß die zur Bedeckung der Wunde bestimmte Seite mit den Fingern gar nicht in Berührung kommt.

Befinden sich in den Wunden fremde Körper, wie Splitter von Holz, Glas, Eisen usw., so sind dieselben vor Anlegung des Verbandes nur dann zu entfernen, wenn dies leicht und ohne jede Anwendung von Gewalt geschehen kann. Außerdem sind dieselben bis zur Ankunft des Arztes in den Wunden zu lassen. Letztere sind in diesen Fällen jedoch reichlicher mit Verbandmull und Verbandwatte zu bedecken und alsdann wie oben erwähnt zu verbinden, wobei jedoch darauf zu achten ist, daß Fremdkörper durch zu festes Binden nicht weiter in die Wunden hineingedrückt werden.

3. Stillung starker Blutungen.

Bei stark blutenden Wunden ist vor allem, wie in Ziffer 1 erwähnt wurde, an die Stillung des Blutes zu gehen, namentlich wenn dasselbe stark quillt oder gar hellrot aus der Wunde spritzt.

Der verletzte Körperteil ist hochzuhalten, sodann Sublimatmull in mehreren Schichten über die Wunde zu breiten, auf die so bedeckte Wunde ein fester Bausch Sublimatmull oder Watte zu drücken und mit Binde zu befestigen.

Gelingt es nicht, hierdurch in wenigen Minuten der Blutung Einhalt zu tun, so ist bei Blutungen an Armen oder Beinen ein Esmarchscher Gummischlauch (oder eine Trikotschlauchbinde) zwischen der Wunde und dem Herzen — also etwa handbreit oberhalb der Wunde — mehrmals so fest, als zur Stillung der Blutung notwendig ist, um das in die Höhe gehaltene, verletzte Glied zu winden und zu befestigen. Die Umschnürung darf nicht über die Kleider angelegt werden.

In Ermangelung eines Esmarchschen Gummischlauches (oder einer Trikotschlauchbinde) sind als Ersatz Hosenträger, Leibgurten, Taschentücher, ein mit Tuch umwickelter Strick usw. zu verwenden. Kann die Blutung durch einfaches Zuschnüren nicht gestillt werden, so sind diese Ersatzmittel zunächst locker oberhalb der Wunde um das verletzte

Glied zu legen, durch einen dazwischen gesteckten Knebel (Holzstück, Schlüssel usw.) fest-
zudrehen, bis die Blutung aufgehört, und dann der Knebel zu befestigen.

Ist die Blutung vorläufig gestillt, so ist so rasch als möglich für ärztliche Hilfe
zu sorgen, da die Umschnürung nicht zu lange Zeit (höchstens zwei Stunden) andauern
darf. Die Umschnürung ist während des Transportes zu überwachen, daß sie sich nicht
verschiebt oder lockert.

Bei Blutungen am Halse, Bauche oder an der Brust, wo eine Umschnürung nicht
stattfinden darf, ist in die Wunde ein Bausch Verbandmull durch andauernden kräftigen
Druck mit beiden Daumen einzupressen (bis zur Stillung der Blutung oder bis zur Ankunft des Arztes). Hierbei ist jedoch sorgfältig darauf zu achten, daß die Atmung nicht
behindert wird.

4. Knochenbrüche ohne Wunden. (Einfache Knochenbrüche.)

Wenn ein Verletzter über starken Schmerz in einem Gliede klagt, welches verbogen,
verkürzt oder geknickt erscheint oder an einer Stelle, an welcher kein Gelenk ist, eine
unnatürliche Beweglichkeit zeigt, so ist ein Knochenbruch anzunehmen.

Abb. 13.   Abb. 14.

Armverbände.

In einem solchen Falle ist zunächst darauf zu achten, daß der Verletzte sich möglichst ruhig verhalte und jedes Zerren oder Drücken an den verletzten Stellen unterbleibe.

Mit der Anlegung eines Verbandes sowie der Vornahme des Transportes
kann in der Regel bis zur Ankunft des Arztes gewartet werden.

Sind jedoch die Schmerzen sehr heftig oder muß der Verletzte vor der Ankunft des
Arztes fortgeschafft werden, so ist wie folgt zu verfahren:

a) bei Armbrüchen:

Eng anschließende Ärmel oder Handschuhe sind mit der Schere vorsichtig aufzuschneiden, sodann ist der Arm leicht anzuziehen und rechtwinklig im Ellenbogengelenk
zu beugen. Hierauf ist die Bruchstelle mit Watte zu umwickeln, entweder mit einer
nach Bedarf abgebogenen Drahtschiene oder an der Innen- und Außenseite mit je einer
Holzschiene, welche mittels Binden- oder Verbandtüchern festgebunden werden, zu versehen und der Arm in eine breite um den Hals gehende Schlinge zu legen.

Stehen keine Schienen zur Verfügung, so können statt derselben Latten, Schindeln usw.
verwendet werden.

Die Schienen sind vor dem Anlegen mit Polsterwatte, Tüchern, Wolle zu polstern.
(Abb. 13 und 14.)

b) bei Beinbrüchen:

Vor allem ist zu verhindern, daß der Verletzte einen Versuch zum Stehen
oder Gehen macht, weil hierdurch aus einer leichten Verletzung eine sehr schwere, ja
lebensgefährliche werden könnte. Die Kleider sind an dem gebrochenen Fuße aufzu-

schneiden, namentlich enge Beinkleider, Strumpfbänder, Stiefel usw., alsdann ist zu versuchen, das gebrochene Bein, wenn es eine von der normalen Richtung besonders auffallende Abweichung zeigt, zu strecken, was jedoch nur durch ganz sanftes Anziehen an der Ferse des gebrochenen Beines geschehen darf; gleichzeitig soll der Verletzte auch das gesunde Bein gerade strecken. Hierauf sind Schienen, oder Ersatzmittel wie oben, welche vorher mit Watte gut zu polstern sind, an der Außen- und Innenseite des gebrochenen Beines anzubringen und mit Binden oder Verbandtüchern mäßig festzubinden, besonders am Fuß, Knie und am oberen Ende der Schiene. (Abb. 15). Zum Transporte, welcher, wenn irgend möglich, mittels Tragbahre zu erfolgen hat, ist das gebrochene Bein an dem unverletzten durch Verbandtücher zu befestigen. Im Notfalle kann der Transport auf einer ausgehobenen Türe, auf einer mit Unterlagen versehenen Leiter, mittels einer straffgespannten Decke usw. bewerkstelligt werden; jedoch ist die Nottrage vorher auf ihre Festigkeit zu prüfen.

5. Knochenbrüche mit Wunden.   (Komplizierte Knochenbrüche.)

Zu den gefährlichsten Verletzungen zählen jene Knochenbrüche, bei welchen an der Bruchstelle eine durch die Haut dringende Wunde vorhanden ist, gleichviel ob ein gebrochenes Knochenende aus der Wunde heraussteht oder nicht. In solchen Fällen ist mit der allergrößten Vorsicht zu verfahren und von einer Behandlung der Wunde, wenn irgend möglich, bis zum Eintreffen eines Arztes abzusehen. Eine Reinigung der Wunde soll hier vom Nothelfer unter allen Umständen unterlassen werden.

Wenn die Kleider mit der Schere aufgeschnitten sind und die Wunde ganz offen daliegt, so ist sie und ihre Umgebung in wenigstens Handbreite reichlich mit Verbandmull in mehreren Schichten zu bedecken, über die Mullschicht eine dicke Lage Verbandwatte zu legen und der ganze Verband zu befestigen. Außerdem ist wie bei Knochenbrüchen ohne Wunden zu verfahren.

Ist ein Glied ganz abgetrennt, so ist die dadurch entstandene große Wunde mit Verbandmull und Verbandwatte in dicken Schichten zu bedecken, welche mit Binden und Tüchern zu befestigen sind. Eine solche Wunde ist jedoch bis zur Ankunft des Arztes wegen der möglicherweise nachträglich eintretenden starken Blutung zu beobachten; wenn eine Blutung eintreten sollte, ist, wie in Ziffer 3 vorgeschrieben, zu verfahren. Beim Transporte ist jedoch der Stumpf eines abgetrennten Gliedes auch dann mit einer Umschnürung zu versehen, wenn eine Blutung nicht besteht.

6. Verstauchungen, Verrenkungen und Quetschungen.

Wenn ein Verletzter ein Glied (Arm oder Bein) nicht gebrauchen kann, weil ein Gelenk desselben angeschwollen und bei Berührung schmerzhaft ist, so ist zu vermuten, daß eine Verstauchung oder Verrenkung des Gelenkes vorhanden ist, letztere besonders dann, wenn das Glied in diesem Gelenke außerdem eine unregelmäßige, abweichende Richtung zeigt.

Unter solchen Umständen ist jede weitere Berührung des verletzten Gelenkes bis zur Ankunft des Arztes zu vermeiden und bei Verletzungen am Bein zu verhindern, daß der Verletzte einen Versuch zum Stehen oder Gehen mache.

Abb. 15.
Oberschenkel-
verband.

Es ist lediglich dahin zu wirken, daß das verletzte Glied möglichst bequem und sicher gelagert und über die verletzte Stelle ein kalter Umschlag gemacht werde.

Beim Transporte des Verletzten ist wie bei Knochenbrüchen zu verfahren, soweit dies ohne erhebliche Bewegung in dem verstauchten oder verrenkten Gliede geschehen kann.

Einfache Quetschungen der Gliedmaßen sind mit kalten Umschlägen zu behandeln. Ist nach der ganzen Art des Unfalls (Einklemmen zwischen Buffern, Wagentrümmern, Fall aus großer Höhe) oder den Klagen des Verletzten eine Verletzung (Quetschung) innerer Organe, der Wirbelsäule oder des Beckens zu vermuten, so ist der Verletzte möglichst in der eingenommenen Lage zu belassen und vor Ankunft eines Arztes nicht zu transportieren.

7. Verbrennungen.

Verbrannte und verbrühte Körperteile sind vorsichtig zu entblößen und alsdann mit Verbandmull und Watte zu verbinden. Die Berieselung von Brandwunden mit Wundspülwasser ist zu unterlassen. Etwa vorhandene Brandblasen dürfen weder geöffnet noch abgelöst werden.

8. Bewußtlosigkeit und Ohnmacht.

Ein bewußtloser Mensch ist vor allem in eine solche Lage zu bringen, daß Gesicht und Brust frei sind. Hat er bleiche Lippen und Gesichtsfarbe, was auf Ohnmacht schließen läßt, so ist er gerade ausgestreckt ganz flach auf den Rücken zu legen und darnach zu sehen, ob nicht eine Blutung die Ursache der Ohnmacht ist. Wenn dies der Fall ist, muß vor allem die Blutung gestillt werden. (Siehe Ziff. 3.) Ein Bewußtloser, dessen Gesicht starke Rötung zeigt, ist mit dem Kopf und dem Oberkörper erhöht zu lagern.

Hierauf sind unverzüglich die sämtlichen, Hals, Brust und Bauch beengenden Kleidungsstücke, wie Halstuch, Hemdenkragen, Riemen, Gürtel usw. zu lösen oder zu entfernen, sowie Mund und Nase von etwaigem Schmutz, Blut usw. zu reinigen.

Alsdann hat man sich davon zu überzeugen, ob der Bewußtlose noch atmet oder nicht.

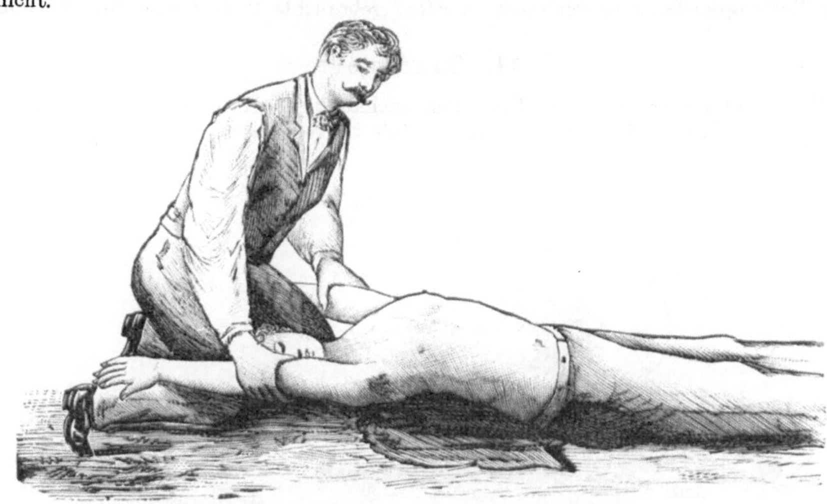

Abb. 16. Künstliche Atmung (Einatmung).

Ist noch Atmung vorhanden, so suche man das Bewußtsein zurückzurufen, indem man dem Verunglückten Gesicht und Brust mit kaltem Wasser bespritzt, das geöffnete Fläschchen mit Hoffmannstropfen unter die Nase hält und die Haut in der Herzgrube, auf der Fußsohle, an den Armen und Beinen reibt, sofern sich an diesen Teilen keine Verletzungen befinden. Flüssigkeiten dürfen indes Bewußtlosen nicht eingeflößt werden. Bei Blutandrang zum Kopf, welcher sich durch starke Rötung des Gesichtes zu erkennen gibt, sind kalte Umschläge (Eis) über den Kopf zu machen.

Wenn jedoch die Bewußtlosigkeit mit Stillstand der Atmung verbunden ist, wie dies besonders infolge der Einwirkung von elektrischen Schlägen (Blitzschlägen) und der Einatmung giftiger Gase, ferner bei Ertrunkenen und Erhängten vorkommt, so ist sofort die künstliche Atmung einzuleiten. Zu diesem Zwecke schiebt der Hilfeleistende dem auf dem Rücken liegenden Scheintoten ein aus zusammengerollten Kleidungsstücken oder dergleichen gebildetes Polster unter die Schultern, kniet zu Häupten desselben nieder, erfaßt dessen Arme in der Gegend der Ellenbogengelenke und zieht sie langsam seitwärts und nach oben bis über den Kopf herauf (Einatmung Abb. 16). Nach kurzer Pause führt er sodann die Arme nach abwärts zurück und preßt sie mäßig fest gegen die seitliche Brustwand an (Ausatmung Abb. 17.)

Diese Bewegungen — Erheben, Senken und Anpressen der Arme — sind in einer der natürlichen Atmung entsprechenden Folge, also etwa 15 bis 20 mal in der Minute, zu wiederholen.

Befinden sich an den Armen Verletzungen, so wird die künstliche Atmung in der Weise vorgenommen, daß der untere Teil des Brustkorbes mit flach aufgelegten Händen 15 bis 20 mal in der Minute sanft zusammengedrückt und wieder losgelassen wird.

Die künstliche Atmung muß, wenn nicht früher selbsttätige Atmung eintritt, bis zur Ankunft des Arztes unverdrossen fortgesetzt werden.

9. Bluthusten und Blutbrechen.

Hustet oder bricht ein Verletzter oder Kranker Blut, so ist er in eine bequeme, halbsitzende Lage, mit nach links geneigtem Kopfe zu bringen, während gleichzeitig eng anliegende Kleider zu lüften sind. Dem Kranken können einige Schluck kalten Wassers, ein Stückchen Eis, ein Löffel voll Kochsalz oder eine starke Kochsalzlösung gereicht werden, außerdem ist er zu veranlassen, sich nicht zu bewegen und nicht zu sprechen.

10. Heil- und Verbandmittel.

Die im vorstehenden erwähnten Heil- und Verbandmittel sind in den Rettungskästen enthalten.

Verunreinigte Verbandstoffe oder angebrochene Verbandstoffpäckchen dürfen nicht in den Rettungskasten zurückgebracht werden; gebrauchte Instrumente sind zu reinigen.

11. Transport.

Wenn Schwerverletzte vor Eintreffen sachkundiger Hilfe unbedingt transportiert werden müssen, so ist dabei die größte Sorgfalt zu verwenden. Verunglückte mit Ver-

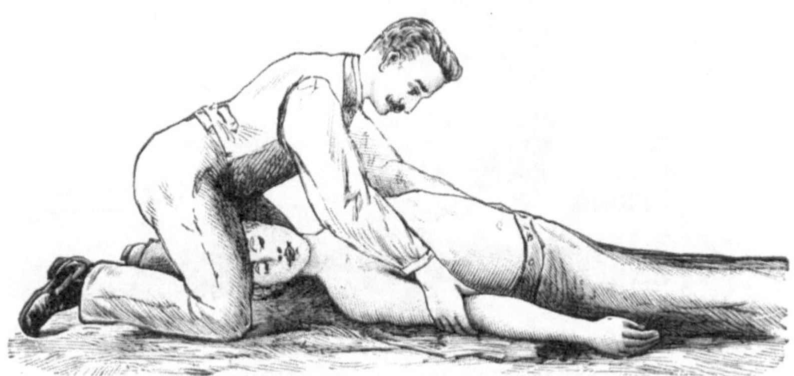

Abb. 17. Künstliche Atmung (Ausatmung).

letzungen an den unteren Gliedmaßen, sowie alle Schwerverletzten müssen, nachdem die Wunden verbunden und etwaige Blutungen gestillt sind, getragen oder gefahren werden. (Siehe Ziff. 4b.)

Der vorsichtig auf die Tragbahre gelagerte Verletzte ist mit einer Decke zuzudecken und mit den seitlichen Gurten zu befestigen; an den Tragbahren mit Kopfschutzvorrichtung sind die Vorhänge zuzuknöpfen.

Kann der Verunglückte nicht unmittelbar in seine Wohnung oder in ein Krankenhaus verbracht werden, so ist er vorläufig an einem geschützten Orte (Rettungszimmer) unterzubringen.

Ähnliche Anleitungen sind für die Zug- und Bahnhofsbeamten der preußischen Staatsbahnen ergangen. Bei diesen ist außerdem zur weiteren Verbreitung der Kenntnis von den zu beobachtenden Verhaltungsmaßregeln der unten abgedruckte Auszug aus den Anleitungen als Anhang zur „Dienstvorschrift betreffend das Rettungswesen bei Verunglückten auf Eisenbahnen" herausgegeben. Er gelangt auch in Plakatform in allen Bahnhofs-, Abfertigungs- und Werkstatträumen zum Aushang.

Kurze Winke für die Beamten zur vorläufigen Hilfeleistung bei Verletzungen vor Ankunft des Arztes.

1. Bewahre Kaltblütigkeit und sorge für Ordnung. Halte Unberufene von der Unglücksstelle fern, denn du bist bis zur Ankunft des Arztes für die Versorgung der Verunglückten verantwortlich.

2. Befreie die Verletzten aus ihrer üblen Lage, ohne etwas an ihnen zu zerreißen oder abzutrennen, und lagere sie bequem abseits der Gleise.

3. Vor allem stelle fest, ob eine starke Blutung vorhanden ist, d, h. ob an einer Stelle das Blut förmlich herausströmt oder gar herausspritzt. Die Wunde lege, ohne den Verletzten zu entkleiden, nur durch Aufschneiden der Kleider mit der Schere frei. Wo es am stärksten blutet, schneide die Kleider zuerst auf.

4. Sende bei anscheinender Gefahr für den Verletzten sofort nach ärztlicher Hilfe.

5. Ehe du verbindest, wasche und bürste deine Hände zuerst in Seifenwasser und darnach wasche sie in Sublimatwasser. Keine Wunde darfst du mit etwas anderem berühren oder verbinden, als mit Sublimatmull, den du mit Binden oder Tüchern befestigst.

6. Den stark blutenden Körperteil lagere womöglich hoch und drücke Ballen von Sublimatmull fest auf, bis das Blut steht. Kannst du dies nicht erreichen, so benutze die Trikotschlauchbinden.

7. Ohnmächtige mit blassem Gesicht lagere mit dem Kopfe tief, lockere die Kleider um Hals und Rumpf, besprenge ihr Gesicht mit Wasser und lasse sie auf kurze Zeit an Äthertropfen riechen.

Bewußtlose mit blaurotem Gesicht lagere Kopf und Oberkörper hoch und verfahre im übrigen ebenso.

8. Verrenkungen und Knochenbrüche versuche nicht durch Ziehen einzurichten. Sorge nur dafür, daß bei Brüchen und Verrenkungen am Bein der Verletzte keinen Versuch macht, aufzustehen.

Nur wenn die Schmerzen sehr groß sind und der Verletzte weiter gebracht werden soll, oder wenn an einer Bruchstelle eine Wunde ist, schneide die Kleider auf, hänge den gebrochenen Arm in ein dreieckiges Tuch und schiebe dem gebrochenen Bein eine gepolsterte Schiene unter, welche du mit Binden oder Tüchern befestigst.

Bei Wunden über gebrochenen Knochen sollst du ganz besonders vorsichtig sein.

9. Verbrannte Hautstellen umwickle mit der von Bardelebenschen Brandbinde, bedecke diese mit Verbandwatte und befestige die Watte mit einer gewöhnlichen Binde.

Brandblasen öffne nicht.

10. Bricht oder hustet ein Kranker Blut, so bringe ihn in eine halbsitzende Lage, lasse ihn etwas kaltes Wasser oder Eis schlucken und beruhige ihn durch Zureden.

11. Keinem Kranken oder Verletzten gestatte geistige Getränke nach Gutdünken zu genießen; nur durch Blutverlust sehr Geschwächten darfst du einen Schluck Wein, Branntwein oder 10 bis 20 Äthertropfen auf Zucker geben.

Der Bahnarzt . . . . wohnt . . . .

Der stellvertretende Bahnarzt . . . . wohnt . . . .

Aufbewahrungsort der Tragkörbe (Bahren) befindet sich . . . .

6. Unfallmeldung und Alarmierung der Hilfszüge.

Es ist von allergrößter Wichtigkeit, jeden Unfall, der eine voraussichtlich länger dauernde Betriebsstörung zur Folge hat, so schnell wie möglich zur Kenntnis der Betriebsleiter und vor allen Dingen zur Kenntnis der Dienststelle zu bringen, welche zunächst für Herbeiführung der Hilfsmittel, die zur Beseitigung der Betriebsstörung notwendig sind, in Frage kommt. Soweit ein Unfall sich auf einem Bahnhofe ereignet und dem Bahnhofsvorstand nicht schon an Ort und Stelle die geeigneten Rettungsmittel zur Verfügung stehen, wird dieser mittels der vorhandenen Telegraphen oder Telephone immer in der Lage sein, sofort Hilfe herbeizurufen. Schwieriger aber gestaltet sich die Sache bei Unfällen, die auf der freien Strecke oder Haltepunkten, die nicht zugleich Zugfolge- bzw. Zugmeldeposten sind, eintreten.

Bei den österreichischen Bahnen wird in solchem Falle wie folgt verfahren: Der Zugführer eines Zuges, dem ein Unfall zugestoßen ist, schickt einen Boten zur nächsten Bahnwärterbude und veranlaßt den dort postierten Bahnwärter, zunächst durch Klingelsignal den beiden Endstationen seiner Strecke anzuzeigen, daß der unterwegs befindliche Zug liegen geblieben ist. Durch ein weiteres Klingelsignal erhalten die Stationen Anweisung über die zu ergreifenden Maßregeln. Dazu sind drei Klingelsignale festgesetzt, die bedeuten, daß nur „eine Hilfslokomotive" oder „eine Lokomotive mit Arbeitern" oder „eine Lokomotive mit Arbeitern und Ärzten" kommen soll. Gleichzeitig hat der Zugführer eine kurze, aber möglichst erschöpfende schriftliche Meldung abzufassen, die so schnell wie möglich von Wärter zu Wärter bis zur nächstgelegenen Station gebracht wird und diese in die Lage setzt, bis zum Eintreffen der inzwischen von der nächsten Lokomotivstation angeforderten Hilfslokomotive ihre Dispositionen je nach Lage des Falles zu treffen.

Es leuchtet ein, daß dieses Verfahren unvollkommen ist. Es fehlt vor allen Dingen jede Möglichkeit der Verständigung zwischen der Stelle, welche die Meldung abgibt und der Station, welche sie aufnimmt, und damit die Möglichkeit, etwaige Mißverständnisse, die bei derartigen Klingelsignalen leicht eintreten können, aufzuklären. Außerdem sind solche Klingelsignale an sich ganz unzureichend. Es geht aus ihnen nicht hervor, ob durch den Unfall Gleise zerstört sind, ob die Strecke ganz oder vielleicht nur auf einem Gleise gesperrt ist, ob die Hilfslokomotive dem verunglückten Zuge entgegenfahren oder ihm folgen soll usw. Die vom Zugführer zu erstattende schriftliche Meldung, vorausgesetzt, daß er überhaupt eine solche verfassen konnte, kann diese Mängel nur zum Teil ausgleichen, abgesehen davon, daß sie oft genug reichlich spät auf der Station, welche für die Herbeirufung der Hilfe in Frage kommt, ankommen wird.

Wesentlich günstiger liegen die Verhältnisse auf den Strecken, auf denen zwischen die Endstationen, mit Rücksicht auf den starken Zugverkehr, Zugfolgestellen eingeschaltet sind. Diese sind stets mit Fernsprechern ausgestattet und werden so in sehr vielen Fällen die Möglichkeit einer unmittelbaren Verständigung des Personals des verunglückten Zuges mit der nächsten Station bieten. Mindestens aber kann durch ihre Übermittelung die Station in erheblich kürzerer Zeit Kenntnis von dem Inhalt der schriftlichen Meldung des Zugführers erhalten, als es sonst möglich wäre.

Auf den deutschen Bahnen ist in den letzten Jahren die Austattung sämtlicher Wärterbuden mit Fernsprechern oder Fernschreibern fast vollständig durchgeführt. Wo die Buden weit auseinanderliegen oder überhaupt fehlen, weil die früheren Niveauübergänge durch schienenfreie Über- oder Unterführungen der Straßen ersetzt wurden, sind in angemessenen Abständen besondere Fernsprechbuden aufgestellt. Diese sowie die mit Fernsprechern oder Fernschreibern ausgestatteten Wärterbuden sind durch Anbringung des Buchstabens F oder T als Telegraphenhilfsstellen gekennzeichnet. Außerdem ist auf jeder Stelle der Strecke aus den an den Telegraphenstangen angebrachten Richtungspfeilen zu erkennen, in welcher Richtung die zunächst gelegene Telegraphenhilfsstelle zu erreichen ist.

Ist auf der freien Strecke oder auf einem Haltepunkte einem Zuge ein Unfall zugestoßen oder sonstwie eine Betriebsstörung eingetreten, die von dem Zugpersonal ohne fremde Hilfe nicht behoben werden kann, so hat der Zugführer auf dem Vordruck nach dem unten abgedruckten Muster, unter Beachtung der Anweisung auf der Rückseite des Vordrucks, eine Meldung aufzustellen und damit einen Bediensteten an den nächsten mit Fernschreiber oder Fernsprecher versehenen Wärterposten abzusenden. Diesem Bediensteten hat der Zugführer den ihm überwiesenen Vierkantschlüssel mitzugeben. Ist der Wärter zur Stelle, so hat dieser sogleich die Unfallmeldung genau nach dem Wortlaut an die ein für allemal durch Anschlag in der Bude als Meldestelle bezeichnete Station weiter zu geben. Findet der Zugbedienstete die Wärterbude verschlossen und den Wärter nicht anwesend, so hat er die Bude mit dem Vierkantschlüssel zu öffnen und die Meldung selbst abzugeben. Zu dem Zweck müssen die betreffenden Bediensteten mit der Bedienung des Fernsprechers vertraut sein, wovon sich der Zugführer in jedem Fall durch Befragen Gewißheit verschaffen muß. Jede Meldung ist durch Verwendung von Blaupauspapier doppelt auszufertigen; davon behält der Zugführer die Blaupause als Ausweis zurück.

(Vorderseite.)

Meldezettel des Zugführers.

Sofort wörtlich weiter zu melden von der nächsten mit Fernschreiber oder Fernsprecher ausgerüsteten Bahnwärterbude.

...........-Zug Nr. .... am .... um .... Uhr .... Min. $\frac{\text{Vorm.}}{\text{Nachm.}}$

in km .... der Bahnstrecke .... =

entgleist

zusammengestoßen mit .... -Zug Nr. ....

liegen geblieben wegen ....

Gesperrt .... Gleis von .... nach ....

„ .... „ „ .... „ ....

„ .... „ „ .... „ ....

Getötet: .... Personen. Erheblich verletzt .... Personen.

Beschädigt: .... Lokomotive .... Wagen. Bahnpost braucht Hilfe.

1. Hilfszug
2. Hilfszug   } erforderlich.
Hilfsgerätewagen
Hilfsmaschine

....
Zugführer.

dienstwohnhaft in ....

Anmerkung: 1. Vor Ausfertigung dieser Meldung ist die umstehende Anweisung durchzulesen.
2. Das Nichtzutreffende ist dick zu durchstreichen.

(Rückseite.)

Anweisung.

1. Kann die Anzahl der Getöteten oder Verletzten nicht sofort festgestellt werden, so genügt eine schätzungsweise Angabe.
2. Ein Hilfszug, bestehend aus Arztwagen und Hilfsgerätewagen, ist anzufordern, wenn bei Eisenbahnunfällen Personen getötet oder erheblich verletzt sind. Bei größeren Unfällen, wenn ein Hilfszug nicht ausreichend erscheint, ist auch der 2. Hilfszug anzufordern.
3. Ein Hilfsgerätewagen ist anzufordern, wenn nur Aufräumungsarbeiten vorzunehmen sind.
4. Eine Hilfsmaschine ist heranzuziehen, wenn die Zugmaschine schadhaft geworden ist oder aus einem anderen Grunde den Zug nicht allein weiter zu befördern vermag.

5. Die Worte: „Bahnpost braucht Hilfe“ sind unter allen Umständen auszustreichen, falls nicht dem Zugführer eine entsprechende Meldung durch die Postbeamten zugegangen ist oder die Postbeamten verletzt sind und deshalb keine Meldung machen können.

6. Der Zugführer hat die ausgefüllte Meldung sofort durch einen Bediensteten an den nächsten mit Fernschreiber oder Fernsprecher versehenen Wärterposten zu senden.

Diese Wärterbuden sind als Telegraphenhilfsstellen durch Anbringung der Buchstaben F oder T sichtbar gekennzeichnet. Die Richtung, in der die nächste derartige Wärterbude liegt, ist durch Richtungspfeile an den Telegraphenstangen angegeben.

Die Station, auf der sich ein Unfall ereignet hat, oder auf der die Meldung eines Zugführers über einen auf der freien Strecke oder auf einem Haltepunkte vorgekommenen Zugunfall eingegangen ist, setzt zunächst, wenn ein Hauptgleis gesperrt ist, die Nachbarstationen telegraphisch davon in Kenntnis mit der Anweisung, die nachfolgenden oder gegebenenfalls auch die kreuzenden Züge zurückzuhalten. Sind Personen verletzt, so sorgt sie für sofortige Herbeirufung des am schnellsten zu erreichenden Arztes; bei zahlreichen Verletzten sind mehrere am Stationsorte oder in den benachbarten Ortschaften ansässige Ärzte und Samaritervereine heranzuziehen. Ferner fordert sie sofort den nächsten Hilfszug oder Hilfsgerätewagen, oder auch nur den Gerätewagen des nächsten Hilfszuges telegraphisch an. Bei größeren Unfällen, wenn ein Hilfszug nicht ausreichend erscheint, ist auch der zweite Hilfszug anzufordern.

Zu diesem Zweck ist auf jeder Station ein Verzeichnis der für die Anforderung in Betracht kommenden Hilfszüge und Hilfsgerätewagen nach folgendem Muster ausgehängt:

Eisenbahnstation X.

Bei Unfallmeldungen sind anzufordern:

    A. bei Unfällen, bei denen Personen getötet oder erheblich verletzt worden sind

        1. der erste Hilfszug von Station . . . . . ;

        2. der Hilfsgerätewagen von Station . . . . . . ;

            bei schweren Unfällen außerdem:

        3. der zweite Hilfszug von Station . . . . . ;

    B. Bei Unfällen, bei denen nur Aufräumungsarbeiten vorzunehmen oder bei denen Personen nur unerheblich verletzt sind

        4. der Hilfsgerätewagen von Station . . . . . ;

        5. der Gerätewagen des Hilfszuges von Station . . . . . .

Weiterhin hat die Station telegraphische Meldungen des Unfalls an die vorgesetzten Behörden abzugeben, sind Bahn- oder Gleisanlagen, Telegraphen- oder elektrische Anlagen beschädigt, auch an die für ihre Wiederherstellung zuständigen Dienststellen, ferner an die in der Fahrrichtung der verspäteten Züge liegenden Stationen, wenn durch das Vorkommnis die Personen- und Schnellzüge erhebliche Verspätungen erleiden, und wenn hierdurch der Postdienst beeinflußt wird, auch an die Postanstalten der betreffenden Orte, wenn Personen getötet oder verletzt sind, oder der Verdacht besteht, daß der Unfall vorsätzlich herbeigeführt ist, an die zuständige Staatsanwaltschaft und die Ortspolizeibehörde, endlich an die Angehörigen Getöteter oder Verletzter.

Die Station, auf der ein Hilfszug aufgestellt ist, hat sofort nach Eingang der telegraphischen Anforderung folgende Anordnungen zu treffen:

1. Die Alarmierung der für den Hilfszug oder Hilfsgerätewagen ein für allemal bestimmten Personen oder deren Vertreter;
2. die Herbeirufung der Ärzte mittels Fernsprecher oder durch besonderen Boten, falls Ärzte zur Begleitung erforderlich sind;
3. die Gestellung der Lokomotive und eines Zugführers, sowie die Zusammensetzung des Zuges, der nach Bedarf durch Personenwagen zu verstärken ist;
4. die Aufstellung eines Fahrplanes für den Sonderzug, der den in Frage kommenden Stationen sofort telegraphisch mitgeteilt werden muß;
5. die Herbeirufung von Mitgliedern der Samaritervereine, sofern solche zur Verfügung stehen;
6. Benachrichtigung der Postanstalt am Ort, sofern die Bahnpost Hilfe braucht.

Weiterhin hat der für die Dienstbrauchbarkeit des Hilfszuges verantwortliche Beamte dafür zu sorgen, daß die Wassergefäße im Arztwagen mit frischem Trinkwasser gefüllt und die vorgeschriebenen Erfrischungsmittel sowie Eis aufgenommen werden.

Zur Aufstellung des Fahrplanes für den Sonderzug bedient sich der Stationsbeamte des jeder Hilfsstation überwiesenen Fahrplanskeletts. (Abb. 18). In diesem sind Fahrpläne mit den höchsten zulässigen Geschwindigkeiten und für den Fall, daß diese nicht anwendbar sind, mit ermäßigten Geschwindigkeiten für alle Strecken vorgesehen, für welche der betreffende Hilfszug in Frage kommen kann. Das Fahrplanskelett, zu welchem durchscheinendes Papier verwendet werden soll, wird auf den in Frage kommenden bildlichen Fahrplan gelegt und in der Stundeneinteilung so verschoben, daß der Nullpunkt der zu benutzenden Fahrtlinie auf die vorzusehende Abfahrtzeit zu liegen kommt. Bezüglich letzterer kann davon ausgegangen werden, daß der Sonderzug im allgemeinen bei Tage spätestens 30 Minuten, bei Nacht spätestens 45 Minuten nach Eintreffen der ersten Unfallmeldung wird

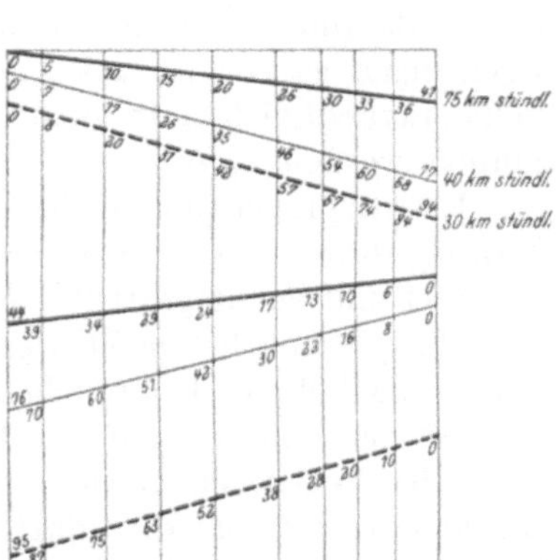

Abb. 18. Fahrplanskelett.

abfahren können. Der so ermittelten und auf dem Fahrplan festgelegten Abfahrtszeit des Hilfszuges vom Stationsorte sind die der betreffenden Fahrplanlinie des Skeletts angeschriebenen Minutenzahlen zuzuzählen, um die Durchfahrt- und Ankunftzeiten für die einzelnen Stationen zu ermitteln.

Diese Sonderzüge haben den Vorrang vor allen anderen Zügen und dürfen durch sie in ihrer Fahrt nicht aufgehalten werden. Etwa vorliegende und auf eingleisigen Strecken entgegenkommende Züge müssen deshalb nach telegraphischer Verständigung auf der nächsten Überholungs- bzw. Kreuzungsstation zurückgehalten werden.

Bei den von Zeit zu Zeit vorzunehmenden Probealarmierungen wird in jeder Beziehung so verfahren, als ob es sich um einen Ernstfall handelt, um zu prüfen, ob die Stationsbeamten die für Abgabe der Meldungen, für Anforderung und Herbeirufung der Hilfszüge erlassenen Bestimmungen beherrschen und richtig anwenden, ob die zur Begleitung des Hilfszuges bestimmten Beamten und Arbeiter stets rechtzeitig und in ausreichender Zahl zur Stelle sein können und ob sich Wagen und Geräte in gebrauchsfähigem Zustande befinden. Durch eine nach Ankunft des Hilfszuges auf der fingierten Unfallstelle veranstaltete Samariterübung wird den im Samariterdienst ausgebildeten Mannschaften Gelegenheit gegeben, darzutun, daß der ihnen erteilte Unterricht von Erfolg gewesen ist.

7. Arbeiten auf der Unfallstelle.

Ist ein Hilfszug angefordert, so muß die bis zur Abfahrt zur Verfügung stehende Zeit, sowie die Zeit der Hinfahrt zur Unfallstelle dazu benutzt werden, Mannschaften und Wagen mit ihren Geräten für ihre demnächstige Verwendung vorzubereiten.

Vor allen Dingen haben sich die Begleitmannschaften, wenn sie unmittelbar von ihrer Arbeit kommen, Gesicht und Hände zu reinigen; kann das nicht vor der Abfahrt des Sonderzuges auf dem Alarmplatz geschehen, muß es während der Fahrt im Gerätewagen bewirkt werden. Die Samariter haben die Überkleider und die weißen Armbinden anzulegen.

Im Arztwagen werden die Betten überzogen und zurecht gemacht, die Gasflamme unter dem Schnellwassererhitzer angezündet und alle Vorbereitungen getroffen, daß nach Ankunft des Hilfszuges auf der Unfallstelle unverzüglich mit dem Verbinden und Verladen der Verletzten begonnen werden kann.

In entsprechender Weise werden im Gerätewagen die Werkzeuge und Geräte, soweit noch erforderlich, zur sofortigen Ingebrauchnahme hergerichtet und bereit gestellt. Namentlich müssen die Beleuchtungsapparate, falls ihre demnächstige Verwendung auf der Unfallstelle in Frage kommt, soweit möglich, in Gebrauchsbereitschaft gesetzt werden.

Ist der Hilfszug auf der Unfallstelle angekommen, so wird die erste Sorge den Verletzten gewidmet. Während ein Teil der Begleitmannschaften an dem Arztwagen die Plattformgeländer niederlegt und Krankentragen herausbringt, bemüht sich der Arzt mit den Samaritern um die Verletzten selbst, sorgt dafür, daß die Leichtverletzten in den etwa mitgebrachten Mannschaftswagen gebracht werden, während die Schwerverletzten auf die Tragbetten niedergelegt und in den Arztwagen transportiert werden, wo sie nunmehr sachgemäße und ausgiebige ärztliche Behandlung erfahren. Beim Transport der Verletzten werden kurze Kommandoworte angewendet und die Träger der Bahren gehen im Gebirgsschritt. Das Verladen der Verletzten soll möglichst mit dem Gesicht nach vorn erfolgen; dabei ist jedoch darauf zu achten, daß späterhin der Arzt bequem zu den verletzten Teilen gelangen kann. In der Regel wird man zunächst je das obere, sodann das untere Bett belegen.

Sobald die verletzten Personen auf der Unfallstelle verbunden und im Hilfszuge untergebracht sind, macht der Bahnarzt hiervon dem leitenden Betriebsbeamten Mitteilung; dieser sorgt nun seinerseits dafür, daß der Hilfszug ohne Verzug zur Heimatstation bzw. zur nächsten Krankenhausstation abfahren kann.

Nunmehr kann mit den Aufräumungsarbeiten auf der Unfallstelle begonnen werden. Hierzu hat der die Arbeiten leitende Beamte zunächst die Sachlage zu prüfen, nach kurzer Überlegung einen Plan zu entwerfen über die Reihenfolge, in welcher die einzelnen Arbeiten in Angriff zu nehmen sind, und danach seine Dispositionen zu treffen. Handelt es sich um einen größeren Unfall, bei welchem mehrere Betriebsmittel beschädigt sind, wird er versuchen, an mehreren Stellen gleichzeitig mit den Aufräumungs- und Bergungsarbeiten zu beginnen, wobei er die örtliche Leitung je einem Werkmeister oder älteren erfahrenen Arbeiter überträgt, der seinerseits wieder den einzelnen Arbeitern ihre Tätigkeit zuweist.

Hierbei ist jedoch darauf zu achten, daß die verschiedenen Arbeitsgruppen bei ihren Arbeiten sich nicht gegenseitig stören und dadurch die Arbeiter gefährden. Auch muß der Leiter der Arbeiten darauf sein Augenmerk richten, daß die Arbeiter nicht in einem gewissen Übereifer die nötige Vorsicht außer acht lassen, da sonst leicht Verletzungen durch ungeschickte Handhabung der Geräte oder durch stürzende Trümmer eintreten können. Mit derartigen Möglichkeiten muß namentlich bei nächtlichen Arbeiten, besonders wenn sie noch dazu durch ungünstige Witterung, Kälte, Regen, Sturm erschwert werden, gerechnet werden.

Andrerseits wird sich der die Aufräumungsarbeiten leitende Beamte, namentlich, wenn er erfahrene Werkmeister und einigermaßen geschulte Arbeiter zur Verfügung hat, darauf beschränken können, diesen allgemeine Weisungen zu geben, im übrigen aber die Ausführung der ihnen zugewiesenen Arbeiten ihnen selbständig überlassen und nur nach Bedarf eingreifen. Es ist das auch deshalb notwendig, damit nicht einander widersprechende Anordnungen gegeben werden, wodurch die Arbeiten selbst im allgemeinen nicht gefördert, die Arbeiter aber unsicher gemacht werden, da sie schließlich nicht mehr wissen, wessen Anweisungen sie folgen sollen.

Die im einzelnen auszuführenden Arbeiten werden sich verschieden gestalten je nach Art und Lage der entgleisten und beschädigten Betriebsmittel. Im allgemeinen jedoch wird selbst bei großen Trümmerhaufen selten mit dem Aufräumen von oben begonnen werden können; es wird sich vielmehr fast stets darum handeln, zunächst die auf- und ineinander geschobenen Wagen, nachdem man Kuppelungen, Buffer, verbogene Eisenteile, mit denen sie ineinander hängen, nach Möglichkeit losgenommen oder abgehauen hat, auseinander zu reißen und sodann Wagen für Wagen oder deren Reste wegzuschaffen oder vorläufig auf die Seite zu werfen. Dadurch wird zugleich die Möglichkeit geschaffen, an mehreren Stellen gleichzeitig zu arbeiten.

Für die erfolgreiche Erledigung dieser Vorarbeiten ist unbedingtes Erfordernis eine kräftige Lokomotive, die imstande ist, bei allmählichem gleichmäßigen Anziehen ausreichend starke Zugkraft zu entwickeln. Ist damit nicht genügende Wirkung zu erzielen, wird man allerdings versuchen müssen, durch ruckweises Anziehen die ineinander hängenden Betriebsmittel auseinander zu reißen, jedoch werden dabei in vielen Fällen Brüche der verwendeten Zugmittel eintreten.

Da stets mit dieser Möglichkeit gerechnet werden muß, empfiehlt es sich nicht, hierzu Ketten zu benutzen, denn gerade bei diesen, namentlich bei großer Kälte, zerspringen bei ruckweiser Beanspruchung oft plötzlich einzelne Glieder und gefährden durch die umherfliegenden Bruchstücke die beteiligten Personen, abgesehen davon, daß dadurch unliebsame Verzögerungen der Arbeiten entstehen. Sichereren Erfolg hat man in der Regel statt mit Ketten mit einem starken Drahtseil, wenn es auch weniger bequem zu handhaben ist. Um den größten Beanspruchungen einigermaßen sicher widerstehen zu können, muß es eine Stärke von 26 bis 30 mm haben; an den beiden Enden erhält es mit Blech ausgefütterte Ösen oder vollständige Seilkuppelungen. Die Länge wird zweckmäßig auf 15 bis 20 m bemessen, um mit ihm auch Betriebsmittel, die infolge zerstörter Gleise nicht unmittelbar erreichbar sind, auseinander reißen zu können.

Bei den eigentlichen Aufräumungsarbeiten werden naturgemäß vor allen Dingen Winden gebraucht, die deshalb in reichlicher Zahl und ausreichender Tragfähigkeit vorhanden sein müssen. Eine der am meisten verwendeten Zahnstangenwinden zeigt Abb. 19. Sie können auch in der schwereren Ausführung im allgemeinen noch von einem Mann transportiert und gehandhabt werden, haben einen einfachen und deshalb sehr zuver-

Abb. 19. Zahnstangenwinde.   Abb. 20. Schlittenwinde.

lässigen Mechanismus, der durch den Stahlblechmantel gegen äußere Beschädigungen gut geschützt ist und lassen durch das drehbare Horn und die Fußklaue eine verhältnismäßig vielseitige Verwendung zu. Bei den schwereren Winden von 15000 kg Tragfähigkeit wird die Zahnradübersetzung so gewählt, daß auch für sie stets die Bedienung von zwei Mann ausreicht.

Um mittels dieser Winden entgleiste Fahrzeuge, die in einem mehr oder weniger großen Abstande vom Gleise auf ihren Rädern in der Bettung oder auf dem Bahndamme stehen, wieder ins Gleis zu bringen, verfährt man auf zweierlei Weise: handelt es sich um leichtere, unbeladene Fahrzeuge, so hebt man ein Ende je nach dem Gewicht mit einer Winde, die man mitten unter die Kopfschwelle setzt, oder mit zwei Winden, die man unter die beiden äußeren Ecken setzt, senkrecht frei in die Höhe und wirft das Fahrzeug durch einfaches Wuchten oder durch schräges Ansetzen einer weiteren Winde nach dem Gleise zu. So verfährt man abwechselnd mit beiden Enden des Fahrzeuges, bis man es nahe genug an das Gleis herangebracht hat, um es in dieses einsetzen zu können.

Abb. 21.

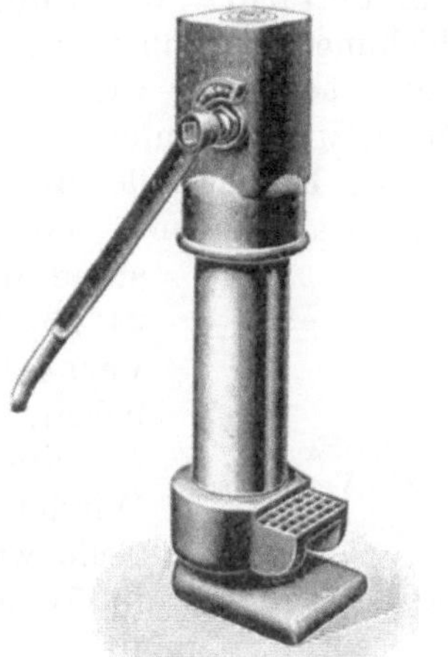

Hydraulische Winden.

Abb. 22.

Läßt das zu große Gewicht des Fahrzeuges, z. B. einer entgleisten Lokomotive, dieses Verfahren nicht zu, so kann man oft mit Vorteil Schlittenwinden (Abb. 20) verwenden. Ihre Anwendung ist jedoch umständlicher und zeitraubender, da sie die Herrichtung eines verhältnismäßig sorgfältig aufgebauten Lagers erfordert und die geringe Länge des Schlittens mehrmaliges Umsetzen der Winden nötig macht; man gelangt mit ihnen aber in der Regel sicher zum Ziel.

Hat sich die Lokomotive oder das schwer beladene Fahrzeug beim Ausspringen aus dem Gleise weit von diesem entfernt, so verwendet man zu seiner seitlichen Verschiebung schwere Bleche oder miteinander verbolzte Doppelschienen, die mit Öl bestrichen und je unter die Achsen des vorher angehobenen Fahrzeugs gebracht werden. Durch schräg angesetzte Winden schiebt man sodann auf ihnen das Fahrzeug allmählich an das Gleis heran und hebt es schließlich hinein.

Handelt es sich um besonders schwere Lokomotiven, für welche die Tragfähigkeit der Zahnstangenwinden nicht mehr ausreicht,

Abb. 23. Schlittenwinde.

deren Bauart außerdem vielleicht für die Verwendung dieser Winden nicht günstig ist, so kann die Anwendung von hydraulischen Winden (Abb. 21 und 22) in Frage kommen. Sie können für jede Tragfähigkeit gebaut werden, haben eine sehr gedrungene, widerstandsfähige Form, so daß

Beschädigungen des an sich einfachen Mechanismus kaum eintreten können; dabei können sie auch bei größter Belastung durch einen Mann sicher und mühelos gehandhabt werden. Diesen Vorteilen gegenüber kommt ihre verhältnismäßig geringe Hubhöhe und die geringe Hubgeschwindigkeit kaum in Betracht. Wie Abb. 23 zeigt, können sie auch mit horizontaler Verschiebung als Schlittenwinden ausgeführt werden.

Recht schwierig wird das Einheben entgleister Fahrzeuge, wenn sie auf Drehgestellen laufen. Beim Anheben des eigentlichen Wagenkastens bleiben die Drehgestelle stehen, diesen aber kann man wegen ihrer tiefgehenden Rahmen mit Winden nur schwer beikommen. Diesem Übelstand begegnet man durch Anwendung der in Abb. 24, 25, 26 dargestellten Vorrichtungen. Es sind das verstellbare Schraubengehänge, die ermöglichen, die Drehgestelle am Wagen- oder Lokomotivrahmen aufzuhängen. Nunmehr genügt es, die Winden nur unter diese letzteren zu setzen, um beide Teile wie ein einfaches Fahrzeug anzuheben.

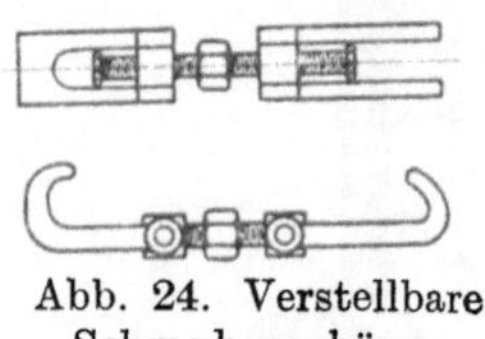

Abb. 24. Verstellbare Schraubengehänge.

Beim Arbeiten mit Winden wird es nur in den seltensten Fällen möglich sein, sie unmittelbar auf den Erdboden zu setzen. Trifft man nicht zufällig mit der Winde auf eine Gleisschwelle, muß man ihr eine Unterlage von Holzbohlen geben. Es ist deshalb notwendig, daß diese in reichlicher Zahl und in verschiedenen Größen und Stärken vorhanden sind; dabei verdienen erfahrungsgemäß solche aus weichem Holz den Vorzug vor eichenen, da diese, namentlich bei höherer Stapelung, leicht aufeinander gleiten, was bei weicherem Holze nicht in dem Maße zu befürchten ist.

Der Verwendung von Winden zum Eingleisen von Fahrzeugen haftet der Übelstand an, daß das Hantieren mit ihnen umständlich und zeitraubend ist, geschulte Arbeiter erfordert und häufig mit Mißerfolgen ver-

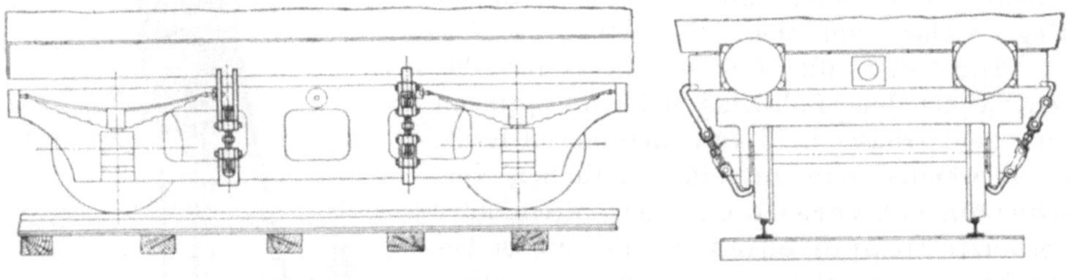

Abb. 25. Abb. 26.
Aufhängung von Drehgestellen am Rahmen.

bunden ist, sei es, daß beim Einheben des Fahrzeuges dieses nach der falschen Seite oder über das Gleis hinausfällt und somit die aufgewendete Mühe vergeblich war, sei es, daß die Bauart des entgleisten Fahrzeuges die unmittelbare Anwendung von Winden erschwert und langwierige Vorarbeiten nötig macht, sei es, daß es bei der geringen Tragfähigkeit z. B. eines neu geschütteten Bahndammes fast unmöglich ist, den Winden einen sicheren Unterbau zu geben.

Demgegenüber bietet die Verwendung eines fahrbaren Drehkranes zum Einheben der Fahrzeuge große Vorteile, da bei diesem alle unbequemen Vor- und Nebenarbeiten fortfallen, vielmehr oft genug ein

ein- oder zweimaliges Anheben und Schwenken des entgleisten Fahrzeuges
genügen wird, um es in sein Gleis zu bringen. Der allgemeinen und
jedesmaligen Verwendung solcher Drehkrane steht jedoch der Umstand
entgegen, daß bei erheblicheren Zerstörungen des Gleises, wie sie gewöhnlich gerade mit einem größeren Unfall verbunden zu sein pflegen, es gewöhnlich unmöglich ist, sie nahe genug an das zu hebende Fahrzeug
heranzubringen. Hinderlich auch ist ihre geringe Tragfähigkeit von in
der Regel nicht mehr als 5000 kg, die nur zum einseitigen Anheben eines
leeren Güterwagens ausreicht; steigert man aber diese auf 10 000 und mehr
Kilogramm, so ist der Kran naturgemäß sehr viel unbequemer zu handhaben,
auch dürfte er mit der vollen Last als Drehkran kaum noch verwendbar
sein, dadurch aber seine wertvollste Eigenschaft einbüßen. Zum Einheben
von Lokomotiven oder Tendern oder schwer beladenen Wagen, deren Ent-
ladung nicht angängig ist, reicht auch eine derartige Tragfähigkeit noch
nicht aus, ihre weitere Erhöhung ist jedoch aus konstruktiven Gründen
kaum möglich.

Unter besonders günstigen Umständen, wenn der entgleiste Wagen
sich nicht allzuweit von seinem Gleise befindet und annähernd die Gleis-
richtung beibehalten hat, wenn ferner Gleis- und Bodenverhältnisse das
gestatten, kann man, statt der langwierig und mühsam anzuwendenden
Winden, zu seiner Eingleisung Auffahrtschuhe (Abb. 27 und 28) verwenden. Es sind das kurze aus Stahl-
blech hergestellte Rampen, denen vorn
ein Klauenstück angenietet ist, welches
über den Schienenkopf greift und den
Schuh gegen den Schienensteg etwas ab-
stützt. Sie werden immer paarweise angewendet, wobei darauf zu achten ist, daß
das geneigte Ende des Schuhes dicht an

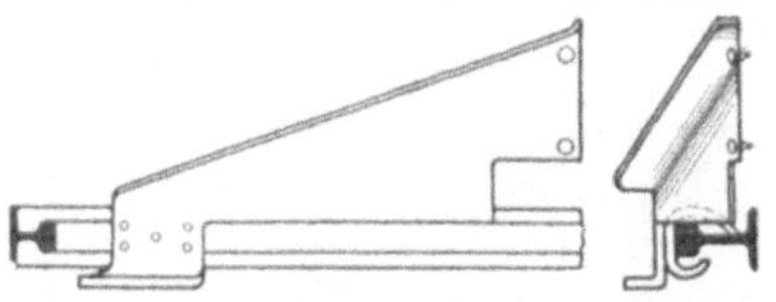

Abb. 27 und 28. Auffahrtschuh.

das Rad des entgleisten Wagens geschoben wird, damit beim Anziehen
des Wagens durch die Lokomotive das Rad sofort auf den Schuh rollt.
Derartige Schuhe werden für Auffahrt von rechts oder von links hergestellt, sie müssen deshalb immer in beiden Ausführungen vorhanden sein.

Als Vorbereitung für ihre Anwendung, oder um das mühsame seitliche
Verschieben eines Fahrzeuges zu sparen und es auf einfachste Weise näher
ans Gleis heranzubringen, oder auch, um es aus dem Bereich von Weichen
zu bringen, die mit ihren Herzstücken, Zwangschienen und Zungen das
Eingleisen erschweren, spannt man, unter der Voraussetzung, daß es sich
um einen nicht zu schweren Wagen handelt, eine Lokomotive davor und
zieht ihn einfach auf dem Bahnplanum soweit vor, bis man Winden oder
Auffahrtschuhe mit Vorteil anwenden kann.

Es kommt bei Entgleisungen nicht selten vor, daß Fahrzeuge um-
fallen; sie müssen deshalb zunächst wieder auf ihre Räder gestellt werden,
um sie sodann einzugleisen. Handelt es sich hierbei um das Aufrichten
einer umgestürzten Lokomotive, so bleibt nichts anderes übrig, als sie
allmählich durch vorsichtige Anwendung von Winden anzuheben und soweit aufzurichten, bis sie sich schließlich von selbst wieder auf die Räder
stellt. Ein Überkippen und Umstürzen nach der anderen Seite ist dabei
im allgemeinen nicht zu befürchten. Dagegen muß sehr vorsichtig verfahren werden, um während des Aufrichtens ein Zurückfallen zu verhüten.

Man muß deshalb die Angriffspunkte für die Winden mit großer Vorsicht
aussuchen, muß genau darauf achten, daß die drei oder vier Winden, die
man gewöhnlich zugleich ansetzt, stets gleichmäßig belastet sind, wird
auch sicherheitshalber gleichzeitig mit dem Anwinden, mit dem Bau eines
Kreuzlagers aus Holzschwellen unter der Lokomotive beginnen, das man
dem Aufrichten folgend erhöht. Gleiten dann wirklich einmal die Winden
ab und will die Lokomotive zurückfallen,
so wird sie von diesem Schwellenlager
aufgefangen. Eine derartige Vorsichts-
maßregel erfordert auch schon die Rücksicht auf die Sicherheit der die Winden
bedienenden Mannschaften.

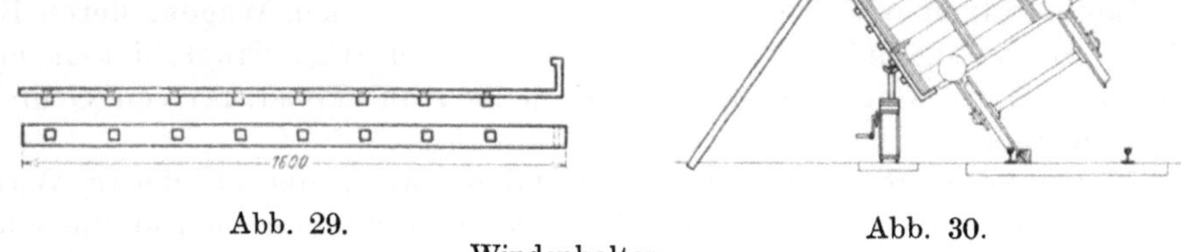

Abb. 29.

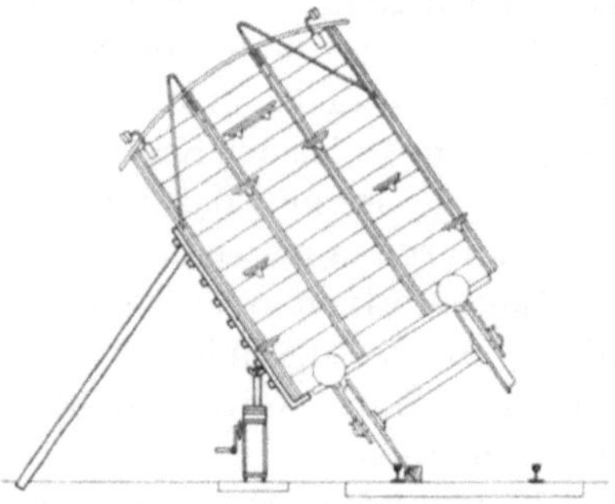

Windenhalter.

Abb. 30.

Ebenfalls schwierig ist oft das Aufkippen bedeckter Güterwagen,
weil die glatten Wände keine genügenden Angriffspunkte für die Winden
bieten, auch die schwachen Kastensäulen für die Beanspruchung durch
die Winden nicht wi-
derstandsfähig genug
sind, namentlich wenn
die lose Ladung nach
der Umkippseite ge-
rutscht und dadurch

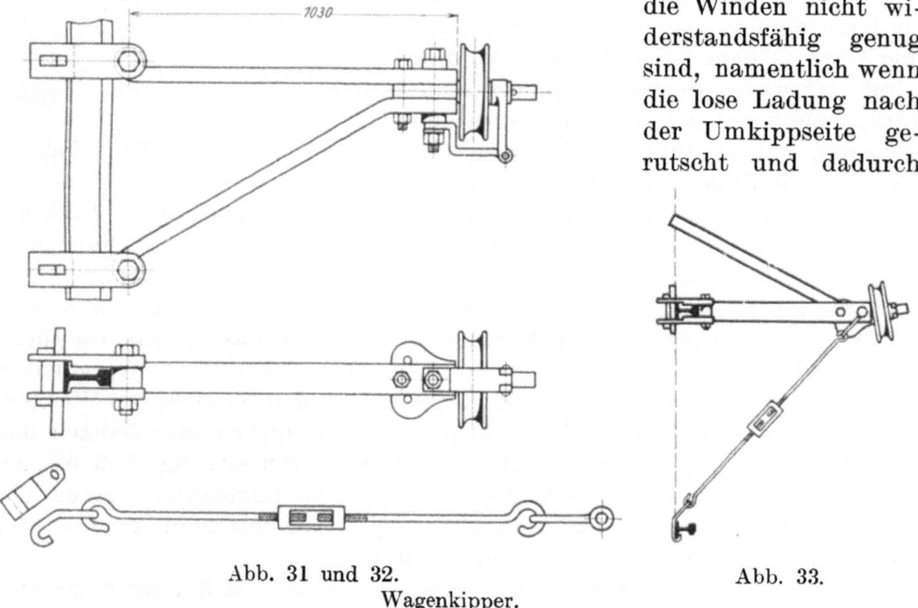

Abb. 31 und 32.

Wagenkipper.

Abb. 33.

die zu hebende Last wesentlich vergrößert ist. In solchem Falle leisten die
Windenhalter (Abb. 29 und 30) gute Dienste. Ihre Anwendung ist einfach und bei den meisten Wagen möglich. Sie bieten zugleich eine bequeme Möglichkeit, den Wagen, wenn die Winden neu angesetzt werden
müssen, abzustützen.

Befinden sich auf der Seite des Wagens, nach welcher hin er gekippt
werden soll, Gleise, wenn z. B. der Unfall auf einem Bahnhof mit mehreren

parallel laufenden Gleisen eingetreten ist, so kann oft mit Vorteil der in
Abb. 31 bis 33 dargestellte Wagenkipper verwendet werden. Er besteht
aus einem Bock, der mit Laschen, Bolzen und Keilen an einer Fahrschiene
befestigt werden kann, mit einer für verschiedene Neigungen einstellbaren
Kettenrolle, einer Zugstange mit Schienenklammer, einer Holzstütze und
einer langen Krankette mit Haken und Ring. Soll ein umgestürzter
Wagen aufgerichtet werden, so stellt man den Bock dem Wagen gegenüber in einem Gleis so auf, daß die Stütze nach der Richtung hin zu stehen
kommt, von wo die Ziehlokomotive wirken soll, verklammert den Bock
mittels der dazu gehörigen Laschen, Bolzen und Keile mit einer Fahrschiene und verankert ihn mittels der Zugstange mit der Nebenschiene.
Hierauf legt man die Kette über den Wagen und befestigt sie, andererseits
leitet man sie über die Rolle des Bockes, welche vorher in die richtige
Stellung gebracht wurde, zur Ziehlokomotive. Indem man nunmehr diese
langsam und vorsichtig anziehen läßt, richtet man den Wagen ruhig und
sicher auf und stellt ihn wieder auf die Räder.

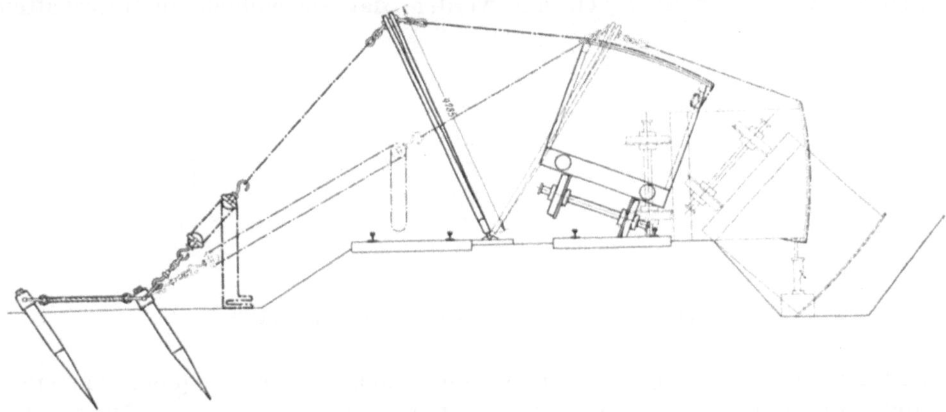

Abb. 34. Wagenkippvorrichtung.

Diese Vorrichtung kann außer zum Aufkippen von Wagen noch bei
vielen anderen Gelegenheiten gute Dienste leisten, so z. B. zum Herauf-
holen von Wagenteilen, Achsen und dergleichen aus Gruben, die Böschungen
hinauf, überhaupt in allen Fällen, wenn seitlich vom Gleise liegende Gegenstände heranzuschaffen sind.

Eine andere Vorrichtung, die denselben Zwecken dient, zeigt Abb. 34.
Sie wird namentlich dann mit Vorteil anzuwenden sein, wenn das Aufkippen umgestürzter Wagen ohne Zuhilfenahme von Nebengleisen geschehen muß, so namentlich auf Bahndämmen der freien Strecke, wo
sich in der Regel auch Zahnstangenwinden nur sehr schlecht ansetzen lassen.

Ist von einer Lokomotive mit Tender eines der beiden Fahrzeuge oder
sind beide entgleist, so ist in der Regel, um sie einzugleisen, notwendig, den
Tender von der Lokomotive abzukuppeln, gerade diese Arbeit aber verursacht
in den meisten Fällen viel Zeitaufwand und Mühe. Denn gewöhnlich haben
beide Fahrzeuge durch die Entgleisung ihre Stellung zu einander so geändert, daß die Hauptkupplung sich in ungeheuerer Spannung befindet und
sich der Hauptkuppelbolzen infolgedessen nicht ohne weiteres heraustreiben läßt, zumal die mit der Arbeit betrauten Mannschaften unter der

Lokomotive in dem äußerst beschränkten Raume ihre ganze Kraft nicht entwickeln können. Gelingt es in solchem Falle nicht, den Bolzen durch eine untergesetzte Schraubenwinde herauszudrücken, so muß man die in Abb. 35 bis 37 dargestellte Vorrichtung benutzen. Sie besteht aus zwei Kuppelungen, die durch ein Schloß oder eine Spindel mit Rechts- und Linksgewinde verstellbar sind und an ihren Enden zwei Stahlbolzen aufnehmen. Diese werden an Stelle der im allgemeinen leicht zu entfernenden Notkuppelbolzen in die Zugkasten eingesteckt, die Schraubenkuppelungen mittels langen Mutterschlüssels eingedreht und soweit verkürzt, bis die Spannung der auf die Stoßpuffer wirkenden Blattfeder überwunden ist. Dadurch wird der Hauptkuppelbolzen entlastet und läßt sich nunmehr verhältnismäßig leicht entfernen.

Bei nächtlichen Aufgleisungsarbeiten spielt die Beleuchtung der Unfallstelle eine überaus wichtige Rolle. Neben Handlaternen, die für Arbeiten unter und zwischen den Fahrzeugen immer unentbehrlich sind, sind Vorrichtungen nötig, die der allgemeinen Beleuchtung der Unfallstelle dienen. Von ihnen muß verlangt werden, daß sie einfach zu unterhalten

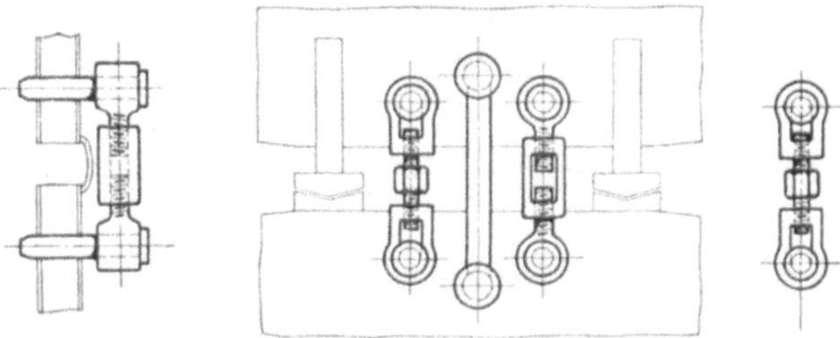

Abb. 35 bis 37. Vorrichtung zum Entkuppeln.

und zu bedienen sind, daß sie reichlich Licht geben, bequem von einer Stelle zur anderen transportiert werden können und vor allen Dingen bei jedem Wetter, bei Sturm, Regen oder großer Kälte unbedingt zuverlässig sind. Die meisten der heutzutage in Anwendung befindlichen Beleuchtungsvorrichtungen erfüllen immer nur einige dieser Bedingungen.

Am einfachsten zu handhaben sind Harzfackeln. Aber abgesehen davon, daß sie nur ungenügend Licht geben, erlöschen sie bei ungeschickter Handhabung leicht, das abtropfende brennende Harz kann den arbeitenden Mannschaften Brandwunden zufügen oder ihre Kleider beschädigen, schließlich ist der dicke von den Harzfackeln ausgehende Qualm sehr lästig. Wesentliche Vorzüge weisen ihnen gegenüber Magnesiumfackeln auf, doch kann ihre allgemeine Verwendung wegen ihres hohen Preises nicht in Frage kommen. Als ganz unzureichend müssen die zuweilen noch angewendeten Petroleumfackeln bezeichnet werden.

Weit verbreitet sind die sogenannten Öldampflampen. Wie der Name sagt, kommt bei ihnen eine Art Öldampf zur Verwendung. Ein eiserner Behälter ist etwa zur Hälfte mit Petroleum gefüllt, das sich unter einem durch eine eingebaute Luftpumpe zu erzeugenden Luftdruck von etwa zwei Atmosphären befindet. Durch Öffnen eines Ventils steigt es in regulierbarer Menge in einem Steigrohr in die Höhe, an dessen Ende ein gußeiserner, aus einem System von Röhren gebildeter Brenner hängt. Dieser wird, ehe die Öldampflampe angezündet werden soll, gehörig erwärmt, und das Öl, das die heißen Kanäle durchströmt, wird vergast, strömt als Gas unter dem Behälterdruck mit großer Gewalt durch die düsenartige Öffnung des Brenners aus und brennt, entzündet, mit langer, horizontaler, hell leuchtender Flamme. Der Brenner ist dabei so eingerichtet, daß er von der Flamme weiter erhitzt wird und so immer die für die Vergasung des Öls erforderliche Temperatur behält.

Die Nachteile dieses Apparates sind, daß seine Ingangsetzung einige Zeit erfordert, daß zu seiner Bedienung stets ein besonderer, damit vertrauter Arbeiter nötig ist und daß sich der Brenner bei Verwendung unreinen Öls leicht verstopft und dann versagt. Auch tritt bei windigem Wetter leicht der Fall ein, daß der Brenner durch den Wind zu sehr abgekühlt wird, die Erhitzung durch die Flamme also nicht ausreicht, um ihn dauernd auf der zur Vergasung des Öls erforderlichen Temperatur zu erhalten. Die Flamme erlischt dann plötzlich und der Brenner läßt in weitem Bogen unvergastes Petroleum ausströmen, unter Umständen auf die unter ihm mit den Aufgleisungsarbeiten beschäftigten Mannschaften.

Diese Übelstände und auch die Notwendigkeit, die Unfall- und Arbeitsstellen noch besser zu beleuchten, als es mit den Öldampflampen möglich ist, haben bewirkt, daß neuerdings tragbare Azetylenbeleuchtungsapparate in Aufnahme gekommen sind. Sie sind sehr einfach zu handhaben, bequem zu transportieren, geben ein prachtvolles helles Licht und brennen auch bei dem größten Sturm unbedingt zuverlässig; dagegen scheinen sie gegen Kälte insofern nicht ganz unempfindlich zu sein, als unter Umständen das Steigrohr, das von dem stark Wasser haltenden und Wasser abscheidenden Gase durchströmt wird, zufriert. Auch setzen sich bei längerem Gebrauch die feinen Brenneröffnungen zu und müssen dann ab und zu gereinigt werden.

Eine sehr vollkommene Beleuchtungseinrichtung enthält der oben beschriebene Beleuchtungswagen des Frankfurter Rettungszuges, wenn auch bei ihm durchaus nicht alle Nachteile, die den oben beschriebenen Apparaten anhaften, vermieden sind. Namentlich spricht gegen die Verwendung von Dampfmaschine mit Dampfkessel, daß die Inbetriebsetzung der Anlage zu lange Zeit erfordert und zur Bedienung ständig ein, auch wohl zwei Mann erforderlich sind. Es würde deshalb die Verwendung eines Petroleum- oder Benzinmotors zum Antrieb der Dynamomaschine wesentliche Vorteile bieten, da diese Motoren leicht und schnellstens in Gang zu setzen sind und längere Zeit ohne Aufsicht laufen können. Jeder derartigen elektrischen Beleuchtungseinrichtung aber haftet der erhebliche Nachteil an, daß sie von der mehr oder weniger ortsfesten Kraftquelle abhängig ist, und daß die stromführenden Leitungen häufig bei den Aufräumungsarbeiten hinderlich sein werden und leicht Beschädigungen ausgesetzt sind; dadurch aber wird die Zuverlässigkeit der Anlage in Frage gestellt.

Aus den vorstehenden Betrachtungen geht hervor, daß gerade die Frage einer allen Anforderungen genügenden Beleuchtung der Unfallstelle, von der die schnelle Erledigung nächtlicher Aufräumungsarbeiten in besonderem Maße abhängt, noch nicht gelöst ist.

Sachregister.

Additional material from *Werkstätten,*
ISBN 978-3-662-31756-3, is available at http://extras.springer.com

Die Entwicklung der Eisenbahnen, denen bei der Bewältigung von Schnell-
und Massentransporten stets wachsende Aufgaben zugefallen sind, ist nur
durch eine gleichzeitige, bis ins Einzelnste gehende Ausbildung der maschinellen Einrichtungen möglich geworden. Die Notwendigkeit, den Personenverkehr durch schnellfahrende Züge zu erleichtern und den Gütertransport wirtschaftlich auszugestalten, hat zahlreiche neue Einrichtungen und Vervoll-
kommnungen hervorgerufen, und besonders im letzten Jahrzehnt hat das
Eisenbahnmaschinenwesen an dem allgemeinen Fortschritt in den Einrichtungen
des Verkehrswesens einen außergewöhnlichen Anteil genommen. Es erschien
dem Herausgeber dieses Werkes an der Zeit, die vielgestaltigen Erscheinungen
dieser Entwicklung, die in der technischen Literatur nur vereinzelt beschrieben
sind, zusammenzufassen. Das Ergebnis dieser Arbeit, zu der hervorragende
Fachgenossen herangezogen wurden, liegt in dem Handbuch des Eisen-
bahnmaschinenwesens vor.

Das Werk zerfällt in drei unabhängige, einzeln käufliche Bände, von
denen der I. Band die Fahrbetriebsmittel, der II. Band die Zugförderung,
der III. Band die Werkstätten behandelt. Jedem Band ist ein übersichtliches Inhaltsverzeichnis sowie ein ausführliches Sach- und Personenverzeichnis
beigegeben. Besonderer Wert wurde auf die Ausführung der zahlreichen
Textfiguren und Tafeln gelegt, die die einzelnen Kapitel erläutern. Die
Mitarbeiter sind für den Inhalt ihrer Beiträge selbst verantwortlich; ihre
Eigenart sowie ihr Urteil ist vom Herausgeber in keiner Weise beeinträchtigt
worden.

Im übrigen verweisen wir auf die nachfolgend abgedruckte genaue
Inhaltsübersicht aller drei Bände des Handbuches und empfehlen seine An-
schaffung allen Interessenten angelegentlichst. Bestellungen nimmt jede
Buchhandlung entgegen.

Berlin, im November 1908.

Verlagsbuchhandlung von Julius Springer.

Inhaltsverzeichnis.

I. Band. Fahrbetriebsmittel.

834 Seiten. Mit 650 Textabbildungen.

III. Band. Werkstätten.

441 Seiten. Mit 471 Textabbildungen.